# 中国国家标准汇编

# 400

GB 22577～22637

（2008 年制定）

中国标准出版社　编

中国标准出版社

北　京

**图书在版编目（CIP）数据**

中国国家标准汇编：2008年制定．400：GB 22577～22637/中国标准出版社编．—北京：中国标准出版社，2009

ISBN 978-7-5066-5383-1

Ⅰ．中…　Ⅱ．中…　Ⅲ．国家标准-汇编-中国-2008　Ⅳ．T-652.1

中国版本图书馆 CIP 数据核字（2009）第 105155 号

中国标准出版社出版发行
北京复兴门外三里河北街16号
邮政编码：100045
网址 www.spc.net.cn
电话：68523946　68517548
中国标准出版社秦皇岛印刷厂印刷
各地新华书店经销

*

开本 880×1230　1/16　印张 38.5　字数 1 121 千字
2009年7月第一版　2009年7月第一次印刷

*

定价 200.00 元



ISBN 978-7-5066-5383-1

9 787506 653831 >

# 出 版 说 明

1.《中国国家标准汇编》是一部大型综合性国家标准全集。自1983年起，按国家标准顺序号以精装本、平装本两种装帧形式陆续分册汇编出版。它在一定程度上反映了我国建国以来标准化事业发展的基本情况和主要成就，是各级标准化管理机构，工矿企事业单位，农林牧副渔系统，科研、设计、教学等部门必不可少的工具书。

2.《中国国家标准汇编》收入我国每年正式发布的全部国家标准，分为"制定"卷和"修订"卷两种编辑版本。

"制定"卷收入上一年度我国发布的、新制定的国家标准，顺延前年度标准编号分成若干分册，封面和书脊上注明"20××年制定"字样及分册号，分册号一直连续。各分册中的标准是按照标准编号顺序连续排列的，如有标准顺序号缺号的，除特殊情况注明外，暂为空号。

"修订"卷收入上一年度我国发布的、被修订的国家标准，视篇幅分设若干分册，但与"制定"卷分册号无关联，仅在封面和书脊上注明"20××年修订-1，-2，-3，……"字样。"修订"卷各分册中的标准，仍按标准编号顺序排列(但不连续)；如有遗漏的，均在当年最后一分册中补齐。需提请读者注意的是，个别非顺延前年度标准编号的新制定的国家标准没有收入在"制定"卷中，而是收入在"修订"卷中。

读者配套购买《中国国家标准汇编》"制定"卷和"修订"卷则可收齐上一年度我国制定和修订的全部国家标准。

3. 由于读者需求的变化，自1996年起，《中国国家标准汇编》仅出版精装本。

4. 2008年我国制修订国家标准共5946项。本分册为"2008年制定"卷第400分册，收入国家标准GB 22577～22637的最新版本。其中GB/T 22629—2008因故延迟出版，未收入。

中国标准出版社
2009年5月

# 出版说明

# 目　录

ICS 29.060.20
K 13

# 中华人民共和国国家标准

GB/T 22577—2008

## 核电站用 1E 级电缆 通用要求

Class 1E cables for nuclear power generating stations—General requirements

2008-12-15 发布　　　　2009-10-01 实施

中华人民共和国国家质量监督检验检疫总局
中国国家标准化管理委员会　发布

# 前　言

《核电站用1E级电缆》系列标准包括六个标准，分别为：

——核电站用1E级电缆　通用要求

——核电站用1E级电缆　电力电缆

——核电站用1E级电缆　控制电缆

——核电站用1E级电缆　通信电缆

——核电站用1E级电缆　仪表电缆

——核电站用1E级电缆　热补偿电缆

本标准是《核电站用1E级电缆》系列标准之一。

本标准的附录A、附录B、附录C为资料性附录。

本标准由中国电器工业协会提出。

本标准由全国电线电缆标准化技术委员会(SAC/TC 213)归口。

本标准起草单位：上海电缆研究所，核工业第二研究设计院，上海核工业研究设计院，核电秦山联营有限公司，江苏上上电缆集团，常州八益电缆有限公司，上海电缆厂有限公司，沈阳电缆厂有限公司，远东控股集团有限公司，上海藤仓橡塑电缆有限公司，江苏圣安电缆有限公司，宝胜科技创新科技股份公司，天津德塔科技集团，广东番禺电缆厂有限公司，江苏江扬电缆有限公司，安徽天康(集团)股份有限公司。

本标准主要起草人：孙建生、顾申杰、窦慧元、张正泗、王松明、周叙元、王怡瑶、柴松、汪传斌、程江、孙萍、庞玉春、李彦弘、张玉红、郭永升、夏喜明。

# 核电站用 1E 级电缆　通用要求

## 1　范围

本标准规定了用于核电站的 1E 级电缆的类别、一般要求、质量鉴定规则、试验方法和需提交的文件。

本标准适用于核电站用 1E 级电缆和电线，本标准也适用于核电站 1E 级设备内的电缆和电线。

核电站用 1E 级电缆包括电力电缆、控制电缆、通信电缆、仪表电缆、热补偿电缆等种类。各种电缆其使用工况以及功能特性各有区别，与电缆种类相关的核电站 1E 级特别要求由后续产品标准加以规定，本标准仅规定了核电站用 1E 级电缆的通用要求和最基本的 1E 级质量鉴定要求。

## 2　规范性引用文件

下列文件中的条款通过本标准的引用而成为本标准的条款。凡是注日期的引用文件，其随后所有的修改单(不包括勘误的内容)或修订版均不适用于本标准，然而，鼓励根据本标准达成协议的各方研究是否可使用这些文件的最新版本。凡是不注日期的引用文件，其最新版本适用于本标准。

GB/T 2900.10—2001　电工术语　电缆(idt IEC 60050-461:1984)

GB/T 11026.1—2003　电气绝缘材料耐热性　第 1 部分：老化程序和试验结果的评定(IEC 60216-1:2001,IDT)

GB/T 11026.2—2000　确定电气绝缘材料耐热性的导则　第 2 部分：试验判断标准的选择(idt IEC 60216-2:1990)

GB/T 11026.4—1999　确定电气绝缘材料耐热性的导则　第 4 部分：老化烘箱　单室烘箱(idt IEC 60216-4-1:1990)

GB/T 12666.1—2008　单根电线电缆燃烧试验方法　第 1 部分：垂直燃烧试验

GB/T 12727—2002　核电厂安全系统电气设备质量鉴定(IEC 60780:1998,MOD)

GB/T 18380.12—2008　电缆和光缆在火焰条件下的燃烧试验　第 12 部分：单根绝缘电线电缆火焰垂直蔓延试验　1 kW 预混合型火焰试验方法(IEC 60332-1-2:2004,IDT)

GB/T 18380.33—2008　电缆和光缆在火焰条件下的燃烧试验　第 33 部分：垂直安装的成束电线电缆火焰垂直蔓延试验　A 类(IEC 60332-3-22:2000,IDT)

GB/T 18380.34—2008　电缆和光缆在火焰条件下的燃烧试验　第 34 部分：垂直安装的成束电线电缆火焰垂直蔓延试验　B 类(IEC 60332-3-23:2000,IDT)

GB/T 18380.35—2008　电缆和光缆在火焰条件下的燃烧试验　第 35 部分：垂直安装的成束电线电缆火焰垂直蔓延试验　C 类(IEC 60332-3-24:2000,IDT)

GB/T 18380.36—2008　电缆和光缆在火焰条件下的燃烧试验　第 36 部分：垂直安装的成束电线电缆火焰垂直蔓延试验　D 类(IEC 60332-3-25:2000,IDT)

GB/T 19666—2005　阻燃和耐火电线电缆通则

JB/T 8137.1～8137.4—1999　电线电缆交货盘

IEC 60544.2:1991　测定电离辐射对绝缘材料的效应的指南　第 2 部分：辐照和试验的规程

## 3　术语和定义

GB/T 2900.10—2001 确立的以及下列术语和定义适用于本标准。

3.1

**1E 级(核安全级)　class 1E(safety-related)**

反应堆和核电厂(站)电气系统和设备的安全级别。这些系统和设备是完成反应堆紧急停堆、安全壳隔离、堆芯应急冷却以及反应堆和反应堆厂房的余热排出以及防止放射性物质向周围环境大量排放等各项功能所必需的。

3.2

**设计基准事件　design basis event(DBE)**

在设计中为确定构筑物、系统、部件的性能要求而采用的假想事件。

3.3

**安装寿命　installed life**

电缆从安装到拆除之间的间隔时间。在此期间,它们应满足设计运行条件的要求。

3.4

**鉴定寿命　qualified life**

证明电缆在一组规定的运行条件下具有满意性能的间隔时间。

3.5

**K1 类电缆　category K1 cable**

安装在安全壳内,通过 K1 类质量鉴定程序验证其具备在正常环境条件下、地震荷载下以及在事故环境下和(或)在事故后能完成其规定功能的电缆。

3.6

**K2 类电缆　category K2 cable**

安装在安全壳内或者安全壳外对辐射有要求的场合,通过 K2 类质量鉴定程序验证其具备在正常环境条件下和地震荷载下能完成其规定功能的电缆。

3.7

**K3 类电缆　category K3 cable**

安装在安全壳外,通过 K3 类质量鉴定程序验证其具备在正常环境条件下和地震荷载下以及在对一些设备规定的事故条件下能完成其规定功能的电缆。

3.8

**质量鉴定　qualification**

通过分析、型式试验或运行经验获得的证据,证明在规定的运行条件和环境条件下设备能按规定性能要求起作用。

3.9

**例行试验　routine test**

由制造方在成品电缆的所有制造长度上进行的试验,以检验所有电缆是否符合规定的要求。

3.10

**抽样试验　sample test**

由制造方进行,按规定的频度在成品电缆试样上,或在取自成品电缆的某些部件上进行的试验,以检验电缆是否符合规定要求。

3.11

**型式试验　type test**

为了证实设计和制造过程的有效性,对电缆进行的试验。

## 4 代号、型号及产品表示方法

### 4.1 代号

#### 4.1.1 系列代号

核电站用 1E 级电缆 …………………………………………………………… H

4.1.2 质量鉴定类别代号

K1 类电缆 …………………………………………………………………………………… K1

K2 类电缆 …………………………………………………………………………………… K2

K3 类电缆 …………………………………………………………………………………… K3

4.1.3 燃烧特性代号

电缆燃烧特性代号应符合 GB/T 19666—2005 的规定。

4.2 型号及产品表示方法

4.2.1 型号

核电站用 1E 级电缆的型号由燃烧特性代号、系列代号、质量鉴定类别代号和后续产品标准规定的电缆型号组成。

4.2.2 产品表示方法

核电站用 1E 级电缆表示方法由以下要素组成：燃烧特性代号、系列代号和质量鉴定类别代号、电缆型号等。表示方法的排列顺序示意如图 1 所示。

**图 1 核电站用 1E 级电缆产品表示方法示意图**

## 5 要求

5.1 概述

核电站用 1E 级电缆应为无卤、低烟、低毒、阻燃电缆。核电站用 1E 级电缆基本结构组成为：导体、绝缘层、屏蔽、内衬层和填充、护套等。电缆绝缘、内衬层和填充、护套的燃烧特性可参见附录 A。内衬层和填充、护套等材料应与绝缘的工作温度相匹配，应对绝缘及其他电缆构成物无有害影响。

本标准应与后续产品标准一起使用，电缆应符合本标准和后续产品标准规定。

5.2 质量鉴定要求

核电站用 1E 级电缆应达到或超过规定的性能要求，以保证在规定的寿命期间可靠运行。

应根据国家核安全相关法规编制设计、制造过程、产品交付、安装、维护和定期试验各阶段的质量保证大纲，以确保依据后续产品标准制造核电站用 1E 级电缆，并通过本标准规定的质量鉴定。

由于电缆结构组成中的绝缘、护套、填充等可燃物，其在成品电缆单位长度中的体积量以及燃烧特性关系到核电站电缆系统总体设计、安装敷设、运行等，成品电缆质量保证大纲应包含此类相关内容。

5.3 试验

5.3.1 概述

试验包括例行试验、抽样试验和型式试验。

例行试验和抽样试验由制造厂进行。试验项目和要求由产品标准规定。

型式试验包括常规型式试验和 1E 级功能验证试验。型式试验应能证明电缆在规定的使用条件下(包括 DBE 工况条件)能够满足 1E 级功能要求。模拟试验条件应达到或高于电缆实际工况规定的使用条件。样品应在产品中随机抽取，或者应采用与生产相似的方式制造。

常规型式试验包括常规的电气性能和非电气性能试验。除非另有规定，核电站用 1E 级电力电缆、控制电缆、仪表电缆、通信电缆和热补偿电缆的常规的电气性能和非电气性能应符合后续产品标准的要求。

1E级功能验证试验的目的是验证1E级电缆在规定的工况条件下性能是否满足预期的寿命。规定的工况条件包括：温度、压力、湿气、辐射、机械应力、化学喷淋或者设计基准事件(DBE)结果的组合。应根据成品电缆的质量鉴定类别，确定1E级功能验证试验项目。1E级功能验证试验由下列项目组成：

——热老化试验；

——常规辐照老化；

——老化试验后相关性能试验；

——DBE辐照试验；

——DBE模拟试验；

——DBE后模拟试验；

——燃烧试验；

——湿热老化试验；

——长期运行模拟试验。

**5.3.2 1E级功能验证试验**

**5.3.2.1 常规运行条件的热老化和辐照老化**

热老化试验应符合GB/T 11026.1—2003、GB/T 11026.2—2000和GB/T 11026.4—1999的规定。活化能的计算可参照IEEE Std 101:1987。老化数据用于确定鉴定材料的活化能，材料包括绝缘、护套(当电缆护套有可能影响电缆鉴定时)、胶泥，以及半导电材料(如果使用时)。

热老化试验在空气循环烘箱内进行，温度和时间的扩展可以用阿伦尼乌斯方法，或者其他已证明有效并适用的方法，以模拟整个寿命期内的热老化。

辐照老化时，成品电缆应在空气中经受$\gamma$源(如$^{60}Co$源)的辐照，试验应符合IEC 60544.2:1991的规定。辐照剂量应达到整个寿命期电缆经受剂量的总和，推荐的辐照累积剂量为250 kGy，剂量率应不大于10 kGy/h。

**5.3.2.2 性能试验**

经老化试验后成品电缆应通过相关性能试验，如机械物理性能试验、柔性保持试验以及特性试验(当有要求时)等。

柔性保持试验：样品应先被伸直(如果卷曲)，再弯曲成内径不超过电缆外径20倍的线圈。然后线圈试样应浸于室温自来水中至少1 h。浸水结束后，仍置于水中，线圈试样应通过5 min耐电压试验，在导体对导体，导体对水和屏蔽(如果存在)间，施加电压为交流3 150 V/mm，或直流9 450 V/mm。

除了这项试验，当有要求时，还应通过特性试验，如进行直流绝缘电阻或者高电压试验，证明同轴、三同轴和双同轴电缆或者其他屏蔽电缆要求的护套完整性和电气特性。

**5.3.2.3 DBE辐照试验**

成品电缆应在空气中经受$\gamma$源(如$^{60}Co$源)的辐照，辐照剂量为假设的DBE环境下预期的总剂量，剂量率应符合相关产品标准的规定。经DBE辐照试验后成品电缆应通过相关性能试验，如机械物理性能试验以及特性试验(当有要求时)(见5.3.2.2)等。试验应符合各质量鉴定类别的规定。

**5.3.2.4 DBE模拟试验**

DBE模拟和试验程序应根据规定的DBE参数、需要监测的电气和环境参数，以及预期应用的接受判据。DBE模拟和试验程序应涵盖环境和电气参数，应包含最低限度的接受判据。

DBE模拟试验是把试样置于有压力的试验容器中试验，并且在施加DBE的极端环境下，施加额定电压和电流。试验室应具备：监测和调节温度和蒸汽压力、循环化学喷淋物、施加电气载荷和对置于其中的样品进行规定性能的试验。特定试验容器的设计不是试验性能的关键。实际上，基本原则是应使受试电缆表面经受相同的环境条件。

DBE模拟试验程序如下：

a) 样品安装后,在事故状态开始前,试验容器应稳定在设计基准事件前的环境条件至少 1 h。整个稳态试验过程中,试验样品应被施加规定的电压和电流。施加载荷的样品应经受一次 DBE 环境的全循环,并至少与规定的 DBE 环境试验曲线同样严酷,并伴有化学物喷淋。
b) 在所要求的整个 DBE 模拟运行时间内,样品应能满足规定的电气性能要求。整个试验期间,应连续地或者以规定时间间隔收集并记录性能数据。如果未能连续监测数据,采样的间隔要求足以证明能够符合性能判据。性能指标(判据),例如电流、绝缘电阻和阻抗,应与样品的结构和应用有关,例如,应充分考虑到在同轴结构中护套保护屏蔽层的功能作用等。

试验持续时间应根据规定的 DBE 环境试验曲线,考虑到 DBE 后一些环境参数的降低和在 DBE 后期间要求的功能来确定。应确定 DBE 后持续时间依据,认识到压缩该持续时间对于实际目的可能是需要的。对应保持长期可运行的设备进行评估,包括使用一些能保持反应堆在安全状态的替代方案,可能提供一种压缩 DBE 后持续时间的适用依据。

**5.3.2.5 DBE 后模拟试验**

完成 DBE 模拟后,应将样品伸直(如果弯曲),然后卷绕于 40 倍电缆外径的轴上,浸入室温自来水中,并保持 1 h。仍置于水中的样品应通过 5.3.2.2 规定的耐压试验。当选择某些特种电缆,例如同轴或三同轴电缆来评定其附加的绝缘性能时,可以用更低的耐压试验电压,交流试验电压应不低于 2 倍额定电压加上 1 000 V。

**5.3.2.6 燃烧试验**

成品电缆应符合 GB/T 18380.33—2008 或 GB/T 18380.34—2008 或 GB/T 18380.35—2008 或 GB/T 18380.36—2008 的成束燃烧试验要求。

配电盘电缆、同轴电缆、双同轴和三同轴电缆至少应符合 GB/T 18380.12—2008 的单根垂直燃烧试验要求。

当有要求时,配电盘电缆、同轴电缆、双同轴和三同轴电缆应符合 GB/T 12666.1—2008 的单根垂直燃烧试验要求。

当有要求时,电缆的绝缘线芯应符合 GB/T 18380.12—2008 的单根垂直燃烧试验要求。

经过老化试验后的成品电缆至少应符合 GB/T 18380.35—2008 的成束燃烧试验的要求。

**5.3.2.7 湿热老化试验和长期运行模拟试验**

如有要求时,成品电缆应耐受湿热老化试验,这可以通过提供合格试验报告来证明。试验应符合后续产品标准的规定。

如有要求时,成品电缆应进行长期运行模拟试验,试验应符合后续产品标准的规定。

**5.3.3 1E 级功能验证试验试验流程**

各质量鉴定类别电缆的 1E 级功能验证试验项目如表 1 所示,试验流程图可参见附录 B。按照各质量鉴定类别要求的试验项目应依次累积完成,至少一个试样应经受除长期运行模拟试验和燃烧性能试验之外的全部要求的试验。

长期运行模拟试验当有要求时宜采用单独试样进行试验。

燃烧性能试验为破坏性试验,不要求试样进行试验程序要求的后续试验。

**表 1 1E 级功能验证试验项目**

| 序号 | 试验项目 | 1E 级功能验证试验 | | |
|---|---|---|---|---|
| | | K1 类电缆 | K2 类电缆 | K3 类电缆 |
| 1 | 湿热老化试验 | ○ | ○ | ○ |
| 2 | 热老化试验 | ● | ● | ● |
| 3 | 长期运行模拟试验 | ○ | ○ | ○ |

表 1（续）

| 序号 | 试验项目 | 1E 级功能验证试验 | | |
|---|---|---|---|---|
| | | K1 类电缆 | K2 类电缆 | K3 类电缆 |
| 4 | 常规辐照老化试验 | ● | ● | — |
| 5 | DBE 辐照试验 | ● | — | — |
| 6 | DBE 模拟试验 | ● | — | — |
| 7 | 机械物理性能试验，柔性保持试验，特性试验 | ● | ● | ● |
| 8 | DBE 后模拟试验（柔性保持试验），特性试验 | ● | — | — |
| 9 | 燃烧性能试验 | ● | ● | ● |
| 10 | 老化试验后的燃烧性能试验 | ● | ● | ● |
| 注：● 要求的试验项目；○ 有要求时试验项目；—不要求试验项目。 | | | | |

a) K1 类电缆应通过热老化试验，常规辐照试验，老化后机械物理性能试验、柔性保持试验、特性试验，DBE 辐照试验，DBE 模拟试验，DBE 后模拟试验、特性试验，燃烧性能和老化试验后燃烧性能试验。当有要求时，还应通过湿热老化试验和长期运行模拟试验。试验应符合 5.3.2 的规定。

b) K2 类电缆应通过热老化试验，常规辐照试验，老化后机械物理性能试验、柔性保持试验、特性试验，燃烧性能和老化试验后燃烧性能试验。当有要求时，还应通过湿热老化试验和长期运行模拟试验。试验应符合 5.3.2 的规定。

c) K3 类电缆应通过热老化试验，老化后机械物理性能试验、柔性保持试验、特性试验，燃烧性能和老化试验后燃烧性能试验。当有要求时，还应通过湿热老化试验和长期运行模拟试验。试验应符合 5.3.2 的规定。

## 6 质量鉴定规则

### 6.1 概述

质量鉴定的目的是证明 1E 级电缆在规定的运行条件和环境条件下能满足或超过规定的功能要求。1E 级电缆的质量鉴定应采用特殊的或通用的程序完成。质量鉴定的方法采用下述的鉴定方法之一或它们的组合，方法包括：型式试验、运行经历、分析法、组合法、在役鉴定。型式试验是优先选用的方法。

质量鉴定的结果应是一份质量鉴定报告（可能是一组文件，包括试验或分析报告、设计说明等），包括确定鉴定寿命，鉴定寿命可表示为在规定运行温度条件下的可使用年限。

本标准以型式试验作为质量鉴定方法。

### 6.2 型式试验质量鉴定方法

#### 6.2.1 概述

型式试验应证明电缆的性能满足或超过技术规格书中的要求。对于型式试验，应预先安排试验条件的顺序，这些试验条件满足或严于预期的或规定的运行条件（包括鉴定裕度），并且还应考虑正常、异常和事故工况下的运行条件。型式试验参数应有裕度，应符合 GB/T 12727—2002 的相关要求。

型式试验包括常规型式试验和 1E 级功能验证试验。

#### 6.2.2 型式试验计划

鉴定程序的第一步是制定试验计划。试验计划应与技术规范相协调，详细说明应进行的各项试验和建立技术规范与试验结果之间的可审查的关系。试验计划应提供证据，证明所采用的试验方法是可行的。试验计划应包括：

a) 被鉴定电缆的说明；
b) 待试样品的数量；
c) 安装和连接的要求；
d) 加速老化程序；
e) 要模拟的运行条件和环境条件，要测量的环境变量；
f) 规定的性能和验收准则；
g) 对试验设备的要求，包括准确度；
h) 在型式试验期间允许的维修和更换；
i) 性能限值和故障定义；
j) 所采用的试验程序；
k) 型式试验数据的文件化；
l) 特殊情况说明。

**6.2.3 型式试验项目**

由于不同电缆品种其性能要求以及使用功能等不完全相同，应根据具体品种及规格选择合适的试验项目进行试验。除非另有规定，成品电缆常规型式试验项目应符合后续产品标准的规定。

当成品电缆通过常规型式试验，1E 级功能验证试验可以确定成品电缆的鉴定寿命，试验的结果应证明电缆的鉴定寿命等于或超过电缆的安装寿命。应根据电缆不同的质量鉴定类别，进行相应质量鉴定类别的 1E 级功能验证试验。不同质量鉴定类别电缆的 1E 级功能验证试验项目见表 1。

**6.2.4 型式试验样品选择**

**6.2.4.1 要求**

对于被鉴定的电缆，选择的型式试验样品应具有代表性，试验样品的代表性规格可参见附录 C。

电缆运行期间的老化，会使其耐受 DBE 期间所施加的极限环境条件的能力有所降低或增加。因此，DBE 条件的型式试验应包含老化和非老化的样品。

**6.2.4.2 单芯和多芯电缆**

对于单芯电缆、多芯电缆的绝缘线芯，应将绝缘曝露于试验环境下进行试验。但是，额定电压 6 kV～35 kV的电力电缆应仅采用完整电缆进行试验。

带护套的单芯电缆样品应证明在护套和内层绝缘之间不存在不利的相互作用。多芯电缆也应用整体电缆鉴定，证明在外护套和内层绝缘、填充物、结构性包带之间不存在不利的相互作用。

有粘结护套结构的电缆样品应包括具有粘结护套结构和不具有粘结护套结构的电缆样品。

**6.2.4.3 同轴、双同轴和三同轴电缆**

同轴、双同轴和三同轴电缆样品的型式试验仅仅鉴定具有同样材料的电缆，当选择具有典型代表性样品时，应考虑其独特的结构，包括但不限于：编织屏蔽的编织角、用于阻水或抗静电的屏蔽填充材料。

同轴、双同轴和三同轴电缆应连同护套一起试验以确定护套能保持：

a) 防潮层的完整性，并且不存在与内层绝缘不利的相互影响；
b) 外屏蔽和接地之间要求的电气特性。

模拟 DBE 期间，热和蒸汽的作用会导致同轴和三同轴电缆芯层不同的收缩或膨胀，可能造成导体的短路或电气特性下降。在模拟 DBE 试验中应包含适当的样品长度和结构，以便评价这种潜在的故障模式。

**6.3 型式试验程序**

**6.3.1 常规型式试验程序**

常规型式试验程序应符合后续产品标准的规定。

**6.3.2 1E 级功能验证试验程序**

**6.3.2.1 试验程序**

成品电缆应按各质量鉴定类别要求通过 1E 级功能验证试验，试验流程应符合 5.3.3 的规定。

热老化试验和常规辐照老化试验采用加速方式可以同时进行或依次进行。

试验条件的确定应充分考虑试验中的影响因素，例如与实际运行有关的协同作用、剂量率和与绝缘和护套材料类型有关的扩散限制氧化作用或者剂量率加速效应。如果能够证明采用的试验程序及条件不存在协同作用，应在鉴定报告中清晰地表述，并注明这一试验条件。

对于大多数类型的电缆结构，加速老化的作用在绝大多数情况下对组合成电缆的材料产生不同的影响。应完成对所有电缆主要组成材料的有关加速老化的敏感性评估，以便确定一个总的老化试验方案。可能需要进行单独样品的老化试验，例如，一次试验对绝缘，而另一次试验对护套。用于组成部分的加速老化方法的原理说明，应作为整个鉴定文件的一个部分。

如果在产品构成中使用了不同老化特性的材料，有必要对不同材料进行单独老化。使用片状、哑铃状或管状试样进行的补充老化和分析可用于证明这些材料在电缆的使用寿命期内的可接受性。这些补充样品的使用应在鉴定报告中说明。

电缆绝缘体系中所有关键组件，应包括至少一个试验样品。绝缘组件的样品可以是绝缘线芯，或者是材料样品(如：片状或哑铃状)，以便获得更深入的鉴定数据。

一些特殊应用试验，包括用于惰性气体环境的电缆鉴定，例如用于沸水反应堆系统，由于运行环境的特殊性，特殊的试验条件和试验程序应符合后续产品标准的规定。

**6.3.2.2 常规运行条件的热和辐射老化**

样品应老化至规定寿命条件下的期望终点。

在进行热和辐照老化试验前，如有要求时，成品电缆应按照 5.3.2.7 的规定进行耐受湿热老化试验和长期运行模拟试验。

下列试验顺序可用于热和辐照老化，热老化先于辐照老化的顺序不是基本顺序。由于鉴定机构会注重潜在的协同效应，或者为了便于完成老化程序，也可以改变试验顺序。

a) 按 6.2.4 要求选择适当长度的样品作为试样，每根试样的有效长度不少于 3.0 m；

b) 受试样品置于空气循环烘箱内进行热老化试验，热老化试验应符合 5.3.2.1 的规定；

c) 经上述 b)热老化试验的试样应经受空气中常规辐照老化试验，辐照老化试验应符合 5.3.2.1 的规定；

d) 经老化试验后成品电缆应通过相关性能试验，如机械物理性能试验、柔性保持试验以及特性试验(当有要求时)等。试验应符合 5.3.2.2 的规定。这些样品不要求通过进一步的鉴定试验，或者另一个浸水耐电压试验。

**6.3.2.3 DBE 辐照**

本条款的内容依据冷却剂丧失事故(LOCA)或高能量管线破裂(HELB)，但不限于此。每一种电缆应准备至少 2 个样品，根据下列程序样品有效长度应不小于 3.0 m。

a) 应至少有一个样品未经过老化；

b) 应至少对一个样品进行常规工况的热和辐照老化。

DBE 辐照试验应符合 5.3.2.3 的规定。

**6.3.2.4 DBE 模拟试验**

DBE 模拟试验应符合 5.3.2.4 的规定，对于采用额外的屏蔽特征或者有附加绝缘的某些特种电缆，如同轴、双同轴或三同轴电缆，应按后续产品标准的规定对这些特殊应用的性能进行评定，例如高频特性。

**6.3.2.5 DBE 后模拟试验**

成品电缆经 DBE 模拟试验后，应通过 DBE 后模拟试验，试验应符合 5.3.2.5 的规定。

**6.3.2.6 燃烧试验**

燃烧试验应符合 5.3.2.6 的要求，试验程序应符合 5.3.3 的规定。

## 7 文件

### 7.1 概述

质量鉴定的最终结果应是证明文件的汇总。质量鉴定文件化的目的是为了证明成品电缆按其应用要求进行过质量鉴定，并满足规定的性能要求。

质量鉴定结论文件应详细阐述质量鉴定基准，证明电缆足够执行规定功能。文件应可审核，允许具资质人员和其他的评定方进行查询。文件应包括以下内容：

a） 电缆设计书或电缆技术规格书；

b） 质量鉴定型式试验大纲；

c） 型式试验大纲制定依据；

d） 试验数据和异常情况的分析；

e） 型式试验报告；

f） 积于运行经验的或作为鉴定基础的分析的描述和判断；

g） 质量鉴定结论；

h） 评审/批准签字和日期。

### 7.2 电缆设计书或电缆技术规格书

应详细描述电缆质量鉴定的范围和类型。其中包括（不限于）：电缆适用范围，规定的功能，应明确标示构成的材料及其质量保证规程，电缆结构以及制造工艺的要点。还应包括电缆原始状态的专门详细描述。

### 7.3 质量鉴定试验大纲

质量鉴定应制定评定的计划及程序，计划及程序应包含规定性能要求、实际使用环境、DBE 模拟参数、评定电缆的范围、方法的说明；应确立评定的基本条件，包含描述和认可的用于部分评定的分析和操作经验。

应详细描述规定的使用环境条件和 DBE 模拟参数。应详细分析试验离散性和试验数据分析依据。

应包括质量鉴定的基本法规和引用文件。

### 7.4 型式试验报告

型式试验数据的汇总形成型式试验报告。型式试验报告应包括：

a） 电缆产品标准或性能规范；

b） 通过试验证实的特殊性能说明；

c） 充分地描述试验程序，包括试验样品、样品布置、模拟条件、性能数据和结果；

d） 评价试验结果对符合规定要求的充分性。

型式试验报告还应当包括但不限于以下的信息：

a） 试样描述；

b） 试验设备的说明，包括设备的精度和校准记录；

c） 时间程序和所有环境参数的施加顺序；

d） 电压和电流程序；

e） 在环境曝露和/或 DBE 模拟期间及其后进行的试验和检查测量；

f） 试验数据，包括支持性数据；

g） 试验数据汇总分析及评估；

h） 结论和建议；

i） 审核/批准签字和日期。

试验结果应包括试验期间遇到的异常情况及其对试验结果的影响的分析；试验结果还应证明设定的环境序列是否已达到，电缆是否具备预期的功能。在试验数据外推的情况下，应充分说明外推的依据。

### 7.5 材料的可追溯性

详细描述用于电缆结构材料的规范文件应可获得和受控制，以便提供鉴定结果可直接适用于产品的所有制造批次的证明。

### 7.6 改进

当电缆的材料或设计发生变化，或者设定环境发生改变，并致使其性能与先前的质量鉴定条件存在差异，先前的质量鉴定应重新审定以确定对合格状态的影响。重新审定应指出是否需要附加型式试验或追加分析，以确定对改进的产品或条件的鉴定。这种重新审定还应包括通过提供详细的判断或支持其结论的数据分析以决定是否需要进行附加型式试验或追加分析。该信息应与质量鉴定文件一同保存，并成为可审查文件的一部分。

## 8 包装、运输和储存

### 8.1 包装

电缆应成盘或成圈交货，并卷绕整齐，妥善包装，电缆端头应密封。电缆盘应符合 JB/T 8137.1～8137.4—1999 的规定。

每个包装件上应附有标签，标明：

a) 制造方名称；

b) 产品型号、规格、额定电压；

c) 长度；

d) 质量(重量)；

e) 制造日期，年　月；

f) 电缆盘正确旋转方向。

装箱时，箱体外壳上应标明：

a) 制造方名称；

b) 产品型号、规格、额定电压；

c) 箱体外形尺寸及质量(重量)；

d) 防潮、防掷标志。

### 8.2 运输和储存

a) 电缆应避免在露天存放，电缆盘不应平放；

b) 运输中不应从高处扔下装有电缆的电缆盘，不应造成对电缆的机械损伤；

c) 吊装包装件时，不应几盘同时吊装。在车辆、船舶等运输工具上，电缆盘应放稳，并采用合适方法固定，防止互撞或翻倒。

# 附　录　A
（资料性附录）
## 电缆绝缘、内衬层和填充、护套的燃烧特性

电缆绝缘、内衬层和填充、护套的燃烧特性要求见表 A.1。

**表 A.1　电缆绝缘、内衬层和填充、护套的燃烧特性**

| 序号 | 试验项目 | 单位 | 绝缘 | 填充和内衬层 | 护套 | 试验方法 |
|---|---|---|---|---|---|---|
| 1 | 氧指数差值最大绝对值（20 ℃和80 ℃） | — | 2[a] | 2[a] | 2 | GB/T 2406 |
| 2 | 燃烧时释出气体的酸度 | | | | | |
| 2.1 | pH 值，最小值 | — | 4.3 | 4.3 | 4.3 | GB/T 17650.2 |
| 2.2 | 电导率，最大值 | μS/mm | 10 | 10 | 10 | GB/T 17650.2 |
| 3 | 毒性指数，最大值 | — | 5 | 5 | 5 | Def Stan 02-713 |
| 注：填充和内衬层的试验要求针对有机材料。 | | | | | | |
| [a] 可选项。 | | | | | | |

# 附　录　B
## （资料性附录）
## 1E 级功能验证试验流程图

K1 类电缆的 1E 级功能验证试验流程图见图 B.1。

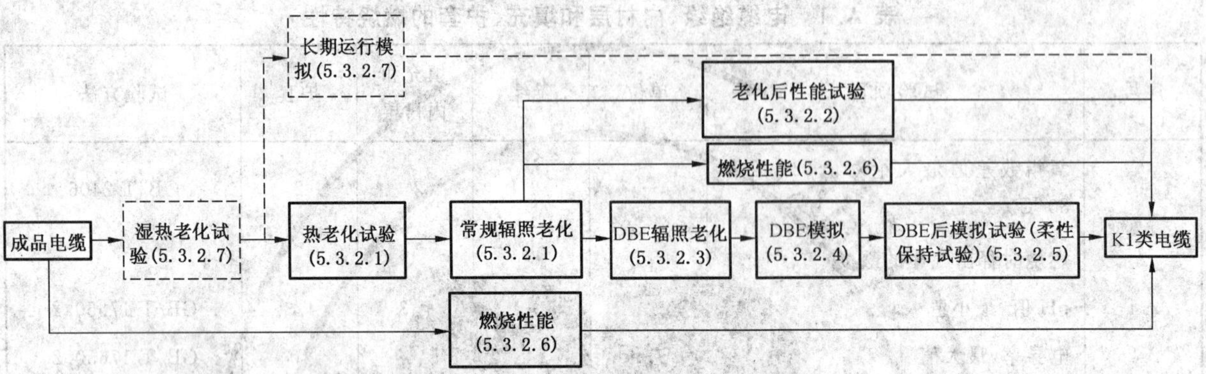


注：虚线表示当有要求时的试验项目。

**图 B.1　K1 类电缆 1E 级功能验证试验流程图**

K2 类电缆的 1E 级功能验证试验流程图见图 B.2。

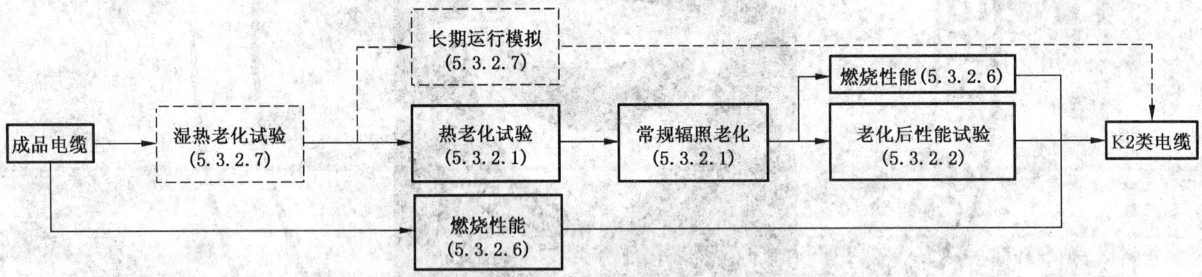


注：虚线表示当有要求时的试验项目。

**图 B.2　K2 类电缆 1E 级功能验证试验流程图**

K3 类电缆的 1E 级功能验证试验流程图见图 B.3。

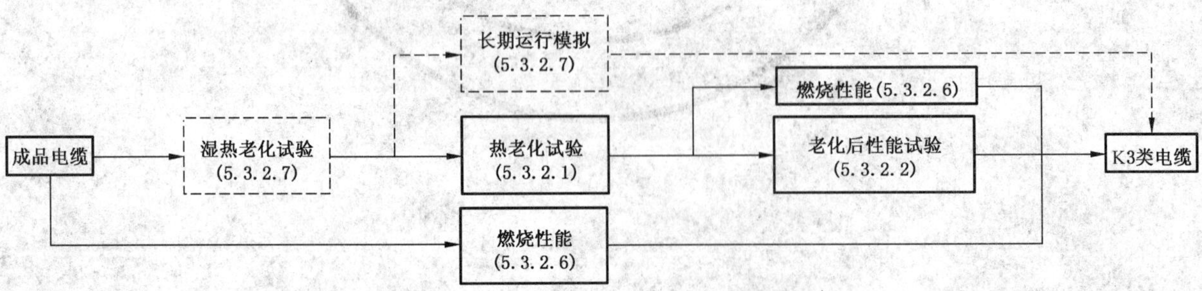


注：虚线表示当有要求时的试验项目。

**图 B.3　K3 类电缆 1E 级功能验证试验流程图**

# 附　录　C
（资料性附录）
## 型式试验的样品的代表性规格

型式试验样品的代表性规格可参考表 C.1。

**表 C.1　型式试验的样品代表性规格**

| 电缆类型 | 试验 | 代表性规格 |
|---|---|---|
| 1 000 V 及以下多芯控制电缆，多芯屏蔽型信号电缆（各个组件见下）或单芯电力电缆 | 湿热老化<br>长期运行模拟 | 单芯：2.5 $mm^2$ 或 4 $mm^2$ |
| | 热老化和辐照老化 | 单芯或多芯：2.5 $mm^2$ 或 4 $mm^2$ 或实际规格 |
| | DBE 模拟 | 单芯或多芯：2.5 $mm^2$ 或 4 $mm^2$ 或实际规格 |
| | | 单芯：16 $mm^2$，25 $mm^2$ 或 35 $mm^2$ 或实际规格 |
| | 单根垂直燃烧 | 单芯：2.5 $mm^2$ 或 4 $mm^2$ 或实际规格 |
| | 成束燃烧 | 7 芯：1.5 $mm^2$，2.5 $mm^2$ 或 4 $mm^2$ 或实际规格 |
| 屏蔽对，三芯或四芯的多芯信号电缆 | 湿热老化<br>长期运行模拟 | 1.5 $mm^2$ 的屏蔽对或实际规格 |
| | 热老化和辐照老化 | |
| | DBE 模拟 | |
| | 单根垂直燃烧 | |
| 同轴电缆，三同轴电缆或者特种仪表电缆 | 湿热老化<br>长期运行模拟 | 实际规格 |
| | 热老化和辐照老化 | |
| | DBE 模拟 | |
| | 单根垂直燃烧 | |
| 热电偶补偿电缆 | 湿热老化<br>长期运行模拟 | 芯线：0.5 $mm^2$ 或实际规格 |
| | 热老化和辐照老化 | |
| | DBE 模拟 | |
| | 单根垂直燃烧 | |
| | 成束燃烧 | |
| 1 000 V 以上 15 000 V 及以下电力电缆（单芯、三芯或多芯） | 成束燃烧 | 16 $mm^2$（1 001 V～5 000 V），70 $mm^2$ 或 120 $mm^2$，120 $mm^2$（1 001 V～15 000 V）或实际规格 |

## 参 考 文 献

[1] GB/T 2406《塑料燃烧性能试验方法　氧指数法》

[2] GB/T 17650.2—1998《取自电缆或光缆的材料燃烧时释出气体的试验方法　第2部分　用测量pH值和电导率来测定气体的酸度》

[3] Def Stan 02-713《小样材料燃烧产物毒性指数的测定》

[4] IEEE 383:2003《IEEE Standard for Qualifying Class 1E Electric Cables and Field Splices for Nuclear Power Generating Stations》

[5] IEEE 323:2003《IEEE Standard for Qualifying Class 1E Equipment for Nuclear Power Generating Stations》

[6] IEEE Std 101:1987《IEEE Guide for the Statistical Analysis of Thermal Life Test Data》

[7] RCC-E《压水堆核电站核岛电气设备设计和建造规则》(1993年1月版)

[8] EJ/T 705—2006《核电厂安全级电缆及现场接头的型式试验》

ICS 29.080.30
K 15

# 中华人民共和国国家标准

GB/T 22578.1—2008/IEC/TS 62332-1:2005

# 电气绝缘系统(EIS)液体和固体组件的热评定 第1部分:通用要求

Electrical insulation systems (EIS)—Thermal evaluation of combined liquid and solid components—Part 1:General requirements

(IEC/TS 62332-1:2005,IDT)



2008-12-15 发布　　　　2009-10-01 实施

中华人民共和国国家质量监督检验检疫总局
中国国家标准化管理委员会　发布

# 前言

GB/T 22578《电气绝缘系统(EIS) 液体和固体组件的热评定》分为以下部分:

第1部分:通用要求

……

本部分是GB/T 22578的第1部分。

本部分等同采用IEC/TS 62332-1:2005《电气绝缘系统(EIS) 液体和固体组件的热评定 第1部分:通用要求》(第1版)。

为方便使用,仅做了个别编辑性修改:

a) 删除了国际标准的前言。

b) 国际标准的引用标准中有转化为国家标准的,改为引用国家标准。

本部分的附录A为资料性附录。

本部分由中国电器工业协会提出。

本部分由全国电气绝缘材料与绝缘系统评定标准化技术委员会归口(SAC/TC 301)。

本部分起草单位:浙江万马高分子材料股份有限公司、机械工业北京电工技术经济研究所。

本部分主要起草人:蔡建超、郭丽平、陈文卿、王琨、杨娟。

# 引　言

GB/T 22578 将介绍绝缘液体与固体共同在电工产品绝缘系统(EIS)中应用的热评估方法。本部分为 GB/T 22578 的第 1 部分,通用的试验要求,后续部分将包括特定电工产品的具体试验要求。

GB/T 22578 发布以前,用于确定液体浸入产品绝缘系统热评估的标准程序包括两种,首先采用密封管老化方式,第 2 种是全尺寸模型的老化。

全尺寸模型的使用并不实际,特别是类似电力变压器这类大产品。类似的情况,当试验组件具有明显不同的热容量时,采用密封管老化试验也不实际。例如,对于由耐热等级 200 的固体绝缘料与 130 液体绝缘料构成的绝缘系统的试验,基本就不能采用密封管老化试验方法。当加速老化温度时,液体绝缘料已完全老化了,但对固体绝缘而言,还需要相当长的老化时间。如果加速老化温度使固体绝缘完全老化,则导致液体绝缘已绝对老化,甚至导致液体的有害老化。

本部分描述了一种加速热老化程序和过程模型。该过程模型允许在同一个装置中的所有固体绝缘材料在不同于液体老化温度的固体老化温度下试验。该过程模型更多地应用在绝缘系统的真实老化寿命,在这个绝缘系统中,靠近活动部件的固体绝缘被暴露在比设备中大量液体更高的温度下。与实际电工产品相比,该模型包含所有的初级绝缘系统元素及相对的组分比例。

该模型具有双倍温度容量,允许使用不同的回路对固体元件和液体元件实行独立控制。可以得到详细的图。

该程序目前还没有应用于带有漆包导体的绝缘系统。欢迎关于如何应用到这种场合的建议。

# 电气绝缘系统(EIS)
# 液体和固体组件的热评定
# 第1部分:通用要求

## 1 范围

本部分适用于与电压等级无关的、以热应力为主要老化因子的包含固体和液体部件的电气绝缘系统。本部分不适用于瓷绝缘的电气绝缘系统。

本部分规定了电气绝缘系统热评定及鉴别的双重温度试验程序。

## 2 规范性引用文件

下列文件中的条款通过本部分的引用而成为本部分的条款。凡是注日期的引用文件,其随后所有的修改单(不包括勘误的内容)或修订版均不适用本部分。然而,鼓励根据本部分达成协议的各方研究是否可以使用这些文件的最新版本。凡是不注日期的引用文件,其最新版本适用于本部分。

GB/T 507 绝缘油 击穿电压测定法(GB/T 507—2002,eqv IEC 60156:1995)

GB/T 1408.1—2006 绝缘材料电气强度试验方法 第1部分:工频下试验(IEC 60243-1:1998,IDT)

GB/T 1409—2006 测量电气绝缘材料在工频、音频、高频(包括米波波长在内)下电容率和介质损耗因数的推荐方法(IEC 60250:1969,MOD)

GB 2536 变压器油(GB 2536—1990,neq IEC 296:1982)

GB/T 5654—2007 液体绝缘材料 相对电容率、介质损耗因数和直流电阻率的测量(IEC 60247:2004,IDT)

GB/T 6541 石油产品油对水界面张力测定法(圆环法)(GB/T 6541—1986,eqv ISO 6295:1983)

GB/T 7252 变压器油中溶解气体分析和判断导则(GB/T 7252—2001,neq IEC 60599:1999)

GB/T 11026.3—2006 电气绝缘材料 耐热性 第3部分:计算耐热特征参数的规程(IEC 60216-3:2002,IDT)

GB/T 17623 绝缘油中溶解气体组分含量的气相色谱测定法(GB/T 17623—1998,neq IEC 60567:1992)

GB/T 20111.1—2006 电气绝缘结构热评定规程 第1部分:总要求 低压(IEC 61857-1:1998,IDT)

GB/T 20112—2006 电气绝缘结构的评定与鉴别(IEC 60505:1999,IDT)

GB/T 20113—2006 电气绝缘结构(EIS) 热分级(IEC 62114:2001,IDT)

GB/T 20628.2—2006 电气用纤维素纸 第2部分:试验方法(IEC 60554-2:2001,MOD)

GB/T 21216—2007 绝缘液体 测量电导和电容确定介质损耗因数的试验方法(IEC 61620:1998,IDT)

IEC 60216-5 电绝缘材料 耐热特性 第5部分:绝缘材料的相对耐热指数(RTE)的测定

IEC 60422 电气设备中的矿物绝缘油 监督和维护指南

IEC 60450 新的和老化的纤维素电气绝缘材料的粘均聚合度的测量

IEC 60763-2 层压板规范 第2部分:试验方法

IEC 60814 绝缘液体 油浸纸及油浸纸板 用卡尔·费塞尔自动电量滴定法测定水分

IEC 61198 矿物绝缘油 2-糠醛和有关化合物的测定方法

IEC 62021-1 绝缘液体 酸度的测定 第1部分:自动电位测量滴定法

ISO 2049 石油产品 色度的测定(ASTM 等级)

## 3 术语和定义

下列术语和定义适用于本部分,其中部分术语来自 GB/T 20112—2006。

3.1

**电气绝缘结构 electrical insulation system(EIS)**

用于电气设备的与导电部分结合在一起的含有一种或多种电气绝缘材料(EIM)的绝缘组合。[GB/T 20112—2006 中定义 3.1.1]

注:按照 GB/T 20112—2006,不同温度指数(ATE RTE,按照 IEC 60216-5)的 EIM 可组合成 EIS,其耐热等级可高于或低于由 GB/T 20112—2006 确定的任何单一组分的耐热等级。

3.2

**待评 EIS candidate EIS**

为确定运行能力(热)在评定中的 EIS。

3.3

**基准 EIS reference EIS**

以已知经验性的运行记录或已公认的功能性对比评定为基础,进行评定过并确定了的 EIS。

3.4

**耐热等级 thermal class**

EIS 的标志,指 EIS 适合的最高工作温度,以摄氏度数值表示。耐热等级应符合 GB/T 20113—2006 中表 1 的要求。

注:EIS 可能在超过其耐热等级的温度下工作,但将缩短产品预期寿命。

3.5

**EIS 评定耐热性指数 EIS assessed thermal endurance index(EIS ATE)**

将已知的运行经验或已知的可比较的评定的基准 EIS 指数,用摄氏度表示。

3.6

**EIS 相对耐热性指数 EIS relative thermal endurance index(EIS RTE)**

把待评 EIS 和已知温度指数的基础 EIS 作对比试验,试验中经受相同的老化程序和诊断规程,从基准 EIS 温度指数所对应的时间所得到的待评 EIS 温度指数。

3.7

**试品 test object**

用于功能性试验的含 EIS 的原设备、设备的模型、组件或部件。

3.8

**热老化因子 thermal ageing factor**

引起 EIS 性能不可逆变化的热应力。

3.9

**诊断试验 diagnostic test**

给试品施加的周期性规定水平的诊断因子,以测定是否达到终点标准。

3.10

**终点标准 end-point criterion**

用来定义元件寿命终点的性能或性能变化的选定值。

注:改写 GB/T 20111.1—2006 中定义 3.11。

3.11

**终点寿命　end-of-life**

满足终点标准的试品寿命。

3.12

**老化室　ageing cell**

装有部分绝缘液体的密封容器。容器内装有试品、浸入式加热器和用于监控温度的热电偶。

## 4　热老化试验装置

### 4.1　概述

热老化试验装置应设计成能分别对固体元件或液体元件进行老化试验。待评和基准 EIS 在试验周期中应曝露于指定的温度中。每个周期包括选定温度下的特定曝露时间和诊断试验。

试验系统包括：

——老化室；

——电源；

——控制系统；

——安全系统；

——取样系统；

——监控和数据采集系统。

### 4.2　试验装置构成

#### 4.2.1　老化室

每个老化室都是不锈钢制成的容器，其尺寸由试品功能决定。老化室体积大小应能够满足老化温度下液体体积热膨胀。老化室两端应采用可移除的、带螺栓固定的密封盖。试品置于老化室内。

容器端口应满足：

——液体取样；

——能插入活动部件的加热回路；

——能放置监视和控制元件；

——能安放浸入式加热器；

——能填充氮气防止液体氧化。

老化室的设计应能配置成在所有的老化温度下，能保持热电偶和试品的固体元件都浸在液体中，见5.3.3。

具体细节，见图 1。

老化室应由支架支撑。

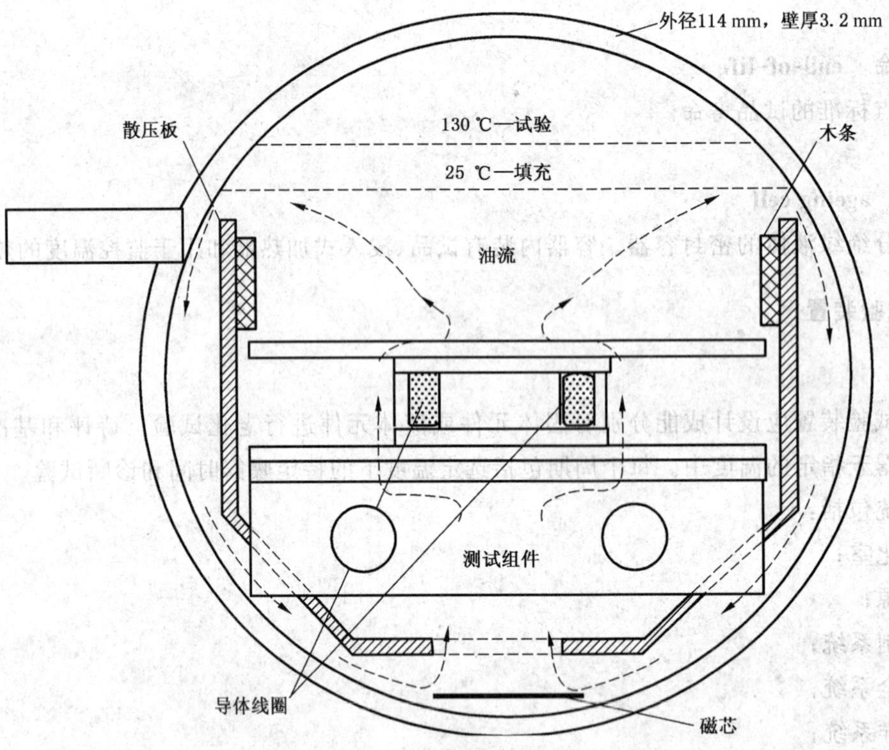


图 1　老化室剖面

4.2.2　**浸入式加热器**

浸入式加热器的热容量，应使试验用液体的温度在整个试验程序确定的温度范围内保持恒定。

4.2.3　**电源装置**

应提供独立的电源装置，以便分别设定液体温度和试品温度。

——通过试品的电流应能产生试验程序要求的温度；

——电源容量应与 4.2.2 相符。

**警告：基于安全考虑，老化室应接地。**

4.2.4　**控制电路系统**

带热传感器的自动监测控制试品及液体的温度。应采用回馈控制电路保持每点温度变化在±2 K 以内。

4.2.5　**氮气系统**

应使用充氮气系统，在试验容器内的液体上方形成氮气层，以避免液体氧化。每个老化室内的氮气层都应保持正压。

4.2.6　**安全系统**

每个老化室应安装压力释放阀，防止室内压力超过 20 kPa。

应提供温度过载保护装置，对每个老化室中液体和试品的温度传感器做出响应。对于温度过载保护装置用的传感器应与温度控制传感器分设。

4.3　**监控和数据采集**

应监控温度传感器的输出。应记录下任何偏离设定点 1 h 以上的偏差，直到被更正。

## 5　试品的构成

5.1　**概述**

试品设计成待评定电工产品的电气绝缘系统(EIS)部分的模型，通常由以下部分组成：

——载流导体；

——导体绝缘；

——绝缘距离/隔离物；

——液体。

可根据需要使用其他部件。

## 5.2 元件体积的测定

元件体积率很重要，因为它是构成具有被模拟电工产品特点的模型组件。

测定被评定产品各个独立元件的总体积。测定总体积中每个独立元件占的百分比。得到的百分比将用来测定那些构成试品的独立元件的特定体积。对于具有相同电气绝缘结构的系列产品，其独立元件相对总体积的体积比是近似的。

注：液体的体积应在 20 ℃时测定。

附录 A 中包括一个计算元件的体积和尺寸的表格示例。

注：可在老化室中添加额外元件以实现温度和体积需求的最佳平衡。

## 5.3 试品

### 5.3.1 概述

下列试品代表了一只浸入液体的线圈，包括了电气绝缘结构(EIS)的液体和固体元件。

### 5.3.2 导体总成

导体总成是由一段长导体构成，其外形和横断面区域代表了所模拟的电工产品。导体的特定尺寸(横断面积和长度)应基于体积和温度计算。图 2 提供了一个示例。

与端板相连的导体的末端部分应钎焊固定在端板上。

导体应按 5.2 测定的体积比来确定绝缘。

导体表面应可靠地安装两支测量和控制温度的 K 型热电偶。还可包括其他的辅助热电偶。

注：含有铁的热电偶可能有被氧化问题。

导体总成应有一个隔热板用来在导体和液体之间形成温度差。隔热板的材料应是试品所使用的电气绝缘材料(EIM)之一。将隔热板牢靠地固定在导体总成上。

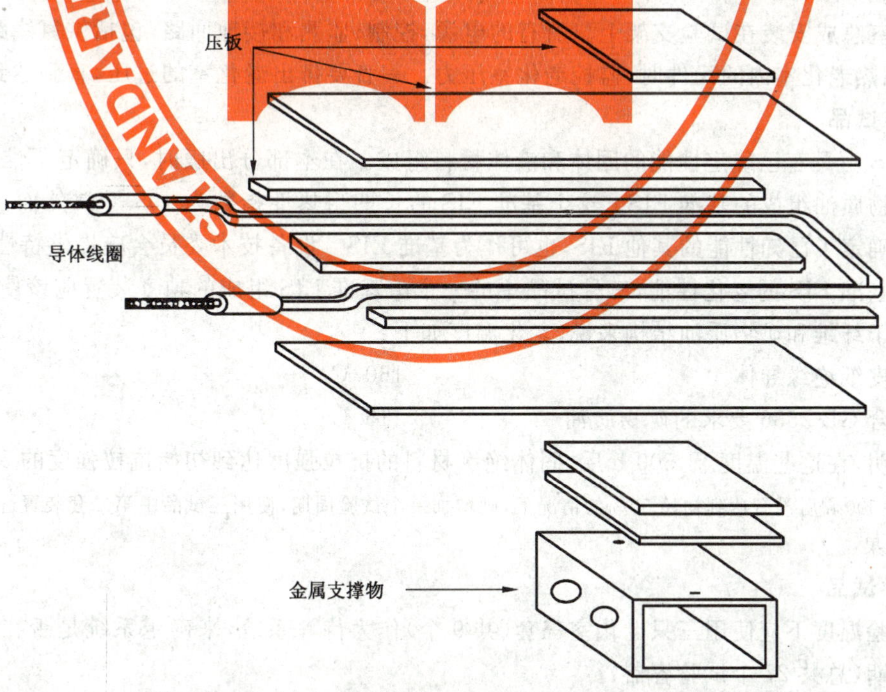


图 2 变压器绕组绝缘组合示例

### 5.3.3 液体部件

老化室中应充入待评定的液体组分。液体的体积量应按5.2的要求来核定体积和温度。

一支K型热电偶插在液体中测量温度,另一支用来控制液体温度。在室温时,一支热电偶位于液体表面,另一支则位于液体体积的中部附近。例如,对于电力变压器,热电偶放置在接近表面来控制液体温度。

### 5.3.4 其他部件

对被模拟的产品来说,那些不包括在电气绝缘结构(EIS)中,但预期会影响电气绝缘结构(EIS)的有代表性的部件应包括在内。示例包括了铁芯、支撑和封装材料。这些部件的相对体积应符合被评定产品,磁铁芯和密封材料除外。磁铁芯和密封材料的相对量由暴露在液体组件的表面区域确定。见附录A的示例。

## 6 试验规程

### 6.1 概述

三级温度老化试验用来确定新结构的热等级。基准结构应在新系统试验中使用。除非相关的设备技术委员会另有规定,否则基准结构将由固体纤维绝缘和矿物油组成。

### 6.2 准备试品

固体和液体绝缘样品的数量应足以提供全部基准和待评试品进行诊断试验的要求。

所有固体样品都应经历110 ℃~120 ℃下保持至少48 h的干燥预处理。液体样品应是净化、干燥并经除气处理。

干燥后,导体组分和其他材料应立即以待评定的液体进行真空浸渍。浸入应在60 ℃下持续12 h~16 h。

将试品插入老化室之前,应移走预处理过的固体和液体诊断试验样品。

清洁、干燥的老化室应充入已确定体积的液体及已插入的浸入液体的试品。迅速密封老化室,然后用干燥氮气进行净化。

将老化室总成安装在试验支架上。所有的电源,控制、监测和接地回路,包括供氮线路都应连接好。通电后,当加热老化室内的元件时,监控老化室压力。一直要排出老化室的过压,直到达到老化温度时。

#### 6.2.1 基准试品

基准EIS由具有已确定性能的固体和液体材料组成。在本部分出版时,只确定了惟一的由固体纤维材料和矿物质油组成的基准EIS。这个基准EIS的长期耐热性指数为105 ℃。然而,如果设备技术委员会已经确定了已知性能的其他EIS,也可作为基准EIS。设备技术委员会应提供特性的细节。

为验证基准EIS的老化性能,三种试品中的一个由基准EIS组成的独立装置应该使用待评试品进行评定。对于纤维和矿物质油结构来说,老化温度如下:

——牛皮纸绝缘导体　　160 ℃

——符合GB 2536要求的矿物质油　　115 ℃

经验表明,在这些温度下,500 h后,固体绝缘材料的抗拉强度达到初始抗拉强度的50%。

注:如果500 h后没有达到初始50%的情况下,则增加一个试验周期,使用三试品中第二套装置进行老化来作为评估结果。

#### 6.2.2 待评试品

每个试验温度下应使用三只老化室三套(共9个)作为待评系统,来确定系统是否在预先给定温度下达到半衰期(总共27个试验容器)。

基准和待评试品的物理形状、大小和结构应相近,都应具有一个或多种固体材料,和/或具有能被待评材料替代的液体材料。

### 6.3 诊断测试

在每只老化室启动前和关闭后，都应测试所有的固体绝缘和液体绝缘样品的电气性能和物理性能。初始和最终状态之间的性能变化用来确定试验周期中的衰减量。初始的含水量测试应用来确定材料是否需要在启动前进行适当地干燥。

#### 6.3.1 固体绝缘

在启动时，按6.2的方法进行了预处理的固体绝缘样品应进行一个或多个由设备技术委员会选择的诊断试验，以确定终点寿命。可采用附加试验达到监控目的。典型的纤维绝缘材料的诊断试验有：

| 特性 | 试验要求 |
|---|---|
| 含水量 | GB/T 20628.2—2006 |
| 油的电气强度 | GB/T 1408.1—2006 |
| 油的液体介质损耗因素介电损耗角(需要核实)正切 tgδ 和电容率 ε | GB/T 1409—2006 |
| 抗拉强度 | GB/T 20628.2—2006 |
| 抗压强度 | IEC 60763-2 |
| 聚合度(纤维) | IEC 60450 |

#### 6.3.2 液体绝缘

在启动时，按6.2的方法进行了预处理的液体绝缘样品应进行一个或多个由设备技术委员会选择的诊断试验，确定终点寿命。可采用附加试验达到监控目的。典型的液体绝缘材料的诊断试验有：

| 特性 | 试验要求 |
|---|---|
| 颜色和外观 | ISO 2049 |
| 击穿电压 | IEC 60156 |
| 表面张力 | ISO 6295 |
| 酸度 | IEC 62021-1 |
| 90 ℃时的介电损耗因素 | GB/T 5654—2007 或 IEC 61620 |
| 含水量 | IEC 60814 |
| 气体溶解度 | IEC 60567 和 GB/T 7252 |
| 2-糠醛含量 | IEC 61198 |

### 6.4 热老化

#### 6.4.1 推荐的固体元件老化温度

根据预期的热老化等级，按表1选择老化温度及老化阶段。表1的每个老化温度都是通过四个老化周期的时间确定的。

表1 推荐的预期耐热等级的老化温度及周期

| 老化周期/h | 预期耐热等级 | | | | | | | |
|---|---|---|---|---|---|---|---|---|
| | 90 | 105 | 120 | 130 | 155 | 180 | 200 | 220 |
| 1 500/3 000/4 500/6 000 | 110 ℃ | 125 ℃ | 140 ℃ | 150 ℃ | 175 ℃ | 200 ℃ | 220 ℃ | 240 ℃ |
| 500/1 000/1 500/3 000 | 125 ℃ | 140 ℃ | 155 ℃ | 165 ℃ | 190 ℃ | 215 ℃ | 235 ℃ | 255 ℃ |
| 250/500/750/1 000 | 140 ℃ | 160 ℃ | 170 ℃ | 180 ℃ | 205 ℃ | 230 ℃ | 250 ℃ | 270 ℃ |

#### 6.4.2 推荐的液体老化温度

液体老化温度应比被模拟设备最高运行温度至少高15%。然而，该温度最高应低于液体闪点温度至少10%。若在考虑风险因素后无法得到前者温度时，应使用最安全的温度。

#### 6.4.3 基准EIS老化温度

本部分中，选择的基准EIS指定为电力变压器用的牛皮纸和矿物质油，应根据6.2.1方法进行老化试验，即：

——带牛皮纸绝缘的导体　　　　　　　　　　　　160 ℃

——按 GB 2536 规定的矿物质油　　　　　　　　115 ℃

辅助设备的基准试品应由完整测试结果确定。

在确定的时间和温度以上，进行三个基准试品老化试验。移走评定诊断试验中的液体和固体材料试品。

### 6.4.4 待评 EIS 的老化程序

根据 6.4.1 的表 1 要求老化 9 个待评试品。

待评试品的老化时间应通过大量终点寿命的统计采样数据选择；即第一个老化周期进行一个老化试验，第二个老化周期进行两个老化试验，第三个和第四个老化周期进行三个老化试验。第三个和第四个老化周期可能由前两点获得的数据来进行调整。

在每个周期结束时，移走并评估诊断试验用的液体和固体材料试品。判断每个容器中液体的状态和体积，并记录测试数据。

### 6.5 终点测试

固体和液体试品的诊断试验项目，应从 6.3 中选择，示例如下：

——抗拉强度；

——抗压强度；

——固体电气强度；

——液体电气强度；

——液体损耗系数(tanδ)；

——液体酸中和数。

每个诊断试验都应有终点准则，并根据第 7 章的规定进行合理判断。

## 7 数据分析

### 7.1 终点准则

在试验开始之前，要明确定义试品已失效的判断准则。试验周期应包含足够的试验以检测每个试品表示终点寿命的失效何时发生。使用多个终点准则将使试验结果的解释变得更加困难。推荐对于试品(固体/液体)中每个元件使用一个终点准则。对于用来模拟 EIS 的设备，技术委员会可以定义具体的终点准则。

#### 7.1.1 液体部件的终点寿命

相关的设备技术委员会可选择被接受的终点准则。例如，在可接受的运行范围内，介电强度的降低。对于矿物质油，具体数值按 IEC 60422 规定的设备类型来进行确定。

#### 7.1.2 固体部件的终点寿命

可接受的固体绝缘的终点准则应为按 6.5 确定的性能降低到原始值的 50%。

应记录试品中固体绝缘在每个老化温度下的终点寿命的总小时数。每个老化温度下的寿命(以小时计算)应按 GB/T 11026.3—2006 的规定进行计算。

注：对于液体来说，没有平均寿命的评估要求。

#### 7.1.3 数据的外推法

固体部件数据的线性回归分析应按 IEC 60216-5 的相关规定进行(按 GB/T 20112—2006 的要求，应包括线性回归分析)。

### 7.2 试验报告

试验报告应包括全部记录、试验的相关细节以及分析，包括：

——引用的测试标准；

——受试 EIS(基准和待评 EIS)的描述；

——每种 EIS 的老化温度和老化周期；
——用于每种 EIS 的诊断试验和终点准则；
——试品的详细描述(包括容积率)；
——每种 EIS 在每个老化温度点的试品数量；
——每个组件的终点寿命时间；
——每种 EIS 在每一老化温度下的终点寿命时间的平均对数值。

多点老化试验还应包括：
——针对固体部件的对数平均点的回归线；
——针对固体部件的回归方程式和相关系数；
——基准 EIS 中固体部件的评定长期耐热性指数和/或耐热等级；
——待评 EIS 中固体组分的相对长期耐热性指数和指定的耐热等级。

# 附 录 A
（资料性附录）
# 元件体积率计算表格示例

计算元件的参数量(体积、面积)可使用计算表格,作为确定被测试 EIS 的老化室尺寸和类型的依据。计算可以由模拟设备的模型的材料容积率来确定,活动部分(例如,导体、磁芯)以及非活动部分(例如,结构板、EIS 中的 EIM 等)。下面给出一个可用的计算表格示例,用来计算电力变压器的 EIS 老化试验。

——热绝缘的体积:

导体的绝缘;

热层压板(带间隙);

线圈中其他热绝缘。

——低温绝缘体积(在冷却液部分):

低温(散)层压板;

用于平衡材料的附加样品。

——磁性铁芯面积。

**组件容积率计算示例**

| 组件<br>(率) | 材料<br>(单位) | 基准变压器 | 基准模型(纤维) | 待测模型(混合) |
|---|---|---|---|---|
| A | 隔热绝缘体积(1 000 mL) | 269 | 0.156 | 0.165 |
| B | 低温绝缘体积(1 000 mL) | 683 | 0.373 | 0.373 |
| C | 矿物质油体积 (L) | 8 325 | 3.27 | 3.27 |
| D | 铁芯表面积($cm^2$) | 130 322 | 69.7 | 69.7 |
| (B/A) | 低温绝缘/热绝缘 | 2.45 | 2.40 | 2.27 |
| (B/C) | 低温绝缘/液体 | 0.082 | 0.114 | 0.114 |
| (A/C) | 热绝缘/液体 | 0.033 | 0.048 | 0.050 |
| (B/D) | 低温绝缘/铁芯表面积 | 5.34 | 5.36 | 5.36 |

## 参 考 文 献

IEC 60076-6 电力变压器 第6部分:电抗器

IEC 60076-7 电力变压器 第7部分:油浸电力变压器加载指南

IEC 60076-14 电力变压器 第14部分:使用高温绝缘材料的液浸式电力变压器的设计和应用

IEEE 1276-1998 油浸电力变压器高温绝缘材料使用导则

IEEE Paper 96WM 21-2 PWRD 高温绝缘系统和绝缘油混合系统的耐热寿命评价

ICS 29.035.99
K 15

# 中华人民共和国国家标准

GB/T 22579—2008/IEC 61624:1997

# 拟定用于电工设备中聚合性复合物最大允许温度清单的导则

Guidance on the development of lists of maximum allowable temperatures for polymeric compounds used in electotechnical equipment

(IEC 61624:1997,IDT)

2008-12-15 发布

2009-10-01 实施

中华人民共和国国家质量监督检验检疫总局
中国国家标准化管理委员会
发布

# 前　言

本标准等同采用 IEC 61624:1997《拟定用于电工设备中聚合物基复合物最大允许温度清单的导则》。

本标准在等同采用 IEC 61624:1997 时，做了如下编辑性修改：

——本标准删除了 IEC 61624 的标准前言。

——本标准的引用文件，对已经转化为我国标准的国际标准，列出了我国标准及其与国际标准的转化程度。

本标准的附录 A、附录 B 为资料性附录。

本标准由中国电器工业协会提出。

本标准由全国电气绝缘材料与绝缘系统评定标准化技术委员会(SAC/TC 301)归口。

本标准起草单位：桂林电器科学研究所、机械工业北京电工技术经济研究所。

本标准主要起草人：罗传勇、徐元凤。

本标准为首次制定。

# 拟定用于电工设备中聚合性复合物最大允许温度清单的导则

## 1 范围

本标准对在拟定聚合物基复合物在正常和非正常条件下的最大允许温度清单时提供指导。

本标准就下述内容进行了讨论并作出建议：

a) 在选择适当方法对聚合物基复合物进行叙述时，要考虑到许多复合物的配方是复杂的且由此获得的性能范围也是宽广的这些影响因素(见5.1)；

b) 影响那些包含在聚合物复合在正常运行条件下的最大允许温度清单内的数据选择的因素(见5.2及5.3)；

c) 聚合物基复合物在非正常运行条件下的最大允许温度的清单(见第6章)。

尽管意识到由于实际原因习惯采用"温升"这个词，但本标准还是采用术语"温度"。如果规定一个合适的参考点，例如25 ℃，则可以把一个换算成另一个。

## 2 规范性引用文件

下列文件中的条款通过本标准的引用而成为本标准的条款。凡是注日期的引用文件，其随后所有的修改单(不包括勘误的内容)或修订版均不适用于本标准，然而，鼓励根据本标准达成协议的各方研究是否可使用这些文件的最新版本。凡是不注日期的引用文件，其最新版本适用于本标准。

GB/T 1630.1—2008 塑料 环氧树脂 第1部分：命名(ISO 3673-1:1996,IDT)

GB/T 1634.2—2004 塑料 负荷变形温度的测定 第2部分：塑料、硬橡胶和长纤维增强复合材料(ISO 75-2:2003,IDT)

GB 4706.1—2005 家用和类似用途电器的安全 第1部分：通用要求(IEC 60335-1:2001,IDT)

GB/T 5169.10—1997 电工电子产品着火危险试验 试验方法 灼热丝试验方法 总则(IEC 60695-2-1/0:1994,IDT)

GB/T 5169.11—2006 电工电子产品着火危险试验 第11部分：灼热丝/热丝基本试验方法 成品的灼热丝可燃性试验方法(IEC 60695-2-11:2000,IDT)

GB/T 5169.12—2006 电工电子产品着火危险试验 第12部分：灼热丝/热丝基本试验方法 材料的灼热丝可燃性试验方法(IEC 60695-2-12:2000,IDT)

GB/T 9341—2000 塑料 弯曲性能的测定(ISO 178:2001,IDT)

GB/T 11020—2005 固体非金属材料暴露在火焰源时的燃烧性试验方法清单(IEC 60707:1999,IDT)

GB/T 11026.1—2003 电气绝缘材料耐热性 第1部分：老化程序和试验结果的评价(IEC 60216-1:2001,IDT)

GB/T 11026.2—2000 确定电气绝缘材料耐热性的导则 第2部分：试验判断标准的选择(IEC 60216-2:1990,IDT)

GB/T 11026.4—1999 确定电气绝缘材料耐热性的导则 第4部分：老化烘箱 单室烘箱(IEC 60216-4-1:1990,IDT)

ISO 527-1:1993 塑料 拉伸性能的测定 第1部分：总则

ISO 7391-1:1987 塑料 聚碳酸酯模塑和挤塑材料 第1部分：命名

## 3 术语和定义

下述术语和定义适用于本标准。

3.1

**聚合物基复合物在正常运行条件下的最大允许温度 maximum allowable temperature for polymeric compounds under normal operating conditions**

当在正常运行条件下使用时，某一具体聚合物基复合物安全使用于一般电工设备中的最大允许温度。

3.2

**正常条件 normal conditions**

当设备按其设计用途运行时，可预期的长期存在的受热条件。

3.3

**非正常条件 abnormal conditions**

因事故和/或可预期的短时的超载引起的短时受热条件，其严酷程度远远超过已知的正常条件。

注：在无人操作过程中，非正常条件可能存在几秒至 10 h(见第 6 章)。

3.4

**长期 long term**

和设备的预期运行寿命一样长的时间周期。例如，家用电器为 50 h～8 000 h。

3.5

**短期 short term**

比设备的预期运行寿命短的时间周期。

3.6

**一般电工用途 general electrotechnical applications**

把某一电工产品应用于某一环境中。引起该产品长期的性能劣化的主导形式是因热作用引起的化学反应。

## 4 一般讨论

### 4.1 背景

遍及世界的塑料工业，生产出一百万种以上的不同聚合物基复合物，其中，许多作为模塑、浇注或机加工零部件在电工设备中获得应用。

这些零部件可以应用的温度/时间的范围和大小取决于对安全贮存、运输和使用所必须保持的性能水平。这些类型材料的性能随时间和温度而变化，其变化速率又与温度有关。不同性能可以以不同速度变化。通常，应用方式和当地的环境条件也会产生影响材料/零部件使用寿命的附加应力。

国际上对正常运行下由绝缘材料制成的零部件的最大允许温度清单已经使用好几年了并获得了显著效果和安全。然而，由数据组成的这些清单是适用于那些按规定限制使用条件的其他标准制造的产品；或适用于根据公认和业已证实的绝缘结构中的零部件，例如，电机绕组；或是热固型的绝缘材料，而对热塑性绝缘材料，完全被排除于这些清单之外。

需对由热塑性材料制成的零部件单独地按照正常和非正常运行条件中业已测得的实际温度要求进行试验。

现在要询问的问题是这些清单是否不仅仅可以扩大选择热固型材料范围，而且可以安全地扩大至将热塑料材料包括在内？

为了回答这个问题并给出指导，首先要认清热固性和热塑性聚合物之间的主要差别。热塑性材料会因受热作用以可逆方式发生软化(图 1)且比热固型材料更容易受到日常材料的有害影响。如果这些材料一旦形成交联结构，就不会熔化并能耐受许多种类化学物质和日常环境作用。

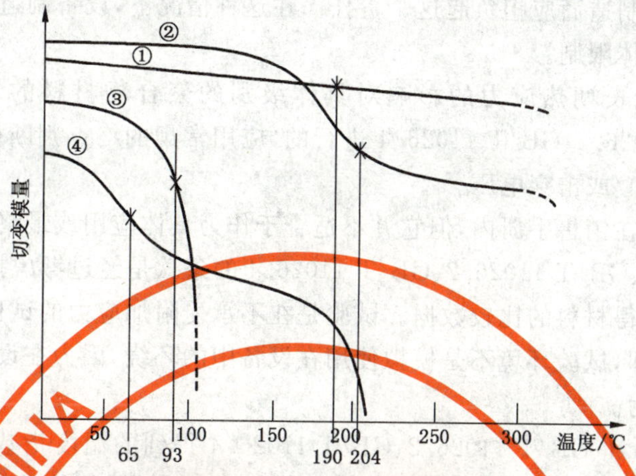


①——含矿物填料的热固性酚醛树脂；

②——含矿物填料的热固性环氧酚醛树脂；

③——PMMA：聚甲基丙烯酸甲酯；

④——聚酰胺 6。

注：DTUL（负荷变形温度）在曲线用“×”符号表示。

**图 1 典型热固性材料和热塑性材料的动态切变（扭力）模量与温度关系曲线，展示在 0.179 MPa 的变形温度**

这种行为的自然结果是：当处在意想不到的热条件或处在意想不到的与设备中有害材料接触条件下时，热塑性零部件多半要比热固性的零部件危险得多。由此可以猜测这个因素就是为什么在 GB 4706.1 中把热塑性材料的具体温度排除在清单之外的主要原因。

因此，建议：

a) 应该把现在的清单扩大到包括更宽范围的热固性材料；

b) 应该围绕将热塑性材料包括在内的困难进行更加详细的分析。

## 4.2 热塑性材料

### 4.2.1 材料

这些材料通常是在高温下制成的，因为在高温下，材料的粘度值适合于成型工艺要求。可以在成型过程把包括其他聚合物在内的许多添加物加入，使制得的产品性能满足应用的要求。许多基础聚合物在中等温度下比较不稳定，复合工艺中有一步骤要加入稳定剂，以得到在预期应用中所要求的耐热性程度。

由于这些材料能够重新软化，因此，可进行各种再加工和回收，包括从超过使用期产品经过挑选、分类和重新粉碎加工后的聚合物重新利用，这种加工可能会明显地改变性能。

以探索方式，全面应用共聚物、三聚物、聚合物混合物及聚合物合金，以实现商业上具有吸引力的各种等级性能并改进价格/性能比，但依本报告观点，这一切增加了一般按类别形式正确命名产品的复杂性。

附录 A 给出了基于丙烯作为主要单体的各种各样复合物的例子，这些复合物可以从一个聚合物生产厂得到的。从中可以看出，当拉伸屈服应力（ISO 527-1:1993，50 mm/min）从 15 MPa 弯化到 101 MPa 时，与其相应的弯曲弹性模量数值（GB/T 9341—2000，10 mm/min）为 0.95 GPa～7.6 GPa，负荷下变形温度（GB/T 1634.2—2004，方法 A 和方法 B，1.8 MPa 和 0.45 MPa）为 51 ℃/93 ℃至 153 ℃/160 ℃。除了许多特殊用途等级外，大约生产有 12 种一般用的不同复合物供家用电器市场需要。

### 4.2.2 聚合物性能数据

热塑性聚合物的制造商和聚合物供应商就其产品性能向设备设计部门进言，以帮助后者并经常协作共同发展“特殊应用”复合全物，但他不能给予任何安全运行特性的保证，这是由于设计者的要求是各种各样的。他们主张设备制造商应担负起这个责任。在这种情况下，设备制造商就要规定对贮存、运输和应用的条件和方式的具体限制。

某些聚合物制造商就长期热应力的影响对具体级别的聚合物材料的性能进行评估时是按照GB/T 11026.1、GB/T 11026.2、GB/T 11026.4 进行的，应用常规的终点判断标准，例如50%的拉伸强度保持率和/或冲击强度和/或击穿电压。

这些数据经常被包括在销售手册内，但它并不适合于作为具体应用或最终使用。

然而，GB/T 11026.1、GB/T 11026.2、GB/T 11026.4 的条款是经过考虑把它设计成针对某一种简单、基础体系，以便能够获得材料的比较数据。试验是在不承受附加应力的试样上进行且试验环境是暗黑烘箱中的实验室大气，即，试验环境不是模拟使用在设备中的环绕，因为在设备中，无论处在静止还是运行状态，都存在附加应力。

因此，按 GB/T 11026.1、GB/T 11026.2、GB/T 11026.4 得到的温度指数（TI）不能用作指示聚合物的最大安全工作温度，因为耐热性试验所选择的终点判断标准与零部件在使用中的需要两者之间不存在着任何特定关系。另外，在 GB/T 11026.1、GB/T 11026.2、GB/T 11026.4 中没有把注意力集中到与相邻材料相容性以及工作环境问题的。

其他聚合物制造商就最大使用温度对具体级别的聚合物性能进行评估时，是利用在某些应用中已知服务期的参考材料，通过比较评定程序进行的。在候选材料和参考材料在使用中的服务期并按两种材料在这些老化试验中相对行为予以修正。还进行了一些外加短试验以暴露候选材料的所有性能组合中的任何不当的弱点。

然而，即使考虑到这些附加因素，所得到的数据也仅供作指导。长期运行特性试验还要在半组装或完整设备上进行。

当设备制造商收到聚合物制造商的意见时，他们应用功能装置和半组装及完整设备两者进行自己系列的长期试验，作为发展过程中的一部分，以保证他们的产品具有足够安全的长期运行特性。

**4.3 概括**

由上可以看出：

a) GB 4706.1 特别不把正常运行条件下热塑性聚合物的最大允许温度的任何标准极限包括在内，而是需要由具体的设备试验予以代替。

b) 热塑性和热固性聚合物的制造商没有保证他们的产品工作温度的上下极限，这是由于这些温度与设计的要求关系极大。

c) 在国际标准中还没有已知的、由试验得出的可接受的条款内容可给出热塑性聚合物在正常运行条件下的最大允许温度的标准数值。现有的试验条款仅供指导用。

d) 热塑性材料的最大安全工作温度与性能开始急剧下降的温度两者温度差要比热固性材料小得多，这是由于各种性能/温度曲线的形状存在着显著差别（见图 1）。

e) 热塑型材料比热固型材料更多地受到常用材料的影响。根据业已提出的论点：

1) 不推荐把“应用在正常运行条件下聚合物基复合物（尤其是热塑性复合物）的最大允许温度清单”作为标准规定，因为这样的推荐可能会暗示由所有属于命名范围并业已展示其短时性能令人满意的材料制成的零部件，在列出的最大温度以下的一般应用中，在正常条件下具有安全长期运行特性。

要认识到，谨慎选择列出的温度，结合确认的聚合物等级进行零部件可靠设计，将最有可能获得安全特性并使这些清单成为标准规定。然而，由于聚合性复合物的类型和性能之间的复杂关系，偶尔不情愿地选择和使用材料以及试图降低项目的成本从而降低安全裕度等问题似乎会阻碍清单的采用。

最纯粹的解决方法是要求所有清单只是提供技术数据，但实际上是一种不会冒安全度危险的比较折衷的形式。可以感觉到，由于应用了认真制定的标准清单而得到的安全对低容量、低过载的电工产品会是令人满意的，但当容量和能量的水平增加时，可能趋向于不足。

因此，推荐产品技术委员会凭借对其产品的应用范围和条件的较多知识，去规定有关各种类别复合物的清单应该是标准的还是提供技术数据的。

2) 还应给出第二个清单，该清单是表明符合列入材料名称的具体复合物，业已达到什么样的安全运行温度。

应当认识到，在制定清单过程中，由于业已从大多数以类型划分的基础聚合物发展起来复合物范围十分宽广，因此，要求有一个综合性的聚合物命名体系以便从安全方面足以区分这些复合物，同时也包括使用再加工材料和回收材料。

## 5 清单

表1给出了清单的推荐形式。

**表1 推荐的清单格式**

| 材料名称 | 正常运行条件下的聚合物基复合物的最大允许温度[a]/℃ | 应用于正常条件下的设备中并符合命名的具体商品复合物的已实现的运行特性[a] |
|---|---|---|
| | | |

[a] 起草表1时，已经假定：

1) 不存在可能会明显影响长期运行特性的极端的几何或机械因子，例如，材料的厚度、高机械应力、振动、疲劳、蠕变等；

2) 不存在有害的环境材料，例如，过量的氧、臭氧或其他气体，过量的水分、或温气、油类，致冷剂、溶剂、食品添加剂、洗涤剂、酸、碱、氧化剂、还原剂、催化剂等；

3) 不存在有害的特殊环境辐射，例如，微波、红外线、强光、紫外线、X射线、伽玛射线、高能粒子等；

4) 不存在有害的特殊的生物因子。

下列各条就与清单有关的各条内容和结构作出具体推荐。

### 5.1 包含在第1栏“材料名称”内的数据选择

制定任何建议性清单的目的是在真实制造名字/商品聚合物的名称(牌号)不可能公布的场合，就(任何选择)具体类型的聚合物基复合物的最大安全工作温度方面作出指导。

(复合物)命名应该是综合性很强，使归入目录的任何复合物都能满足所指出的运行特性要求。前述条款已说明需要一种综合性命名体系，但有可能盼望到的只是一种折衷形式——清单越保守，所要求的命名的综合性越差——虽然这种折衷形式可能会带来降低有效实用程度的弊病。

应该认识到，聚合物基复合物的组成是一门高技术科学：用作改进一种性能的组分会轻易地产生不想要的副作用并影响到其他性能。聚合物组成中的组分，除了可以包括以类别划分的基础均聚/共聚/三聚物外，还有被称作为混合物或合金的另一些聚合物复合物、热稳定剂、填料、增强剂、成核剂、固化剂、单体/聚合增塑剂、颜米、耐燃/耐火剂等。

还应考虑在新材料与再加工材料及回收材料之间经常发生的添加量与性能值之间的矛盾。

可能的情况是：IEC已经对某些材料发表了命名和规范体系(如果是这样，采用这些体系应认真考虑)。绝缘材料范围已经出版了一系列规范，但对聚合物模塑材料至今没有出版标准。命名和分类体系业已由ISO出版，例如ISO 7391-1、GB/T 1630等，但几乎还没有相应系列的规范或要求。尽管如此，ISO聚合物的命名和分类体系看起来是综合性的并可以适合作为一个基础清单体系(见附录B中的例子)。

### 5.2 包括第2栏“正常运行条件下聚合物基复合物的最大允许温度”内的数据选择

在选择这些温度时，应适当考虑通常预期的材料性能的长时间变化，例如，机械的、电气的和燃烧的性能。

这些数据应以实际运行经验或相对温度指数为依据，但应属于命名范围内并考虑条款说明的任何复合物，当其应用在不超过第2栏中所规定的正常温度时，在长期热应力作用及对材料性能影响方面，在产品的整个寿命期内使用时必须令人满意。

因此推荐：下列的条款说明包含在任何表格的附近并指明它适用于本标题下的条目，同时也适用于按5.3所述的那些条目。

由于材料的名称不是很精确的，因此，第2栏中的数值必然是比较保守的。

（测定一般电工用的正常运行条件下聚合物基复合物的最大允许温度的方法正在考虑之中）。

### 5.3 包含在第3栏“应用于正常条件下的设备中并符合产品命名的具体商品复合物的已实现的运行特性”内的数据选择

温度的数值应建立在对一台业已证明有令人满意的运行记录的电工设备进行测量的基础上。本栏目的目的是要指明选择一种属于命名范围内的商品复合物能达到什么目的。假设是对照包含在第2栏内的必要的保守数值去选择一种高服务期的组成。

因此推荐：任何这样的第3栏都应参照下述段落内容：

在第3栏内，作为示范性和信息类的正常运行条件下最大允许温度的数值，对符合分类要求的特定等级的聚合物，业已在令人满意的长时间运行中获得了实现。只有给出使用于正常运行条件下，在实际的或非常相似的设备中使用这类材料业已证明具有运行经验的情况下，这样的温度才是允许的。

## 6 对“非正常运行条件下聚合物的最大允许温度”清单的考虑

按3.3定义，非正常条件是因事故和/或可预见的超载引起的。预料这些非正常条件对工作在“无人操作下”设备，存在的时间长短不超过10 h，和在其他情况下非常短暂时间。

热塑性聚合物基复合物制成的零部件，在非正常运行条件下的机械稳定性，受到使材料性能大大降低和/或使这些材料熔化时的温度的限制。无定形热塑性材料，在临界温度之上展现出其刚性急剧降低；而半结晶热塑性材料为基的复合物，在它们最终熔化之前，多半是逐步软化。在着手试验之前，总是应该对材料短时热行为的技术数据进行测定。

因为设计细节对使用于非正常条件下的聚合物行为有很大的潜在影响，又因为这样的非正常条件是由可预见情况引起并仅仅持续不超过10 h，因此，把清单范围扩大到包含有聚合性复合物在非正常运行条件下的聚合物基复合物最大温度的数字的建议，无论从需要还是从可行都是不能接受的。

因此建议，测试实验室应通过模拟方法评价这些短时影响。常用的球压痕试验、泄漏电流测量以及耐电压测量（见GB 4706.1例子），这些试验似乎都是可行的和必要的。灼热丝试验（GB/T 5169）和/或某一种燃烧试验（GB/T 11020）对保证有足够耐火性可能是有用的补充。

## 附 录 A
## （资料性附录）
## 以丙烯作为唯一单体或主要单体的热塑性复合物的范围

| | |
|---|---|
| 聚合物类型 | 均聚物、无规及嵌段共聚物 |
| 主单体 | 丙烯 |
| 共聚用单体 | 乙烯，5%以下 |
| 其他类型 | 改性弹性体 |
| 增强剂 | 偶合剂处理后的玻璃纤维，40%以下 |
| 填料 | 碳酸钙、滑石粉、玻璃珠、云母、阻燃玻璃填料/偶合剂处理后的玻璃纤维、混合矿物质等 |
| 填料含量 | 5%～40% |
| 稳定程度 | 轻微/一般用/长期耐热/苛刻环境条件 |
| 拉伸屈服应力范围<br>(ISO 527-1:1993,50 mm/min) | 15 MPa～101 MPa |
| 弯曲模量范围<br>(GB/T 9341—2000,10 mm/min) | 0.95 GPa～7.6 GPa |
| 负荷下变形温度<br>(GB/T 1634.2—2004，方法 A 和 B，1.8 MPa～0.45 MPa) | 51 ℃/93 ℃至 135 ℃/160 ℃ |

# 附 录 B
## (资料性附录)
## 热塑性材料命名体系

热塑性材料命名体系是基于下述标准化模式(ISO 7391-1):

| 命名 | | | | | | |
|---|---|---|---|---|---|---|
| 说明栏(任选) | 身份栏 | | | | | |
| | 国际标准 | 单位项目 | | | | |
| | 数据组编号 | 第 1 数据组 | 第 2 数据组 | 第 3 数据组 | 第 4 数据组 | 第 5 数据组 |

该命名模式由标有“热塑性材料”字样的任选栏和一个包括国际标准编号和单个项目栏组成的身份栏构成。为了清楚地编码，把单个项目栏分成五个数据组构成下述信息：

No.1:用符合号区别塑料，例如，PC 表示聚碳酸酯；

No.2:第 1 位，预期应用或加工方法，第 2 位～第 4 位：重要性能，添加剂和补充信息；

No.3:指定性能，例如，对聚碳酸酯、粘度值、熔体流动速率以及冲击强度；

No.4:填料和增强材料及其标称含量；

No.5:作为规范用，第 4 数据组可以增加含有补充的信息。

选自 ISO 7391-1 的例子。

## B.1 编码例子

**B.1.1** 一种聚碳酸酯(PC)注塑成型(M)材料，经耐强光和/或气候作用稳定(L)，带有模塑脱模剂(R)，粘度值为 59 mL/g(61)，熔流速率(MFR 300/1.2)9.5 g/10 min(09)，简支梁冲击强度，缺口型，35 kJ/m$^2$(B7)，可以把其命名为：

热塑性材料命名为：ISO 7391—PC，MLR，61-09-B7

ISO 7391 —PC M L R 61- 09- B7

- B7 —— 第 3 数据组：第 3 位：简支梁冲击强度，缺口
- 09 —— 第 3 数据组：第 2 位：熔流速率
- 61 —— 第 3 数据组：第 1 位：粘度值
- R —— 第 2 数据组：第 3 位：模塑脱模剂
- L —— 第 2 数据组：第 2 位：耐光 / 气候稳定
- M —— 第 2 数据组：第 1 位：注塑成型
- —PC —— 第 1 数据组符号
- ISO 7391 —— 国际标准编号

**B.1.2** 一种一般用(G)、具有特殊燃烧特性(F)的聚碳酸酯(PC)，其粘度值为 56 mL/g(55)，熔流速率(MFR 300/1.2)为 5.5 g/10 min(0.5)，简支梁冲击强度无缺口试样，为 35 kJ/m$^2$(A3)，玻璃(G)纤维(F)含量为 30%(30)，可以把其命名为：

热塑性材料命名为：ISO 7391—PC，GF，55-0.5-A3，GF 30 或缩写成：ISO 7391-PC…，GF 30

ISO 7391 —PC GF 55- 05- A3 GF 30

- 第 4 数据组：用玻璃纤维增强，27.5%～92.5%（质量份）
- 第 3 数据组：第 3 位：简支梁冲击强度
- 第 3 数据组：第 2 位：熔流速率
- 第 3 数据组：第 1 位：粘度值
- 第 2 数据组：第 2 位：特殊燃烧特性
- 第 2 数据组：第 1 位：一般用途
- 第 1 数据组符号
- 国际标准编号

ICS 29.130.20
K 31

# 中华人民共和国国家标准

GB/T 22580—2008

# 特殊环境条件　高原电气设备技术要求　低压成套开关设备和控制设备

**Specific environmental condition—
Technical requirements of electric equipments used for plateau—
Low-voltage switchgear and controlgear assemblies**

2008-12-15 发布　　2009-10-01 实施

中华人民共和国国家质量监督检验检疫总局
中国国家标准化管理委员会　发布

# 前　言

本标准的附录A是资料性附录。

本标准由中国电器工业协会提出。

本标准由全国低压成套开关设备和控制设备标准化技术委员会(SAC/TC 266)归口。

本标准负责起草单位：昆明电器科学研究所、天津电气传动设计研究所。

本标准参加起草单位：广州市白云电气集团有限公司、深圳市粤华机电技术开发有限公司、临海市耀明电力设备有限公司。

本标准主要起草人：周琼芳、张南华、欧惠安、项雅丽、王春娟、赵磊、朱丽辉、郭丽平、李慧英、郑程遥、罗正阳。

# 引　言

我国是世界上高原最为广阔的国家，在特有的高原环境条件下，低压成套开关设备和控制设备要满足其使用要求，提高低压成套开关设备和控制设备的高原适应性和防护能力是十分必要和非常重要的。

本标准规定了低压成套开关设备和控制设备在高原环境条件下的技术要求。

本标准的制定，目的在于增强低压成套开关设备和控制设备在高原环境条件下的适应性能，提高低压成套开关设备和控制设备在高原特殊环境条件下的可靠性水平，规范生产和使用行为准则。

本标准在 GB 7251(所有部分)基础上，考虑 2 000 m 以上高原环境条件对成套设备的影响，提出成套设备使用的高原环境条件、成套设备产品的技术要求及试验范围。

# 特殊环境条件　高原电气设备技术要求<br>低压成套开关设备和控制设备

## 1　范围

本标准规定了海拔 2 000 m 以上至 5 000 m 范围内，高原型低压成套开关设备和控制设备(以下简称“高原型成套设备”)的术语和定义、高原环境条件参数、要求、试验规范、资料、包装、运输和贮存要求。

本标准适用于海拔 2 000 m 以上至 5 000 m，额定电压为交流不超过 1 000 V、频率不超过 1 000 Hz，额定电压为直流不超过 1 500 V 的高原型成套设备。

本标准适用于与发电、输电、配电和电能转换的设备以及控制电能消耗的设备配套使用的成套设备。

本标准也适用于频率更高的装有控制及功率器件的成套设备，如电子装置集成到配电装置的成套设备、带有软启动功能的成套设备等。在这种情况下应采用附加的要求。

本标准同时适用于那些为特殊使用条件而设计的成套设备，如船舶、机车车辆、机床、起重机械使用的成套设备或在易爆环境中使用的成套设备及民用即非专业人员使用的设备等，只要他们符合有关的规定要求。

本标准不适用于单独的元器件及自成一体的组件，诸如电机启动器、刀熔开关、电子设备等，以上设备应符合它们各自的相关标准。

## 2　规范性引用文件

下列文件中的条款通过本标准的引用而成为本标准的条款。凡是注日期的引用文件，其随后所有的修改单(不包括勘误的内容)或修订版均不适用于本标准，然而，鼓励根据本标准达成协议的各方研究是否可使用这些文件的最新版本。凡是不注日期的引用文件，其最新版本适用于本标准。

GB/T 4798.1　电工电子产品应用环境条件　第 1 部分　贮存 (GB/T 4798.1—2005，IEC 60721-3-1:1997，MOD)

GB/T 4798.2　电工电子产品应用环境条件　第 2 部分：运输 (GB/T 4798.2—2008，IEC 60721-3-2:1997，MOD)

GB/T 4798.10　电工电子产品应用环境条件　导言 (GB/T 4798.10—2006，IEC 60721-3-0:2002，IDT)

GB 7251(所有部分)　低压成套开关设备和控制设备( IEC 60439，IDT)

GB/T 13384　机电产品包装通用技术要求

GB/T 20626.1—2006　特殊环境条件　高原电工电子产品　第 1 部分：通用技术要求

GB/T 20626.2—2006　特殊环境条件　高原电工电子产品　第 2 部分：选型和检验规范

JB/T 10361—2002　低压成套开关设备和控制设备　安全设计导则

## 3　术语和定义

GB 7251(所有部分)及 GB/T 20626.1—2006 中确立的术语和定义适用于本标准。

## 4　高原环境条件参数

按 GB/T 20626.1—2006 中第 4 章的规定。

## 5 要求

### 5.1 基本要求

高原型成套设备应符合 GB 7251（所有部分）中对应的产品标准和本标准规定，并按产品使用环境（如适用的海拔高度等）、运输、贮存等要求，对产品的设计和结构等技术参数进行选择。

### 5.2 电气间隙

以空气作为绝缘介质的低压成套开关设备和控制设备，随着安装场地海拔高度的增加，应增大电气间隙，其修正系数按 GB/T 20626.1—2006 中 5.3 中表 2 的规定。

示例：某低压成套开关设备依据 GB 7251(所有部分)以海拔 2 000 m 为基准，按相关环境参数等要求选择的空气最小电气间隙为 8 mm，当该产品用于海拔 4 000 m 时，产品设计的最小电气间隙应为 8 mm×1.29＝10.32 mm。

### 5.3 爬电距离

爬电距离应符合 GB 7251（所有部分）中对应的产品标准的爬电距离规定，并考虑使用地区高原环境条件参数等对产品微观环境、绝缘材料等影响，确定满足使用地区产品的最小爬电距离。

爬电距离不得小于该高原型成套设备的电气间隙。

### 5.4 温升

不应超过 GB 7251(所有部分)中对应的产品标准规定的温升限值。

注：安装于海拔 2 000 m 以上的高原型成套设备，当实际安装地点的海拔高度高于试验地点，且温升极限的验证，选用 6.1“在≤2 000 m 海拔高度的环境条件下进行试验”时，经验证后允许的额定电流值，通常由于随海拔升高，环境温度降低的数值可以补偿海拔升高温升的增加值，因此，对试验的结果可不需修正，试验结果确定的额定电流可适用于高海拔环境。但对容量较大结构紧凑的成套设备，例如，额定输入电流为 1 250 A 以上的成套设备，可能由于产品结构上的差异，柜内输出回路多、发热量大等因素，制造商需根据产品设计及实际应用环境，降低电流额定值的等级标定使用。

### 5.5 介电性能

在海拔 2 000 m 以上高原环境条件下使用的成套设备，应有足够的工频耐受电压能力和冲击耐受电压能力。介电性能应符合 GB 7251(所有部分)中对应的产品标准规定的要求(海拔 2 000 m 处的耐受电压值)，其耐受电压值应按产品安装的海拔高度进行修正，见 GB/T 20626.1—2006 中 5.6.1 的表 3。

示例：某高原型成套设备，设计选择海拔 2 000 m 处的额定冲击耐受电压($U_{imp}$)为 8 kV，当该产品用于海拔 4 000 m 时，在试验地点为海拔 2 000 m 时的额定冲击耐受电压值应为：

$U_{imp}=8\ kV\times1.25=10\ kV$。

### 5.6 开关器件和元件的选用

高原型成套设备内装的开关器件和元件应符合 GB 7251（所有部分）中对应的产品标准规定的开关电器和元件选择要求。

应选用高原型开关器件和元件，按高原型标定的额定参数进行成套设备设计，或充分考虑高海拔对常规型产品影响进行设计。例如，在高海拔使用的开关器件和元件按海拔高度的升高，降低额定工作电流或断流容量等进行选用。

开关器件和元件的电器性能指标及使用寿命应适应各类成套设备结构特点及高原地区安装、运输、贮存环境的影响。

### 5.7 开关电器和元件的安装

开关电器和元件应按照制造厂安装使用说明书(高原使用条件、飞弧距离、隔弧板的移动距离等)及成套设备的设计(如：为进一步提高安全可靠性加大电气间隙及飞弧距离等)进行安装。

### 5.8 防护

高原型成套设备除应满足常规产品执行的 GB 7251 中正常使用条件和本标准对海拔高度增加所

采取的措施外，还应注重考虑 GB 7251（所有部分）中对应的产品标准规定的特殊使用条件及高原环境条件对成套设备的影响。

注重考虑的影响参数，诸如：低温、高温、凝露、空气压力低、太阳辐射、紫外线辐射、热辐射、尘埃及冲击振动等。它们对高原型成套设备的主要影响参见附录 A。

高原型成套设备应根据其使用场合，由用户按实际需要提出几个或多个影响设备使用的影响参数（制造商和用户签定专门的协议），设计和生产应采取措施进行防护，满足用户对高原地区设备使用的要求。

### 5.9 密封

高原型成套设备内具有密封功能的电器及元件，其密封性应满足高原地区环境使用，避免密封性能降低导致电器及元件损坏或电气性能降低。

### 5.10 材料

材料应符合成套设备正常使用条件和高原使用条件的可靠性和寿命要求。

正常使用条件的成套设备材料，应符合 GB 7251（所有部分）中对应的产品标准的有关规定及 JB/T 10361—2002 中 5.7 要求。高原型成套设备对材料的特殊要求，还应考虑高原环境条件对材料的影响，由用户按实际需要提出几个或多个影响材料使用的影响参数（制造商和用户签定专门的协议），设计和生产选取的材料，应满足用户对高原地区使用的要求。

### 5.11 低温

高原型成套设备，当环境温度不符合 GB 7251（所有部分）中对应的产品标准规定的低温限值时，应采取措施，如设置自动投切的加热装置等。

### 5.12 铭牌

高原型成套设备的铭牌除应符合 GB 7251（所有部分）中对应的产品标准规定及常规型产品标准中有关铭牌的要求外，还需按 GB/T 20626.1—2006 中第 7 章的规定，在铭牌上标出产品适用的海拔级别（如：2 000 m＜海拔≤3 000 m 时，标为 G3；2 000 m＜海拔≤4 000 m 时，标为 G3、G4）。

### 5.13 短路保护及短路耐受强度

高原型成套设备应符合 GB 7251（所有部分）中对应的产品标准规定的短路保护与短路耐受强度以及短路耐受强度验证的要求。

注：安装于海拔 2 000 m 以上的成套设备，当实际安装地点的海拔高于试验地点，且试验验证选用 6.1“在≤2 000 m 海拔高度的自然环境条件下进行试验”时，经验证后允许的额定值（如：$I_{cw}$，$I_{pk}$，$I_{cc}$，$I_{cf}$），根据安装地点的高原环境条件对成套设备中使用的断路器、熔断器、材料等的影响程度，可对短路强度值进行修正（修正系数待定）。

## 6 试验规范

试验按 GB/T 20626.2—2006 中的检验分类、检验项目，分别按 GB 7251（所有部分）中对应的产品标准的试验方法进行。

### 6.1 高原型成套设备的试验地点

试验可在下述条件下进行：

——在使用地点相应海拔高度的自然环境条件下；

——在人工模拟环境条件下模拟相应海拔高度；

——在≤2 000 m 海拔高度的自然环境条件下。

### 6.2 选择≤2 000 m 海拔高度自然环境条件下试验的要求

#### 6.2.1 介电性能试验

要求如下：

——按 GB 7251（所有部分）中对应的产品标准要求进行；

——由于试验地点的海拔高度与高原型成套设备实际安装地点的海拔高度不同,试验地点对产品施加的介电强度值应按 GB/T 20626.1—2006 中 5.6.1 中表 3 的海拔修正系数进行修正。

示例:本标准 5.5 中示例的高原型成套设备使用环境为海拔 4 000 m,当该产品试验地点的海拔高度为 1 000 m 时,在该海拔高度对产品试验施加的额定冲击耐受电压值应为:

$$U_{imp} = 8\ \text{kV} \times 1.43 = 11.44\ \text{kV}$$

### 6.2.2 温升试验

按 GB 7251 (所有部分)中对应的产品标准要求进行,应符合 5.4 要求。

## 7 资料

资料应满足下列要求:

——应符合 GB 7251 (所有部分)中对应的产品标准规定的铭牌;标志;安装、操作和维修说明书要求;

——满足 GB/T 20626.1—2006 中对技术文件、标识的要求。

## 8 包装、运输和贮存

### 8.1 一般原则

应根据产品本身的性能、高原环境条件来选取适应于产品的防护措施。

### 8.2 包装

包装要求如下:

——应根据产品功能,运输方式、运输途中的环境条件及储存时的防护等情况选择合理的包装方式,以保证产品在运输途中及规定储存期内产品质量状况的完好。

——有运动部件的设备应固定,并应根据实际情况包装,防止沙尘进入。

——产品包装应坚固,设备固定应牢固并有适当的减震措施。

——按 GB/T 13384 的包装进行标志,必要时标志高原运输及贮存的特殊要求。

### 8.3 运输

按 GB 4798.2、GB 4798.10 及 GB 7251(所有部分)中对应的产品标准运输要求的规定。

### 8.4 贮存

按 GB 4798.1、GB 4798.10 及 GB 7251(所有部分)中对应的产品标准储存和安置条件的规定。

# 附　录　A
（资料性附录）
## 高原环境条件对低压成套开关设备和控制设备的主要影响

表 A.1

| 影响参数 | 可能产生的影响 |
|---|---|
| 低温 | 塑料(热塑性、热固性、弹性材料)变脆，极端情况下金属变脆、润滑剂粘度提高 |
| 高温 | 塑料加速老化，并降低机械和电气性能，润滑材料固化、油蒸发、电器散热受阻 |
| 空气压力低(海拔升高) | 采用对流散热的电器散热会受阻，温升值增加。对真空开关电器来说，将改变力的支配。空气密度降低，以空气为绝缘介质的绝缘强度降低 |
| 凝露 | 促进腐蚀、降低表面电阻而使绝缘强度降低(尤其在与污染相组合时) |
| 太阳辐射 | 涂漆褪色 |
| 紫外线辐射 | 塑料的表面发生变化，对薄壁或薄膜塑料来说，机械性能与电器性能恶化，透明塑料变脆，并出现龟裂 |
| 热辐射 | 电器散热或电阻加热受阻 |
| 沙粒、尘埃 | 机械故障、接触失灵、电器发生故障 |
| 冲击、振动 | 可能因机械影响而使动作发生故障，由于冲击或谐振放大而损坏 |

ICS 27.140
K 55

# 中华人民共和国国家标准

GB/T 22581—2008

# 混流式水泵水轮机基本技术条件

**Fundamental technical requirements for francis pump-turbine**

2008-12-15 发布　　　　2009-10-01 实施

中华人民共和国国家质量监督检验检疫总局
中国国家标准化管理委员会　发布

# 前　言

本标准的附录 A、附录 C 为资料性附录，附录 B 为规范性附录。

本标准由中国电器工业协会提出。

本标准由全国水轮机标准化技术委员会(SAC/TC 175)归口。

本标准起草单位：哈尔滨电机厂有限责任公司、华东勘测设计研究院、东方电机有限公司。

本标准主要起草人：王泉龙、陈顺义、傅之跃、戴然、宫让勤。

# 混流式水泵水轮机基本技术条件

## 1 范围

本标准规定了既可作水泵运行又可作水轮机运行的混流式水泵水轮机采购、设计和制造方面的性能保证、技术要求、供货范围和检验项目,并提出了其包装、运输、保管、安装和运行维护应遵守的一般规定。

多级水泵水轮机和斜流式水泵水轮机可参照执行。

## 2 规范性引用文件

下列文件中的条款通过本标准的引用而成为本标准的条款。凡是注日期的引用文件,其随后所有的修改单(不包括勘误的内容)或修订版均不适用于本标准,然而,鼓励根据本标准达成协议的各方研究是否可使用这些文件的最新版本。凡是不注日期的引用文件,其最新版本适用于本标准。

GB 150 钢制压力容器

GB/T 191 包装储运图示标志(GB/T 191—2008,ISO 780:1977,MOD)

GB/T 2900.45 电工术语 水电站水力机械设备

GB/T 3323—2005 金属熔化焊焊接接头射线照相

GB/T 6075.5 在非旋转部件上测量和评价机器的机械振动 第5部分:水力发电厂和泵站机组(GB/T 6075.5—2002,ISO 10816-5:2000,IDT)

GB/T 8564 水轮发电机组安装技术规范

GB/T 9239.1—2006 机械振动 恒态(刚性)转子平衡品质要求 第1部分:规范与平衡允差的检验(ISO 1940-1:2003,IDT)

GB/T 9239.2—2006 机械振动 恒态(刚性)转子平衡品质要求 第2部分:平衡误差(ISO 1940-2:1997,IDT)

GB/T 9797 金属覆盖层 镍+铬和铜+镍+铬电镀层(GB/T 9797—2005, ISO 1456:2003, IDT)

GB/T 10969 水轮机、蓄能泵和水泵水轮机通流部件技术条件

GB/T 11120 L-TSA 汽轮机油(GB/T 11120—1989,neq ISO 8068:1987)

GB/T 11345 钢焊缝手工超声波探伤方法和探伤结果分级

GB/T 11348.5—2002 旋转机械转轴径向振动的测量和评定 第5部分:水力发电厂和泵站机组(idt ISO 7919-5:1997)

GB/T 11805 水轮发电机组自动化元件(装置)及其系统基本技术条件

GB/T 15468 水轮机基本技术条件

GB/T 15469.2 水轮机、蓄能泵和水泵水轮机的空蚀评定 第2部分:蓄能泵和水泵水轮机的空蚀评定(GB/T 15469.2—1997,IEC 60609-1:2004,MOD)

GB/T 15613 水轮机模型验收试验规程

GB/T 17189 水力机械(水轮机、蓄能泵和水泵水轮机)振动和脉动现场测试规程(GB/T 17189—2007,IEC 60994:1991,MOD)

GB/T 18482 可逆式抽水蓄能机组起动试验规程

GB/T 19418 钢的弧焊接头 缺陷质量分级指南(GB/T 19418—2003,ISO 5817:1992,IDT)

GB/T 20043—2005 水轮机、蓄能泵和水泵水轮机水力性能现场验收试验规程(IEC 60041:1991, MOD)

DL/T 443　水轮发电机组设备出厂检验一般规定

DL/T 507　水轮发电机组启动试验规程

DL/T 710　水轮机运行规程

DL/T 5066　水力发电厂水力机械辅助设备系统设计技术规定

JB/T 1270　水轮机、水轮发电机大轴锻件技术条件

JB/T 4730　压力容器无损检测

JB/T 6061　焊缝磁粉检验方法和缺陷磁痕分级

JB/T 6062　焊缝渗透检验方法和缺陷迹痕分级

JB/T 7349　混流式水轮机焊接转轮不锈钢叶片铸件

JB/T 8660　水电机组包装、运输和保管规范

JB/T 10264　混流式水轮机焊接转轮上冠、下环铸件

IEC 60193　水轮机、蓄能泵和水泵水轮机模型验收规程

IEC 60545　水轮机验收、运行和维护说明

IEC 60609-1　水轮机、蓄能泵和水泵水轮机空蚀评定

IEC 60805　蓄能泵和作为水泵运行的水泵水轮机的验收、运行和维护导则

CCH-70-3　水力机械铸钢件检验规范

ASME VⅢ　锅炉及压力容器规范第VⅢ卷　压力容器建造规则

## 3　术语、定义和符号

GB/T 2900.45 和 GB/T 15468 确立的以及下列术语、定义和符号适用于本标准。

### 3.1　抽水蓄能电站水库水位

#### 3.1.1

**上水库校核洪水位　upper reservoir check flood level**

上水库遇到大坝校核洪水时，坝前达到的最高水位；即上水库在非常运行情况下，允许临时达到的最高洪水位。

量的符号：$Z_{upFL.max}$

单位：m

#### 3.1.2

**上水库设计洪水位　upper reservoir design flood level**

上水库遇到大坝设计洪水时，坝前达到的最高水位；即上水库在正常运行情况下，允许达到的最高水位。

量的符号：$Z_{upFL.d}$

单位：m

#### 3.1.3

**上水库正常蓄水位　upper reservoir normal water level**

上水库在正常运用的情况下，满足兴利要求允许充蓄并能保持的高水位(亦称：正常高水位或设计蓄水位)。

量的符号：$Z_{upL.n}$

单位：m

#### 3.1.4

**上水库正常运行低水位　upper reservoir normalminimum water level**

上水库正常运行时，在不使用应急备用库容的情况下，允许上游水库消落的最低水位。

量的符号：$Z_{upL,nmin}$

单位：m

3.1.5

**上水库最低蓄水位　upper reservoirminimum water level**

上水库正常运行时，在使用应急备用库容并满足兴利要求的条件下，允许上水库消落的最低水位(亦称：死水位)。

量的符号：$Z_{upL,min}$

单位：m

3.1.6

**下水库校核洪水位　Lower reservoir maximum flood level**

下水库遇到大坝校核洪水时，坝前达到的最高水位；即下水库在非常运行情况下，允许临时达到的最高洪水位。

量的符号：$Z_{lowFL,max}$

单位：m

3.1.7

**下水库设计洪水位　lower reservoir design flood level**

下水库遇到大坝设计洪水时，坝前达到的最高水位；即下水库在正常运行情况下，允许达到的最高水位。

量的符号：$Z_{lowFL,d}$

单位：m

3.1.8

**下水库正常蓄水位　lower reservoir normal water level**

下水库正常运用时，在应急备用库容使用以及包括蒸发、渗漏备用库容的情况下，满足兴利要求允许充蓄并能保持的高水位(亦称：设计蓄水位)。如果下水库应急备用库容设置在正常蓄水位以上，即下水库不设专用的、正常运行一般不会使用的应急备用库容，则下水库正常蓄水位与正常高水位相同。

量的符号：$Z_{lowL,n}$

单位：m

3.1.9

**下水库正常高水位　lower reservoir normal high water level**

下水库正常运用时，在不使用应急备用库容但包括蒸发、渗漏备用库容的情况下，满足兴利要求并能保持的高水位。如果下水库应急备用库容设置在正常蓄水位以上，则下水库正常高水位与正常蓄水位相同。

量的符号：$Z_{lowL,nhigh}$

单位：m

3.1.10

**下水库最低蓄水位　lower reservoirminimum water level**

下水库正常运行时，在满足兴利要求的条件下，允许下水库消落的最低水位(亦称：死水位)。

量的符号：$Z_{lowL,min}$

单位：m

## 3.2　电站毛水头/扬程

3.2.1

**电站最大毛水头/扬程　maximum gross head of plant**

电站正常运行时，上水库处于正常蓄水位，下水库处于最低蓄水位时出现的最大水位高程差。

量的符号：$H_{g\ max}$

单位：m

3.2.2

**电站最小毛水头/扬程　minimum gross head of plant**

电站正常运行时，上水库处于最低蓄水位，下水库处于正常蓄水位时出现的最小水位高程差。

量的符号：$H_{g\ min}$

单位：m

## 3.3　水头和扬程

3.3.1

**水轮机水头　head**

水泵水轮机作水轮机工况运行时的有效水头，为水轮机高、低压基准断面的总单位能量差。

量的符号：$H_t$

单位：m

3.3.2

**最大水头　maximum head**

水泵水轮机作水轮机工况运行时，电站最大毛水头减去一台机空载运行时输水系统所有水头损失后的水轮机水头。

量的符号：$H_{tmax}$

单位：m

3.3.3

**最小水头　minimum head**

水泵水轮机作水轮机工况运行时，电站最小毛水头减去电站同一输水道所有水泵水轮机输出该水头下允许最大功率时输水系统所有水头损失后的水轮机水头。

量的符号：$H_{tmin}$

单位：m

3.3.4

**加权平均水头　weighted average head**

水泵水轮机作水轮机工况运行时，在规定的水轮机工况运行条件下，考虑功率和工作历时的水轮机水头的加权平均值。

量的符号：$H_{tw}$

单位：m

3.3.5

**设计水头　design head**

水泵水轮机作水轮机工况运行时，水轮机最优效率点所对应的水头。

量的符号：$H_{td}$

单位：m

3.3.6

**额定水头　rated head**

水泵水轮机作水轮机工况运行时，在额定转速下，输出额定功率时所需的最小水轮机水头。

量的符号：$H_{tr}$

单位：m

3.3.7

**水轮机输出最大功率的水头　requiredminimum head of maximum output**

水泵水轮机作水轮机工况运行时，水轮机输出设计规定的最大功率时所需的最小水轮机水头。

量的符号：$H_{tP\ max}$

单位：m

3.3.8

**水泵扬程　pump head**

水泵水轮机作水泵工况运行时高、低压基准断面总的单位能量差。

量的符号：$H_{p}$

单位：m

3.3.9

**水泵最高扬程　maximum pump head**

电站在最大毛扬程时，在同一输水道的所有水泵水轮机在额定转速下按协联关系运行时的水泵扬程。

量的符号：$H_{p\ max}$

单位：m

3.3.10

**水泵最低扬程　minimum pump head**

电站在最小毛扬程时，一台水泵水轮机在额定转速下按协联关系运行时的水泵扬程。

量的符号：$H_{p\ min}$

单位：m

3.3.11

**水泵最优扬程　optimal pump head**

水泵水轮机在水泵工况最优效率点所对应的水泵扬程。

量的符号：$H_{p\ opt}$

单位：m

3.3.12

**水泵零流量扬程　pump head at zero discharge**

水泵水轮机以额定转速水泵旋转方向旋转输出流量为零时的水泵扬程。

量的符号：$H_{p\ zero}$

单位：m

3.3.13

**水泵异常低扬程　extremelyminimum pump head**

水泵水轮机在水泵工况允许运行的极限最低扬程。

量的符号：$H_{p\ e\text{-}min}$

单位：m

3.3.14

**最高瞬态压力　maximum momentary pressure**

系统中指定点在规定的过渡过程下的最高表计压力。

量的符号：$p_{m\ max}$

单位：MPa 或 kPa

3.3.15

**最低瞬态压力　minimum momentary pressure**

系统中指定点在规定的过渡过程下的最低表计压力。

量的符号：$p_{m\ min}$

单位：MPa 或 kPa

3.4 流量

3.4.1

**单位流量 unit discharge**

在1 m水头/扬程下，转轮公称直径为1 m的水泵水轮机在各种工况运行时通过的流量。

量的符号：$Q_{11}$

3.4.2

**水轮机流量 turbine discharge**

水泵水轮机作水轮机工况运行时单位时间内流过水泵水轮机水的体积。

量的符号：$Q_t$

单位：$m^3/s$

3.4.3

**水轮机额定流量 turbine rated discharge**

水泵水轮机作水轮机工况运行时在额定水头、额定转速下输出额定功率所需的流量。

量的符号：$Q_{tr}$

单位：$m^3/s$

3.4.4

**水轮机最大功率时的流量 required discharge of maximum power**

水泵水轮机作水轮机工况运行时输出设计规定的最大功率时所需的最小水头下的流量。

量的符号：$Q_{tp\ max}$

单位：$m^3/s$

3.4.5

**水轮机空载流量 no-load discharge of turbine**

水泵水轮机作水轮机工况运行时在额定转速下转轮输出功率为零时的流量。

量的符号：$Q_{t0}$

单位：$m^3/s$

3.4.6

**水泵最优流量 pump optimal discharge**

水泵水轮机作水泵工况运行时最优效率点所对应的流量。

量的符号：$Q_{p\ opt}$

单位：$m^3/s$

3.4.7

**水泵最小流量 pumpminimum discharge**

水泵水轮机作水泵工况正常运行时最大扬程下的流量。

量的符号：$Q_{p\ min}$

单位：$m^3/s$

3.4.8

**水泵最大流量 pump maximum discharge**

水泵水轮机作水泵工况正常运行时最小扬程下的流量。

量的符号：$Q_{p\ max}$

单位：$m^3/s$

3.5 转速

3.5.1

**单位转速 unit speed**

在1 m水头/扬程下，转轮公称直径为1 m的水泵水轮机在各种工况运行时的转速。

量的符号：$n_{11}$

3.5.2

**额定转速　rated speed**

水泵水轮机按电站设计选定的稳态同步转速。

量的符号：$n_r$

单位：r/min

3.5.3

**水轮机工况比转速　turbine specific speed**

水泵水轮机在水轮机工况时，水头为 1 m、输出功率为 1 kW 时的转速。

量的符号：$n_s$(m·kW)

现定义(米千瓦制)的水轮机工况比转速按下式计算：

$$n_s = \frac{n \times \sqrt{P_t}}{(H_t)^{\frac{5}{4}}}$$

式中：

$n$——水泵水轮机转速，单位为 r/min；

$P_t$——水轮机功率，单位为 kW；

$H_t$——水轮机水头，单位为 m。

3.5.4

**额定比转速　rated specific speed**

水泵水轮机在水轮机工况运行，按额定工况计算得出的比转速。

量的符号：$n_{sr}$

3.5.5

**最优比转速　optimum specific speed**

水泵水轮机在水轮机工况运行，按最优工况计算得出的比转速。

量的符号：$n_{s\,opt}$

3.5.6

**水轮机比速系数　specific speed coefficient**

水轮机比转速与水头开方的乘积。

$$K_t = n_s \sqrt{H_t}$$

式中：

$n_s$——水轮机工况比转速(按 m·kW 制)；

$H_t$——水轮机水头，单位(m)。

量的符号：$K_t$

3.5.7

**水泵比转速　pump specific speed**

水泵水轮机在水泵工况时，扬程为 1 m、流量为 1 m$^3$/s 时的转速。

量的符号：$n_q$(m·m$^3$/s)

现定义的水泵工况比转速按下式计算：

$$n_q = \frac{n \times \sqrt{Q_p}}{(H_p)^{\frac{3}{4}}}$$

式中：

$n$——水泵水轮机转速，单位为 r/min；

$Q_p$——水泵工况流量，单位为 m$^3$/s；

$H_p$——水泵扬程，单位为 m。

3.5.8

**水泵最优比转速　pump optimum specific speed**

水泵水轮机在水泵工况运行时，最高效率点对应的比转速。

量的符号：$n_{q\ opt}$

3.5.9

**水泵最高比转速　pump maximum specific speed**

水泵水轮机在水泵工况运行时，最低扬程对应的比转速。

量的符号：$n_{qmax}$

3.5.10

**水泵比速系数　specific speed coefficient**

水泵比转速与扬程 3/4 次方的乘积。

$$K_p = n_q(H_p)^{\frac{3}{4}} = n_r Q_p^{\frac{1}{2}}$$

式中：

$n_q$——水泵工况比转速；

$H_p$——水泵扬程，单位为 m；

$n_r$——水泵水轮机额定转速，单位为 r/min；

$Q_p$——水泵工况流量，单位为 $m^3/s$。

量的符号：$K_p$

3.5.11

**飞逸转速　runaway speed**

在规定水力条件和规定导叶开度下轴端输出功率为零时水泵水轮机可能达到的稳态转速值。

量的符号：$n_{run}$

单位：r/min

3.5.12

**最高飞逸转速　maximum runaway speed**

量的符号：$n_{run\ max}$

单位：r/min

3.5.13

**最高瞬态转速　maximum momentary overspeed**

在过渡过程中达到的最高转速。

量的符号：$n_{mom\ max}$

单位：r/min

## 3.6　功率和转矩

3.6.1

**单位功率　unit power**

水泵水轮机在各种工况时，在 1 m 水头/扬程下，转轮公称直径为 1 m 的水泵水轮机作用于转轮与轴连接处的输出/输入功率。

量的符号：$P_{11}$

3.6.2

**单位转矩　unit torque**

水泵水轮机在各种工况时，在 1 m 水头/扬程下，转轮公称直径为 1 m 的水泵水轮机作用于转轮与轴连接处的转矩。

量的符号：$T_{11}$

3.6.3

**水轮机水力功率　turbine hydralic power**

水泵水轮机在水轮机工况时，通过水泵水轮机的水流所具有的水力功率。

量的符号：$P_{th}$

单位：MW 或 kW

3.6.4

**转轮输出功率　runner mechanical output power**

水泵水轮机在水轮机工况时，转轮与轴连接处传递的机械功率。

量的符号：$P_{tm}$

单位：MW 或 kW

3.6.5

**水泵水轮机机械功率损失　pump turbine mechanical power loss**

水泵水轮机的导轴承、推力轴承(按推力负荷比例分担的部分)和主轴密封中损失的机械功率。

量的符号：$P_{lm}$

单位：MW 或 kW

3.6.6

**水轮机功率　turbine power**

水泵水轮机在水轮机工况时，转轮输出功率扣除水泵水轮机机械功率损失($P_{lm}$)后的功率($P_t = P_{tm} - P_{lm}$)。

量的符号：$P_t$

单位：MW 或 kW

3.6.7

**水轮机额定功率　turbine rated power**

水泵水轮机在水轮机工况时，在额定水头和额定转速下由设计或合同规定的水轮机铭牌功率。

量的符号：$P_{tr}$

单位：MW 或 kW

3.6.8

**水轮机最优工况功率　turbine power at optimum operating condition**

水泵水轮机在水轮机工况时，在最优工况下运行时的水泵水轮机功率。

量的符号：$P_{topt}$

单位：MW 或 kW

3.6.9

**水轮机最大功率　maximum turbine power**

水泵水轮机在水轮机工况时，在规定的运行水头范围内，设计或合同规定的最大水泵水轮机功率。

量的符号：$P_{tmax}$

单位：MW 或 kW

3.6.10

**水轮机空转输入功率　turbin input power in air**

水泵水轮机转轮在空气中以额定转速在水轮机方向运行时所需的有功功率。

量的符号：$P_{tair}$

单位：MW 或 kW

3.6.11

**水泵水力功率　pump hydralic power**

水泵水轮机在水泵工况运行时，通过水泵的水流所获得的功率。

量的符号：$P_{ph}$

单位：MW 或 kW

3.6.12

**转轮输入功率　runner input power**

水泵水轮机在水泵工况时，轴传递给转轮的机械功率。

量的符号：$P_{pm}$

单位：MW 或 kW

3.6.13

**水泵功率　pump power**

水泵水轮机在水泵工况时，转轮输入功率加上水泵水轮机机械功率损失（$P_{lm}$）后的功率（$P_p = P_{pm} + P_{lm}$）。

量的符号：$P_p$

单位：MW 或 kW

3.6.14

**水泵最大功率　maximum pump power**

水泵水轮机在水泵工况时，在规定的运行范围内，所需最大的水泵功率。

量的符号：$P_{pmax}$

单位：MW 或 kW

3.6.15

**水泵零流量功率　pump power at zero discharge**

水泵水轮机转轮在水中以额定转速水泵旋转方向运行、泵流量为零时所需的水泵输入功率。

量的符号：$P_{pzero}$

单位：MW 或 kW

3.6.16

**水泵空转输入功率　pump input power in air**

水泵水轮机转轮在空气中以额定转速水泵旋转方向运行时所需的水泵输入功率。

量的符号：$P_{pair}$

单位：MW 或 kW

## 3.7　效率

3.7.1

**水力效率　hydraulic efficiency**

水轮机水力效率：水泵水轮机在水轮机工况时，转轮输出功率与其水轮机水力功率之比

$\eta_{th} = P_{tm}/P_{th}$

水泵水力效率：水泵水轮机在水泵工况时，水泵水力功率与转轮输入功率之比

$\eta_{ph} = P_{ph}/P_{pm}$

量的符号：$\eta_{Th}/\eta_{Ph}$

3.7.2

**机械效率　mechanical efficiency**

水轮机机械效率：水泵水轮机在水轮机工况时，水轮机功率与其转轮输出功率之比

$\eta_{tm} = P_t/P_{tm}$

水泵机械效率：水泵水轮机在水泵工况时，转轮输入功率与其水泵功率之比

$\eta_{pm} = P_{pm}/P_p$

量的符号：$\eta_{tm}/\eta_{pm}$

3.7.3

**水泵水轮机效率　pump-turbine efficiency**

水轮机效率：水泵水轮机在水轮机工况时，水轮机机械效率与其水力效率的乘积。

$\eta_t=(P_t/P_{tm})\times(P_{tm}/P_{th})=\eta_{tm}\times\eta_{th}$

水泵效率：水泵水轮机在水泵工况时，水泵机械效率与其水力效率的乘积。

$\eta_p=(P_{pm}/P_p)\times(P_{ph}/P_{pm})=\eta_{pm}\times\eta_{ph}$

量的符号：$\eta_t/\eta_p$

3.7.4

**加权平均效率　weighted average efficiency**

计算公式如下：

$$\eta_w=(W_1\eta_1+W_2\eta_2+W_3\eta_3+\cdots)/\sum W_1$$
$$=(\sum W_i\eta_i)/\sum W_i$$

式中：

$\eta_i$——根据电站具体条件确定的水轮机工况不同水头与不同负荷、水泵工况不同扬程下水泵水轮机效率；

$W_i$——加权因子。

量的符号：$\eta_w$

3.7.5

**最优效率　optimum efficiency**

水轮机最优效率：水泵水轮机在水轮机工况中效率的最大值。

水泵最优效率：水泵水轮机在水泵工况中效率的最大值。

量的符号：$\eta_{topt}/\eta_{popt}$

3.7.6

**原型最高效率　prototype maximum efficiency**

原型水轮机最高效率：原型水泵水轮机在水轮机工况运行范围内能达到的效率最大值。

原型水泵最高效率：原型水泵水轮机在水泵工况运行范围内能达到的效率最大值。

量的符号：$\eta_{tmax}/\eta_{pmax}$

3.8　转轮公称直径

**混流式水泵水轮机转轮公称直径　nominal diameter of Francis pump turbine runner**

公称直径定义为“$D_1$”或“$D_2$”，推荐使用“$D_1$”。

$D_1$ 指转轮叶片高压侧与下环相交处的直径。

$D_2$ 指转轮叶片低压侧与下环相交处的直径。

量的符号：$D_1$/ $D_2$

单位：m，mm

3.9　空化、空蚀、磨损

3.9.1

**空化　cavitation**

在流道中水流局部压力下降到临界压力(一般接近汽化压力)时，水中气核发展成长为气泡。空化为气泡的积聚、流动、分裂、溃灭过程的总称。

3.9.2

**空蚀　cavitation erosion**

由于空化造成的过流表面的材料损坏。

3.9.3

**磨损　sand erosion**

含沙水流对水轮机通流部件表面所造成的材料损失。

3.9.4

**磨蚀　combined cavitation erosion and abrasion**

在含沙水流条件下，水泵水轮机通流部件表面由空蚀和泥沙磨损联合作用所造成的材料损失。

3.9.5

**空化基准面　cavitation reference level**

工程上确定空化系数所采用的基准面，对于立轴混流式水泵水轮机为导水机构水平中心线的高程。

3.9.6

**水泵水轮机空化系数　cavitation coefficient of pump turbine**

表征水泵水轮机空化发生条件和性能的无量纲单位系数。

量的符号：$\sigma$

3.9.7

**临界空化系数　critical cavitation coefficient**

与规定的能量下降值相联系的空化系数。可以取 $\sigma_1 \leqslant \sigma_c \leqslant \sigma_0$。其中 $\sigma_1$ 为效率下降 1%时的空化系数，$\sigma_0$ 为效率开始下降时的空化系数。$\sigma_0$、$\sigma_1$ 的确定按图 1。

量的符号：$\sigma_c$

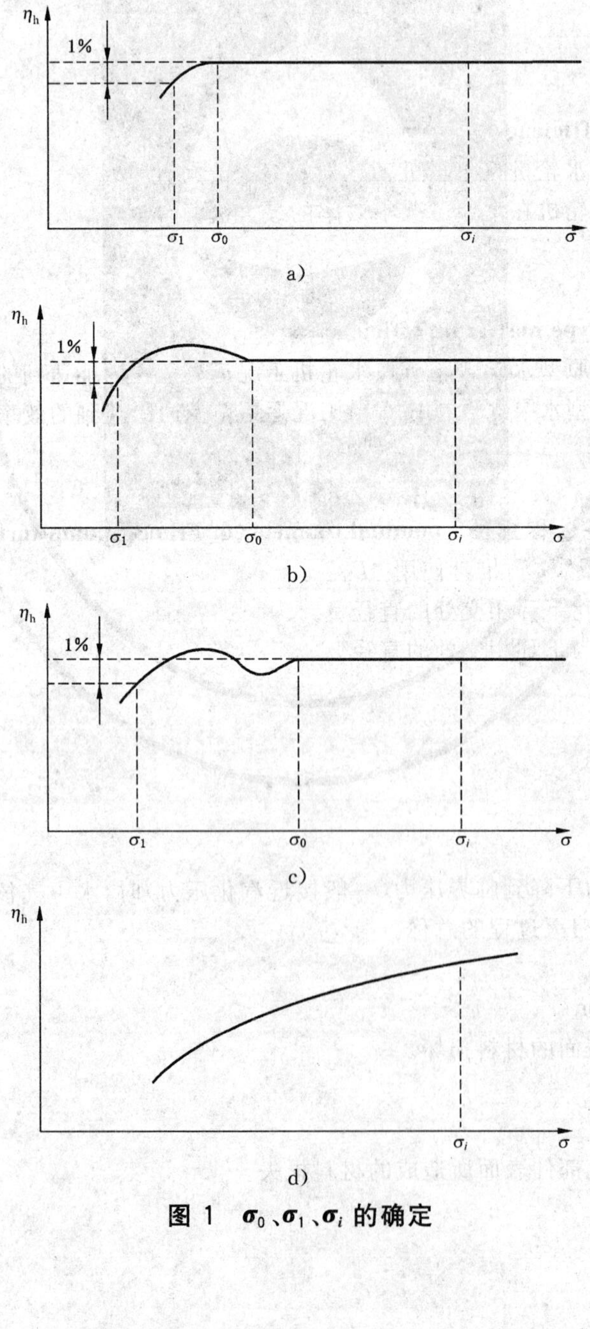


**图 1　$\sigma_0$、$\sigma_1$、$\sigma_i$ 的确定**

3.9.8

**初生空化系数　incipient cavitation coefficient**

在水泵水轮机模型试验中，由目测观察到转轮三个叶片上同时开始产生附着叶片上稳定的气泡时的空化系数。

量的符号：$\sigma_i$

3.9.9

**吸出高度　suction height**

水泵水轮机所规定的空化基准面至尾水位的高程差。

量的符号：$H_s$

单位：m

3.9.10

**电站空化系数　plant cavitation coefficient**

在电站运行条件下的空化系数。

量的符号：$\sigma_p$

$$\sigma_p = \frac{P_a/\gamma - P_v/\gamma - H_s}{H}$$

式中：

$P_a$——电站所在地的大气压；

$P_v$——电站水温下的汽化压力；

$\gamma$——通过水泵水轮机的水的比重。

3.9.11

**允许吸出高度　permissible suction height**

满足水泵水轮机空化和其他性能要求所需的最大吸出高度。

量的符号：$H_{sper}$

单位：m

3.9.12

**安装高程　setting elevation**

水轮机安装时作为基准的某一水平面的海拔高程。立式水泵水轮机安装时的基准为导水机构水平中心线高程。

量的符号：$Z$

单位：m

## 3.10　水泵水轮机试验

3.10.1

**模型试验　model test**

为预测原型水泵水轮机性能而利用模型水泵水轮机进行的试验。

3.10.2

**模型验收试验　model acceptance test**

由需方见证、为验证水泵水轮机性能是否达到合同保证值和有关标准要求而进行的模型试验。

3.10.3

**比尺　scale ratio**

原型转轮公称直径与模型转轮公称直径的比值。

3.10.4

**水轮机工况综合特性曲线　turbine mode hill chart**

绘在以单位转速和单位流量为纵横坐标系统内，表示模型水泵水轮机的水轮机工况水力效率等性能的等值曲线。对于特定电站应表示出运行范围。

曲线中应表示出导叶开度、空化系数的等值线。在电站空化系数已确定时，还应表示出蜗壳进口、无叶区和尾水锥管的等压力脉动线。

3.10.5

**水轮机工况运转特性曲线　turbine performance curve**

绘在以水头和水轮机功率（或流量）为纵横坐标系统内，表示在某一转轮公称直径和额定转速下，原型水轮机的性能（如效率、吸出高度、压力脉动等）的等值曲线及功率限制线。

3.10.6

**水泵工况综合特性曲线　pump hill chart**

绘在以某一模型转轮公称直径和以某定转速下，以流量为横坐标，表示水泵水轮机的水泵工况不同导叶开度下的扬程、效率和转轮输入功率的性能曲线和协联关系曲线上不同工况点的空化性能曲线。

3.10.7

**水泵工况运转特性曲线　pump performance curve**

绘在以流量为横坐标，以某一转轮公称直径和在频率正常变化范围内的不同转速下，表示原型水泵水轮机水泵工况协联关系的不同扬程、效率和水泵功率的性能曲线和协联曲线上不同工况点的临界吸出高度（或临界空化系数）、允许吸出高度（或初生空化系数）和电站吸出高度变化范围的空化性能曲线。

3.10.8

**四象限特性曲线　four quadrant hill chart**

表示水泵水轮机在各种正常工况和过渡工况的全部特性的曲线。

3.10.9

**水泵工况协联曲线　pump on-cam curve**

水泵水轮机在水泵工况运行时，在规定的频率变化范围内，扬程与导叶开度的关系曲线。

## 3.11　压力脉动

3.11.1

**压力脉动　pressure fluctuation**

在选定时间间隔 $\Delta t$ 内液体压力相对于平均值的往复变化。

单位：mWC

3.11.2

**压力脉动峰峰值　peak-peak value of pressure fluctuation**

流道中某特定测点时域压力最大值与最小值的代数差。按 97% 置信度取值。

量的符号：$\Delta H$

单位：mWC

3.11.3

**压力脉动相对值　relative value of pressure fluctuation**

流道中某特定测点时域压力脉动的峰峰值与该测量水头之比。

量的符号：$\Delta H/H$

3.11.4

**压力脉动均方根值　root-mean-square value of pressure fluctuation**

流道中某特定测点压力脉动相对值平方的平均值的平方根。模型的取值按照 IEC 60193，原型取值按照GB/T 17189。

量的符号：$(\Delta H/H)$rms

$$\left(\frac{\Delta H}{H}\right)_{\mathrm{rms}} = \left\{\frac{1}{n}\sum_{i=1}^{n}\left(\frac{\Delta H_i}{H}\right)^2\right\}^{1/2}$$

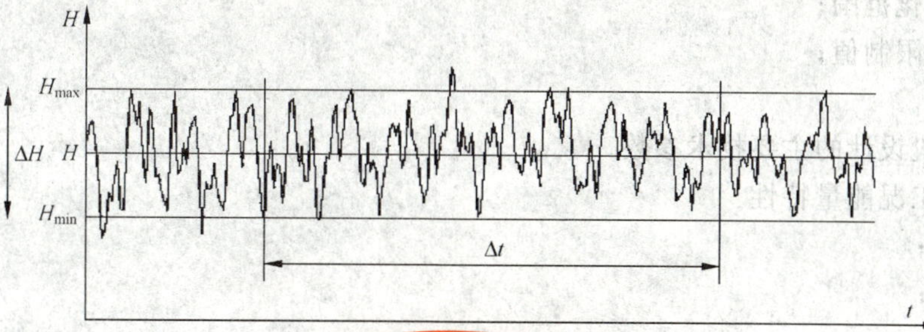


图2　压力脉动均方根值的确定

## 4　技术要求

### 4.1　一般要求

4.1.1　混流式水泵水轮机的设计、制造应根据抽水蓄能电站的特点和基本参数优选水泵水轮机的型式和主要参数，保证机组安全、可靠、稳定运行。

4.1.2　混流式水泵水轮机的设计必须考虑到抽水蓄能电站厂房布置、运行检修、运输条件、制造能力的要求以及与水轮发电电动机、调速器、进水阀等的相互关系。

4.1.3　水泵水轮机产品设计的基本技术条件

上水库校核洪水位(m)；
上水库设计洪水位(m)；
上水库正常蓄水位(m)；
上水库正常低水位(m)；
上水库最低蓄水位(m)；
下水库校核洪水位(m)；
下水库设计洪水位(m)；
下水库正常蓄水位(m)；
下水库正常高水位(m)；
下水库最低蓄水位(m)；
电站最大毛水头/毛扬程(m)；
电站最小毛水头/毛扬程(m)；
额定水头(m)；
水头/扬程损失；
加权因子；
过机水质(含沙量、粒径级配、矿物成分、水中含气量、pH值、水温等)；
气象条件(多年平均气温、极端最高气温、极端最低气温、多年平均相对湿度等)；
地震条件；
运行特点及要求；
运行工况转换方式及转换时间；
引水系统参数；
水泵水轮机安装高程(m)；
重力加速度($m^2/s$)；
冷却水的条件；
交通运输条件；
厂房控制尺寸和起吊条件；
运行台数和容量与下水库水位关系；

电网频率和变化范围；

额定值和运行限制值；

基本性能要求。

4.1.4 水泵水轮机设计的主要技术参数

4.1.4.1 水轮机工况能量特性

最大水头(m)；

最小水头(m)；

额定水头(m)；

额定转速(r/min)；

飞逸转速(r/min)；

比转速(m·kW)；

额定流量($m^3$/s)；

额定功率(MW)；

水轮机最大功率(MW)；(若有)

水轮机最优工况功率(MW)；

加权平均效率(%)；

额定点效率(%)；

原型水轮机最高效率(%)；

空转输入功率(MW)。

4.1.4.2 水泵工况能量特性

最高扬程(m)；

最低扬程(m)；

零流量扬程(m)；

最大输入功率(MW)；

零流量输入功率(MW)；

空转输入功率(MW)；

最大流量($m^3$/s)；

最小流量($m^3$/s)；

比转速(m·$m^3$/s)；

最高效率(%)；

加权平均效率(%)；

最低扬程效率(%)。

4.1.4.3 空化特性

允许吸出高度(m)；

临界空化系数；

初生空化系数；

电站空化系数；

空蚀失重量。

4.1.4.4 稳定性指标

压力脉动幅值和频率；

振动和摆度；

噪声；

正斜率(驼峰)区裕度；

空载稳定性。

4.1.4.5 过渡过程特性

最高瞬态压力(MPa);

最低瞬态压力(MPa);

最高瞬态转速(r/min)。

4.1.4.6 主要部件特征数据

转轮公称直径 $D_1/D_2$(mm);

导叶高度、导叶分布圆直径、最大导叶开度(mm);

导水机构漏水量($m^3/s$);

流道控制尺寸;

尾水管压水高度;

轴向水推力;

水泵水轮机估算总质量(t)。

4.1.5 水泵水轮机设计主要技术文件和资料

水轮机工况模型综合特性曲线和运转特性曲线;

水泵工况模型特性曲线和运转特性曲线;

水泵水轮机四象限特性曲线;

水泵水轮机布置图;

工况转换方式、流程和时间;

性能保证值(详见第5章);

水泵水轮机基础荷载;

过渡过程计算书;

与水泵水轮机配套的调速器、油压装置、自动化系统及进水阀的技术规范和要求(若有);

水泵水轮机各主要部件的结构和材料说明;

主要部件的刚强度、疲劳和动态特性分析计算书;

油、水、气、电用量和要求;

水力、振摆和温度监测点布置;

水泵水轮机装拆程序;

水泵水轮机各大件的运输、起重限制尺寸和质量;

其他技术要求。

4.1.6 水泵水轮机的效率修正按 IEC 60193 中的公式进行修正。

**4.2 主要部件的结构和材料**

**4.2.1 结构设计的一般要求**

4.2.1.1 水泵水轮机通流部件应符合 GB/T 10969 的要求。

4.2.1.2 水泵水轮机允许在最高飞逸转速下持续运行时间应不小于配套发电机允许的飞逸时间,并保证水泵水轮机转动部件不产生有害变形。

4.2.1.3 水泵水轮机结构应做到便于拆装、维修,方便易损部件的检查和更换。水泵水轮机必须保证在不拆卸发电机转子、定子和水轮机转轮、主轴等部件的情况下更换下列零部件(对水泵水轮机拆修有特殊要求时,按技术协议或技术条款执行):

a) 水泵水轮机导轴承瓦、冷却器和主轴密封;

b) 导水机构接力器的密封及活塞环、导水机构的传动部件、导叶轴颈密封件及保护元件。

4.2.1.4 水泵水轮机标准零部件应保证其通用性。转轮应能互换。

4.2.1.5 在过流部件的适当部位,设置用相对效率法测量相对流量和压力脉动的测点,其位置应与模型相似。

4.2.1.6 立式水泵水轮机轴向间隙应保证在发电机顶转子时转动部分能上抬到所需要的高度。

4.2.1.7 水泵水轮机转轮宜采用不锈钢材料制造。水泵水轮机的其他易空蚀部件宜采用抗空蚀材料制造或采用必要的防护措施,若空蚀部位采用堆焊不锈钢时,加工后的不锈钢层厚度不应小于 3 mm。

4.2.1.8 转轮、导叶和固定导叶等主要过流部件的固有频率应与各种水力激振频率错频。

4.2.1.9 转轮的转动迷宫环或止漏环与固定迷宫环或止漏环硬度差应不小于 20 HB。

4.2.1.10 转轮应做静平衡试验。静平衡后应符合 GB/T 9239—2006 中 G6.3 的要求。

4.2.1.11 水泵水轮机在各种运行工况时,其稀油润滑的导轴承的轴瓦最高温度不应超过 70 ℃;油的最高温度不超过 65 ℃。一般情况下采用 GB/T 11120,L-TSA 汽轮机油。

4.2.1.12 导水机构必须设有防止破坏及事故扩大的保护装置,导叶在任何情况下均不得与转轮相碰撞,并有全关和全开位置的锁定装置。

4.2.1.13 导叶端部与之相应的抗磨板之间宜有不小于 20 HB 硬度差异。

4.2.1.14 水泵水轮机的顶盖排水设施,应有备用设备。主用和备用设备宜采用不同的驱动方式。排水设备应配备可靠的水位控制和信号装置。

4.2.1.15 蜗壳及尾水管的形状和尺寸应结合水电站厂房布置的需要进行设计。

4.2.1.16 蜗壳可选择直埋、保压或弹性层浇筑混凝土方式。蜗壳设计应按 GB 150 或 ASME VⅢ的要求进行,并且应综合考虑需方所提供的周围混凝土可承受的最大允许应力及对机组运行稳定性的影响。座环设计中应考虑由座环支撑的混凝土重量和其他垂直的负荷。

4.2.1.17 进水阀后的蜗壳进口段顶部应设置自动排气、补气装置。

4.2.1.18 应设置观察孔和进入门,蜗壳上的进入门不宜小于 Φ600 mm,尾水管上进入门尺寸不宜小于 Φ600 mm 或 600×800 mm,采用矩形进入门时,四角应倒圆,进入门的下侧应设验水阀。在进入门处,应按 GB 150 或 ASME VⅢ的要求进行补强。

4.2.1.19 尾水管应按压力容器设计。

4.2.1.20 水泵水轮机机坑内宜设置起吊设施。

4.2.1.21 水泵水轮机及其辅助设备需进行耐压试验的部件除需在工地组焊的部分外,均需按试验压力在厂内进行耐压试验,耐压试验的压力为设计压力(包括升压)的 1.5 倍。试压时间应持续稳压 30 min。受压部件不得产生有害变形和渗漏等异常现象。金属蜗壳可根据合同要求进行水压试验。

4.2.1.22 水泵水轮机设备配备的自动化元件和仪表一般情况下应参照附录 A,规定范围以外的由供需双方协商确定。仪表应安装在专门的盘柜上,一般技术要求应符合 GB/T 11805 中的有关规定。如水泵水轮机要实现计算机监控并要求监测振动和蠕动时由供需双方商定监视、控制接口,供方应提供成组调节的运行曲线或数据库。

4.2.1.23 水泵水轮机应能安全可靠地实现以下基本功能:

a) 发电工况的正常开机和停机;

b) 抽水工况的正常开机和停机(变频和背靠背);

c) 旋转备用及向各工况的转换;

d) 从发电工况转水轮机方向调相或由水轮机方向调相转发电工况运行;

e) 从水泵方向调相转抽水工况或由抽水工况转水泵方向调相;

f) 从水泵工况转水轮机工况(正常和紧急)。

4.2.1.24 在水泵工况运行时应按扬程与导叶开度协联关系运行。

4.2.1.25 机组发生下列情况时,机组自动化元件(装置)及其系统能按要求发出事故停机信号及报警信号,并实现事故停机。

a) 机组各轴承及发电机定子过热;

b) 水润滑轴承主、备用水均中断或降到一定值并且超过规定时限;

c) 机组调相运行时失去电源,与电网解列,机组转速下降至规定值;

d) 电气事故保护动作;

e) 机组火警;

f) 机组振动、摆度过大；

g) 按动事故停机按钮；

h) 输水系统安装有事故闸门的机组，在事故闸门下滑到事故位置时。

4.2.1.26 机组发生下列情况时，机组自动化元件(装置)及其系统能按要求发出紧急事故停机信号及报警信号，同时应动作过速限制器并可延时关闭进水阀实现紧急事故停机。对于只设置进水阀而不设置过速限制器的机组，可直接进行关闭进水阀的操作：

a) 机组甩负荷时，机组转速上升到110%～115%额定转速，又遇调速器主配压阀拒动，再经过延时；

b) 机组过速到最大瞬态转速的规定值加3%额定转速，电气转速信号器动作；

c) 机组过速到最大瞬态转速的规定值加5%额定转速时，机械液压过速保护装置或机械过速开关动作；

d) 油压装置紧急事故低油压或压力罐油位降低到事故低油位；

e) 事故停机时剪断销剪断；

f) 按动紧急事故停机按钮。

4.2.1.27 在水泵工况正常停机时，水泵水轮机应设计成允许通过关闭导叶将输入功率降低到不大于33%最大输入功率后，再跳开发电电动机出口断路器。

### 4.2.2 工作应力和安全系数

4.2.2.1 水泵水轮机结构设计中应进行安全性能分析，对承受交变应力、振动或冲击力的零部件，在所有预期的工况下，设计时应进行刚强度和疲劳强度分析计算，对刚强度和/或疲劳强度应留有足够安全裕量。

4.2.2.2 部件的工作应力和变形可采用经典公式解析计算，也可采用有限元法分析计算，对结构复杂的重要部件宜采用有限元法分析计算。

4.2.2.3 水泵水轮机部件的工作应力分析应考虑水轮机模式和水泵模式的工作状况，按工况分别考核，分为正常运行工况、过渡工况和特殊工况，其中正常运行工况是指机组正常工作状态(稳态)，过渡工况是指水轮机弃荷、零流量扬程、水泵断电等过渡过程(瞬态)所发生的各种载荷工况，特殊工况是指打压试验、飞逸、导叶保护装置破坏等非正常工况。

4.2.2.4 所有部件的工作应力不得超过规定的许用应力。其中正常工况和过渡工况条件下采用经典公式计算的断面应力不大于表1规定的许用应力，特殊工况条件下采用经典公式计算的断面应力不大于材料屈服极限的2/3。

4.2.2.5 对于承受剪切和扭转力矩的零部件，铸铁的最大剪应力不得超过21 MPa，其他黑色金属最大剪应力不得超过许用拉应力的70%，但其中机组主轴和导叶轴的最大剪应力不得超过许用应力的60%。

4.2.2.6 当要求有预应力时，螺栓、螺杆和连杆等零部件均应进行预应力处理，零部件的预应力不得超过材料屈服强度的7/8。螺栓的荷载不应小于连接部分设计荷载的2倍。

**表1 部件正常运行工况和过渡工况许用应力**

单位为MPa

| 材料名称 | 许用应力 | |
|---|---|---|
| | 拉应力 | 压应力 |
| 灰铸铁 | U.T.S/9 | 70 |
| 碳素铸钢和合金铸钢 | U.T.S/5或Y.S/3 | U.TS/5或Y.S/3 |
| 碳钢锻件 | Y.S/3 | Y.S/3 |
| 主要受力部件的碳素钢板 | U.T.S/4 | U.T.S/4 |
| 高应力部件的高强度钢板 | Y.S/3 | Y.S/3 |
| 其他材料 | U.T.S/5或Y.S/3 | U.T.S/5或Y.S/3 |

注：U.T.S为强度极限；Y.S为屈服极限。

4.2.2.7 采用有限元法分析计算得到的应力分析结果，局部应力值可超出上述许用应力值，但需经需方认可。并且在正常工况条件下最大应力不得超过材料屈服强度的2/3，特殊工况条件下最大应力不得超过材料的屈服强度。

4.2.2.8 转轮叶片在预期的最大荷载条件下正常运行时，转轮各部位最大静应力不应超过材料屈服极限的1/5；在最高飞逸转速时，最大静应力不应超过材料屈服极限的2/5。并应进行疲劳强度核算。

4.2.2.9 主轴最大复合应力 $S_{max}$ 的定义为：$S_{max}=(S^2+3T^2)^{1/2}$，其值不应超过材料屈服极限的1/4。式中，$S$ 为由于水力、动载荷和静载荷引起的轴向应力和弯曲应力的总和；$T$ 为水泵水轮机最大功率(输入功率)时的扭转切应力。按上式计算出最大复合应力 $S_{max}$ 并计入应力集中后出现的最大应力不应超过材料屈服极限的2/5。且水泵水轮机在最大功率(输入功率)时主轴扭转切应力不应超过材料屈服极限的1/6。

#### 4.2.3 制造一般要求

4.2.3.1 水泵水轮机主要结构部件的铸锻件应符合CCH-70-3、JB/T 1270、JB/T 7349和JB/T 10264或合同规定的相应标准。重要铸锻件应有需方代表参加验收。按上述标准确认为是重大缺陷的缺陷处理应征得需方同意。

4.2.3.2 经过考试合格的并持有证书的焊接人员才能担任主要部件的焊接工作。主要部件的主要受力焊缝应进行100%的无损探伤，应符合GB/T 3323—2005、GB/T 11345、GB/T 19418、JB 4730、JB/T 6061、JB/T 6062或合同规定的相应标准。

4.2.3.3 水泵水轮机设备表面应有防锈涂层，对装饰性电镀层应符合GB/T 9797的规定。并应规定：

a) 表面处理的要求；

b) 对漆及其他防护保护方法和其使用说明；

c) 发运前和在工地时的使用要求；

d) 涂层数；

e) 每层膜厚和总厚；

f) 质量检查和控制规定。

4.2.3.4 凡是与水接触的紧固件均应采用防锈或耐腐蚀的材料制造或采取相应措施。

4.2.3.5 转轮优先采用铸焊结构，叶片可为铸件或模压成型。叶片翼型宜采用数控加工。

4.2.3.6 采用巴氏合金的轴瓦，其与瓦基的结合情况应进行100%超声波检查，接触面应不小于95%，且单个脱壳面积不大于1%；表面用渗透法探伤应无缺陷。

#### 4.2.4 压水供气系统

##### 4.2.4.1 压水供气系统的设备

为满足转轮室压水用气、转轮在空气中旋转的漏气补给、调速器、进水阀压力油罐补充用气等，应设有压水供气的全套空气压缩设备和供气装置，包括空气压缩机、过滤器、冷却器、储气罐、控制操作阀门、检修阀门、自动化元件、水位信号器。在尾水管进口/顶盖适当部位设置压缩空气充气接口，在顶盖/顶盖和尾水管进口适当部位设置排气接口。压水供气系统设计可参照DL/T 5066进行。

##### 4.2.4.2 充气管管径的选择

充气管的管径应满足20 s内把水压到设定的最低水位处。

##### 4.2.4.3 排气管管径的选择

排气管管径设计需满足机组工况转换时间要求，且不大于60 s。

##### 4.2.4.4 空压机容量的选择

空压机总排气容量为全部机组一次压水后恢复储气罐的压力所需要的用气量，且满足储气罐恢复时间不大于2 h的要求。一次压低水面用气量指主机作水泵起动时，从水面下压开始，到发电电动机并网开始排气全过程的总用气量，并包括转轮在空气中旋转15 min的漏气量，以及电厂一半机组作调相运行时的补气量。

4.2.4.5 储气罐容积的选择

每台水泵水轮机配置压水用的储气罐，其容积应按空压机不补气情况下，储气罐从工作压力下限开始至允许最低压力之间，能够完成不少于2次压低水面操作进行设计。

4.2.5 上水库充水的最大扬程

采用水泵水轮机对上水库进行充水时，水泵工况启动的最小扬程应高于异常低扬程。

4.2.6 上水库放空

在死水位以下，应允许采用水轮机工况低水头空载或带负荷情况下放空上水库。

## 5 性能保证

### 5.1 频率范围

水泵水轮机性能保证的电网频率范围，水轮机工况：49.5 Hz～50.2 Hz；水泵工况：49.8 Hz～50.5 Hz，如果电网对频率波动范围有更宽广的要求，另行商定。

### 5.2 保证期

产品的保证期为自水泵水轮机投入商业运行之日起两年，或从最后一批货物交货之日起三年，以先到期为准。

### 5.3 稳态水力性能

5.3.1 稳态水力性能保证(即功率、效率、流量和飞逸转速)，按模型试验结果验证，或采用现场试验进行验证。模型试验参照IEC 60193或GB/T 15613进行，现场试验参照GB/T 20043—2005进行。

5.3.2 水轮机工况功率保证

应保证水泵水轮机在水轮机工况时，在额定水头下的额定功率及在最大水头、最小水头和其他特定水头下的功率。

5.3.3 水泵工况最大功率的保证

水泵水轮机在水泵工况时的水泵最大功率应考虑制造误差、电网频率正常波动和流量偏差。

5.3.4 效率保证

应保证水泵水轮机运行水头/扬程范围内的加权平均效率，并给出最优效率和其他特定工况点的效率。

5.3.5 飞逸转速保证

取最大水头和导叶最大开度下所产生的飞逸转速。

5.3.6 水泵工况流量保证

应保证水泵水轮机在水泵工况最高扬程、最低扬程下的流量。

5.3.7 空化、空蚀和磨蚀的保证

5.3.7.1 应对水泵水轮机的空化系数做出保证。

5.3.7.2 在一般水质条件下的空蚀损坏保证应符合GB/T 15469.2或IEC 60609-1的规定。需方应保留保证期内的运行记录，运行记录中至少应有水头/扬程、功率/输入功率、流量、运行时间和相应尾水位的数据。

5.3.7.3 当水中含沙量较大时，应对水泵水轮机的磨蚀损坏做出保证。其保证值可根据过机流速、泥沙含量、泥沙特性及电站运行条件等确定。

### 5.4 水泵水轮机的稳定运行范围

5.4.1 在空载情况下应能稳定地运行。

5.4.2 在4.1.4规定的最大和最小水头范围内，在水轮机工况下运行时，应在相应水头下的机组最大保证功率的50%～100%范围内稳定运行，在4.1.4规定的最高和最低扬程范围内，水泵工况应能稳定运行。在水泵工况下运行时，应按导叶开度与扬程的协联关系运行。在电网正常频率变化范围内，水泵工况驼峰区的最高扬程裕度不小于2%。如在保证运行范围内机组出现强振，应采取相应措施或避振运行。

5.4.3 原型水泵水轮机在4.1.4所规定的保证运行范围内,应对水轮机工况和水泵工况尾水管内的压力脉动和导叶与转轮间的压力脉动的混频峰-峰值或均方根值作出保证。

## 5.5 振动

5.5.1 在各种运行工况下(包括水轮机工况甩负荷、水泵造压工况和水泵断电等过渡过程工况),水泵水轮机各部件不应产生共振和有害变形。

5.5.2 在保证的稳定运行范围内,水泵水轮机顶盖的垂直方向和水平方向的振动值,应不大于表2的规定要求。测量方法按GB/T 17189、GB/T 6075.5执行。

表2 顶盖垂直和水平方向振动值

| 项 目 | 额定转速/(r/min) | | |
|---|---|---|---|
| | ≤100 | >100~250 | ≥250 |
| | 振动允许值(双振幅)/μm | | |
| 立式机组顶盖水平振动 | 90 | 70 | 50 |
| 立式机组顶盖垂直振动 | 110 | 90 | 60 |
| 注:振动值系指机组在5.4.2规定的运行工况范围的双振幅值。 | | | |

5.5.3 在正常运行工况下,主轴相对振动(摆度)应不大于GB/T 11348.5—2002图A.2中所规定的B区上限线(见附录B),且不超过轴承间隙的75%。

5.5.4 机组轴系的临界转速应由水泵水轮机和发电电动机供方分别计算确定,轴系的第一阶临界转速应不小于最大飞逸转速的125%。同时应计算轴系的扭转固有频率,使其避开50 Hz、100 Hz和导叶过流频率。

## 5.6 最高瞬态转速和最高、最低瞬态压力

机组甩全部、部分负荷或水泵断电时,机组水力系统中压力升高值和压力降低值以及水泵水轮机转速升高值不应超过设计值。

## 5.7 导叶的漏水量

在额定水头下,当导水机构设有端面密封时,导叶漏水量不应大于水泵水轮机额定流量的3‰;当导水机构不设端面密封时,导叶漏水量保证值由供需双方商定。

## 5.8 噪声

水泵水轮机正常运行时,在机坑地板上方1 m处所测得的噪声不应大于98 dB(A),在距尾水管进人门1 m处所测得的噪声不应大于105 dB(A)。

## 5.9 水推力

应对水泵水轮机在各种运行工况下的最大正向水推力和最大反向水推力做出保证。

## 5.10 可靠性指标

在一般水质条件下,水泵水轮机应具有以下可靠性指标:

水泵水轮机A级检修间隔期不少于8年。

无故障连续运行时间不少于20 000 h。

水泵水轮机平均寿命不少于40年。

# 6 供货范围和备品备件

## 6.1 供货范围

6.1.1 水泵水轮机:从与发电机轴连接的法兰盘开始(联接螺栓和保护罩由水泵水轮机供方提供)。包括转轮、主轴、轴承、导水机构、座环、金属蜗壳、机坑里衬、尾水管金属里衬、排水装置及其他配套设备等。

6.1.2　中压压气系统：供机组水泵工况启动、调相压水及供调速系统和进水阀油压装置补气用的高压空压机、储气罐、操作控制装置及其他必要的附件等。

6.1.3　水泵水轮机运行监测、控制装置和自动化元件：水泵水轮机及其辅助设备在运行中需要监测的各种压力、温度、真空、流量、转速、振动、摆度仪表和有关盘柜。油、气、水管路上为满足自动控制的各种差压信号计，液位信号计，示流信号器或流量变送器，温度信号器，各种液压、气压元件，电器控制元件、保护元件，行程信号器、测速设备和合同规定的各种变送器，以及机坑内各元件与设备的联接电缆，供至机坑端子箱。

6.1.4　管路及其配件：成套设备中各单项设备之间所需的油管、气管、水管、主轴密封滤水器、连接件和支架等。非成套设备供至设备的第一对法兰处或接力器法兰处，并提供成对法兰及其连接件。

6.1.5　水泵水轮机机坑内的起吊设施；尾水管内应成套供给易于装拆的有足够承载能力的轻便检修平台。

6.1.6　安装和检修所需的专用工具、特殊工具。

6.1.7　原型水泵水轮机验收试验所需的仪表和设备由供需双方商定。

6.1.8　调速器、油压装置、漏油装置和进水阀(包括配套设备)等的供货范围另定。

### 6.2　备品、备件

水泵水轮机备品备件的项目和数量按照附录C规定执行，或由供需双方在合同中规定。

## 7　资料与图纸

### 7.1　交付时间和数量

供方应向需方提交图纸资料，交付时间和数量在合同中规定。一般情况下，其数量为每电站第一台机供6套，以后各台机供4套。另向电站设计单位提供电站技施设计所需的图纸资料3套。并向需方和电站设计单位提供合同中规定的最终图纸资料的电子文件。

### 7.2　主要项目

7.2.1　水泵水轮机及其辅助设备布置图，调节保证计算书或报告，刚、强度分析计算报告，疲劳分析报告，动态特行分析报告，运输、储存、起重限制和说明文件，表面防腐技术要求等。

7.2.2　水泵水轮机的总装图，蜗壳、尾水管的单线图，各水泵水轮机部件的组装图和易损部件的加工图，水泵水轮机及其辅助设备的管路布置图、基础图和埋件图等。

7.2.3　水轮机的模型综合特性曲线和运转特性曲线图、水泵模型特性曲线和工作特性曲线、水泵工况协联关系资料、成组调节运行资料、导叶开度与接力器行程关系图、基础受力资料、水泵水轮机的其他重要计算结果等。

7.2.4　有关水泵水轮机及其辅助设备在工地布置、组装、焊接或加工的工艺流程及图纸或资料。

7.2.5　控制及监测：各种盘柜和自动化设备的安装和布置图；水泵水轮机自动化操作和油、气、水的系统图，水泵水轮机测量仪表配置图等。

7.2.6　产品技术条件，产品说明书，安装、运行和维护说明书，自动控制设备调试记录，产品检查及试验记录，主要部件的材料合格证明书，交货明细表等。

## 8　工厂检验及试验

8.1　应对水泵水轮机各主要部件提供出厂合格证明文件、材料化学成分、机械性能报告。并应根据合同规定的检验项目进行检验，并向需方提供有关文件。合同中无明确规定时，按DL/T 443执行。

8.2　水泵水轮机预装按合同或技术协议执行。对不能或难于在供方车间内进行预装的水泵水轮机有关部件，经供方和需方协商一致后，可移到现场按供方提供的技术要求并参照GB/T 8564的有关规定进行，由供方负责技术指导。

8.3　水泵水轮机轴与发电机轴采用铰孔联接结构的轴线检查。水泵水轮机、发电电动机不在同一厂制造时，轴线检查由发电电动机厂负责进行，或者合同中另行规定。

8.4　水泵水轮机主要部件在制造过程中的检验和试验项目如下(见表3)，需方参加检查试验的项目按合同规定执行。

**表3　混流式水泵水轮机工厂质量检查、装配和试验项目表**

| 序号 | 名　称 | 材料检验 | | | | 制造过程与最终检验 | | | | 耐压及取样试验 | 其他检验项目及备注 |
|---|---|---|---|---|---|---|---|---|---|---|---|
| | | 机械性能 | 化学成分 | 探伤 | 硬度试验 | 探伤 | 外观检查 | 尺寸检查 | 动作试验 | | |
| 1 | 转轮 | ∨ | ∨ | ∨ | ∨ | ∨* | ∨* | ∨* | | | 叶型、表面粗糙度检查及静平衡* |
| 2 | 主轴 | ∨ | ∨ | ∨ | | ∨* | ∨* | ∨* | | 钻孔取样 | 法兰间平行度、同心度、主轴法兰垂直度* |
| 3 | 联轴螺栓 | ∨ | ∨ | ∨ | | | ∨* | ∨* | | | |
| 4 | 导轴承 | ∨ | | | | ∨ | ∨ | ∨ | | | |
| 5 | 主轴密封 | ∨ | | | | | ∨ | ∨ | | | 局部装配* |
| 6 | 顶盖 | ∨ | ∨ | ∨ | | ∨* | ∨* | ∨* | | | 装配检查* |
| 7 | 底环 | ∨ | ∨ | ∨ | | ∨* | ∨* | ∨* | | | 装配检查* |
| 8 | 抗磨板 | | ∨ | | ∨ | | | ∨ | | | |
| 9 | 活动导叶 | ∨ | ∨ | ∨ | ∨ | ∨ | ∨* | ∨* | | | |
| 10 | 活动导叶操作机构 | ∨ | ∨ | | | ∨ | ∨ | | ∨* | | 导水机构预装，动作试验* |
| 11 | 导叶保护装置 | ∨ | | | | | ∨ | | | 破断*检查 | |
| 12 | 座环 | ∨ | ∨ | ∨ | | ∨* | ∨* | ∨* | | | 组装检查 |
| 13 | 蜗壳 | ∨ | ∨ | ∨ | | ∨ | ∨ | ∨ | | | 组装检查 |
| 14 | 尾水管里衬 | ∨ | ∨ | ∨ | | ∨ | ∨ | ∨ | | | 组装检查 |
| 15 | 接力器 | ∨ | | | | ∨ | ∨* | | ∨* | 耐压 | |
| 16 | 补气阀、电磁阀、液位信号器、示流信号器等 | | | | | | | | ∨ | | 动作、性能试验检查 |
| 注：“∨”为厂内试验项目；“*”为需方到工厂见证和检查的项目。 | | | | | | | | | | | |

## 9　铭牌、包装、运输及保管

### 9.1　水泵水轮机铭牌

内容应包括：

产品名称

国家名称

供方名称

本标准编号或技术条件编号

供方出品编号

产品型号
最大水头
额定水头
最小水头
额定功率
最大功率
额定流量
最高扬程
最低扬程
水泵工况最大功率
水泵工况最大流量
额定转速
飞逸转速
出厂日期

9.2 包装及运输

9.2.1 水泵水轮机及其供货范围内的零部件、备件、备品，必须检验合格后才能装箱运输。

9.2.2 水泵水轮机部件的包装尺寸和重量，应满足从工厂到电站的运输条件。

9.2.3 水泵水轮机及其辅助设备的包装运输应符合 GB/T 191 和 JB/T 8660 的规定，并按设备的不同要求和运输方式采取防雨、防潮、防震、防霉、防冻、防盐雾等措施。

9.2.4 包装箱中应有产品出厂证明书、技术文件及图纸。装箱单开列的名称、数量应与箱内实物和图纸编号相符合。装箱单应装在箱内的防腐盒(袋)内。

9.2.5 供方每次发运的件数、箱数、编号、发运时间、车次等，应在发运的同时通知受货单位。设备运到工地后，开箱检查时，需方和供方的代表应共同参加，如发现有损坏、错发、缺件等问题，由需方代表通知供方查找原因并尽快采取补救措施。

9.3 保管

9.3.1 水泵水轮机的各加工工件须妥善保管，不得随意叠放。

9.3.2 水泵水轮机的各加工件运抵工地拆箱后，必须遮盖，不得日晒雨淋。

9.3.3 橡胶、塑料、尼龙制品应防止直接受日光照射，并不得置于炉子或其他取暖设备附近 1.5 m 处的地方，还应防止油类对橡胶的污损。橡胶制品、填料等应存放在干燥通风的仓库内。

9.3.4 电子电器产品、自动化元件(装置)或仪表应存放在温度为 −5 ℃～40 ℃、相对湿度不大于 90%、无酸、碱、盐及腐蚀性、爆炸性气体和强电磁场作用、不受灰尘、雨雪侵蚀的库房内。

9.3.5 供方从发货之日起至工地验收止，在正常的储运和吊装条件下应保证一年内不致因包装不善而引起产品的锈蚀、长霉、损坏和降低精度等。

## 10 安装、运行、维护及验收试验

### 10.1 安装和试运行

10.1.1 水泵水轮机的安装和试运行必须符合 GB/T 8564、GB/T 18482 和 DL/T 507 的要求。

10.1.2 电站引水系统第一次充水前必须彻底清除引水系统及水泵水轮机过流部件中的杂物，严防异物对水泵水轮机造成损害。

10.1.3 试运行前应用油对调速系统各管道进行反复循环清洗，然后更换为符合 GB/T 11120 规定的新油试运行。

10.1.4 一般情况下试运行时间为 30 d。验收合格后由需方签署初步验收证书。

## 10.2 运行与维护

水轮机工况运行应符合 DL/T 710、IEC 60545、IEC 60805 及供方提供的产品使用维护说明书的规定。

## 10.3 验收试验

10.3.1 原型水轮机性能验收试验主要试验项目如下：

a) 水轮机功率试验(按合同要求进行)；
b) 飞逸转速试验(按合同要求进行)；
c) 水轮机效率试验(按合同要求进行)；
d) 相对效率试验(按合同要求进行)；
e) 水泵工况抽水流量试验；
f) 水泵工况输入功率试验；
g) 压力脉动试验(按合同要求进行)；
h) 水轮机工况甩负荷试验和水泵工况断电试验；
i) 空蚀和磨蚀保证验证(按 GB/T 15469.2 执行)；
j) 振动试验(按合同要求进行)。

10.3.2 现场验收由需方选择一台或多台机组在设备保证期内进行。

10.3.3 水泵水轮机保证期满、各项技术保证满足合同要求后，由需方签署最终验收证书。

# 附 录 A
（资料性附录）
## 水泵水轮机设备的仪表及自动化元件

表 A.1 水泵水轮机设备的仪表及自动化元件

| 仪表/自动化元件 | 数量 |
| --- | --- |
| 蜗壳进口压力表(钢管或蜗壳压力) | 1 |
| 蜗壳进口压力变送器 | 1 |
| 蜗壳进口压力脉动变送器 | 1～2 |
| 蜗壳进口与尾水管出口之间差压变送器 | 1 |
| 蜗壳末端压力表 | 1 |
| 水轮机工况测流量差压变送器 | 1 |
| 水泵工况测流量差压变送器 | 1 |
| 尾水管进口真空压力表 | 1 |
| 尾水管进口压力脉动变送器 | 1～2 |
| 尾水管出口压力表 | 1 |
| 尾水管出口压力变送器 | 1 |
| 尾水位信号器 | 1 |
| 活动导叶后转轮前压力表 | 1 |
| 活动导叶后转轮前压力变送器 | 2 |
| 活动导叶后转轮前压力脉动变送器 | 1 |
| 顶盖上止漏环前压力表 | 1 |
| 顶盖上止漏环后压力表 | 1 |
| 转轮与基础环之间压力表 | 1 |
| 主轴密封水压力表 | 1 |
| 主轴密封水示流信号器 | 1 |
| 主轴密封磨损位移信号器(若有) | 1 |
| 主轴检修密封供气压力表 | 1 |
| 主轴检修密封供气压力信号器 | 1 |
| 主轴检修密封投入退出信号器 | 1 |
| 水导轴承油位信号器 | 1 |
| 水导轴承油混水信号器 | 1 |
| 水导瓦温度检测装置 | 1 |
| 水导轴承油温度检测装置 | 1 |
| 水导轴承冷却水压力表 | 1 |
| 水导轴承冷却水温度检测装置 | 1 |

表 A.1（续）

| 仪表/自动化元件 | 数量 |
| --- | --- |
| 导轴承示冷却水流信号器 | 1 |
| 上止漏环冷却水压力表 | 1 |
| 下止漏环冷却水压力表 | 1 |
| 上止漏环冷却水示流信号器 | 1 |
| 下止漏环冷却水示流信号器 | 1 |
| 上固定止漏环温度信号器 | 1 |
| 下固定止漏环温度信号器 | 1 |
| 水泵水轮机振动监测表 | 2 |
| 主轴摆度监测表 | 1 |
| 机械转速信号装置 | 1 |
| 电器转速信号装置 | 1 |
| 导叶位置变送器 | 1 |
| 剪断销信号装置 | 1 |
| 顶盖水位信号器 | 1 |
| 尾水管水位信号器 | 1 |

# 附　录　B
（规范性附录）
## 主轴相对振动位移峰-峰值推荐评价区域

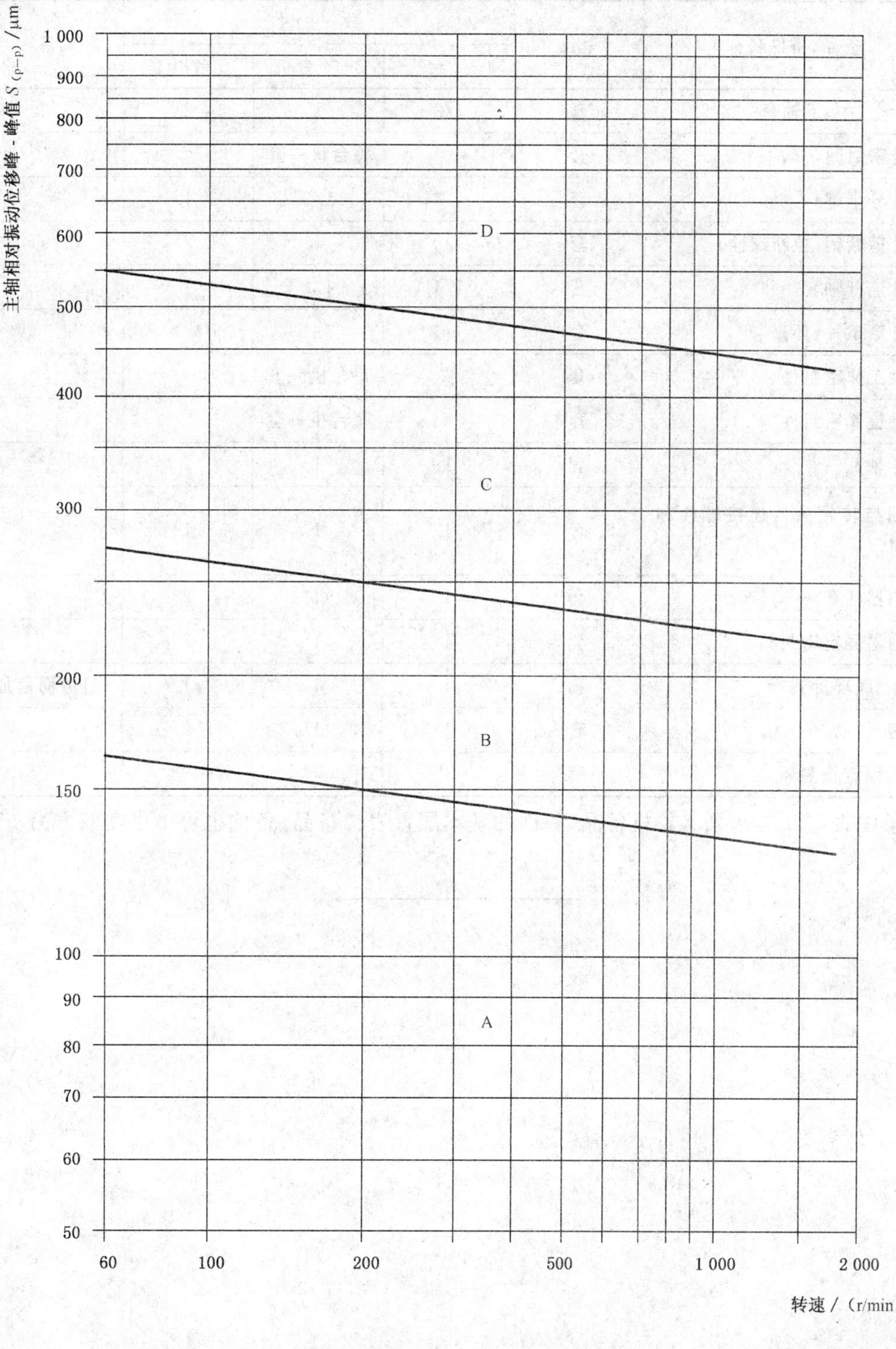


图 B.1　主轴相对振动位移峰-峰值推荐评价区域

# 附 录 C
（资料性附录）
# 水泵水轮机备品备件表

表 C.1 水泵水轮机备品、备件

| 序号 | 备品、备件名称 | 单位 | 数量 | | | 备　注 |
|---|---|---|---|---|---|---|
| | | | 1～2 台机 | 3～4 台机 | 5 台以上 | |
| 1 | 导叶上、中、下轴套 | 套 | 1/2 | 1 | 2 | |
| 2 | 导叶密封圈 | 套 | 每台机一套 | | | |
| 3 | 导叶分半键 | 套 | 1/3 | 1/2 | 1 | |
| 4 | 导叶剪断销(拉断螺栓) | 套 | 1/2 | 1 | 2 | |
| 5 | 导叶连杆轴套 | 套 | 1/4 | 1/2 | 1 | |
| | 导叶摩擦片(环) | 套 | 1/4 | 1/4 | 1/2 | |
| 6 | 主轴工作密封件 | 套 | 每台机一套 | | | |
| 7 | 主轴检修密封件 | 套 | 每台机一套 | | | |
| 8 | 水导轴瓦 | 套 | 1 | 1 | 2 | |
| 9 | 主轴与转轮法兰连接螺栓和螺母 | 套 | 1 | 1 | 1 | |
| 10 | 接力器活塞环 | 套 | 1 | 1 | 2 | |
| 11 | 接力器固定密封圈 | 套 | 1 | 1 | 2 | |
| 12 | 顶盖、底环抗磨板 | 套 | 1 | 1 | 1 | 过流面留加工余量 |
| 13 | 弹簧 | 套 | 1 | 1 | 2 | |
| 14 | 上下固定止漏环 | 套 | 1 | 2 | 3 | |

该附录中表 C.1 为水泵水轮机备品、备件的基本配置表。备品、备件也可由供需双方另行商定。

ICS 31.060.70
K 42

# 中华人民共和国国家标准

GB/T 22582—2008

# 电力电容器 低压功率因数补偿装置

**Power capacitors—
Low-voltage power factor correction banks**

(IEC 61921:2003,MOD)

2008-12-15 发布 2009-10-01 实施

中华人民共和国国家质量监督检验检疫总局
中国国家标准化管理委员会 发布

# 前　言

本标准修改采用 IEC 61921:2003《电力电容器　低压功率因数补偿装置》(英文版)。

在附录 E 中列出了本标准章条编号与 IEC61921:2003 章条编号的对照一览表。

在采用 IEC 61921:2003 时,本标准做了一些修改。这些技术性差异已编入正文中并在附录 F 中给出了技术性差异及其原因的一览表以供参考。

为便于使用,本标准还做了下列编辑性修改:

a) “本国际标准”一词改为“本标准”;

b) 用小数点“.”代替作为小数点的逗号“,”;

c) 删除国际标准的前言。

本标准代替 JB/T 7113—1993《低压并联电容器装置》。

本标准与 JB/T 7113—1993 比较有以下一些主要变化:

a) 增加装置户外安装地点,相应地扩大装置环境空气温度范围;

b) 修改定义“装置的额定电流”为“装置额定电压和额定频率下流过装置内电容器的电流”;

c) 增加“装置的额定无功功率”、“电容器投切器件”等定义和术语,并规定相应技术要求与试验要求条款;

d) 增大装置工作电压范围为 $0.80\,U_N \sim 1.15\,U_N$;

e) 增加控制器的功能要求并规定相应试验方法;

f) 增加定义“切除-投入最小时间间隔”,规范装置安全使用;

g) 调整温升试验方法;

h) 增加装置及有关元件的电磁兼容试验要求;

i) 增加装置安装与运行等方面的指导性内容。

本标准的附录 A、附录 B 为规范性附录,附录 C、附录 D、附录 E、附录 F 为资料性附录。

本标准由中国电器工业协会提出。

本标准由全国电力电容器标准化技术委员会(SAC/TC 45)归口。

本标准负责起草单位:浙江省电力试验研究院、西安电力电容器研究所、机械工业北京电工技术经济研究所。

本标准参加起草单位:深圳三和电力科技有限公司、上海可佳仪器仪表有限公司、淄博莱宝电子器件有限公司、北京电联力光电气有限公司、温州威德康电气科技有限公司、杭州西子集团有限公司电容器分公司、无锡东亭电力电容器厂、温州威斯康电气有限公司、正泰集团成套设备制造有限公司、宁波高云电气有限公司。

本标准主要起草人:赵启承、平怡、朱赫、刘建国、田宜涛、姚宝琪、蔡富强、肖慎奎、陶祥生、蔡金存、魏武平、周云高。

# 电力电容器　低压功率因数补偿装置

## 1　范围

本标准适用于交流频率 50 Hz、额定电压 1 kV 及以下补偿调整电网功率因数的低压无功补偿装置，该装置内部装有开关电器和相关控制设备以实现电容器与主电源回路的接入或切除，从而调整其功率因数。

本标准规定了低压无功补偿装置的术语和定义、标志、设计、安装与运行、安全、试验方法及运输等。

若无其他指明，下文中或使用时，低压无功补偿装置应符合 GB 7251.1 和 GB 7251.3 的要求。

## 2　规范性引用文件

下列文件中的条款通过本标准的引用而成为本标准的条款。凡是注日期的引用文件，其随后所有的修改单(不包括勘误的内容)或修订版均不适用于本标准，然而，鼓励根据本标准达成协议的各方研究是否可使用这些文件的最新版本。凡是不注日期的引用文件，其最新版本适用于本标准。

GB/T 2900.16　电工术语　电力电容器

GB/T 2900.18　电工术语　低压电器

GB/T 2900.50　电工术语　发电、输电及配电 通用术语

GB/T 3047.1　高度进制为 20 mm 的面板、架和柜的基本尺寸系列

GB/T 4025　人机界面标志标识的基本和安全规则　指示器和操作器的编码规则(GB/T 4025—2003,IEC 60073:1996,IDT)

GB 4208　外壳防护等级(IP 代码)(GB 4208—2008,IEC 60529:2001,IDT)

GB 7251.1　低压成套开关设备和控制设备　第 1 部分：型式试验和部分型式试验　成套设备(GB 7251.1—2005,IEC 60439-1:1999,IDT)

GB 7251.3　低压成套开关设备和控制设备　第 3 部分：对非专业人员可进入场地的低压成套开关设备和控制设备——配电板的特殊要求 (GB 7251.3—2006,IEC 60439-3:2001,IDT)

GB 7947　人机界面标志标识的基本和安全规则　导体的颜色或数字标识(GB 7947—2006,IEC 60446:1999,IDT)

GB/T 12747.1　标称电压 1 kV 及以下交流电力系统用自愈式并联电容器　第 1 部分：总则——性能、试验和定额——安全要求——安装和运行导则 (GB/T 12747.1—2004,IEC 60831-1:1996,IDT)

GB/T 14598.9　电气继电器　第 22-3 部分：量度继电器和保护装置的电气骚扰试验　辐射电磁场骚扰试验 (GB/T 14598.9—2002,IEC 60255-22-3:2000,IDT)

GB/T 14598.10　电气继电器　第 22-4 部分：量度继电器和保护装置的电气骚扰试验　电快速瞬变/脉冲群抗扰度试验 (GB/T 14598.10—2007,IEC 60255-22-4:2002,IDT)

GB/T 14598.13　量度继电器和保护装置的电气干扰试验　第 1 部分：1 MHz 脉冲群干扰试验(GB/T 14598.13—1998,eqv IEC 255-22-1:1998)

GB/T 14598.14　量度继电器和保护装置的电气干扰试验　第 2 部分：静电放电试验(GB/T 14598.14—1998,idt IEC 60255-22-2:1996)

GB/T 17626.5　电磁兼容　试验和测量技术　浪涌(冲击)抗扰度试验(GB/T 17626.5—2008,IEC 61000-4-5:2005,IDT)

GB/T 17886.1　标称电压 1 kV 及以下交流电力系统用非自愈式并联电容器　第 1 部分：总则——性能、试验和定额——安全要求——安装和运行导则 (GB/T 17886.1—1999,idt IEC 60931-1:1996)

## 3 术语和定义

对于本标准，下列术语和定义及GB/T 2900.16、GB/T 2900.18、GB/T 2900.50、GB 7251.1、GB/T 12747.1和GB/T 17886.1及其他相关国家标准中给出的术语和定义都是适用的。

3.1

**低压无功补偿装置 low-voltage reactive power compensation installation**

包含有一个或多个低压电容器单元(分组)和与之相关的开关电器及控制、测量、信号、保护、调节等设备，由制造方负责完成所有内部的电气和机械连接并用结构部件完整地组装在一起的一种组合体。

注1：在整个标准中，缩写词"装置"和"自动补偿装置"分别表示低压无功补偿装置和自动调节的低压无功补偿装置。

注2：自动补偿装置中的开关电器和控制设备可以是机电的或电子的。

3.2

**电容器(单元) capacitor(unit)**

由一个或多个电容器元件组装于单个外壳中并有引出端子的组装体。

3.3

**电容器组 capacitor bank**

可整体投切的电气上连接在一起的一个或多个电容器(单元)的组合体。

3.4

**额定频率 rated frequency**

$f_N$

设计装置时所采用的频率。

3.5

**装置的额定电压 rated voltage of an installation**

$U_N$

装置拟接入的电网的系统标称电压。

3.6

**装置的额定电流 rated current of an installation**

$I_N$

装置额定电压和额定频率下流过装置内电容器的电流。

3.7

**装置的额定无功功率 rated reactive power of an installation**

$Q_N$

在额定频率和装置额定电压下的装置总的无功功率，由包括电抗器(如有的话)在内的装置中的所有阻抗计算得出。

3.8

**电容器的额定电压 rated voltage of a capacitor**

$U_n$

设计电容器时所规定的电压(交流时为方均根值)。

3.9

**电容器总容量 capacitor reactive power of an installation**

$Q_n$

装置中全部电容器的额定容量的总和。

3.10

**无功自动调节器(控制器)　automatic reactive power regulator(controller)**

根据电网负载吸收的无功功率、无功电流、功率因数或电压、时间等以控制开关电器自动接入或切除装置内的电容器组的电路或器件。

注1：一般在基波频率下计算无功功率。

注2：控制器可以装在自动补偿装置内或单独安装在其他地方，通常必须在运行前对每个自动补偿装置进行设定。

3.11

**涌流　transient inrush current**

$I_t$

电容器投入时可能产生的高幅值和高频率的暂态过电流，其幅值和频率由诸如主电源的短路阻抗、已投用的并联电容量和电容器投切器件的导通(接入)相角等因素决定。

3.12

**电容器组过电流保护　over-current protection for capacitor bank**

当流过装置内的电容器组的电流超过设定值时切除电容器组的一种保护。

3.13

**半导体—机械一体化开关电器　semiconductor-mechanical switching device**

半导体与可分离触头并联，依靠半导体可控导电性及可分离的触头的动作来接通或分断一个或几个电路的开关电器。接通电路时的动作顺序为：半导体接通→触头关合→半导体分断；分断电路时的动作顺序为：半导体接通→触头分断→半导体分断。

3.14

**电容器投切器件　capacitor switching device**

用于接入或切除电容器组的开关电器。开关电器可以是半导体开关电器、机械开关电器或半导体机械一体化开关电器。

3.15

**中性保护导体(PEN)　PEN conductor**

在某些系统中，同时具有中性导体(N)和保护导体(PE)功能的一种导体。

3.16

**切除-投入最小时间间隔　minimum time break of capacitor bank switching off and on**

同一电容器组切除后允许投入的最小时间间隔。

3.17

**补偿响应时间　compensation response-time**

从实际无功负荷达到设定值到装置的第一个电容器组投入为止所需要的时间与切除-投入最小时间间隔的总和时间。

## 4　标志

制造方应在说明书中或者按购买方要求，在装置的铭牌上至少给出下列资料：

a)　制造单位名称或商标；

b)　标识号或型号；

c)　制造日期，明文或采用代码形式；

d)　装置的额定无功功率，$Q_N$ 以千乏(kvar)计；

e)　电容器总容量，$Q_n$ 以千乏(kvar)计；

f)　装置的额定电压，$U_N$ 以伏(V)计；

g)　电容器的额定电压，$U_n$ 以伏(V)计；

h) 额定频率，$f_N$ 以赫兹(Hz)计；

i) 最低和最高的环境温度，以摄氏温度(℃)计；

j) 防护等级；

k) 短路耐受强度，以安培(A)计；

l) 本标准代号。

## 5 设计、安装、运行和安全导则

### 5.1 总则

与大多数电器不同，并联电容器每当投入运行就连续在满负荷下运行，或者仅在电压和频率变动时，才在有差异的负荷下运行。

过电压和过热将使电容器的寿命缩短，因此应严格控制运行条件(即：温度、电压和电流)。

应当注意，在电网中接入电容可能产生不利的运行条件(例如谐波放大、电机自激、操作过电压、音频遥控装置不能正常工作等)。

由于电容器的类型不同且涉及的因素很多，不可能用简单的规则概括所有可能情况下的安装及运行。下列资料给出的是需加以考虑的较为重要的几点。此外，还必须遵守制造方的说明书和供电部门的相关规程。

### 5.2 设计

#### 5.2.1 使用条件

##### 5.2.1.1 正常使用条件

##### 5.2.1.1.1 使用电压范围

装置工作电压为 0.80 $U_N$～1.15 $U_N$。不包括由于接通或开断装置所引起的过渡过电压，但包括谐波及电源电压波动的影响。

##### 5.2.1.1.2 环境空气温度

根据安装地点的实际环境空气温度来选择装置的上限温度和下限温度，分成若干温度类别，每一温度类别均以一斜线隔开的下限温度值和上限温度值表示。

上限温度为装置可以连续运行的环境空气温度最高值，分四个类别，即＋40 ℃、＋45 ℃、＋50 ℃、＋55 ℃。

下限温度为装置可以投入运行的最低温度，分五个类别，即＋5 ℃、－5 ℃、－25 ℃、－40 ℃、－50 ℃。

户内装置通常取下限值为－5℃。

任何下限温度和上限温度的组合均可选为装置的温度类别，如－5/50，－25/40。

优先温度类别为：－40/40，－25/40，－5/40 或 5/50。

如果电容器运行时影响装置内冷却空气温度，应加强通风或另选电容器，冷却空气温度不超过 GB/T 12747.1 和 GB/T 17886.1 规定的电容器上限温度加 5 ℃。

注：由制造方与购买方协商制定的专门规范可以高于上限温度最高值，例如－40/60。

##### 5.2.1.1.3 环境空气相对湿度

##### 5.2.1.1.3.1 户内成套设备

空气清洁，在最高温度为＋40 ℃时，其相对湿度不得超过 50%。在较低温度时，允许有较大的相对湿度。例如：－20 ℃时相对湿度为 90%。但应考虑到由于温度的变化，有可能会偶然地产生适度的凝露。

##### 5.2.1.1.3.2 户外成套设备的大气条件

最高温度为＋25 ℃时，相对湿度短时可高达 100%。

5.2.1.1.4 污染等级

不超过 GB 7251.1 规定的污染等级 3。

5.2.1.1.5 海拔

安装场地的海拔不超过 2 000 m。

5.2.1.1.6 其他

若无特别指明，安装地点不允许有腐蚀金属和破坏绝缘的气体及导电介质存在，不得含有爆炸危险的介质，无较强的振动与冲击，不允许有严重的霉菌存在，安装倾斜度不大于 5°。

5.2.1.2 特殊使用条件

如存在下述任何一种特殊使用条件，必须遵守适用的特殊要求或在制造方与购买方之间达成的专门协议。如果存在这类特殊使用条件的话，购买方应告知制造方。

5.2.1.2.1 高相对湿度

可能需要特殊设计元件绝缘水平。应注意外部熔断器、电容器投切器件等被其表面凝结的潮气旁路或锈蚀等的可能性。

5.2.1.2.2 霉菌生长迅速

霉菌在金属、陶瓷材料及一些油漆或清漆上都不生长。其他材料上，特别当有灰尘等落积时，霉菌在潮湿处有可能生长。

使用杀菌剂可改善这些材料的性能，但是，经过一段时间以后这些杀菌剂的毒性不再保持。

5.2.1.2.3 腐蚀性大气

在工业及沿海地区都会遇到腐蚀性大气。应该注意到，在较高温度的气候下，这种大气的作用要比在温和的气候下更为严重。甚至在户内装置中也可能存在高腐蚀性大气。

5.2.1.2.4 污秽

当电容器安装在高度污秽的地区时，应采取特殊的预防措施。

5.2.1.2.5 海拔

安装场地的海拔超过 2 000 m。

5.2.2 产品分类

5.2.2.1 按结构形式分类

5.2.2.1.1 附属(主配电柜)式

自动补偿装置作为主配电柜的一部分，包括控制器、熔断器、电容器投切器件、电容器和电抗器(扼流圈)。

自动补偿装置可以安装在主配电柜内的单独箱体或仅作为附加部分安装在普通的主配电柜内。

5.2.2.1.2 独立(成套柜)式

装置为独立的成套柜(箱)体，安装时通常紧邻或靠近主配电柜、相关的分配电柜或配电变压器，或直接连接在配电线路上。通常，装置内布设主母线排，其故障电流水平与邻近的主配电柜或分配电柜相匹配，或相当于装置安装点的故障电流。

装置内的主母线排的进线侧通过汇流排或电缆连接到安装地点的主电源线路。

装置内的主母线排的出线侧为一组熔断器、断路器或带熔断器的开关电器，其下依次串联连接电容器投切器件和电容器组。

5.2.2.1.3 分离(自动控制柜与电容器)式

除电容器外的所有设备均安装在控制柜中。

电容器及配套电抗器(如果有的话)被安装在远距离台架上。采用这种安装方式通常是因为空间需求有困难或是有利于更好地散热。

应当着重注意装置组成设备，如熔断器、电容器、电抗器等会产生相当大的热量。

5.2.2.2　按安装地点分类

a)　户内型；

b)　户外型。

5.2.2.3　按补偿方式分类

5.2.2.3.1　三相式

装置内每个电容器组由一个电容器投切器件三相一起接入或退出主电源回路，电容器组内部可连接成三角形或星形，允许其中一相不经电容器投切器件而接入主电源回路。一些装置中的电容器组可以不经电容器投切器件而接入主电源回路。

5.2.2.3.2　分相式

装置内每个电容器组每相分别由一个电容器投切器件接入或退出主电源回路，电容器组内部可连接成三角形或星形，星形接法的电容器组应将中性线与主电源回路中性线相连。正常运行时可分别控制每个电容器组各相电容器投切器件的接通或断开。

5.2.2.3.3　混合式

装置内同时装有三相式控制的电容器组和分相式控制的电容器组。

5.2.2.4　按切除-投入最小时间间隔分类

5.2.2.4.1　快速型

装置补偿响应时间不大于 100 ms。

5.2.2.4.2　普通型

装置补偿响应时间大于 100 ms。

5.2.2.4.3　按控制方式分类

5.2.2.4.3.1　手动控制

装置中无控制器，手动控制装置或电容器组投入和切除。

5.2.2.4.3.2　自动控制

装置通过控制器进行电容器组自动投入和切除，也可通过控制器手动控制。

5.2.3　装置构成与要求

5.2.3.1　主要电器元件构成

装置一般是由几部分组成的，各部分可以安装在分开的隔室内或安装在同一个结构中。

a)　母线，电源总刀闸或断路器；

b)　（电容器组）熔断器（或断路器）；

c)　电容器投切器件；

d)　电容器；

e)　电抗器（必要时，抑制谐波或限制涌流）；

f)　电容器组过流保护装置；

g)　控制器；

h)　避雷器；

i)　电容器组运行状态指示灯。

这些电器元件应符合相应的国家标准或行业标准，适宜装置安装地点环境空气温度。

5.2.3.2　结构与性能要求

5.2.3.2.1　外观与结构

装置的壳体外表面，一般应喷涂无眩目反光的覆盖层，表面不得有起泡、裂纹或流痕等缺陷。

装置应能承受一定的机械、电和热的应力，其构件应有良好的防腐蚀性能。

装置上应有主保护接地端子，其导电能力应和装置进线相导体的导电能力相同，并标有明显、耐久的接地符号。

装置内的中性线应能传导电路可能需要的最大电流，应充分考虑分相式补偿时因三相电容量不相同而可能流过中性线的电流。

装置中所选用的指示灯、按钮、导线及母线的颜色应符合 GB/T 4025、GB 7947 的要求。

装置外形尺寸应符合 GB/T 3047.1 的规定。

装置外观与结构的其他方面应满足 GB 7251.1 的要求。

**5.2.3.2.2 电气间隙与爬电距离**

正常使用条件下，装置内不同相的裸露带电导体之间以及它们与外壳之间的电气间隙与爬电距离应不小于表 1 的规定。

**表 1 电气间隙与爬电距离**

| 装置额定电压 $U_N$/V | 最小电气间隙/mm | 最小爬电距离/mm |
|---|---|---|
| $60 < U_N \leqslant 690$ | 14 | 14 |
| $690 < U_N \leqslant 1\ 000$ | 14 | 16 |

**5.2.3.2.3 介电强度**

主电路相间和与其直接连接的辅助电路应能耐受表 2 规定的工频试验电压，泄漏电流应不大于 3.5 mA（方均根值）。装置中不与主电路直接连接的辅助电路对地（框架）以及带电部件对绝缘材料制成的覆盖层或外部操作手柄应能耐受表 3 规定的试验电压。

**表 2 试验电压**

单位为伏

| 装置额定电压 $U_N$ | 试验电压（方均根值） |
|---|---|
| $60 < U_N \leqslant 690$ | 2 500 |
| $690 < U_N \leqslant 800$ | 3 000 |
| $800 < U_N \leqslant 1\ 000$ | 3 500 |

**表 3 不由主电路直接供电的辅助电路试验电压**

单位为伏

| 辅助电路运行电压 $U_i$ | 试验电压（方均根值） |
|---|---|
| $U_i \leqslant 60$ | 500 |
| $60 < U_i < 1\ 000$ | 3 000 |
| 1 000 | 5 000 |

**5.2.3.2.4 对触电的防护措施**

**5.2.3.2.4.1 对直接触电的防护**

装置的裸露导电部件应利用接地的挡板或外壳进行防护，挡板或外壳应固定牢靠，并有一定的机械强度，同时应符合装置要求的电气间隙和爬电距离。在需要移动、打开外壳或拆卸时，必须使用钥匙或工具，或者有断电联锁机构。

**5.2.3.2.4.2 对间接触电的防护**

装置应有可靠接地的保护电路，可通过单独装设保护导体或利用装置的结构部件（或二者都有）来完成。

a） 装置的裸露导电部件、需接地的电器元件的金属底座及装有电压超过 60 V 的电器元件的门、盖板或类似部件，均应保证与保护电路可靠连接。

b） 保护电路的电连续性应利用有效的接线来保证，直接连接或利用保护导体连接。

c) 装置内保护电路的所有部件的设计应使它们足以耐受装置在安装场所可能遇到的最大热应力和电动应力。

d) 利用装置的外壳作保护电路的部件时，其最小截面应符合表 4 中的规定。

**表 4 相导线截面积及相应保护导体最小截面积** 单位为平方毫米

| 相导线截面积 $S$ | 相应保护导体最小截面积 |
|---|---|
| $S \leqslant 16$ | $S$ |
| $16 < S \leqslant 35$ | 16 |
| $35 < S \leqslant 400$ | $S/2$ |
| $400 < S \leqslant 800$ | 200 |
| $S > 800$ | $S/4$ |

e) 为便于识别，保护导体的颜色应采用黄绿双色。黄绿双色除作为保护导体识别颜色外，不得有其他任何用途。

f) 装置中保护导体的截面按表 4 的规定选择。如果按表 4 选择的导体不是标准尺寸时，应靠向标准尺寸；当相导线与保护导体的材料不同时，应进行修正使之达到同样的导电效果。

**5.2.3.2.5 短路耐受强度**

装置短路耐受强度及短路保护器件的详细规定由制造方产品技术条件给出。

**5.2.3.2.6 采样、控制电路防护**

装置内电流回路的导线截面应不小于 2.5 $mm^2$（多股铜芯绝缘导线），应使用专用接线端子，导线与拉线端子(连接片)应采用冷压接方法固定，电路一端可靠接地。

装置控制器、电压表等二次电压电路中应设有专用二次保护器件，特性应满足装置可靠性要求。

**5.2.3.2.7 电容允许偏差**

a) 装置的电容量与额定电容量之差应在装置额定电容量的 0～＋10％范围内；

b) 装置任何两进线端之间的电容量最大值与最小值之比应不大于 1.05。

**5.2.3.2.8 电抗允许偏差**

当装置中的电容器串接电抗器时，三相电抗器或单相电抗器组成的三相电抗器组的每相电抗值与三相平均值的差应不大于±3％。电抗器应可通过 1.36 $I_N$ 电流长期运行，通过 1.50 $I_N$ 电流时其电感值与额定值的偏差不大于 5％。

**5.2.3.2.9 温升**

母线与电器元件连接处的温升不得高于电器元件出线端的规定温升。

母线之间连接处的温升不得高于表 5 的规定。

装置内绝缘导线和电器元件的温升不得高于其本身规定的允许温升。

**表 5 母线连接处温升**

| 部 位 | 温 升/K |
|---|---|
| 用于连接外部绝缘导线的端子 | 70 |
| 母线固定连结处 | |
| 铜-铜 | 50 |
| 铜搪锡-铜搪锡 | 60 |
| 铜镀银-铜镀银 | 80 |
| 铝搪锡-铝搪锡 | 55 |
| 铝搪锡-铜搪锡 | 55 |

表 5（续）

| 部　　位 | 温　　升/K |
|---|---|
| 操作手柄 | |
| 金属的 | 15 |
| 绝缘材料的 | 25 |
| 可接近的外壳和覆板 | |
| 金属表面 | 30 |
| 绝缘材料表面 | 40 |

### 5.2.4 额定电压的选择

装置额定电压的优选值为 0.22 kV、0.38 kV、0.66 kV、1kV。

电容器的额定电压应不低于该电容器所接入的电网的运行电压，并且还应考虑电容器本身的影响。

在某些电网中，电网的运行电压与标称电压相差很大，购买方应提供详细情况，以便制造方能为之留出适当的裕度。这一点对电容器装置是十分重要的，因为电容器介质上的电压过分增高，电容器的性能与寿命将受到不利的影响。

如果没有相反的资料，应假定运行电压等于电网的标称电压。

为降低谐波等的影响而接入与电容器相串联的电路元件时，会造成电容器端子上的电压升高到超过电网的运行电压，从而需要相应提高电容器的额定电压。

当确定电容器端子上的预期电压时，应考虑下列情况：

a) 并联连接的电容器可能造成从电源到电容器安装处的电网电压升高（见附录 D）；这一电压升高会由于谐波的存在而升得更高。因此，电容器将会在高于接入电容器之前测得的电压下运行。

b) 在电网轻负荷时电容器线路端子间电压可能特别高（见附录 D）；此时，应切除部分或全部电容器以防止电容器过电压和电网电压过分升高，只有在紧急情况下才允许电容器在最高允许电压和最高环境温度同时出现的条件下运行，并且只能是短时的。

注 1：在选取电容器额定电压 $U_n$ 时，应避免安全裕度取得过大，因为与电容器额定容量相比，这将导致容量降低。

注 2：关于最高允许电压见 GB/T 12747.1。

带有串联电抗器的装置中的电容器线路端子间的电压通常高于装置运行电压，电容器额定电压应满足运行条件要求。有电抗器时应特别注意，应考虑到电容器本身允许的过电流水平。

### 5.2.5 装置的保护

#### 5.2.5.1 切合和过载保护

GB/T 12747.1 和 GB/T 17886.1 中给出了电容器的过载能力。装置电源总刀闸和断路器、电容器投切器件、保护装置及连接件应设计成能连续承受在额定频率和方均根值等于装置额定电压的正弦电压下得到的电流的 1.65 倍的电流。

装置电源总刀闸和断路器、电容器投切器件、保护装置及连接件还应能承受投入电容器时可能产生的高幅值及高频率的过渡过电流所引起的电动力及热应力。

当考虑到电动力和热应力后导致尺寸过大时，应采取诸如 GB/T 12747.1 中所述的防止过电流的特殊预防措施。

注 1：在某些情况下，例如当电容器被自动控制时，有可能在较短的时间间隔内进行反复的投切操作。必须选择能承受这些条件的电容器投切器件及熔断器。

注 2：连接在接有电容器的母线上的开关装置，在开合短路的情况下可能受到特殊应力。

注 3：用来投切电容器组和相关的保护装置的开关器件应能承受将一组电容器组接入到已接有其他电容器组的母线上时所产生的涌流（幅值和频率）。

建议使用适合的电容器组过电流保护装置，将其整定到当电流超过 GB/T 12747.1 和

GB/T 17886.1中所规定的允许极限时使电容器投切器件分断。熔断器通常不能提供恰当的过电流保护。

注4：不同设计的电容器，其电容量会随温度变化而增大或减小。

如果采用铁芯电抗器，应当注意谐波可能造成铁芯饱和及过热。

电容器回路中的任何不良接触均可能诱发产生电弧，引起高频振荡，使电容器过热和过电压。因此建议定期检查电容器装置的全部连接点。

采用机械开关电器作为电容器投切器件，接入电容器组时引起的过电流峰值应限制到最大为20 $I_N$（方均根值）或电容器投切器件的最大承受能力，两个值中取较小值。

采用半导体开关电器或半导体机械一体化开关电器作为电容器投切器件，接入电容器组时引起的过电流峰值应限制到最大为$2\sqrt{2}I_N$（方均根值）或电容器投切器件的最大承受能力，两个值中取较小值。

电容器投切器件应能在1.2 $U_N$ 条件下的正常分断电容器组，不出现重击穿。

电容器投切器件应能承受连续30次切除-投入最小时间间隔的电容器组的投切而不损坏，接入电容器组时引起的过电流峰值不超过规定值。

**5.2.5.2 工频过电压保护**

装置（控制器）设有两级过电压动作门限，在1.05 $U_N$～1.15 $U_N$ 之间可调。第一级过电压动作门限在1.05 $U_N$～1.10 $U_N$ 之间，第二级过电压动作门限在1.10 $U_N$～1.15 $U_N$ 之间。当电网电压大于第一级过电压动作门限但小于第二级过电压动作门限时，控制器不发出投入电容器组的指令，装置只执行切除电容器组的指令；当电网电压大于第二级过电压动作门限时，装置应能在1 min内逐组切除全部电容器组。

**5.2.5.3 失压保护**

自动补偿装置断电后各电容器投切器件均应自动开断，装置再通电时各电容器组处在分断状态。

**5.2.5.4 电容器组过电流保护**

当电容器上电流（包括谐波电流）超过电容器允许电流时，应切除电容器组，并能防止短时内反复投切；恢复正常后，装置应自动恢复工作。

**5.2.5.5 涌流限制措施**

当投入装置或电容器组与已投入运行的另一部分相并联时，可能产生高幅值和高频率的暂态过电流。为了降低涌流，通常的做法是增加连接线的电感，但是会增加总损耗。注意应使其不超过电容器和电容器投切器件的最大允许电流。

**5.2.6 外壳防护等级**

装置外壳防护等级应符合GB 4208的规定。

安装在主配电室内或紧邻主配电柜安装的户内型装置防护等级不得低于IP20，其他的防护等级（IP值）应由制造方和购买方协商制定。

户外型装置的防护等级（IP值）按购买方要求，可以增强到IP54。应仔细考虑装置内通风设计。

**5.2.7 便于元件的维护**

柜体和设备应合理安排以便当某一元件损坏时，便于更换。

电容器（组）的连线排列应便于定期维护检查。

## 5.3 元件选择

**5.3.1 总则**

在进行装置中元件的选择时，应仔细查对各种元件与成套设备本身的环境空气温度类别的一致性。电容器应符合GB/T 12747.1和GB/T 17886.1的规定，电器元件的额定电压、额定电流、使用寿命以及电容器投切器件的接通能力、分断能力、短路耐受强度等应能满足装置电气要求，各种元件均应符合相应的国家标准和行业标准。

**5.3.2 指示灯和按钮**

颜色应符合GB/T 4025的规定。

5.3.3 刀开关和电容器投切器件

额定电流应不小于其负载的额定电流的1.65倍。电容器投切器件应满足装置中其周围空气温度、湿度等环境要求。

5.3.4 控制器

控制器应满足装置中其周围空气温度、湿度等环境和控制的要求，并满足GB/T 14598.9、GB/T 14598.10、GB/T 14598.13、GB/T 14598.14和GB/T 17626.5等规定的电磁兼容试验要求。

a) 控制参量：无功功率、无功电流、功率因数、电压或时间等参量单项控制或多项综合控制。

b) 工作方式：电容器组投入和切除采用自动控制，也可手动控制。

c) 电容器组采用等容量循环投切的工作方式，先投先切，后投后切或编码投切工作方式并应能防止反复投切电容器组，在0.80 $U_N$～1.20 $U_N$条件下自动或手动控制无误。

d) 投切延时时间：投入延时0～10 s，使用方可调整设定值；切除后再投入延时0～300 s，使用方可调整设定值，但不小于切除-投入最小时间间隔。手动控制装置或自动控制装置中使用机械开关电器时，任一电容器组再次投入时其线路端子上的剩余电压不超过电容器的额定电压的10%。

e) 过电压动作门限：设有两级过电压动作门限，在1.05 $U_N$～1.15 $U_N$之间可调。

5.3.5 (电容器组)熔断器(或断路器)

a) 每个电容器组均应装设保护熔断器或有相同功能的断路器；

b) 熔断器额定工作电流(方均根值)应按2～3倍单组电容器额定电流选取；

c) 熔断器(或断路器)开断短路电流能力应满足装置安全运行要求。

5.3.6 放电器件

断电时，装置内的电容器可以通过内部电阻或外部放电器件进行安全放电。

5.3.7 投切次数计数器件

需要时，装置可装有投切次数的计数器件。

5.3.8 仪表和显示

装置应有电容器组运行状态或开关电器工作位置显示，采用指示灯或其他方式指示。

户内式装置应设有电流、电压及功率因数等指示仪表；户外装置可根据需要选择装设。

5.4 安装和运行

5.4.1 电气环境

5.4.1.1 稳态过电流

装置应能在电流方均根值不超过1.36倍该装置在额定频率、装置额定正弦电压和无过渡状态时所产生的电流下连续运行。考虑到容差，电容可能达1.10 $C_N$，所以这个电流可能达到约1.50 $I_N$。

这一电流是由电容器组上的谐波电压和高至1.15 $U_N$的工频过电压共同作用的结果。

若装置使用条件不符合上述规定，购买方应与制造方协商解决。

5.4.1.2 谐波

当装置连接到含有谐波的系统中时，将有可能缩短装置的寿命。通过在每一电容器组上连接一台合适的串联电抗器可降低谐波的破坏作用。

5.4.1.3 电压尖峰脉冲

应避免电压尖峰脉冲。如果选择的电容器投切器件是专门推荐给电容器使用的，将不会产生问题。尽管如此，电容器投切器件也会随着时间而劣化，在定期的维护检查中应更换磨损的接点或元件。

5.4.1.4 负载评定

决定在何处安装低压无功补偿装置由多种因素决定，包括费用和可利用的空间。

a) 确定了低功率因数的负载的地点，装置可装设在这些点上；

b) 一般说来，通常将装置装设在有可用空间的主配电板处。在这种情况下，用装置调整整个负载的功率因数，而且装置的维护地点仅为一处。

5.4.2 装置运行时产生的影响

5.4.2.1 谐波放大

当把装置与产生谐波的电网连接时通常将产生谐波放大，除非在每一电容器组上连接一个合适的串联电抗器。

谐波的增大将不仅影响电容器的寿命，而且将引起电网中其他电气和电子设备的问题。

5.4.2.2 环境温度的升高

装置中电容器、电抗器、电阻器、线圈等设备的损耗产生热量。这些热量提高了周围区域的环境温度。确保运行室有充分的通风以维持装置周围良好的空气流通是很重要的。

5.4.3 过电压

GB/T 12747.1 和 GB/T 17886.1 规定了电压因数。

如果估计过电压发生的次数较少或者温度条件不太恶劣，在制造方同意时，可以提高电压因数。只要其上没有叠加过渡过电压，这些工频过电压的限值是允许的。电压的峰值应不超过规定方均根值的 $\sqrt{2}$倍。

容易受到高幅值的雷电过电压的装置应进行妥善的保护。

5.4.4 过电流

在装置订货之前，应考虑检查设备安装处的电网条件(例如：存在谐波)。

电容器决不可在电流超过 GB/T 12747.1 或 GB/T 17886.1 中规定的最大值下运行。

过电流可能是由基波过电压或者谐波，或者上述两者共同引起的。主要的谐波源是整流器、电力电子设备和饱和的变压器铁芯。

如果在轻负荷时电压升高被电容器所加强，则可以考虑有变压器铁芯饱和。在这种情况下，将产生异常幅值的谐波，其中某一次谐波可能被变压器与电容器之间的谐振所放大。这是建议在轻负荷时切除低压无功补偿装置的更进一步的原因。

如果电容器电流超过 GB/T 12747.1 中规定的最大值，而电压仍在 GB/T 12747.1 中规定的 1.10 倍额定电压的允许限值以内，应确定主要的谐波，以便找到最佳解决办法。

下列的解决办法可供考虑：

a) 将一部分或全部电容器单元移到另一台变压器供电的电网其他位置。

b) 接入与电容器单元串联的电抗器，将电路的谐振频率降低到干扰谐波频率以下。

安装低压无功补偿装置前后应测量电压波形和电网特征参数。当有诸如大型电力电子设备等谐波源存在时，应予以特别注意。

在将电容器接入电网时，可能产生高幅值和高频率的过渡过电流。在将装置中的一个电容器组接入与已通电的另一分组或多个分组相并联时，也会产生这种过渡效应(见附录 D)。

为将这些过渡过电流降低到电容器单元与电容器投切器件能承受的值，可能需要通过电阻器接入电容器(电阻切合)，或在装置的每一电容器组中串联接入电抗器(应注意电容器本身允许的过电流)。

5.5 安全

5.5.1 放电器件

每一装置或电容器组均应设有放电器件，以便在从电网断开后，能够给电容器装置放电。

可以通过每一电容器内部的(一体化的)放电电阻，或通过整个装置的外部放电器件使电容器上的剩余电压在 3 min 内从 $1.15\sqrt{2}\,U_N$ 降至 50 V 或更低。

在接触任何带电部件前，先让电容器装置自放电至少 5 min，然后将电容器端子连接在一起并接地。

5.5.1.1 内部电阻

内部电阻放置在每一台电容器中。其设计应确保每一台电容器自放电，从而使整个电容器装置安全放电。由几台电容器串联组成的装置，装置端子间的剩余电压等于每一个串联段上的剩余电压之和。

5.5.1.2 外部放电器件

采用外部放电器件时，每一个放电器件应适应设备安装的现场条件并且应有合适的放电距离、爬电距离和绝缘水平。如果电容器没有内部放电电阻，则在电容器组和外部放电器件之间应无隔离器件。

可采用直接与电容器组并联连接的放电电抗器。在运行状态下，只有励磁电流流过电抗器。当切断电容器组时，贮存的所有能量向放电电抗器释放，电流在电抗器线圈中持续几秒钟，大部分的能量被电抗器所消耗。为防止放电电抗器的过热，应限制每单位时间的放电量。

可考虑把变压器或电动机的绕组如同电压互感器的一次绕组一样看作为合适的放电阻抗。

**5.5.2 断电后的放电**

在接触任何带电部件前，先让装置自放电至少 5 min，然后将电容器端子连接在一起并接地。然而，由电容器串联连接和星形连接构成的装置已经发生击穿或内、外部放电后，不会通过与装置的端子连接的放电器件彻底放电。尽管在装置线路端子间测量不到电压，但在装置中可能存在有危险的贮存能量，这些所谓的“陷阱电荷”可能会持续存在几个月的时间，并且只有通过装置中的每一电容器单独放电才能放掉。

**5.5.3 故障时的火灾危险**

电容器中包含易燃材料，例如电介质薄膜和(或)纸、油等。装置设计应考虑到某个元件故障时可能造成的火灾危险。以下是需加以考虑的两个区域：

a) 电容器的邻近区域。通常，电容器用金属外壳制造，或安装在单独的金属柜架中，或通过金属挡板与其他元件分开。这些区域中的电源和控制电缆应尽量少，并且要仔细布线，以避免与电容器外壳的直接接触。

b) 电抗器的邻近区域。安装有电抗器(扼流圈和滤波器)时，其周围的电源和控制电缆应尽量少，或至少应支撑起来脱离电抗器的叠片铁芯。

**5.5.4 人身和财产的损害**

装置的制造方应合理设计布置安装各组成设备，维护时，使人员不会遇到意外的电弧故障伤害。具有一定额定容量(例如 50 kvar)的电容器，在没有先通过控制设备断开电容器组时，直接拉开熔断器将会产生相当强烈的开断电弧。

直拉插入熔断器接通电路时也会发生同样的现象。

**5.5.5 母线**

装置的主母线排应至少能承受拟接入系统点的电网故障电流。通常，低压无功补偿装置连接的主电源处的故障电流是相当大的。

制造方可在装置与主电源连接处设置限流器件，短路耐受强度试验应在电路中接有此类器件的条件下进行。

**5.5.6 系统布线**

5.5.6.1 装置中的母线应合理布置，以便连接到主装置的电缆和母线有足够的空间被取出。用作连接线的电缆常常具有一个大的截面积并应有一个合适的尺寸以承受所要求的额定电流和系统故障电流。主电路母线和导线的允许载流量应不小于装置额定电压时通过电流的 1.65 倍。

5.5.6.2 母线连接应紧固、接触良好。母线之间或母线与电器元件端子连接处应采取防电化腐蚀的措施，并保证载流件之间的连接有足够的持久压力，但不得使母线受力而永久变形。

5.5.6.3 母线和导线的颜色应符合 GB 2681 的规定，母线相序的排列应符合表 6 的规定(正面观察)。

**表 6 母线相序排列方式**

| 相序 | 垂直排列 | 水平排列 | 前后排列 |
|---|---|---|---|
| A | 上 | 左 | 远 |
| B | 中 | 中 | 中 |
| C | 下 | 右 | 近 |
| 中性线 | 最下 | 最右 | 最近 |

5.5.6.4 母线的材料、连线和布置方式以及绝缘支持件应满足装置的预期额定短路耐受电流的要求。

5.5.6.5 PEN导线的截面积应按中性导线(N)一样的方式确定。最小截面应是10 $mm^2$(铜线),分相式和混合式装置中的中性导线(N)截面积应和相导线截面积相同。

5.5.6.6 辅助电路绝缘导线的截面应根据要承载的额定工作电流来选择,但应不小于1.5$mm^2$(单股铜芯绝缘导线)或1.0 $mm^2$(多股铜芯绝缘导线)。

5.5.6.7 辅助电路的布线不应贴近具有不同电位的裸露带电部件或有尖角的边缘敷设,导线应采用适当的支撑或装入行线槽内。

5.5.6.8 连至移动部件(例如门)上的电器元件的导线应采用多股铜芯绝缘导线。

5.5.6.9 接线应在固定端子上进行,导线中间不允许有接线点,所有接线点应牢固、接触良好并有足够的持久压力。

5.5.6.10 一个接线端子一般只能连接一根导线,必要时允许连接二根导线。当需要连接二根以上导线时,应采取适当措施以保证导线的可靠连接。

5.5.6.11 连接到发热电器元件上的绝缘导线应考虑到发热元件对导线绝缘层的影响,采取适当措施。

5.5.6.12 辅助电路绝缘导线的端部应有标识,且清晰耐久。

5.5.6.13 绝缘导线的额定电压不得低于相应电路的额定工作电压。

## 6 电磁兼容性

有关电容器电磁兼容性的相应标准及条款(见第2章,规范性引用文件)和下列的附加内容均适用于本标准。

### 6.1 辐射

在正常运行时,电力电容器不产生任何电磁干扰。装置只在操作(接入或切除电容器组)时产生电磁干扰,并且只有操作过电压,其持续时间以毫秒计。如果控制器限制操作次数不超过5次/min,则认为电磁辐射要求良好,无需进行试验验证。

### 6.2 抗干扰试验

未安装有电子设备的装置对一般的电磁干扰不敏感,无需进行抗干扰试验。

### 6.3 安装有电子设备的装置

安装在装置内的电子设备(例如控制器)应满足相关的标准中有关抗干扰和辐射的要求。

## 7 试验分类

装置试验包括:

a) 例行试验;

b) 型式试验;

c) 验收试验。

购买方要求时,制造方应列明参数供试验验证。

### 7.1 例行试验

例行试验用来检验装置的材料和制造工艺。这些试验在每一套装配好的新的装置上进行,或在每一个运输单元上进行(见GB 7251.1)。在安装工地上不再重复例行试验。

由制造方指定或供应标准化元件(非制造方工厂生产但作为专用元件)和附件组装成的低压无功补偿装置也应进行例行试验,由进行装置总装的单位进行。

例行试验包括:

a) 外观及结构检查;

b) 电容(电感)检验;

c) 介电强度试验;

d) 通电操作试验;

e) 失压保护试验；

f) 工频过电压保护试验；

g) 触电防护措施和保护电路有效性检验。

注：在制造方工厂里进行的例行试验工作，不能免除安装单位在经过运输和安装后进行检查试验的责任。

## 7.2 型式试验

型式试验用来验证确定型号的装置符合本标准的要求。

型式试验应在一套装置样品上进行，或在按相同或相似设计生产的装置中的各个部件上进行。用作型式试验的装置应是例行试验合格的。

正常生产中的装置每五年应进行一次型式试验。

型式试验包括：

a) 温升试验；

b) 介电强度试验；

c) 短路耐受强度试验；

d) 触电防护措施和保护电路有效性检验；

e) 电气间隙和爬电距离检验；

f) 机械操作检验；

g) 外壳防护等级试验；

h) 放电器件检查；

i) 涌流试验；

j) 电容器投切器件连续投切试验；

k) 电容器组过电流保护试验；

l) 电容器投切器件开断特性测试；

m) 装置中电器和独立元件的试验；

n) 装置补偿响应时间测试。

## 7.3 验收试验

验收试验用于验证装置在运输过程中未受到损伤，确保要安装的装置是良好的。购买方负责试验。试验项目由制造方与购买方协商。在有条件时，推荐进行下列项目的试验：

a) 外观及结构检查；

b) 介电强度试验（试验电压为例行试验规定值的85%）；

c) 机械操作试验；

d) 通电操作试验；

e) 电容（电感）检验。

# 8 试验方法

## 8.1 试验条件

装置的一切试验及测量，除另有规定者外，均应在下列条件下进行。

a) 环境空气温度：5 ℃～35 ℃；

b) 试验和测量使用的交流电压的波形应为近似正弦波形（即两个半波基本一样，且其峰值和方均根之比在$\sqrt{2}\pm0.7$ 的限度内，以及诸谐波电压的方均根值不大于基波电压方均根值的5%）。

## 8.2 试验方法

### 8.2.1 外观及结构检查

按5.2.3.2.1、5.2.3.2.6及5.5.6的要求用目测和仪器测量的方法进行。

8.2.2 电容(电感)检验

应在0.9 $U_N$～1.1 $U_N$的电压下测量。可对装置中电容器组及电抗器用测量误差不大于1%的电容(电感)测量电桥或能保证测量准确度的其他方法(如电压电流法)进行。

8.2.3 介电强度试验

在装置的相间、相对地、辅助电路对外壳和地之间施加5.2.3.2.3规定的试验电压值，带电部件对绝缘材料制成或覆盖的外部操作手柄进行试验时，装置框架不接地，将手柄用金属箔裹缠，然后在金属箔与带电部件之间施加1.5倍5.2.3.2.3规定的试验电压值。

试验时，应使电压从试验电压的30%～50%开始，大约在10 s～30 s时间内平稳地将电压升高到规定的试验电压值，并保持1 min，随后进行试验后的降压操作，直至零电压切除电源。试验前，应断开不宜承受试验电压的半导体器件、避雷器、电容器与母线的电气连接。

如果制造方在设备的连接处设有限流器件，则耐受试验应在电路中接有此类器件的条件下进行。

8.2.4 通电操作试验

自动补偿装置应进行通电操作试验。在辅助电路分别通以0.80 $U_N$、1.00 $U_N$和1.20 $U_N$电压的条件下，各操作三次，应无一次误动作，且所有电器元件的动作、仪表和信号显示均应符合要求，并观察投切计数器的读数与实际投切次数是否相符。

8.2.5 失压保护试验

该试验可在手动操作和不接通所有电容器组的状况下进行。通过装置上的手动按钮合上所有的电容器投切器件，经过3 min后切除装置电源，再经过3 min后接通电源。装置内所有电容器组的投切器件在分断状态，则本试验通过。

8.2.6 工频过电压保护试验

自动补偿装置应进行工频过电压保护试验。该试验在自动控制状态下(不接电容器)进行，用调相调压电源给装置供电或提供控制器采样信号。分相式补偿装置的试验应在A、B、C三相上分别进行。

a) 调节电源电压为额定电压，改变功率因数，则控制器发出投入或切除电容器组指令，投切延时时间应符合控制器的技术要求；

b) 调节电源电压为1.05 $U_N$～1.10 $U_N$之间的一个值，略高于第一级过电压动作门限，改变功率因数，则控制器只发出切除电容器组指令，而不得发出投入电容器组指令，切除延时时间应符合控制器的技术要求；

c) 调节电源电压为1.10 $U_N$～1.15 $U_N$之间的一个值，略高于第二级过电压动作门限，改变功率因数，则控制器发出逐组切除全部电容器组指令，切除延时时间应符合控制器的技术要求。

8.2.7 触电防护措施和保护电路有效性检验

目测或用工具检查触电防护措施和保护电路的电连续性符合5.2.3.2.4的要求。

在有疑问的情况下，可以进行测量以验证装置接地端子和装置相应裸露导电部件之间的电阻是否足够低。

8.2.8 温升试验

参见GB 7251.1中的相关条款，并作下列修改。

试验时装置的放置应同正常使用时一样，不管装置是否设计有侧板，试验时都应装上侧板。

装置通过1.2 $I_N$工频电流，温度稳定后测量电容器装置最热区域内电容器单元的外壳、电容器中间的冷却空气、母线、导线及各电气连接点处的温度。装置内含有熔断器，试验时熔断器的功率损耗应载入试验报告中。

试验时应有足够的时间使温度上升达到稳定。每隔1 h用温度计或热电偶或其他测温仪测量温度，连续4次测量温度的变化不超过1 ℃时，即认为温度达到稳定。

同时，尚需测量装置的周围空气温度，至少应该用两个温度计或热电偶均匀布置在装置的周围，布置点的高度约等于装置的一半，距装置1 m远，以它们的平均读数值作为装置的周围空气温度，测量时应防止空气强迫流动和热辐射对测量准确度的影响。

母线之间连接处的温升不得高于表5的规定。

装置内绝缘导线和电器元件的温升不得高于其本身规定的允许温升。

试验开始和结束时应测量电容，前后测量值应无明显差别。

当配置保护或控制系统(如电容器组过电流保护器)用来限制最大电流小于1.2 $I_N$ 时，则试验电流等于最大电流。

可以下列方法中的一种(或几种组合)得到1.2倍 $I_N$ 试验电流水平：提高试验电压，提高试验频率，提高电容值或叠加谐波电流。

**8.2.9 短路耐受强度试验**

短路耐受强度试验只有在新设计的产品定型时进行，在不改变产品结构、母线尺寸及母线支撑件的情况下，按照已定型的产品图纸进行生产时不进行本项试验。

预期短路电流不超过10 kA的设备可以不进行本项试验。

装置或其中的部件应按正常工作位置进行试验，除在母线上的试验和取决于装置结构形式的试验外，如果其余的功能单元结构与其不同，而且又不致影响试验结果，则试验应选择具有代表性的承受短路强度最薄弱的方案上进行。

被试装置的电路中若有熔断器，则熔断体电流应选用最大的规格。

试验时所用的电源导线和短路连接线应具有足够的强度，且安装连接后对装置内任何部件不产生附加应力。

试验电源的频率允许在75%～125%额定频率范围内变化。

验证额定短时耐受电流和额定峰值耐受电流的试验可在任何适当的电压下进行。验证预期短路电流时试验电源电压应等于1.1倍额定工作电压。

对主母线和进线端(至少包含一个连接点)进行短路耐受强度试验，短路点应选在距电源1.6 m～2.4 m范围内，对额定短时耐受电流和额定峰值耐受电流试验，此距离可以增大。

试验结束后应满足下列要求：

a) 试验后母线不应有过大的变形(不明显的变形是允许的)，其电气间隙和爬电距离均应符合标准或技术文件的要求；

b) 导线的绝缘和绝缘支持部件，不应有任何损坏，应仍能满足装置标准或技术文件中主电路的介电强度试验要求。

**8.2.10 电气间隙和爬电距离检验**

按5.3的要求用仪器测量的方法进行。

**8.2.11 机械操作试验**

装置某些需手动操作的部件应在不通电情况下进行投切操作试验，例行试验时应不少于5次，型式试验时应不少于50次，如果该电器已经按照有关规程进行过型式试验，在安装时对其又无损伤则该项型式试验可不必进行。

试验时电器应能正常分合，机械运动灵活无卡住或操作力过大现象，与其相联的机械联锁或其他附件承受上述操作次数应未受损伤。

**8.2.12 外壳防护等级检验**

外壳防护等级按GB 4208规定的试验方法进行检验。

**8.2.13 放电器件检验**

电容器单元型号相同、容量相同的电容器组可以在任何一组电容器组上进行试验；电容器单元型号不同、容量不同的电容器组应分别进行试验。试验时，对电容器组施加 $1.15\sqrt{2}U_N$ 直流电压，1 min后断开电源，记录电压降至50 V时所经历的时间。

8.2.14 涌流试验

涌流试验只验证投入最后一组电容器组时电路中的涌流值，即先将其余电容器全部投入，待它们工作稳定后再投入最后一组。投入时应能控制使涌流值最大，试验3次；不能控制时，则随机试验30次。

相邻两次试验时间间隔应大于切除-投入最小时间间隔。通过记录示波器测量各次试验中最后一组电容器组电路中的涌流值。

装置内电容器组容量不相同时，最小容量的电容器组作为最后一组电容器组进行试验。

8.2.15 电容器投切器件连续投切试验

电容器投切器件中包含有半导体开关电器时应进行本项试验。在额定频率、额定电压下，投入一个电容器组，1 min后开始试验：切除该电容器组，经过切除-投入最小时间间隔后投入同一电容器组，重复这个过程30次，电容器投切器件应无异常，试验前后装置电容量（电感量）应无明显变化。

取相同型号的电容器投切器件一台配合最大容量的电容器组进行试验。

8.2.16 电容器组过电流保护装置试验

装有电容器组过电流保护装置的装置进行此项试验。该试验在不接电容器组情况下进行，由谐波电源装置向电容器组过电流保护装置供电，调节谐波电流（方均根值）稍大于1.3 $I_N$～1.5 $I_N$之间的一个设定值，保护装置应立即分断电容器投切器件，并保持此状态；调节谐波电流（方均根值）至1.0 $I_N$，经过至少切除-投入最小时间间隔延时后，接通电容器投切器件。

8.2.17 电容器投切器件开断特性测试

8.2.17.1 工频试验

试验在不低于1.2 $U_N$电压条件下进行，记录电容器投切器件开断电容器组时的电流波形，不应出现重击穿现象。试验应不少于30次。

8.2.17.2 工频叠加谐波试验

电容器投切器件中包含有半导体开关电器时应进行本项试验，可以在单独电路中进行。电容器投切器件通过其额定工频额定电流（$I$），迭加由各次谐波分量组成的谐波电流，其值为50% $I$，记录电容器投切器件开断时的电流波形，不应出现电流续流、重击穿现象或其他损坏。试验应不少于30次。

8.2.18 装置中电器和独立元件的试验

如果装置中的电器和独立元件已按照5.2.5.1和5.3进行过挑选，并且是按照制造方的说明书进行安装的，则不要求进行型式试验和（或）例行试验。

控制器应适合于相应的装置温度类别，有手动控制投切功能，满足装置控制要求。

8.2.19 装置补偿响应时间测试

快速型装置应进行本项测试。改变实际无功负荷（或模拟输入无功负荷）信号达到设定值，测量装置投入第一组电容器组的时间；改变信号切除这一组电容器，立即改变信号达到设定值，测量该组电容器组自切除至再投入的时间，即切除-投入最小时间间隔；上述两个时间和为装置补偿响应时间。

## 9 运输与贮存

### 9.1 装置验收检查

a) 装置的附件、备品和有关技术文件是否齐备；

b) 装置外观有无损坏，表面有无灰尘等。

### 9.2 装置包装的一般要求

装置应有内包装和外包装箱，插件插箱应锁紧扎牢，包装箱应有防尘、防雨、防震措施。在经过正常条件的运输后包装箱不应损坏。

### 9.3 运输

装置应适于陆运、水运（海运）或空运，运输和装卸按包装箱上的标记进行。

**9.4 贮存**

装置应贮存在环境温度−20 ℃～60 ℃，相对湿度不大于90%的库房内，室内无酸、碱、盐及腐蚀性、爆炸性气体，不受灰尘雨雪的侵蚀。

# 附 录 A
（规范性附录）
## 适合连接用铜导线的最小和最大截面积

见 GB 7251.1 中的相关附录。

# 附 录 B
（规范性附录）
## 在短时电流引起热应力的情况下，保护导体截面积的计算方法

见 GB 7251.1 中的相关附录。

# 附 录 C
（资料性附录）
## 成套设备的典型范例

见 GB 7251.1 中的相关附录。

# 附 录 D
（资料性附录）
电容器及装置的计算公式

## D.1 由测得的三个单相电容来计算三相电容器容量

无论是三角形连接还是星形连接的三相电容器，在任意两个线路端子之间测得的电容用 $C_a$、$C_b$ 和 $C_c$ 表示。如果能满足 GB/T 12747.1 和 GB/T 17886.1 中规定的对称要求，则电容器的容量 $Q$ 可以足够的精确度由下式计算得出：

$$Q=\frac{2}{3}(C_a+C_b+C_c)\omega U_N^2\times 10^{-12}$$

式中：

$C_a$、$C_b$ 和 $C_c$——均以 μF 计；

$U_N$——以 V 计；

$Q$——以 Mvar 计。

## D.2 谐振频率

在下式中，当 $n$ 为整数时，电容器将在该次谐波下谐振。

$$n=\sqrt{\frac{S}{Q}}$$

式中：

$S$——电容器安装处的短路容量，MVA；

$Q$——以 Mvar 计；

$n$——谐波次数，即谐振频率(Hz)与电网频率(Hz)之比。

## D.3 电压升高

接入并联电容器将导致由下式给出的稳态电压升高：

$$\frac{\Delta U}{U}\approx\frac{Q}{S}$$

式中：

$\Delta U$——电压升高，V；

$U$——电容器接入前的电压，V；

$S$——电容器安装处的短路容量，MVA；

$Q$——以 Mvar 计。

## D.4 涌流

### D.4.1 投入单个电容器组

$$\hat{I}_S\approx I_N\sqrt{\frac{2S}{Q}}$$

式中：

$\hat{I}_S$——电容器涌流的峰值，A 计；

$I_N$——电容器组的额定电流（方均根值），A；

$S$——电容器安装场所的短路容量，MVA；

$Q$——以 Mvar 计。

**D.4.2 投入电容器与已运行的电容器相并联**

$$\hat{I}_S = \frac{U\sqrt{2}}{\sqrt{X_C X_L}}$$

$$f_S = f_N\sqrt{\frac{x_C}{x_L}}$$

式中：

$\hat{I}_S$——电容器涌流的峰值，A；

$U$——相对地电压，V；

$X_C$——每相串联的容抗，Ω；

$X_L$——电容器间每相的感抗，Ω；

$f_S$——涌流的频率，Hz；

$f_N$——额定频率，Hz。

**D.4.3 单相单元或多相单元中一相的放电电阻**

$$R \leqslant \frac{t}{k \cdot C \cdot \ln \frac{U_N\sqrt{2}}{U_R}}$$

式中：

$t$——从$\sqrt{2}U_N$ 放电到 $U_R$ 的时间，s；

$R$——放电电阻，MΩ；

$C$——每相额定电容，μF；

$U_N$——单元的额定电压，V；

$U_R$——允许剩余电压，V（$t$ 和 $U_R$ 的极限值见 GB/T 12747.1）；

$k$——系数，取决于电阻与电容器单元的连接方式（见 GB/T 12747.1 和 GB/T 17886.1）。

# 附 录 E
（资料性附录）
本标准章条编号与 IEC 61921:2003 章条编号对照

表 E.1 给出了本标准章条编号与 IEC 61921:2003 章条编号对照一览表。

表 E.1 本标准章条编号与 IEC 61921:2003 章条编号对照

| 本标准章条编号 | 对应的 IEC 61921:2003 章条编号 |
|---|---|
| 3.2 | — |
| 3.3 | 3.2 |
| 3.4～3.6 | — |
| 3.7 | 3.5 |
| 3.8～3.9 | — |
| 3.10 | 3.3 |
| 3.11 | 3.4 |
| 3.12～3.17 | — |
| 5.2 | 5.3 |
| 5.2.1 | — |
| 5.2.1.1 | — |
| 5.2.1.2 | 5.3.6 |
| 5.2.2 | — |
| 5.2.2.1 | 5.3.1～5.3.3 |
| 5.2.2.2～5.2.2.5 | — |
| 5.2.3 | 5.3.4 |
| 5.2.3.1 | 5.3.4 |
| 5.2.3.2 | — |
| 5.2.4 | 5.3.5 |
| 5.2.5 | — |
| 5.2.5.1 | 5.3.7 |
| 5.2.5.2～5.2.5.5 | — |
| 5.2.6 | 5.3.8 |
| 5.2.7 | 5.3.9 |
| 5.3 | 5.2 |
| 5.3.1 | 5.2 |
| 5.3.2～5.3.8 | — |
| 5.4.1.1 | — |
| 5.4.1.2～5.4.1.4 | 5.4.1.1～5.4.1.3 |
| 5.4.1.5 | — |

表 E.1（续）

| 本标准章条编号 | 对应的 IEC 61921:2003 章条编号 |
| --- | --- |
| 5.5.6 | 5.5.6 |
| 7 | 7.1 |
| 7.1 | 7.1.2 |
| 7.2 | 7.1.1 |
| 7.3 | — |
| 8 | 7.2、7.3 |
| 8.1 | — |
| 8.2 | 7.2、7.3 |
| 8.2.1 | 7.3.1 |
| 8.2.2 | — |
| 8.2.3 | 7.3.2、7.3.4 |
| 8.2.4 | 7.3.1 |
| 8.2.5～8.2.6 | — |
| 8.2.7 | 7.2.4、7.3.3 |
| 8.2.8 | 7.2.1 |
| 8.2.9 | 7.2.3 |
| 8.2.10～8.2.12 | 7.2.5～7.2.7 |
| 8.2.13～8.2.17 | — |
| 8.2.18 | 7.1.3 |
| 8.2.19 | — |
| 9 | — |

# 附 录 F
## （资料性附录）
## 本标准与 IEC 61921:2003 技术性差异及其原因

表 F.1 给出了本标准与 IEC 61921:2003 的技术性差异及其原因的一览表。

**表 F.1 本标准与 IEC 61921:2003 技术性差异及其原因**

| 本标准章条编号 | 技术性差异 | 原因 |
|---|---|---|
| 3.2、3.4 | 增加的术语和定义 | 为方便标准使用和理解，增加此术语定义 |
| 3.5 | 增加的术语和定义 | 为区别装置的额定电压和装置中电容器的额定电压，特设定本条及 3.8 |
| 3.6～3.9 | 增加的术语和定义 | 与 3.5 相对应，便于标准使用和理解 |
| 3.10 | 修改的术语和定义。增加了“无功电流、功率因数或电压、时间”等控制参量 | 根据我国使用要求，控制器参数包括上述多个参数 |
| 3.12～3.17 | 增加的术语和定义 | 根据我国使用情况规定 |
| 4 | 增加“电容器总容量，$Q_n$ 以千乏(kvar)计；” | 与“装置的额定无功功率”相区别 |
| 5.2.1 | 增加的条款 | 为适应我国标准制定和使用习惯，增加此条款 |
| 5.2.1.1 | 增加的条款 | IEC 标准原文只规定了特殊使用条件，为明确规范装置的正常使用条件，增加本条 |
| 5.2.2 | 增加的条款 | 中国的低压无功补偿装置种类繁多，为方便购买方识别产品应用场合，增加本条 |
| 5.2.2.2～5.2.2.5 | 增加的条款 | 适应我国标准使用习惯，便于产品特征分类 |
| 5.2.3.1 | 增加“电容器组过流保护装置”。<br>修改原国际标准中“接触器”为“电容器投切器件” | 适应我国产品制造能力和使用要求。当谐波在电容器中引起过电流时，断路器、熔断器等不能实现过电流保护，应采用“电容器组过流保护装置”实现保护功能 |
| 5.2.3.2 | 增加的条款 | 原国际标准要求过于笼统 |
| 5.2.4 | 增加“装置额定电压的优选值为 0.22 kV、0.38 kV、0.66 kV、1kV。” | 根据我国制造方和购买方习惯，“电容器的额定电压”与“装置额定电压”是不同的，通常前者高于后者。所以，“电容器的总容量”通常高于“装置额定无功功率” |
| 5.2.5 | 本标准增加一些条款 | 根据我国使用习惯和要求，增加规定相应的保护功能 |
| 5.2.5.1 | 修改原国际标准 5.3.7 第一段中“1.3 倍的电流”为“1.65 倍的电流”。增加相关内容 | 根据我国使用习惯和要求修改或增加此条相关内容 |
| 5.2.5.2～5.2.5.5 | 增加的条款。 | 根据我国使用习惯和要求增加此条。 |

表 F.1(续)

| 本标准章条编号 | 技术性差异 | 原　因 |
| --- | --- | --- |
| 5.3.1 | 增加“电容器应符合 GB/T 12747.1 和 GB/T 17886.1的规定,电器元件的额定电压、额定电流、使用寿命以及电容器投切器件的接通能力、分断能力、短路耐受强度等应能满足装置电气要求,各种元件均应符合相应的国家标准和行业标准” | 适应我国标准制定和使用习惯,增加有关电气要求,方便标准使用 |
| 5.3.2～5.3.8 | 增加的条款 | 根据我国使用习惯和要求增加此条 |
| 5.4.1.1 | 增加的条款 | 根据我国使用条件而增加规定 |
| 5.4.1.5 | 增加的条款 | 针对存在电动机负载时的电气环境做出规定,便于使用 |
| 5.5.6 | 删除原国际标准内容。<br>根据 GB 7251.1 和 GB 7251.3 及其他我国标准要求,详细规定系统布线的材料与结构要求 | 原国际标准对装置内的系统连接仅作总体要求,为增加标准可操作性,增加相关内容 |
| 7.1、7.2 | 删除“绝缘电阻的验证”、“介电性能试验”。增加5项试验:涌流试验、电容器投切器件连续投切试验、电容器组过电流保护试验、电容器投切器件开断特性测试、装置补偿响应时间测试 | 对照 GB 7251.1,IEC 标准原文中规定了“7.3.2 介电强度试验”,根据无功补偿装置的特点,已等效完成“绝缘电阻的验证”、“介电强度试验”的试验效能,故删除“绝缘电阻的验证”并增加 5 项试验 |
| 7.3 | 增加的条款 | 适应我国标准制定和使用习惯与要求 |
| 8 | 合并原国际标准中“型式试验”和“例行试验”,并作改写 | 针对我国装置使用情况增加规定了相应条款,故相应地设计增加有关验证试验,规定了各项试验方法 |
| 8.1～8.2 | 增加的条款 | 适应我国标准制定习惯,便于标准使用 |
| 8.2.1 | 删除原国际标准相关内容,重新起草,对检查内容与要求做出明确规定 | 增加可操作性 |
| 8.2.2 | 增加的条款 | 测量装置电容量、电感量,表征装置补偿容量 |
| 8.2.3 | 合并原国际标准中 7.3.2、7.3.3 和 7.3.4 三条试验要求。重新起草,对检查内容与要求做出明确规定 | 增加可操作性 |
| 8.2.4 | 删除原国际标准相关内容,重新起草,对检查内容与要求做出明确规定 | 增加可操作性 |
| 8.2.5～8.2.6 | 增加的条款 | 对应装置保护要求进行的验证试验 |
|  | 合并原国际标准中 7.2.4 和 7.3.3 试验要求。重新起草,对检查内容与要求做出明确规定 | 增加可操作性 |

**表 F.1（续）**

| 本标准章条编号 | 技术性差异 | 原　　因 |
|---|---|---|
| 8.2.8 | 修改原标准内容 | 本标准采用“装置额定电压”规定装置的额定容量等，与原国际标准的“额定电压”不同，故对试验电流值作相应修改 |
| 8.2.9～8.2.12 | 删除原国际标准“参见 IEC 60439-1 相关条款”。重新起草，对试验方法与要求做出明确规定 | 增加可操作性 |
| 8.2.13～8.2.17 | 增加的条款 | 检查电容器装置的一种试验方法 |
| 8.2.17.1、8.2.17.2 | 增加的条款 | 增加可操作性 |
| 8.2.18 | 将原国际标准 7.1.3 修改为“如果装置中的电器和独立元件已按照 5.2.5.1 和 5.3 进行过挑选，并且是按照制造方的说明书进行安装的，则不要求进行型式试验和(或)例行试验。<br>控制器应适合于相应的装置温度类别，有手动控制投切功能，满足装置控制要求” | 增加可操作性 |
| 8.2.19 | 增加的条款 | 检查电容器投切器件的一种试验方法 |
| 9 | 增加的条款 | 适应我国标准制定习惯 |

# 参 考 文 献

在下列标准中可找到另外的有用资料：

GB/T 12747.2　标称电压 1 kV 及以下交流电力系统用自愈式并联电容器　第 2 部分：老化试验、自愈性试验和破坏试验（GB/T 12747.2—2004，IEC 60831-2：1995，IDT）

GB/T 16927.1　高电压试验技术　第一部分：一般试验要求（GB/T 16927.1—1997，eqv IEC 60060-1：1989）

GB/T 17626.1　电磁兼容　试验和测量技术　抗扰度试验总论（GB/T 17626.1—2006，IEC 61000-4-1：2000，IDT）

GB/T 17886.2　标称电压 1 kV 及以下交流电力系统用非自愈式并联电容器　第 2 部分：老化试验和破坏试验（GB/T 17886.2—1999，idt IEC 60931-2：1995）

GB/T 17886.3　标称电压 1 kV 及以下交流电力系统用非自愈式并联电容器　第 3 部分：内部熔丝（GB/T 17886.3—1999，idt IEC 60931-3：1996）

GB/T 18039.3　电磁兼容　环境　公用低压供电系统低频传导骚扰及信号传输的兼容水平（GB/T 18039.3—2003，IEC 61000-2-2：1990，IDT）

ICS 73.100.20
C 70

# 中华人民共和国国家标准

GB/T 22584—2008

# 矿用炮烟净化装置通用技术条件

General technical specification for the blasting-smoke purifying equipment for mine

2008-12-15 发布　　　　2009-10-01 实施

中华人民共和国国家质量监督检验检疫总局
中国国家标准化管理委员会　发布

# 前　言

本标准由国家安全生产监督管理总局提出。

本标准由全国安全生产标准化技术委员会(SAC/TC 288)归口。

本标准起草单位：北京科技大学。

本标准主要起草人：蒋仲安、杜翠凤、褚燕燕、时训先。

# 矿用炮烟净化装置通用技术条件

## 1 范围

本标准规定了矿用炮烟净化装置的术语、技术要求、试验方法和检验规则。

本标准适用于地下矿山井巷和硐室开挖过程中的炮烟净化。采用爆破方法掘进的隧道、涵洞等其他施工过程中的炮烟净化装置可参照本标准执行。

## 2 规范性引用文件

下列文件中的条款通过本标准的引用而成为本标准的条款。凡是注日期的引用文件，其随后所有的修改单(不包括勘误的内容)或修订版均不适用于本标准，然而，鼓励根据本标准达成协议的各方研究是否可使用这些文件的最新版本。凡是不注日期的引用文件，其最新版本适用于本标准。

GB/T 191 包装储运图示标志

GB/T 1236 工业通风机用标准化风道进行性能试验

GB/T 2888 风机和罗茨鼓风机噪声测量方法

GB 2894 安全标志及其使用导则

GB 3836.2 爆炸性气体环境用电气设备 第2部分：隔爆型“d”

GB/T 4798.1 电工电子产品应用环境条件 第一部分 贮存

GB/T 4857.5 包装 运输包装件 跌落试验方法

GB 9969.1 工业产品使用说明书 总则

GB/T 10111 利用随机数骰子进行随机抽样的方法

MT 113 煤矿井下用非金属(聚合物)制品安全性能检验规范

## 3 术语和定义

下列术语和定义适用于本标准。

3.1

**炮烟 blasting smoke**

因爆破而产生的含有毒有害气体成分的废气。

3.2

**处理风量 air quantity of treatment**

单位时间内进入净化装置的气体量，单位为 $m^3/s$，或 $m^3/h$。

3.3

**有毒有害气体浓度 concentration of harmful and toxic gas**

单位体积空气中含有毒有害气体($NO_x$、CO 等)的体积或质量，单位为%(或为 $V/V$)或 $mg/m^3$。

3.4

**净化效率 purify efficiency**

气体通过净化装置后，有毒有害气体浓度减少量占净化前有毒有害气体浓度的百分比，%。

3.5

**工作阻力(压降或阻力) working resistance**

净化装置在净化过程中，净化装置前后进出口管道中气流的全压平均差，单位为 Pa。

3.6

**漏风率　air leakage rate**

漏入净化装置的空气量占处理风量的百分数,%。

## 4　技术要求

### 4.1　结构与材料

4.1.1　矿用炮烟净化装置主要有吸气罩、风速整流栅、净化材料和配套通风机等部件组成。其结构组成如图1所示。

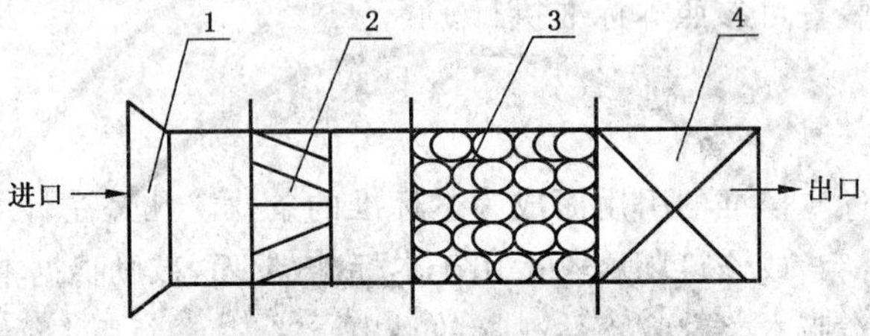


1——吸气罩;

2——风速整流栅;

3——净化材料;

4——配套通风机。

**图1　矿用炮烟净化装置结构示意图**

4.1.2　净化材料应符合下列要求

a)　有大的比表面积和孔隙率;

b)　具有一定的粒度、较高的机械强度、化学稳定性和热稳定性;

c)　具有良好的选择性,有利于混合气体的分离;

d)　有大的吸附容量、易于再生,净化效率高;

e)　具有较广泛的抗毒性能。

4.2　净化装置的技术性能指标应符合下列规定:

4.2.1　净化装置的处理风量,应符合该产品标准规定的处理风量,其偏差不得大于8%。

4.2.2　净化装置的工作阻力,应符合该产品标准规定的工作阻力,其偏差不得大于10%。

4.2.3　净化装置的净化效率应大于85%。

4.2.4　净化装置的漏风率应小于等于3%。

4.2.5　净化装置的工作噪声应符合表1规定。

**表1　净化装置的工作噪声**

| 净化装置 | 连续工作 | 间断工作(每班小于4 h) |
|---|---|---|
| 工作噪声/dB(A) | ≤85 | ≤90 |

4.3　净化装置的安全性能指标应符合下列规定:

4.3.1　净化装置的配套通风机必须经国家有关质检部门检验合格后方可投入使用。在具有爆炸性环境中应用时,配套通风机还应取得防爆检验合格证、安全标志证书等方可投入使用。

4.3.2　净化装置的电气设备应符合GB 3836.2有关规定,在具有爆炸性环境中应用时,其配套电动机应具有有效的防爆检验合格证,并符合GB 2894中的相关规定。

4.3.3　净化装置的非金属材料应符合MT 113的有关规定。

4.3.4　净化装置应有接地装置。

4.4　净化装置应符合本标准规定,并按照规定程序审批的图样和技术文件进行制造。

4.5　外购件应符合有关标准的规定,并有生产厂质量检验部门的合格证。

## 5 试验方法

### 5.1 装置和仪器

#### 5.1.1 测试装置

测试装置如2所示：

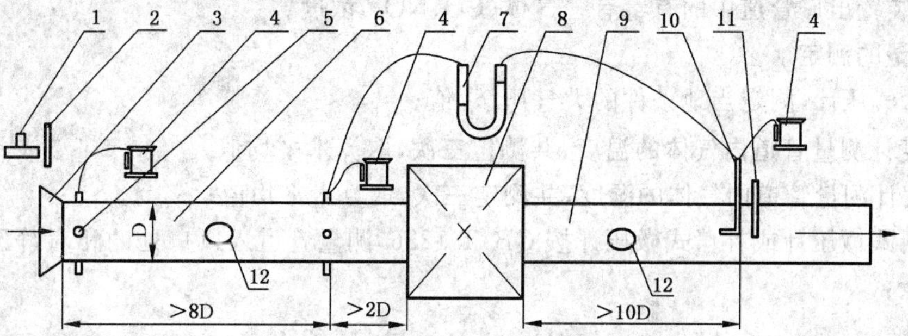


1——大气压力计；

2——温度计；

3——集流器；

4——微压计；

5——静压接头；

6——进风管道；

7——U型压差计；

8——净化装置；

9——出风管道；

10——皮托管；

11——温度计；

12——气体采样孔。

**图2 炮烟净化装置测试装置示意图**

#### 5.1.2 测试仪器

a) 一氧化碳(CO)检测仪：0～2 000×$10^{-6}$，最小分度值1×$10^{-6}$；

b) 二氧化氮($NO_2$)检测仪：0～100×$10^{-6}$，最小分度值1×$10^{-6}$；

c) 空盒气压计；

d) 温度计：最小分度值0.5 ℃；

e) 湿度计(干湿球温度计)：精度±5%；

f) 倾斜式微压计或补偿式微压计：最小分度值2 Pa；

g) U型压差计：最小分度值10 Pa；

h) 声级计：30 dB～130 dB。

### 5.2 性能指标的测试计算

#### 5.2.1 净化效率的测定

取样点位置如图2所示。

a) 一氧化碳(CO)含量的测定：可用两台一氧化碳检测仪同时测定净化装置前后测试管道的CO浓度值。

b) 二氧化氮($NO_2$)含量的测定：可用两台二氧化氮检测仪同时测定净化装置前后测试管道的$NO_2$浓度值。

c) 净化效率

净化装置净化效率按式(1)计算：

$$\eta = \frac{C_1 - C_2}{C_1} \times 100 \qquad \cdots\cdots(1)$$

式中：

$\eta$——净化效率，%；

$C_1$——净化装置进口管道中的有毒有害气体（CO、$NO_2$）浓度；

$C_2$——净化装置出口管道中的有毒有害气体（CO、$NO_2$）浓度。

**5.2.2 处理风量的测定**

a) 用空盒气压计，测定当地条件的大气压 $p_n$ 值；

b) 用温度计测量管道内气体的温度，共测定三次，取算术平均值；

c) 用湿度计测量管道内气体的湿度，共测定三次，取算术平均值；

d) 用倾斜式微压计或补偿式微压计按 GB/T 1236，测量管道入风口处的相对静压，并按式(2)计算风量：

$$Q_1 = 2\ 727 A_1 \phi \sqrt{\frac{p_{s1}(273 + t_1)}{p_n + 0.001 p_{s1}}} \qquad \cdots\cdots(2)$$

式中：

$Q_1$——净化装置入口风量，单位为立方米每时（$m^3/h$）；

$A_1$——管道截面积，单位为平方米（$m^2$）；

$\phi$——集流系数，入口管为圆弧时 $\phi = 0.99$，入口管为锥形管时 $\phi = 0.96$；

$p_{s1}$——入口管 0.8D 处的相对静压，单位为帕（Pa）；

$p_n$——测定时当地大气压，单位为千帕（kPa）；

$t_1$——入口管道内气体温度，单位为摄氏度（℃）。

e) 将式(2)换算成标准状况的风量：

$$Q_{N1} = 7\ 349 A_1 \phi \sqrt{\frac{p_{s1}(p_n + 0.001 p_{s1})}{273 + t_1}} \qquad \cdots\cdots(3)$$

式中：

$Q_{N1}$——表示标准状况压力为 101.3 kPa，温度为 0 ℃时的净化装置入口气体流量，单位为立方米每时（$m^3/h$）。

**5.2.3 漏风率的测定**

a) 按 5.2.2 测定方法，并用式(3)计算净化装置进风口处的管道风量。

b) 用皮托管、微压计测量法，测定净化装置出口端风量，并按式(4)计算：

$$Q_{N2} = 7\ 349 A_2 \sqrt{\frac{p_d(p_n + 0.001 p_{s2})}{273 + t_2}} \qquad \cdots\cdots(4)$$

式中：

$Q_{N2}$——标准状况下净化装置出口风量，单位为立方米每时（$m^3/h$）；

$A_2$——测量管道截面积，单位为平方米（$m^2$）；

$p_{s2}$——测量截面处风流相对静压，单位为帕（Pa）；

$p_d$——测量截面处风流的平均动压，单位为帕（Pa）；

$t_2$——测量截面处的空气温度，单位为摄氏度（℃）。

c) 漏风率 $\varepsilon$ 按式(5)计算：

$$\varepsilon = \frac{Q_{N1} - Q_{N2}}{Q_{N1}} \times 100\% \qquad \cdots\cdots(5)$$

**5.2.4 工作阻力的测定**

a) 用皮托管和 U 型压力计，测定净化装置进、出口管道中气体的全压，各测定三次，取算术平均值。

b) 净化装置的工作阻力 $p$(Pa)按式(6)计算：

$$p = p_{t1} - p_{t2} \qquad \cdots\cdots(6)$$

式中：

$p_{t1}$——净化装置进口管道测点的全压，单位为帕(Pa)；

$p_{t2}$——净化装置出口管道测点的全压，单位为帕(Pa)。

当净化装置前后管道截面积相同且在同一水平管道上又无漏风的情况下，净化装置的工作阻力等于前、后端管道测点的静压差。即

$$p = p_{s1} - p_{s2} \qquad \cdots\cdots(7)$$

式中：

$p_{s1}$——净化装置进口管道测点的静压，单位为帕(Pa)；

$p_{s2}$——净化装置进口管道测点的静压，单位为帕(Pa)。

#### 5.2.5 工作噪声的测定

a) 按 GB/T 2888 中噪声测定方法，用声级计测定净化装置的噪声。

b) 测点距净化装置 1 m，离地面 1.5 m，测定净化装置对角四点处噪声，取最大值，测定处环境本底噪声应小于 70 dB(A)。

## 6 检验规则

### 6.1 出厂检验

6.1.1 净化装置应由制造厂质量检验部门逐台进行，经检验合格，发给合格证后方可出厂。

6.1.2 每台净化装置应按表 2 要求进行检验。

**表 2 出厂检验及型式检验项目**

| 序号 | 检验项目 | 技术要求 | 出厂检验 | 型式检验 |
|---|---|---|---|---|
| 1 | 处理风量 | 4.2.1 | △ | △ |
| 2 | 工作阻力 | 4.2.2 | △ | △ |
| 3 | 净化效率 | 4.2.3 | △ | △ |
| 4 | 漏风率 | 4.2.4 | — | △ |
| 5 | 工作噪声 | 4.2.5 | △ | △ |
| 6 | 配套通风机 | 4.3.1 | — | △ |
| 7 | 电气设备 | 4.3.2 | — | △ |
| 8 | 外购件 | 4.5 | — | △ |
| 注：“△”为应检项目，“—”为不检项目。 | | | | |

### 6.2 型式检验

6.2.1 型式检验的项目如表 2 所示。

6.2.2 有下列情况之一者应进行型式检验；

a) 新产品或老产品转厂生产的试制定型鉴定；

b) 正式生产后，如结构、材料、工艺有较大改变可能影响产品的性能时；

c) 正常生产时，每两年一次；

d) 停产 1 年后的产品恢复生产时；

e) 出厂检验结果与上次型式检验有较大差异时；

f) 国家质量监督部门提出型式检验的要求时。

6.2.3 按 GB/T 10111 的规定在出厂检验合格的净化装置中进行抽样(至少三台)。试验中,检验项目全部合格者其型式检验合格,有一项不合格者其型式检验为不合格。

### 6.3 复检规则

在型式检验中,如有一台一项指标不合格,对该不合格项应加倍抽样试验,如该项指标仍不合格,则该批产品型式检验不合格。对型式检验不合格的产品必须在消除缺陷并通过第二次型式检验后方可继续生产。

## 7 标志、包装、运输和贮存

### 7.1 标志

7.1.1 每台矿用炮烟净化装置上应在适当位置固定铭牌,其内容包括:

a) 产品名称及型号;

b) 制造厂厂名或商标;

c) 主要技术性能:如处理风量、工作阻力和净化效率等;

d) 电源功率、电压;

e) 制造厂产品编号;

f) 出厂日期。

7.1.2 每台矿用炮烟净化装置上应在适当部位印有使用说明及注意事项(如使用期限等)。使用说明书应按 GB 9969.1 要求进行编写。

7.1.3 矿用炮烟净化装置上应设有标明工作情况的标志,如控制开关和旋钮等旋动方向的标志,在适当位置附上电路图。

7.1.4 包装箱标志

7.1.4.1 外包装箱上应在适当位置印有发货标志,国内发货标志须有下列内容:

a) 产品名称及型号;

b) 产品数量、重量或体积;

c) 包装箱外型尺寸;

d) 包装日期;

e) 收货单位。

7.1.4.2 外包装箱上的标志应符合 GB/T 191 中的相关规定。

### 7.2 包装

7.2.1 产品包装应符合 GB/T 4857.5 的规定,必须保证装置在运输、存放过程中不受机械损伤,并防潮、防尘。

7.2.2 包装箱内还应有下列技术文件:

a) 产品合格证;

b) 产品使用说明书;

c) 产品备件和附件一览表。

### 7.3 运输

矿用炮烟净化装置类产品在运输中应防雨、防潮、避免强烈的振动与撞击。成品包装应符合海、陆、空运输的有关规定。

### 7.4 贮存

产品的存贮环境条件应符合 GB/T 4798.1 标准有关规定,存放在通风、干燥、不含腐蚀性气体的室内。贮存温度为 0 ℃～40 ℃,相对湿度低于 85%。

ICS 03.240
M 83

# 中华人民共和国国家标准

GB/T 22585—2008

# 透明窗口信封

**Envelope with transparent window**

2008-11-16 发布　　　　2009-05-01 实施

中华人民共和国国家质量监督检验检疫总局
中国国家标准化管理委员会　发布

# 前　言

本标准的附录A为规范性附录。

本标准由国家邮政局提出。

本标准由国家邮政局归口。

本标准起草单位:上海邮政科学研究院。

本标准主要起草人:蒋辰、陈璇、高镇海。

# 透明窗口信封

## 1 范围

本标准规定了透明窗口信封的术语和定义、要求、试验方法、检验规则和包装等。

本标准适用于国内、国际邮政通信的透明窗口信封的制作、使用和检验等。

## 2 规范性引用文件

下列文件中的条款通过本标准的引用而成为本标准的条款。凡是注日期的引用文件，其随后所有的修改单(不包括勘误的内容)或修订版均不适用于本标准，然而，鼓励根据本标准达成协议的各方研究是否可使用这些文件的最新版本。凡是不注日期的引用文件，其最新版本适用于本标准。

GB/T 1416—2003 信封

GB/T 2410 透明塑料透光率及雾度试验方法

GB/T 2828.1 计数抽样检验程序 第1部分：按接收质量限(AQL)检索的逐批检验抽样计划(GB/T 2828.1—2003,ISO 2859-1:1999,IDT)

GB/T 2829 周期检验计数抽样程序及表(适用于对过程稳定性的检验)

GB/T 6672 塑料薄膜和薄片厚度的测定 机械测量法(GB/T 6672—2001,ISO 4593:1993,IDT)

GB/T 10003 普通型双向拉伸聚丙烯薄膜

QB/T 2234 信封用纸

## 3 术语和定义

下列术语和定义适用于本标准。

3.1

**透明窗口信封 envelope with transparent window**

正面开长方形窗口，窗口粘贴有透明薄膜的信封。

## 4 要求

### 4.1 式样

4.1.1 透明窗口信封采用横式。封舌应在正面的右边或上边。

4.1.2 C4国际透明窗口信封除横式外，也可选用图A.1所示的式样。

### 4.2 透明窗口信封规格

4.2.1 国内透明窗口信封规格见表1。

**表1 国内透明窗口信封规格**

单位为毫米

| 代号 | 信封尺寸 | | 备　注 |
|---|---|---|---|
| | 长($L$)×宽($B$) | 公差 | |
| DL | 220×110 | ±1.5 | C4可有起墙，起墙厚度不大于20 mm |
| ZL | 230×120 | | |
| C5 | 229×162 | | |
| C4 | 324×229 | | |

4.2.2 国际透明窗口信封规格见表2。

**表2 国际透明窗口信封规格**

单位为毫米

| 代号 | 信封尺寸 | | 备注 |
|---|---|---|---|
| | 长($L$)×宽($B$) | 公差 | |
| DL | 220×110 | ±1.5 | C4可有起墙，起墙厚度不大于20 mm |
| C5 | 229×162 | | |
| C4 | 324×229 | | |

### 4.3 用纸要求

国内透明窗口信封用纸应选用不低于100 g/m² 的B等信封用纸Ⅰ型，国际透明窗口信封用纸应选用不低于100 g/m² 的A等信封用纸Ⅰ型，其性能应符合GB/T 1416—2003表2的要求。

### 4.4 透明窗口规格

#### 4.4.1 窗口形状

4.4.1.1 透明窗口应为长方形，在信封的正面，呈水平状，窗口四周圆角半径应不小于5 mm。

4.4.1.2 透明窗口长边应和信封长边平行，C4国际透明窗口短边可和信封长边平行。

#### 4.4.2 窗口尺寸

窗口尺寸有两种：

a) 100 mm×40 mm；

b) 100 mm×50 mm。

#### 4.4.3 窗口位置

4.4.3.1 国内透明窗口信封窗口位置

透明窗口的左边距信封左边25 mm±2 mm；DL、ZL信封窗口的上边距信封上边30 mm±1.5 mm；C5、C4信封窗口的上边距信封上边40 mm±1.5 mm。其位置、尺寸见图A.2。

4.4.3.2 国际透明窗口信封窗口位置

窗口的左边距信封左边不小于50 mm，窗口的上边距信封上边不小于40 mm，窗口的下边距信封下边不小于15 mm，窗口的右边距信封右边不小于15 mm。透明窗口应位于图A.3所示点划线框内。

4.4.3.3 C4国际透明窗口信封可选式样窗口位置见图A.1。

### 4.5 透明窗口信封薄膜尺寸

4.5.1 透明窗口信封薄膜为长方形。

4.5.2 100 mm×40 mm窗口的薄膜尺寸为长118 mm±2 mm，宽58 mm±2 mm，见图A.4。

4.5.3 100 mm×50 mm窗口的薄膜尺寸为长118 mm±2 mm，宽68 mm±2 mm，见图A.4。

### 4.6 透明窗口薄膜材料及其规格

4.6.1 透明窗口薄膜材料应采用无色无毒的环保型透明薄膜。

4.6.2 透明窗口薄膜材料要求应符合表3的规定。

### 4.7 印刷要求

4.7.1 透明窗口信封的印刷除信封右上角可不印刷贴邮票位置外，其余应符合GB/T 1416—2003的相关要求。

4.7.2 在透明窗口的四周，除下边外其余三边的8 mm区域内应为空白。

表 3 透明窗口信封薄膜技术指标

| 项目 | | 指标 |
|---|---|---|
| 拉伸强度/MPa | 纵向 | ≥70 |
| | 横向 | ≥70 |
| 断裂伸长率/% | 纵向 | ≤180 |
| | 横向 | ≤65 |
| 热收缩率/% | 纵向 | ≤5 |
| | 横向 | ≤4 |
| 厚度/μm | | ≥25 |
| 透光率/% | | ≥90 |

### 4.8 糊制要求

4.8.1 透明窗口信封的糊制应符合 GB/T 1416—2003 中 5.4 的要求。

4.8.2 透明窗口的透明薄膜应牢固均匀地粘贴在窗口四边内侧。透明薄膜和信封应平整无皱折，无粘合剂外溢沾污的痕迹。粘合带宽度不应小于 5 mm，允许撕开后的粘合带上有两处不超过 5 mm 长的无纸痕区，见图 A.4。

4.8.3 信封封舌可涂有粘合剂。粘合剂应粘合力强，且无毒。

## 5 试验方法

5.1 试验条件

测试的标准环境为：

温度：23 ℃±1 ℃

相对湿度：48%～52%

大气压：86 kPa～106 kPa

5.2 式样和规格尺寸用外观观察法和精度为 0.5 mm 的钢直尺直接测量。宽度与长度应分别等距测量 3 次，取算术平均值，精确至 0.5 mm。

5.3 用纸要求按 QB/T 2234 中相应的试验方法进行。

5.4 薄膜拉伸强度、断裂伸长率和热收缩率按 GB/T 10003 中相应的试验方法进行。

5.5 薄膜厚度按 GB/T 6672 规定进行。

5.6 薄膜透光率按 GB/T 2410 规定进行。

5.7 薄膜尺寸用精度为 0.5 mm 的钢直尺直接测量。宽度与长度应分别等距测量 3 次，取算术平均值，精确至 0.5 mm。

5.8 印刷要求用外观观察法和精度为 0.5 mm 的钢直尺直接测量。

5.9 糊制要求用外观观察法进行试验。

5.10 信封窗口与透明薄膜的粘接强度的试验方法

5.10.1 用精度为 0.5 mm 的钢直尺直接测量粘合带宽度。

5.10.2 用手剥开粘合部位检查被剥开薄膜的粘合部位，如果粘合部残存有粘接的纸痕，说明粘接强度高。

## 6 检验规则

### 6.1 检验类别

透明窗口信封的检验分为出厂检验和型式检验。

6.2 样本单位

以交货数量为一批,样本单位为枚。

6.3 出厂检验

6.3.1 透明窗口信封出厂交货时应按 GB/T 2828.1 中正常检查一次抽样方案进行出厂检验。

6.3.2 透明窗口信封检验水平、样本量、接收质量限(AQL)及判定数组见表 4。收信人邮政编码框格的合格质量水平(AQL)为 4,其余为 6.5。

表 4 出厂检验抽样方案

| 批量 | 特殊检验水平 | 样本量字码 | 样本量 | 接收质量限(AQL) | | | |
|---|---|---|---|---|---|---|---|
| | | | | 4.0 | | 6.5 | |
| | | | | Ac | Re | Ac | Re |
| 151～280<br>281～500 | S—3 | D | 8 | ↓ | | 1 | 2 |
| 501～1 200<br>1 201～3 200 | | E | 13 | 1 | 2 | 2 | 3 |
| 3 201～10 000<br>10 001～35 000 | | F | 20 | 2 | 3 | 3 | 4 |
| 35 001～150 000<br>150 001～500 000 | | G | 32 | 3 | 4 | 5 | 6 |
| ≥500 001 | | H | 50 | 5 | 6 | 7 | 8 |

6.3.3 4.3 不作交货检验项目,若透明窗口信封用纸质量有争议时应按 6.3 的规定进行检验,并提供检验报告。

6.3.4 4.6 不作交货检验项目,若透明薄膜的质量有争议时应按 6.4、6.5、6.6 的规定进行检验,并提供检验报告。

6.4 型式检验

6.4.1 型式检验的周期为一年,但在下列任一情况下也应作型式检验:

a) 试制定型鉴定;

b) 正常生产中,每累积产量达 100 万枚时;

c) 正式生产后材料或工艺变更时;

d) 停产半年以上又恢复生产时;

e) 质量监督部门要求作型式检验时。

6.4.2 透明窗口信封应采用 GB/T 2829 中判别水平Ⅱ的二次抽样方案对当前生产的并经出厂检验合格的产品进行型式检验。

6.4.3 透明窗口信封检查项目、样本大小、不合格质量水平($RQL$)及判定数组($A_1$、$R_1$、$A_2$、$R_2$)见表 5。

6.4.4 判定规则

在第一样本中,若不合格品数小于或等于第一合格判定数($A_1$),则型式检验合格。若不合格品数大于或等于第一不合格判定数($R_1$),则型式检验不合格。

在第一样本中,若不合格品数大于第一合格判定数($A_1$),小于第一不合格判定数($R_1$),则抽第二样本进行检查。在第一和第二样本中,若不合格品数的总和小于或等于第二合格判定数($A_2$),则型式检验合格。若不合格品数的总和大于或等于第二不合格判定数($R_2$),则型式检验不合格。

表 5　型式检验抽样方案

| 样本单位 | 检查项目 | 条　　目 | 判别水平 | 不合格质量水平及判定数组 |
|---|---|---|---|---|
| 第一样本 25 | 式样 | 4.1 | Ⅱ | $RQL=8$<br>$A_1$　$R_1$<br>0　2<br>$A_2$　$R_2$<br>1　2 |
| | 透明窗口信封规格 | 4.2 | | |
| | 用纸要求 | 4.3 | | |
| 第二样本 25 | 透明窗口规格 | 4.4 | | |
| | 透明窗口信封薄膜尺寸 | 4.5 | | |
| | 透明窗口薄膜材料及其规格 | 4.6 | | |
| | 印刷要求 | 4.7 | | |
| | 糊制要求 | 4.8 | | |

## 7　包装、标志、贮存

按 GB/T 1416—2003 的第 8 章规定进行。

## 附 录 A
（规范性附录）
透明窗口信封图示

单位为毫米

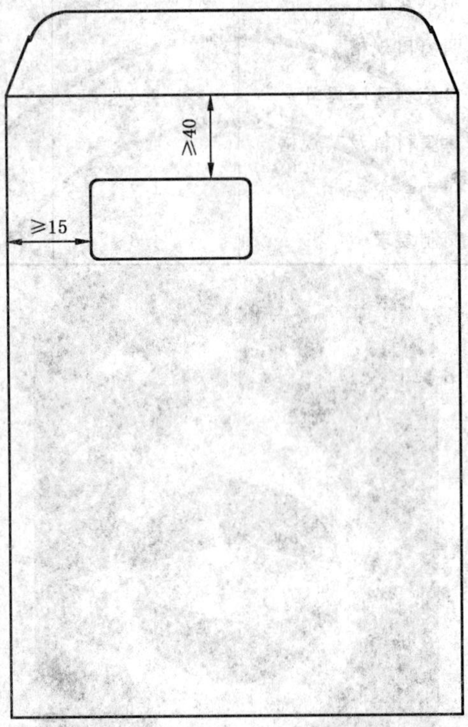


图 A.1 C4国际透明窗口信封可选式样示意图

单位为毫米

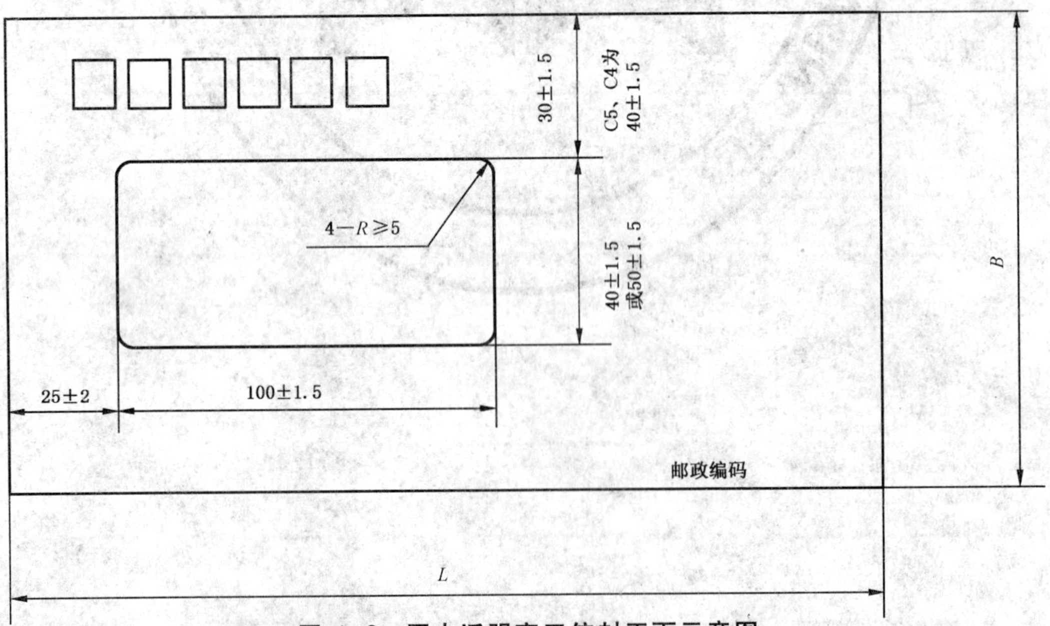


图 A.2 国内透明窗口信封正面示意图

单位为毫米

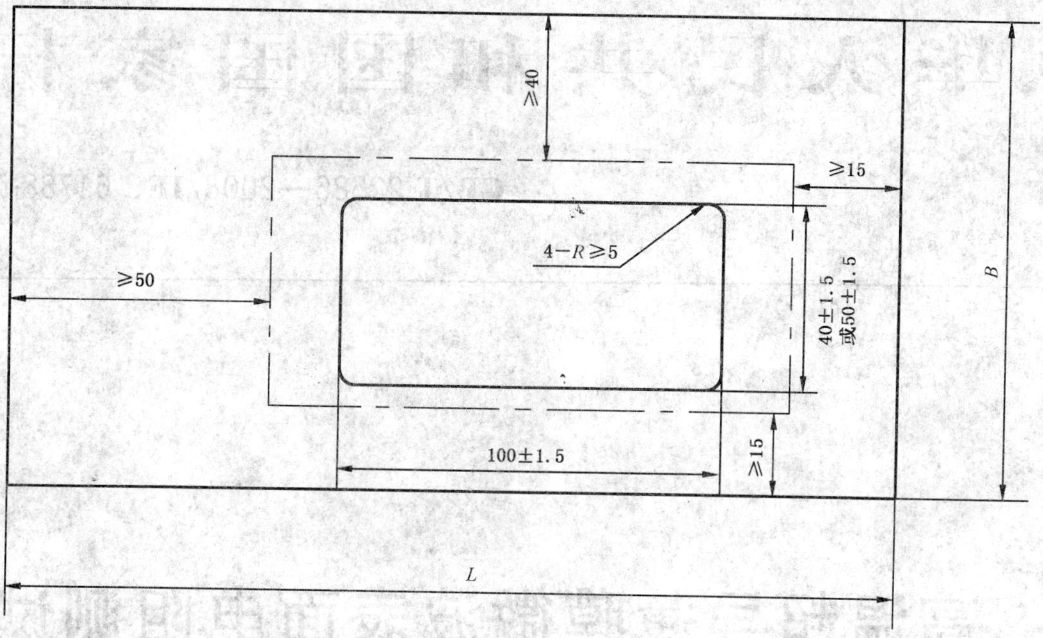


图 A.3 国际透明窗口位置区域示意图

单位为毫米

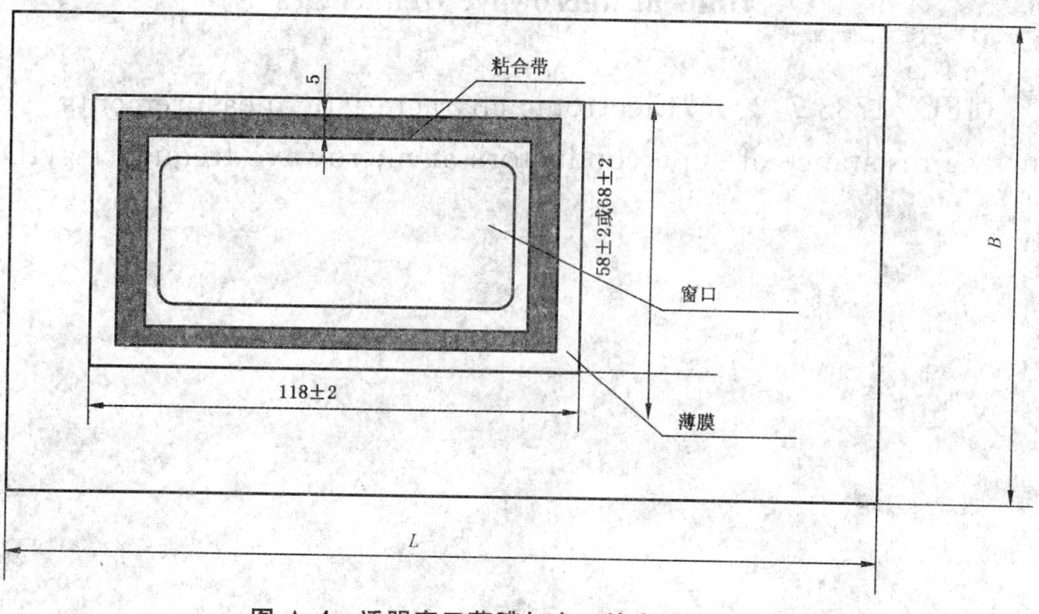


图 A.4 透明窗口薄膜与窗口粘合位置示意图

ICS 77.040.99
H 21

# 中华人民共和国国家标准

GB/T 22586—2008/IEC 61788-7:2006

# 高温超导薄膜微波表面电阻测试

**Measurements of surface resistance of high temperature superconductor thin films at microwave frequencies**

(IEC 61788-7:2006, Electronic characteristic measurements—Surface resistance of superconductors at microwave frequencies, IDT)

2008-12-15 发布　　2009-05-01 实施

中华人民共和国国家质量监督检验检疫总局
中国国家标准化管理委员会　发布

# 前　言

本标准等同采用 IEC 61788-7:2006《电子性能测量　微波频率下超导体的表面电阻》(英文版)，在技术内容上与该国际标准一致。为了便于使用，本标准做了下列编辑性修改：

a)　用“本标准”代替“本国际标准”。

b)　将“IEC/TC 90 引言”改为“引言”等有关内容。

c)　用小数点“.”代替作为小数的“,”。

本标准的附录 A 为资料性附录。

本标准由国家超导技术联合研究开发中心和全国超导标准化技术委员会提出。

本标准由全国超导标准化技术委员会归口。

本标准负责起草单位：电子科技大学。

本标准参加起草单位：清华大学、南京大学、中国科学院物理研究所。

本标准主要起草人：罗正祥、刘宜平、李宏成、吉争鸣、郑东宁、许伟伟、张其劭、魏斌、曾成。

# 引　言

自从一些钙钛矿结构铜氧化合物发现以来，国际上对高温氧化物超导体开展了广泛的研究与开发工作，在高磁场设备、低损耗能量传输、电子学和许多其他技术领域的应用正在取得很大的进步。

在电子学的许多领域，特别是在电信领域，微波无源器件，例如超导滤波器，正在发展之中，并且已经进入现场试验阶段[1,2]。

用于微波谐振器、滤波器、天线和延迟线的超导材料具有损耗非常低的优点。超导材料损耗特性对新材料的开发和对超导微波器件的设计，都非常重要。超导材料微波表面电阻 $R_S$ 和表面电阻随温度的变化特性，是设计低损耗微波器件所需要的重要参数。

高温超导(HTS)薄膜的最新进展，即它的 $R_S$ 值比一般金属低几个数量级，更增加了对用于测试这个特性[3,4]的可靠技术的需要。传统的测量铌和其他低温超导材料的 $R_S$ 的方法是：用被测材料制作一个三维谐振腔，测试其 $Q$ 值，通过计算电磁场在腔内的分布可以求得 $R_S$ 值。另外一种技术是在一个较大的腔体内放入一个小样品。这种技术有许多形式，但是由实验测得的腔体总损耗计算高温超导薄膜的损耗时，通常都包含了所引入的不确定度。

最好的高温超导薄膜是生长在平坦单晶衬底上的外延薄膜，到目前为止，在弯曲表面上还未能生长出高质量的薄膜。对 $R_S$ 测量技术的要求是：可以用小的平坦的样品；不需要对样品做任何加工；不会损坏或改变样品；高重复性；高灵敏度(低至铜表面电阻的千分之一)；动态范围大(高至铜的表面电阻)；中等功率输入时可激励高的内部功率；温度变化范围宽(4.2 K～150 K)。

在数种确定微波表面电阻的方法[5,6,7]中，我们选择了介质谐振器法，因为到目前为止，这种方法是最受欢迎和最实用的。特别是，蓝宝石谐振器是一种测试高温超导材料微波表面电阻 $R_S$ 的极好工具[8,9]。

本标准给出的测试方法也可应用于包括低临界温度材料在内的其他平板状超导块材。

本标准目的是给目前在电子学和超导体技术领域工作的工程师，提供一个适当的、得到认可的技术。

本标准涵盖的测试方法是建立在 VAMAS(凡尔赛先进材料和标准项目)确定超导薄膜特性预标准化工作的基础之上的。

# 高温超导薄膜微波表面电阻测试

## 1 范围

本标准规定了在微波频率下利用双谐振器法测试超导体表面电阻的方法。测试目标是在谐振频率下 $R_S$ 随温度的变化。

本标准适用于表面电阻的测试范围如下：

——频率：8 GHz $< f <$ 30 GHz

——测试分辨率：0.01 mΩ($f$=10 GHz)

测试报告给出在测试频率下的表面电阻值，并且给出利用 $R_S \propto f^2$ 的关系折合到 10 GHz 的值。

## 2 规范性引用文件

下列文件中的条款通过本标准的引用而成为本标准的条款。凡是注日期的引用文件，其随后所有的修改单(不包括勘误的内容)或修订版均不适用于本标准，然而，鼓励根据本标准达成协议的各方研究是否可使用这些文件的最新版本。凡是不注日期的引用文件，其最新版本适用于本标准。

GB/T 13811—2003　电工术语　超导电性(IEC 60050-815:2000,EQV)

## 3 术语和定义

本标准中术语和定义已在 GB/T 13811—2003 中给出。

一般地，导体(包括超导体)的表面阻抗定义为导体表面电场切向分量 $E_t$ 与磁场切向分量 $H_t$ 之比：

$$Z_S = E_t / H_t = R_S + jX_S$$

式中：

$R_S$——表面电阻；

$X_S$——表面电抗。

## 4 要求

给加载超导薄膜样品的介质谐振器输入微波信号，通过测试介质谐振器在不同频率下的衰减可得到超导薄膜表面电阻 $R_S$。测试频率在谐振频率中心附近扫描，记录下衰减频响特性可得到与损耗相关的 $Q$ 值。

当测试温度在 30 K～80 K 之间时，这种方法的目标精密度，即变异系数(定义为标准偏差除以表面电阻平均值)低于 20%。

为了保证测试者的安全和健康，使用前应建立适当的安全措施，并做一些限制。

这种类型的测试存在一定的危险。测试需要使用制冷设备对超导体进行冷却，使其处于超导态。皮肤和冷腔体的直接接触，与液氮溅落在皮肤表面上一样，都会迅速引起冻伤。射频信号发生器是测试材料高频特性的功率源。如果功率太高并直接辐射人体，会引起人体烧伤。

## 5 装置

### 5.1 测试系统

图 1 是微波测试所需的系统示意框图。此系统由网络分析仪(测试传输特性)、测试腔体和用来监测温度的温度计组成。

由一个合适的微波源，例如一个频综扫频源产生一定的入射功率，输入到固定在测试装置内的介质谐振器中。网络分析仪的屏幕上可显示谐振器的传输特性。

测试腔体固定在一个温度可控制的制冷设备内。

建议使用矢量网络分析仪来测试超导薄膜的 $R_S$。因为矢量网络分析仪动态范围宽，比标量网络分析仪具有更好的测试精确度。

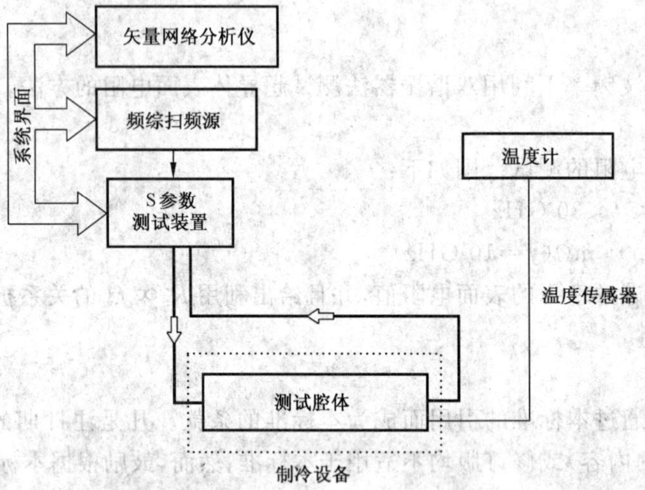


**图1 使用制冷机测试 $R_S$ 随温度变化特性的装置图**

## 5.2 $R_S$ 测试腔体

图2是一个典型的测试腔体（闭合式谐振器）示意图，用来测试沉积在平坦衬底上的超导薄膜的 $R_S$。上端的超导薄膜用一个磷青铜制成的弹簧压紧。建议使用平板型弹簧，因为这种类型的弹簧减小了弹簧和装置其他部分之间的摩擦，并且容许因介质柱的热膨胀引起的超导薄膜的平滑移动，这样可以改进测试精确度。为了把测试误差减到最小，蓝宝石介质柱和铜环应同轴放置。

测试谐振器传输特性的两个半刚性电缆应轴对称（$\Phi=0$ 和 $\pi$，$\Phi$ 是沿蓝宝石介质柱中心轴的旋转角）的放置在谐振器的两边。两个半刚性电缆的末端各有一个小环。为了抑制 $TM_{mn0}$ 杂模，环面应与超导薄膜表面平行。测试之前应仔细检查耦合环焊接处是否有裂纹，因为反复热循环可导致裂纹扩大。通过左右移动电缆可以调节插入损耗（$IA$）。在调节中，要抑制介质谐振模式和杂模的耦合。因为杂模的寄生耦合会降低TE模谐振器的高 $Q$ 值。为了抑制寄生耦合，应更多关注高 $Q$ 值介质谐振器的设计。除图2所示的闭合式谐振器外，也可以使用另两种类型的谐振器，参见A.4。

由一根半刚性电缆制成的参考线可以用来确定传输功率电平的参考电平。这根电缆的长度等于测试腔体两根耦合电缆长度之和。建议采用外直径为1.20 mm的半刚性电缆。

为了减小测试误差，被测的两片高温超导薄膜应互相平行放置。为了保证高温超导薄膜样品与蓝宝石柱端面紧密接触，没有空气间隙，薄膜表面与蓝宝石柱端面都要仔细清洗。

## 5.3 介质柱

从一个蓝宝石圆柱上切割出两个介质柱，使它们具有相同的相对介电常数 $\varepsilon'$ 和损耗角正切 $\tan\delta$。这样两个介质柱（作为标准介质柱）具有相同的直径，不同的高度：一个的高度是另一个的3倍。

最好使用低 $\tan\delta$ 值的标准介质柱，以达到所需要的 $R_S$ 测试精确度。建议使用在77 K时 $\tan\delta$ 值小于 $10^{-6}$ 的蓝宝石介质柱。为了减小超导薄膜 $R_S$ 的测试误差，蓝宝石介质柱的两个端面应抛光并相互平行且与柱轴垂直。第7章中描述了蓝宝石介质柱的规格。

TE模式和其他杂模的耦合会引起无载品质因数 $Q$ 值的降低，因此标准蓝宝石介质柱的直径和高度要仔细设计，以抑制 $TE_{011}$ 和 $TE_{013}$ 模与其他TM，HE和EH模的耦合。A.5描述了标准蓝宝石介质柱的设计指南。表1是谐振频率分别为12 GHz、18 GHz、22 GHz时标准蓝宝石介质柱的典型尺寸。频率越高，无载品质因数 $Q$ 值越低，这将使测试更加容易，误差更低。

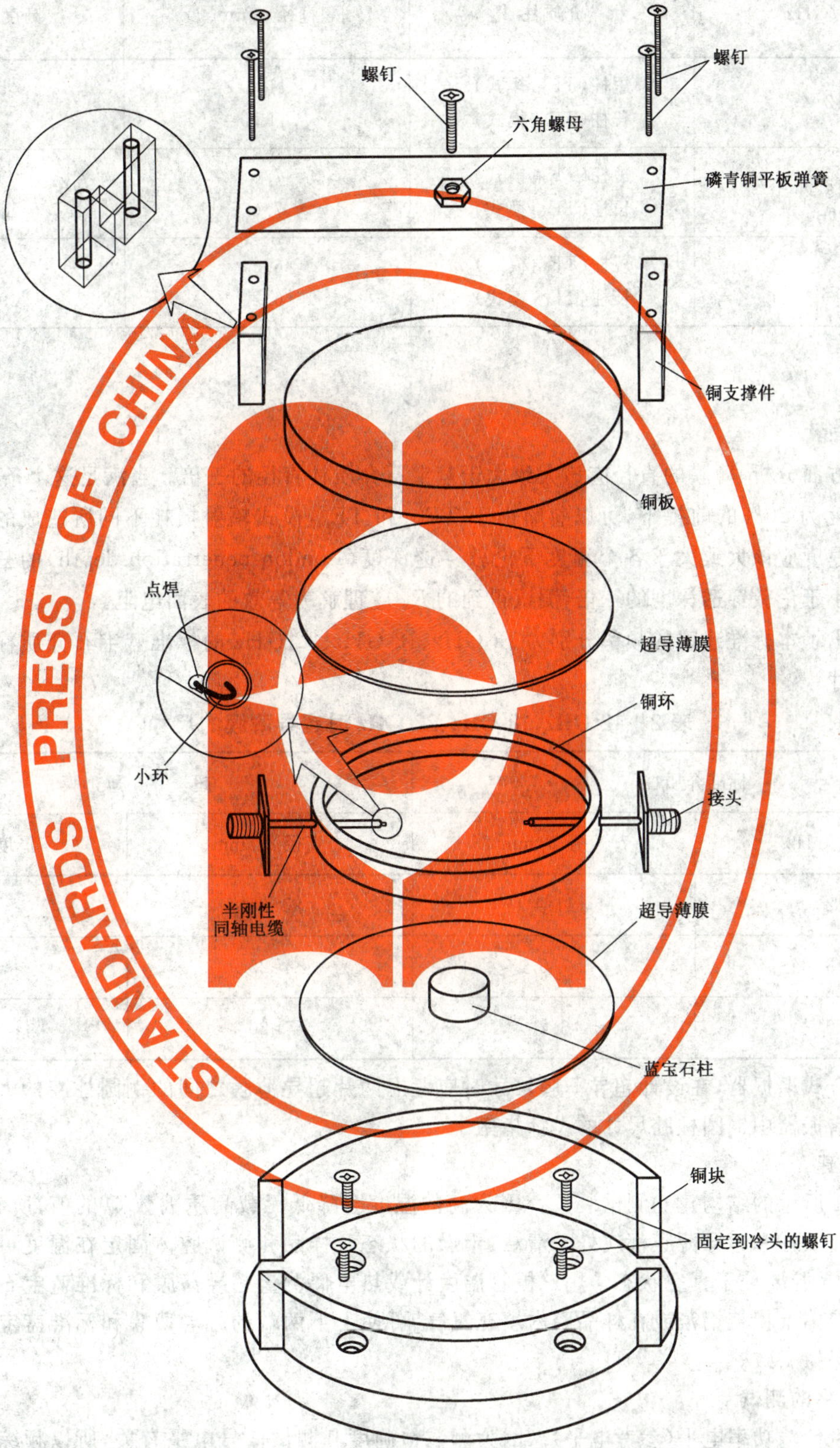


图 2　典型的 $R_S$ 测试腔体示意图

表 1 12 GHz、18 GHz、22 GHz 时标准蓝宝石介质柱的典型尺寸

| 频率/GHz | 介质柱 | 直径 $d$/mm | 高度 $h$/mm |
|---|---|---|---|
| 12 | 短柱($TE_{011}$模式)<br>长柱($TE_{013}$模式) | 11.4<br>11.4 | 5.7<br>17.1 |
| 18 | 短柱($TE_{011}$模式)<br>长柱($TE_{013}$模式) | 7.6<br>7.6 | 3.8<br>11.4 |
| 22 | 短柱($TE_{011}$模式)<br>长柱($TE_{013}$模式) | 6.2<br>6.2 | 3.1<br>9.3 |

## 6 测试步骤

### 6.1 样品准备

从误差方面分析，薄膜的直径应该大致大于蓝宝石介质柱直径的三倍。当满足这个条件时，在测试的目标精密度为20%的前提下，可以忽略由于$TE_{011}$和$TE_{013}$模式辐射损耗不同所造成的精密度的降低。薄膜的厚度应该大致大于各个温度下伦敦穿透深度(London penetration depth)的三倍。如果薄膜的厚度远小于伦敦穿透深度的三倍，测试得到的$R_S$应理解为等效的表面电阻。

表 2 给出了本标准建议的频率分别为 12 GHz、18 GHz、22 GHz 的标准蓝宝石介质柱所对应的超导薄膜的尺寸。

表 2 12 GHz、18 GHz、22 GHz 时超导薄膜的尺寸

| 标准介质柱 | | 超 导 薄 膜 | |
|---|---|---|---|
| 频率/GHz | 直径 $d$/mm | 直径 $d'$/mm | 厚度/μm |
| 12 | 11.4 | >35 | ≈0.5 |
| 18 | 7.6 | >25 | ≈0.5 |
| 22 | 6.2 | >20 | ≈0.5 |

对于闭合式谐振器，在设计超导薄膜尺寸时应考虑两片超导薄膜之间的铜圆柱腔的大小。A.6 给出了闭合式谐振器中铜圆柱腔尺寸的设计指南。

### 6.2 系统构建

按照图 1 所示的结构建立测试装置。因为高的湿度会降低无载品质因数 $Q$ 的值，所有测试腔体、标准蓝宝石介质柱和超导薄膜都应处于清洁、干燥的状态。样品和测试腔体固定在温度可控制的制冷设备内，且样品腔要处于真空状态。用二极管温度计或热电偶测量超导薄膜和标准蓝宝石介质柱的温度。在测试腔体上覆盖铝箔或在样品腔内填充氦气，可使上下两端的超导薄膜和标准蓝宝石介质柱的温度尽可能保持一致。

### 6.3 参考电平的测试

首先测量传输功率电平(参考电平)。因为测试精确度和测试信号电平有关，所以频综扫频源的输出功率要固定，而且低于 10 mW。将半刚性参考电缆连接到输入端和输出端。然后，在整个测试频率和温度范围内测试传输功率电平，将其作为参考电平。当腔体的温度由室温变为最低测试温度时，参考电平会改变几个分贝。因此，参考电平随温度的变化必须考虑在内。

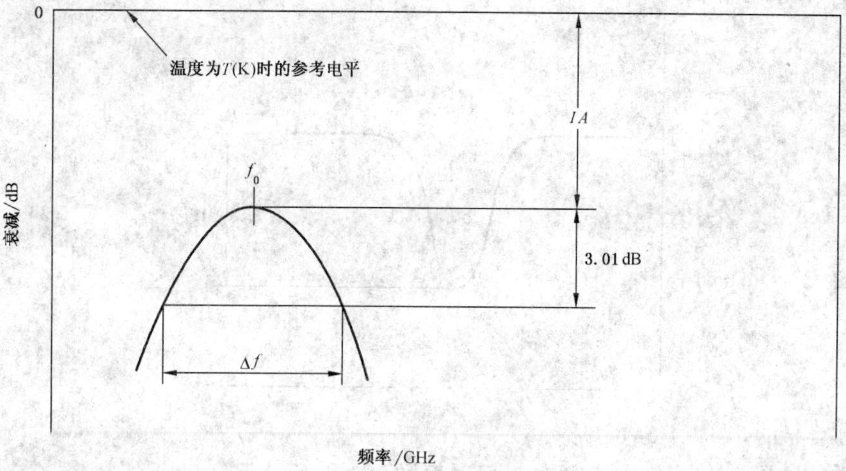


**图 3　$T$(K)温度下的插入损耗 $IA$、谐振频率 $f_0$ 和半功率点带宽 $\Delta f$**

## 6.4　谐振器频响特性的测试

通过测试 $TE_{011}$ 和 $TE_{013}$ 谐振器的谐振频率 $f_0$ 和无载品质因数 $Q_u$，可得到表面电阻 $R_S$ 随温度的变化，测试过程如下：

a)　在输入端和输出端之间连接好测试腔体(图 1)。将标准短蓝宝石介质柱放置在下端的超导薄膜中心，并使它距两个半刚性电缆耦合环的距离相等，以使得这种传输型谐振器与两个环的耦合度相等。再将上方的超导薄膜轻轻放在蓝宝石介质柱的上端。注意不要因太大的压力损坏超导薄膜表面。将样品腔体抽真空并冷却至临界温度以下。

b)　在 $f_0$ 的设计频率值附近，找到介质谐振器的 $TE_{011}$ 模谐振峰。

c)　减小屏幕上的扫频宽度，直到仅显示 $TE_{011}$ 模谐振峰(图 3)。确认这种模式的插入损耗 $IA$ 大于参考电平 20 dB 以上，$IA$ 与温度有很大关系。

d)　测量 $f_0$ 及半功率点带宽 $\Delta f$ 随温度的变化。$TE_{011}$ 谐振模式的有载品质因数 $Q_L$ 为：

$$Q_L = \frac{f_0}{\Delta f} \quad \cdots\cdots (1)$$

e)　通过下面介绍的两种方法之一，可以从有载品质因数 $Q_L$ 得出无载品质因数 $Q_u$：

第一种方法是通过测量插入损耗 $IA$ 的值，$Q_u$ 可由下式得到：

$$Q_u = \frac{Q_L}{1 - A_t}, A_t = 10^{-IA[\mathrm{dB}]/20} \quad \cdots\cdots (2)$$

这种方法假设介质谐振器输入端和输出端的耦合度是相同的。制作耦合环非常困难，并且环的方向也难以控制，在测试过程中蓝宝石介质柱的任何移动也是未知的。这些依赖于装配的因素，同时也与温度有关。如果耦合较强($IA$<~10 dB)，这种情况下可能存在的不对称耦合，在计算耦合系数时会导致较大的误差。如果耦合足够弱($IA$>20 dB)，耦合度的不对称性就不那么重要了。

第二种方法是在谐振频率下，通过测试谐振器两端的反射系数，推导得出无载品质因数 $Q_u$：

$$Q_u = Q_L(1 + \beta_1 + \beta_2) \quad \cdots\cdots (3)$$

$$\beta_1 = (1 - |S_{11}|)/(|S_{11}| + |S_{22}|) \quad \cdots\cdots (4)$$

$$\beta_2 = (1 - |S_{22}|)/(|S_{11}| + |S_{22}|) \quad \cdots\cdots (5)$$

式(4)、式(5)中，$S_{11}$ 和 $S_{22}$ 是图 4 中的反射系数，以线性功率单位表示，而不是相对的 dB 数。$\beta_1$ 和 $\beta_2$ 是耦合系数。

使用反射系数的方法有两个优点：一是不需要校准参考电平这个步骤；二是提供了谐振器两端的耦合值测试的方法。但也有两个缺点：一是这种方法只能用在窄频带谐振器；二是反射系数的测试也受到网络分析仪动态范围的限制。

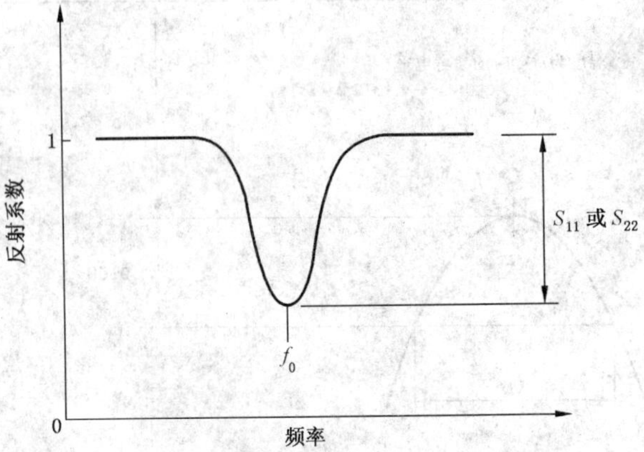


**图 4　反射系数($S_{11}$ 和 $S_{22}$)**

两种方法合并使用是很好的双重检验,这是我们所推荐的方法。

f) 由短介质柱测得的 $f_0$ 和 $Q_u$ 记为 $f_{01}$ 和 $Q_{u1}$。通过缓慢的改变制冷设备的制冷温度,可测得 $f_{01}$ 和 $Q_{u1}$ 随温度的变化关系。

g) 测试完 $f_{01}$ 和 $Q_{u1}$ 随温度的变化关系后,将测试腔体加热至室温。

h) 然后,在室温下将测试腔体中的 $TE_{011}$ 谐振器换为 $TE_{013}$ 谐振器,再将腔体冷却至临界温度以下。按照 $TE_{011}$ 谐振模式时相同的测试步骤,测试 $TE_{013}$ 谐振模式下 $f_0$ 和 $Q_u$ 随温度的变化关系,记为 $f_{03}$ 和 $Q_{u3}$。当 $TE_{013}$ 谐振器中蓝宝石介质柱的高度恰好是 $TE_{011}$ 谐振器中介质柱高度的 3 倍时,$TE_{013}$ 模式的 $f_{03}$ 与 $TE_{011}$ 模式的 $f_{01}$ 一致。如果仔细设计,$f_{01}$ 与 $f_{03}$ 的差别一般很小($<\sim 0.25\%$),在 6.5 的计算中可认为 $f_0 = f_{01} = f_{03}$。

## 6.5　超导薄膜的表面电阻 $R_S$、标准蓝宝石柱的 $\varepsilon'$ 和 $\tan\delta$ 的确定

由 $f_{01}$、$Q_{u1}$、$f_{03}$ 和 $Q_{u3}$ 随温度的变化关系,利用式(6)、式(7)、式(8)计算超导薄膜表面电阻 $R_S$ 随温度的变化、标准蓝宝石柱的 ε′和 tanδ。

$$R_S = \frac{30\pi^2 \times 3}{(3-1)}\left(\frac{2h_0}{\lambda_0}\right)^3 \frac{\varepsilon' + W}{1+W}\left[\frac{1}{Q_{u1}} - \frac{1}{Q_{u3}}\right] \qquad (6)$$

$$\varepsilon' = \left(\frac{\lambda_0}{\pi d}\right)^2 (u^2 + v^2) + 1 \qquad (7)$$

$$\tan\delta = \frac{1 + \dfrac{W}{\varepsilon'}}{3-1}\left(\frac{3}{Q_{u3}} - \frac{1}{Q_{u1}}\right) \qquad (8)$$

其中:

$$\lambda_0 = \frac{c}{f_0} \qquad (9)$$

$$W = \frac{J_1^2(u)}{K_1^2(v)} \frac{K_0(v)K_2(v) - K_1^2(v)}{J_1^2(u) - J_0(u)J_2(u)} \qquad (10)$$

$$v^2 = \left(\frac{\pi d}{\lambda_0}\right)^2 \left[\left(\frac{\lambda_0}{2h_0}\right)^2 - 1\right] \qquad (11)$$

$$u\frac{J_0(u)}{J_1(u)} = -v\frac{K_0(v)}{K_1(v)} \qquad (12)$$

式中,$\lambda_0$ 为自由空间谐振波长,$c$ 是真空中的光速($c = 2.997\ 9 \times 10^8$ m/s),$h_0$ 是短介质柱的高度。利用超越方程(12),可由 $v^2$ 的值计算出 $u^2$ 的值。$J_n(u)$ 为第一类贝塞尔函数,$K_n(v)$ 为第二类修正贝塞尔函数。A.3 给出了公式的推导过程。

一般来说,蓝宝石柱的热膨胀系数是必须知道的,以此决定蓝宝石柱的尺寸大小随温度的变化。但是相对于 $R_S$ 的目标精密度(20%),蓝宝石柱热膨胀的影响可以忽略。

需要注意的是，如果薄膜的厚度没有远远大于伦敦穿透深度（伦敦穿透深度与温度有关），则所测得的 $R_S$ 为等效的表面电阻。

## 7 测试方法的精密度和精确度

### 7.1 表面电阻

表面电阻的值由介质谐振器技术测得的 $Q$ 值得到。

用来记录衰减和频率之间关系的矢量网络分析仪的参数，应该满足表 3 所给的参数范围，所记录的数据可以用来确定 $Q$ 值，其相对不确定度不超过 1%。

**表 3 矢量网络分析仪的参数**

| | |
|---|---|
| $S_{21}$ 的动态范围 | $>$60 dB |
| 频率分辨率 | $<$1 Hz |
| 衰减不确定度 | $<$0.1 dB |
| 最大输入功率 | $<$10 dBm |

在 77 K 时，介质谐振器的介质柱的 $\tan\delta$ 应低于 $10^{-6}$，超导样品的直径要大于介质柱直径的 3 倍。表 4 给出了作为蓝宝石介质柱的最佳参数。图 5 显示了表 4 中术语的定义。

**表 4 蓝宝石介质柱参数**

| | |
|---|---|
| 直径误差范围 | ±0.05 mm |
| 高度误差范围 | ±0.05 mm |
| 平面度 | 低于 0.005 mm |
| 表面粗糙度 | 顶端和底端：低于 10 nm(r. m. s)<br>圆柱侧面：低于 0.001 mm(r. m. s) |
| 垂直度 | 0.1°以内 |
| 圆柱轴 | 与 $c$ 轴间平行度在 0.3°以内 |



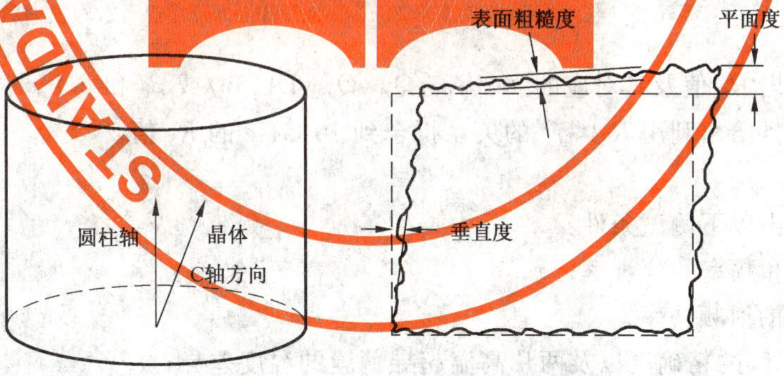


**图 5 表 4 中术语的定义**

此技术假定 $TE_{011}$ 谐振器和 $TE_{013}$ 谐振器的介质柱具有相同的 $\tan\delta$。但即使从同一块蓝宝石上切割出来，采用同样的技术抛光，标称相同的两个蓝宝石柱的 $\tan\delta$ 仍然是不同的，其差别可达到两个数量级。目前，标称相同的两个蓝宝石柱 $\tan\delta$ 的最小差异是四倍[9]，因此 $\tan\delta$ 的测试不确定度很大。在表面电阻的测试中，由于两个蓝宝石柱 $\tan\delta$ 的差异会引入高达 10% 的不确定度，因此该测试技术的目标精密度被限制在 20%。如果改善蓝宝石的重复性，或者建立了选择标准蓝宝石柱的方法，可以提高目标精密度。

### 7.2 温度

在测试过程中可以使用多种方法将测试腔体冷却至指定温度。一种简单的方法是将测试腔体浸入液氮中。这种方法快速、简单，而且可以达到一个已知的、稳定的温度。但从低温液体中取出测试样品时，湿气的凝结会损伤大多数 HTS 材料。另外，测试腔体内的气、液混合态将产生不确定度，而且不能得到不同温度下的 $R_S$ 值。第二种方法是将真空腔浸入低温液体中，它可以克服前一种方法的局限性。在真空腔中填充氦气，就可使腔体迅速冷却且温度均匀。如果测试腔体带有加热器，就可测得 HTS 材料的 $R_S$ 随温度的变化关系。第三种较好的方法是使用制冷机。这种情况下，蓝宝石介质谐振器处于真空状态，通过测试装置与制冷机冷头相连接，达到测试温度。但要注意避免测试腔体出现温度梯度。

低温恒温器应该提供 $R_S$ 测试所需的环境，样品要在一个稳定的、等温的状态下进行测试。假定样品的温度和样品架的温度一致。样品架的温度由一个合适的温度传感器测试，精确度应高于±0.5 K。

使用热传导性好的热屏可以缩小样品和样品架的温度差异。

### 7.3 样品和支撑结构

支撑结构要保证对样品有足够的支撑。整个测试过程中，特别是在制冷机内以及在很宽的温度范围内测试时，保持两片超导薄膜的平行以及机械稳定是非常必要的。

### 7.4 样品的保护

湿气的凝结和划痕都会降低薄膜的超导性能，在测试中应对样品采取一些保护措施。聚四氟乙烯(PTFE)和聚甲基丙烯酸甲酯(有机玻璃)(PMMA)膜可以用来保护样品。为了不影响测试，本标准建议保护膜的厚度应低于几微米数量级。

## 8 测试报告

### 8.1 被测样品的标识

如果可能，应该用以下信息标识被测样品：

a) 样品制备者姓名；

b) 样品的类别和/或标号；

c) 样品批号；

d) 薄膜和基片的化学成分；

e) 薄膜的厚度及表面粗糙度；

f) 样品制备技术。

### 8.2 $R_S$ 值报告

测试报告应该给出 $R_S$ 值及其对应的 $f_{01}$、$f_{03}$、$Q_{u1}$、$Q_{u3}$、$IA$(和/或 $\beta_1$ 和 $\beta_2$)、$\varepsilon'$、$\tan\delta$ 值，以及它们随温度变化的关系。并且给出利用 $R_S \propto f^2$ 的关系折合到 10 GHz 的 $R_S$ 值。

### 8.3 测试条件报告

测试报告应该给出以下测试条件：

a) 测试的频率和频率的分辨率；

b) 测试中最大的射频功率；

c) 测试温度、温度的精确度以及两片高温超导薄膜的温度差异；

d) 样品温度变化的历史。

# 附 录 A
## （资料性附录）
## 与第 1 章～第 8 章相关的附加资料

### A.1 范围

需要建立一种标准测量 $R_S$ 的方法，来评价表面电阻 $R_S$ 很低（如 10 GHz 时 0.1 mΩ）的高温超导薄膜的质量。到目前为止，已经提出了一系列的测量微波和毫米波范围 $R_S$ 的谐振器方法，如图 A.1 所示。这些谐振器的结构可分为下列 6 种方式。

### A.1.1 圆柱形谐振腔法[10]

图 A.1a）给出了 $TE_{011}$ 模式谐振腔的结构，谐振腔由圆柱形铜腔体与两片 HTS 薄膜组成。在低于 30 GHz 的微波范围内，由于铜的 $R_S$ 比 HTS 的 $R_S$ 高 100 倍，因而，这种方法测量 $R_S$ 的精密度相当低。由于 HTS 的 $R_S$ 值与 $f^2$ 成正比，而铜的 $R_S$ 值与 $f^{1/2}$ 成正比，因而，这种方法适用于毫米波范围。

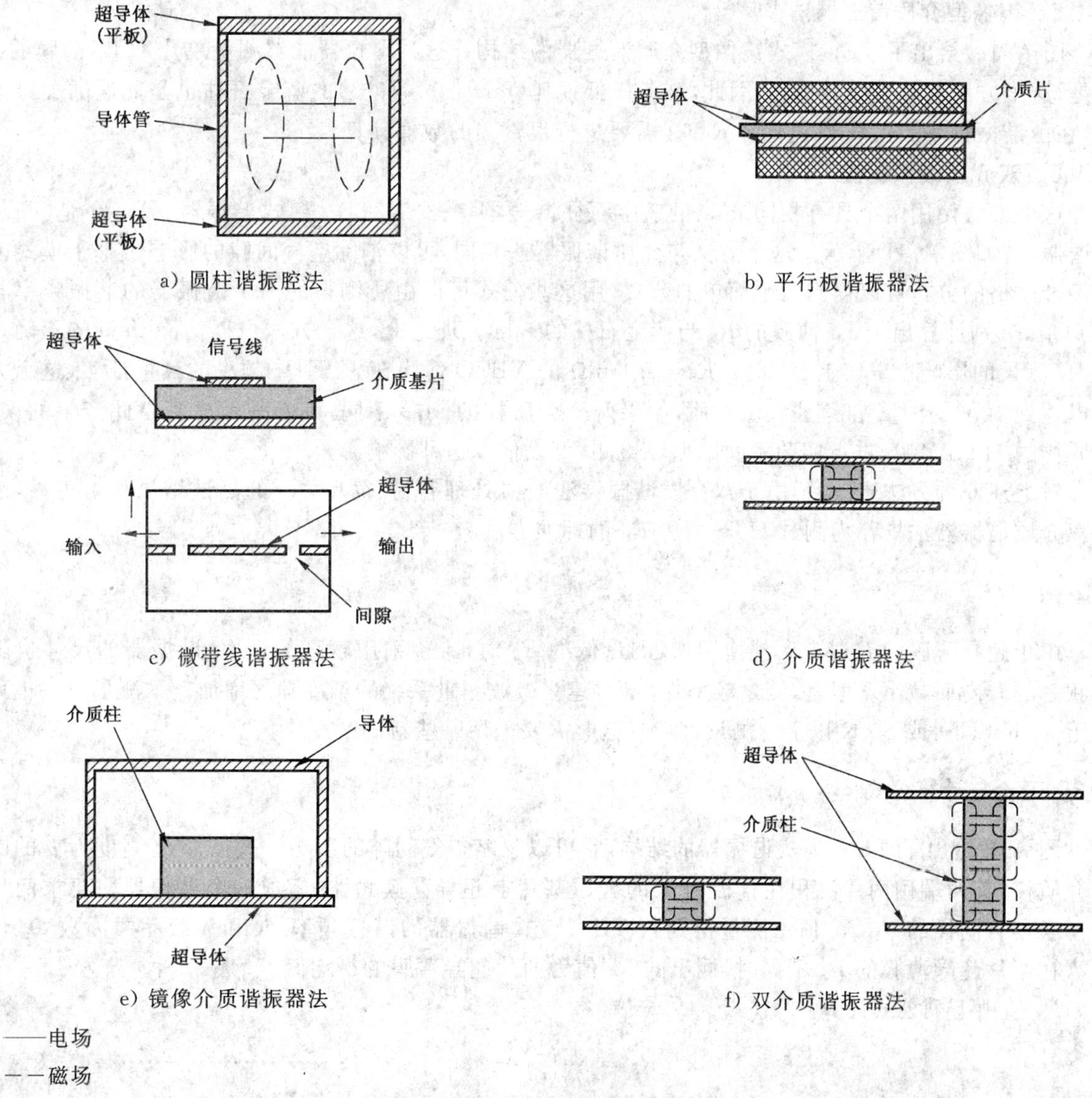


**图 A.1 各种测量微波表面电阻 $R_S$ 方法结构示意图**

**A.1.2 平行板谐振器法**[11]

图 A.1b)给出了 $TM_{nm0}$ 模式平行板谐振器的结构，它由两片矩形 HTS 薄膜中间插入一片低损耗介质片构成。这种方法可以测量很小的 $R_S$ 值。但是，要获得准确的 $R_S$ 值，还存在一些问题，比如，介质片厚度和 $\tan\delta$ 的低测量精密度，辐射损耗估算的不确定性，超导膜与介质片之间的气隙所导致的未知影响，以及苛刻的谐振模式的激励技术等等。

**A.1.3 微带线谐振器法**[10,12]

图 A.1c)给出了 $TEM_n$ 模式微带线谐振器的结构，它由 HTS 薄膜光刻成一定的图形而构成。这种谐振器更接近于实际的高温超导薄膜微波无源器件。但是，因为图形成型的过程会带来未知的影响，这种方法不适于用来评价 HTS 薄膜的性能。

**A.1.4 介质谐振器法**[13-16]

图 A.1d)给出了 $TE_{011}$ 模式介质谐振器的结构，它由两片 HTS 薄膜以及放在它们中间的低损耗的蓝宝石柱构成。对于 $TE_{0mp}$ 模式，由于 HTS 薄膜表面不存在电场的法向分量，因而，可以消除空气间隙的影响。用这种方法确定 $R_S$ 时，假定蓝宝石单晶体的 $\tan\delta<1\times10^{-8}$[4]，则其影响可以忽略。然而，众所周知，在 50 K 附近，10 GHz 时，晶格缺陷的数量会使蓝宝石 $\tan\delta$ 介于 $10^{-6}\sim10^{-8}$ 之间。因此，准备极低损耗($\tan\delta<1\times10^{-8}$)的蓝宝石柱是此法的关键。

**A.1.5 镜像型介质谐振器法**[17]

图 A.1e)给出了 $TE_{01\delta}$ 模式镜像型介质谐振器的结构。这种谐振器能够测量单片 HTS 薄膜的 $R_S$。但是，这个方法忽略了介质损耗，因此，准备极低损耗($\tan\delta<1\times10^{-8}$)的蓝宝石柱也是此法的关键。此外，在由谐振频率和无载 $Q$ 值计算 $R_S$ 时，需要进行很繁琐的数值计算。

**A.1.6 双介质谐振器法**[18,19]

这个方法使用两个具有相同 $\tan\delta$ 的蓝宝石柱谐振器，一个是 $TE_{011}$ 模式谐振器，另一个是 $TE_{013}$ 模式谐振器，如图 A.1f)所示。这个方法与介质谐振器法相同，可以消除空气间隙的影响。基于模式匹配法经过严格的分析可以得到几个简单的公式，用这些公式可以由所测得的两个谐振器的谐振频率与无载 $Q$ 值，分别计算出 HTS 薄膜的 $R_S$ 与蓝宝石柱的 $\tan\delta$。理论上，这个方法可以消除 $\tan\delta$ 的不确定性对 $R_S$ 测量的影响。事实上，对 6 个 $R_S=0.1\ \text{m}\Omega$ 的 YBCO 薄膜在 12 GHz 频率的测量证实，这个方法可以达到 10% 的测量精密度[19]。然而，如果两个介质柱的 $\tan\delta$ 不同，则必须考虑到由此产生的误差。用同样的 HTS 薄膜，进行实验室间的循环检测，可以估算这种影响。

对上述 6 种方法比较后，由于双介质谐振器法数值处理容易、简单，$R_S$ 的测试结果相对可靠，因此将双介质谐振器法推荐为测试 HTS 薄膜 $R_S$ 的标准方法。

## A.2 要求

由于超导薄膜的 $R_S$ 按 $f^2$ 规律增加，测量低的 $R_S$ 时，希望采用较高的频率，谐振器的尺寸也随测试频率的升高而减小。但是，测量频率提高后，建立微波测量系统的难度随之增加。本测量方法也可以用于 30 K 以下，或 80 K 以上的测量，但是，这时需要采用一些新的制冷技术。

## A.3 理论与计算公式

图 A.2 给出了 $TE_{0mp}$ 模式谐振器的结构，它可以忽略空气间隙的影响。直径为 $d$，高度为 $h$ 的圆柱形介质柱，其两端用两片沉积在直径为 $d'$ 的介质基片上超导薄膜短路，组成一个谐振器。要求两片超导薄膜具有同样的 $R_S$，$R_S$ 值由测量得到的 $TE_{0mp}$ 模式谐振器的谐振频率 $f_0$ 和无载品质因数 $Q_u$ 计算出。在两片超导薄膜的 $R_S$ 不同时，测出的 $R_S$ 值为两片超导薄膜的平均值。

$R_S$ 值由下列公式计算：

$$R_S=\frac{1}{B}\left(\frac{A}{Q_u}-\tan\delta\right) \qquad \cdots\cdots (A.1)$$

其中，

$$A = 1 + \frac{W}{\varepsilon'} \qquad \cdots\cdots(A.2)$$

$$B = p^2\left(\frac{\lambda_0}{2h}\right)^3 \frac{1+W}{30\pi^2\varepsilon'}, p = 1,2,\cdots \qquad \cdots\cdots(A.3)$$

$$\lambda_0 = \frac{c}{f_0} \qquad \cdots\cdots(A.4)$$

$$W = \frac{J_1^2(u)}{K_1^2(v)} \frac{K_0(v)K_2(v) - K_1^2(v)}{J_1^2(u) - J_0(u)J_2(u)} \qquad \cdots\cdots(A.5)$$

$$v^2 = \left(\frac{\pi d}{\lambda_0}\right)^2\left[\left(\frac{p\lambda_0}{2h}\right)^2 - 1\right] \qquad \cdots\cdots(A.6)$$

$$u\frac{J_0(u)}{J_1(u)} = -v\frac{K_0(v)}{K_1(v)} \qquad \cdots\cdots(A.7)$$

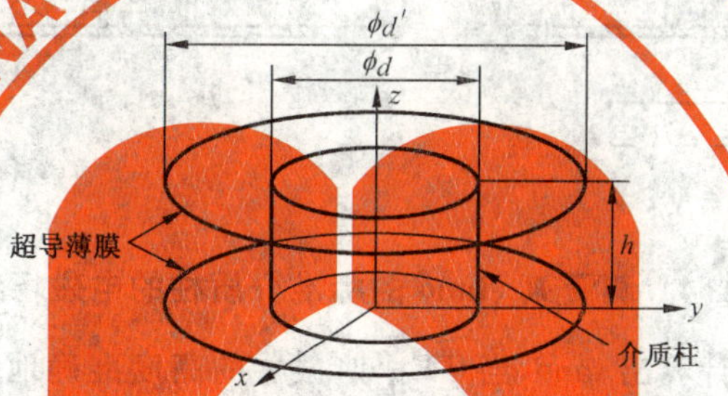


**图 A.2　两端由两片沉积在介质基片上的超导薄膜短路圆柱形介质谐振器的几何结构**

式(A.1)与式(A.2)中，$\varepsilon'$与 $\tan\delta$ 分别为介质柱的相对介电常数和损耗因子。式(A.3)与式(A.4)中，$\lambda_0$ 为自由空间中谐振波长，$c$ 为真空中的光速($c=2.997\,9\times10^8$ m/s)。函数 $W/\varepsilon'$等于贮存在介质柱外的电场能量与贮存在介质柱内的电场能量之比。如果所有的电场能量都集中在介质柱内，则 $W=0$。应用超越方程(A.7)由 $v^2$ 的值计算出 $u^2$ 的值。$J_n(u)$为第一类贝塞尔函数，$K_n(v)$为第二类修正贝塞尔函数。对于任何一个 $v$ 值，$u$ 的第 $m$ 个解存在于 $u_{0m}$ 与 $u_{1m}$ 之间，这里 $J_0(u_{0m})=0$，$J_1(u_{1m})=0$。为了辨认模式的方便，图 A.3 的曲线(A)给出了第一个解($m=1$)。图 A.3 的曲线(B)给出了 $TE_{0mp}$ 模式 $m=1$ 时，$W$-$v$ 关系的计算结果。使用 $u^2$ 与 $v^2$ 值，可由下面公式计算出 $\varepsilon'$值：

$$\varepsilon' = \left(\frac{\lambda_0}{\pi d}\right)^2(u^2+v^2) + 1 \qquad \cdots\cdots(A.8)$$

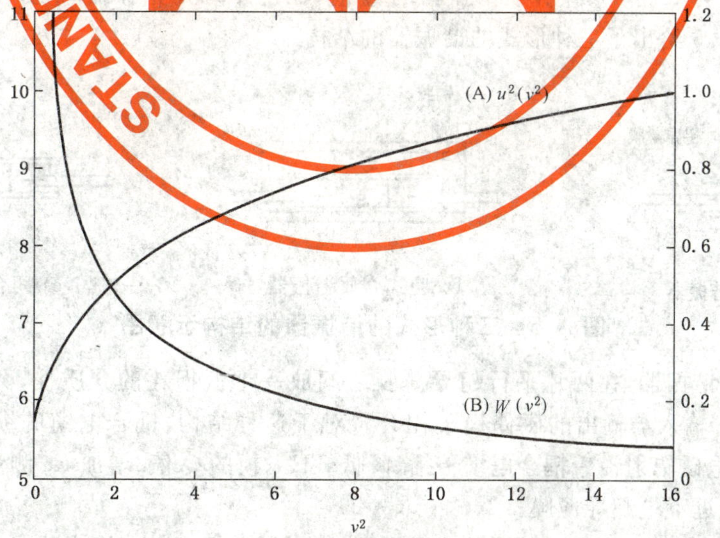


**图 A.3　$TE_{01p}$ 模式的 $u$-$v$ 和 $W$-$v$ 关系的计算结果**

在双介质谐振器法中，使用一对介质柱，称为标准介质柱。这两个介质柱的直径相同，高度不同，一个柱的高度是另一个柱高度的 $p$ 倍，一般令 $p=3$。要求两个介质柱的 $\varepsilon'$ 和 $\tan\delta$ 相同。

图 A.4 给出了 $p=3$ 时，两个标准介质柱中电磁场的结构。为了避免混淆，将短介质柱的高度记为 $h_0$，两谐振器分别称为 $TE_{011}$ 谐振器、$TE_{013}$ 谐振器。两个谐振器使用同一对超导薄膜。$TE_{011}$ 谐振器的谐振频率 $f_0$ 和无载品质因数 $Q_u$，记为 $f_{01}$ 和 $Q_{u1}$；$TE_{01p}$ 谐振器的谐振频率 $f_0$ 和无载品质因数 $Q_u$，记为 $f_{0p}$ 和 $Q_{up}$。

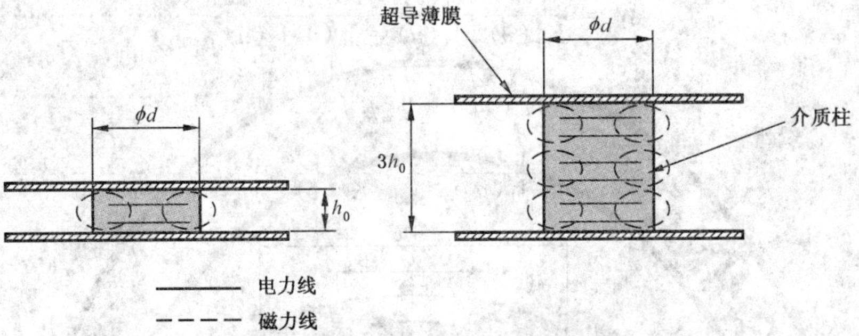


**图 A.4 测量 $R_S$、$\tan\delta$ 的标准介质柱的电磁场结构**

从测量得到的 $Q_u$ 值可以计算出 $\tan\delta$，当 $TE_{01p}$ 谐振器的高度准确地等于 $TE_{011}$ 谐振器高度的 $p$ 倍时，$f_{0p}$ 与 $f_{01}$ 相同。然而，两个谐振器中储存的电场能量不同，因而 $Q_{up}$ 高于 $Q_{u1}$，由于两个介质柱的两端均由同一对超导薄膜短路，由方程(A.1)得到：

$$\tan\delta=\frac{A}{(p-1)}\left(\frac{p}{Q_{up}}-\frac{1}{Q_{u1}}\right) \quad \text{(A.9)}$$

作为一种可选方法，超导薄膜的 $R_S$ 可以直接由下列方程计算出：

$$R_S=\frac{30\pi^2 p}{(p-1)}\left(\frac{2h_0}{\lambda_0}\right)^3\frac{\varepsilon'+W}{1+W}\left(\frac{1}{Q_{u1}}-\frac{1}{Q_{up}}\right) \quad \text{(A.10)}$$

将方程(A.9)代入方程(A.1)即可得到方程(A.10)。

## A.4 谐振器结构

杂模的寄生耦合会降低 TE 模介质谐振器的 $Q$ 值，在设计高 $Q$ 谐振器时，必须特别注意对杂模寄生耦合的抑制。图 A.5 给出了三种形式的谐振器的结构。

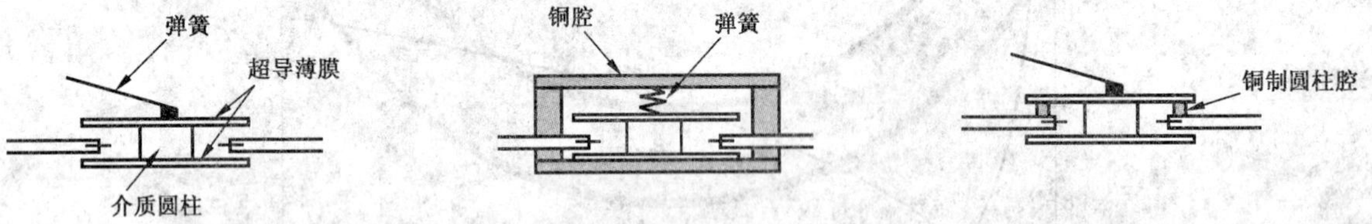


a) 开放式介质谐振器　b) 腔式介质谐振器　c) 闭合式介质谐振器

**图 A.5 三种形式的谐振器的结构示意图**

a) 开放式介质谐振器：在两片平行超导薄膜之间放一个低损耗的介质柱，两边各放置半刚性电缆，作为 RF 输入与输出的磁偶极子耦合。对于这种结构，耦合电缆的纵向位置应该仔细设计，以防止电磁辐射沿着耦合电缆传播、降低 $TE_{0mp}$ 模的 $Q$ 值、增加 $R_S$ 测量误差。耦合电缆应该尽可能接近下端超导薄膜。
b) 腔式介质谐振器：a)中所示的开放式谐振器放在导体(铜)腔内，构成腔式介质谐振器。
c) 闭合式介质谐振器：将导体(铜)圆柱腔放在两片超导薄膜中间，构成闭合式谐振器。铜圆柱腔将有效地阻断沿着耦合电缆传播的电磁辐射损耗。建议将耦合电缆的纵向位置放在磁场的 $z$

方向分量 $H_z$ 的最大值处，即 $z=h/2$。

谐振器用制冷机冷却时，要防止机械和热的扰动，还需要安装 $X$-$Y$ 和/或 $Z$ 轴控制器，以便在 ±1 mm 范围内调节样品位置。

天线环的长度要按四分之一波长法则来设计，以达到最大灵敏度。

## A.5 标准介质柱的尺寸

图 A.6 和图 A.7 分别给出了两端用平行的超导薄膜短路的 $TE_{011}$ 与 $TE_{013}$ 谐振器的模式图。这两个模式图都考虑了蓝宝石柱相对介电常数的单轴各向异性[20]。$\varepsilon_z$ 为 $c$ 方向的相对介电常数，$\varepsilon_r$ 为垂直于 $c$ 方向的平面的相对介电常数，$d$ 和 $h$ 分别为蓝宝石的直径和高度，$\lambda_0$ 为自由空间谐振波长。由图 A.6 和图 A.7 可见，与 $TE_{011}$ 相比，$TE_{013}$ 谐振模式容易受 TM 与 HE 模式的影响。由于 TE 模式与其他模式的耦合会降低无载 $Q$ 值，必须仔细选择蓝宝石柱的 $(d/h)$ 值，以避免不希望的耦合出现。

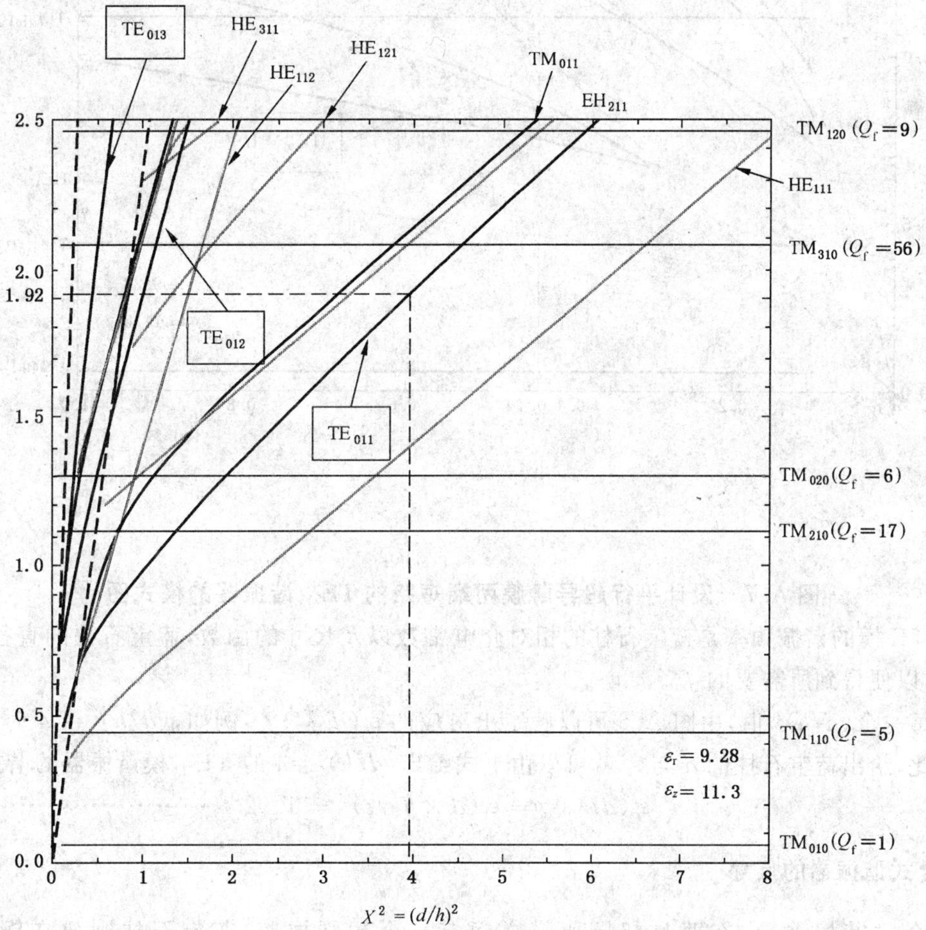


**图 A.6 设计平行超导薄膜两端短路的 $TE_{011}$ 谐振器的模式图[20]**

图 A.7 给出，为了不受其他模式的影响，$TE_{013}$ 模蓝宝石柱的 $(d/h)^2$ 取在 0.24 ～ 0.46 之间。与此对应的 $TE_{011}$ 模蓝宝石柱的 $(d/h)^2$ 在 2.2 ～ 4.1 之间。由图 A.6 可以看出，这样 $TE_{011}$ 模也不与其他模式发生耦合。

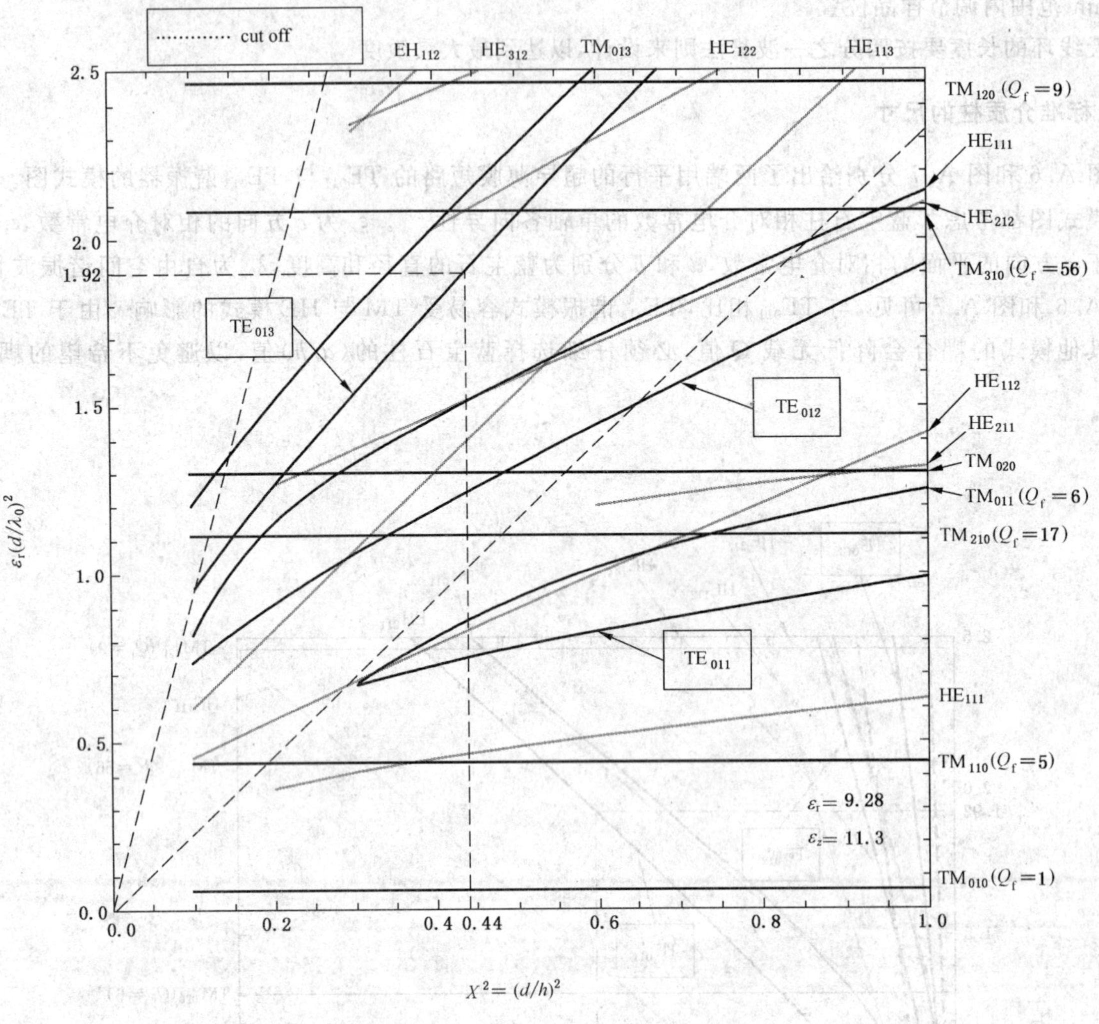


**图 A.7　设计平行超导薄膜两端短路的 $TE_{013}$ 谐振器的模式图**[20]

由于 TE 模的谐振频率是蓝宝石柱的相对介电常数以及尺寸的函数，蓝宝石柱的直径和高度必须选择适当，以便得到所需要的 $f_0$。

对于每一个$(d/h)^2$ 值，由图 A.6 可以确定出对应的 $\varepsilon_r(d/\lambda_0)^2$。例如，$(d/h)^2=4$ 时，$\varepsilon_r(d/\lambda_0)^2=1.92$。因此，给出蓝宝石柱的 $d$ 与 $\varepsilon_r$ 就可以由下式给出$(d/h)^2=4$ 的 $TE_{011}$ 模谐振器的谐振频率：

$$\varepsilon_r(d/\lambda_0)^2=\varepsilon_r(d\times f_0/c)^2=1.92 \quad\cdots\cdots\cdots\cdots\cdots\cdots\cdots\cdots\cdots (A.11)$$

## A.6　闭合式谐振器的尺寸

在闭合式谐振器中，在两片超导薄膜之间有一个铜圆柱腔，蓝宝石柱则放在铜圆柱腔中间(图A.5c))。每一个模式的谐振频率都随圆环的内直径 $D$ 改变。因此，要选择 $D$，以避免与其他模式的耦合。图 A.8 与图 A.9 分别给出了短蓝宝石柱$(d/h)^2=4$ 与长蓝宝石柱$(d/h)^2=0.44$ 作为 $S=D/d$ 函数的模式图[20]。同时将 $TE_{011}$ 模和 $TE_{013}$ 模与其他模式分开的 $S$ 值范围是：$S=1.8\sim2.8$，$3.8\sim4.1$，$4.8\sim5.2$。本标准推荐 $S=4$，此值比较容易处理。

**图 A.8 闭合式 $TE_{011}$ 谐振器的模式图**

## A.7 检测方法的精密度和精确度

由 $R_S$ 的误差分析和循环对比检测可以给出这种测试方法的误差估计[13,19]、灵敏度、精确度和重复性。

## A.8 蓝宝石柱的重复性

蓝宝石柱的 $\tan\delta$ 值是很难获得的。双介质谐振器法需要选择标准介质柱。第一步是在一个 HTS/蓝宝石谐振器中比较大量的蓝宝石柱。将 $Q$ 值最高的蓝宝石柱记为"标准柱"。对三倍高度的蓝宝石柱做同样的选择。通过上述方法可以得到这两个蓝宝石柱的 $\tan\delta$ 值。直接与这两个标准蓝宝石柱比较，可以得到其他蓝宝石柱的 $\varepsilon'$ 与 $\tan\delta$ 值。利用一个校准过的单倍高度蓝宝石柱有可能提取出被测超导薄膜的 $R_S$ 值。

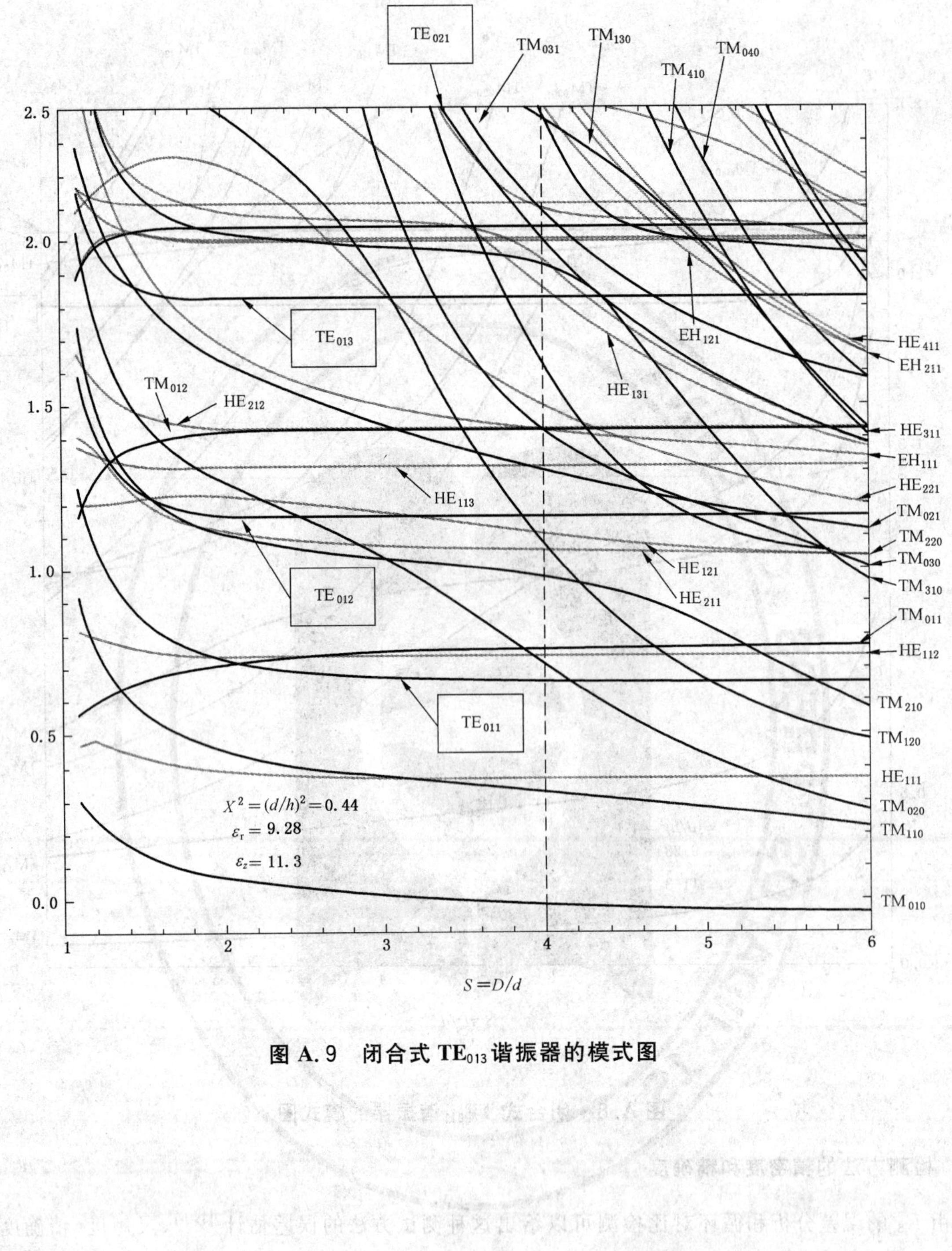


**图 A.9　闭合式 $TE_{013}$ 谐振器的模式图**

# 参 考 文 献


[1] ZHANG D, LIANG G-C, SHIH CF, LU ZH, JOHANSSON ME. A 19-pole cellular bandpass filters using 75-mm diameter high temperature superconducting thin films. *IEEE Microwave and Guided Wave Letters*, 1995(5):405.

[2] ONO RH, BOOTH JC, STORK F WILKER C. Developing standards for the emerging technology of high temperature superconducting electronics. *Adv. in Superconductivity X*, Tokyo: Springer, 1998:1407.

[3] KINDER H, BERBERICH P, UTZ B, PRUSSEIT W. Double sided YBCO films on 4" substrates by thermal reactive evaporation. *IEEE Trans. Appl. Supercond.*, 1995(5):1575.

[4] FACE DW, WILKER C, SHEN, Z-Y, PANG P, SMALL R J. Large area $YBa_2Cu_3O_7$ films for high power microwave applications. *IEEE Trans. Appl. Supercond.*, 1995(5):1581.

[5] KOBAYASHI Y, IMAI T, KAYANO H. Microwave measurement of temperature and current dependences of surface impedance for high-Tc superconductors. *IEEE Trans. Microwave Theory Tech.*, 1991(39):1530.

[6] WILKER C, SHEN Z-Y, NGUYEN, VX, BRENNER MS. A sapphire resonator for microwave characterization of superconducting thin films. *IEEE Trans. Appl. Supercond.*, 1993(3):1457.

[7] MAZIERSKA, J. Dielectric resonator as a possible standard for characterization of high temperature superconducting films for microwave applications. *J. Supercond.*, 1997(10):73.

[8] LLOPIS O, GRAFFEUIL J. Microwave characterization of high Tc superconductors with a dielectric resonator. *J. Less-Common Met*, 1990(164):1248.

[9] MAZIERSKA J, WILKER C. Accuracy issues in surface resistance measurements of high temperature superconductors using dielectric resonators (corrected). *IEEE Trans. Appl. Supercond*, 2001(11):4140.

[10] WILKER C, SHEN Z-Y, PANG P, FACE DW, HOLSTEIN WL, MATTHEWS AL, LAUBACHER D B. 5 GHz high-temperature-superconductor resonators with high Q and low power dependence up to 90 K. *IEEE Trans. Microwave Theory Tech.*, 1991(39):1462.

[11] TABER RC. A parallel plate resonator technique for microwave loss measurements on superconductors. *Rev. Sci. Instrum.*, 1990(61):2200-2206.

[12] YOSHITAKE T, TSUGE H. Effects of microstructures on microwave properties in Y-Ba-Cu-O microstrip resonators. *IEEE Trans. Appl. Supercond.*, 1995(5):2571.

[13] MAZIERSKA J. Dielectric resonator as a possible standard for characterization of high temperature superconducting films for microwave applications. *J. Supercond.*, 1997(10):73.

[14] SHEN Z-Y, WILKER C, PANG P, HOLSTEIN WL, FACE DW, KOUNTZ DJ. High Tc superconductor-sapphire microwave resonator with extremely high Q-values up to 90 K. *IEEE Trans. Microwave Theory Tech.*, 1992(40):2424.

[15] KRUPKA J, KLINGER M, KUHN M, BARANYAK A, STILLER M, HINKEN J, MODELSKI J. Surface resistance measurements of HTS films by means of sapphire dielectric resonators. *IEEE Trans. Appl. Supercond.*, 1993(3):3043.

[16] TELLMANN N, KLEIN N, DAHNE U, SCHOLEN A, SCHULZ H, CHALOUPKA H. High-Q $LaAlO_3$ dielectric resonators shielded by YBCO-films. *IEEE Trans. Appl. Supercond.*, 1994(4):143.

[17] KOBAYASHI Y,KAYANO H. An improved dielectric resonator method for surface impedance measurement of high-Tc superconductors, *IEEE MTT-S Digest*, 1992, No. IF2 T-3:1031.

[18] KOBAYASHI Y, IMAI T,KAYANO H. Microwave measurement of temperature and current dependences of surface impedance for high-Tc superconductors. *IEEE Trans. Microwave Theory Tech.*, 1991(39):1530.

[19] YOSHIKAWA H, OKAJIMA S,KOBAYASHI Y. Comparison between BMT ceramic one-resonator method and sapphire two-resonator method to measure surface resistance of YBCO films. *Proc. Asia-Pacific Microwave Conf.*, 1998(2):1083.

[20] HASHIMOTO T,KOBAYASHI Y. Two-Sapphire-Rod-Resonator method to measure the surface resistance of High-Tc superconductor films. *IEICE Trans. Electron.*, 2004, E87-C, No. 5:681.

ICS 77.040.99
H 21

# 中华人民共和国国家标准

GB/T 22587—2008



# 基体与超导体体积比测量 Cu/Nb-Ti 复合超导体铜-超[体积]比的测量

**Matrix to superconductor volume ratio measurement—Copper to superconductor volume ratio of Cu/Nb-Ti composite superconductors**

(IEC 61788-5:2000, Superconductivity—Matrix to superconductor volume ratio measurement—Copper to superconductor volume ratio of Cu/Nb-Ti composite superconductors, MOD)

2008-12-15 发布　　2009-05-01 实施

中华人民共和国国家质量监督检验检疫总局
中国国家标准化管理委员会　发布

# 前　言

本标准修改采用 IEC 61788-5:2000《超导电性　第 5 部分:基体-超导体体积比测量　Cu/Nb-Ti 复合超导体中铜-超[体积]比的测量》。

本标准在语言及文字方面,包括标点符号等进行了适当的编辑性修改。在技术性方面,IEC 61788-5 中要求使用分辨率为 0.1 mg 的天平对样品进行质量测量,而要求质量测量的准确度为 0.1 mg,这是不合适的。对于实际分度值 $D=0.1$ mg 的天平,其检定分度值 $e=10D=1$ mg,即测量可准确到 1 mg。本标准将文本中涉及质量测量准确度的 4 处(7.5、7.9、9 和 A.4)出现的相应数值,从 0.1 mg 修改为可准确到 1 mg。

本标准的附录 A 为规范性附录;附录 B、附录 C 及附录 D 为资料性附录。

本标准由全国超导标准化技术委员会归口和提出。

本标准负责起草单位:西北有色金属研究院、西部超导材料科技有限公司。

本标准参加起草单位:北京有色金属研究总院,中国科学院电工研究所、中国科学院物理研究所。

本标准主要起草人:卢亚锋、刘宜平、汪京荣、熊晓梅、李林、郑明辉、王银顺。

本标准为首次发布。

# 引　言

在复合超导体中，铜与超导体的体积比主要用以计算超导线材的临界电流密度。用本标准给出的方法测试，可提供决定某一超导体适应性所需要的一些信息。遵照本标准进行测试，对 Cu/Nb-Ti 多芯复合超导体的质量控制、验收试验或研究试验是有益的。

本标准测试方法的前提条件是已知 Nb-Ti 的密度。如果 Nb-Ti 的密度和/或 Nb 阻隔层比例未知，在附录 A 中描述了另一种确定复合超导体中铜-超[体积]比的方法。

# 基体与超导体体积比测量
# Cu/Nb-Ti 复合超导体
# 铜-超[体积]比的测量

## 1 范围

本标准规定了 Cu/Nb-Ti 复合超导线材中铜与超导体体积比的测试方法。

本标准适用于截面积为 0.1 $mm^2$～3 $mm^2$、Nb-Ti 芯丝直径为 2 μm～200 μm，铜与超导体的体积比不小于 0.5 的 Cu/Nb-Ti 复合超导线。

本标准的 Cu/Nb-Ti 复合测试导体具有圆形或矩形截面的一体化结构。本标准采用硝酸溶解铜。本标准给出了常规测试所允许的偏差和其他具体的限定。

截面积、芯丝直径和铜-超体积比超出本范围的 Cu/Nb-Ti 导体，也可以使用本方法测量，但精密度将降低。此外，特殊的情况下，对于超出规定范围的导体，测试样品可能需要特殊的几何形状，但为了简便及保持精密度，本标准不涉及此类问题。

经过适当的修正，本标准给出的测试方法可以应用于其他复合超导线材。

## 2 规范性引用文件

下列文件中的条款通过本标准的引用而成为本标准的条款。凡是注明日期的引用文件，其随后所有的修改单(不包括勘误的内容)或修订版均不适用本标准，然而，鼓励根据本标准达成协议的各方研究是否使用这些文件的最新版本。凡是不注明日期的引用文件，其最新版本适用于本标准。

GB/T 13811—2003　电工术语　超导电性

## 3 术语和定义

GB/T 13811—2003 确立的以及下列术语和定义适用于本标准。

3.1

**铜-超[体积]比　copper to superconductor volume ratio**

稳定化材料铜的截面积与由 Nb-Ti 芯丝和 Nb 阻隔层组成的非铜截面积的比值。

## 4 原理

本标准利用 Cu/Nb-Ti 复合超导线材中铜可溶解于硝酸、而 Nb-Ti 芯丝和 Nb 阻隔层不溶于硝酸的特性。

测量样品质量后，将其浸泡在硝酸溶液中使铜溶解。

随后测量剩余的 Nb-Ti 芯丝和 Nb 阻隔层的质量。

用铜及芯丝的质量分别除以各自密度，把质量比转换成体积比。

## 5 化学药品

为制备样品，需准备下列化学药品：

——由硝酸(推荐的质量比为 50%～65%)和蒸馏水组成的硝酸溶液；

——有机溶剂；

——脱脂溶剂；

——乙醇；

——蒸馏(纯净)水。

注：当采用质量比高于65%的硝酸溶液时，应该使用蒸馏水将硝酸溶液稀释到上述范围。

## 6 装置

a) 通风室

b) 天平

一台测量分辨率为0.1 mg的天平。

c) 干燥器或烘箱

在清洗完样品之后，应采用干燥器或烘箱来蒸发水分。

——300 mL烧杯；

——表面皿；

——塑料镊子；

——滤纸；

——温度计。

d) 橡胶手套，防护眼镜及通风室

应带橡胶手套及防护眼镜以保护人体免受硝酸液体或酸雾的伤害。为了保护人体，样品的溶解应该在通风室进行。

## 7 测试步骤

### 7.1 样品的数量

从待测样品中截取质量约1 g～10 g作为样品。

### 7.2 去除绝缘涂层

用一种不腐蚀铜的有机溶剂，去除样品的全部绝缘涂层。最终通过目视检查确认样品上不再残留绝缘涂层。

### 7.3 清洗

用去污剂去除样品上的油污，然后用纯净水清洗，最后将样品浸泡在乙醇中脱水。也可以采用7.4描述的烘干工艺替代乙醇脱水过程。

### 7.4 干燥

将清洗过的样品置于表面皿上放入干燥器或温度不高于60 ℃的烘箱中充分干燥。当不使用乙醇脱水清洁样品时，样品应在干燥器或100 ℃的烘箱中充分干燥。

### 7.5 样品质量测量

当样品冷却至不高于35 ℃时，在称重纸上用天平测量样品的质量时，质量可准确到1 mg。

### 7.6 质量的重复测量

测量质量(首次测量)后，将样品从天平中取出。

为确保样品完全干燥，首次测量10 min后，再次测量质量(第二次测量)。

首次测量和第二次测量的质量差别应在±0.5%之内，这时两次测量的平均值被视为样品的质量。

如果质量差别超过±0.5%，应该按照7.3,7.4,7.5和本条所描述的步骤，再次采用乙醇清洗并烘干样品，直到两次测量的质量差别在±0.5%以内。

本方法的这一部分通过成功复测证明合格，在接下来的测量中就可以省去质量的第二次测量。但是，每隔6个月或设备、人员变更时，应该进行周期性的复检。

### 7.7 铜的溶解

按照下述方法将铜从样品中溶解。

将约 150 mL 的硝酸溶液倒入 300 mL 的烧杯中。样品打结以保证铜完全被侵蚀时保留所有芯丝。在通风室里使硝酸溶液温度保持在 20 ℃～50 ℃之间，将样品浸没在硝酸溶液中 30 min 至 1 h，完全溶解铜。对于芯丝直径小于 10 μm 的线材，建议按照附录 D 进行第二次腐蚀，以确保铜被完全溶解。

注意：对每个样品进行腐蚀时，均应采用未用过的硝酸溶液。

注 1：当硝酸溶液溶解铜时，会产生 $NO_2$ 或 NO 亚硝酸盐气体。硝酸溶液和 $NO_2$ 或 NO 亚硝酸盐气体都对人体有害，因此在处理硝酸溶液时，应采取一些安全预防措施，如穿好防护服并在通风室内溶解铜。此外，存储和使用中产生的酸雾也是有害的，应该遵循存储、使用和处理酸液的安全预防措施。

注 2：处理硝酸溶液时，应戴橡胶手套和保护眼镜，使用塑料镊子。

注 3：硝酸溶液的温度是指样品浸入前溶液的温度。在铜溶解过程中，硝酸溶液温度会超过 50 ℃。

注 4：当混合硝酸溶液时总是将硝酸加入水中。

### 7.8 Nb-Ti 芯丝的清洗及干燥

Nb-Ti 芯丝的清洗及干燥应按照以下方式进行：

小心地将酸液从烧杯中倒入塑料污水池中，注意保留烧杯中的样品，不得丢失任何断丝。再注入蒸馏水冲洗烧杯。小心地将烧杯中的水倒出。再用乙醇注入烧杯以取代残留的水。然后使用塑料镊子将样品（包括断的或散落的芯丝）置于滤纸上，放入干燥器或烘箱中，充分干燥所有的芯丝（见 7.4）。

如果滤纸上存在绿色痕迹，表明芯丝上残留酸液，应该再用乙醇将酸液清洗干净。

也可不用乙醇清洗的方法，如 7.4 所描述的干燥工艺处理。

如果断丝太多，应用新样品重复上述过程。

注意：当去除基体后从酸液中取出的芯丝暴露在空气中时，直径约 10 μm 或更小的 Nb-Ti 丝是易燃的，因此要避免任何火源（包括火焰，热源，火花及静电放电）。另外，应用镊子夹取腐蚀后的芯丝，不得接触身体任何部位。应该遵守金属烧伤的常规安全措施。

### 7.9 溶解后样品质量的测量及其重复测量

当样品冷却到 35 ℃或以下时，如同 7.5 及 7.6 使用该天平称重样品，测量可准确到 1 mg。测量时应使用称重纸，以免丢失断丝（首次测量）。完成 7.9 所描述的质量测试后，从天平中取出 Nb-Ti 芯丝。为了判定 Nb-Ti 芯丝是否充分干燥，首次测量 10 min 后，应该对 Nb-Ti 芯丝的质量进行第二次测量。

首次测量和第二次测量的差别应该在±0.5％以内，这时两次质量测量的平均值被视为芯丝质量。

如果首次测量和第二次测量的差别超过±0.5％，应该按照 7.8 所描述的过程，再用乙醇清洗并干燥样品，并按照 7.9 重复相应的步骤，以确保两次测量的差别在±0.5％以内。

本方法的这一部分通过成功复测证明合格，在接下来的测量中就可以省去质量的第二次测量。但是，每隔 6 个月或设备、人员变更时，应该进行周期性的复检。

### 7.10 对第二个样品的过程重复

应该对第二个样品重复 7.1 至 7.9 所描述的步骤。

如果本方法的这一部分通过成功复测证明合格，那么在接下来的测量中就可以省去质量的第二次测量。但是，每隔 6 个月或设备、人员变更时，应该进行周期性的复检。

## 8 结果的计算

根据下列公式可以得到每次测量的铜与超导体的体积比，按舍入取到小数点后两位。

如果测量两个样品，两次体积比的平均值被视为铜与超导体的体积比。

$$\text{铜与超导体的体积比} = \frac{(M_w - M_{\text{Nb-Ti}}) \times \rho_{\text{Nb-Ti}}}{M_{\text{Nb-Ti}} \times \rho_{\text{Cu}}} \quad \cdots\cdots (1)$$

式中：

$M_w$——样品质量，单位为克(g)；

$M_{\text{Nb-Ti}}$——Nb-Ti 丝的质量，单位为克(g)；

$\rho_{Cu}$——8.93，是铜的密度，单位为克每立方厘米（$g/cm^3$）；

$\rho_{Nb\text{-}Ti}$——Nb-Ti 芯丝的密度，单位为克每立方厘米（$g/cm^3$）。

如果线材生产者未给出 Nb-Ti 合金的密度，可按照附录 B 通过内插法获得。

注：如果存在诸如 Nb 的阻隔层，应该考虑 Nb 阻隔层的比例，通过计算芯丝有效密度将其包括在 Nb-Ti 芯丝的质量中。

## 9 测试方法的精密度和准确度

本方法的优点在于铜与超导体的体积比可以仅通过样品和 Nb-Ti 芯丝的质量获得。由于质量测量可准确到 1 mg，即使对于质量为 1 g、铜与超导体的体积比为 10 的样品，质量的准确度也在 ±0.1% 之内。

精密度同样受 Nb-Ti 密度的影响。如果线材生产者未给出 Nb-Ti 的密度，可利用附录 B 的数据通过插值法得到 ±1% 精密度的 Nb-Ti 密度值。

如果有诸如 Nb 的阻隔层，应该考虑 Nb 阻隔层的比例，通过计算有效的丝密度，将其包括在 Nb-Ti 丝的质量中，以保持精密度。

如果未知 Nb-Ti 的密度和/或 Nb 阻隔层比例（用附录 A），样品尺寸测量的准确度应优于 0.2%。

需要指出的是，对矩形截面线材，如果不根据圆角半径进行修止，附录 A 方法的准确度会降低。

为建立本标准进行的循环比对试验得到的 C.O.V. 为 0.8%，据此本方法总的精密度应是 2%。

## 10 测试报告

### 10.1 测试样品的标识

若有可能，测试样品的标识应给出以下信息：

a) 样品生产者名称；

b) 标识号；

c) 坯号；

d) 原材料成分；

e) 线材横截面的形状和面积，芯丝数，芯丝直径，以及 Nb 阻隔层。

### 10.2 铜与超导体体积比报告

测试报告应当包含以下信息：

a) 每个样品的铜与超导体的体积比；

b) 所采用的 Nb-Ti 密度值；

c) 从样品上去除绝缘层的方法（如果采用的话）。

### 10.3 测试条件报告

应报告以下测试条件：

a) 环境温度；

b) 初始的硝酸溶液温度；

c) 浸没在硝酸溶液中的持续时间；

d) 干燥持续时间。

# 附 录 A

（规范性附录）

## 铜与超导体的体积比——铜质量法

如果 Nb-Ti 密度和/或 Nb 阻隔层比例未知，铜与超导体的体积比可按照下列方法测定。

### A.1 样品的数量

从待测材料上截取长 50 cm 左右、质量不超过 10 g 作为样品。

### A.2 样品长度测量

样品长度（$L$）以 cm 为单位，测量准确到±0.2%，或更小。

### A.3 样品直径测量

在样品长度方向上的 5 个点，分别测量样品横截面的直径（对圆形线材）或两条边长（对矩形线材），测量准确度为±1 μm。从 5 个点测得的值计算平均横截面面积（$A$），单位为 $cm^2$。

### A.4 样品质量测量

样品质量（$M_w$，单位为 g）测量准确到 1 mg。

### A.5 溶解铜及溶解后样品质量的测量

采用正文描述的方法去除铜。

采用正文描述的方法测量芯丝的质量（$M_{Nb\text{-}Ti}$），单位为 g。

### A.6 计算

假定铜的密度（$\rho_{Cu}$）为 8.93 g/$cm^3$，铜与超导体的体积比，可用以下公式求得。

$$\text{铜与超导体的体积比} = \frac{(M_w - M_{Nb\text{-}Ti})/\rho_{Cu}}{A \times L - (M_w - M_{Nb\text{-}Ti})/\rho_{Cu}} \quad \cdots\cdots\cdots\cdots\cdots\cdots (A.1)$$

注 1：测量细的圆线和薄的矩形线时可能出现较大的误差，因此测量这些线时要特别注意。

注 2：矩形线的截面积（$A$）（单位为 $cm^2$），应根据制造厂商提供的倒角半径进行修正。

# 附 录 B
（资料性附录）
## Nb-Ti 的密度

| Nb-Ti 成分比 | 密度/(g/cm³) |
|---|---|
| Nb | 8.57 |
| Nb-43.2 wt% Ti | 6.16 |
| Nb-45.0 wt% Ti | 6.09 |
| Nb-46.5 wt%Ti | 6.04 |
| Nb-47.0 wt%Ti | 6.02 |
| Nb-48.0 wt%Ti | 5.98 |
| Nb-53.5 wt%Ti | 5.76 |
| Nb-55.0 wt%Ti | 5.70 |
| Ti | 4.51 |
| 注 1：Nb-Ti 合金的密度不仅取决于成分，而且取决于其他参数，如冷加工量、杂质、相状态等。<br>注 2：精密度=±1%。对更精确的插值法计算需要提供额外的数字。 | |

# 附 录 C
（资料性附录）
## 绝缘包覆材料的机械去除

本标准不适用包覆诸如聚酰亚胺带绝缘材料的样品，因其绝缘层不能被溶剂除掉。采用机械方法去除绝缘材料，很可能引起一些误差。

# 附 录 D
（资料性附录）
## 样品的二次腐蚀

为确保铜被完全溶解，特别是对于细芯丝线材，建议进行重复腐蚀。测量溶解后样品的质量，再根据 7.7～7.9 进行第二次腐蚀和质量测量，并核对测量结果，以确保两次质量测量的差在±0.5%以内。

ICS 81.080
Q 40

# 中华人民共和国国家标准

GB/T 22588—2008

# 闪光法测量热扩散系数或导热系数

## Determination of thermal diffusivity or thermal conductivity by the flash method

2008-12-15 发布 2009-10-01 实施

中华人民共和国国家质量监督检验检疫总局
中国国家标准化管理委员会 发布

# 前　言

本标准等同采用 ASTM E 1461—2001《闪光法测定热扩散系数试验方法》(英文)，其中作了一些编辑性修改。本标准与 ASTM E 1461—2001 的主要差异如下：

——引用标准将 ASTM 热电偶标准更换为与之相对应的我国国家标准；

——为方便使用者，增加了“引言”，以提示比热容的测量、导热系数的计算方法；

——删去了原标准“1.8　本标准采用国际单位制的声明和第 14 章的关键词”；

——按照 GB/T 1.1—2000 的规定，对附录编号和附录的章、条编号作了重新编排，对应关系未作任何改动；

——删去了原标准的参考资料和文献目录。

本标准的附录 A、附录 B、附录 C、附录 D 和附录 E 均为资料性附录。

本标准由全国耐火材料标准化技术委员会提出并归口。

本标准起草单位：武汉科技大学。

本标准主要起草人：葛山、尹玉成、赵惠忠、刘志强。

# 引　　言

闪光法测定热扩散系数试验方法由于其测定范围广、温度高、速度快、测定过程可以在氧化气氛、惰性气体或真空环境下进行，目前得到广泛的应用。

已知材料的热扩散系数、比热容及体积密度，可由下列公式求出材料的导热系数：

$$\lambda = \alpha \cdot c_p \cdot \rho$$

式中：

$\lambda$——导热系数，单位为瓦每米开尔文[W/(m·K)]；

$\alpha$——热扩散系数，单位为平方米每秒($m^2/s$)；

$c_p$——比热容，单位为焦每千克开尔文[J/(kg·K)]；

$\rho$——体积密度，单位为千克每立方米($kg/m^3$)。

式中材料的热扩散系数由本试验方法测得。

式中各种材料的体积密度按相应标准测定。

式中材料的比热容可以通过查找相关资料获得或由试验测得。

本标准采用比较法测定比热容。用比较法测定比热容是将已知比热容的标准样品和待测样品一起放在多样品闪光法热扩散仪内，在相同条件下测定标准样品和待测样品。标准样品和待测样品分别吸收到的脉冲辐照强度相同时，根据能量平衡方程式可求得待测样品的比热容：

$$c_{pX} = \frac{c_{pB} \cdot M_B \cdot \Delta T_B}{M_X \cdot \Delta T_X}$$

式中：

$c_{pX}$——待测样品的比热容，单位为焦每千克开尔文[J/(kg·K)]；

$c_{pB}$——标准样品的已知比热容数据，单位为焦每千克开尔文[J/(kg·K)]；

$M_B, M_X$——分别为标准样品和待测样品的质量，单位为克(g)；

$\Delta T_B, \Delta T_X$——分别为标准样品和待测样品受激光辐照的最大温升，单位为摄氏度(℃)。

对于非均质、多物相的无机非金属材料，为取得具有统计意义的结果，反映材料的真实性，应取多个试样进行测量。

本标准删去了原标准的参考资料和文献目录，读者如需要进一步了解这些内容，可查阅ASTM E 1461—2001原标准。

# 闪光法测量热扩散系数或导热系数

## 1 范围

1.1 本标准适用于测量温度在 75 K～2 800 K 范围内，热扩散系数在 $10^{-7}$ m²/s～$10^{-3}$ m²/s 时的均匀各向同性固体材料。

1.2 本标准比 ASTM C 714 更为详细，适用性更广，包括材料的种类、用途和温度范围。本方法还提高了测量的精度。

1.3 本标准适用于对能量脉冲光谱不透明材料的测试，也适用于经预处理后完全或部分透光材料试样热扩散系数的测定(详见附录 A)。

1.4 本标准意欲适应多种类型的设备。对于标准测试方法来说，规定所有相关的设备细节和检测过程是不现实的，如果规定了则会给不具备所需技术知识的人员造成困难，也可能会妨碍或者限制基础方法的研发。

1.5 本方法适用于本质上完全致密的材料。然而，在某些情况下，应用于多孔材料也可获得比较满意的结果。由于气孔率、气孔的形状、尺寸和气孔的分布特性影响材料的热扩散行为，所以分析数据时须加以注意。对于应用此法测定材料的导热系数时，本标准也提出了特殊的注意事项。

1.6 本方法可看作是一种绝对的试验方法，因为本方法没有任何参考标准。建议采用标准样品验证所用设备的性能。

1.7 从严格意义来讲，本方法仅适用于均匀固体材料；但在某些情况下，证明本方法测得的结果对特定的用途来讲是有用的。

1.7.1 对于被测的复合材料，当其中含有明显的不均匀性和各向异性时，用本方法测得的数据将会有较大的误差。由于这样的数据缺少绝对精度，因此这些数据用于比较具有相同结构的材料性能时是有意义的。当用此法测定材料的性能，例如导热系数时，应特别提示复合材料可能具有非轴向的传热模式。

1.7.2 测试液体——本方法特别适用于测定熔融材料的热扩散系数。当使用这种技术时，需要配备特殊的容器。

1.7.3 测试多层材料——本方法还被扩展用于测定不同层结构材料，其中有一层是假定未知的。在某些情况下，也可测得界面的接触热阻。

本标准没有规定操作使用中的所有安全注意事项，本标准的使用者有义务制定适当的安全和健康条例，并在实施之前确定其适用性。

## 2 规范性引用文件

下列文件中的条款通过本标准的引用而成为本标准的条款。凡是注日期的引用文件，其随后所有的修改单(不包括勘误的内容)或修订版均不适用于本标准，然而，鼓励根据本标准达成协议的各方研究是否可使用这些文件的最新版本。凡是不注日期的引用文件，其最新版本适用于本标准。

GB/T 16839.1 热电偶 第 1 部分：分度表

GB/T 16839.2 热电偶 第 2 部分：允差

ASTM C 714 热脉冲法测定碳和石墨的热扩散系数

## 3 术语和符号

本标准采用下列术语：

3.1

**导热系数 thermal conductivity**

$\lambda$

单位时间内在单位温度梯度下沿热流方向通过材料单位面积传递的热量。单位为瓦每米开尔文[W/(m·K)]。

3.2

**热扩散系数 thermal diffusivity**

$\alpha$

由材料的导热系数除以其体积密度和比热容。

### 3.3 本标准采用的相关符号及其单位

3.3.1 $D$——直径，单位为米(m)；

3.3.2 $k$——热扩散方程中的常数；

3.3.3 $L$——试样厚度，单位为米(m)；

3.3.4 $t$——响应时间，单位为秒(s)；

3.3.5 $t^*$——无量纲时间($t^* = 4\alpha_s t/D_T^2$)；

3.3.6 $T$——温度，单位为开尔文(K)；

3.3.7 $\alpha$——热扩散系数，单位为平方米每秒($m^2/s$)；

3.3.8 $\lambda$——导热系数，单位为瓦每米开尔文[W/(m·K)]；

3.3.9 $\beta$——达到最大强度所需脉冲宽度的比值；

3.3.10 $\Delta t_5$——$T(5t_{1/2})/T(t_{1/2})$；

3.3.11 $\Delta t_{10}$——$T(10t_{1/2})/T(t_{1/2})$。

### 3.4 本标准采用的脚注含义

3.4.1 o——室温；

3.4.2 s——试样；

3.4.3 T——热电偶；

3.4.4 x——增长百分率；

3.4.5 C——Cowan（一种修正方法）；

3.4.6 $R$——比率；

3.4.7 m——最大的；

3.4.8 $t$——时间。

## 4 方法提要

小的薄圆片试样受高强度短时能量脉冲辐射，试样正面吸收脉冲能量使背面温度升高，记录试样背面温度的变化。根据试样厚度和背面温度达到最大值的某一百分率所需时间计算出试样的热扩散系数(如图1)。需改变温度后重新测定试样在另一温度范围的热扩散系数。一些出版物和综述性文章对本方法进行了详细阐述。附录E是本方法原理的概述。

## 5 重要性及应用

5.1 对于非稳态热流情况下的应用设计、安全操作温度的确定、过程控制及质量保证，热扩散系数都是重要的参数。

5.2 适用闪光法测定热扩散系数的固体材料范围很广。该方法具有试样几何结构简单、尺寸小、易于加工、测速快、设备单一的特点。适于测量的热扩散系数范围和温度范围都很广。

5.3 在严格的情况下，可以定量测定均匀各向同性固体材料的比热容(见附录 D)。

5.4 根据材料的热扩散系数和体积密度及比热容，可按式(1)计算材料的导热系数 $\lambda$。

$$\lambda = \alpha \cdot c_p \cdot \rho \qquad \cdots\cdots\cdots\cdots (1)$$

## 6 干扰

从原理上讲，试样的热扩散系数根据试样的厚度、热量从正面传递到背面的特征时间函数来获得。试验的不确定度和很多因素有关，包括试样本身、测定的温度、探测器性能、数据采集系统、数据分析(特别是有限脉冲时间的影响)，试样的不均匀加热和热辐射损失。对这些不确定度的原因可进行系统考虑，并应对每次试验进行仔细分析。对自然随机误差进行评估的最好办法就是进行一系列大量的重复测试，然后对结果进行比较。所得数据的相对标准偏差是试验中任何成分不确定度的很好说明[1)]。

## 7 设备

设备的基本构成见图 2，包括闪光源、试样支架、环境控制附件(可选)、温度反应探测器和记录装置。



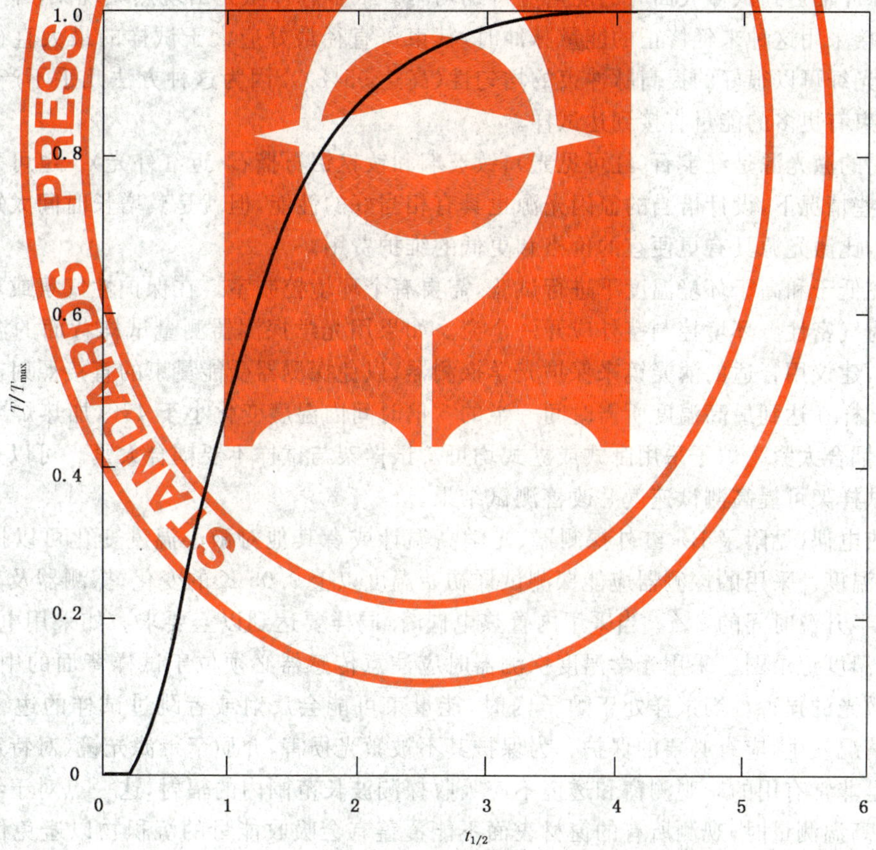


图 1 闪光法的特征温度曲线

1) 对上述因素进行精确评价的操作指南见 ASTM E 1461-01 的 References 31。

图 2 闪光系统示意图

7.1 闪光源可以是激光脉冲、闪光灯，或者其他可以产生短周期脉冲能量的装置。该能量脉冲的周期必须小于试样背面温度达到其最大值一半所需时间的 2%(见图 1)。

7.1.1 能量脉冲辐射到试样表面时的能量应特别均匀。很多脉冲激光出现热斑现象，即中心能量比周边能量高。直接采用这种未经修正的能量脉冲时，其束斑直径最好应大于试样的最大直径。在激光与试样之间使用光纤可以很好的提高脉冲束的均匀性(高达 95%)。因为这种方法几乎不产生边缘效应，可比自然激光束有更多的能量直接到达试样。

7.1.2 最常用的激光源是红宝石(红可见光)、钕玻璃和钕钇铝石榴石(近红外光)。也可采用其他类型的激光。在某些情况下，设计恰当的氙闪光源也具有相当好的性能，但就是其增长时间太短。经严格聚焦的氙闪光源，比激光源具有更便宜的价格和更低的维护费用。

7.2 为了能在低于和高于环境温度下进行试验，需要有个环境控制室。在保护性气氛或真空条件下试验，控制室应为气密性。环境控制室外应开一个窗。如果用光学探测器测量试样背面的温升还应有另一个窗。此时，建议用合适的滤光镜来保护光学探测器，以免探测器受能量束的直接照射。

7.3 为保证试样在达到最高温度所需时间一半的 5 倍时间内温度变化小于 4%，加热炉或低温保持器不要与试样架耦合太紧。炉子采用卧式或立式均可。试样架与试样不要耦合太紧。可以是单试样架或多试样架，多试样架可提高测试速度并改善测试结果。

7.4 可采用热电偶(见附录 B)、红外探测器、光学高温计或者其他对微小温度变化可以提供线性电输出的器件测试温度。采用的探测器应能探测试样初始温度以上 0.05 K 的变化，探测器及其放大器的响应时间应小于半升温时间的 2%。当采用内置热电偶时，同样要达到以上要求。如采用电子过滤器，应保证不会干扰温度记录图。采用光学温度探测器时应注意传感器必须位于试样背面的中心，并对其保护，以免受到激光的损害。当试样处于炉子内时，能量束可能会反射或者跳过试样的边缘并到达探测器，为避免此情况发生，应有必要的保护。为保护其不被激光损害，介质窄带滤光镜(对特定波长的光具有不透光性)是非常有用的。观测窗和透镜不应吸收探测波长范围内的辐射，这一点对于红外探测器是特别重要的。高温测量时，观测所有的窗材表面不能覆盖有会吸收能量的沉积物以避免信号强度的损失和光源对试样的不均匀加热。

7.5 信号调节器包括电子线路室温偏移读取、脉冲峰滤光镜、信号放大和模拟-数字转换系统。

7.6 数据记录

7.6.1 数据采集系统应有足够的速度，使温度升到升温曲线上最高值之一半时间的分辨率不小于 1%。

7.6.2 记录的信号应包含能对能量脉冲起始时间进行精确定义的信息。

7.6.2.1 如果没有其他可供选择的方法,可采用由触发脉冲引起的不可避免的脉冲峰。然而这是临界的,因它采用电容放电的开始时间作为“时间零点”。

7.6.2.2 如果采用能量脉冲的重心作为“时间零点”,则可获得更加精确的数据结果。但只有在记录了真实的脉冲形状和每个脉冲起点处的导数时才能这样做。不管每个脉冲的能量是否控制,都要考虑它们能量的变化。

7.6.3 设备应包括一个数据记录系统,且该系统应能以预先设定的不同速度记录一个脉冲周期内的数据。适用于温度升高之前和温度升高部分的高分辨率记录,也适用于试样温度降低过程中的低分辨率记录(试样冷却过程的温度记录被用于热量损失修正,见以后章节)。

7.6.4 如果记录装置没有精确的内置处理系统(例如数字系统),时间精度应定时进行校验,使所测最快信号升到最高温度一半时间的误差在2%以内。

7.7 可在系统中装一个共轴调整装置,如 He-Ne 激光或激光二极管来校验试样的合适位置。调整装置的激光束,使其必须时刻与能量脉冲的方向保持一致,误差不超过1%。

7.8 在靠近试样的地方必须有一个遮挡圈,以阻止能量束跳过试样。遮挡圈的直径约为试样直径的95%。如果遮挡圈直径过小,将会导致试样加热不均匀并加速试样内部的双轴热流传递,而直径过大,又起不到作用。具有倒图钉形悬挂试样的系统,则特别需要共轴调整装置和具有精确尺寸的遮挡圈。

7.9 可采用广为接受的方法测定试样温度,如用校准后的热电偶、光学高温计、铂电阻测温计等,可根据温度测定范围进行选择。无论采用哪一种,应在试样加热之前尽可能靠近试样。热电偶最好不与试样接触,更不能埋入试样中。

7.10 温度控制器和(或)温度控制程序使试样温度升到所要求的温度。都希望在准确的温度下进行测试,然而多数情况下,当试验程序中包含了温度范围时,则没有必要再精确地设定这些温度。当所测的热扩散系数值在某温度范围内表现为单一趋势的时候,再去试图达到准确的温度是不经济也费时的做法。当试验过程中热扩散系数出现非单一趋势转变时,则需对温度进行密切的观测。

## 8 试样

8.1 通常采用的试样为薄的圆片状试样,其接受脉冲能量辐射表面面积比能量束斑小。典型的试样直径为6 mm~18 mm,最佳试样厚度取决于所估计的热扩散系数大小,并选择此试样厚度以确保达到最高温度所需的时间在40 ms~200 ms之内变化。高温测量时应采用较薄的试样,使热损失修正值减到最小。然而,试样一般应具有足够的厚度才可使待测材料更具代表性。典型的试样厚度为1 mm~6 mm。由于热扩散系数与试样厚度的平方成比例,因此应在不同的温度范围内采用不同的试样厚度。一般而言,低温测试所需的最佳试样厚度与高温测试所需的试样厚度相差甚远。

8.2 选择的试样厚度不当不仅会造成不必要的试验失败,而且也是造成试验误差的主要原因。一般开始时可以选择2 mm~3 mm厚的试样,随后以得出的温度记录曲线为基础改变试样厚度(试样过厚观测不到信号)。

8.3 所制备的试样表面应平整且平行误差在厚度的0.5%以内。不允许有任何表面缺陷(砂眼、划痕、条纹),因为它严重影响试验结果。

## 9 校准和校验

9.1 校准千分尺,确保所测试样的厚度精确到0.2%以内。

9.2 闪光法本身是一种绝对的方法,因此它不需要进行校准。然而实际的测试过程本身具有随机和系统误差,因此对设备性能进行校验,评估这些误差影响数据的程度很重要。这可以通过测量一种或几种已知热扩散系数的材料来实现。然而大多数使用的材料不是真正合格的标准物质,它们只是一般在行业范围内被普遍接受并附带现有数据的物质(见附录C)。

9.2.1 应强调的是,使用标准物质验证未知材料的数据,人们经常会对其准确性产生质疑。只有当标准物质的性能与被测样品非常相似时才是有效的(包括达到最高温度的一半时间和热扩散系数),并且以相同的方式测定标准物质和未知试样的温度升高曲线时才是有效的。

9.2.2 进行修正时,对数据有效性的重要检验方法是改变试样厚度。因为试样厚度改变一半时,其对热扩散系数的影响将是原来的四分之一。因此,如果对同一材料不同厚度的有代表性样品测出的热扩散系数相同时,那么可以认为所测得的数据是真实有效的。

## 10 试验步骤

注:在测试之前,采用非常薄的、均匀的石墨或其他高辐射率涂层对试样的两个面进行处理是一个非常好的措施。可采用喷雾、涂抹和喷射等方法处理试样表面。这样将会提高试样吸收能量的能力,特别是对于高反光率的试样,此法效果更加显著。

10.1 对于市售设备,应参照制造商的使用说明书。

10.2 对任何系统无论是设计还是调整,至少应确保以下要求:

10.2.1 试样装入试样支架后应与脉冲激光同轴;

10.2.2 遮光圈和激光束覆盖试样;

10.2.3 探测器和试样背面中心同轴;

10.2.4 用安全连锁开关防止激光直接外漏或反射。

10.3 试验步骤必须包括以下几点:

10.3.1 测定并记录试样的厚度;

10.3.2 把试样装入试样支架中;

10.3.3 如需要则抽真空或充惰性气体;

10.3.4 测定试样的温度(如系统不能自动测定的话);

10.3.5 特别是在低温测试时,为使温度探测器在线性范围内工作,在保证可测温升的前提下,应选用尽可能低的能量脉冲;

10.3.6 脉冲发出后,监控初始的或处理过的温度曲线以确定合适的能量范围。在多样品测试的情况下,建议在相同温度下按顺序对试样进行测定(节约时间),然后重复测试;

10.3.7 在所有情况下,应对温度的稳定性进行手动或自动校验,使其在规定范围内,不可在温度不稳定的情况下进行试验;

10.3.8 测定试样的环境温度,采集基线和瞬时温度升高及冷却数据,随后根据第11章的规定分析结果;

10.3.9 按要求改变或设定试样的环境温度,重复数据采集过程,在不同温度下进行测试;

10.3.10 如有必要,在每一测试温度下,对试样的冷却或重复升温过程进行循环测试。

## 11 计算

11.1 先确定基线和最高温升,得出温度变化 $\Delta T_{\max}$,再确定从起始脉冲开始到试样背面温度升至最高所需的一半时间 $\Delta T_{1/2}$,也就是 $t_{1/2}$。然后按公式(2)计算热扩散系数 $\alpha$。

$$\alpha = 0.138\,79\ L^2/t_{1/2} \quad \cdots\cdots(2)$$

测量的有效性可由温度升高曲线上至少另外两点按公式(3)计算出的热扩散系数来验证:

$$\alpha = k_x L^2/t_x \quad \cdots\cdots(3)$$

式中:

$t_x$——温度升至最大温差($\Delta T_{\max}$)的 $x$(%)所需要的时间,单位为秒(s);

$k_x$——与 $x$(%)对应的常数,列于表1。

11.1.1 理想情况下,$x$ 值不同时计算出的所有 $\alpha$ 值应该是相同的。如果 $x$ 值为25%、50%、75%时计算的 $\alpha$ 误差在±2%以内,那么在50%处测试的整体误差在±5%以内。如果 $\alpha$ 值在此范围之外,则应对温度变化曲线作进一步分析,确认是否存在有限脉冲时间、辐射热损失或者不均匀加热效应。

表 1 不同百分比温升时的常数 $k_x$ 值

| x/% | $k_x$ | x/% | $k_x$ |
|---|---|---|---|
| 10 | 0.066 108 | 60 | 0.162 236 |
| 20 | 0.084 251 | 66.67 | 0.181 067 |
| 25 | 0.092 725 | 70 | 0.191 874 |
| 30 | 0.101 213 | 75 | 0.210 493 |
| 33.33 | 0.106 976 | 80 | 0.233 200 |
| 40 | 0.118 960 | 90 | 0.303 520 |
| 50 | — | — | — |

11.1.2 辐射热损失效应最容易从 $4t_{1/2}$ 时间以后试样的温度和其背面温度的响应特性得到辨认。推荐的方法是：以 $\Delta T/\Delta T_{max}$ 为 $y$ 轴，以 $t/t_{1/2}$ 为 $x$ 轴作试验数据曲线，同时在该图中添加数学模型理论曲线（部分数据见表 2）。

表 2 理论模型作图用温度时间数值

| $\Delta T/\Delta T_{max}$ | $t/t_{1/2}$ | $\Delta T/\Delta T_{max}$ | $t/t_{1/2}$ |
|---|---|---|---|
| 0 | 0 | 0.755 5 | 1.533 1 |
| 0.011 7 | 0.292 0 | 0.778 7 | 1.606 1 |
| 0.124 8 | 0.511 0 | 0.799 7 | 1.679 1 |
| 0.181 4 | 0.584 0 | 0.818 7 | 1.752 1 |
| 0.240 9 | 0.657 0 | 0.835 9 | 1.825 1 |
| 0.300 6 | 0.730 0 | 0.851 5 | 1.898 1 |
| 0.358 7 | 0.803 0 | 0.865 6 | 1.971 1 |
| 0.414 0 | 0.876 0 | 0.890 0 | 2.117 1 |
| 0.466 0 | 0.949 0 | 0.909 9 | 2.263 1 |
| 0.500 0 | 1.000 0 | 0.926 2 | 2.409 1 |
| 0.558 7 | 1.095 1 | 0.945 4 | 2.628 1 |
| 0.599 5 | 1.168 1 | 0.966 9 | 2.993 1 |
| 0.636 9 | 1.241 1 | 0.986 5 | 3.650 2 |
| 0.670 9 | 1.314 1 | 0.995 0 | 4.380 2 |
| 0.701 9 | 1.387 1 | 0.998 2 | 5.110 2 |
| 0.730 0 | 1.460 1 | — | — |

11.1.3 规范化实验数据曲线和理论模型曲线可由计算机数据采集系统得出，也可利用试验数据（$\Delta T/\Delta T_{max}$、$t/t_{1/2}$）作图。所有的规范化试验数据都应通过点 $\Delta T/\Delta T_{max}=0.5$ 和 $t/t_{1/2}=1.0$。因此，计算中需包含 25%～35%和 66.67%～80%范围内的点，以便将试验数据与理论曲线进行对比。

11.1.4 在接近理想情况的规范化试验数据曲线例子中，往往存在有限脉冲时间效应和热辐射损失效应，分别如图 3、图 4 和图 5 所示。修正这些因素的特例见 11.2 和 11.3[2)]。选择适当的试样厚度可使修正值最小化。增加试样厚度可减少有限脉冲时间的影响，而热量损失则随试样厚度的减小而降低。

11.1.5 由于二维传热造成的不均匀性导致了试验数据曲线与理论曲线的偏差。由于存在各种不均匀加热，因此导致了各种偏差。试样中心温度高是一个热辐射损失的例子。而中心温度低则会使 $4t_{1/2}$ 时间以后试样背面的温度仍持续升高。不均匀加热可能由能量脉冲的本质或试样正面的不均匀吸热所造成。前者须通过更换能量源来消除，而后者则可通过增加吸收层和采用二层数学模型来消除。

2) 修正这些因素的各种方法详见 ASTM E 1461-01 的 References 3,15～19,25,26。

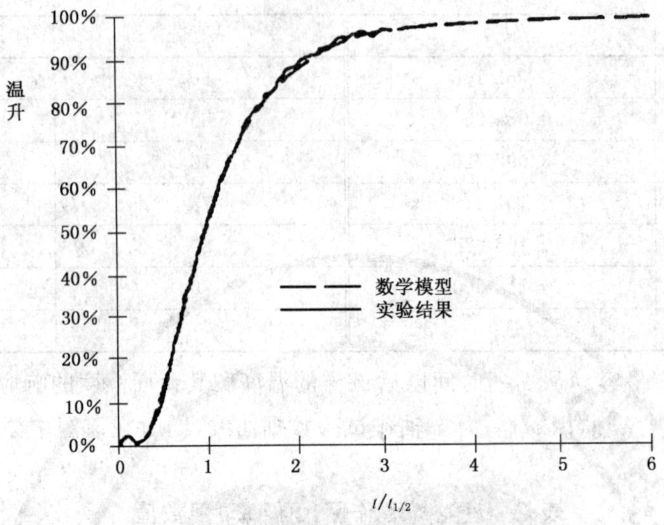


图 3　无量纲温度曲线与数学模型的比较

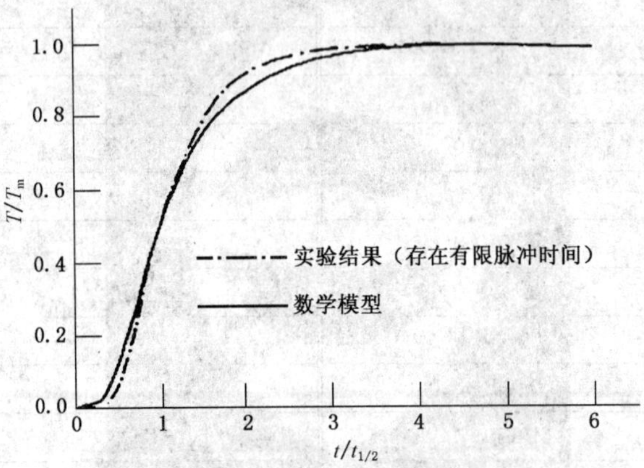


图 4　背面温升:数学模型(无有限脉冲时间效应)与试验数据(存在有限脉冲时间效应)的对比

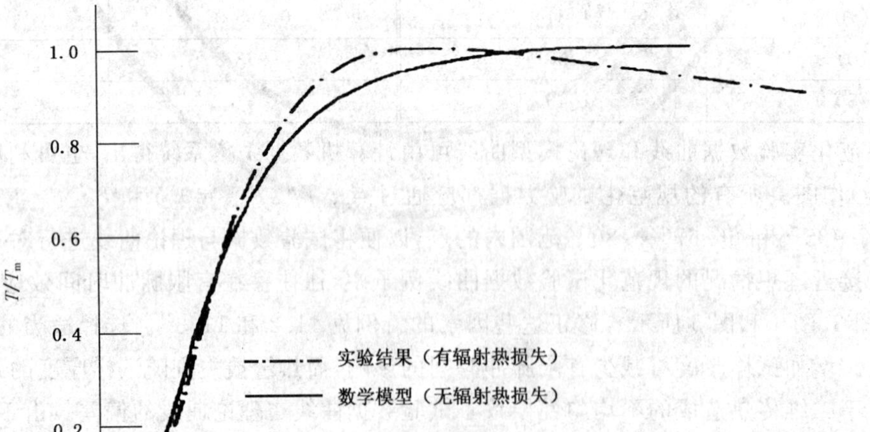


图 5　背面温升:数学模型(无热损失)与试验数据(有热损失)的对比

11.2 有限脉冲时间效应可采用公式(4)修正:

$$\alpha = K_1 L^2 / (K_2 t_x - \tau) \quad \cdots\cdots(4)$$

用三角形表示能量脉冲,三角形的底边为脉冲周期 $\tau$,高为脉冲的最大强度 $\beta\tau$,如图 6。

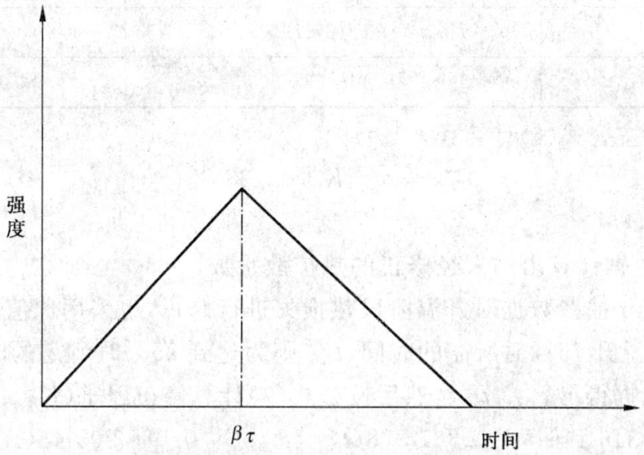


图 6 激光脉冲形状

用光学探测器测量激光脉冲的形状,可测出激光脉冲与闪光灯脉冲是反向的。从测得的脉冲形状可得知 $\beta$ 和 $\tau$,与 $\beta$ 对应的 $K_1$ 和 $K_2$ 值见表 3。

表 3 有限脉冲因子

| $\beta$ | $K_1$ | $K_2$ |
|---|---|---|
| 0.15 | 0.348 44 | 2.510 6 |
| 0.28 | 0.315 50 | 2.273 0 |
| 0.29 | 0.311 10 | 2.245 4 |
| 0.30 | 0.306 48 | 2.237 5 |
| 0.50 | 0.270 57 | 1.948 6 |

11.3 热损失修正应在升温阶段采用 Clark 和 Taylor 曲线数据,而冷却阶段采用 Cowan 曲线数据[3]。这些修正受到不均匀加热效应的影响。冷却曲线的修正受热量向样品支架传导的影响,也受试样表面热辐射损失的影响。因此,修正过程中的误差会受到各种现象的影响,对比用两种方法进行修正后的热扩散系数对判断这些现象的存在与否非常有效。

11.3.1 应用 Cowan 冷却曲线进行修正时,要测得 $\Delta t_5$ 和 $\Delta t_{10}$ 的值。如果没有热量损失,那么 $\Delta t_5 = \Delta t_{10} = 2.0$。对这两个参数的修正因子($K_C$)按式(5)计算:

$$K_C = A + B(\Delta t) + C(\Delta t)^2 + D(\Delta t)^3 + E(\Delta t)^4 + F(\Delta t)^5 + G(\Delta t)^6 + H(\Delta t)^7 \quad \cdots\cdots(5)$$

式中系数 $A$～系数 $H$ 见表 4。

表 4 **Cowan 修正的有关系数值**

| 系数 | $\Delta t_5$ | $\Delta t_{10}$ |
|---|---|---|
| $A$ | −0.103 716 2 | 0.054 825 246 |
| $B$ | 1.239 040 | 0.166 977 61 |
| $C$ | −3.974 433 | −0.286 034 37 |
| $D$ | 6.888 738 | 0.283 563 37 |
| $E$ | −6.804 883 | −0.134 032 86 |

3) Clark 和 Taylor 曲线数据见 ASTM E 1461-01 的 References 25,Cowan 曲线数据见 References 26。

表 4（续）

| 系数 | $\Delta t_5$ | $\Delta t_{10}$ |
|---|---|---|
| $F$ | 3.856 663 | 0.024 077 586 |
| G | −1.167 799 | 0.0 |
| $H$ | 0.146 533 2 | 0.0 |

修正后的热扩散系数按公式(6)计算：

$$\alpha_{修正} = \alpha_{0.5} K_C / 0.138\ 85 \quad \cdots\cdots(6)$$

式中：

$\alpha_{0.5}$——直接用试验数据计算出的未经修正的热扩散系数。

11.3.2 用 Clark 和 Taylor 曲线数据对升温阶段热损失进行修正，也采用比值法。对于 $t_{0.75}/t_{0.25}$ 而言，其中 $t_{0.75}$ 为温度达到最高温升 75％时所需的时间，$t_{0.25}$ 则为达到 25％时所需的时间。理想情况下，$t_{0.75}/t_{0.25}=2.272$。通过试验数据得出 $t_{0.75}/t_{0.25}$，然后按公式(7)计算修正因子($K_R$)：

$$K_R = -0.346\ 146\ 7 + 0.361\ 578(t_{0.75}/t_{0.25}) - 0.065\ 205\ 43(t_{0.75}/t_{0.25})^2 \quad \cdots\cdots(7)$$

修正后的热扩散系数为 $\alpha_{修正}=\alpha_{0.5}K_R/0.138\ 85$。也可选择其他不同的比值进行修正。

## 12 报告

**12.1 报告至少应该包括以下信息：**

a) 试样标识与此前的情况；

b) 试样厚度，m；

c) 试验温度，℃；

d) 试验温度下，$X$=50％时计算出的热扩散系数，$m^2/s$；

e) 与 $X$=25％、$X$=75％以及 $X$=50％时计算的热扩散系数相关的陈述或者试验曲线下降部分每个温度处数据与理论模型的比较；

f) 每个温度下的重复测试结果报告；

g) 是否对热膨胀进行修正，如果修正，应报告所采用的热膨胀数据；

h) 对热损失和有限脉冲时间效应进行修正过程以及对误差进行的分析；

i) 试样周围的环境状况；

j) 与本标准规定相一致的试验内容；

k) 根据试验结果计算的导热系数。

**12.2 报告内容最好附加：**

a) 探测器的响应时间；

b) 能量脉冲源；

c) 检查或消除脉冲束斑不规则性所采用的方法；

d) 温升探测器的类型。

## 13 精确度和偏倚

13.1 大量的国内和国际对比试验对多种材料的热扩散系数进行测定结果证明试验精度可达±5％。在 ASTM 的有关文件中对几种试验结果进行了具体描述。对不透明材料进行的试验未有明显的偏倚。一般采用数据采集和数据分析方法获得试验数据。更完善的数据采集和数据分析方法可以显著改善结果的准确度。

13.2 上述精确度水平并不意味着试样的比热容和导热系数也可以达到相同的水平，因为要输入其他参数后才能得出其偏差。

# 附 录 A
（资料性附录）
## 非理想试样的测试

最初，本方法仅适用于均匀不透光固体材料，但在合适的情况下，本法可广泛用于各种材料，包括非均相复合材料、多层材料、半透明材料、液体和涂料以及接触电导和电阻材料。

A.1 可在半透明或透明材料试样表面沉积一层很薄的不透明材料（如金属膜）使之不透能量脉冲。如此一来，选择材料应考虑试验中试样要经受的温度，并且不会由于热膨胀系数不同而引起破裂或者脱落。涂层破裂会导致部分脉冲能量进入到试样内部，使试样背面温度记录图失真。涂层剥落会引起局部加热，可使信号过度衰减或完全消失。

A.1.1 常用的涂层材料有金、铂、铝、镍和银。

A.1.2 喷涂的粉体（如石墨）往往不够致密，不能阻止能量直接进入试样。

A.1.3 如用反射率高的涂层如金和铂，需在正、背两个面再涂一层石墨，以确保能量的吸收。

A.2 用该方法测试液体和熔融材料很有优势，因为测试速度快而防止了对流传热。试样一般装在一个容器中，试验过程中试样的厚度在该容器中能保持恒定，该容器能让因受热产生的多余液体溢出，以保证测试过程中脉冲从试样表面进入，在试样背面接收温度信号，且衰减最小。

A.2.1 如能采用上下窗口透明的盒状容器，可将液体试样当作固体试样进行试验。

A.2.2 由于温度的限制及材料间的相互作用，窗口透明是不可行的。取而代之的是一种合适的不透明材料。在此情况下，则须遵循三层结构的计算方法进行分析。

A.3 当多层材料的热扩散系数和试样厚度比在仪器的测量范围内时，多数情况下可对其进行试验。这种情况下，分析仍要包括热损失及其他修正。

# 附 录 B
## （资料性附录）
## 热电偶型探测器

在某些情况下，使用热电偶进行信号探测具有优越性。多数光学传感器不适用的情况下采用热电偶型探测器，例如接近和低于室温时。常用的有两种：电阻热电偶和珠形温差热电偶。

**B.1** 电阻热电偶的两极不焊接在一起，而分别与试样接触，使试样成为电路的一部分。在两极的接触点上产生热电电动势(EMF)。因为这些接触点在试样表面，电偶的净电动势(EMF)精确地反映了试样的表面温度。

**B.1.1** 电阻热电偶仅用于导电试样或覆盖一层薄导电层的非导电试样（真空熔敷金属，导电涂料等），可将尖针状热电偶丝紧压试样或导电层。

**B.1.2** 在此，所谓“热电偶”不仅指传统热电偶合金，也包括其他形式的热电材料，如半导体材料，它可提供足够的热电动势(EMF)。

**B.2** 有时在电阻热电偶不适用的情况下使用珠形热电偶。这时，应做到特别小心使珠形热电偶能真实反映试样背面的情况。

**B.3** 优先选择电阻热电偶。

**B.4** 热电偶材料不需校准，因为测量信号的绝对值与计算热扩散系数无关。

**B.5** 采用热电偶的情况下，用式(B.1)确定响应时间（达到稳定值95%的时间）：

$$t_{95}=\frac{25}{\pi}\cdot\frac{D_{\mathrm{T}}^{2}}{\alpha_{\mathrm{s}}}\cdot\frac{\lambda_{\mathrm{T}}}{\lambda_{\mathrm{s}}} \qquad \text{( B.1 )}$$

因此，一个直径小、导热系数低的热电偶附着于一个导热系数高且热扩散系数也高的试样时会产生最快的响应时间。公式(B.1)易于误解，因为它假设热电偶的响应是一个平稳的上升过程。实际上，响应是一个阶段性变化，紧接着呈指数升高至最终值。这个过程可从公式(B.2)中得到最好的反映。即：

$$\frac{T_t-T_0}{T_\infty-T_0}=1-(1-\alpha)\cdot \mathrm{e}^{\alpha^2}\cdot t^*\cdot Erfc(\alpha\cdot t^*) \qquad \text{( B.2 )}$$

式中：

$T_0$ 和 $T_\infty$ 如图B.1所示。$t^*$ 是无量纲时间（$t^*=4\alpha_{\mathrm{s}}\cdot t/D_{\mathrm{T}}^2$），$\alpha$ 用 $1/(1+0.667\lambda_{\mathrm{T}}/\lambda_{\mathrm{s}})$ 近似。

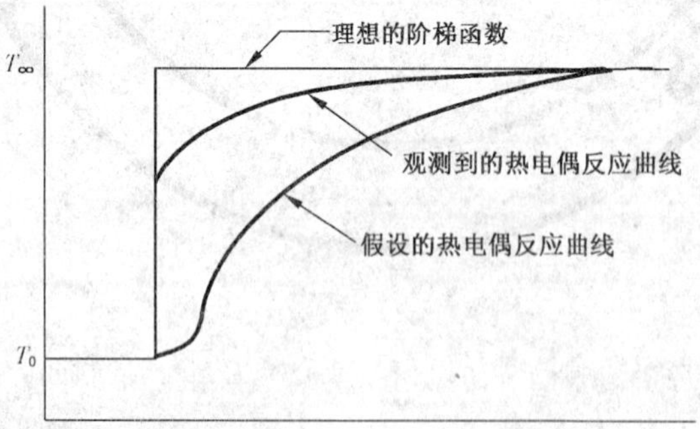


**图 B.1 热电偶响应特性曲线**

为获得最快的响应，应使用直径小、导热系数低的热电偶合金丝连接于热扩散系数高的基底物。例如，铜基底物上的25 μm的康铜丝需要3μs达到稳定态的95%。反之，康铜基底物上的25 μm的铜丝需15 ms达到稳定态的95%，这要比前一个例子慢5 000倍。因此，基于材料的热性能和几何结构，选择合适的材料，对使用热电偶精确测量瞬时反应是非常重要的。

公式(B.1)和(B.2)与热电偶可能产生的最小响应时间有关。正确地连接热电偶非常重要,如果热电偶与试样连接差,有效响应时间就会更长。对导电性更好的材料,首选的办法是点焊电阻热电偶。即:对非珠状热电偶,它的两个电极分别与试样连接,两个电极相隔 1 mm。对不适合点焊的电绝缘体材料,可用弹簧支承热电偶,使其紧靠试样背面。热扩散系数低的材料,可将热电偶点焊于薄的且导热系数高的金属片上,再将金属片用弹簧支承或粘贴于试样上。这方面,金属-环氧胶和石墨黏合已得到成功使用。这样解决了使用热扩散系数相对高的热电偶来测量热扩散系数低的试样所存在的问题,否则,响应时间会非常长(见公式(B.1))。

# 附 录 C
# （资料性附录）
# 标 准 物 质

到本标准发布之时，美国国家工业技术标准协会（NIST）还没有用于测定热扩散系数的标准物质（SRM）。世界其他标准机构也没有可用的标准物质。但是，在行业范围内得到认同的参考资料中有大量的数据可用于修正的目的。

**C.1** 导热系数标准物质（SRM）。可考虑使用相关标样，如具有已知导热系数的标样。现已有此类标样。

**C.1.1** 电解铁（研究材料 8420 及 8421）

与阿木刻铁（工业纯铁）非常相似，多用于试验而不再生产了，因此很多文献中的数据用得非常多。采用附录 D 的方法来计算热扩散系数是非常正确的。

**C.1.2** POCO AXM-5QA 石墨（研究材料 8424，8425，8426）

尽管这种材料应用非常广泛，但仍需非常谨慎。因为从母体上切取标样时，其性能因取样部位不同而存在差别（包括体积密度、电阻率等），热性能的差异则更大。因此，使用前应对每个标样的数据进行修正以反映出这些差别。另外，材料热扩散系数与温度的相关性在接近室温时更加突出，由此引发了对在室温下使用标样的质疑（试样一个微小的温度误差会导致热扩散系数结果的巨大差异）。

**C.2** 其他广泛研究的材料还有：OFHC（无氧高导）铜、HP（高纯）铜、高温陶瓷、HP 铝、镍、玻璃碳。文献中可查到与热扩散系数相关的有价值的简短介绍和数据，也有对各种材料的评价。

**C.3** 应强调的是，用标准物质对未知材料数据的有效性进行验证，人们经常会对其精确度的有效性产生质疑。只有当标准物质的性能与待测试样的性能非常接近时，其使用的有效性才会被承认。

# 附 录 D
（资料性附录）
# 比热容的测定及导热系数的计算

**D.1** 热扩散系数 $\alpha$，导热系数 $\lambda$，比热容 $c_p$ 及密度 $\rho$ 的基本关系如下：

$$\alpha = \frac{\lambda}{c_p \cdot \rho} \quad \cdots\cdots(D.1)$$

计算导热系数需要获知其他的性能数据。有一种方法可在定量测试热扩散系数的同时测出试样的比热容。尽管这种方法的应用范围在扩大，但应用时应特别注意，因为试验过程中产生误差的机会在增加。一般热扩散系数试验中，能量脉冲仅对能否在试样背面产生足够强的信号显得非常重要。当用量热计进行试验时，应准确获知能量的强度、可控制性及重复性。在近于隔热的情况下，样品比热容已知，可同时校准激光脉冲和探测器。此时测试结果为热扩散系数，同时还获得以最高温度绝对值表示的相应的激光能量。校准后，相对于标样而言，根据最高温度计算出试样的比热容。

为保证试验的真实有效，应满足以下几个条件：

**D.1.1** 根据确定的参数(激光的电压负荷)能量源可在一定时间内再产生能量脉冲。

**D.1.2** 探测器须在一定时间内保持其灵敏性而无漂移、增益改变，并在一个线性响应范围内。

**D.1.3** 参考标样和待测试样的尺寸、性能、表面辐射率和不透明度必须非常接近，并具有相似的绝热行为，须在参考标样和待测试样的两个端面均匀地涂一层薄的石墨层，以保证两种材料表面发射率一致。

**D.1.4** 由于公式(D.1)仅用于参考标样和待测试样，因此它们应是均匀的且具各向同性。非均质各向异性材料常会产生错误数据。这个过程并非完全用量热法测得，由于最大温升由试样背面的信号得出，而这些信号形成大部分来自材料中热扩散系数最高的成分，此后很快达到试样内的热平衡。考虑到这个原因，对具有较大的各向异性的材料(具有明显取向的复合材料)和具有较大热扩散系数差别的混合物，在应用此法测定其比热容时，往往会得到错误的结果。

**D.1.5** 试验参考标样和待测试样时，时间应衔接得非常紧(仅数分钟之隔)，且应在相同温度和相同环境下试验。

**D.1.6** 可用与校准时采用的相同待测试样进行验证。验证试验应在精确的时间间隔内完成。相同的试验应重复 3 次，每次采用试样的厚度不同。结合 3 次的测试数据，对试验的精度进行很好的评估。

**D.1.7** 作为一种示差法，要求在极短的时间间隔内对参考标样和待测试样进行测试。应采用参考标样/试样/参考标样的方法，将脉冲能量波动带来的误差控制在最低限度。

**D.2** 根据试样的质量和体积可计算出试样的密度。比较合适的办法是用材料的热膨胀系数来计算每个温度下的密度。详见 ASTM E 228。

**D.3** 导热系数可用式(D.1)计算，其中要用到测得的热扩散系数、比热容及密度。

**D.3.1** 当采用测得的比热容时，同样要按照 D.1.1～D.1.7 的要求进行。

**D.3.2** 可采用以其他方式获得的比热容和密度数据。

**D.4** 当报告用该方法测得的比热容或导热系数时，应同时报告：

a) 根据 D.1.6 获得的精确度数据；

b) 校准与试验过程相距的时间；

c) 采用的校准样品。

# 附 录 E
# （资料性附录）
# 原 理

## E.1 理想情况

脉冲方法的物理模型是根据隔热片状材料的热性能得出的，初始条件是在恒定温度下，其正面受到一个瞬间能量脉冲的作用，该模型假设：

——一维传热；

——试样表面无热量损失；

——正面均匀吸收脉冲；

——脉冲的作用时间无限小；

——能量的吸收是在表面非常薄的层内；

——均匀各向同性的材料；

——在试验条件下材料的性质不随温度变化。

Parker 根据厚度($L$)均匀的固体隔热材料内的温度分布推导出热扩散系数的数学表达式，正如 Carslaw 与 Jaeger 给出的公式(E.1)：

$$T(x,t)=\frac{1}{L}\int_0^L T(x,0)\mathrm{d}x+\frac{2}{L}\sum_{n=1}^{\infty}\exp\left(\frac{-n^2\pi^2\alpha t}{L^2}\right)\cdot\cos\frac{n\pi x}{L}\int_0^L T(x,0)\cos\frac{n\pi x}{L}\mathrm{d}x \quad\cdots(\text{E.1})$$

式中 $\alpha$ 为材料的热扩散系数。当一个能量辐射脉冲($Q$)瞬间射入试样正面($x=0$)并被均匀吸收，吸收层深度为 $g$，此时的温度分布为：

当 $0<x<g$ 时，

$$T(x,0)=\frac{Q}{\rho\cdot C\cdot g} \quad\cdots\cdots(\text{E.2})$$

当 $g<x<L$ 时，

$$T(x,0)=0 \quad\cdots\cdots(\text{E.3})$$

由此初始条件，方程(E.1)可以写为：

$$T(x,0)=\frac{Q}{\rho CL}\left[1+2\sum_{n=1}^{\infty}\cos\frac{n\pi x}{L}\frac{\sin\frac{n\pi g}{L}}{\frac{n\pi g}{L}}\cdot\exp\left(\frac{-n^2\pi^2}{L^2}\alpha t\right)\right] \quad\cdots\cdots(\text{E.4})$$

式中 $\rho$ 为密度，$C$ 为比热。对不透光材料而言，$g$ 非常小，因此：

$$\sin\frac{n\pi g}{L}\approx\frac{n\pi g}{L} \quad\cdots\cdots(\text{E.5})$$

在背面，即 $x=L$ 处，温度随时间的变化过程可用下式表示：

$$T(L,t)=\frac{Q}{\rho\cdot C\cdot L}\left[1+2\sum_{n=1}^{\infty}(-1)^n\exp\left(\frac{-n^2\pi^2}{L}\alpha t\right)\right] \quad\cdots\cdots(\text{E.6})$$

两个无量纲参数，$V$ 和 $\omega$ 定义如下：

$$V(L,t)=\frac{T(L,t)}{T_{\mathrm{M}}} \quad\cdots\cdots(\text{E.7})$$

$$\omega=\frac{\pi^2\alpha t}{L^2} \quad\cdots\cdots(\text{E.8})$$

$T_{\mathrm{M}}$ 代表背面的最高温度，联立方程 E.6～E.8 得：

$$V(L,t)=1+2\sum_{n=1}^{\infty}(-1)^{n}\exp(-n^{2}\omega) \quad\cdots\cdots(\text{E.9})$$

当 $V=0.5$，$\omega=1.38$ 时，则：

$$\alpha=\frac{0.1388L^{2}}{t_{1/2}} \quad\cdots\cdots(\text{E.10})$$

或

$$\alpha=0.1388\frac{L^{2}}{t_{1/2}} \quad\cdots\cdots(\text{E.11})$$

式中：$t_{1/2}$是背面温度达到其最高温度的一半所需的时间。由此，脉冲试验可用图 E.1 来说明。

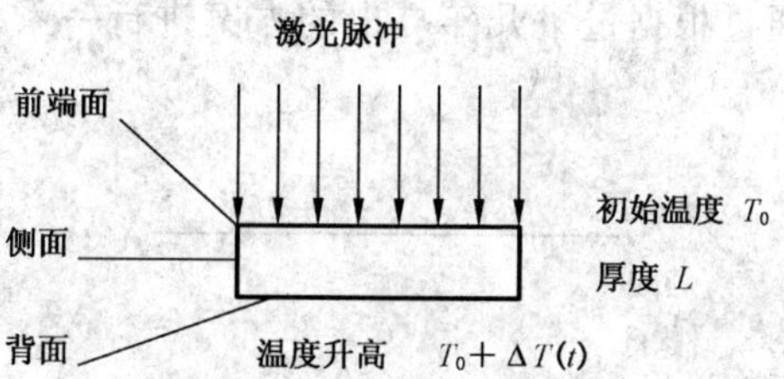


**图 E.1 闪光法的原理图**

由上，可得出背面的温度曲线图，如图 E.2。

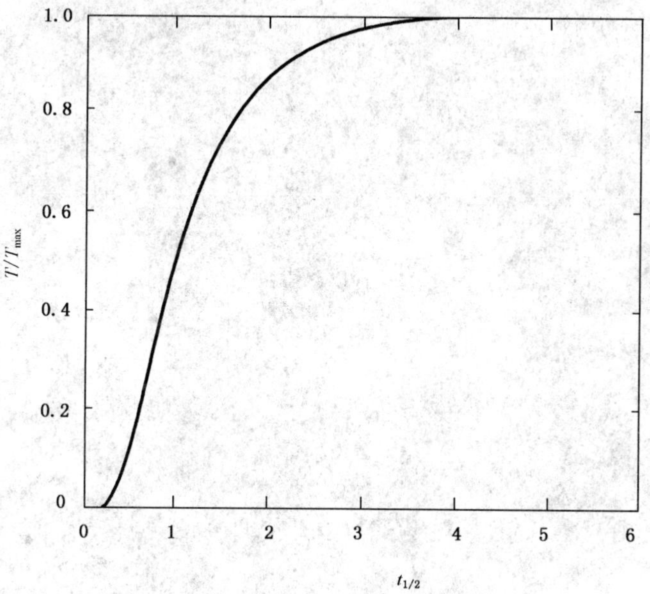


**图 E.2 脉冲法的特征温度曲线**

## E.2 非理想情况

上述 Parker 方案的不足非常明显，因为几乎每个所假设的条件在试验过程中都无法实现。此后，研究者引用各种理论去描述实际过程，修正每个边界条件。理想的修正包括所有存在的边界条件，但至今还没有这样的修正方法。而有人采用单一或对应的方法对偏差进行修正。结果是经修正后，最后得到一系列的数据。这可以理解，从历史的观点来说，每个研究者都仅限于修正理想模式中一个或两个偏离因素，而假定其他的因素都是理想的、恒定的，这本身就违反了原理，因为现实中所有参数同时都在变化，试验中一定程度上受一些特殊情况的干扰。某些情况可能会加剧某个条件的变化，例如脉冲过长，则会给其他条件造成其他偏差，如正面由于脉冲能量过大造成的过度热损失等。因此，研究者选择与试验条件相一致的修正进行分析很重要。

当测试的试样很薄且热扩散系数很大时，会产生明显有限脉冲宽度效应。当测试的试样较厚时，高温下辐射热损失会很明显。相对而言，任何热扩散系数试验中都会存在加热不均的情况。这发生在辐射面大于试样的面积或脉冲的辐射流密度在试样表面分布不均匀时。当吸收能量相同时，根据所测得的背面中心温度曲线可知背面中心温度升高到最高温度一半所需的时间，此与具有均匀照射试样所获得的结果相比即可得出它们之间的差别。通过增大试样的厚度与半径比来减少这种影响。采用一种背面中心温度信号自动温度测量系统也可以达到同样的效果。

往往由于对设备的情况和所测量的参数了解不够，很难选择出最好的修正方法。原则上，应回到初始条件：数据的精确度取决于数学模型与实验模型的一致性。对所得数据进行修正的目的是使之与真实情况更加接近。结论是可以通过根据过去几年提出的方案进行一系列的数据修正，然后研究其与理想结果之间的关系。

ICS 81.080
Q 43

# 中华人民共和国国家标准

GB/T 22589—2008

# 镁碳砖

## Magnesia carbon brick

2008-12-15 发布　　　　2009-10-01 实施

中华人民共和国国家质量监督检验检疫总局
中国国家标准化管理委员会　发布

# 前　言

本标准由全国耐火材料标准化技术委员会提出并归口。

本标准负责起草单位:营口金龙耐火材料集团、营口青花集团。

本标准主要起草人:付振才、虞啸松、金殿浩、高心魁、纪增杰、冀国志、屈政忱、张威、范连伟。

# 镁　碳　砖

## 1　范围

本标准规定了镁碳砖的分类，技术要求，试验方法，质量评定程序，包装、标志、运输和储存及质量证明书。

本标准适用于炼钢转炉、电炉、钢包(精炼炉)等用的镁碳砖。

## 2　规范性引用文件

下列文件中的条款通过本标准的引用而成为本标准的条款。凡是注日期的引用文件，其随后所有的修改单(不包括勘误的内容)或修订版均不适用于本标准，然而，鼓励根据本标准达成协议的各方研究是否可使用这些文件的最新版本。凡是不注日期的引用文件，其最新版本适用于本标准。

GB/T 2997　致密定形耐火制品　体积密度、显气孔率和真气孔率试验方法

GB/T 3002　耐火材料　高温抗折强度试验方法

GB/T 5072　耐火材料　常温耐压强度试验方法

GB/T 7321　定形耐火制品试样制备方法

GB/T 10325　定形耐火制品抽样验收规则

GB/T 10326　定形耐火制品尺寸外观及断面的检查方法

GB/T 16546　定形耐火制品包装、标志、运输和储存

GB/T 16555　含碳、碳化硅、氮化物耐火材料化学分析方法

GB/T 17732　致密定形含碳耐火制品试验方法

## 3　分类与牌号

3.1　镁碳砖按碳含量分为7类，按理化指标分为21个牌号，见表1。

牌号中M、T为镁、碳汉语拼音首字母，其后的数字表示碳含量的质量分数，A、B、C则是同类的不同级别。

表1　砖的分类和牌号

| | | | | | | |
|---|---|---|---|---|---|---|
| MT-5A | MT-8A | MT-10A | MT-12A | MT-14A | MT-16A | MT-18A |
| MT-5B | MT-8B | MT-10B | MT-12B | MT-14B | MT-16B | MT-18B |
| MT-5C | MT-8C | MT-10C | MT-12C | MT-14C | MT-16C | MT-18C |

3.2　对于不符合表1规定的产品由供需双方协商确定。

## 4　技术要求

4.1　镁碳砖的理化指标应符合表2的规定。

4.2　砖的形状尺寸可由供需双方协商确定，砖的尺寸偏差及外观要求应符合表3的规定。

4.3　抗氧化性指标由供需双方协商确定。

表 2 镁碳砖的理化指标

| 牌 号 | 指标 | | | | | |
|---|---|---|---|---|---|---|
| | 显气孔率/% ≤ | 体积密度/($g/cm^3$) | 常温耐压强度/MPa ≥ | 高温抗折强度 (1 400 ℃,30 min)/MPa ≥ | $w(MgO)$/% ≥ | $w(C)$/% ≥ |
| MT-5A | 5.0 | 3.15±0.08 | 50 | — | 85 | 5 |
| MT-5B | 6.0 | 3.10±0.08 | 50 | — | 84 | 5 |
| MT-5C | 7.0 | 3.00±0.08 | 45 | — | 82 | 5 |
| MT-8A | 4.5 | 3.12±0.08 | 45 | — | 82 | 8 |
| MT-8B | 5.0 | 3.08±0.08 | 45 | — | 81 | 8 |
| MT-8C | 6.0 | 2.98±0.08 | 40 | — | 79 | 8 |
| MT-10A | 4.0 | 3.10±0.08 | 40 | 6 | 80 | 10 |
| MT-10B | 4.5 | 3.05±0.08 | 40 | — | 79 | 10 |
| MT-10C | 5.0 | 3.00±0.08 | 35 | — | 77 | 10 |
| MT-12A | 4.0 | 3.05±0.08 | 40 | 6 | 78 | 12 |
| MT-12B | 4.0 | 3.02±0.08 | 35 | — | 77 | 12 |
| MT-12C | 4.5 | 3.00±0.08 | 35 | — | 75 | 12 |
| MT-14A | 3.5 | 3.03±0.08 | 40 | 10 | 76 | 14 |
| MT-14B | 3.5 | 2.98±0.08 | 35 | — | 74 | 14 |
| MT-14C | 4.0 | 2.95±0.08 | 35 | — | 72 | 14 |
| MT-16A | 3.5 | 3.00±0.08 | 35 | 8 | 74 | 16 |
| MT-16B | 3.5 | 2.95±0.08 | 35 | — | 72 | 16 |
| MT-16C | 4.0 | 2.90±0.08 | 30 | — | 70 | 16 |
| MT-18A | 3.0 | 2.97±0.08 | 35 | 10 | 72 | 18 |
| MT-18B | 3.5 | 2.92±0.08 | 30 | — | 70 | 18 |
| MT-18C | 4.0 | 2.87±0.08 | 30 | — | 69 | 18 |

表 3 砖的尺寸允许偏差及外观

单位为毫米

| 项 目 | | | 指 标 |
|---|---|---|---|
| 尺寸允许偏差 | 尺寸 | <200 | ± 1.0[a] |
| | | 201~300 | ± 1.5 |
| | | >300 | ± 2.0 |
| 扭曲 | 长度 | ≤500 | ≤1.0 |
| | | >500 | ≤1.5 |
| 缺角($a+b+c$) | | | ≤25 |
| 缺棱($e+f+g$) | | | ≤30 |
| 裂纹宽度 | ≤0.1 | | 不限制 |
| | >0.1 | | 不准有 |

表 3（续） 单位为毫米

| 项 目 | 指 标 |
|---|---|
| 楔度差（落差） | ≤1.5 |
| 砌筑环高方向尺寸偏差 | ± 1.0 |
| 相对边差 | ≤1 |
| 断面层裂 | 不准有 |
| [a] 平砌时，宽度尺寸允许偏差±1.5 mm；侧砌时，厚度尺寸允许偏差±1.5 mm。 | |

## 5 试验方法

5.1 砖的检验制样按 GB/T 7321 的规定进行。

5.2 化学分析按 GB/T 16555 的规定进行。

5.3 显气孔率、体积密度的检验按 GB/T 2997 的规定进行。

5.4 常温耐压强度的检验按 GB/T 5072 的规定进行。

5.5 高温抗折强度的检验按 GB/T 3002 的规定进行。

5.6 抗氧化性检验按 GB/T 17732 的规定进行。

5.7 砖的尺寸、外观及断面的检查按 GB/T 10326 的规定进行。

## 6 质量评定程序

### 6.1 组批

产品按同一牌号编批，每批不应超过 150 t。

### 6.2 抽样及合格判定规则

抽样、验收按 GB/T 10325 进行，显气孔率、体积密度和常温耐压强度为验收检验项目，需要复验时，单值允许偏差应符合表 4 的规定。

### 6.3 合格评定形式

合格评定可采用供货方声明、使用方认定或第三方认证的形式进行。

**表 4 复验时单值允许偏差**

| 项 目 | 允许偏差 | 举 例 |
|---|---|---|
| $w$(MgO)(质量分数)/% | −2 | MT-5A 的 $w$(MgO)≥85%，允许其中一个单值不小于 83% |
| $w$(C)(质量分数)/% | −1 | MT-5A 的 $w$(C)≥5%，允许其中一个单值不小于 4% |
| 显气孔率/% | +0.5 | MT-5A 的显气孔率≤5.0%，允许其中一个单值不大于 5.5% |
| 体积密度/(g/cm$^3$) | ±0.03 | MT-5A 的体积密度为(3.15±0.08)g/cm$^3$，允许其中一个单值为(3.15±0.11)g/cm$^3$ |
| 常温耐压强度/MPa | −5 | MT-5A 的常温耐压强度≥50 MPa，允许其中一个单值不小于 45 MPa |
| 高温抗折强度/MPa (1 400 ℃，30 min) | −1 | MT-10A 的高温抗折强度≥6 MPa，允许其中一个单值不小于 5MPa |

## 7 包装、标志、运输、储存及质量证明书

7.1 产品的包装、标志、运输和储存按 GB/T 16546 的规定进行。

7.2 运输和储存中，产品必须严防潮湿。

7.3 产品发出时应附有质量监督部门签发的质量证明书，载明供方名称或厂标、需方名称、发货日期、合同号、产品名称、标准编号、牌号、砖型(砖号)、尺寸、外观、断面及理化指标等内容。

ICS 81.080
Q 42

# 中华人民共和国国家标准

GB/T 22590—2008

# 轧钢加热炉用耐火浇注料

## Refractory castables for reheating furnaces

2008-12-15 发布　　2009-10-01 实施

中华人民共和国国家质量监督检验检疫总局
中国国家标准化管理委员会　发布

# 前　言

请注意本标准的某些内容有可能涉及专利。本标准的发布机构不应承担识别这些专利的责任。

本标准由全国耐火材料标准化技术委员会提出并归口。

本标准起草单位:河南省耕生耐火材料有限公司。

本标准主要起草人:赵洪伟、石凯、毕振勇、张光普、周安宏、徐德亭、王岭渠。

# 轧钢加热炉用耐火浇注料

## 1 范围

本标准规定了轧钢加热炉用耐火浇注料的分类、技术要求、试验方法、质量评定程序、包装、标志、运输、储存及质量证明书。

本标准适用于轧钢加热炉低温区、中温区、高温区及水冷管部位的工作衬和隔热衬用耐火浇注料。

## 2 规范性引用文件

下列文件中的条款通过本标准的引用而成为本标准的条款。凡是注日期的引用文件，其随后所有的修改单(不包括勘误的内容)或修订版均不适用于本标准，然而，鼓励根据本标准达成协议的各方研究是否可使用这些文件的最新版本。凡是不注日期的引用文件，其最新版本适用于本标准。

GB/T 3001 耐火材料 常温抗折强度试验方法

GB/T 5072 耐火材料 常温耐压强度试验方法

GB/T 5988 耐火材料 加热永久线变化试验方法

GB/T 6900 铝硅系耐火材料化学分析方法

GB/T 15545 不定形耐火材料包装、标志、运输和储存

GB/T 17617 耐火原料和不定形耐火材料取样

YB/T 2206.2 耐火浇注料抗热震性试验方法(水急冷法)

YB/T 4130 耐火材料 导热系数试验方法(水流量平板法)

YB/T 5200 致密耐火浇注料显气孔率和体积密度试验方法

YB/T 5202.1 不定形耐火材料试样制备方法 第1部分:耐火浇注料

## 3 分类

轧钢加热炉用耐火浇注料按使用部位分为工作衬用耐火浇注料和隔热衬用耐火浇注料。工作衬用耐火浇注料按化学成分分为ZJ-42、ZJ-60、ZJ-65、ZJS-65、ZJ-70五个牌号;隔热衬用耐火浇注料按使用温度分为ZJQ70-0.6、ZJQ80-0.8、ZJQ100-1.0、ZJQ110-1.3、ZJQ120-1.5五个牌号。

其中Z、J、S、Q分别为轧钢加热炉、浇注料、水冷管、轻质第一个字的汉语拼音首字母;ZJ、ZJS后的数字表示产品的 $Al_2O_3$ 含量，ZJQ后的数字表示产品的使用温度的1/10和体积密度。

## 4 技术要求

4.1 轧钢加热炉工作衬用耐火浇注料的性能指标应符合表1的规定。

4.2 轧钢加热炉隔热衬用耐火浇注料的性能指标应符合表2的规定。

## 5 试验方法

5.1 试样制备按YB/T 5202.1进行。

5.2 化学分析按GB/T 6900进行。

5.3 体积密度的检验按YB/T 5200标准中的量尺法进行。

5.4 常温抗折强度的检验按GB/T 3001进行。

5.5 常温耐压强度的检验按GB/T 5072进行。

5.6 加热永久线变化的检验按GB/T 5988进行。

5.7 抗热震性的检验按 YB/T 2206.2 进行。

5.8 导热系数的检验按 YB/T 4130 进行。

**表 1 轧钢加热炉工作衬用耐火浇注料的性能指标**

| 项目 | | 指标 | | | | |
|---|---|---|---|---|---|---|
| | | ZJ-42 | ZJ-60 | ZJ-65 | ZJS-65 | ZJ-70 |
| $w(Al_2O_3)$/% ≥ | | 42 | 60 | 65 | 65 | 70 |
| 体积密度/(g/cm³) ≥ | 110 ℃×24 h 烘干后 | 2.15 | 2.30 | 2.40 | 2.40 | 2.45 |
| 常温抗折强度/MPa ≥ | 110 ℃×24 h 烘干后 | 4 | 5 | 6 | 6 | 7 |
| 常温耐压强度/MPa ≥ | 110 ℃×24 h 烘干后 | 25 | 30 | 35 | 35 | 40 |
| | 试验温度×3 h 烧后 | 40<br>(1 300 ℃) | 45<br>(1 350 ℃) | 55<br>(1 400 ℃) | 55<br>(1 400 ℃) | 55<br>(1 450 ℃) |
| 加热永久线变化(试验温度×3 h)/% | | −0.5～+0.5<br>(1 300 ℃) | −0.5～+0.5<br>(1 350 ℃) | 0～+1.0<br>(1 400 ℃) | 0～+0.8<br>(1 400 ℃) | 0～+1.0<br>(1 450 ℃) |
| 抗热震性(1 100 ℃水冷)/次 | | — | — | — | ≥20 | — |
| 使用温度/℃ | | 1 300 | 1 350 | 1 400 | 1 400 | 1 450 |

**表 2 轧钢加热炉隔热衬用耐火浇注料的性能指标**

| 项目 | | 指标 | | | | |
|---|---|---|---|---|---|---|
| | | ZJQ70-0.6 | ZJQ80-0.8 | ZJQ100-1.0 | ZJQ110-1.3 | ZJQ120-1.5 |
| 体积密度/(g/cm³) ≤ | 110 ℃×24 h 烘干后 | 0.6 | 0.8 | 1.0 | 1.3 | 1.5 |
| 常温耐压强度/MPa ≥ | 110 ℃×24 h 烘干后 | 1 | 2 | 3 | 5 | 6 |
| | 试验温度×3 h 烧后 | 1<br>(700 ℃) | 2<br>(800 ℃) | 3<br>(1 000 ℃) | 6<br>(1 100 ℃) | 15<br>(1 200 ℃) |
| 导热系数(热面温度)/[W/(m·K)] ≤ | | 0.15<br>(700 ℃) | 0.25<br>(800 ℃) | 0.40<br>(1 000 ℃) | 0.45<br>(1 000 ℃) | 0.75<br>(1 000 ℃) |
| 加热永久线变化(试验温度×3 h)/% | | −1.0～0<br>(700 ℃) | −1.0～0<br>(800 ℃) | −1.0～0<br>(1 000 ℃) | −0.5～0<br>(1 100 ℃) | −0.5～0<br>(1 200 ℃) |
| 使用温度/℃ | | 700 | 800 | 1 000 | 1 100 | 1 200 |

## 6 质量评定程序

### 6.1 组批

产品按同一牌号编批，轧钢加热炉工作衬用耐火浇注料每批不超过 60 t，轧钢加热炉隔热衬用耐火浇注料每批不超过 50 t。

### 6.2 抽样及合格判定规则

6.2.1 抽样按照 GB/T 17617 进行。

6.2.2 轧钢加热炉工作衬用耐火浇注料的常温抗折强度、常温耐压强度和加热永久线变化为验收检验项目；轧钢加热炉隔热衬用耐火浇注料的体积密度、常温耐压强度和加热永久线变化为验收检验项目。检验结果如有不合格项目时，应按 6.2.1 抽取双倍数量的试样对该项目进行复验。复验结果的平均值应符合表 1 或表 2 的规定，且单值允许偏差符合表 3 或表 4 的规定，则判定该批产品为合格品，否则为不合格品。

表 3 轧钢加热炉工作衬用耐火浇注料复验时单值允许偏差

| 项　　目 | 允　许　偏　差 |
| --- | --- |
| 常温抗折强度/MPa | −10% |
| 常温耐压强度/MPa | −10% |
| 加热永久线变化/% | ±0.2 |

表 4 轧钢加热炉隔热衬用耐火浇注料复验时单值允许偏差

| 项　　目 | 允　许　偏　差 |
| --- | --- |
| 体积密度/($g/cm^3$) | +0.05 |
| 常温耐压强度/MPa | −20% |
| 加热永久线变化/% | ±0.2 |

### 6.3 合格评定形式

合格评定可采用供货方声明、使用方认定或第三方认证的形式进行。

## 7 包装、标志、运输、储存及质量证明书

7.1 包装、标志、运输、储存按 GB/T 15545 进行。

7.2 产品发出时，应附有质量技术监督部门签发的质量证明书，注明供方名称、需方名称、产品名称、标准编号、牌号、批号、批量、理化指标检验结果、生产日期等内容。

7.3 产品发出时，应附有产品使用说明书。

ICS 71.100.40
G 77

# 中华人民共和国国家标准

GB/T 22591—2008

# 水处理剂 双1,6-亚己基三胺五亚甲基膦酸

## Water treatment chemicals—Bis-hexamethylene ariamine penta-methylene phosphonic acid

2008-12-23 发布

2009-09-01 实施

中华人民共和国国家质量监督检验检疫总局
中国国家标准化管理委员会 发布

# 前　言

本标准的附录 A 为资料性附录。

本标准由中国石油和化学工业协会提出。

本标准由全国化学标准化技术委员会水处理剂分会(SAC/TC 63/SC 5)归口。

本标准负责起草单位:河南清水源科技股份有限公司、山东省泰和水处理有限公司、中海油天津化工研究设计院。

本标准主要起草人:王志清、汤长青、王忠英、杨文峰、李琳。

# 水处理剂　双1,6-亚己基三胺五亚甲基膦酸

## 1　范围

本标准规定了水处理剂双1,6-亚己基三胺五亚甲基膦酸(BHMTPMPA)的技术要求、试验方法、检测规则、标志、包装及安全要求。

该产品主要用作工业水处理中的阻垢缓蚀剂,也可用于过氧化物稳定剂、贵重金属萃取剂及电镀行业金属离子均布剂等。

分子式:$C_{17}H_{44}N_3O_{15}P_5$

结构式:

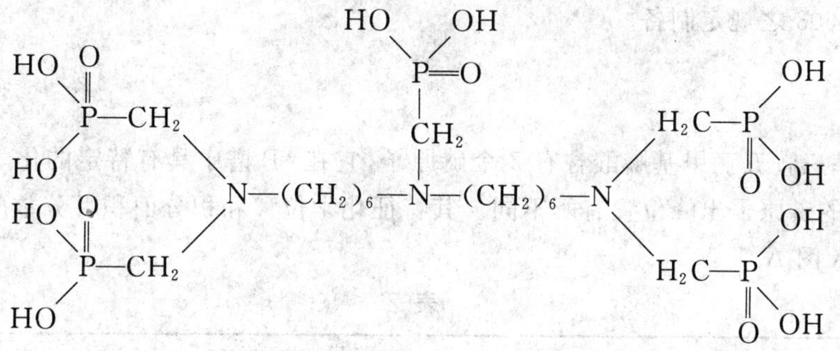

相对分子质量:685.0(按2007年国际相对原子质量)

## 2　规范性引用文件

下列文件中的条款通过本标准的引用而成为本标准的条款。凡是注日期的引用文件,其随后所有的修改单(不包括勘误的内容)或修订版均不适用于本标准,然而,鼓励根据本标准达成协议的各方研究是否可使用这些文件的最新版本。凡是不注日期的引用文件,其最新版本适用于本标准。

GB/T 191　包装贮运图示标志

GB/T 601　化学试剂　标准滴定溶液的制备

GB/T 602　化学试剂　杂质测定用标准溶液的制备(GB/T 602—2002,ISO 6353-1:1982,NEQ)

GB/T 603　化学试剂　试验方法中所用制剂及制品的制备(GB/T 603—2002,ISO 6353-1:1982,NEQ)

GB/T 8170　数值修约规则与极限数值的表示和判定

GB/T 6678　化工产品采样总则

GB/T 6682　分析实验室用水规格和试验方法(GB/T 6682—2008,ISO 3696:1987,MOD)

## 3　技术要求

3.1　外观:琥珀色液体。

3.2　水处理剂双1,6-亚己基三胺五亚甲基膦酸质量指标应符合表1要求。

表 1

| 项　　目 | | 指　　标 |
|---|---|---|
| 活性组分(以 BHMTPMPA 计)含量/% | | 45.0～50.0 |
| 亚磷酸(以 $PO_3^{3-}$ 计)含量/% | ≤ | 3.5 |
| 氯化物(以 $Cl^-$ 计)含量/% | ≤ | 6.0 |
| pH (1%水溶液) | ≤ | 2.0 |
| 密度(20 ℃)/(g/cm³) | ≥ | 1.20 |
| 铁(以 $Fe^{2+}$ 计)含量/(μg/g) | ≤ | 35 |

## 4　试验方法

本标准所用试剂,除非另有规定,应使用分析纯试剂和符合 GB/T 6682 中三级水的规定。

试验中所需标准滴定溶液、杂质标准溶液、制剂及制品,在没有注明其他要求时,均按 GB/T 601、GB/T 602、GB/T 603 之规定制备。

### 4.1　鉴别

#### 4.1.1　方法提要

双 1,6-亚己基三胺五亚甲基膦酸含有 5 个磷原子,它在 $^{31}P$ 谱中具有特定的化学位移,与其他含磷化合物、异构体中的磷原子出峰位置有所不同。其特征化学位移和积分面积百分数应符合表 2 要求,特征谱图参见附录 A 图 A.1。

表 2

| 化学位移 δ | 归属 | 积分面积 | 积分面积百分数/% |
|---|---|---|---|
| ～10 | BHMTPMPA 上的磷原子 | $A_X$ | ≥75 |
| 其他位移 | 试样中的杂质磷原子 | | |

#### 4.1.2　试剂和材料

4.1.2.1　二氧六环。

4.1.2.2　重水。

4.1.2.3　磷酸。

#### 4.1.3　仪器、设备

4.1.3.1　傅利叶变换核磁共振仪:频率 300 MHz 以上。

4.1.3.2　样品管:外径 10 mm,长度约 20 cm 管。

#### 4.1.4　分析步骤

4.1.4.1　直接用原液测定,重水锁场。在反门控去偶、脉冲间隔为 30 s,65%磷酸作基准(外标 $\delta_0=0$)条件下进行测定。FID 信号不加窗函数(LB=0)处理。当主峰(BHMTPMPA 峰)高度大至 30 cm 时,其基座(峰底宽)不应超过 1.5 个化学位移单位,否则重新匀场,改善谱峰的分辨率。对于主峰基座上的小杂峰,当其积分值小于主峰面积的 0.5%时,可以不去修正它们对主峰的影响,否则须从主峰积分值中扣除这些杂质峰的影响。

积分面积百分数 $w_0$,数值以%表示,按式(1)计算:

$$w_0=\frac{A_X}{A_T}\times 100 \quad\cdots\cdots(1)$$

式中:

$A_X$——$\delta=10$ 主峰的积分面积;

$A_T$——磷谱中全部峰的积分面积。

试样的谱图应与附录 A 图 A.1 吻合，积分面积百分数应≥75%。

4.2 活性组分含量的测定

4.2.1 方法提要

双 1,6-亚己基三胺五亚甲基膦酸中电离出的氢离子与氢氧根离子反应，在反应过程中产生两个突跃点，用自动记录仪绘制滴定曲线，然后根据滴定曲线来计算活性物含量。

4.2.2 试剂和材料

氢氧化钠标准滴定溶液：$c(NaOH)$约 1.0 mol/L。

4.2.3 仪器、设备

自动电位测定仪或 pH 计带记录仪。

4.2.4 分析步骤

称取约 1.50 g 试样，精确至 0.2 mg，置于 250 mL 烧杯中，加水 80 mL。将盛有试样的烧杯置于电磁搅拌器上，搅匀，将电极插入烧杯中，用氢氧化钠标准滴定溶液滴定，同时记录仪绘制滴定曲线，pH 在出现第一个突跃点时，放慢滴定速度，并开始记录滴定曲线上各个点，当滴定进行到通过两个完整的突跃点时停止滴定。

4.2.5 结果计算

活性组分含量以质量分数 $w_1$ 计，数值以%表示，按式(2)计算：

$$w_1 = \frac{Vc(M/5)}{1\,000\,m} \times 100 \qquad (2)$$

式中：

$V$——两个突跃点间所消耗的氢氧化钠标准滴定溶液的体积的数值，单位为毫升(mL)；

$c$——氢氧化钠标准滴定溶液浓度的准确数值，单位为摩尔每升(mol/L)；

$m$——试料的质量的数值，单位为克(g)；

$M$——双 1,6-亚己基三胺五亚甲基膦酸摩尔质量的数值，单位为克每摩尔(g/mol)($M$=685.0)。

4.2.6 允许差

取平行测定结果的算术平均值为测定结果，两次平行测定结果的绝对差值不大于 0.3%。

4.3 亚磷酸含量的测定

4.3.1 方法提要

在 pH 为 7.0～7.5 的条件下，碘将亚磷酸根氧化成磷酸根，用硫代硫酸钠标准滴定溶液滴定过量的碘。

4.3.2 试剂和材料

4.3.2.1 五硼酸铵($NH_4B_5O_8 \cdot 4H_2O$)：饱和溶液(25 ℃)。

4.3.2.2 硫酸溶液：1+3。

4.3.2.3 氢氧化钠溶液：40 g/L。

4.3.2.4 碘标准溶液：$c(1/2I_2)$约 0.1 mol/L。

4.3.2.5 硫代硫酸钠标准滴定溶液：$c(Na_2S_2O_3)$约 0.1 mol/L。

4.3.2.6 甲基红指示液：1 g/L 乙醇溶液。

4.3.2.7 淀粉指示液：10 g/L。

4.3.3 分析步骤

称取约 4 g 试样，精确至 0.2 mg，加水溶解。全部转移至 500 mL 容量瓶中，用水稀释至刻度，摇匀。移取 25.00 mL 试液，置于 250 mL 碘量瓶中，加 2 滴甲基红指示液，用硫酸溶液将试液调至红色，再滴加氢氧化钠至溶液呈橙黄色，加入 12 mL 饱和五硼酸铵溶液，用移液管加入 25.00 mL 碘标准溶液，立即盖好瓶塞，摇匀，室温下于暗处放置 10 min。加入 10 mL 硫酸溶液，用硫代硫酸钠标准滴定溶液滴定，溶液呈浅黄色时，加入约 2 mL 淀粉指示液，滴定至溶液由蓝色突变为红色即为终点。同时做空白试验。

4.3.4 结果计算

亚磷酸(以 $PO_3^{3-}$ 计)含量以质量分数 $w_2$ 计，数值以%表示，按式(3)计算：

$$w_2 = \frac{(V_0/1\,000 - V/1\,000)cM/2}{m \times 25/500} \times 100 \qquad (3)$$

式中：

$V_0$——空白试验消耗硫代硫酸钠标准滴定溶液的体积的数值，单位为毫升(mL)；

$V$——滴定中试样消耗硫代硫酸钠标准滴定溶液的体积的数值，单位为毫升(mL)；

$c$——硫代硫酸钠标准滴定溶液浓度的准确数值，单位为摩尔每升(mol/L)；

$m$——试料的质量的数值，单位为克(g)；

$M$——亚磷酸根的摩尔质量的数值，单位为克每摩尔质量，(g/mol)($M$=79.0)。

4.3.5 允许差

取平行测定结果的算术平均值为测定结果。两次平行测定结果的绝对差值不大于 0.2%。

4.4 氯化物的测定

4.4.1 方法提要

以双液型饱和甘汞电极为参比电极，以银电极为指示电极，用硝酸银标准滴定溶液滴定至出现电位突跃点。即可根据工作电池电动势的变化，确定滴定终点。

4.4.2 试剂和材料

硝酸银标准滴定溶液：$c(AgNO_3)$约 0.1 mol/L。

4.4.3 仪器、设备

4.4.3.1 自动电位滴定仪。

4.4.3.2 双液型饱和甘汞电极。

4.4.3.3 银电极或氯电极。

4.4.4 分析步骤

称取约 1.0 g 试样，精确至 0.2 mg。置于 250 mL 烧杯中，加水 100 mL，放入搅拌子。将盛有试样的烧杯置于电磁搅拌器上，搅拌，将电极插入烧杯中，用硝酸银标准滴定溶液滴定至终点电位(在电位突跃点附近，应放慢滴定速度)。同时做空白试验。

4.4.5 结果计算

氯化物(以 $Cl^-$ 计)含量以质量分数 $w_3$ 计，数值以%表示，按式(4)计算：

$$w_3 = \frac{(V - V_0)cM}{1\,000\,m} \times 100 \qquad (4)$$

式中：

$V$——试样消耗硝酸银标准滴定溶液体积的数值，单位为毫升(mL)；

$V_0$——空白试验消耗硝酸银标准滴定溶液体积的数值，单位为毫升(mL)；

$c$——硝酸银标准滴定溶液浓度的准确数值，单位为摩尔每升(mol/L)；

$m$——试料质量的数值，单位为克(g)；

$M$——氯摩尔质量的数值，单位为克每摩尔(g/mol)($M$=35.45)。

4.4.6 允许差

取平行测定结果的算术平均值为测定结果。两次平行测定结果的绝对差值不大于 0.2%。

4.5 **pH 值的测定**

4.5.1 **仪器、设备**

酸度计：精度为 0.02 pH 单位，配有饱和甘汞参比电极、玻璃测量电极或复合电极。

4.5.2 **分析步骤**

称量(1.00±0.01)g 试样，置于烧杯中，加适量的水，全部转移到 100 mL 容量瓶中，用水稀释至刻度，摇匀。将试液倒入烧杯中，置于磁力搅拌器上，将电极浸入被测溶液中，开动搅拌，在已定位的酸度计上读出 pH 值。

4.6 **密度的测定**

4.6.1 **原理**

由密度计在被测溶液中达到平衡状态时所浸没的深度读出该液体的密度。

4.6.2 **仪器、设备**

4.6.2.1 密度计：分度值为 0.001 $g/cm^3$。

4.6.2.2 恒温水浴：温度控制在(20±0.1)℃。

4.6.2.3 玻璃量筒：250 mL。

4.6.2.4 温度计：0 ℃～50 ℃，分度值为 0.1 ℃。

4.6.3 **分析步骤**

将试样注入清洁、干燥的量筒中，不得有气泡，将量筒置于 20 ℃的恒温水浴中，待温度恒定后，将清洁干燥的密度计缓缓地放入试样中，其下端应离筒底 2 cm 以上，不能与筒壁接触，密度计的上端露在外面的部分所沾液体不超过 2～3 分度，待密度计在试样中稳定后，读出密度计弯月面下缘的刻度(标有读弯月面上缘刻度的密度计除外)，即为 20 ℃时试样的密度。

4.7 **铁含量的测定**

4.7.1 **方法提要**

试样中的铁常以三价铁的形式存在。用盐酸羟胺将三价铁离子还原成二价铁离子，在 pH 4～6 时，二价铁离子和邻菲啰啉形成一种红色的络合物，用分光光度计在最大吸收波长 510 nm 处，测定其吸光度。

4.7.2 **试剂和材料**

4.7.2.1 盐酸溶液：1+1。

4.7.2.2 氨水溶液：1+1。

4.7.2.3 盐酸羟胺溶液：200 g/L。

4.7.2.4 邻菲啰啉溶液：15 g/L。

称取 5.0 g 邻菲啰啉($C_{12}H_8N_2 \cdot H_2O$)，溶于 250 mL 95%乙醇中，再加入 80 mL 水，摇匀即可。

4.7.2.5 高纯铁 (≥99.9%)。

4.7.2.6 铁标准贮备溶液：1 mL 含有 0.1 mg Fe。

称取 0.100 0 g 高纯铁，精确到 0.2 mg，置于 150 mL 烧杯中，加 10 mL 浓盐酸，缓慢加热直到完全溶解，冷却，全部转移到 1 000 mL 容量瓶中，稀释至刻度，摇匀。

4.7.2.7 铁标准溶液：1 mL 含有 0.01 mg Fe。

移取铁标准贮备溶液 10.0 mL 于 100 mL 容量瓶中并稀释至刻度，摇匀。此溶液现用现配。

4.7.3 **仪器、设备**

分光光度计：带有光程为 3 cm 的吸收池。

4.7.4 **校准曲线的绘制**

分别取 0 mL (试剂空白溶液)、2.00 mL、4.00 mL、6.00 mL、8.00 mL、10.00 mL 铁标准溶液于

6个100 mL烧杯中，各加水40 mL，若有必要，用盐酸溶液借助pH计将溶液的pH值调至1.5～2.0。分别加入2mL盐酸羟胺溶液，混合均匀，再依次加入2 mL邻菲啰啉溶液，混合均匀后，用氨水溶液借助pH计将溶液pH调至5.2～5.8，在可调电炉上将溶液加热至沸，取下冷却至室温，将冷却后的溶液转移到100 mL容量瓶中，并用水稀释至刻度，摇匀。

使用分光光度计，用3 cm吸收池，在510 nm波长处，以水为参比测定其吸光度。

从每个标准参比溶液的吸光度中减去试剂空白溶液的吸光度，以铁含量(mg)为横坐标，对应的吸光度为纵坐标，绘制校准曲线。

#### 4.7.5 分析步骤

称取约2.0 g试样，精确至0.2 mg，全部转移到150 mL烧杯，稀释至约40 mL处。用盐酸溶液或氨水溶液借助pH计将其pH值调至1.5～2.0，加入2 mL盐酸羟胺溶液，混合均匀。再加入2 mL邻菲啰啉溶液，混合均匀。用氨水溶液借助pH计将溶液的pH值调至5.2～5.8。在可调电炉上加热至沸，取下冷却至室温，将冷却后的溶液转移到100 mL容量瓶中，并用水稀释至刻度，摇匀。同时做试剂空白试验。

使用分光光度计，用3 cm吸收池，在510 nm波长外，以水为参比测定其吸光度。

#### 4.7.6 结果计算

铁(Fe)含量以$w_4$计，数值以μg/g表示，按式(5)计算：

$$w_4=\frac{(m_1-m_0)\times 10^3}{m} \quad \cdots\cdots(5)$$

式中：

$m_0$——从校准曲线上查出的空白试样中铁质量的数值，单位为毫克(mg)；

$m_1$——从校准曲线上查出的试样中铁质量的数值，单位为毫克(mg)；

$m$——试料质量的数值，单位为克(g)。

#### 4.7.7 允许差

取平行测定结果的算术平均值为测定结果。平行测定结果的绝对差值不大于0.5 μg/g。

## 5 检验规则

5.1 本标准规定的全部指标为出厂检验项目。需要时，生产厂应提供产品的$^{31}$P核磁共振谱图。

5.2 每批产品不超过40 t。

5.3 水处理剂双1,6-亚己基三胺五亚甲基膦酸应由生产厂的质量监督部门进行检验，生产厂应保证每批出厂的产品都符合本标准的要求。每批出厂的产品都应附有质量证明书，内容包括生产厂名、厂址、产品名称、商标、净含量、批号或生产日期和本标准编号。

5.4 按GB/T 6678规定确定采样单元数。

采样时先充分搅匀，用玻璃管或聚乙烯塑料管插入桶深的2/3处采样。总量不少于1 000 mL，充分混匀，分装于两个清洁、干燥的塑料瓶中，密封，瓶上贴标签，注明：生产厂家、产品名称、批号、采样日期和采样者姓名。一瓶供检验用，另一瓶保存三个月备查。

5.5 按GB/T 1250中修约值比较法进行判定。检验结果中如有一项指标不符合本标准要求时，应重新自两倍量的包装单元中采样进行核验，核验结果有一项不符合本标准的要求时，整批产品为不合格。

5.6 当供需双方对产品质量发生异议时，按照《中华人民共和国产品质量法》的规定办理。

## 6 标志、包装、运输、贮存

6.1 水处理剂双1,6-亚己基三胺五亚甲基膦酸的包装桶上应涂刷牢固的标志，内容包括：生产厂名、产品名称、商标、批号或生产日期、净含量、厂址及GB/T 191规定的标志“3”向上。

6.2 水处理剂双1,6-亚己基三胺五亚甲基膦酸采用聚乙烯塑料桶包装，每桶净质量25 kg或依用户要求。

6.3 运输过程中不得重压和剧烈碰撞。

6.4 运输时要严防曝晒，贮存在通风干燥的库房里。

6.5 水处理剂双 1,6-亚己基三胺五亚甲基膦酸的贮存期为 12 个月。

## 7 安全要求

双 1,6-亚己基三胺五亚甲基膦酸对皮肤和眼睛有一定的腐蚀性和刺激性，操作人员在进行作业时应戴防护手套和防护眼镜，避免与皮肤直接接触。

# 附 录 A
（资料性附录）
## 双 1,6-亚己基三胺五亚甲基膦酸 $^{31}P$ 核磁共振谱图

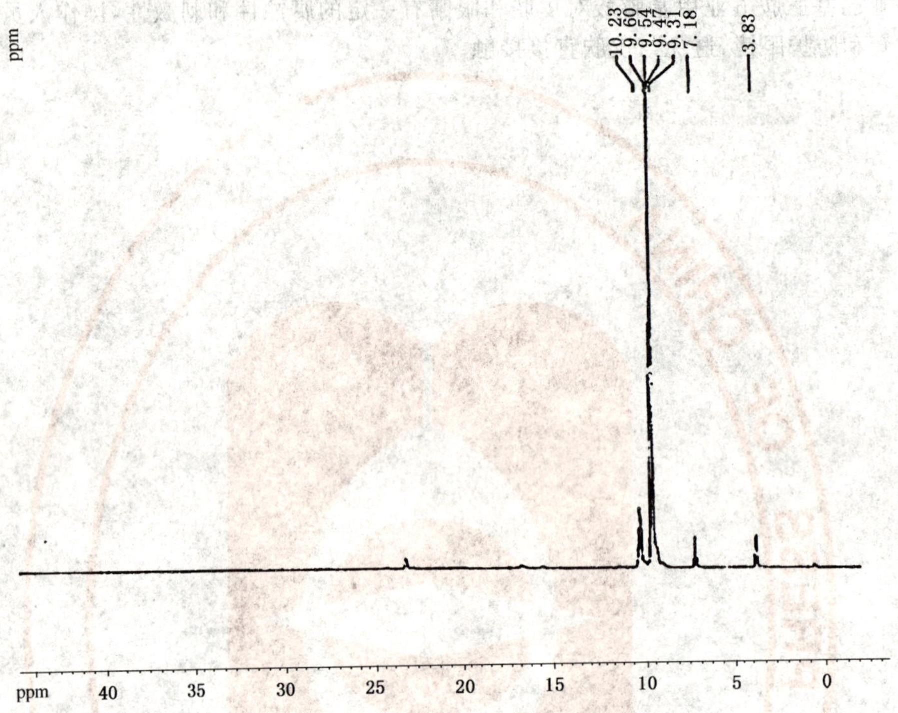


图 A.1 $^{31}P$ 核磁共振谱图

ICS 71.040.40
G 76

# 中华人民共和国国家标准

GB/T 22592—2008

# 水处理剂 pH值测定方法通则

Water treatment reagent—General rules for the determination of pH

(ISO 10523:1994,Water quality—Determination of pH,NEQ)

2008-12-23 发布　　2009-09-01 实施

中华人民共和国国家质量监督检验检疫总局
中国国家标准化管理委员会　发布

# 前　言

本标准对应于ISO 10523:1994《水质　pH的测定》(英文版),与ISO 10523:1994的一致性程度为非等效。

本标准由中国石油和化学工业协会提出。

本标准由全国化学标准化技术委员会水处理剂分会(SAC/TC 63/SC 5)归口。

本标准负责起草单位:中海油天津化工研究设计院、天津正达科技有限责任公司。

本标准主要起草人:白莹、李琳、邵宏谦。

# 水处理剂 pH 值测定方法通则

## 1 范围

本标准规定了电位法测定水处理剂 pH 值的方法通则。

本标准适用于 pH 值在 0～14 范围内的水处理剂溶液测定。

## 2 规范性引用文件

下列文件中的条款通过本标准的引用而成为本标准的条款。凡是注日期的引用文件，其随后所有的修改单(不包括勘误的内容)或修订版均不适用于本标准，然而，鼓励根据本标准达成协议的各方研究是否可使用这些文件的最新版本。凡是不注日期的引用文件，其最新版本适用于本标准。

GB/T 603 化学试剂 试验方法中所用制剂及制品的制备(GB/T 603—2002,ISO 6353-1:1982,NEQ)

GB/T 6682 分析实验室用水规格和试验方法(GB/T 6682—2008,ISO 3696:1987,MOD)

## 3 原理

将规定的指示电极和参比电极浸入同一被测溶液中，成一原电池，其电动势与溶液的 pH 值有关。通过测量原电池的电动势即可得出溶液的 pH 值。

## 4 试剂和材料

本标准所用试剂和水，除非另有规定，应使用分析纯试剂和符合 GB/T 6682 三级水的规定。

试验中所需制剂及制品，在没有特殊注明时，均按 GB/T 603 之规定制备。

4.1 草酸盐标准缓冲溶液：$c[KH_3(C_2O_4)_2 \cdot 2H_2O]=0.05\ mol/L$。

称取 12.71 g 四草酸钾$[KH_3(C_2O_4)_2 \cdot 2H_2O]$溶于无二氧化碳的水中，稀释至 1 000 mL。

4.2 酒石酸盐标准缓冲溶液：饱和溶液。

于 25 ℃，用无二氧化碳的水溶解过量的酒石酸氢钾(约 75 g/L)并剧烈振摇以制备其饱和溶液。

4.3 苯二甲酸盐标准缓冲溶液：$c(C_6H_4CO_2HCO_2K)=0.05\ mol/L$。

称取 10.21 g 预先于(110±5)℃干燥 1 h 的苯二甲酸氢钾，溶于无二氧化碳的水中，稀释至 1 000 mL。

4.4 磷酸盐标准缓冲溶液：$c(KH_2PO_4)=0.025\ mol/L$；$c(Na_2HPO_4)=0.025\ mol/L$。

称取预先在(120±10)℃干燥 2 h 的磷酸二氢钾 3.39 g 和磷酸氢二钠 3.53 g 溶于无二氧化碳的水中，稀释至 1 000 mL。

4.5 硼酸盐标准缓冲溶液：$c(Na_2B_4O_7 \cdot 10H_2O)=0.01\ mol/L$。

称取 3.80 g 四硼酸钠($Na_2B_4O_7 \cdot 10H_2O$)，溶于无二氧化碳的水中，稀释至 1 000 mL。置于聚乙烯塑料瓶中密闭保存。存放时应防止空气中二氧化碳进入。

4.6 氢氧化钙标准缓冲溶液：饱和溶液。

于 25 ℃，用无二氧化碳的水制备氢氧化钙的饱和溶液。氢氧化钙溶液的浓度 $c[1/2Ca(OH)_2]$应在 0.040 0 mol/L～0.041 2 mol/L 之间。存放时应防止空气中二氧化碳进入。一旦出现混浊，应弃去重配。

注：为保证 pH 值的准确度，上述标准缓冲溶液必须使用 pH 基准试剂配制。

不同温度时各标准缓冲溶液的 pH 值列于表 1。

表 1

| 温度/℃ | pH 值 | | | | | |
|---|---|---|---|---|---|---|
| | 草酸盐标准缓冲溶液 | 酒石酸盐标准缓冲溶液[1)] | 苯二甲酸盐标准缓冲溶液 | 磷酸盐标准缓冲溶液 | 硼酸盐标准缓冲溶液 | 氢氧化钙标准缓冲溶液 |
| 0 | 1.67 | — | 4.00 | 6.98 | 9.46 | 13.42 |
| 5 | 1.67 | — | 4.00 | 6.95 | 9.40 | 13.21 |
| 10 | 1.67 | — | 4.00 | 6.92 | 9.33 | 13.00 |
| 15 | 1.67 | — | 4.00 | 6.90 | 9.28 | 12.81 |
| 20 | 1.68 | — | 4.00 | 6.88 | 9.22 | 12.63 |
| 25 | 1.68 | 3.56 | 4.01 | 6.86 | 9.18 | 12.45 |
| 30 | 1.69 | 3.55 | 4.01 | 6.85 | 9.14 | 12.29 |
| 35 | 1.69 | 3.55 | 4.02 | 6.84 | 9.10 | 12.13 |
| 40 | 1.69 | 3.55 | 4.04 | 6.84 | 9.07 | 11.98 |

1） 低温会降低酒石酸氢钾的溶解性，故不可用于 25 ℃以下的温度。

## 5 仪器、设备

5.1 酸度计：分度值为 0.02 pH 单位。

5.2 玻璃指示电极：使用前须在水中浸泡 24 h 以上，使用后应立即清洗并浸于水中保存。若玻璃电极表面污染，可先用肥皂或洗涤剂洗。然后用水淋洗几次，再浸入盐酸(1+9)溶液中，以除去污物。最后用水洗净，浸入水中备用。

5.3 饱和甘汞参比电极：使用时电极上端小孔的橡皮塞必须拔出，以防止产生扩散电位影响测定结果。电极内氯化钾溶液中不能有气泡，以防止断路。溶液中应保持有少许氯化钾晶体，以保证氯化钾溶液的饱和。注意电极液络部不被沾污或堵塞，并保持液络部适当的渗出流速。

5.4 复合电极：可代替玻璃指示电极和饱和甘汞参比电极使用，按仪器使用说明书保存电极。

## 6 分析步骤

6.1 调试：按酸度计说明书调试仪器。

6.2 定位：按试剂和材料所述，分别制备两种标准缓冲溶液，使其中一种的 pH 值大于并接近试样的 pH 值，另一种小于并接近试样的 pH 值。调节 pH 计温度补偿旋至所测试样温度值。按照表 1 所标明的数据，依次校正标准缓冲溶液在该温度下的 pH 值。重复校正直到其读数与标准缓冲溶液的 $pH_s$ 值相差不超过 0.02 pH 单位。

6.3 测定：用分度值为 1 ℃的温度计测量试样的温度。称取 1.00±0.01 g 试样，置于 100 mL 容量瓶中，用无二氧化碳水稀释至刻度，摇匀。将试液倒入烧杯中，置于电磁搅拌器上，将电极浸入溶液中，开动搅拌。在已定位的酸度计上读出 pH 值。此读数至少稳定 1 min。

注：冲洗电极后用干净滤纸将电极底部水滴轻轻地吸干，注意勿用滤纸去擦电极，以免电极带静电，导致读数不稳定。

## 7 分析结果的表述

7.1 报告被测试样温度时应精确到 1 ℃。

7.2 报告被测试样的 pH 值时应精确到 0.01 pH 单位。

## 8 允许差

取平行测定结果的算术平均值为测定结果。平行测定结果的绝对差值不大于 0.1 pH 单位。

ICS 71.040.40
G 76

# 中华人民共和国国家标准

GB/T 22593—2008

# 水处理剂 极限粘数测定方法通则

## Water treatment reagent—General rules for the determination of limiting viscosity number



2008-12-23 发布 2009-09-01 实施

中华人民共和国国家质量监督检验检疫总局
中国国家标准化管理委员会 发布

# 前言

本标准由中国石油和化学工业协会提出。

本标准由全国化学标准化技术委员会水处理剂分会(SAC/TC 63/SC 5)归口。

本标准负责起草单位:中海油天津化工研究设计院、天津正达科技有限责任公司。

本标准主要起草人:白莹、朱传俊、邵宏谦、李琳。

# 水处理剂　极限粘数测定方法通则

## 1　范围

本标准规定了水处理剂极限粘数测定的通用方法。

本标准适用于水处理剂极限粘数的测定。

## 2　规范性引用文件

下列文件中的条款通过本标准的引用而成为本标准的条款。凡是注日期的引用文件，其随后所有的修改单(不包括勘误的内容)或修订版均不适用于本标准，然而，鼓励根据本标准达成协议的各方研究是否可使用这些文件的最新版本。凡是不注日期的引用文件，其最新版本适用于本标准。

GB/T 6682　分析实验室用水规格和试验方法(GB/T 6682—2008,ISO 3696:1987,MOD)

## 3　原理

用所选取的空白溶液将水处理剂配制成稀溶液，用乌氏黏度计测定其极限粘数。

## 4　试剂和材料

本标准所用试剂和水，除非另有规定，应使用分析纯试剂和符合 GB/T 6682 三级水的规定。

4.1　氢氧化钠溶液：80 g/L。

4.2　硫氰酸钠溶液：101 g/L。

4.3　硝酸钠溶液：85 g/L。

## 5　仪器、设备

5.1　乌氏黏度计(如图 1)：毛细管内径 0.50 mm(±2%)。(30±0.1)℃时，蒸馏水流过计时标线 E、F 的时间为 100 s 以上。

5.2　恒温水浴：温度控制在(30±0.1)℃。

5.3　温度计：(0～50)℃，分度值为 0.1 ℃。

5.4　秒表：最小分度值为 0.1 s。

5.5　培养皿：*d* 85 mm。

5.6　耐酸滤过漏斗：$G_3$，40 mL。

## 6　分析步骤

### 6.1　空白溶液

根据水处理剂产品相关的标准选择适宜的空白溶液。

### 6.2　空白试验流出时间的测定

将洁净、干燥的乌氏黏度计垂直置于(30±0.1)℃的恒温水浴中，使 D 球全部浸没在水面下。经 $G_3$ 耐酸滤过漏斗加空白溶液至乌氏黏度计充装标线 G、H 之间为止。恒温 10 min～15 min。将 M 管套一胶管，用夹子夹住。用洗耳球将空白溶液吸入 C 球标线 E 以上，开启 M 管，用秒表测定空白溶液流过计时标线 E、F 的时间，连续测定三次，误差不超过 0.2 s。取其平均值 $t_0$。

单位为毫米

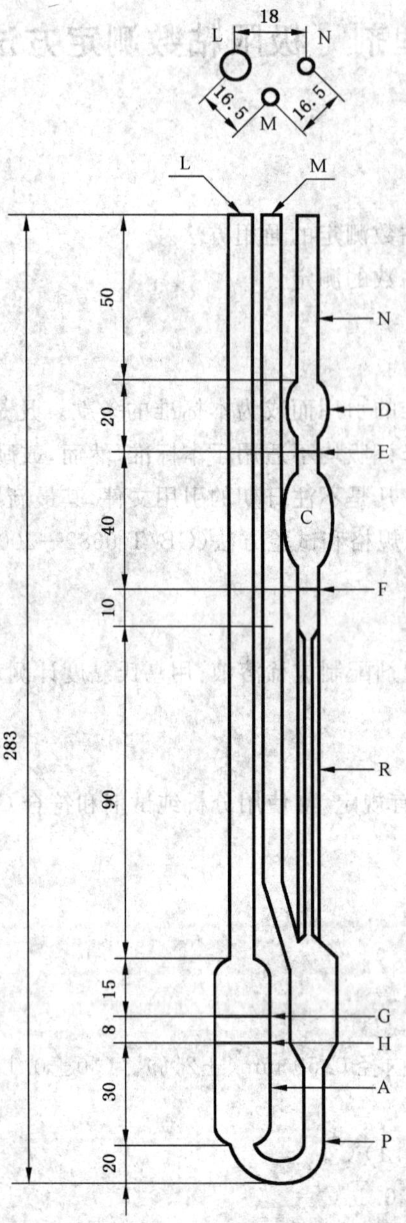


A——底部贮球，外径 26 mm；

B——悬浮水平球；

C——计时球，容积 3.0 mL(±5%)；

D——上部贮球；

E、F——计时标线；

G、H——充装标线；

L——架置管，外径 11 mm；

M——下部出口管，外径 6 mm；

N——上部出口管，外径 7 mm；

P——连接管，内径 6.0 mm(±5%)；

R——工作毛细管，内径 0.50 mm(±2%)。

注：各管长度及球形尺寸公差为±10%或±10 mm，以最小值而定。

**图 1　乌氏黏度计**

6.3 试液的制备

6.3.1 固体产品

结合相关产品标准的规定称取适量的固体或胶体试样，精确至 0.2 mg，置于干燥的 50 mL 的烧杯内，用空白溶液溶解。全部转移至 100 mL 容量瓶中，并用空白溶液稀释至刻度，摇匀。

6.3.2 液体产品

称取适量液体试样置于培养皿中，用氢氧化钠溶液仔细调节试液的 pH 值至 9.0(用精密 pH 试纸检查)。然后放入电热干燥箱内，从室温开始加热，于(120±2)℃下干燥 4 h，于干燥器中冷却至室温，即制成干燥试样。再结合相关产品标准的规定称取适量的干燥试样，精确到 0.2 mg，置于 50 mL 烧杯中，用约 20 mL 空白溶液溶解，全部转移至 50 mL 容量瓶中，用空白溶液稀释至刻度，摇匀。

6.3.3 测定

按照 6.2 中空白溶液流出时间的测定步骤，测定试液的流出时间 $t_1$。

## 7 分析结果的表述

试样的极限粘数以 $\eta$ 计，数值以 dL/g 表示，按式(1)计算：

$$\eta = \frac{\sqrt{2(\eta_{sp} - \ln\eta_r)}}{c} = \frac{\sqrt{2[(t/t_0 - 1) - \ln t/t_0]}}{c} \quad \cdots\cdots(1)$$

式中：

$\eta_{sp}$——增比黏度，$\eta_{sp} = (t - t_0)/t_0$；

$\eta_r$——相对黏度，$\eta_r = t/t_0$；

$c$——试液的浓度的数值，单位为克每分升(g/dL)；

$t_0$——空白溶液流过黏度计计时标线 E、F 的时间的数值，单位为秒(s)；

$t$——试液流过黏度计计时标线 E、F 的时间的数值，单位为秒(s)。

## 8 允许差

取平行测定结果的算术平均值为测定结果，平行测定结果的绝对差值不大于 0.004 dL/g。

ICS 71.040.40
G 76

# 中华人民共和国国家标准

GB/T 22594—2008

# 水处理剂　密度测定方法通则

## Water treatment reagent—General rules for the determination of density

2008-12-23 发布　　2009-09-01 实施

中华人民共和国国家质量监督检验检疫总局
中国国家标准化管理委员会　发布

# 前　言

本标准由中国石油和化学工业协会提出。

本标准由全国化学标准化技术委员会水处理剂分会(SAC/TC 63/SC 5)归口。

本标准负责起草单位:中海油天津化工研究设计院。

本标准主要起草人:白莹、邵宏谦、李琳。

# 水处理剂 密度测定方法通则

## 1 范围

本标准规定了水处理剂密度测定的通用方法。

本标准适用于液态水处理剂密度的测定。

## 2 规范性引用文件

下列文件中的条款通过本标准的引用而成为本标准的条款。凡是注日期的引用文件，其随后所有的修改单(不包括勘误的内容)或修订版均不适用于本标准，然而，鼓励根据本标准达成协议的各方研究是否可使用这些文件的最新版本。凡是不注日期的引用文件，其最新版本适用于本标准。

GB/T 6682 分析实验室用水规格和试验方法(GB/T 6682—2008，ISO 3696：1987，MOD)

## 3 密度计法

### 3.1 方法提要

由密度计在被测样品中达到平衡状态时所浸没的深度读出该液体的密度。

### 3.2 仪器、设备

3.2.1 密度计：分度值为 0.001 $g/cm^3$。

3.2.2 玻璃量筒：250 mL～500 mL。

3.2.3 恒温水浴：温度控制在(20±0.1)℃。

### 3.3 分析步骤

3.3.1 恒温(20 ℃)下密度的测定：将待测试样缓慢注入清洁、干燥的量筒内，不得有气泡，将量筒置于20 ℃的恒温水浴中。待温度恒定后，将清洁、干燥的密度计缓缓放入试样中，其下端应离筒底 2 cm 以上，不能与筒壁接触，密度计的上端露在液面外的部分所沾液体不得超过 2～3 分度，待密度计在试样中稳定后，读出密度计弯月面下缘的刻度(标有读弯月面上缘刻度的密度计除外)，即为恒温(20 ℃)下试样的密度。

3.3.2 常温 $t$ (℃)下密度的测定：按上述操作在常温下测定。

### 3.4 分析结果的表述

常温 $t$ (℃)下试样的密度以 $\rho_t$ 计，数值以克每立方厘米($g/cm^3$)表示，按式(1)计算：

$$\rho_t = \rho'_t + \rho'_t a(20 - t) \qquad \cdots\cdots(1)$$

式中：

$\rho'_t$——试样在 $t$ 时由密度计读取的数值，单位为克每立方厘米($g/cm^3$)；

$a$——密度计的玻璃膨胀系数的数值，通常为 0.000 025；

20——密度计的标准温度，单位为摄氏度(℃)；

$t$——测定时的温度，单位为摄氏度(℃)。

## 4 密度瓶法

### 4.1 方法提要

在同一温度下，将密度瓶用蒸馏水标定其体积，然后测定同体积试样的质量以求其密度。

### 4.2 仪器、设备

4.2.1 分析天平：分度值为 0.1 mg。

4.2.2 密度瓶：25 $cm^3$～50 $cm^3$（见图 1）。

4.2.3 恒温水浴：温度控制在(20±0.1)℃。

4.2.4 温度计：分度值为 0.1 ℃。

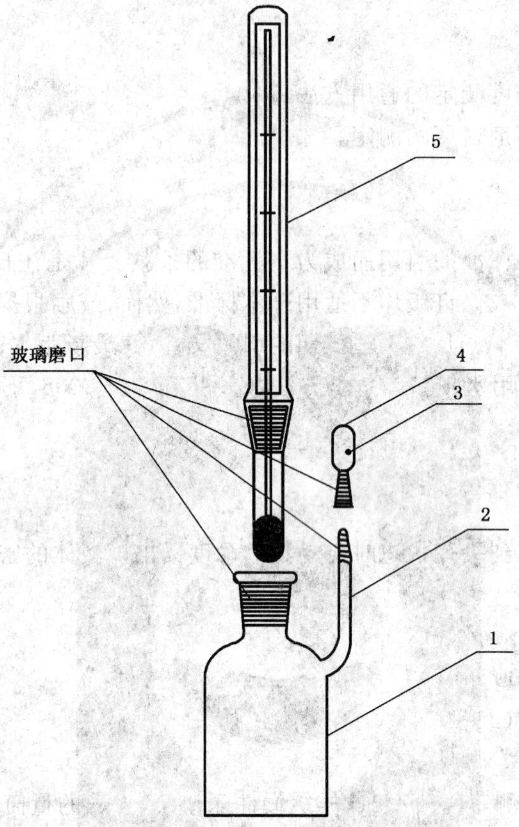


1——密度瓶主体；
2——侧管；
3——侧孔；
4——侧孔罩；
5——温度计。

**图 1 密度瓶**

## 4.3 分析步骤

4.3.1 将密度瓶洗净、干燥，带温度计及侧孔罩称量。然后取下温度计及侧孔罩，用新煮沸并冷却至约 20 ℃的蒸馏水充满密度瓶，不得带入气泡，插入温度计，将密度瓶置于(20.0±0.1)℃的恒温水浴中，至密度瓶温度计达到 20 ℃，并使侧管中的液面与侧管管口齐平，立即盖上侧孔罩，取出密度瓶，用滤纸擦干其外壁上的水，立即称量。

4.3.2 将密度瓶的水倒出，洗净、干燥，带温度计及侧孔罩称量。然后用样品代替水重复 4.3.1 的操作。

## 4.4 分析结果的表述

样品在 20 ℃时的密度以 $\rho$ 计，数值以克每立方厘米（$g/cm^3$）表示，按式(2)计算：

$$\rho = \frac{(m_1 + A)\rho_0}{m_2 + A} \qquad \cdots\cdots(2)$$

$$A = \frac{m_2 \rho_a}{0.9970} \qquad \cdots\cdots(3)$$

式中：

$m_1$——20 ℃时密度瓶与充满密度瓶的样品总质量的数值，单位为克(g)；

$m_2$——20 ℃时密度瓶与充满密度瓶的蒸馏水总质量的数值，单位为克(g)；

$\rho_0$——20 ℃时蒸馏水的密度的数值(＝0.998 20)，单位为克每立方厘米($g/cm^3$)；

$A$——空气浮力校正值，按式(3)计算；

$\rho_a$——干燥空气在 20 ℃，101.325 kPa 时的密度的数值(≈0.001 2)，以克每立方厘米($g/cm^3$)表示；

0.997 0——20 ℃时蒸馏水与干燥空气密度值之差，以克每立方厘米($g/cm^3$)表示。

注：一般情况下，$A$ 的影响很小，可忽略不计。

ICS 19.020;71.100.40
G 76

# 中华人民共和国国家标准

GB/T 22595—2008

# 杀生剂能效的评价方法　异养菌

Test method for efficacy of antimicrobials—Aerobic bacteria

2008-12-23 发布　　2009-09-01 实施

中华人民共和国国家质量监督检验检疫总局
中 国 国 家 标 准 化 管 理 委 员 会　发布

# 前　言

本标准附录 A、附录 B 为规范性附录。

本标准由中国石油和化学工业协会提出。

本标准由全国化学标准化技术委员会水处理剂分会(SAC/TC 63/SC 5)归口。

本标准负责起草单位：上海未来企业有限公司、中海油天津化工研究设计院。

本标准主要起草人：刘昕、张全、邵宏谦、朱传俊。

# 杀生剂能效的评价方法 异养菌

## 1 范围

本标准规定了在冷却水系统中使用的杀生剂对异养菌杀灭能效的评价方法。

本标准适用于氧化性及非氧化性杀生剂对异养菌的杀菌能效的评价。

## 2 规范性引用文件

下列文件中的条款通过本标准的引用而成为本标准的条款。凡是注日期的引用文件，其随后所有的修改单(不包括勘误的内容)或修订版均不适用于本标准，然而，鼓励根据本标准达成协议的各方研究是否可使用这些文件的最新版本。凡是不注日期的引用文件，其最新版本适用于本标准。

GB/T 603 化学试剂 试验方法中所用制剂及制品的制备(GB/T 603—2002,ISO 6353-1:1982,NEQ)

GB/T 6682 分析实验室用水规格和试验方法(GB/T 6682—2008,ISO 3696:1987,MOD)

GB/T 14643.1 工业循环冷却水中黏液形成菌的测定 平皿计数法

## 3 方法提要

在含一定数量异养菌的试样中，定量的加入杀生剂，模拟杀生剂的使用条件(水质、pH值等)，在选定的时间周期测定试样中存活异养菌的数量与试验起始时异养菌的数量做比较，计算此杀生剂对异养菌的杀生率。

## 4 试剂和材料

本标准所用试剂和水，除非另有规定，应使用分析纯试剂和符合GB/T 6682中三级水的规定。

试验方法中所用制剂及制品，按GB/T 603规定制备。

4.1 牛肉膏：生化试剂。

4.2 蛋白胨：生化试剂。

4.3 氯化钠。

4.4 琼脂：生化试剂。

4.5 氢氧化钠溶液：40 g/L。

4.6 盐酸溶液：1+1。

4.7 乙醇溶液：75%(体积分数)。

4.8 牛皮纸。

4.9 镊子。

4.10 滤纸。

4.11 医用脱脂棉。

4.12 医用脱脂纱布。

## 5 仪器、设备

5.1 无菌箱(室)或超净工作台。

5.2 蒸汽压力灭菌器。

5.3 生化培养箱。

5.4 电热干燥箱：温度控制在 60 ℃～280 ℃。

5.5 刻度吸管：1 mL。

5.6 刻度吸管：5 mL。

5.7 容量瓶：1 000 mL。

5.8 培养皿：$\phi$90 mm。

5.9 锥形瓶：500 mL。

5.10 搪瓷量杯：1 000 mL。

5.11 磨口锥形瓶：100 mL。

5.12 微量进样器。

## 6 试验前准备

### 6.1 培养基的制备

6.1.1 固体培养基的制备：

称取下列试剂：

牛肉膏 3.0 g。

蛋白胨 10.0 g。

氯化钠 5.0 g。

琼脂：根据所用琼脂的凝固力及季节的不同适当增减，一般为 15.0 g～20.0 g。

将上述试剂加水约 950 mL，在电炉上加热溶解后，趁热用四层医用脱脂纱布过滤于搪瓷量杯中，并用热水补充至 1 000 mL。用氢氧化钠溶液或盐酸溶液调节 pH 值至 7.0±0.2，并分装在 500 mL 锥形瓶中，每瓶装量不超过其总容量的 2/3。塞上棉塞，用牛皮纸把瓶口包好，用蒸汽压力灭菌器于(121±1)℃ 灭菌 15 min～30 min。

6.1.2 液体培养基的制备：

称取下列试剂：

牛肉膏 3.0 g。

蛋白胨 10.0 g。

氯化钠 5.0 g。

将上述试剂加水约 950 mL，在电炉上加热溶解后，趁热用四层医用脱脂纱布过滤于搪瓷量杯中，并用热水补充至 1 000 mL。用氢氧化钠溶液或盐酸溶液调节 pH 值至 7.0±0.2，并分装在 500 mL 锥形瓶中，每瓶分装量不超过其总容量的 2/3。塞上棉塞，用牛皮纸把瓶口包好，用蒸汽压力灭菌器于(121±1)℃灭菌 15 min～30 min。

### 6.2 试验用水的制备

6.2.1 将水分装在 100 mL 磨口锥形瓶中，塞上棉塞，每个瓶子的瓶口均用牛皮纸包扎以防污染，用蒸汽压力灭菌器于(121±1)℃灭菌 15 min～30 min。

### 6.3 刻度吸管的灭菌

6.3.1 将洗净并烘干后的刻度吸管粗端塞上医用脱脂棉，棉花量要适宜，长度大约 10 mm～15 mm，棉花不宜露在口外，多余的棉花可以用火焰烧掉。

6.3.2 每支刻度吸管用一条约 40 mm～50 mm 宽的牛皮纸条，以 45°左右角度螺旋形卷起来，吸管的尖端在头部，粗端用多余的纸条折叠打结，不使散开，标上量度，若干支扎成一束，置电热干燥箱中，于(160±2)℃灭菌 2 h。

### 6.4 锥形瓶的灭菌

将锥形瓶的瓶口用棉塞塞紧，每个瓶子均用牛皮纸包扎以防污染，置电热干燥箱中，于(160±2)℃灭菌 2 h。

6.5 培养皿的灭菌

将洗净并烘干后的培养皿10个左右叠在一起，用牛皮纸卷成一筒，置电热干燥箱中，于(160±2)℃灭菌2 h。

6.6 无菌箱(室)灭菌

把试验所用的无菌稀释水，无菌培养皿、无菌吸管等用品放入无菌箱(室)内，打开紫外线灯灭菌30min。

6.7 试样的制备

6.7.1 试样可直接从敞开式循环水系统中采集，采集试样的循环水系统中异养菌总数在 $10^5$ cfu/mL～$10^7$ cfu/mL 范围内时，可直接使用。

6.7.2 采集的循环水系统中异养菌总数低于 $10^5$ cfu/mL 时，应按附录A规定进行富集培养，将循环水系统中的异养菌含量提高至 $10^5$ cfu/mL～$10^7$ cfu/mL 范围内，得到试样。控制试样中的营养成分不能过高，以防止在杀生剂评价过程中对试验结果产生影响。

## 7 评价方法

7.1 试验杀生剂与浓度

7.1.1 根据杀生剂的性能结合生产工艺条件(温度、pH值、污染物、水稳配方等)选取几种相对较为合适的杀生剂进行试验。对某些杀生剂的性能尚未了解时，可按附录B规定通过抑菌圈法或最低抑菌浓度法试验了解其性能。

7.1.2 作为高效杀生剂，在一般循环冷却水的正常处理中，杀生剂投加浓度选择范围应根据杀生剂的特性、使用条件等，在一定范围内选取几个浓度等级进行试验。

7.1.3 为加药操作方便，试验前应将供试杀生剂原液用试验用水做稀释处理，稀释的程度以杀生剂稀释液加入到试样中后，刚好达到试验所需要的浓度(稀释好的杀生剂的体积与要加入试样的体积比不得超过1∶100)。杀生剂稀释液应现用现配。

7.2 试验步骤

7.2.1 一般性试验

7.2.1.1 本试验用于选择合适的杀生剂种类和恰当的投加浓度。

7.2.1.2 取6.7中制备好的异养菌含量在 $10^5$ cfu/mL～$10^7$ cfu/mL 的试样200 mL，加入到锥形瓶中(具体瓶数由同一批次试验的杀生剂总数和浓度等级数而定)，并加棉塞。

7.2.1.3 按GB/T 14643.1测定所取水样的异养菌存活菌数，即为同一批次试验的起始菌数。

7.2.1.4 将锥形瓶编号，每瓶对应地加入7.1.3中的杀生剂稀释液，充分摇匀。

7.2.1.5 将全部锥形瓶置于(29±1)℃的恒温生化培养箱中培养。

7.2.1.6 杀生剂加入后的第4小时、8小时、12小时、16小时、20小时、24小时(具体测定时间根据杀生剂的特性、使用条件等确定)测定锥形瓶中异养菌总数，即为不同时间异养菌存活菌数。

7.2.1.7 杀生率以 $w$ 计，数值以%表示，按式(1)计算：

$$w=\frac{\rho_0-\rho_1}{\rho_0}\times 100 \qquad (1)$$

式中：

$\rho_0$——起始菌数，单位以菌落数每毫升表示(cfu/mL)；

$\rho$——存活菌数，单位以菌落数每毫升表示(cfu/mL)。

7.2.1.8 根据不同时间和浓度的杀菌率结果绘制某一浓度的时间-杀生率曲线和某一时间的浓度-杀生率曲线。

7.2.2 其他试验，可根据杀生剂的应用场所、应用条件、应用温度、pH值条件、药剂配方等条件的变化，在一般性试验的基础上做适当的条件改变，进行试验。

# 附 录 A
## （规范性附录）
## 异养菌的富集培养

**A.1** 取异养菌含量低于 $10^5$ cfu/mL 的循环水样 10 mL，加入到 100 mL 的液体培养基中，摇匀后置(29±1)℃下恒温培养 24 h 以上。

**A.2** 吸取上述培养液适量，加入异养菌含量低于 $10^5$ cfu/mL 的循环水样（一般培养液和循环水样的比例不超过 1∶100）。

**A.3** 为了使试样中菌数控制在 $10^5$ cfu/mL～$10^7$ cfu/mL 范围，应先做一系列的平皿计数，以找出相应的大致关系。

# 附 录 B
## （规范性附录）
## 抑菌圈法和最低抑菌浓度法

### B.1 抑菌圈法

将浸渍过不同杀生剂(根据试验的要求可以选用同一种杀生剂的不同浓度、不同的杀生剂的相同浓度等)的滤纸片放在含菌的固体培养基上，通过培养后测量滤纸片产生透明圈的直径，判断杀生剂的杀菌能效。

**B.1.1** 试验杀生剂与浓度

根据的性能结合生产工艺条件(温度、pH 值、污染物、水稳配方等)选取几种相对较为合适的杀生剂进行试验，也可选用不同杀生剂的不同浓度或同一杀生剂的不同浓度，试验前应将供试杀生剂原液用无菌蒸馏水稀释至所选择的浓度。

**B.1.2** 培养皿编号，标明所选杀生剂的名称和浓度。

**B.1.3** 用无菌移液管向培养皿中注入 6.8 中制备的试样 0.2 mL～0.5 mL，再向培养皿中注入约 10 mL～15 mL 熔化后冷至(45±1)℃左右的固体培养基，将试样和培养基充分摇匀，冷却备用。

**B.1.4** 用无菌的镊子将直径 5 mm 的灭过菌的滤纸片在稀释好的待测杀生剂中浸渍片刻，取出后置于对应编号的带菌培养基平板(B.1.3 中制备的)中央，盖上培养皿盖。

注 1：滤纸片实验前应用紫外线灯灭菌 30 min。

注 2：同一杀生剂不同浓度的比较、不同杀生剂同一浓度的比较应使用同一种规格的滤纸片。

**B.1.5** 将 B.1.4 置于适宜的温度下培养一定时间(根据不同的试验条件而定)，观察滤纸圆片的周围的透明的抑菌圈的有无或用游标卡尺测量抑菌圈的直径并记录，从而判断杀生剂杀菌能效的大小。

注：抑菌圈法仅是一种能够定性或半定量的方法，而抑菌圈的大小受杀生剂在琼脂平板上的扩散能力(与杀生剂的性质、培养基的组成、培养温度都有关)影响很大，但由于这种方法操作简单、肉眼就可以辨认直观性好，因而可以对杀生剂起到一个初步筛选的作用。

### B.2 最低抑制浓度法

将含菌试样接种到含有不同杀生剂(根据试验的要求可以选用一种杀生剂的不同浓度、不同的杀生剂等)的固体培养基上，在一定温度下培养一定时间(视试验要求而定)后，观察异养菌能否生长，从而判断杀生剂的杀菌能效。

**B.2.1** 试验杀生剂与浓度

根据杀生剂的性能结合生产工艺条件(温度、pH 值、污染物、水稳配方等)选取几种相对较为合适的杀生剂进行试验。也可根据杀生剂的特性在一定范围内选取几个浓度等级进行试验。

**B.2.2** 制备不同浓度的杀生剂溶液

将杀生剂原液用试验用水做稀释处理，稀释的程度使得杀生剂稀释液加入定量的培养基后，刚好达到试验所需要的浓度。

**B.2.3** 培养皿编号，标明所选杀生剂的名称和浓度。

**B.2.4** 用无菌移液管移取 B.2.2 中的杀生剂稀释液 1 mL，加入到对应编号的培养皿中，并立即在培养皿中定量注入冷却至(45±1)℃灭过菌的培养基 10 mL～15 mL，充分摇匀，冷却备用。

**B.2.5** 用微量进样器取 10 uL 的 6.7 的试样，然后置于含杀生剂的培养基平板(B.2.4 中制备的)中央，盖上培养皿盖。

**B.2.6** 将B.2.5置于适宜的温度下培养一定时间（根据不同的试验条件而定），根据试样在含杀生剂平板生长情况，确定杀生剂对试样的最低抑菌浓度，从而判断杀生剂杀菌能效的大小。

注：最低抑菌浓度法是一种定量方法，它能比较好的反映出杀生剂的杀菌能效的大小，便于不同杀生剂之间抑菌效果的比较，然而，不同来源的测定数据常常存在差异，有的差异比较大，甚至同一个实验室不同批次的试验这种差异也难以避免。

---

ICS 71.040.40
G 76

GB

# 中华人民共和国国家标准

GB/T 22596—2008

## 水处理剂 铁含量测定方法通则

## Water treatment chemicals—General method for determination of iron content



2008-12-23 发布 2009-09-01 实施

中华人民共和国国家质量监督检验检疫总局
中国国家标准化管理委员会 发布

# 前言

本标准由中国石油和化学工业协会提出。

本标准由全国化学标准化技术委员会水处理剂分会(SAC/TC 63/SC 5)归口。

本标准负责起草单位:中海油天津化工研究设计院、天津正达科技有限责任公司。

本标准主要起草人:邵宏谦、李琳、朱传俊、白莹。

# 水处理剂　铁含量测定方法通则

## 1　范围

本标准规定了水处理剂中铁含量测定方法通则。

本标准适用于所取水处理剂试液中铁含量为 10 μg～500 μg 范围内的测定。

## 2　规范性引用文件

下列文件中的条款通过本标准的引用而成为本标准的条款。凡是注日期的引用文件，其随后所有的修改单(不包括勘误的内容)或修订版均不适用于本标准，然而，鼓励根据本标准达成协议的各方研究是否可使用这些文件的最新版本。凡是不注日期的引用文件，其最新版本适用于本标准。

GB/T 602　化学试剂　杂质测定用标准溶液的制备(GB/T 602—2002，ISO 6353-1:1982，NEQ)

GB/T 603　化学试剂　试验方法中所用制剂及制品的制备(GB/T 603—2002，ISO 6353-1:1982，NEQ)

GB/T 6682　分析实验室用水规格和试验方法(GB/T 6682—2008，ISO 3696:1987，MOD)

## 3　方法提要

用抗坏血酸将试液中的 $Fe^{3+}$ 还原成 $Fe^{2+}$。在 pH 值为 2～9 时，$Fe^{2+}$ 与 1，10-菲啰啉生成橙红色络合物，在分光光度计最大吸收波长(510 nm)处测定其吸光度。

在特定的条件下，络合物在 pH 值为 4～6 时测定。

大量的碱金属、钙、锶、钡、镁、锰(Ⅱ)、砷(Ⅲ)、砷(Ⅴ)、铀(Ⅵ)、铅、氯离子、溴离子、碘离子、硫氰酸根、乙酸根、氯酸根、硫酸根、硝酸根、硫离子、偏硼酸根、硒酸根、柠檬酸根、酒石酸根、磷酸根和 100 mg 以下的锗(Ⅳ)在试验溶液中，对测定无干扰。如试验溶液中存在柠檬酸根、酒石酸根、砷酸根或大于 100 mg 的磷酸根，显色速度变慢。

## 4　试剂和材料

本标准所用试剂，除非另有规定，应使用分析纯试剂和符合 GB/T 6682 中三级水的规定。

试验中所需杂质标准溶液、制剂及制品，在没有注明其他要求时，均按 GB/T 602、GB/T 603 之规定制备。

**安全提示：本标准使用的强酸具有腐蚀性，使用时应注意。溅到身上时，用大量水冲洗，避免吸入或接触皮肤。**

4.1　盐酸溶液：1＋1。

4.2　氨水溶液：1＋2。

4.3　过硫酸钾溶液：40 g/L。

4.4　乙酸-乙酸钠缓冲溶液：pH＝4.5。

4.5　抗坏血酸溶液：100 g/L。

该溶液使用期为一周。

4.6　1，10-菲啰啉溶液：2 g/L。

4.7　铁标准贮备溶液：0.1 mg/mL。

1 mL 该标准溶液含有 0.100 mg 的铁(Fe)。

4.8　铁标准溶液：20 μg /mL。

移取 50.0 mL 铁标准贮备溶液至 250 mL 容量瓶中，稀释至刻度，摇匀。

1 mL 该标准溶液含有 20 μg 的铁(Fe)。

该溶液现用现配。

## 5 仪器、设备

分光光度计，带有光程为 1 cm、2 cm、4 cm 或 5 cm 的比色皿。

## 6 分析步骤

### 6.1 试液的制备

#### 6.1.1 含有机膦成分的试液的制备

按有关产品标准的规定称取一定量的试样于 100 mL 锥形瓶中，加水至体积不低于 40 mL，用盐酸溶液调至 pH<2，加过硫酸钾溶液 5 mL，置于电加热板上微沸约 40 min，避免煮干，冷却至室温后转移至 500 mL 容量瓶中，稀释至刻度，摇匀。

#### 6.1.2 不含有机膦成分的试液的制备

按有关产品标准的规定称取一定量的试样于 250 mL 烧杯中，加 100 mL 水和 2 mL 盐酸溶液，置于电加热板上微沸约 15 min，冷却后转移至 500 mL 容量瓶中，稀释至刻度，摇匀。

### 6.2 空白试验

在测定试液的同时，用制备试液的全部试剂和相同量制备空白溶液，稀释至相同体积，移取与测定试液时同样体积的试剂空白溶液进行空白试验。

### 6.3 校准曲线的绘制

#### 6.3.1 标准比色液的配制

适用于光程为 1 cm、2 cm、4 cm 或 5 cm 比色皿吸光度的测定。

根据试液中预计的铁含量，按照表 1 所指出的范围在一系列 100 mL 容量瓶中，分别加入给定体积的铁标准溶液。

#### 6.3.2 显色

每个容量瓶都按下述规定同时同样处理：

如有必要，用水稀释至约 60 mL，用盐酸溶液调至 pH 为 2(用精密 pH 试纸检查)。加 1 mL 抗坏血酸溶液，然后加 20 mL 缓冲溶液和 5 mL 1，10-菲啰啉溶液，用水稀释至刻度，摇匀。放置不少于 15 min。

#### 6.3.3 吸光度的测定

选择适当光程的比色皿(见表 1)，于最大吸收波长(约 510 nm)处，以水为参比，将分光光度计的吸光度调整到零，进行吸光度测量。若溶液中含有带色离子时不能用水作参比测定，应以和试液相同组分但不加 1，10-菲啰啉溶液当作参比。

表 1

| 试液中预计的铁含量/μg | | | | | |
|---|---|---|---|---|---|
| 50～500 | | 25～250 | | 10～100 | |
| 铁标准溶液(4.7) | 对应的铁含量 | 铁标准溶液(4.7) | 对应的铁含量 | 铁标准溶液(4.7) | 对应的铁含量 |
| mL | μg | mL | μg | mL | μg |
| 0 | 0 | 0 | 0 | 0 | 0 |
| 2.50 | 50 | 3.00 | 60 | 0.50 | 10 |
| 5.00 | 100 | 5.00 | 100 | 1.00 | 20 |

表 1（续）

| 试液中预计的铁含量/μg | | | | | |
|---|---|---|---|---|---|
| 50～500 | | 25～250 | | 10～100 | |
| 铁标准溶液(4.7) mL | 对应的铁含量 μg | 铁标准溶液(4.7) mL | 对应的铁含量 μg | 铁标准溶液(4.7) mL | 对应的铁含量 μg |
| 10.00 | 200 | 7.00 | 140 | 2.00 | 40 |
| 15.00 | 300 | 9.00 | 180 | 3.00 | 60 |
| 20.00 | 400 | 11.00 | 220 | 4.00 | 80 |
| 25.00 | 500 | 13.00 | 260 | 5.00 | 100 |
| 比色皿光程/cm | | | | | |
| 1 | | 2 | | 4 或 5 | |

### 6.3.4 绘制标准曲线

从每个标准比色液的吸光度中减去试剂空白试液的吸光度，以每 100 mL 含 Fe 量(mg)为横坐标，对应的吸光度为纵坐标，绘制校准曲线。

### 6.4 测定

### 6.4.1 显色

取一定量的试液(6.1)，其中铁含量不超过 500 μg，另取同样体积的试剂空白溶液，必要时，加水至 60 mL，用氨水溶液或盐酸溶液调至 pH 值为 2(用精密 pH 试纸检查)。将试液定量转移至 100 mL 的容量瓶内，按 6.3.2 从“加 1 mL 抗坏血酸溶液……”开始进行操作。

### 6.4.2 吸光度的测定

显色后，按 6.3.3 规定的步骤，测定两个试液(6.4.1)的吸光度。

## 7 结果计算

由显色后测得的相应的吸光度值从校准曲线(6.3.4)中查得试液和试剂空白溶液中的铁含量。

与产品相关的标准将给出合适的最终结果的计算公式。

## 8 试验报告

试验报告应包括以下部分：

a) 样品的鉴定；

b) 依据的通用方法和相关产品的标准；

c) 结果和表述方法；

d) 在测定过程中任何异常情况的提示；

e) 在本标准或相关的产品标准中不包括的操作或随意的操作情况。

ICS 71.040.40
G 76

# 中华人民共和国国家标准

GB/T 22597—2008

# 再生水中化学需氧量的测定 重铬酸钾法

## Reclaimed wastewater—Determination of chemical oxygen demand—Potassium dichromate method

2008-12-23 发布　　2009-09-01 实施

中华人民共和国国家质量监督检验检疫总局
中国国家标准化管理委员会 发布

# 前言

本标准由中国石油和化学工业协会提出。

本标准由全国化学标准化技术委员会水处理剂分会(SAC/TC 63/SC 5)归口。

本标准负责起草单位:中国石油天然气股份有限公司乌鲁木齐石化分公司研究院。

本标准主要起草人:郭景玉、李红。

# 再生水中化学需氧量的测定<br>重铬酸钾法

## 1 范围

本标准规定了再生水中化学需氧量的测定方法。

本标准适用于再生水中化学需氧量(COD)的测定,测定范围为 1 mg/L～100 mg/L。

## 2 规范性引用文件

下列文件中的条款通过本标准的引用而成为本标准的条款。凡是注日期的引用文件,其随后所有的修改单(不包括勘误的内容)或修订版均不适用于本标准,然而,鼓励根据本标准达成协议的各方研究是否可使用这些文件的最新版本。凡是不注日期的引用文件,其最新版本适用于本标准。

GB/T 601 化学试剂 标准滴定溶液的制备

GB/T 603 化学试剂 试验方法中所用制剂及制品的制备(GB/T 603—2002,ISO 6353-1:1982,NEQ)

GB/T 6682 分析实验室用水规格和试验方法(GB/T 6682—2008,ISO 3696:1987,MOD)

## 3 方法提要

在水样中加入已知量的重铬酸钾标准溶液,并在强酸介质下以硫酸锰、硫酸高铈作催化剂,经密封罐回流后,以 1,10-菲啰啉-亚铁指示液为指示剂,用硫酸亚铁铵滴定水样中未被还原的重铬酸钾,由消耗的硫酸亚铁铵的量换算成消耗氧的质量浓度。

## 4 试剂和材料

本标准所用试剂,除非另有规定,应使用分析纯试剂和符合 GB/T 6682 中三级水的规定。

试验中所需标准滴定溶液、制剂及制品,在没有注明其他要求时,均按 GB/T 601、GB/T 603 之规定制备。

4.1 硫酸高铈($Ce_2SO_4$)。

4.2 硫酸锰($MnSO_4$)。

4.3 硫酸汞($HgSO_4$)。

4.4 硫酸($H_2SO_4$)。

4.5 硫酸高铈溶液:50 g/L。

4.6 硫酸锰溶液:50 g/L。

4.7 重铬酸钾标准溶液:$c(1/6K_2Cr_2O_7)$约 0.050 0 mol/L。

称取 2.451 6 g 预先在(105±2)℃干燥 2 h 后的重铬酸钾,精确至 0.2 mg,溶于水中。定量转移至 1 000 mL 容量瓶中,稀释至刻度,摇匀备用。

4.8 邻苯二甲酸氢钾标准溶液:$c(KC_8H_5O_4)$=2.084 2 mmol/L。

称取 0.425 1 g 预先在(105±2)℃干燥 2 h 的邻苯二甲酸氢钾,精确至 0.2 mg。溶于水中,并稀释至 1 000 mL,混匀。以重铬酸钾为氧化剂,将 1 g 邻苯二甲酸氢钾完全氧化的 COD 值为 1.176 8 g,故该标准溶液的理论 COD 值为 500 mg/L。再稀释 10 倍得到理论 COD 值为 50 mg/L 的标准溶液。

4.9 硫酸亚铁铵标准滴定溶液:$c[(NH_4)_2Fe(SO_4)_2 \cdot 6H_2O]$约 0.020 mol/L。

4.9.1 配制

溶解 8 g 硫酸亚铁铵[$(NH_4)_2Fe(SO_4)_2 \cdot 6H_2O$]于水中，加入 2 mL 硫酸，待其溶液冷却后稀释至 1 000 mL。

4.9.2 标定

取 10.00 mL 重铬酸钾标准溶液置于锥形瓶中，用水稀释至约 100 mL，加入 30 mL 硫酸，混匀。冷却后，加三滴(约 0.15 mL)1,10-菲啰啉-亚铁指示液，用硫酸亚铁铵标准滴定溶液滴定至颜色由黄色经蓝绿色变为红褐色，即为终点。记录硫酸亚铁铵的消耗量 $V$(mL)。

4.9.3 结果计算

硫酸亚铁铵标准滴定溶液的浓度 $c[(NH_4)_2Fe(SO_4)_2 \cdot 6H_2O]$，数值以摩尔每升(mol/L)表示，按式(1)计算：

$$c[(NH_4)_2Fe(SO_4)_2 \cdot 6H_2O] = \frac{10.00 \times 0.050\,0}{V} = \frac{0.5}{V} \quad \cdots\cdots(1)$$

式中：

$V$——滴定时消耗硫酸亚铁铵溶液的毫升数，单位为毫升(mL)。

4.10 1,10-菲啰啉-亚铁指示液。

## 5 仪器、设备

5.1 锥形瓶：250 mL，具塞。

5.2 酸式滴定管：25 mL 或 50 mL。

5.3 干燥箱：0～255 ℃，精度±1 ℃。

## 6 采样

水样要采集于玻璃瓶中，应尽快分析。如不能立即分析时，应加硫酸至 pH 值小于 2，置 4 ℃下保存。采集水样的体积不得少于 100 mL。

## 7 分析步骤

7.1 将水样充分摇匀，移取 10.00 mL 于具塞锥形瓶中。

7.2 空白试验。

按相同步骤以 10.00 mL 蒸馏水代替水样进行试验，其余试剂和水样测定(7.5)相同，记录下空白滴定时消耗的硫酸亚铁铵标准溶液的毫升数 $V_0$。

7.3 校核试验。

按测定水样(7.5)分析步骤，移取 10.00 mL 邻苯二甲酸氢钾标准溶液，用以进行质量控制和检验操作技术及试剂纯度。

该溶液的理论 COD 值为 50 mg/L，如果校核试验的结果大于该值的 88%，即可认为试验步骤是适宜的，否则应寻找失败的原因，重复实验，使之达到要求。

7.4 去干扰处理。

无机还原性物质如亚硝酸盐、硫化物及二价铁盐将使结果增加，将其需氧量作为水样 COD 值的一部分是可以接受的。该实验的主要干扰物为氯化物，可加入硫酸汞部分地除去，经回流后，氯离子可与硫酸汞结合成可溶性的氯汞络合物。

7.5 水样的测定。

于水样(7.1)中加入 5.00 mL 重铬酸钾标准溶液(若加入重铬酸钾后或加热后颜色出现绿色，表示耗氧量过高，应该稀释后测定)和几颗沸石(首次使用前用硫酸和重铬酸钾煮沸后洗净)，摇匀。缓慢加入 3.3 mL 硫酸高铈溶液和 1.0 mL 硫酸锰溶液，再加入 18 mL 浓硫酸(**警示：回流过程中由于溶液的汽**

**化可能会导致瓶塞进出，酸性溶液溅出，应小心操作**），摇动锥形瓶使之混合均匀。锥形瓶盖上塞子放入烘箱中，从室温升到160 ℃开始计时加热30 min。取出冷却至室温后，用水瓶沿瓶壁从瓶口冲一下，调整溶液体积至约100 mL，加入三滴1，10-菲啰啉-亚铁指示液，用硫酸亚铁铵标准滴定溶液滴定，溶液的颜色由黄色经蓝绿色变为红褐色即为终点。记录硫酸亚铁铵标准滴定溶液的消耗毫升数$V_1$。

## 8 结果计算

再生水的化学需氧量（COD）以质量浓度$\rho$计，数值以毫克每升（mg/L）表示，按式（2）计算：

$$\rho = \frac{(V_0/1\,000 - V_1/1\,000)cM/2}{V/1\,000} \times 10^3 \qquad \cdots\cdots\cdots\cdots(2)$$

式中：

$V_0$——空白试验所消耗的硫酸亚铁铵标准滴定溶液的体积的数值，单位为毫升（mL）；

$V_1$——测定水样所消耗的硫酸亚铁铵标准滴定溶液的体积的数值，单位为毫升（mL）；

$c$——硫酸亚铁铵标准滴定溶液的浓度的准确数值，单位为摩尔每升（mol/L）；

$M$——氧的摩尔质量的数值，单位为克每摩尔（g/mol）（$M$=16.0）；

$V$——水样的体积的数值，单位为毫升（mL）。

## 9 允许差

取平行测定结果的算术平均值为测定结果。平行测定结果的绝对差值不大于0.5 mg/L。

ICS 71.040.40
G 76

# 中华人民共和国国家标准

GB/T 22598—2008

# 水处理化学品　铅含量测定方法

Water treatment chemicals—Determination of lead content

2008-12-23 发布　　2009-09-01 实施

中华人民共和国国家质量监督检验检疫总局
中国国家标准化管理委员会　发布

# 前言

本标准由中国石油和化学工业协会提出。

本标准由全国化学标准化技术委员会水处理剂分会(SAC/TC 63/SC 5)归口。

本标准负责起草单位:中海油天津化工研究设计院。

本标准主要起草人:李琳、邵宏谦、白莹。

# 水处理化学品　铅含量测定方法

## 1　范围

本标准规定了水处理化学品中铅含量的方法原子吸收光谱法。

本标准适用于所取水处理化学品试液中铅含量在 0.5 μg～9.0 μg 范围内的测定。

## 2　规范性引用文件

下列文件中的条款通过本标准的引用而成为本标准的条款。凡是注日期的引用文件，其随后所有的修改单(不包括勘误的内容)或修订版均不适用于本标准，然而，鼓励根据本标准达成协议的各方研究是否可使用这些文件的最新版本。凡是不注日期的引用文件，其最新版本适用于本标准。

GB/T 602　化学试剂　杂质测定用标准溶液的制备(GB/T 602—2002，ISO 6353-1:1982，NEQ)

GB/T 6682　分析实验室用水规格和试验方法(GB/T 6682—2008，ISO 3696:1987，MOD)

## 3　方法提要

向试样中加入硝酸和过氧化氢，使试样中的铅溶解，然后用原子吸收光谱法测定铅含量。

## 4　试剂和材料

本标准所用试剂，除非另有规定，应使用分析纯试剂和符合 GB/T 6682 中二级水的规定。

试验中所需杂质标准溶液，在没有注明其他要求时，按 GB/T 602 之规定制备。

**安全提示：本标准使用的强酸具有腐蚀性，使用时应注意。溅到身上时，用大量水冲洗，避免吸入或接触皮肤。**

4.1　过氧化氢：优级纯。

4.2　硝酸(优级纯)溶液：1+1。

4.3　硝酸(优级纯)溶液：1+199。

4.4　铅标准贮备溶液：0.1 mg/mL。

4.5　铅标准溶液：1 μg/mL。

准确移取 5.0 mL 铅标准贮备溶液置于 500 mL 容量瓶中，用硝酸溶液(4.3)稀释至刻度，摇匀。此溶液现用现配。

## 5　仪器、设备

5.1　原子吸收光谱仪：带有石墨炉控制装置，铅空心阴极灯，氘灯或塞曼背景扣除装置。

5.2　氩气钢瓶。

5.3　20 μL 微量定量取样器。

注：所用玻璃仪器必须用硝酸溶液(4.2)清洗，再以水清洗干净。

## 6　分析步骤

### 6.1　试液的制备

按有关产品标准的规定称取一定量的试样置于 250 mL 烧杯中，加水溶解至 100 mL，小心加入 2.0 mL 过氧化氢和 2.0 mL 硝酸溶液(4.2)，加热蒸发至溶液体积约为 40 mL，冷却至室温，将溶液完全转移至 100 mL 容量瓶中，加水至刻度，摇匀。

### 6.2 校准曲线的绘制

分别移取铅标准溶液0.0 mL、1.0 mL、3.0 mL、5.0 mL、7.0 mL、9.0 mL置于6个100 mL容量瓶中，用硝酸溶液(4.3)稀释至刻度，摇匀，其中的铅含量分别为0.0 μg、1.0 μg、3.0 μg、5.0 μg、7.0 μg、9.0 μg。按仪器说明书，把原子吸收光谱仪的各种条件调至最佳状态。仪器调零后，测定每个标准溶液的吸光度。

石墨炉原子化参数见表1。

**表1 石墨炉原子化参数**

| 项　目 | 干　燥 | 灰　化 | 原子化 | 清　除 |
|---|---|---|---|---|
| 温度/℃ | 200 | 600 | 2 300 | 2 500 |
| 斜坡升温时间/s | 20 | 10 | 1 | 1 |
| 保持时间/s | 10 | 20 | 5 | 2 |
| 氩气流量/(mL/min) | 300 | 300 | 50 | 300 |

从每个标准溶液的吸光度中减去空白溶液的吸光度，以铅含量为横坐标，对应的吸光度为纵坐标，绘制校准曲线。

### 6.3 测定

用与测定标准溶液相同的工作条件测定试液(6.1)的吸光度。同时做空白试验。

## 7 结果计算

从试液吸光度中减去空白溶液的吸光度，用所得吸光度从校准曲线上查出相应的铅含量。

与产品相关的标准将给出合适的最终结果的计算公式。

## 8 试验报告

试验报告应包括以下部分：

a) 样品的鉴定；

b) 依据的通用方法和相关产品的标准；

c) 结果和表述方法；

d) 在测定过程中任何异常情况的提示；

e) 在本标准或相关的产品标准中不包括的操作或随意的操作情况。

ICS 71.040.40
G 76

# 中华人民共和国国家标准

GB/T 22599—2008

# 水处理化学品 砷含量测定方法

Water treatment chemicals—Determination of arsenic content

2008-12-23 发布 2009-09-01 实施

中华人民共和国国家质量监督检验检疫总局
中国国家标准化管理委员会 发布

# 前言

本标准由中国石油和化学工业协会提出。

本标准由全国化学标准化技术委员会水处理剂分会(SAC/TC 63/SC 5)归口。

本标准负责起草单位:中海油天津化工研究设计院。

本标准主要起草人:李琳、邵宏谦、白莹。

# 水处理化学品　砷含量测定方法

## 1　范围

本标准规定了水处理化学品中砷含量的测定方法。

本标准中二乙基二硫代氨基甲酸银分光光度法适用于测定砷含量在 1 μg～20 μg(以 As 计)范围内的试液;砷斑法适用于测定砷含量在 1 μg～5 μg(以 As 计)范围内的试液。

## 2　规范性引用文件

下列文件中的条款通过本标准的引用而成为本标准的条款。凡是注日期的引用文件,其随后所有的修改单(不包括勘误的内容)或修订版均不适用于本标准,然而,鼓励根据本标准达成协议的各方研究是否可使用这些文件的最新版本。凡是不注日期的引用文件,其最新版本适用于本标准。

GB/T 602　化学试剂　杂质测定用标准溶液的制备(GB/T 602—2002, ISO 6353-1:1982,NEQ)

GB/T 603　化学试剂　试验方法中所用制剂及制品的制备(GB/T 603—2002, ISO 6353-1:1982,NEQ)

GB/T 6682　分析实验室用水规格和试验方法(GB/T 6682—2008, ISO 3696:1987,MOD)

## 3　二乙基二硫代氨基甲酸银分光光度法

### 3.1　方法提要

在酸性介质中,用锌还原砷,生成砷化氢($AsH_3$),用二乙基二硫代氨基甲酸银吡啶溶液吸收,生成紫红色可溶性胶态银,在最大吸收波长 540 nm 处,测定其吸光度。

### 3.2　试剂和材料

本方法所用试剂,除非另有规定,应使用分析纯试剂和符合 GB/T 6682 中三级水的规定。

试验中所需杂质标准溶液、制剂及制品,在没有注明其他要求时,均按 GB/T 602、GB/T 603 之规定制备。

安全提示:本方法中使用的部分试剂具有毒性或腐蚀性,部分操作具有危险性。本方法并未揭示所有可能的安全问题,使用者操作时应小心谨慎并有责任采取适当的安全和健康措施。

3.2.1　无砷锌粒。

3.2.2　碘化钾溶液:150 g/L。

3.2.3　氯化亚锡溶液。

溶解 40 g 氯化亚锡($SnCl_2 \cdot 2H_2O$)在 25 mL 水和 75 mL 盐酸的混合液中。

3.2.4　二乙基二硫代氨基甲酸银[Ag(DDTC)]吡啶溶液:5 g/L。

溶解 1.25 g 二乙基二硫代氨基甲酸银于吡啶中,并用吡啶稀释至 250 mL 棕色容量瓶中,避免光线照射,有效期为两周。

3.2.5　砷标准贮备溶液:0.1 mg/mL。

3.2.6　砷标准溶液:2.5 μg/mL。

准确吸取 2.50 mL 砷标准贮备溶液置于 100 mL 容量瓶中,用水稀释至刻度,摇匀。此溶液现用现配。

3.2.7　乙酸铅棉花。

### 3.3 仪器、设备

测定砷的所有玻璃容器,必须用热的浓硫酸小心洗涤,再以水清洗干净,并完全干燥。

3.3.1 砷试验装置。

砷试验装置,如图1所示,或其他经实验证明,在规定的检验条件下,能给出相同结果的砷试验装置。

单位为毫米

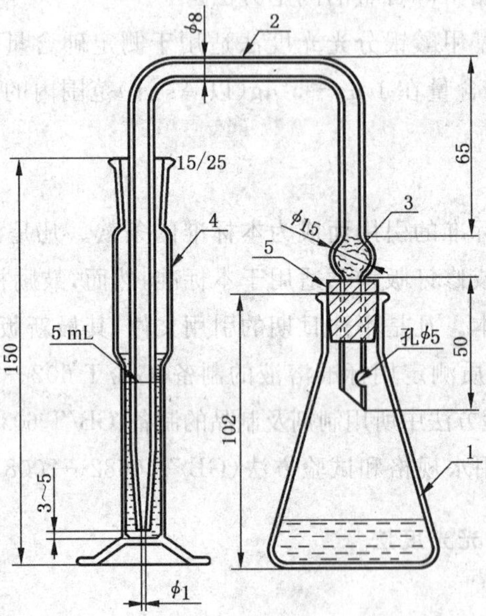


1——砷化氢发生瓶 100 mL;

2——导管;

3——乙酸铅棉花;

4——砷化氢吸收管(附塞);

5——橡胶塞。

图1 砷试验装置

### 3.4 分析步骤

#### 3.4.1 试液的制备

按有关产品标准的规定处理试样后,称取一定量的试样于 100 mL 砷化氢发生瓶(图1中1)中,使其中含砷量小于 20 μg,体积在 30 mL 以下。加 10 mL 盐酸,补充水使其体积为 40 mL,此时溶液酸度约为 3 mol/L。

#### 3.4.2 空白试验

在测定试液的同时,用制备试液的全部试剂和相同量制备空白溶液,稀释至相同体积,移取与测定试液时同样体积的试剂空白溶液进行空白试验。

#### 3.4.3 校准曲线的绘制

3.4.3.1 分别移取砷标准溶液 0.0 mL、1.0 mL、2.0 mL、3.0 mL、4.0 mL、6.0 mL、8.0 mL 置于 7 个砷化氢发生瓶(图1中1)中,相应的砷含量分别为 0.0 μg、2.5 μg、5.0 μg、7.5 μg、10.0 μg、15.0 μg、20.0 μg。

3.4.3.2 于各砷化氢发生瓶中加 10 mL 盐酸和一定量水,使体积约为 40 mL,此时溶液酸度约为 3 mol/L。然后加 2 mL 碘化钾溶液和 2 mL 氯化亚锡溶液,摇匀,放置 15 min。

3.4.3.3 置少量乙酸铅棉花于导管(图1中3)内，以吸收硫化氢，二氧化硫等。移取5.0 mL二乙基二硫代氨基甲酸银吡啶溶液置于砷化氢吸收管(图1中4)中，按图连接装置，在反应过程中应保持密封。

3.4.3.4 称取5 g锌粒加入砷化氢发生瓶中，迅速连接好仪器，使反应进行约45 min。移去砷化氢吸收管，充分摇动，使生成的紫红色胶态银与溶液完全混合。

3.4.3.5 用1 cm吸收池，在波长540 nm处，以水为参比，调节分光光度计的吸光度为零后，测定砷化氢吸收管中各溶液的吸光度。以砷含量(μg)为横坐标，相应的吸光度为纵坐标，绘制校准曲线。

### 3.4.4 测定

于装有40 mL试液的砷化氢发生瓶中，加入2 mL碘化钾溶液和2 mL氯化亚锡溶液，摇匀，放置15 min。以下按3.4.3规定的操作步骤，从“置少量乙酸铅棉花于导管(图1中3)内，……”开始，测定试液和空白溶液的吸光度。

注：由于吡啶具有恶臭，应在通风柜中进行操作。

### 3.5 结果计算

从试液吸光度中减去空白溶液的吸光度，用所得吸光度从校准曲线上查出相应的砷含量。

与产品相关的标准将给出合适的最终结果的计算公式。

## 4 砷斑法

### 4.1 方法提要

在酸性介质中，用碘化钾和氯化亚锡将As(Ⅴ)还原为As(Ⅲ)，加锌粒与酸作用，产生新生态氢，使As(Ⅲ)进一步还原为砷化氢。砷化氢气体与溴化汞试纸接触反应，生成的棕黄色色斑深浅与砷浓度成正比，再与同时按同样操作所生成的一系列标准色斑比较，求出试样中砷含量。

### 4.2 试剂和材料

本方法所用试剂，除非另有规定，应使用分析纯试剂和符合GB/T 6682中三级水的规定。

试验中所需杂质标准溶液、制剂及制品，在没有注明其他要求时，均按GB/T 602、GB/T 603之规定制备。

**安全提示：本方法中使用的部分试剂具有毒性或腐蚀性，部分操作具有危险性。本方法并未揭示所有可能的安全问题，使用者操作时应小心谨慎并有责任采取适当的安全和健康措施。**

4.2.1 无砷锌粒。

4.2.2 碘化钾。

4.2.3 氯化亚锡溶液：400 g/L。

4.2.4 砷标准贮备溶液：0.1 mg/mL。

4.2.5 砷标准溶液：2.5 μg/mL。

同3.2.6。

4.2.6 乙酸铅棉花。

4.2.7 溴化汞试纸。

### 4.3 仪器、设备

测定砷的所有玻璃容器，必须用热的浓硫酸小心洗涤，再以水清洗干净，并完全干燥。

### 4.3.1 定砷器

定砷器如图2所示，或其他经实验证明，在规定的检验条件下，能给出相同结果的定砷器。使用时，将溴化汞试纸夹在玻璃管上端管口(图2中4)与玻璃帽(图2中5)中间，用橡皮圈将其固定。

单位为毫米

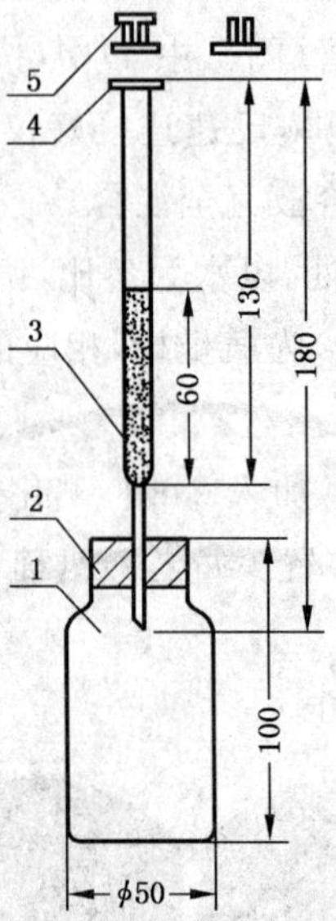


1——广口瓶；

2——胶塞；

3——玻璃管；

4——玻璃管上端管口；

5——玻璃帽。

图2 定砷器

## 4.4 分析步骤

4.4.1 取一定量的试液和一系列砷标准溶液(0.0 mL,0.5 mL,1.0 mL,1.5 mL,2.0 mL,相应砷含量为 0.00 μg,1.25 μg,2.50 μg,3.75 μg,5.00 μg)分别置于各广口瓶(图 2 中 1)中,稀释至 70 mL。加 6 mL盐酸,摇匀,然后加入 1 g 碘化钾溶液和 0.2 mL 氯化亚锡溶液,摇匀,放置 15 min。

4.4.2 放少量乙酸铅棉花于玻璃管(图 2 中 3)内以吸收硫化氢、二氧化硫等。按仪器要求,将溴化汞试纸固定。

4.4.3 称取 2.5 g 锌粒到广口瓶中,迅速按图 2 所示连接好仪器。

4.4.4 使反应在暗处进行 1 h～1.5 h,取下溴化汞试纸,以试样的溴化汞试纸颜色与砷标准溶液系列色阶比较,求出试样中砷含量。

## 4.5 结果计算

与标准色阶相比较,测得试液中的砷含量。

与产品相关的标准将给出合适的最终结果的计算公式。

ICS 65.100.20
G 25

# 中华人民共和国国家标准

GB 22600—2008

# 2,4-滴丁酯原药

## 2,4-D butyl technical

2008-12-17 发布 2009-06-01 实施

中华人民共和国国家质量监督检验检疫总局
中国国家标准化管理委员会 发布

# 前言

本标准的第 3 章、第 5 章是强制性的，其余是推荐性的。

本标准与 FAO 规格 1.3/TC/S/F(1992)《2,4-D esters technical》的一致性程度为非等效。

本标准的附录 A 为资料性附录。

本标准自实施之日起，原化工行业标准 HG 2319—1992《2,4-滴丁酯原药》作废。

本标准由中国石油和化学工业协会提出。

本标准由全国农药标准化技术委员会(SAC/TC 133)归口。

本标准负责起草单位：沈阳化工研究院。

本标准参加起草单位：大连松辽化工有限公司、山东潍坊润丰化工有限公司、佳木斯黑龙农药化工股份有限公司、常州永泰丰化工有限公司。

本标准主要起草人：梅宝贵、邢君、苗革新、于亮、侯永生、董霞、方芸、杨剑锋、杨桂芹、杜剑萍。

# 2,4-滴丁酯原药

该产品有效成分2,4-滴丁酯的其他名称、结构式和基本物化参数如下：

ISO通用名称：2,4-D butyl

化学名称：2,4-二氯苯氧乙酸正丁酯

结构式：

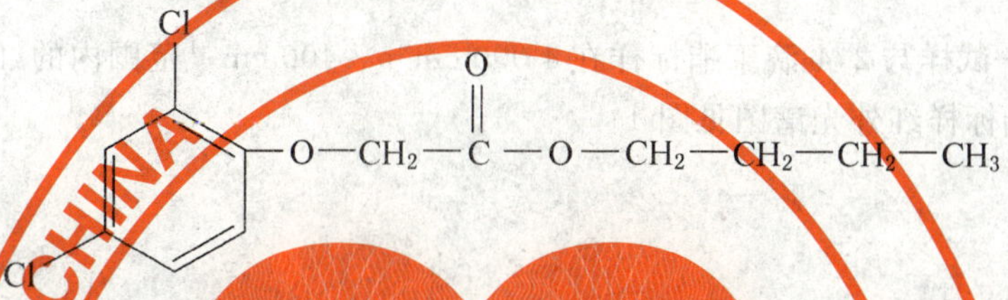

实验式：$C_{12}H_{14}Cl_{2}O_{3}$

相对分子质量：277.15(按2007国际相对原子质量计)

生物活性：除草

## 1 范围

本标准规定了2,4-滴丁酯原药的要求、试验方法以及标志、标签、包装、贮运。

本标准适用于由2,4-滴丁酯及其生产中产生的杂质组成的2,4-滴丁酯原药。

## 2 规范性引用文件

下列文件中的条款通过本标准的引用而成为本标准的条款。凡是注日期的引用文件，其随后所有的修改单(不包括勘误的内容)或修订版均不适用于本标准，然而，鼓励根据本标准达成协议的各方研究是否可使用这些文件的最新版本。凡是不注日期的引用文件，其最新版本适用于本标准。

GB/T 601 化学试剂 标准滴定溶液的制备

GB/T 1604 商品农药验收规则

GB/T 1605—2001 商品农药采样方法

GB 3796 农药包装通则

## 3 要求

### 3.1 外观

无色至棕色油状液体。

### 3.2 技术指标

2,4-滴丁酯原药还应符合表1要求。

表1 2,4-滴丁酯原药控制项目指标

| 项 目 | | 指 标 |
|---|---|---|
| 2,4-滴丁酯质量分数/% | ≥ | 92.0 |
| 游离酚质量分数(以2,4-二氯酚计)/% | ≤ | 1.0 |
| 酸度(以2,4-滴计)/% | ≤ | 1.5 |

## 4 试验方法

### 4.1 抽样

按 GB/T 1605—2001 中“商品原药采样”方法进行。用随机数表法确定抽样的包装件，最终抽样量应不少于 100 g。

### 4.2 鉴别试验

气相色谱法——本鉴别试验可与 2,4-滴丁酯质量分数的测定同时进行。在相同的色谱操作条件下，试样溶液中某色谱峰的保留时间与标样溶液中 2,4-滴丁酯的保留时间，其相对差值应在 1.5% 以内。

红外光谱法——试样与 2,4-滴丁酯标样在 4 000 $cm^{-1}$～400 $cm^{-1}$ 范围内的红外吸收光谱图应无明显差异。2,4-滴丁酯标样红外光谱图见图 1。

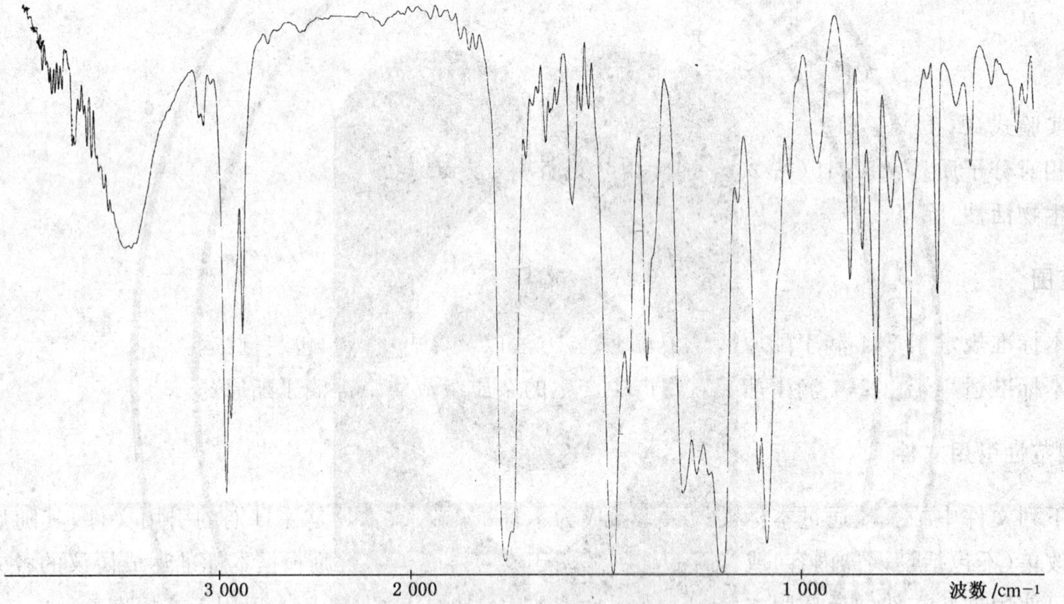


图 1 2,4-滴丁酯标样的红外光谱图

### 4.3 2,4-滴丁酯质量分数的测定

#### 4.3.1 方法提要

试样用三氯甲烷溶解，以邻苯二甲酸二异丁酯为内标物，使用四氯邻苯二甲酸乙二醇聚酯和阿匹松 L 为填充物的不锈钢柱和氢火焰离子化检测器，对试样中的 2,4-滴丁酯进行气相色谱分离和测定。也可使用毛细管气相色谱法测定，色谱操作条件参见附录 A。

#### 4.3.2 试剂和溶液

三氯甲烷；

2,4-滴丁酯标样：已知质量分数 $w \geq 98.0\%$；

内标物：邻苯二甲酸二异丁酯，应没有干扰分析的杂质；

内标溶液：称取邻苯二甲酸二异丁酯 3.5 g，置于 250 mL 容量瓶中，加适量三氯甲烷溶解并稀释至刻度，摇匀。

#### 4.3.3 仪器

气相色谱仪：具有氢火焰离子化检测器；

色谱处理机或色谱工作站；

色谱柱：2 m×3 mm(i. d.)不锈钢(玻璃)柱，内装 1.7%四氯邻苯二甲酸乙二醇聚酯和 0.3%阿匹松 L/Chromosorb W-AW DMCS 180～250 μm 的填充物；

微量进样器：10 μL。

4.3.4 **气相色谱操作条件**

温度(℃)：柱温 170，气化室 260，检测器室 260；

气体流量(mL/min)：载气($N_2$) 20，氢气 30，空气 300；

进样量：0.6 μL；

保留时间(min)：2,4-滴丁酯 11.0，内标物 6.7。

上述操作参数是典型的，可根据不同仪器特点，对给定的操作参数作适当调整，以期获得最佳效果。典型的 2,4-滴丁酯原药与内标物气相色谱图见图 2。

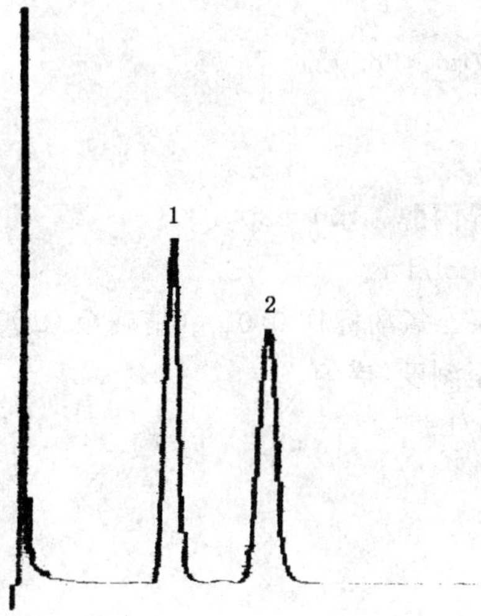


1——内标物；

2——2,4-滴丁酯。

**图 2 2,4-滴丁酯原药与内标物的气相色谱图**

4.3.5 **测定步骤**

4.3.5.1 **标样溶液的制备**

称取 2,4-滴丁酯标样 0.1 g(精确至 0.000 2 g)，置于一具塞玻璃瓶中，用移液管加入 5 mL 内标溶液，摇匀。

4.3.5.2 **试样溶液的制备**

称取含 2,4-滴丁酯 0.1 g(精确至 0.000 2 g)的试样，置于一具塞玻璃瓶中，用与 4.3.5.1 中相同的移液管加入 5 mL 内标溶液，摇匀。

4.3.5.3 **测定**

在上述操作条件下，待仪器稳定后，连续注入数针标样溶液，直至相邻两针 2,4-滴丁酯与内标物峰面积相对变化小于 1.2%后，按照标样溶液、试样溶液、试样溶液、标样溶液的顺序进行测定。

4.3.5.4 **计算**

将测得的两针试样溶液以及试样前后两针标样溶液中 2,4-滴丁酯与内标物峰面积之比分别进行平均。试样中的 2,4-滴丁酯质量分数 $w_1$(%)，按式(1)计算：

$$w_1 = \frac{r_2 \cdot m_1 \cdot w}{r_1 \cdot m_2} \qquad \cdots\cdots(1)$$

式中：

$r_1$——标样溶液中，2,4-滴丁酯与内标物峰面积比的平均值；

$r_2$——试样溶液中，2,4-滴丁酯与内标物峰面积比的平均值；

$m_1$——标样的质量，单位为克(g)；

$m_2$——试样的质量，单位为克(g)；

$w$——标样中2,4-滴丁酯的质量分数，以%表示。

4.3.6 允许差

2,4-滴丁酯质量分数两次平行测定结果之差应不大于1.2%，取其算术平均值作为测定结果。

4.4 游离酚的测定

4.4.1 方法提要

将试样溶于乙醇中，加入氨水、4-氨基安替比林和铁氰化钾溶液显色，于520 nm处测定其吸光度。由校正曲线查出相同吸光度下标样的体积，计算游离酚含量。

4.4.2 试剂和溶液

2,4-二氯酚标样：已知质量分数$w \geqslant 98.0\%$；

乙醇；

异丙醇；

乙醇异丙醇水溶液：$\psi$(乙醇：异丙醇：水)＝2：1：3；

氨溶液：$c(NH_3 \cdot H_2O)=0.1$ mol/L；

2,4-二氯酚标样溶液：称取2,4-二氯酚标样0.01 g(精确至0.000 2 g)，置于100 mL容量瓶中，加入少量乙醇使之溶解，用乙醇稀释至刻度，摇匀；

4-氨基安替比林水溶液：$\rho=2$ g/L；

铁氰化钾水溶液：$\rho=4$ g/L。

4.4.3 仪器、设备

分光光度计；

微量滴定管：2 mL；

具塞量筒：30 mL；

石英比色皿：1 cm。

4.4.4 测定步骤

4.4.4.1 校正

用微量滴定管依次吸取0.2 mL、0.5 mL、0.8 mL、1.0 mL、1.2 mL、1.5 mL、2.0 mL 2,4-二氯酚标样溶液，加入7个具塞量筒中，用乙醇补加到10 mL，再依次加入5 mL异丙醇、5 mL氨溶液、5 mL 4-氨基安替比林水溶液和5 mL铁氰化钾水溶液。每加一次都需摇匀，最后一次激烈摇动1 min，静置5 min。使用石英比色皿，以乙醇异丙醇水溶液为参比于520 nm下测定其吸光度。

吸取10 mL乙醇，按上述操作步骤加入各溶液，测定试剂空白的吸光度。

从酚溶液测得的吸光度减去空白值的吸光度，对相应的酚溶液体积作图得校正曲线。

4.4.4.2 测定

称取含2,4-滴丁酯0.2 g(精确至0.000 2 g)的试样，置于100 mL容量瓶中，加入少量乙醇使之溶解，用乙醇稀释至刻度。用移液管移取10 mL上述溶液于具塞量筒中，再依次加入5 mL异丙醇、5 mL氨溶液、5 mL 4-氨基安替比林水溶液和5 mL铁氰化钾水溶液。每加一次都需摇匀，最后一次激烈摇动1 min，静置5 min。使用石英比色皿，以乙醇异丙醇水溶液为参比于520 nm下测定其吸光度。减去空白值的吸光度后，由校正曲线查出该吸光度对应于2,4-二氯酚标样溶液的体积(mL)。

游离酚的质量分数$w_2$(%)按式(2)计算：

$$w_2=\frac{V \times m_1 \times w}{10 \times m_2} \quad \cdots\cdots(2)$$

式中：

$V$——测得试样吸光度对应酚溶液的体积，单位为毫升(mL)；

$m_1$——标样的质量，单位为克(g)；

$m_2$——试样的质量，单位为克(g)；

$w$——标样中2,4-二氯酚的质量分数，以%表示。

4.5 **酸度的测定**

4.5.1 **方法提要**

试样溶于乙醇中，以甲基红为指示剂用氢氧化钠标准滴定溶液滴定至黄色。

4.5.2 **试剂和溶液**

95%乙醇；

氢氧化钠标准滴定溶液 $c(NaOH)=0.01$ mol/L，按GB/T 601配制和标定；

甲基红乙醇溶液：$\rho$(甲基红)＝1 g/L。

4.5.3 **测定步骤**

称取试样0.5 g(精确至0.000 2 g)，置于一个250mL锥形瓶中，加入95%乙醇50 mL，摇动使试样溶解。加入3滴甲基红乙醇溶液，用氢氧化钠标准滴定溶液滴定至黄色即为终点。同时做空白测定。

4.5.4 **计算**

试样的酸度 $w_3$(%)，按式(3)计算：

$$w_3=\frac{c(V_1-V_0)\cdot M}{m\times 1\ 000}\times 100 \qquad \cdots\cdots(3)$$

式中：

$c$——氢氧化钠标准滴定溶液的实际浓度，单位为摩尔每升(mol/L)；

$V_1$——滴定试样溶液消耗氢氧化钠标准滴定溶液的体积，单位为毫升(mL)；

$V_0$——滴定空白溶液消耗氢氧化钠标准滴定溶液的体积，单位为毫升(mL)；

$m$——试样的质量，单位为克(g)；

$M$——2,4-滴的摩尔质量，单位为克每摩尔(g/mol)，[$M$=221 g/mol]。

4.6 **产品的检验与验收**

应符合GB/T 1604的规定。极限数值处理采用修约值比较法。

## 5 标志、标签、包装、贮运

5.1 2,4-滴丁酯原药的标志、标签、包装应符合GB 3796的规定。

5.2 2,4-滴丁酯原药包装应用清洁、干燥的铁桶包装，每桶净含量应不大于200 kg。

5.3 根据用户要求或订货协议可采用其他形式的包装，但需符合GB 3796的规定。

5.4 2,4-滴丁酯原药包装件应贮存在通风、干燥的库房中。

5.5 贮运时，严防潮湿和日晒，不得与食物、种子、饲料混放，避免与皮肤、眼睛接触，防止由口鼻吸入。

**5.6 安全：2,4-滴丁酯为低毒除草剂，吸入会导致头痛、恶心。使用本品时应穿戴防护用品，施药后应用肥皂洗净，万一误服，应立即送医院。**

5.7 验收期：2,4-滴丁酯原药验收期为1个月。从交货之日起，在一个月内完成产品质量验收，其各项指标均应符合标准要求。

# 附　录　A
（资料性附录）
## 2,4-滴丁酯质量分数毛细管气相色谱测定方法

### A.1　方法提要

试样用三氯甲烷溶解，以邻苯二甲酸二正丁酯为内标物，使用 HP-5 为填充物的毛细管柱和氢火焰离子化检测器，对试样中的 2,4-滴丁酯进行气相色谱分离和测定。

### A.2　试剂和溶液

三氯甲烷；

2,4-滴丁酯标样：已知质量分数 $w \geqslant 98.0\%$；

内标物：邻苯二甲酸二正丁酯，应没有干扰分析的杂质；

内标溶液：称取邻苯二甲酸二正丁酯 3.5 g，置于 250 mL 容量瓶中，加适量三氯甲烷溶解并稀释至刻度，摇匀。

### A.3　仪器

气相色谱仪：具有氢火焰离子化检测器；

色谱处理机或色谱工作站；

色谱柱：30 m×0.32 mm(i.d.)毛细管柱，键合 HP-5(5%苯甲基硅酮)，膜厚 0.25 μm。

### A.4　气相色谱操作条件

温度(℃)：柱温 200，气化室 250，检测器室 300；

气体流量(mL/min)：载气($N_2$) 1.8，氢气 30，空气 300，补偿气 25；

进样量：1.0 μL；

保留时间(min)：2,4-滴丁酯 9.0，内标物 11.6。

上述气相色谱操作条件系典型操作参数。可根据不同仪器特点对给定的操作参数作适当调整，以期获得最佳效果。典型的 2,4-滴丁酯原药与内标物气相色谱图见图 A.1。

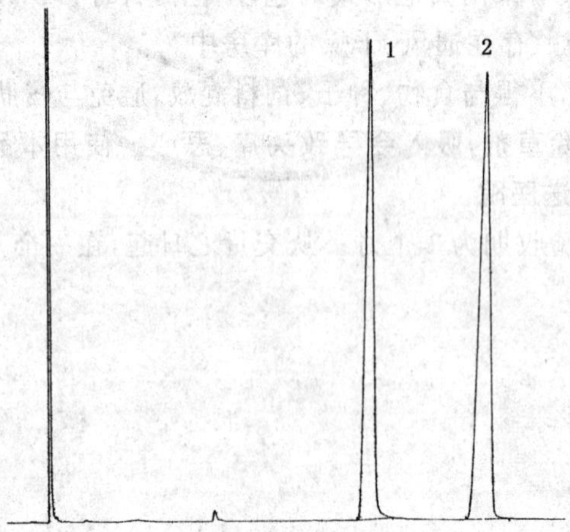


1——2,4-滴丁酯；

2——内标物。

图 A.1　2,4-滴丁酯原药与内标物气相色谱图

## A.5 测定步骤

### A.5.1 标样溶液的配制

称取2,4-滴丁酯标样0.1 g(精确至0.000 2 g),置于具塞玻璃瓶中,用移液管加入5 mL内标溶液,摇匀。

### A.5.2 试样溶液的配制

称取约含2,4-滴丁酯0.1 g(精确至0.000 2 g)的试样,置于具塞玻璃瓶中,用移液管加入5 mL内标溶液,摇匀。

### A.5.3 测定

在上述操作条件下,待仪器基线稳定后,连续注入数针标样溶液,计算各针2,4-滴丁酯与内标物峰面积之比的重复性,待相邻两针2,4-滴丁酯与内标物峰面积的比的相对变化小于1.2%时,按照标样溶液、试样溶液、试样溶液、标样溶液的顺序进行测定。

## A.6 计算

将测得的两针试样溶液以及试样前后两针标样溶液中2,4-滴丁酯和内标物的峰面积比分别进行平均。试样中2,4-滴丁酯的质量分数 $w_1$(%)按式(A.1)计算:

$$w_1 = \frac{r_2 \cdot m_1 \cdot w}{r_1 \cdot m_2} \qquad \text{(A.1)}$$

式中:

$r_1$——标样溶液中,2,4-滴丁酯与内标物峰面积比的平均值;

$r_2$——试样溶液中,2,4-滴丁酯与内标物峰面积比的平均值;

$m_1$——标样的质量,单位为克(g);

$m_2$——试样的质量,单位为克(g);

$w$——标样中2,4-滴丁酯的质量分数,以%表示。

## A.7 允许差

两次平行测定结果之差应不大于1.2%,取其算术平均值作为测定结果。

ICS 65.100.20
G 25

# 中华人民共和国国家标准

GB 22601—2008



# 2,4-滴丁酯乳油

## 2,4-D butyl emulsifiable concentrates

2008-12-17 发布　　　　2009-06-01 实施

中华人民共和国国家质量监督检验检疫总局
中国国家标准化管理委员会　发布

# 前　言

**本标准的第3章、第5章是强制性的，其余是推荐性的。**

本标准与FAO规格1.3/EC/S/F(1992)《2,4-D esters emulsifiable concentrates》的一致性程度为非等效。

本标准的附录A为资料性附录。

本标准自实施之日起，原化工行业标准HG 2320—1992《2,4-滴丁酯乳油》作废。

本标准由中国石油和化学工业协会提出。

本标准由全国农药标准化技术委员会(SAC/TC 133)归口。

本标准负责起草单位：沈阳化工研究院。

本标准参加起草单位：大连松辽化工有限公司、山东潍坊润丰化工有限公司、佳木斯黑龙农药化工股份有限公司、常州永泰丰化工有限公司。

本标准主要起草人：梅宝贵、邢君、苗革新、于亮、侯永生、董霞、方芸、杨剑锋、杨桂芹、杜剑萍。

# 2,4-滴丁酯乳油

该产品有效成分2,4-滴丁酯的其他名称、结构式和基本物化参数如下：

ISO通用名称：2,4-D butyl

化学名称：2,4-二氯苯氧乙酸正丁酯

结构式：

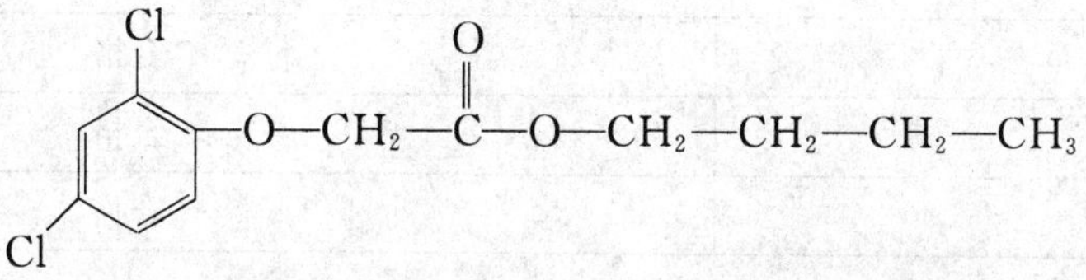

实验式：$C_{12}H_{14}C_{12}O_3$

相对分子质量：277.15(按2007国际相对原子质量计)

生物活性：除草剂

## 1 范围

本标准规定了2,4-滴丁酯乳油的要求、试验方法以及标志、标签、包装、贮运。

本标准适用于由2,4-滴丁酯原药与乳化剂溶解在适宜溶剂中配制成的2,4-滴丁酯乳油。

## 2 规范性引用文件

下列文件中的条款通过本标准的引用而成为本标准的条款。凡是注日期的引用文件，其随后所有的修改单(不包括勘误的内容)或修订版均不适用于本标准，然而，鼓励根据本标准达成协议的各方研究是否可使用这些文件的最新版本。凡是不注日期的引用文件，其最新版本适用于本标准。

GB/T 1600 农药水分测定方法

GB/T 1601 农药pH值的测定方法

GB/T 1603 农药乳液稳定性测定方法

GB/T 1604 商品农药验收规则

GB/T 1605—2001 商品农药采样方法

GB/T 4472 化工产品密度、相对密度测定通则

GB 4838 农药乳油包装

GB/T 19136 农药热贮稳定性测定方法

GB/T 19137 农药低温稳定性测定方法

## 3 要求

### 3.1 组成和外观

本品应由符合标准的2,4-滴丁酯原药制成，为均相油状液体，无可见的悬浮物和沉淀物。

### 3.2 技术指标

2,4-滴丁酯乳油还应符合表1要求。

表 1　2,4-滴丁酯乳油控制项目指标

| 项　目 | | 指　标 | | | |
|---|---|---|---|---|---|
| | | 57% | 72% | 900 g/L | 999 g/L |
| 2,4-滴丁酯质量分数[a]/%<br>或 2,4-滴丁酯质量浓度(20 ℃)/(g/L) | | $57.0^{+2.5}_{-2.5}$<br>— | $72.0^{+2.5}_{-2.5}$<br>— | $76.0^{+2.5}_{-2.5}$<br>$900^{+25}_{-25}$ | $82.5^{+2.5}_{-2.5}$<br>$999^{+25}_{-25}$ |
| 游离酚质量分数(以 2,4-二氯酚计)/% | ≤ | 0.6 | 0.8 | 0.8 | 0.9 |
| 水分质量分数/% | ≤ | 0.8 | | | |
| pH 值范围 | | 3.0～7.0 | | | |
| 乳液稳定性(稀释 200 倍) | | 合格 | | | |
| 低温稳定性[b] | | 合格 | | | |
| 热贮稳定性[b] | | 合格 | | | |

a　当质量发生争议时以质量分数为仲裁。

b　低温稳定性试验、热贮稳定性试验在正常生产时,每 3 个月至少检测一次。

## 4　试验方法

### 4.1　抽样

按 GB/T 1605—2001 中"液体制剂采样"方法进行。用随机数表法确定抽样的包装件,最终抽样量应不少于 200 mL。

### 4.2　鉴别试验

气相色谱法——本鉴别试验可与 2,4-滴丁酯含量的测定同时进行。在相同的色谱操作条件下,试样溶液中某色谱峰的保留时间与标样溶液中 2,4-滴丁酯色谱峰的保留时间,其相对差值应在 1.5% 以内。

### 4.3　2,4-滴丁酯质量分数的测定

#### 4.3.1　方法提要

试样用三氯甲烷溶解,以邻苯二甲酸二异丁酯为内标物,使用四氯邻苯二甲酸乙二醇聚酯和阿匹松 L 为填充物的不锈钢柱和氢火焰离子化检测器,对试样中的 2,4-滴丁酯进行气相色谱分离和测定。也可使用毛细管气相色谱法测定,色谱操作条件见附录 A。

#### 4.3.2　试剂和溶液

三氯甲烷;

2,4-滴丁酯标样:已知质量分数 $w \geq 98.0\%$;

内标物:邻苯二甲酸二异丁酯,应没有干扰分析的杂质;

内标溶液:称取邻苯二甲酸二异丁酯 3.5 g,置于 250 mL 容量瓶中,加适量三氯甲烷溶解并稀释至刻度,摇匀。

#### 4.3.3　仪器

气相色谱仪:具有氢火焰离子化检测器;

色谱处理机或色谱工作站;

色谱柱:2 m×3 mm(i.d.)不锈钢(玻璃)柱,内装 1.7% 四氯邻苯二甲酸乙二醇聚酯和 0.3% 阿匹松 L/Chromosorb W-AW DMCS 180～250 μm 的填充物;

微量进样器:10 μL。

#### 4.3.4　气相色谱操作条件

温度(℃):柱温:170,气化室 260,检测器室 260;

气体流量(mL/min):载气($N_2$) 20,氢气 30,空气 300;

进样量:0.6 μL;

保留时间(min):2,4-滴丁酯 11.0,内标物 6.7。

上述操作参数是典型的,可根据不同仪器特点,对给定的操作参数作适当调整,以期获得最佳效果。典型的 2,4-滴丁酯乳油和内标物的气相色谱图见图 1。

1——内标物;

2——2,4-滴丁酯。

图 1　2,4-滴丁酯乳油与内标物的气相色谱图



#### 4.3.5　测定步骤

##### 4.3.5.1　标样溶液的制备

称取 2,4-滴丁酯标样 0.1 g(精确至 0.000 2 g),置于一具塞玻璃瓶中,用移液管加入 5 mL 内标溶液,摇匀。

##### 4.3.5.2　试样溶液的制备

称取含 2,4-滴丁酯 0.1 g(精确至 0.000 2 g)的试样,置于一具塞玻璃瓶中,用与 4.3.5.1 中相同的移液管加入 5 mL 内标溶液,摇匀。

##### 4.3.5.3　测定

在上述操作条件下,待仪器稳定后,连续注入数针标样溶液,直至相邻两针 2,4-滴丁酯峰面积相对变化小于 1.2%后,按照标样溶液、试样溶液、试样溶液、标样溶液的顺序进行测定。

##### 4.3.5.4　计算

将测得的两针试样溶液以及试样前后两针标样溶液中 2,4-滴丁酯与内标物峰面积之比,分别进行平均。试样中 2,4-滴丁酯的质量分数 $w_1$(%)按式(1)计算,2,4-滴丁酯的质量浓度 $\rho_1$(g/L)按式(2)计算:

$$w_1 = \frac{r_2 \cdot m_1 \cdot w}{r_1 \cdot m_2} \quad \cdots\cdots(1)$$

$$\rho_1 = \frac{r_2 \times m_1 \times \rho \times w \times 10}{r_1 \times m_2} \quad \cdots\cdots(2)$$

式中:

$r_1$——标样溶液中,2,4-滴丁酯与内标物峰面积比的平均值;

$r_2$——试样溶液中,2,4-滴丁酯与内标物峰面积比的平均值;

$m_1$——标样的质量,单位为克(g);

$m_2$——试样的质量,单位为克(g);

$\rho$——20 ℃时试样的密度,单位为克每毫升(g/mL)(按 GB/T 4472 进行测定);

$w$——标样中2,4-滴丁酯的质量分数,以%表示。

4.3.6 允许差

2,4-滴丁酯质量分数(质量浓度)两次平行测定结果之相对差应不大于1.5%,取其算术平均值作为测定结果。

4.4 游离酚的测定

4.4.1 方法提要

将试样溶于乙醇中,加入氨水、4-氨基安替比林和铁氰化钾溶液显色,于520 nm处测定其吸光度。由校正曲线查出相同吸光度下标样的体积,计算游离酚含量。

4.4.2 试剂和溶液

2,4-二氯酚标样:已知质量分数 $w \geqslant 98.0\%$;

乙醇;

异丙醇;

乙醇异丙醇水溶液:$\psi$(乙醇:异丙醇:水)=2:1:3;

氨溶液:$c(NH_3 \cdot H_2O)=0.1$ mol/L;

2,4-二氯酚标样溶液:称取2,4-二氯酚标样0.01 g(精确至0.000 2 g),置于100 mL容量瓶中,加入少量乙醇使之溶解,用乙醇稀释至刻度,摇匀;

4-氨基安替比林水溶液:$\rho=2$ g/L;

铁氰化钾水溶液:$\rho=4$ g/L。

4.4.3 仪器、设备

分光光度计;

微量滴定管:2 mL;

具塞量筒:30 mL;

石英比色皿:1 cm。

4.4.4 测定步骤

4.4.4.1 校正

用微量滴定管依次吸取0.2 mL、0.5 mL、0.8 mL、1.0 mL、1.2 mL、1.5 mL、2.0 mL 2,4-二氯酚标样溶液,加入7个具塞量筒中,用乙醇补加到10 mL,再依次加入5 mL异丙醇、5 mL氨溶液、5 mL4-氨基安替比林水溶液和5 mL铁氰化钾水溶液。每加一次都需摇匀,最后一次激烈摇动1 min,静置5 min。使用石英比色皿,以乙醇异丙醇水溶液为参比于520 nm下测定其吸光度。

吸取10 mL乙醇,按上述操作步骤加入各溶液,测定试剂空白的吸光度。

从酚溶液测得的吸光度减去空白值的吸光度,对相应的酚溶液体积作图得校正曲线。

4.4.4.2 测定

称取含2,4-滴丁酯0.2 g(精确至0.000 2 g)的试样,置于100 mL容量瓶中,加入少量乙醇使之溶解,用乙醇稀释至刻度。用移液管移取10 mL上述溶液于具塞量筒中,再依次加入5 mL异丙醇、5 mL氨溶液、5 mL 4-氨基安替比林水溶液和5 mL铁氰化钾水溶液。每加一次都需摇匀,最后一次激烈摇动1 min,静置5 min。使用石英比色皿,以乙醇异丙醇水溶液为参比于520 nm下测定其吸光度。减去空白值的吸光度后,由校正曲线查出该吸光度对应于2,4-二氯酚标样溶液的体积(mL)。

游离酚的质量分数 $w_2$(%)按式(3)计算:

$$w_2=\frac{V \times m_1 \times w}{10 \times m_2} \qquad \cdots\cdots(3)$$

式中:

$V$——测得试样吸光度对应酚溶液的体积,单位为毫升(mL);

$m_1$——标样的质量,单位为克(g);

$m_2$——试样的质量,单位为克(g);

$w$——标样中2,4-二氯酚的质量分数,以%表示。

**4.5 水分的测定**

按GB/T 1600中的“卡尔·费休法”进行。

**4.6 pH值的测定**

按GB/T 1601进行。

**4.7 乳液稳定性试验**

试样用标准硬水稀释200倍,按GB/T 1603进行试验,上无浮油、下无沉淀为合格。

**4.8 低温稳定性试验**

按GB/T 19137中“乳剂和均相液体制剂”进行,离心管底部离析物的体积不超过0.3 mL为合格。

**4.9 热贮稳定性试验**

按GB/T 19136中“液体制剂”进行。热贮后,2,4-滴丁酯质量分数应不低于热贮前测得质量分数的95%,乳液稳定性仍应符合标准要求。

**4.10 产品的检验与验收**

应符合GB/T 1604的规定。极限数值处理采用修约值比较法。

## 5 标志、标签、包装、贮运

5.1 2,4-滴丁酯乳油的标志、标签、包装应符合GB 4838的规定。

5.2 2,4-滴丁酯乳油大包装用铁桶或聚氨酯桶包装,每桶净含量不大于200 kg。2,4-滴丁酯乳油小包装采用聚酯瓶或玻璃瓶包装,每瓶净含量为100 g(mL)、200 g(mL)、250 g(mL)、500 g(mL)、1 kg(1 L);外包装用钙塑箱或瓦楞纸箱,每箱净含量应不超过15 kg。

5.3 根据用户要求或订货协议可采用其他形式的包装,但应符合GB 4838的规定。

5.4 2,4-滴丁酯乳油包装件应贮存在通风、干燥的库房中。

5.5 贮运时,严防潮湿和日晒,不得与食物、种子、饲料混放,避免与皮肤、眼睛接触,防止由口鼻吸入。

**5.6 安全:2,4-滴丁酯为低毒除草剂,吸入会导致头痛、恶心。使用本品时应穿戴防护用品,施药后应用肥皂洗净,万一误服,应立即送医院。**

5.7 保证期:在规定的贮运条件下,2,4-滴丁酯乳油的保证期,从生产日期算起为2年。

# 附　录　A
（资料性附录）
## 2,4-滴丁酯质量分数毛细管气相色谱测定方法

### A.1　方法提要

试样用三氯甲烷溶解，以邻苯二甲酸二正丁酯为内标物，使用 HP-5 为填充物的毛细管柱和氢火焰离子化检测器，对试样中的 2,4-滴丁酯进行气相色谱分离和测定。

### A.2　试剂和溶液

三氯甲烷；

2,4-滴丁酯标样：已知质量分数 $w \geqslant 98.0\%$；

内标物：邻苯二甲酸二正丁酯，应没有干扰分析的杂质；

内标溶液：称取邻苯二甲酸二正丁酯 3.5 g，置于 250 mL 容量瓶中，加适量三氯甲烷溶解并稀释至刻度，摇匀。

### A.3　仪器

气相色谱仪：具有氢火焰离子化检测器；

色谱处理机或色谱工作站；

色谱柱：30 m×0.32 mm(i.d.)毛细管柱，键合 HP-5(5%苯甲基硅酮)，膜厚 0.25 μm。

### A.4　气相色谱操作条件

温度(℃)：柱温：200，气化室 250，检测器室 300；

气体流量(mL/min)：载气($N_2$) 1.8，氢气 30，空气 300；补偿气 25；

进样量：1.0 μL；

保留时间(min)：2,4-滴丁酯 9.0，内标物 11.6。

上述气相色谱操作条件，系典型操作参数。可根据不同仪器特点，对给定的操作参数作适当调整，以期获得最佳效果。典型的 2,4-滴丁酯乳油气相色谱图见图 A.1。

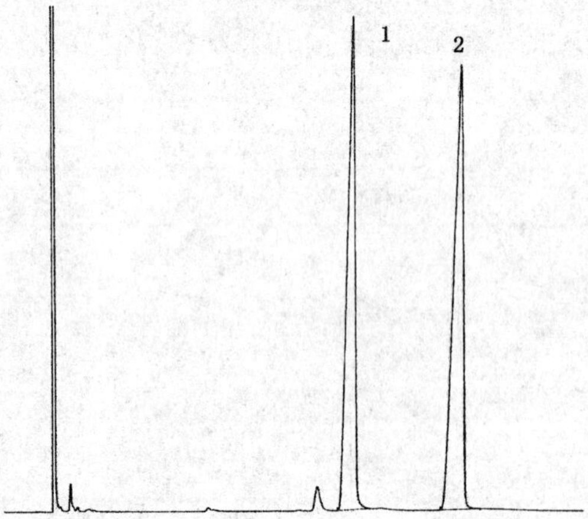


1——2,4-滴丁酯；

2——内标物。

图 A.1　2,4-滴丁酯乳油气相色谱图

## A.5 测定步骤

### A.5.1 标样溶液的配制

称取2,4-滴丁酯标样0.1 g(精确至0.000 2 g),置于具塞玻璃瓶中,用移液管加入5 mL内标溶液,摇匀。

### A.5.2 试样溶液的配制

称取约含2,4-滴丁酯0.1 g(精确至0.000 2 g)的试样,置于具塞玻璃瓶中,用移液管加入5 mL内标溶液,摇匀。

### A.5.3 测定

在上述操作条件下,待仪器基线稳定后,连续注入数针标样溶液,计算各针2,4-滴丁酯与内标物峰面积之比的重复性,待相邻两针2,4-滴丁酯与内标物峰面积的比的相对变化小于1.2%时,按照标样溶液、试样溶液、试样溶液、标样溶液的顺序进行测定。

## A.6 计算

将测得的两针试样溶液以及试样前后两针标样溶液中2,4-滴丁酯与内标物峰面积之比,分别进行平均。试样中2,4-滴丁酯的质量分数 $w_1$(%),按式(A.1)计算,质量浓度 $\rho_1$(g/L)按式(A.2)计算:

$$w_1 = \frac{r_2 \cdot m_1 \cdot w}{r_1 \cdot m_2} \qquad \cdots\cdots(A.1)$$

$$\rho_1 = \frac{r_2 \times m_1 \times \rho \times w \times 10}{r_1 \times m_2} \qquad \cdots\cdots(A.2)$$

式中:

$r_1$——标样溶液中,2,4-滴丁酯峰面积与内标物峰面积比的平均值;

$r_2$——试样溶液中,2,4-滴丁酯峰面积与内标物峰面积比的平均值;

$m_1$——标样的质量,单位为克(g);

$m_2$——试样的质量,单位为克(g);

$\rho$——20 ℃时试样的密度,单位为克每毫升(g/mL)(按GB/T 4472进行测定);

$w$——标样中2,4-滴丁酯的质量分数,以%表示。

## A.7 允许差

两次平行测定结果之相对差应不大于1.5%,取其算术平均值作为测定结果。

ICS 65.100.30
G 25

# 中华人民共和国国家标准

GB 22602—2008

# 戊唑醇原药

## Tebuconazole technical

2008-12-17 发布　　2009-06-01 实施

中华人民共和国国家质量监督检验检疫总局
中国国家标准化管理委员会　发布

# 前言

本标准的第3章、第5章是强制性的，其余是推荐性的。

本标准与FAO规格494/TC/S/F(2000)《Tebuconazole Technical》的一致性程度为非等效。

本标准由中国石油和化学工业协会提出。

本标准由全国农药标准化技术委员会(SAC/TC 133)归口。

本标准负责起草单位：沈阳化工研究院。

本标准参加起草单位：江苏丰登农药有限公司、山东华阳科技股份有限公司、江苏七洲绿色化工股份有限公司。

本标准主要起草人：姜敏怡、李秀杰、耿荣伟、宋东升、胡春红。

# 戊 唑 醇 原 药

该产品有效成分戊唑醇的其他名称、结构式和基本物化参数如下：

ISO 通用名称：Tebuconazole

CAS 登录号：107534-96-3

CIPAC 数字代码：494

化学名称：(RS)-1-(4-氯苯基)-4,4-二甲基-3-(1H-1,2,4-三唑-1-基甲基)戊-3-醇

结构式：

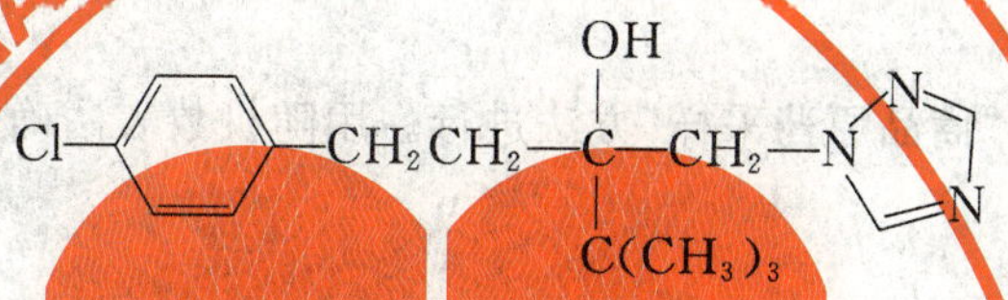


实验式：$C_{16}H_{22}ClN_3O$

相对分子质量：307.8(按 2007 年国际相对原子质量计)

生物活性：杀菌

熔点：约 102.4 ℃

蒸气压(20 ℃)：0.013 mPa

溶解度(20 ℃)：水中 32 mg/L；二氯甲烷大于 200 g/L；己烷小于 0.1 g/L；异丙醇、甲苯中 50 g/L～100 g/L

稳定性：在 pH 值为 4～9，22 ℃水解 $DT_{50}$ 大于 1 年。

## 1 范围

本标准规定了戊唑醇原药的要求、试验方法以及标志、标签、包装、贮运。

本标准适用于由戊唑醇和生产中产生的杂质组成的戊唑醇原药。

## 2 规范性引用文件

下列文件中的条款通过本标准的引用而成为本标准的条款。凡是注日期的引用文件，其随后所有的修改单(不包括勘误的内容)或修订版均不适用于本标准，然而，鼓励根据本标准达成协议的各方研究是否可使用这些文件的最新版本。凡是不注日期的引用文件，其最新版本适用于本标准。

GB/T 1600　农药水分测定方法

GB/T 1601　农药 pH 值的测定方法

GB/T 1604　商品农药验收规则

GB/T 1605—2001　商品农药采样方法

GB 3796　农药包装通则

GB/T 19138　农药丙酮不溶物测定方法

## 3 要求

### 3.1 外观

白色至浅黄色粉末。

### 3.2 戊唑醇原药应符合表 1 要求。

表 1　戊唑醇原药质量控制项目指标

| 项　　目 | | 指　标 |
|---|---|---|
| 戊唑醇质量分数/% | ≥ | 96.0 |
| 丙酮不溶物质量分数[a]/% | ≤ | 0.2 |
| 水分质量分数/% | ≤ | 0.5 |
| pH 值范围 | | 6.0～9.0 |
| a 正常生产时，丙酮不溶物质量分数每 3 个月至少测定一次。 | | |

## 4　试验方法

### 4.1　抽样

按 GB/T 1605—2001 中“商品原药采样”方法进行。用随机数表法确定抽样的包装件；最终抽样量应不少于 100 g。

### 4.2　鉴别试验

红外光谱法——试样与标样在 4 000 $cm^{-1}$～400 $cm^{-1}$ 范围的红外吸收光谱图应没有明显区别。标样红外光谱图见图 1。

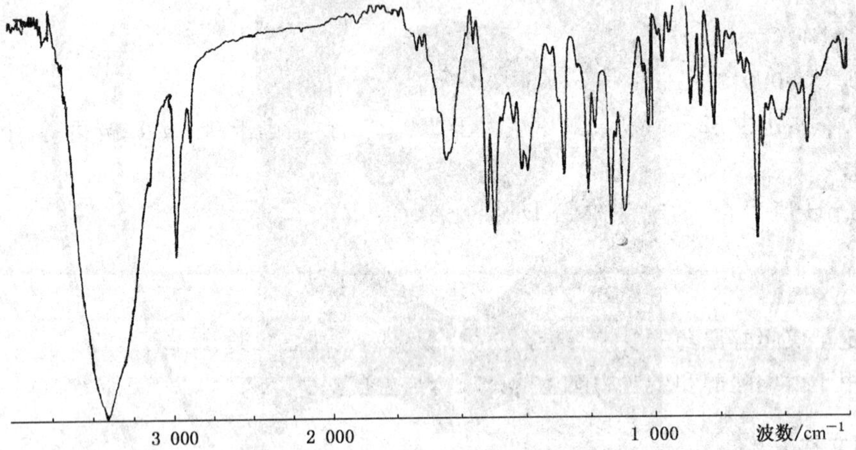


图 1　戊唑醇标准红外光谱图

液相色谱法——本鉴别试验可与戊唑醇质量分数的测定同时进行。在相同的色谱操作条件下，试样溶液中某个色谱峰的保留时间与标样溶液中戊唑醇的色谱峰的保留时间，其相对差值应在 1.5% 以内。

### 4.3　戊唑醇质量分数的测定

#### 4.3.1　高效液相色谱法（仲裁法）

##### 4.3.1.1　方法提要

试样用甲醇溶解，以甲醇＋水为流动相，使用以 Nova-Pak $C_{18}$ 为填料的不锈钢柱和紫外检测器（220 nm），对试样中的戊唑醇进行高效液相色谱分离和测定。

##### 4.3.1.2　试剂和溶液

甲醇；

水：新蒸二次蒸馏水；

戊唑醇标样：已知戊唑醇质量分数 $w \geq 99.0\%$。

##### 4.3.1.3　仪器

高效液相色谱仪：具有可变波长紫外检测器；

色谱数据处理机或工作站；

色谱柱：150 mm×3.9 mm(i.d.)不锈钢柱，内装 Nova-Pak $C_{18}$ 5 μm 填充物(或同等效果的色谱柱)；

过滤器：滤膜孔径约 0.45 μm；

微量进样器：50 μL；

定量进样管：5 μL；

超声波清洗器。

**4.3.1.4　高效液相色谱操作条件**

流动相：$\psi(CH_3OH:H_2O)=65:35$；

流速：1.0 mL/min；

柱温：室温(温差变化应不大于 2 ℃)；

检测波长：220 nm；

进样体积：5 μL；

保留时间：戊唑醇约 7.0 min。

上述操作参数是典型的，可根据不同仪器特点，对给定的操作参数作适当调整，以期获得最佳效果。典型的戊唑醇原药高效液相色谱图见图 2。

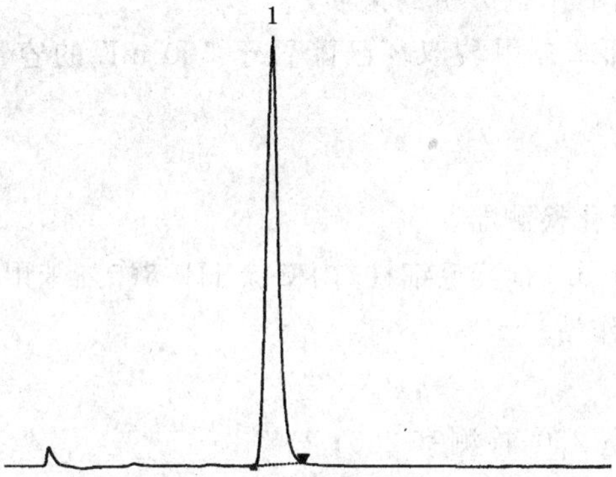


1——戊唑醇。

**图 2　戊唑醇原药的高效液相色谱图**

**4.3.1.5　测定步骤**

**4.3.1.5.1　标样溶液的制备**

称取 0.1 g 戊唑醇标样(精确至 0.000 2 g)，置于 50 mL 容量瓶中，用甲醇稀释至刻度，超声波振荡 5 min 使试样溶解，冷却至室温，摇匀。用移液管移取上述溶液 5 mL 于 50 mL 容量瓶中，用甲醇稀释至刻度，摇匀。

**4.3.1.5.2　试样溶液的制备**

称取含戊唑醇 0.1 g 的试样(精确至 0.000 2 g)，置于 50 mL 容量瓶中，用甲醇稀释至刻度，超声波振荡 5 min 使试样溶解，冷却至室温，摇匀。用移液管移取上述溶液 5 mL 于 50 mL 容量瓶中，用甲醇稀释至刻度，摇匀。

**4.3.1.5.3　测定**

在上述操作条件下，待仪器稳定后，连续注入数针标样溶液，直至相邻两针戊唑醇峰面积相对变化小于 1.5%后，按照标样溶液、试样溶液、试样溶液、标样溶液的顺序进行测定。

**4.3.1.5.4　计算**

试样中戊唑醇的质量分数 $w_1$(%)，按式(1)计算：

$$w_1=\frac{A_2\cdot m_1\cdot w}{A_1\cdot m_2} \qquad \cdots\cdots(1)$$

式中：

$A_1$——标样溶液中，戊唑醇峰面积的平均值；

$A_2$——试样溶液中，戊唑醇峰面积的平均值；

$m_1$——标样的质量，单位为克(g)；

$m_2$——试样的质量，单位为克(g)；

$w$——戊唑醇标样的质量分数，以%表示。

#### 4.3.1.6 允许差

戊唑醇质量分数两次平行测定结果之差，应不大于1.2%，取其算术平均值作为测定结果。

### 4.3.2 毛细管气相色谱法

#### 4.3.2.1 方法提要

试样用三氯甲烷溶解，以邻苯二甲酸双环己酯为内标物，使用HP-5(5%苯甲基硅酮)涂壁的石英毛细管柱和氢火焰离子化检测器，对试样中的戊唑醇进行毛细管气相色谱分离和测定。

#### 4.3.2.2 试剂和溶液

三氯甲烷；

戊唑醇标样：已知质量分数 $w \geqslant 99.0\%$；

邻苯二甲酸双环己酯：不含有干扰分析的杂质；

内标溶液：称取2.0 g的邻苯二甲酸双环己酯置于500 mL的容量瓶中，用三氯甲烷溶解、定容、摇匀。

#### 4.3.2.3 仪器

气相色谱仪：具氢火焰离子化检测器；

色谱柱：30 m×0.32 mm(i.d.)石英毛细柱，内壁涂HP-5(5%苯甲基硅酮)，膜厚0.25 μm；

色谱数据处理机或色谱工作站。

#### 4.3.2.4 气相色谱操作条件

温度(℃)：柱室220，气化室260，检测室280；

气体流量(mL/min)：载气($N_2$)1.8，氢气40，空气400，补偿气25；

分流比：40∶1；

进样体积：1.0 μL；

保留时间：戊唑醇约7.5 min，内标物约10.4 min。

上述气相色谱操作条件，系典型操作参数。可根据不同仪器特点，对给定的操作参数作适当调整，以期获得最佳效果。典型的戊唑醇原药与内标物的气相色谱图见图3。

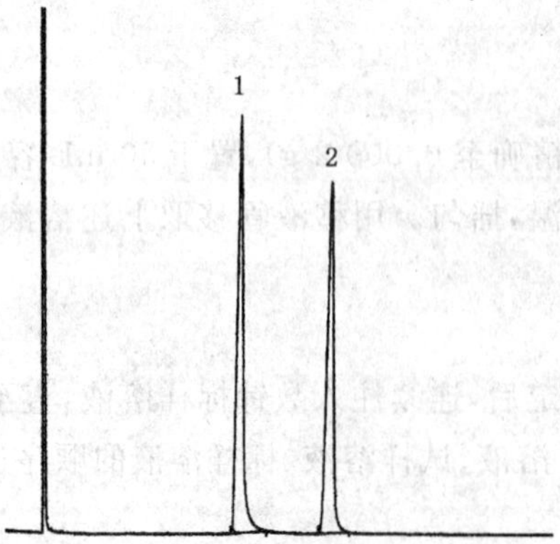


1——戊唑醇；

2——内标物。

图3 戊唑醇原药与内标物的气相色谱图

4.3.2.5 测定步骤

4.3.2.5.1 标样溶液的配制

称取戊唑醇标样 0.05 g(精确至 0.000 2 g),置于一具塞玻璃瓶中,用移液管准确加入 10 mL 内标溶液,摇匀。

4.3.2.5.2 试样溶液的配制

称取含戊唑醇 0.05 g 的试样(精确至 0.000 2 g),置于一具塞的玻璃瓶中,用与 4.3.2.5.1 中使用的同一支移液管准确加入 10 mL 内标溶液,摇匀。

4.3.2.5.3 测定

在上述色谱操作条件下,待仪器稳定后,连续注入数针标样溶液,直至相邻两针戊唑醇与内标物的峰面积比的相对变化小于 1.5%后,按照标样溶液、试样溶液、试样溶液、标样溶液的顺序进行分析测定。

4.3.2.5.4 计算

将测得的两针试样溶液以及试样前后两针标样溶液中戊唑醇与内标物的峰面积比分别进行平均。试样中戊唑醇质量分数 $w_1'$(%)按式(2)计算:

$$w_1' = \frac{r_2 \times m_1 \times w}{r_1 \times m_2} \qquad (2)$$

式中:

$r_1$——标样溶液中戊唑醇与内标物峰面积比的平均值;

$r_2$——试样溶液中戊唑醇与内标物峰面积比的平均值;

$m_1$——标样的质量,单位为克(g);

$m_2$——试样的质量,单位为克(g);

$w$——标样中戊唑醇的质量分数,以%表示。

4.3.2.6 允许差

两次平行测定结果之差,应不大于 1.2%,取其算术平均值作为测定结果。

4.4 丙酮不溶物的测定

按 GB/T 19138 进行。

4.5 水分的测定

按 GB/T 1600 中的"卡尔·费休法"进行。

4.6 pH 值的测定

按 GB/T 1601 进行。

4.7 产品的检验与验收

产品的检验与验收,应符合 GB/T 1604 的规定。极限数值的处理,采用修约值比较法。

## 5 标志、标签、包装、贮运

5.1 戊唑醇原药的标志、标签和包装,应符合 GB 3796 的规定。

5.2 戊唑醇原药应用编织袋内衬清洁的塑料袋或纸板桶内衬清洁的塑料袋包装,每袋、每桶(袋)净含量一般为 20 kg、25 kg 或 50 kg。也可根据用户要求或订货协议,采用其他形式的包装,但应符合 GB 3796 的规定。

5.3 戊唑醇原药包装件应贮存在通风、干燥的库房中。

5.4 贮运时,严防潮湿和日晒,不得与食物、种子、饲料混放,避免与皮肤、眼睛接触,防止由口鼻吸入。

**5.5 安全:本品属低毒杀菌剂。吞噬和吸入均有毒,可经皮肤渗入。使用本品时要戴防护镜和胶皮手套穿必要的防护衣物。施药后应用肥皂和清水冲洗。误服者应立即送医院对症治疗。**

5.6 验收期:戊唑醇原药的验收期为 1 个月。从交货之日起,在 1 个月内完成产品的质量验收,其各项指标均应符合标准要求。

ICS 65.100.30
G 25

# 中华人民共和国国家标准

GB 22603—2008

# 戊唑醇可湿性粉剂

## Tebuconazole wettable powders

2008-12-17 发布 2009-06-01 实施

中华人民共和国国家质量监督检验检疫总局
中国国家标准化管理委员会 发布

# 前言

本标准的第3章、第5章是强制性的，其余是推荐性的。

本标准与FAO规格494/WP/S/F(2000)《Tebuconazole wettable powders》的一致性程度为非等效。

本标准由中国石油和化学工业协会提出。

本标准由全国农药标准化技术委员会(SAC/TC 133)归口。

本标准负责起草单位：沈阳化工研究院。

本标准参加起草单位：山东华阳科技股份有限公司、江苏丰登农药有限公司、江苏七洲绿色化工股份有限公司、江苏龙灯化学有限公司。

本标准主要起草人：姜敏怡、李秀杰、王丙文、耿荣伟、胡春红、冯秀珍。

# 戊唑醇可湿性粉剂

该产品有效成分戊唑醇的其他名称、结构式和基本物化参数如下：

ISO 通用名称：Tebuconazole

CAS 登录号：107534-96-3

CIPAC 数字代码：494

化学名称：(RS)-1-(4-氯苯基)-4,4-二甲基-3-(1H-1,2,4-三唑-1-基甲基)戊-3-醇

结构式：

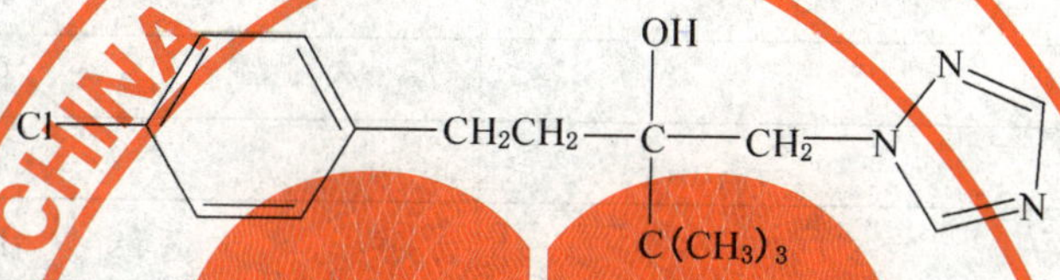

实验式：$C_{16}H_{22}ClN_3O$

相对分子质量：307.8（按 2007 年国际相对原子质量计）

生物活性：杀菌

熔点：约 102.4 ℃

蒸气压(20 ℃)：0.013 mPa

溶解度(20 ℃)：水中 32 mg/L；二氯甲烷大于 200 g/L；已烷小于 0.1 g/L；异丙醇、甲苯中 50 g/L～100 g/L

稳定性：在 pH 值为 4～9，22 ℃水解 $DT_{50}$ 大于 1 年。

## 1 范围

本标准规定了戊唑醇可湿性粉剂的要求、试验方法以及标志、标签、包装、贮运。

本标准适用于由戊唑醇原药、适宜的助剂和填料加工而成的戊唑醇可湿性粉剂。

## 2 规范性引用文件

下列文件中的条款通过本标准的引用而成为本标准的条款。凡是注日期的引用文件，其随后所有的修改单（不包括勘误的内容）或修订版均不适用于本标准，然而，鼓励根据本标准达成协议的各方研究是否可使用这些文件的最新版本。凡是不注日期的引用文件，其最新版本适用于本标准。

GB/T 1600 农药水分测定方法

GB/T 1601 农药 pH 值的测定方法

GB/T 1604 商品农药验收规则

GB/T 1605—2001 商品农药采样方法

GB 3796 农药包装通则

GB/T 5451 农药可湿性粉剂润湿性测定方法

GB/T 14825—2006 农药悬浮率测定方法

GB/T 16150 农药粉剂、可湿性粉剂细度测定方法

GB/T 19136 农药热贮稳定性测定方法

## 3 要求

3.1 组成和外观：本品应由符合标准的戊唑醇原药与适宜的助剂和填料加工制成，为均匀的疏松粉末，

不应有团块。

3.2 戊唑醇可湿性粉剂应符合表1要求。

表1 戊唑醇可湿性粉剂质量控制项目指标

| 项目 | | 指标 | |
|---|---|---|---|
| | | 80% | 25% |
| 戊唑醇质量分数/% | | $80.0^{+2.5}_{-2.5}$ | $25.0^{+1.5}_{-1.5}$ |
| 水分质量分数/% | ≤ | 3.0 | |
| pH值范围 | | 6.0～10.0 | |
| 悬浮率/% | ≥ | 75 | |
| 润湿时间/s | ≤ | 90 | |
| 细度(通过45 μm试验筛)/% | ≥ | 98 | |
| 热贮稳定性试验[a] | | 合格 | |

a 正常生产时,热贮稳定性试验每3个月至少测定一次。

## 4 试验方法

### 4.1 抽样

按GB/T 1605—2001中"固体制剂采样"方法进行。用随机数表法确定抽样的包装件;最终抽样量应不少于100 g。

### 4.2 鉴别试验

液相色谱法——本鉴别试验可与戊唑醇质量分数的测定同时进行。在相同的色谱操作条件下,试样溶液中某个色谱峰的保留时间与标样溶液中戊唑醇的色谱峰的保留时间,其相对差值应在1.5%以内。

### 4.3 戊唑醇质量分数的测定

#### 4.3.1 高效液相色谱法(仲裁法)

##### 4.3.1.1 方法提要

试样用甲醇溶解,以甲醇+水为流动相,使用以Nova-Pak $C_{18}$为填料的不锈钢柱和紫外检测器(220 nm),对试样中的戊唑醇进行高效液相色谱分离和测定。

##### 4.3.1.2 试剂和溶液

甲醇;

水:新蒸二次蒸馏水;

戊唑醇标样:已知戊唑醇质量分数$w \geqslant 99.0\%$。

##### 4.3.1.3 仪器

高效液相色谱仪:具有可变波长紫外检测器;

色谱数据处理机;

色谱柱:150 mm×3.9 mm(i.d.)不锈钢柱,内装Nova-Pak $C_{18}$ 5 μm填充物(或同等效果的色谱柱);

过滤器:滤膜孔径约0.45 μm;

微量进样器:50 μL;

定量进样管:5 μL;

超声波清洗器。

4.3.1.4 **高效液相色谱操作条件**

流动相：$\psi(CH_3OH : H_2O)=65 : 35$；

流速：1.0 mL/min；

柱温：室温（温差变化应不大于 2 ℃）；

检测波长：220 nm；

进样体积：5 μL；

保留时间：戊唑醇约 7.0 min。

上述操作参数是典型的，可根据不同仪器特点，对给定的操作参数作适当调整，以期获得最佳效果。典型的戊唑醇可湿性粉剂高效液相色谱图见图 1。

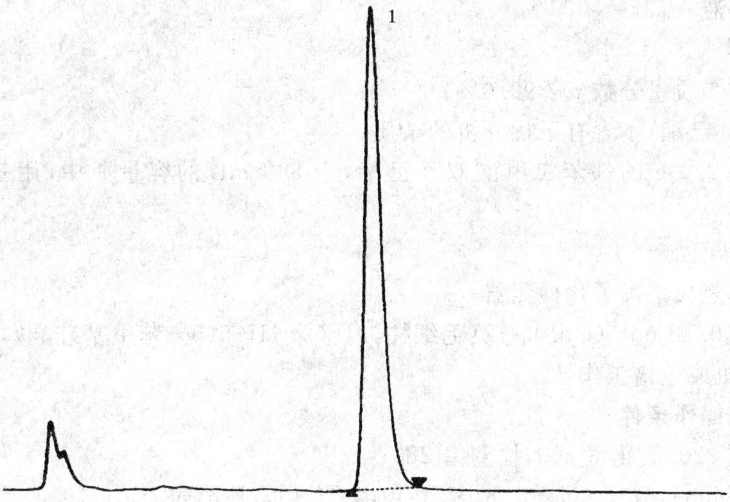


1——戊唑醇。

**图 1 戊唑醇可湿性粉剂的高效液相色谱图**

4.3.1.5 **测定步骤**

4.3.1.5.1 **标样溶液的制备**

称取 0.1 g 戊唑醇标样（精确至 0.000 2 g），置于 50 mL 容量瓶中，用甲醇稀释至刻度，超声波振荡 5 min 使试样溶解，冷却至室温，摇匀。用移液管移取上述溶液 5 mL 于 50 mL 容量瓶中，用甲醇稀释至刻度，摇匀。

4.3.1.5.2 **试样溶液的制备**

称取含戊唑醇 0.1 g 的试样（精确至 0.000 2 g），置于 50 mL 容量瓶中，用甲醇稀释至刻度，超声波振荡 5 min 使试样溶解，冷却至室温，摇匀。用移液管移取上述溶液 5 mL 于 50 mL 容量瓶中，用甲醇稀释至刻度，摇匀，过滤。

4.3.1.5.3 **测定**

在上述操作条件下，待仪器稳定后，连续注入数针标样溶液，直至相邻两针戊唑醇峰面积相对变化小于 1.5%后，按照标样溶液、试样溶液、试样溶液、标样溶液的顺序进行测定。

4.3.1.5.4 **计算**

试样中戊唑醇的质量分数 $w_1$（%），按式(1)计算：

$$w_1 = \frac{A_2 \cdot m_1 \cdot w}{A_1 \cdot m_2} \quad \cdots\cdots(1)$$

式中：

$A_1$——标样溶液中，戊唑醇峰面积的平均值；

$A_2$——试样溶液中，戊唑醇峰面积的平均值；

$m_1$——标样的质量，单位为克(g)；

$m_2$——试样的质量，单位为克(g)；

$w$——戊唑醇标样的质量分数，以%表示。

**4.3.1.6 允许差**

两次平行测定结果之差，25%应不大于0.5%，80%应不大于1.0%，取其算术平均值作为测定结果。

**4.3.2 毛细管气相色谱法**

**4.3.2.1 方法提要**

试样用三氯甲烷溶解，以邻苯二甲酸双环己酯为内标物，使用HP-5(5%苯甲基硅酮)涂壁的石英毛细管柱，和氢火焰离子化检测器，对试样中的戊唑醇进行毛细管气相色谱分离和测定。

**4.3.2.2 试剂和溶液**

三氯甲烷；

戊唑醇标样：已知质量分数 $w \geq 99.0\%$；

邻苯二甲酸双环己酯：不含有干扰分析的杂质；

内标溶液：称取2.0 g的邻苯二甲酸双环己酯，于500 mL的容量瓶中，用三氯甲烷溶解、定容、摇匀。

**4.3.2.3 仪器**

气相色谱仪：具氢火焰离子化检测器；

色谱柱：30 m×0.32 mm (i.d.) 石英毛细柱，内壁涂HP-5(5%苯甲基硅酮)，膜厚0.25 μm；

色谱数据处理机或色谱工作站。

**4.3.2.4 气相色谱操作条件**

温度(℃)：柱室220，气化室260，检测室280；

气体流量(mL/min)：载气 ($N_2$) 1.8，氢气40，空气400，补偿气25；

分流比：40∶1；

进样体积：1.0 μL；

保留时间：戊唑醇约7.5 min，内标物约10.4 min。

上述气相色谱操作条件，系典型操作参数。可根据不同仪器特点，对给定的操作参数作适当调整，以期获得最佳效果。典型的戊唑醇可湿性粉剂与内标物的气相色谱图见图2。

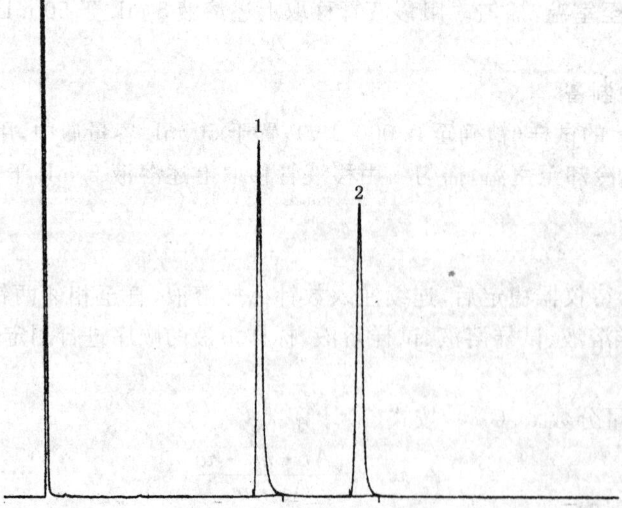


1——戊唑醇；

2——内标物。

**图2 戊唑醇可湿性粉剂与内标物的气相色谱图**

4.3.2.5 测定步骤

4.3.2.5.1 标样溶液的配制

称取戊唑醇标样 0.05 g(精确至 0.000 2 g),置于一具塞玻璃瓶中,用移液管准确加入 10 mL 内标溶液,摇匀。

4.3.2.5.2 试样溶液的配制

称取含戊唑醇 0.05 g 的试样 (精确至 0.000 2 g),置于一具塞的玻璃瓶中,用与 4.3.2.5.1 中使用的同一支移液管准确加入 10 mL 内标溶液,摇匀,过滤。

4.3.2.5.3 测定

在上述色谱操作条件下,待仪器稳定后,连续注入数针标样溶液,直至相邻两针戊唑醇与内标物的峰面积比的相对变化小于 1.5%后,按照标样溶液、试样溶液、试样溶液、标样溶液的顺序进行分析测定。

4.3.2.5.4 计算

将测得的两针试样溶液以及试样前后两针标样溶液中戊唑醇与内标物的峰面积比分别进行平均。试样中戊唑醇质量分数 $w_1'$(%)按式(2)计算:

$$w_1' = \frac{r_2 \times m_1 \times w}{r_1 \times m_2} \qquad \cdots\cdots(2)$$

式中:

$r_1$——标样溶液中戊唑醇与内标物峰面积比的平均值;

$r_2$——试样溶液中戊唑醇与内标物峰面积比的平均值;

$m_1$——标样的质量,单位为克(g);

$m_2$——试样的质量,单位为克(g);

$w$——标样中戊唑醇的质量分数,以%表示。

4.3.2.6 允许差

两次平行测定结果之差,25%应不大于 0.5%,80%应不大于 1.0%,取其算术平均值作为测定结果。

4.4 水分的测定

按 GB/T 1600 中的"共沸蒸馏法"进行。

4.5 pH 值的测定

按 GB/T 1601 进行。

4.6 悬浮率的测定

4.6.1 液相色谱法

按 GB/T 14825—2006 中 4.1 进行。称取含戊唑醇 0.4 g 的试样(精确至 0.000 2 g),将量筒底部 25 mL 悬浮液全部转移至 100 mL 容量瓶中,用甲醇定容至刻度,在超声波下振荡 3 min,静置,过滤后,按 4.3.1 测定戊唑醇的质量,计算其悬浮率。

4.6.2 气相色谱法

按 GB/T 14825—2006 中 4.1 进行。称取含戊唑醇 0.4 g 的试样(精确至 0.000 2 g),将量筒底部 25 mL 悬浮液全部转移至 100 mL 烧杯中,用与 4.3.2.5.1 中使用的同一支移液管准确加入 10 mL 内标溶液,再加入 10 mL 三氯甲烷,在超声波下振荡 3 min,静置,过滤后,按 4.3.2 测定戊唑醇的质量,计算其悬浮率。

4.7 润湿时间的测定

按 GB/T 5451 进行。

4.8 细度的测定

按 GB/T 16150 中的"湿筛法"进行。

4.9 热贮稳定性试验

按 GB/T 19136 中“粉体制剂”进行。热贮后戊唑醇质量分数应不低于贮前戊唑醇质量分数的97%,悬浮率应符合标准要求。

4.10 产品的检验与验收

产品的检验与验收,应符合 GB/T 1604 的规定。极限数值的处理,采用修约值比较法。

## 5 标志、标签、包装、贮运

5.1 戊唑醇可湿性粉剂的标志、标签和包装,应符合 GB 3796 的规定。

5.2 戊唑醇可湿性粉剂应用编织袋内衬清洁的塑料袋或纸板桶内衬清洁的塑料袋包装,每箱净含量一般不超过 15 kg。也可根据用户要求或订货协议,采用其他形式的包装,但应符合 GB 3796 的规定。

5.3 戊唑醇可湿性粉剂包装件应贮存在通风、干燥的库房中。

5.4 贮运时,严防潮湿和日晒,不得与食物、种子、饲料混放,避免与皮肤、眼睛接触,防止由口鼻吸入。

5.5 **安全:本品属杀菌剂。吞噬和吸入均有毒,可经皮肤渗入。使用本品时要戴防护镜和胶皮手套穿必要的防护衣物。施药后应用肥皂和清水冲洗。误服者应立即送医院对症治疗。**

5.6 保证期:在规定的贮运条件下,戊唑醇可湿性粉剂的保证期,从生产日期起为 2 年。

ICS 65.100.30
G 25

# 中华人民共和国国家标准

GB 22604—2008

# 戊唑醇水乳剂

Tebuconazole emulsion, oil in water

2008-12-17 发布

2009-06-01 实施

中华人民共和国国家质量监督检验检疫总局
中国国家标准化管理委员会 发布

# 前言

**本标准的第 3 章、第 5 章是强制性的，其余是推荐性的。**

本标准与 FAO 规格 494/FW/S/F(2000)《Tebuconazole emulsion，oil in water》的一致性程度为非等效。

本标准由中国石油和化学工业协会提出。

本标准由全国农药标准化技术委员会(SAC/TC 133)归口。

本标准负责起草单位：沈阳化工研究院。

本标准参加起草单位：深圳诺普信农化股份有限公司、山东华阳科技股份有限公司、江苏龙灯化学有限公司、青岛凯源祥化工有限公司。

本标准主要起草人：姜敏怡、李秀杰、李欧燕、宋东升、冯秀珍、李学臣。

# 戊唑醇水乳剂

该产品有效成分戊唑醇的其他名称、结构式和基本物化参数如下：

ISO通用名称：Tebuconazole

CAS登录号：107534-96-3

CIPAC数字代码：494

化学名称：(RS)-1-(4-氯苯基)-4,4-二甲基-3-(1H-1,2,4-三唑-1-基甲基)戊-3-醇

结构式：

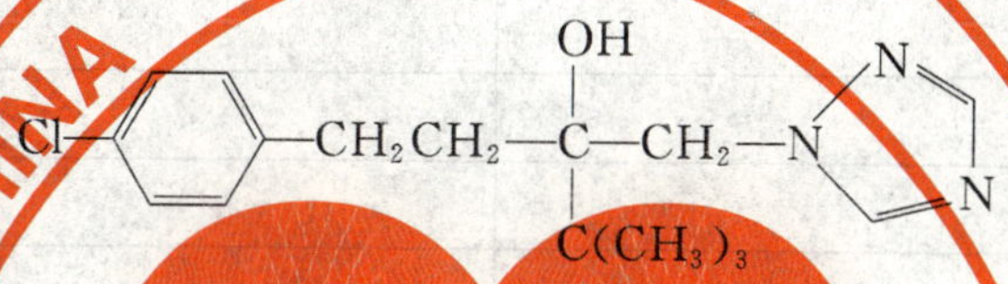


实验式：$C_{16}H_{22}ClN_3O$

相对分子质量：307.8(按2007年国际相对原子质量计)

生物活性：杀菌

熔点：约102.4 ℃

蒸气压(20 ℃)：0.013 mPa

溶解度(20 ℃)：水中32 mg/L；二氯甲烷大于200 g/L；己烷小于0.1 g/L；异丙醇、甲苯中50 g/L～100 g/L

稳定性：在pH值为4～9,22 ℃水解$DT_{50}$大于1年。

## 1 范围

本标准规定了戊唑醇水乳剂的要求、试验方法以及标志、标签、包装、贮运。

本标准适用于戊唑醇原药与适宜的助剂配制而成的戊唑醇水乳剂。

## 2 规范性引用文件

下列文件中的条款通过本标准的引用而成为本标准的条款。凡是注日期的引用文件，其随后所有的修改单(不包括勘误的内容)或修订版均不适用于本标准，然而，鼓励根据本标准达成协议的各方研究是否可使用这些文件的最新版本。凡是不注日期的引用文件，其最新版本适用于本标准。

GB/T 1601　农药pH值的测定方法

GB/T 1603　农药乳液稳定性测定方法

GB/T 1604　商品农药验收规则

GB/T 1605—2001　商品农药采样方法

GB 3796　农药包装通则

GB/T 4472　化工产品密度、相对密度测定通则

GB/T 14825　农药悬浮率测定方法

GB/T 19136　农药热贮稳定性测定方法

GB/T 19137　农药低温稳定性测定方法

## 3 要求

3.1　组成和外观：本品应由符合标准的戊唑醇原药与适宜的助剂配制而成，应为稳定的液体，久置后允许有少量分层，轻微摇动或搅动应是均匀的。

3.2 戊唑醇水乳剂应符合表1要求。

表1 戊唑醇水乳剂质量控制项目指标

| 项目 | | 指标 | |
|---|---|---|---|
| | | 250 g/L | 12.5% |
| 戊唑醇质量分数[a]/%<br>或质量浓度(20 ℃)/(g/L) | | $25.0^{+1.5}_{-1.5}$<br>$250^{+15}_{-15}$ | $12.5^{+0.6}_{-0.6}$ |
| pH值范围 | | 4.5~8.0 | |
| 倾倒性 | 倾倒后残余物/% ≤ | 3.0 | |
| | 洗涤后残余物/% ≤ | 0.5 | |
| 乳液稳定性(稀释200倍) | | 合格 | |
| 持久泡沫量(放置1 min)/mL ≤ | | 25 | |
| 热贮稳定性试验[b] | | 合格 | |
| 低温稳定性试验[b] | | 合格 | |

[a] 当质量发生争议时,以质量分数为仲裁。

[b] 正常生产时,热贮稳定性试验、低温稳定性试验每3个月至少测定一次。

## 4 试验方法

### 4.1 抽样

按GB/T 1605—2001中"液体制剂采样"方法进行。用随机数表法确定抽样的包装件;最终抽样量应不少于100 g。

### 4.2 鉴别试验

液相色谱法——本鉴别试验可与戊唑醇质量分数的测定同时进行。在相同的色谱操作条件下,试样溶液中某个色谱峰的保留时间与标样溶液中戊唑醇的色谱峰的保留时间,其相对差值应在1.5%以内。

### 4.3 戊唑醇质量分数(质量浓度)的测定

#### 4.3.1 高效液相色谱法(仲裁法)

##### 4.3.1.1 方法提要

试样用甲醇溶解,以甲醇+水为流动相,使用以Nova-Pak $C_{18}$为填料的不锈钢柱和紫外检测器(220 nm),对试样中的戊唑醇进行高效液相色谱分离和测定。

##### 4.3.1.2 试剂和溶液

甲醇;

水:新蒸二次蒸馏水;

戊唑醇标样:已知戊唑醇质量分数 $w \geq 99.0\%$。

##### 4.3.1.3 仪器

高效液相色谱仪:具有可变波长紫外检测器;

色谱数据处理机;

色谱柱:150 mm×3.9 mm(i.d.)不锈钢柱,内装Nova-Pak $C_{18}$ 5 μm填充物(或同等效果的色谱柱);

过滤器:滤膜孔径约0.45 μm;

微量进样器:50 μL;

定量进样管:5 μL;

超声波清洗器。

#### 4.3.1.4 高效液相色谱操作条件

流动相：$\psi(CH_3OH : H_2O) = 65 : 35$；

流速：1.0 mL/ min；

柱温：室温（温差变化应不大于 2 ℃）；

检测波长：220 nm；

进样体积：5 L；

保留时间：戊唑醇约 7.0 min。

上述操作参数是典型的，可根据不同仪器特点，对给定的操作参数作适当调整，以期获得最佳效果。典型的戊唑醇水乳剂高效液相色谱图见图 1。

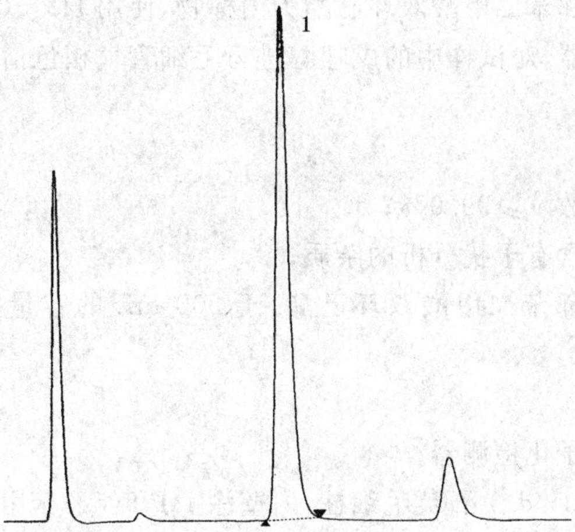


1——戊唑醇。

**图 1 戊唑醇水乳剂的高效液相色谱图**

#### 4.3.1.5 测定步骤

#### 4.3.1.5.1 标样溶液的制备

称取 0.1 g 戊唑醇标样（精确至 0.000 2 g），置于 50 mL 容量瓶中，用甲醇稀释至刻度，超声波振荡 5 min 使试样溶解，冷却至室温，摇匀。用移液管移取上述溶液 5 mL 于 50 mL 容量瓶中，用甲醇稀释至刻度，摇匀。

#### 4.3.1.5.2 试样溶液的制备

称取含戊唑醇 0.1 g 的试样（精确至 0.000 2 g），置于 50 mL 容量瓶中，用甲醇稀释至刻度，超声波振荡 5 min 使试样溶解，冷却至室温，摇匀。用移液管移取上述溶液 5 mL 于 50 mL 容量瓶中，用甲醇稀释至刻度，摇匀。

#### 4.3.1.5.3 测定

在上述操作条件下，待仪器稳定后，连续注入数针标样溶液，直至相邻两针戊唑醇峰面积相对变化小于 1.5%后，按照标样溶液、试样溶液、试样溶液、标样溶液的顺序进行测定。

#### 4.3.1.5.4 计算

将测得的两针试样溶液以及前后两针标样溶液中戊唑醇峰面积分别进行平均。试样中戊唑醇的质量分数 $w_1$（%），按式(1)计算，质量浓度 $\rho_1$ 按式(2)计算：

$$w_1 = \frac{A_2 \cdot m \cdot w}{A_1 \cdot m_2} \quad \cdots\cdots(1)$$

$$\rho_1 = \frac{A_2 \cdot m_1 \cdot w \cdot \rho}{A_1 \cdot m_2} \times 10 \quad \cdots\cdots(2)$$

式中：

$A_1$——标样溶液中，戊唑醇峰面积的平均值；

$A_2$——试样溶液中，戊唑醇峰面积的平均值；

$m_1$——标样的质量，单位为克(g)；

$m_2$——试样的质量，单位为克(g)；

$\rho$——20 ℃时试样的密度，单位为克每毫升(g/mL)(按 GB/T 4472 进行测定)；

$w$——戊唑醇标样的质量分数，以%表示。

**4.3.1.6 允许差**

戊唑醇质量分数两次平行测定结果之差，应不大于 0.5%，取其算术平均值作为测定结果。

**4.3.2 毛细管气相色谱法**

**4.3.2.1 方法提要**

试样用三氯甲烷溶解，以邻苯二甲酸双环己酯为内标物，使用 HP-5(5%苯甲基硅酮)涂壁的石英毛细管柱，和氢火焰离子化检测器，对试样中的戊唑醇进行毛细管气相色谱分离和测定。

**4.3.2.2 试剂和溶液**

三氯甲烷；

戊唑醇标样：已知质量分数 $w \geq 99.0\%$；

邻苯二甲酸双环己酯：不含有干扰分析的杂质；

内标溶液：称取 2.0 g 的邻苯二甲酸双环己酯，于 500 mL 的容量瓶中，用三氯甲烷溶解、定容、摇匀。

**4.3.2.3 仪器**

气相色谱仪：具氢火焰离子化检测器；

色谱柱：30 m×0.32 mm (i. d.) 石英毛细柱，内壁涂 HP-5(5%苯甲基硅酮)，膜厚 0.25 μm；

色谱数据处理机或色谱工作站。

**4.3.2.4 气相色谱操作条件**

温度(℃)：柱室 220，气化室 260，检测室 280；

气体流量(mL/min)：载气 ($N_2$) 1.8，氢气 40，空气 400，补偿气 25；

分流比：40：1；

进样体积：1.0 μL；

保留时间：戊唑醇约 7.5 min，内标物约 10.4 min。

上述气相色谱操作条件，系典型操作参数。可根据不同仪器特点，对给定的操作参数作适当调整，以期获得最佳效果。典型的戊唑醇水乳剂与内标物的气相色谱图见图 2。

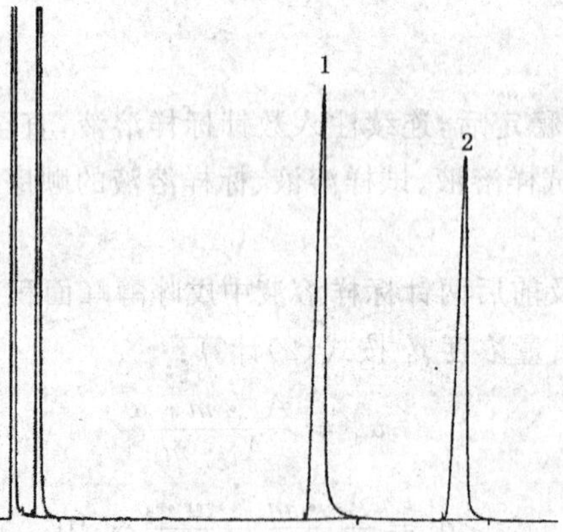


1——戊唑醇；

2——内标物。

**图 2 戊唑醇水乳剂与内标物的气相色谱图**

4.3.2.5 测定步骤

4.3.2.5.1 标样溶液的配制

称取戊唑醇标样 0.05 g(精确至 0.000 2 g),置于一具塞玻璃瓶中,用移液管准确加入 10 mL 内标溶液,摇匀。

4.3.2.5.2 试样溶液的配制

称取含戊唑醇 0.05 g 的试样(精确至 0.000 2 g),置于一具塞的玻璃瓶中,用与 4.3.2.5.1 中使用的同一支移液管准确加入 10 mL 内标溶液,摇匀。

4.3.2.5.3 测定

在上述色谱操作条件下,待仪器稳定后,连续注入数针标样溶液,直至相邻两针戊唑醇与内标物的峰面积比的相对变化小于 1.5%后,按照标样溶液、试样溶液、试样溶液、标样溶液的顺序进行分析测定。

4.3.2.5.4 计算

将测得的两针试样溶液以及前后两针标样溶液中戊唑醇峰面积分别进行平均。试样中戊唑醇的质量分数 $w_1'$(%),按式(3)计算,质量浓度 $\rho_1'$按式(4)计算:

$$w_1' = \frac{r_2 \times m_1 \times w}{r_1 \times m_2} \qquad \cdots\cdots(3)$$

$$\rho_1' = \frac{A_2 \times m_1 \times w \times \rho}{A_1 \times m_2} \times 10 \qquad \cdots\cdots(4)$$

式中:

$r_1$——标样溶液中戊唑醇与内标物峰面积比的平均值;

$r_2$——试样溶液中戊唑醇与内标物峰面积比的平均值;

$m_1$——标样的质量,单位为克(g);

$m_2$——试样的质量,单位为克(g);

$\rho$——20 ℃时试样的密度,单位为克每毫升(g/mL)(按 GB/T 4472 进行测定);

$w$——标样中戊唑醇的质量分数,以%表示。

4.3.2.6 允许差

两次平行测定结果之差,应不大于 0.5%,取其算术平均值作为测定结果。

4.4 pH 值的测定

按 GB/T 1601 进行。

4.5 乳液稳定性试验

试样用标准硬水稀释 200 倍,按 GB/T 1603 进行试验,上无浮油,下无沉淀为合格。

4.6 倾倒性的测定

4.6.1 方法提要

将置于容器中的水乳剂试样放置一定时间后,按照规定程序进行倾倒,测定滞留在容器内试样的量;将容器用水洗涤后,再测定容器内的量。

4.6.2 仪器

具磨口塞量筒:500 mL±2 mL;量筒高度 39 cm,上、下刻度间距离 25 mL(或相当的适用于测定倾倒性的其他容器)。

4.6.3 试验步骤

将足量试样充分摇匀,及时将其中的一部分置于已经称量的量筒中(包括塞子),装到量筒的 8/10 处,塞紧磨口塞,放置 24 h。打开塞子,将量筒由直立位置旋转 135 度角倾倒 60 s,再倒置 60 s,重新称量量筒和塞子。

将相当于 80%量筒体积的水(20 ℃)倒入量筒中,塞紧磨口塞,将量筒颠倒 10 次后,按上述操作倾倒内容物,第三次称量量筒和塞子。

4.6.4 计算

试样倾倒后的残余物 $w_3$(%)和洗涤后的残余物 $w_4$(%)分别按式(5)和式(6)计算：

$$w_3 = \frac{m_2 - m_0}{m_1 - m_0} \times 100 \quad \cdots\cdots(5)$$

$$w_4 = \frac{m_3 - m_0}{m_1 - m_0} \times 100 \quad \cdots\cdots(6)$$

式中：

$m_1$——量筒、磨口塞和试样的质量，单位为克(g)；

$m_2$——倾倒后，量筒、磨口塞和残余物的质量，单位为克(g)；

$m_3$——洗涤后，量筒、磨口塞和残余物的质量，单位为克(g)；

$m_0$——量筒、磨口塞恒重后的质量，单位为克(g)。

4.7 持久泡沫量的测定

4.7.1 方法提要

将规定量的试样与标准硬水混合，静置后记录泡沫体积。

4.7.2 试剂和溶液

标准硬水：$\rho(Ca^{2+} + Mg^{2+}) = 342$ mg/L，pH=6.0～7.0。按 GB/T 14825 配制。

4.7.3 仪器和器具

具塞量筒：250 mL(分度值 2 mL，0～250 mL 刻度线 20 cm～21.5 cm，250 mL 刻度线到塞子底部 4 cm～6 cm)；

工业天平：感量 0.1 g。

4.7.4 测定步骤

在量筒中加入 180 mL 标准硬水，在量筒中称入试样 1.0 g(精确至 0.1 g)，加标准硬水至距离量筒塞底部 9 cm 的刻度线处，盖上塞子，以量筒底部为中心，上下颠倒 30 次(每次 2 s)。放在试验台上静置 1 min，记录泡沫体积。

4.8 热贮稳定性试验

按 GB/T 19136 中"液体制剂"进行。热贮后戊唑醇质量分数应不低于贮前戊唑醇质量分数的 97%，乳液稳定性应符合标准要求。

4.9 低温稳定性试验

按 GB/T 19137 中"乳剂和均相液体制剂"进行，离心管底部离析物的体积不超过 0.3 mL 为合格。

4.10 产品的检验与验收

产品的检验与验收，应符合 GB/T 1604 的规定。极限数值的处理，采用修约值比较法。

## 5 标志、标签、包装、贮运

5.1 戊唑醇水乳剂的标志、标签和包装，应符合 GB 3796 的规定。

5.2 戊唑醇水乳剂应用玻璃瓶或聚酯瓶包装，外包装可用纸箱、瓦楞纸板箱，每瓶净含量为 100 g、250 g、100 mL、200 mL，每箱净含量一般不大于 15 kg。也可根据用户要求或订货协议，采用其他形式的包装，但需符合 GB 3796 的规定。

5.3 戊唑醇水乳剂包装件应贮存在通风、干燥的库房中。

5.4 贮运时，严防潮湿和日晒，不得与食物、种子、饲料混放，避免与皮肤、眼睛接触，防止由口鼻吸入。

**5.5 安全：本品属低毒杀菌剂。吞噬和吸入均有毒，可经皮肤渗入。使用本品时要戴防护镜和胶皮手套穿必要的防护衣物。施药后应用肥皂和清水冲洗。误服者应立即送医院对症治疗。**

5.6 保证期：在规定的贮运条件下，戊唑醇水乳剂的保证期，从生产日期起为 2 年。

ICS 65.100.30
G 25

# 中华人民共和国国家标准

GB 22605—2008

# 戊唑醇乳油

**Tebuconazole emulsifiable concentrates**

2008-12-17 发布　　　　2009-06-01 实施

中华人民共和国国家质量监督检验检疫总局
中国国家标准化管理委员会　发布

# 前言

**本标准的第3章、第5章是强制性的，其余是推荐性的。**

本标准由中国石油和化学工业协会提出。

本标准由全国农药标准化技术委员会(SAC/TC 133)归口。

本标准负责起草单位：沈阳化工研究院。

本标准参加起草单位：江苏丰登农药有限公司、江苏龙灯化学有限公司、江苏七洲绿色化工股份有限公司、山东华阳科技股份有限公司。

本标准主要起草人：姜敏怡、李秀杰、耿荣伟、冯秀珍、胡春红、王丙文。

# 戊唑醇乳油

该产品有效成分戊唑醇的其他名称、结构式和基本物化参数如下：

ISO 通用名称：Tebuconazole

CAS 登录号：107534-96-3

CIPAC 数字代码：494

化学名称：(RS)-1-(4-氯苯基)-4,4-二甲基-3-(1H-1,2,4-三唑-1-基甲基)戊-3-醇

结构式：

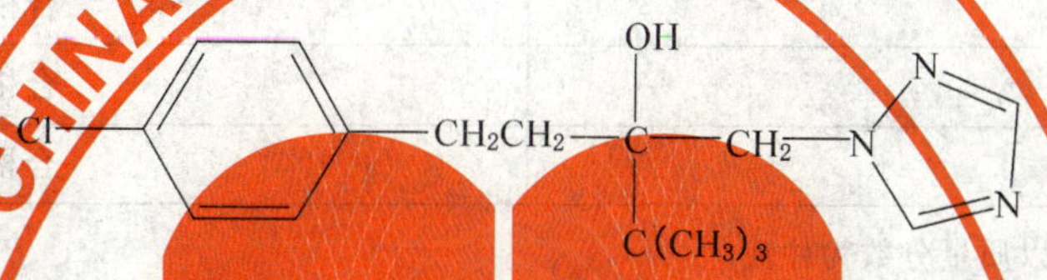

实验式：$C_{16}H_{22}ClN_3O$

相对分子质量：307.8（按 2007 年国际相对原子质量计）

生物活性：杀菌

熔点：约 102.4 ℃

蒸气压(20 ℃)：0.013 mPa

溶解度(20 ℃)：水中 32 mg/L；二氯甲烷大于 200 g/L；己烷小于 0.1 g/L；异丙醇、甲苯中 50 g/L～100 g/L

稳定性：在 pH 值为 4～9，22 ℃水解 $DT_{50}$ 大于 1 年。

## 1 范围

本标准规定了戊唑醇乳油的要求、试验方法以及标志、标签、包装、贮运。

本标准适用于戊唑醇原药与乳化剂溶解在适宜的溶剂中配制而成的戊唑醇乳油。

## 2 规范性引用文件

下列文件中的条款通过本标准的引用而成为本标准的条款。凡是注日期的引用文件，其随后所有的修改单（不包括勘误的内容）或修订版均不适用于本标准，然而，鼓励根据本标准达成协议的各方研究是否可使用这些文件的最新版本。凡是不注日期的引用文件，其最新版本适用于本标准。

GB/T 1600 农药水分测定方法

GB/T 1601 农药 pH 值的测定方法

GB/T 1603 农药乳液稳定性的测定方法

GB/T 1604 商品农药验收规则

GB/T 1605—2001 商品农药采样方法

GB/T 4472 化工产品密度、相对密度测定通则

GB 4838 农药乳油包装

GB/T 19136 农药热贮稳定性测定方法

GB/T 19137 农药低温稳定性测定方法

## 3 要求

3.1 组成和外观：本品应由符合标准的戊唑醇原药与乳化剂溶解在适宜的溶剂中配制而成，应为稳定

的均相液体，无可见的悬浮物和沉淀。

3.2 戊唑醇乳油应符合表1要求。

表1 戊唑醇乳油质量控制项目指标

| 项目 | | 指标 |
|---|---|---|
| 戊唑醇质量分数[a]/%<br>或质量浓度(20 ℃)/(g/L) | | $25.0^{+1.5}_{-1.5}$<br>$250^{+15}_{-15}$ |
| 水分质量分数/% | ≤ | 1.0 |
| pH值范围 | | 6.0～9.0 |
| 乳液稳定性(200倍) | | 合格 |
| 低温稳定性试验[b] | | 合格 |
| 热贮稳定性试验[b] | | 合格 |

[a] 当质量发生争议时，以质量分数为仲裁。

[b] 正常生产时热贮稳定性试验、低温稳定性试验每3个月至少测定一次。

## 4 试验方法

### 4.1 抽样

按GB/T 1605—2001中5.3.2“液体制剂采样”方法进行。用随机数表法确定抽样的包装件；最终抽样量应不少于100 g。

### 4.2 鉴别试验

液相色谱法——本鉴别试验可与戊唑醇质量分数的测定同时进行。在相同的色谱操作条件下，试样溶液中某个色谱峰的保留时间与标样溶液中戊唑醇的色谱峰的保留时间，其相对差值应在1.5%以内。

### 4.3 戊唑醇质量分数(质量浓度)的测定

#### 4.3.1 高效液相色谱法(仲裁法)

##### 4.3.1.1 方法提要

试样用甲醇溶解，以甲醇＋水为流动相，使用以Nova-Pak $C_{18}$为填料的不锈钢柱和紫外检测器(220 nm)，对试样中的戊唑醇进行高效液相色谱分离和测定。

##### 4.3.1.2 试剂和溶液

甲醇；

水：新蒸二次蒸馏水；

戊唑醇标样：已知戊唑醇质量分数 $w \geqslant 99.0\%$。

##### 4.3.1.3 仪器

高效液相色谱仪：具有可变波长紫外检测器；

色谱数据处理机；

色谱柱：150 mm×3.9 mm(i.d.)不锈钢柱，内装Nova-Pak $C_{18}$ 5 μm填充物(或同等效果的色谱柱)；

过滤器：滤膜孔径约0.45 μm；

微量进样器：50 μL；

定量进样管：5 μL；

超声波清洗器。

4.3.1.4 高效液相色谱操作条件

流动相：$\psi(CH_3OH : H_2O)=65 : 35$；

流速：1.0 mL/min；

柱温：室温(温差变化应不大于 2 ℃)；

检测波长：220 nm；

进样体积：5 μL；

保留时间：戊唑醇约 7.0 min。

上述操作参数是典型的，可根据不同仪器特点，对给定的操作参数作适当调整，以期获得最佳效果。典型的戊唑醇乳油高效液相色谱图见图 1。

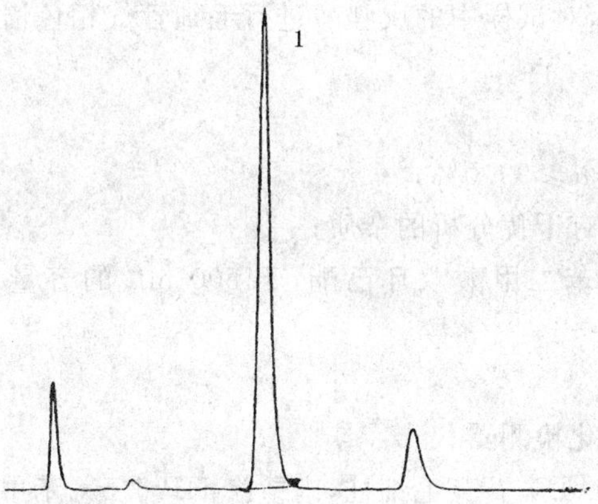


1——戊唑醇。

图 1 戊唑醇乳油的高效液相色谱图

4.3.1.5 测定步骤

4.3.1.5.1 标样溶液的制备

称取 0.1 g 戊唑醇标样(精确至 0.000 2 g)，置于 50 mL 容量瓶中，用甲醇稀释至刻度，超声波振荡 5 min 使试样溶解，冷却至室温，摇匀。用移液管移取上述溶液 5 mL 于 50 mL 容量瓶中，用甲醇稀释至刻度，摇匀。

4.3.1.5.2 试样溶液的制备

称取含戊唑醇 0.1 g 的试样(精确至 0.000 2 g)，置于 50 mL 容量瓶中，用甲醇稀释至刻度，超声波振荡 5 min 使试样溶解，冷却至室温，摇匀。用移液管移取上述溶液 5 mL 于 50 mL 容量瓶中，用甲醇稀释至刻度，摇匀。

4.3.1.5.3 测定

在上述操作条件下，待仪器稳定后，连续注入数针标样溶液，直至相邻两针戊唑醇峰面积相对变化小于 1.5%后，按照标样溶液、试样溶液、试样溶液、标样溶液的顺序进行测定。

4.3.1.5.4 计算

将测得的两针试样溶液以及前后两针标样溶液中戊唑醇峰面积分别进行平均。试样中戊唑醇的质量分数 $w_1$(%)，按式(1)计算；质量浓度 $\rho_1$(g/L)，按式(2)计算：

$$w_1=\frac{A_2 \cdot m_1 \cdot w}{A_1 \cdot m_2} \qquad (1)$$

$$\rho_1=\frac{A_2 \cdot m_1 \cdot w \cdot \rho}{A_1 \cdot m_2}\times 10 \qquad (2)$$

式中：

$A_1$——标样溶液中，戊唑醇峰面积的平均值；

$A_2$——试样溶液中，戊唑醇峰面积的平均值；

$m_1$——标样的质量，单位为克(g)；

$m_2$——试样的质量，单位为克(g)；

$\rho$——20 ℃时试样的密度，单位为克每毫升(g/mL)(按 GB/T 4472 进行测定)；

$w$——戊唑醇标样的质量分数，以%表示。

4.3.1.6　允许差

戊唑醇质量分数两次平行测定结果之差，应不大于 0.5%，取其算术平均值作为测定结果。

4.3.2　毛细管气相色谱法

4.3.2.1　方法提要

试样用三氯甲烷溶解，以邻苯二甲酸双环己酯为内标物，使用 HP-5(5%苯甲基硅酮)涂壁的石英毛细管柱，和氢火焰离子化检测器，对试样中的戊唑醇进行毛细管气相色谱分离和测定。

4.3.2.2　试剂和溶液

三氯甲烷；

戊唑醇标样：已知质量分数 $w \geq 99.0\%$；

邻苯二甲酸双环己酯：不含有干扰分析的杂质；

内标溶液：称取 2.0 g 的邻苯二甲酸双环己酯，于 500 mL 的容量瓶中，用三氯甲烷溶解、定容、摇匀。

4.3.2.3　仪器

气相色谱仪：具氢火焰离子化检测器；

色谱柱：30 m×0.32 mm (i.d.) 石英毛细柱，内壁涂 HP-5(5%苯甲基硅酮)，膜厚 0.25 μm；

色谱数据处理机或色谱工作站。

4.3.2.4　气相色谱操作条件

温度(℃)：柱室 220，气化室 260，检测室 280；

气体流量(mL/min)：载气 ($N_2$) 1.8，氢气 40，空气 400，补偿气 25；

分流比：40∶1；

进样体积：1.0 μL；

保留时间：戊唑醇约 7.5 min，内标物约 10.4 min。

上述气相色谱操作条件，系典型操作参数。可根据不同仪器特点，对给定的操作参数作适当调整，以期获得最佳效果。典型的戊唑醇乳油与内标物的气相色谱图见图 2。

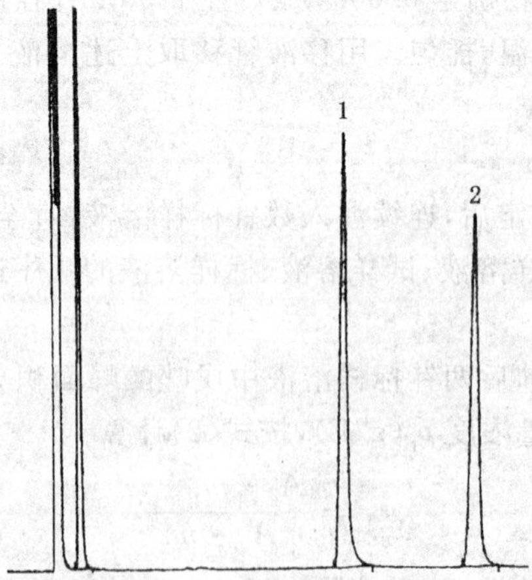


1——戊唑醇；

2——内标物。

图 2　戊唑醇乳油与内标物的气相色谱图

4.3.2.5 测定步骤

4.3.2.5.1 标样溶液的配制

称取戊唑醇标样 0.05 g(精确至 0.000 2 g),置于一具塞玻璃瓶中,用移液管准确加入 10 mL 内标溶液,摇匀。

4.3.2.5.2 试样溶液的配制

称取含戊唑醇 0.05 g 的试样(精确至 0.000 2 g),置于一具塞的玻璃瓶中,用与 4.3.2.5.1 中使用的同一支移液管准确加入 10 mL 内标溶液,摇匀。

4.3.2.5.3 测定

在上述色谱操作条件下,待仪器稳定后,连续注入数针标样溶液,直至相邻两针戊唑醇与内标物的峰面积比的相对变化小于 1.5%后,按照标样溶液、试样溶液、试样溶液、标样溶液的顺序进行分析测定。

4.3.2.5.4 计算

将测得的两针试样溶液以及试样前后两针标样溶液中戊唑醇与内标物的峰面积比分别进行平均。试样中戊唑醇的质量分数 $w'_1$(%),按式(3)计算,质量浓度 $\rho'_1$(g/L),按式(4)计算:

$$w'_1 = \frac{r_2 \times m_1 \times w}{r_1 \times m_2} \qquad \cdots\cdots(3)$$

$$\rho'_1 = \frac{A_2 \cdot m_1 \cdot w \cdot \rho}{A_1 \cdot m_2} \times 10 \qquad \cdots\cdots(4)$$

式中:

$r_1$——标样溶液中戊唑醇与内标物峰面积比的平均值;

$r_2$——试样溶液中戊唑醇与内标物峰面积比的平均值;

$m_1$——标样的质量,单位为克(g);

$m_2$——试样的质量,单位为克(g);

$\rho$——20 ℃时试样的密度,单位为克每毫升(g/mL)(按 GB/T 4472 进行测定);

$w$——标样中戊唑醇的质量分数,以%表示。

4.3.2.6 允许差

两次平行测定结果之差应不大于 0.5%,取其算术平均值作为测定结果。

4.4 水分的测定

按 GB/T 1600 中的"卡尔·费休法"进行。

4.5 pH 值的测定

按 GB/T 1601 进行。

4.6 乳液稳定性试验

按 GB/T 1603 进行试验,上无浮油,下无沉淀为合格。

4.7 低温稳定性试验

按 GB/T 19137 中"乳剂和均相液体制剂"进行,离心管底部离析物的体积不超过 0.3 mL 为合格。

4.8 热贮稳定性试验

按 GB/T 19136 中"液体制剂"进行。热贮后戊唑醇质量分数应不低于贮前戊唑醇质量分数的 97%,乳液稳定性应符合标准要求。

4.9 产品的检验与验收

产品的检验与验收应符合 GB/T 1604 的规定。极限数值的处理采用修约值比较法。

## 5 标志、标签、包装、贮运

5.1 戊唑醇乳油的标志、标签和包装,应符合 GB 4838 的规定。

5.2 戊唑醇乳油应用玻璃瓶或聚酯瓶包装，外包装可用纸箱、瓦楞纸板箱，每瓶净含量为 100 g、200 g、100 mL、200 mL，每箱净含量一般不超过 15 kg。也可根据用户要求或订货协议，采用其他形式的包装，但需符合 GB 4838 的规定。

5.3 戊唑醇乳油包装件应贮存在通风、干燥的库房中。

5.4 贮运时，严防潮湿和日晒，不得与食物、种子、饲料混放，避免与皮肤、眼睛接触，防止由口鼻吸入。

**5.5 安全：本品属低毒杀菌剂。吞噬和吸入均有毒，可经皮肤渗入。使用本品时要戴防护镜和胶皮手套穿必要的防护衣物。施药后应用肥皂和清水冲洗。误服者应立即送医院对症治疗。**

5.6 保证期：在规定的贮运条件下，戊唑醇乳油的保证期，从生产日期起为 2 年。

ICS 65.100.20
G 25

# 中华人民共和国国家标准

GB 22606—2008

# 莠去津原药

## Atrazine technical

2008-12-17 发布 2009-06-01 实施

中华人民共和国国家质量监督检验检疫总局
中国国家标准化管理委员会 发布

# 前言

**本标准的第3章、第5章是强制性的，其余是推荐性的。**

本标准的附录A是资料性附录。

本标准自实施之日起，原行业标准HG 2216—1991《莠去津原药》作废。

本标准由中国石油和化学工业协会提出。

本标准由全国农药标准化技术委员会(SAC/TC 133)归口。

本标准负责起草单位：沈阳化工研究院。

本标准参加起草单位：中油吉林石化农药公司、山东潍坊润丰化工有限公司。

本标准主要起草人：王玉范、张雪冰、刘宜纯、刘元强、王世燕、唐丽莉。

# 莠去津原药

该产品有效成分莠去津的其他名称、结构式和基本物化参数如下：

ISO通用名称：Atrazine

CIPAC数字代码：91

化学名称：2-氯-4-乙胺基-6-异丙胺基-1,3,5-三嗪

结构式：

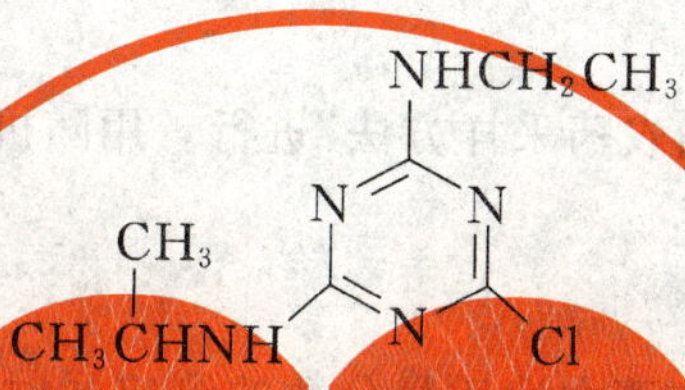

实验式：$C_8H_{14}ClN_5$

相对分子质量：215.7(按2007年国际相对原子质量计)

生物活性：除草

熔点：175 ℃～177 ℃

蒸气压(20 ℃)：0.04 mPa

溶解度(25 ℃)：水中30 mg/L、三氯甲烷52 g/kg、乙醚12 g/kg、乙酸乙酯28 g/kg、甲醇18 g/kg、辛醇10 g/kg

稳定性：在70 ℃下，中性介质中缓慢地水解为无除草活性的6-羟基衍生物，在酸性或碱性介质中水解速度较快。土壤中$DT_{50}$ 60 d～150 d

## 1 范围

本标准规定了莠去津原药的要求、试验方法以及标志、标签、包装、贮运。

本标准适用于由莠去津及其生产中产生的杂质组成的莠去津原药。

## 2 规范性引用文件

下列文件中的条款通过本标准的引用而成为本标准的条款。凡是注日期的引用文件，其随后所有的修改单(不包括勘误的内容)或修订版均不适用于本标准，然而，鼓励根据本标准达成协议的各方研究是否可使用这些文件的最新版本。凡是不注日期的引用文件，其最新版本适用于本标准。

GB/T 1604 商品农药验收规则

GB/T 1605—2001 商品农药采样方法

GB 3796 农药包装通则

GB/T 19138 农药丙酮不溶物测定方法

## 3 要求

3.1 外观：白色至浅黄色固体。

3.2 莠去津原药应符合表1要求。

表 1 莠去津原药控制项目指标

| 项　　目 | | 指　　标 |
|---|---|---|
| 莠去津质量分数/% | ≥ | 95.0 |
| 干燥减量质量分数/% | ≤ | 0.8 |
| 二甲基甲酰胺不溶物质量分数[a]/% | ≤ | 0.5 |
| a 二甲基甲酰胺不溶物质量分数在正常生产情况下，每 3 个月至少检验一次。 | | |

## 4 试验方法

### 4.1 抽样

按照 GB/T 1605—2001 中“商品农药采样方法”进行。用随机数表法确定抽样的包装件；最终抽样量应不少于 100 g。

### 4.2 鉴别试验

气相色谱法——本鉴别试验可与莠去津质量分数的测定同时进行。在相同的色谱操作条件下，试样溶液某一色谱峰的保留时间与标样溶液中莠去津色谱峰的保留时间，其相对差值应在 1.5%以内。

红外光谱法——试样中与标样在 4 000 $cm^{-1}$～400 $cm^{-1}$ 波数范围内的红外光谱图应没有明显的差异。莠去津标样的红外标准谱图见图 1。

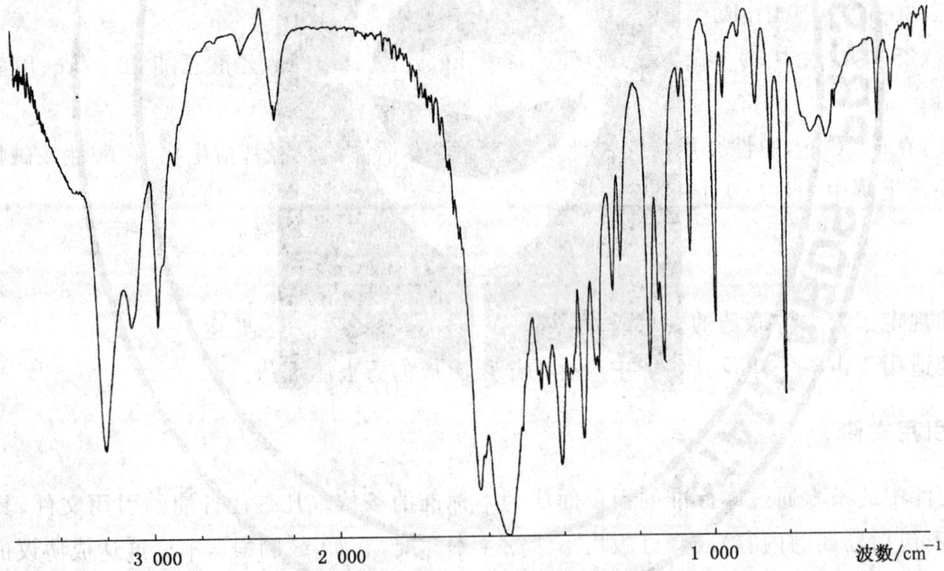


图 1 莠去津标样的红外光谱图

### 4.3 莠去津质量分数的测定

#### 4.3.1 方法提要

试样用三氯甲烷溶解，以三唑酮为内标物，使用内壁键合聚乙二醇 20 M 的毛细管色谱柱和氢火焰离子化检测器，对试样中的莠去津进行气相色谱分离和测定。也可使用填充柱气相色谱法，色谱条件参见附录 A。

#### 4.3.2 试剂和溶液

三氯甲烷；

三唑酮：$w \geqslant 95\%$，应不含有干扰分析的杂质；

莠去津标样：已知莠去津质量分数 $w \geqslant 99.0\%$；

内标溶液：称取 6.8 g 三唑酮，置于 1 000 mL 容量瓶中，用三氯甲烷溶解并稀释至刻度，摇匀。

4.3.3 仪器

气相色谱仪：具有氢火焰离子化检测器；

色谱数据处理机或色谱工作站；

色谱柱：30 m×0.32 mm(i.d.)双联毛细柱，内壁键合聚乙二醇 20 M，膜厚 0.25 μm；

微量进样器：10 μL。

4.3.4 气相色谱操作条件

温度(℃)柱温：195、气化室：230、检测室：230；

气体流速(mL/min)：载气(氮气)2.0、氢气 30、空气 300；

进样体积(μL)：1.0；

保留时间(min)：莠去津约 4.2，内标物(三唑酮)约 6.0。

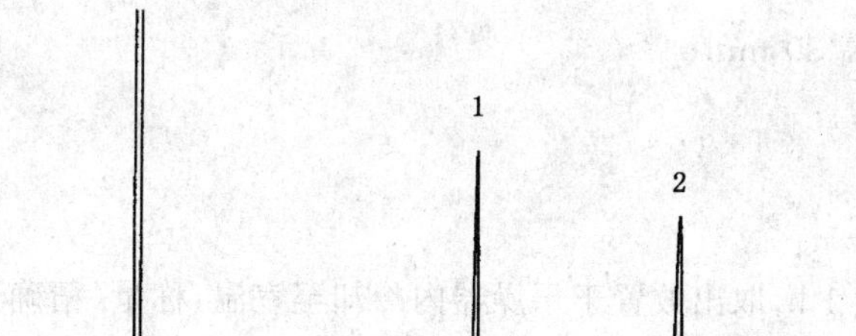


1——莠去津；

2——内标物(三唑酮)。

图 2 莠去津原药与内标物的气相色谱图

上述气相色谱操作条件，系典型操作参数。可根据不同仪器特点，对给定的操作参数作适当调整，以期获得最佳效果。典型的莠去津原药与内标物的气相色谱图见图 2。

4.3.5 测定步骤

4.3.5.1 标样溶液的配制

称取莠去津标样 0.1 g(精确至 0.000 2 g)，置于 15 mL 具塞玻璃瓶中，用移液管移入 10 mL 内标溶液，摇匀。

4.3.5.2 试样溶液的配制

称取约含莠去津 0.1 g 的试样 (精确至 0.000 2 g)，置于 15 mL 具塞玻璃瓶中，用 4.3.5.1 中使用的同一支移液管移入 10 mL 内标溶液，摇匀。

4.3.5.3 测定

在上述操作条件下，待仪器基线稳定后，连续注入数针标样溶液，计算各针莠去津与内标物峰面积之比的重复性，待相邻两针莠去津与内标物峰面积的比的相对变化小于 1.5%时，按照标样溶液、试样溶液、试样溶液、标样溶液的顺序进行测定。

4.3.6 计算

将测得的两针试样溶液以及试样前后两针标样溶液中莠去津与内标物的峰面积比分别进行平均。试样中莠去津的质量分数 $w_1$(%)，按式(1)计算：

$$w_1 = \frac{r_2 \cdot m_1 \cdot w}{r_1 \cdot m_2} \quad \cdots\cdots(1)$$

式中：

$r_1$——标样溶液中，莠去津与内标物峰面积比的平均值；

$r_2$——试样溶液中，莠去津与内标物峰面积比的平均值；

$m_1$——标样的质量，单位为克(g)；

$m_2$——试样的质量，单位为克(g)；

$w$——莠去津标样的质量分数，以%表示。

**4.3.7 允许差**

两次平行测定结果之差应不大于1.5%，取其算术平均值作为测定结果。

**4.4 干燥减量的测定**

**4.4.1 仪器**

称量瓶：内径50 mm，高30 mm；

烘箱：(105±5)℃；

干燥器。

**4.4.2 测定步骤**

将称量瓶放入烘箱中烘1 h，取出放置于干燥器内冷却至室温，称量(精确至0.000 2 g)。重复上述步骤，直至称量瓶恒重为止。取10 g试样于已烘至恒重的称量瓶中，铺平，称量(精确至0.000 2 g)，将称量瓶和瓶盖分开置于烘箱中，烘1 h后，盖上盖，取出放入干燥器中冷却至室温后称量(精确至0.000 2 g)。

**4.4.3 计算**

以质量百分数表示的干燥减量 $w_2$(%)按式(2)计算：

$$w_2 = \frac{m_3 - m_4}{m_5} \times 100 \quad \cdots\cdots(2)$$

式中：

$m_3$——烘干前试样和称量瓶的质量，单位为克(g)；

$m_4$——烘干后试样和称量瓶的质量，单位为克(g)；

$m_5$——试样的质量，单位为克(g)。

**4.5 二甲基甲酰胺不溶物的测定**

按GB/T 19138进行。溶剂采用二甲基甲酰胺。

**4.6 产品的检验与验收**

应符合GB/T 1604的规定。极限数值的处理采用修约值比较法。

## 5 标志、标签、包装、贮运

5.1 莠去津原药的标志、标签和包装应符合GB 3796的规定。

5.2 莠去津原药应用干净、内衬塑料袋的编织袋包装，每袋净含量为25 kg。

5.3 根据用户要求或订货协议，可以采用其他形式的包装，但应符合GB 3796的规定。

5.4 包装件应贮存在通风、干燥的库房中。

5.5 贮运时，严防潮湿和日晒，不得与食物、种子、饲料混放，避免与皮肤、眼睛接触，防止由口鼻吸入。

**5.6 安全：莠去津属低毒除草剂。使用本品应带防护手套。防止口鼻吸入，皮肤或身体裸露部位接触本品后，应及时用肥皂和水洗净。万一发生中毒现象应及时请医生诊治。**

5.7 验收期：莠去津原药的验收期为一个月。从交货之日起，在一个月内完成产品质量验收，各项指标应符合本标准要求。

# 附 录 A
（资料性附录）
莠去津质量分数填充柱气相色谱测定方法

## A.1 方法提要

试样用三氯甲烷溶解，以三唑酮为内标物，使用聚乙二醇 20 M/Gas ChromQ 填充色谱柱和氢火焰离子化检测器，对试样中的莠去津进行气相色谱分离和测定。

## A.2 试剂和溶液

三氯甲烷；

三唑酮：$w \geq 95\%$，应不含有干扰分析的杂质；

莠去津标样：已知莠去津质量分数，$w \geq 99.0\%$；

内标溶液：称取 10.0 g 的三唑酮，置于 1 000 mL 容量瓶中，用三氯甲烷溶解并稀释至刻度，摇匀。

## A.3 仪器

气相色谱仪：具有氢火焰离子化检测器；

色谱数据处理机或色谱工作站；

色谱柱：3%聚乙二醇 20 M/Gas ChromQ(80 目～100 目)不锈钢柱(或玻璃柱)；

微量进样器：10 μL。

## A.4 气相色谱操作条件

温度(℃)：柱温 200±5，气化室 230，检测器室 230；

气体流量(mL/min)：载气($N_2$)80.0、氢气 40、空气 400；

进样量(μL)：1.0；

保留时间(min)：莠去津约 4.6，内标物约 7.4。

上述气相色谱操作条件，系典型操作参数。可根据不同仪器特点，对给定的操作参数作适当调整，以期获得最佳效果。典型的莠去津原药与内标物填充柱气相色谱图见图 A.1。

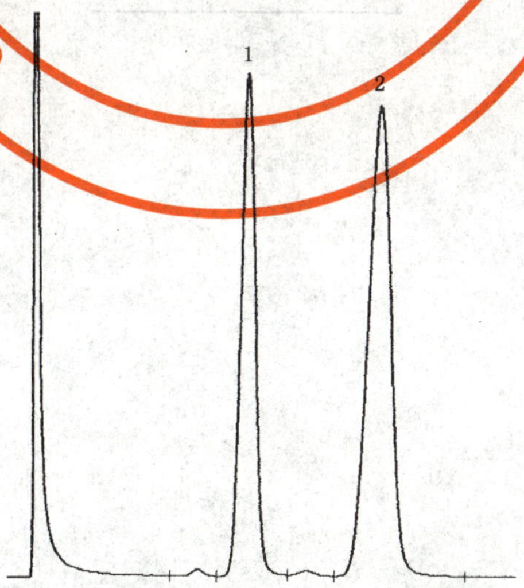


1——莠去津；

2——内标物(三唑酮)。

图 A.1 莠去津原药与内标物填充柱气相色谱图

## A.5 测定步骤

### A.5.1 标样溶液的配制

称取莠去津标样 0.1 g(精确至 0.000 2 g),置于 15 mL 具塞玻璃瓶中,用移液管准确移入 10 mL 内标溶液,摇匀。

### A.5.2 试样溶液的配制

称取约含莠去津 0.1 g 的试样 (精确至 0.000 2 g),置于 15 mL 具塞玻璃瓶中,用 A.5.1 中使用的同一支移液管准确移入 10 mL 内标溶液,摇匀。

### A.5.3 测定

在上述操作条件下,待仪器基线稳定后,连续注入数针标样溶液,计算各针莠去津与内标物峰面积之比的重复性,待相邻两针莠去津与内标物峰面积的比的相对变化小于 1.5%时,按照标样溶液、试样溶液、试样溶液、标样溶液的顺序进行测定。

## A.6 计算

将测得的两针试样溶液以及试样前后两针标样溶液中莠去津和内标物的峰面积比分别进行平均。试样中莠去津的质量分数 $w_1$(%)按式(A.1)计算:

$$w_1 = \frac{r_2 \cdot m_1 \cdot w}{r_1 \cdot m_2} \qquad \text{(A.1)}$$

式中:

$r_1$——标样溶液中,莠去津与内标物峰面积比的平均值;

$r_2$——试样溶液中,莠去津与内标物峰面积比的平均值;

$m_1$——标样的质量,单位为克(g);

$m_2$——试样的质量,单位为克(g);

$w$——莠去津标样的质量分数,以%表示。

## A.7 允许差

两次平行测定结果之差应不大于 1.5%,取其算术平均值作为测定结果。

ICS 65.100.20
G 25

# 中华人民共和国国家标准

GB 22607—2008

# 莠去津可湿性粉剂

## Atrazine wettable powders

2008-12-17 发布

2009-06-01 实施

中华人民共和国国家质量监督检验检疫总局
中国国家标准化管理委员会 发布

# 前 言

**本标准的第3章、第5章是强制性的，其余是推荐性的。**

本标准的附录A为资料性附录。

本标准自实施之日起，原行业标准HG 2217—1991《莠去津可湿性粉剂》作废。

本标准由中国石油和化学工业协会提出。

本标准由全国农药标准化技术委员会(SAC/TC 133)归口。

本标准负责起草单位：沈阳化工研究院。

本标准参加起草单位：山东潍坊润丰化工有限公司、中油吉林石化农药公司、青岛海利尔药业有限公司。

本标准主要起草人：王玉范、张雪冰、刘元强、刘宜纯、李学臣、唐丽莉、王世燕。

# 莠去津可湿性粉剂

该产品有效成分 莠去津的其他名称、结构式和基本物化参数如下：

ISO 通用名称：Atrazine

CIPAC 数字代码：91

化学名称：2-氯-4-乙胺基-6-异丙氨基-1-3-5-三嗪

结构式：

实验式：$C_8H_{14}ClN_5$

相对分子质量：215.7(按 2007 年国际相对原子质量计)

生物活性：除草

熔点：<175 ℃～177 ℃

蒸气压(20 ℃)：0.04 mPa

溶解度(25 ℃)：水中 30 mg/L，三氯甲烷 52 g/kg、乙醚 12 g/kg、乙酸乙酯 28 g/kg、甲醇 18 g/kg、辛醇 10 g/kg

稳定性：在 70 ℃下，中性介质中缓慢地水解为无除草活性的 6-羟基衍生物，在酸性或碱性介质中水解速度较快。土壤中 $DT_{50}$ 60 d～150 d

## 1 范围

本标准规定了莠去津可湿性粉剂的要求、试验方法以及标志、标签、包装、贮运。

本标准适用于由莠去津原药、适宜的助剂和填料加工成的莠去津可湿性粉剂。

## 2 规范性引用文件

下列文件中的条款通过本标准的引用而成为本标准的条款。凡是注日期的引用文件，其随后所有的修改单(不包括勘误的内容)或修订版均不适用于本标准，然而，鼓励根据本标准达成协议的各方研究是否可使用这些文件的最新版本。凡是不注日期的引用文件，其最新版本适用于本标准。

GB/T 1600 农药水分测定方法

GB/T 1601 农药 pH 值的测定方法

GB/T 1604 商品农药验收规则

GB/T 1605—2001 商品农药采样方法

GB 3796 农药包装通则

GB/T 5451 农药可湿性粉剂润湿测定方法

GB/T 14825 农药悬浮率测定方法

GB/T 16150 农药粉剂、可湿性粉剂细度测定方法

GB/T 19136 农药热贮稳定性测定方法

## 3 要求

3.1 组成和外观：本品应由符合标准的莠去津原药剂制成，外观为均匀的疏松粉末，不应有团块。

3.2 技术指标

莠去津可湿性粉剂应符合表1要求。

表1 莠去津可湿性粉剂控制项目指标

| 项目 | | 指标 | |
|---|---|---|---|
| | | 80% | 48% |
| 莠去津质量分数/% | | 80.0±2.5 | 48.0±2.5 |
| 水分质量分数/% | ≤ | 2.5 | |
| 悬浮率/% | ≥ | 70 | |
| 润湿时间/s | ≤ | 120 | |
| pH 值范围 | | 6.0~10.0 | |
| 细度(通过 45 μm 试验筛)/% | ≥ | 98 | |
| 热贮稳定性[a] | | 合格 | |

a 热贮稳定性试验在正常生产情况下,每三个月至少检验一次。

## 4 试验方法

### 4.1 抽样

按照 GB/T 1605—2001 中"固体制剂的采样"方法进行。用随机数表法确定抽样的包装件;最终抽样量应不少于 200 g。

### 4.2 鉴别试验

气相色谱法——本鉴别试验可与莠去津含量的测定同时进行。在相同的色谱操作条件下,试样溶液中某色谱峰的保留时间与标样溶液中莠去津的色谱峰的保留时间,其相对差值应在 1.5% 以内。

### 4.3 莠去津质量分数的测定

#### 4.3.1 方法提要

试样用三氯甲烷溶解,以三唑酮为内标物,使用内壁键合聚乙二醇 20 M 的毛细管色谱柱和氢火焰离子化检测器,对试样中的莠去津进行气相色谱分离和测定。也可使用填充柱气相色谱法,色谱条件参见附录 A。

#### 4.3.2 试剂和溶液

三氯甲烷;

三唑酮:$w \geqslant 95$ %,应不含有干扰分析的杂质;

莠去津标样:已知莠去津质量分数 $w \geqslant 99.0$ %;

内标溶液:称取 6.8 g 三唑酮,置于 1 000 mL 容量瓶中,用三氯甲烷溶解并稀释至刻度,摇匀。

#### 4.3.3 仪器

气相色谱仪:具有氢火焰离子化检测器;

色谱数据处理机或色谱工作站;

色谱柱:30 m×0.32 mm(i.d.)双联毛细柱,内壁键合聚乙二醇 20 M,膜厚 0.25 μm;

微量进样器:10 μL。

#### 4.3.4 气相色谱操作条件

温度(℃)柱温:195、气化室:230、检测室:230;

气体流速(mL/min):载气(高纯氮)2.0、氢气 30、空气 300;

进样体积(μL):1.0;

保留时间(min):莠去津约 4.2,内标物(三唑酮)约 6.0。

上述气相色谱操作条件,系典型操作参数。可根据不同仪器特点,对给定的操作参数作适当调整以期获得最佳效果。典型的莠去津可湿性粉剂与内标物的气相色谱图见图1。

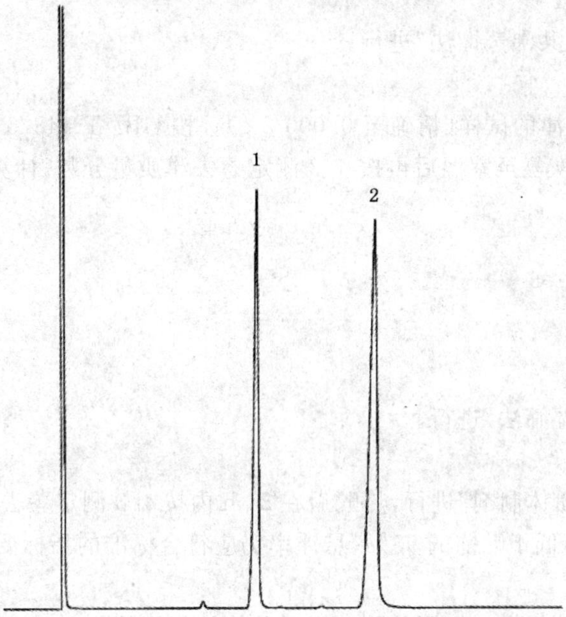

1——莠去津;

2——内标物(三唑酮)。

**图1 莠去津可湿性粉剂与内标物的气相色谱图**

**4.3.5 测定步骤**

**4.3.5.1 标样溶液的配制**

称取莠去津标样0.1 g(精确至0.000 2 g),置于一25 mL具塞玻璃瓶中,用移液管准确加入10 mL内标溶液,摇匀。

**4.3.5.2 试样溶液的配制**

称取含莠去津0.1g的试样(精确至0.000 2 g),置于一25 mL具塞玻璃瓶中,用与4.3.5.1同一支移液管准确加入10 mL内标溶液,摇匀。

**4.3.5.3 测定**

在上述操作条件下,待仪器基线稳定后,连续注入数针标样溶液,计算各针莠去津与内标物峰面积之比的重复性,待相邻两针莠去津与内标物峰面积比的相对变化小于1.5%时,按照标样溶液、试样溶液、试样溶液、标样溶液的顺序进行测定。

**4.3.5.4 计算**

将测得的两针试样溶液以及试样前后两针标样溶液中莠去津与内标物峰面积比分别进行平均。试样中莠去津的质量分数$w_1$(%)按式(1)计算:

$$w_1 = \frac{r_2 \cdot m_1 \cdot w}{r_1 \cdot m_2} \qquad \cdots\cdots(1)$$

式中:

$r_1$——标样溶液中,莠去津与内标物峰面积比的平均值;

$r_2$——试样溶液中,莠去津与内标物峰面积比的平均值;

$m_1$——标样的质量,单位为克(g);

$m_2$——试样的质量,单位为克(g);

$w$——莠去津标样的质量分数,以%表示。

4.3.6 **允许差**

两次平行测定结果之差,80%可湿性粉剂应不大于1.2%,48%可湿性粉剂应不大于1.0%。

4.4 **水分**

按GB/T 1600中的"共沸蒸馏法"进行。

4.5 **悬浮率的测定**

称取约含0.4 g莠去津的试样(精确至0.000 2 g)。按GB/ T 14825进行。将剩余25 mL悬浮液和沉淀物在水浴中蒸干,恢复至室温后再按4.3测定莠去津质量分数,计算其悬浮率。

4.6 **pH值的测定**

按GB/T 1601进行。

4.7 **润湿时间的测定**

按GB/T 5451进行。

4.8 **细度测定**

按GB/T 16150中"湿筛法"进行。

4.9 **热贮稳定性试验**

按GB/T 19136中"粉体制剂"进行,热贮后在24 h内按4.3测定莠去津质量分数、按4.4测定悬浮率。莠去津质量分数应不低于贮前的95%、悬浮率仍应符合标准的指标要求。

4.10 **产品的检验与验收**

应符合GB/T 1604的规定。极限数值处理采用修约值比较法。

## 5 标志、标签、包装、贮运

5.1 莠去津可湿性粉剂的标志、标签和包装应符合GB 3796的规定。

5.2 莠去津可湿性粉剂采用铝箔袋或塑料袋包装,每袋净含量为100 g、200 g、250 g、500 g;外包装可用纸箱、瓦楞纸板箱或钙塑箱,每箱净含量不超过20 kg。

5.3 也可以根据用户要求或订货协议采用其他形式的包装,但应符合GB 3796的规定。

5.4 莠去津可湿性粉剂包装件应贮存在通风、干燥的库房中。

5.5 贮运时,严防潮湿和日晒,不得与食物、种子、饲料混放,避免与皮肤、眼睛接触,防止由口鼻吸入。

5.6 **安全:莠去津为低毒性除草剂,吞噬或吸入均有毒。使用时,应戴好防护手套、口罩、穿干净防护服。使用后应立即用肥皂和水洗净。如发生中毒现象,应及时去医院检查治疗。**

5.7 保证期:在规定的贮运条件下,从生产日期算起为2年。

# 附　录　A
（资料性附录）
# 莠去津质量分数填充柱气相色谱测定方法

## A.1　方法提要

试样用三氯甲烷溶解，以三唑酮为内标物，使用聚乙二醇 20 M/Gas ChromQ 填充色谱柱和氢火焰离子化检测器，对试样中的莠去津进行气相色谱分离和测定。

## A.2　试剂和溶液

三氯甲烷；

三唑酮：$w \geqslant 95$ %，应不含有干扰分析的杂质；

莠去津标样：已知莠去津质量分数 $w \geqslant 99.0$ %；

内标溶液：称取 10.0 g 的三唑酮，置于 1 000 mL 容量瓶中，用三氯甲烷溶解并稀释至刻度，摇匀。

## A.3　仪器

气相色谱仪：具有氢火焰离子化检测器；

色谱柱：3%聚乙二醇 20 M/Gas Chrom Q(80～100 目)不锈钢柱（或玻璃柱）。

## A.4　气相色谱操作条件

温度(℃)：柱温 200±5、气化室 230、检测器室 230；

气体流量(mL/min)：载气($N_2$)80.0、氢气 40、空气 400；

进样量(μL)：1.0；

保留时间(min)：莠去津约 4.6，内标物约 7.4。

上述气相色谱操作条件，系典型操作参数。可根据不同仪器特点，对给定的操作参数作适当调整，以期获得最佳效果。典型的莠去津悬浮剂与内标物填充柱气相色谱图见图 A.1。

1——莠去津；

2——内标物（三唑酮）。

**图 A.1　莠去津可湿性粉剂与内标物填充柱气相色谱图**

## A.5 测定步骤

### A.5.1 标样溶液的配制

称取莠去津标样 0.1 g(精确至 0.000 2 g),置于 15 mL 具塞玻璃瓶中,用移液管准确移入 10 mL 内标溶液,摇匀。

### A.5.2 试样溶液的配制

称取约含莠去津 0.1 g 的试样 (精确至 0.000 2 g),置于 15 mL 具塞玻璃瓶中,用 A.5.1 中使用的同一支移液管准确移入 10 mL 内标溶液,摇匀。

### A.5.3 测定

在上述操作条件下,待仪器基线稳定后,连续注入数针标样溶液,计算各针莠去津与内标物峰面积之比的重复性,待相邻两针莠去津与内标物峰面积的比的相对变化小于 1.5%时,按照标样溶液、试样溶液、试样溶液、标样溶液的顺序进行测定。

## A.6 计算

将测得的两针试样溶液以及试样前后两针标样溶液中莠去津与内标物峰面积比分别进行平均。试样中莠去津的质量分数 $w_1$(%)按式(A.1)计算:

$$w_1=\frac{r_2\cdot m_1\cdot w}{r_1\cdot m_2} \qquad \text{(A.1)}$$

式中:

$r_1$——标样溶液中,莠去津与内标物峰面积比的平均值;

$r_2$——试样溶液中,莠去津与内标物峰面积比的平均值;

$m_1$——标样的质量,单位为克(g);

$m_2$——试样的质量,单位为克(g);

$w$——莠去津标样的质量分数,以%表示。

## A.7 允许差

两次平行测定结果之差 80%莠去津可湿性粉剂应不大于 1.2%;48%莠去津可湿性粉剂应不大于 1.0%。

ICS 65.100.20
G 25

# 中华人民共和国国家标准

GB 22608—2008

# 莠去津悬浮剂

## Atrazine suspension concentrates

2008-12-17 发布

2009-06-01 实施

中华人民共和国国家质量监督检验检疫总局
中国国家标准化管理委员会 发布

# 前言

本标准的第 3 章、第 5 章是强制性的，其余是推荐性的。

本标准的附录 A 是资料性附录。

本标准自实施之日起，原行业标准 HG 2204—1991《莠去津悬浮剂》作废。

本标准由中国石油和化学工业协会提出。

本标准由全国农药标准化技术委员会(SAC/TC 133)归口。

本标准负责起草单位：沈阳化工研究院。

本标准参加起草单位：中油吉林石化农药公司、山东潍坊润丰化工有限公司、青岛凯源祥化工有限公司。

本标准主要起草人：王玉范、张雪冰、刘宜纯、刘元强、李学臣、唐丽莉、王世燕。

# 莠去津悬浮剂

该产品有效成分 莠去津的其他名称、结构式和基本物化参数如下：

ISO 通用名称：Atrazine

CIPAC 数字代码：91

化学名称：2-氯-4-乙胺基-6-异丙胺基-1,3,5-三嗪

结构式：

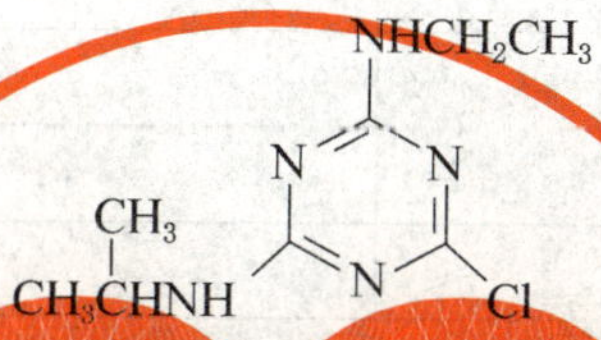

实验式：$C_8H_{14}ClN_5$

相对分子质量：215.7(按 2007 年国际相对原子质量计)

生物活性：除草

熔点：175 ℃～177 ℃

蒸气压(20 ℃)：0.04 mPa

溶解度(25 ℃)：水中 30 mg/L，三氯甲烷 52 g/kg、乙醚 12 g/kg、乙酸乙酯 28 g/kg、甲醇 18 g/kg、辛醇 10 g/kg

稳定性：在 70 ℃下，中性介质中缓慢地水解为无除草活性的 6-羟基衍生物，在酸性或碱性介质中水解速度较快。土壤中 $DT_{50}$ 60 d～150 d

## 1 范围

本标准规定了莠去津悬浮剂的要求、试验方法以及标志、标签、包装、贮运。

本标准适用于由莠去津原药、助剂及载体加工而成的莠去津悬浮剂。

## 2 规范性引用文件

下列文件中的条款通过本标准的引用而成为本标准的条款。凡是注日期的引用文件，其随后所有的修改单(不包括勘误的内容)或修订版均不适用于本标准，然而，鼓励根据本标准达成协议的各方研究是否可使用这些文件的最新版本。凡是不注日期的引用文件，其最新版本适用于本标准。

GB/T 1601 农药 pH 值的测定方法

GB/T 1604 商品农药验收规则

GB/T 1605—2001 商品农药采样方法

GB 3796 农药包装通则

GB/T 4472 化工产品密度、相对密度测定通则

GB/T 14825 农药可湿性粉剂悬浮率测定方法

GB/T 16150 农药粉剂、可湿性粉剂细度测定方法

GB/T 19136 农药热贮稳定性测定方法

GB/T 19137 农药低温稳定性测定方法

## 3 要求

3.1 组成和外观：本品应由符合标准的莠去津原药、助剂及填料加工而成，外观应是可流动、易测量体

积的悬浮液体；存放过程中可能出现沉淀，但经手摇动，应恢复原状；不应有结块。

3.2 莠去津悬浮剂应符合表1要求。

**表1 莠去津悬浮剂控制项目指标**

| 项目 | | | 指标 | | |
|---|---|---|---|---|---|
| | | | 38% | 500 g/L | 50% |
| 莠去津质量分数/%<br>或质量浓度[a](20 ℃)/(g/L) | | | $38.0^{+2.0}_{-2.0}$<br>— | $45.0^{+2.0}_{-2.0}$<br>$500^{+20}_{-20}$ | $50.0^{+2.0}_{-2.0}$<br>— |
| 悬浮率/% | | ≥ | 90 | | |
| pH 值范围 | | | 6.0～10.0 | | |
| 湿筛试验(通过 45 μm 试验筛)/% | | ≥ | 98 | | |
| 持久泡沫量(1 min 后)/mL | | ≤ | 40 | | |
| 倾倒性[b] | 倾倒后残余物的质量分数/% | ≤ | 5.0 | | |
| | 洗涤后残余物的质量分数/% | ≤ | 0.5 | | |
| 低温稳定性[b] | | | 合格 | | |
| 热贮稳定性[b] | | | 合格 | | |

a 当质量发生争议时以莠去津质量分数为仲裁。

b 倾倒性、低温稳定性、热贮稳定性试验在正常生产情况下，每3个月至少检验一次。

## 4 试验方法

### 4.1 抽样

按照 GB/T 1605—2001 中“液体制剂的采样方法”进行。用随机数表法确定抽样的包装件，最终抽样量不少于 200 mL。

### 4.2 鉴别试验

气相色谱法—本鉴别试验可与莠去津质量分数的测定同时进行。在相同的气相色谱操作条件下，试样溶液某一个色谱峰的保留时间与标样溶液中莠去津色谱峰的保留时间，其相对差值应在 1.5%以内。

### 4.3 莠去津质量分数(质量浓度)的测定

#### 4.3.1 方法提要

试样用三氯甲烷溶解，以三唑酮为内标物，使用内壁键合聚乙二醇 20 M 的毛细管色谱柱和氢火焰离子化检测器，对试样中的莠去津进行气相色谱分离和测定。也可使用填充柱气相色谱法，色谱条件参见附录A。

#### 4.3.2 试剂和溶液

三氯甲烷；

三唑酮：$w$≥95%，应不含有干扰分析的杂质；

莠去津标样：已知莠去津质量分数 $w$≥99.0%；

内标溶液：称取 6.8 g 三唑酮，置于 1 000 mL 容量瓶中，用三氯甲烷溶解并稀释至刻度，摇匀。

#### 4.3.3 仪器

气相色谱仪：具有氢火焰离子化检测器；

色谱数据处理机或色谱工作站；

色谱柱：30 m×0.32 mm(i.d.)双联毛细柱，内壁键合聚乙二醇 20 M，膜厚 0.25 μm；

微量进样器:10 $\mu$L。

4.3.4 **气相色谱操作条件**

温度(℃)柱温:195、气化室:230、检测室:230;

气体流速(ml/min):载气(高纯氮) 2.0、氢气 30、空气 300;

进样体积($\mu$L):1.0;

保留时间(min):莠去津 约 4.2,内标物(三唑酮)约 6.0。

上述气相色谱操作条件,系典型操作参数。可根据不同仪器特点,对给定的操作参数作适当调整,以期获得最佳效果。典型的莠去津悬浮剂与内标物的气相色谱图见图 1。

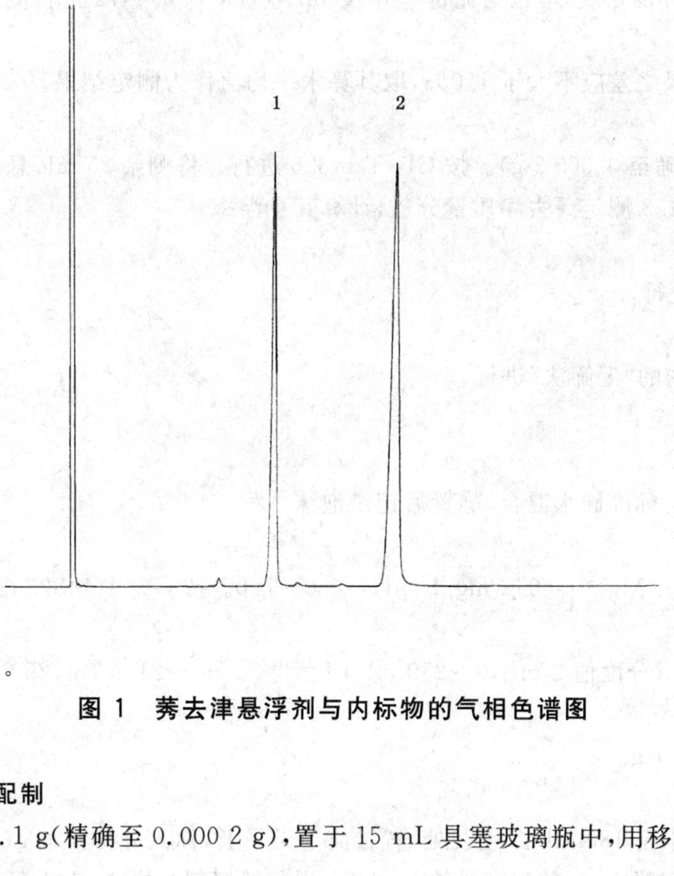


1——莠去津;

2——内标物(三唑酮)。

**图 1 莠去津悬浮剂与内标物的气相色谱图**

4.3.5 **测定步骤**

4.3.5.1 **标样溶液的配制**

称取莠去津标样 0.1 g(精确至 0.000 2 g),置于 15 mL 具塞玻璃瓶中,用移液管移入 10 mL 内标溶液,摇匀。

4.3.5.2 **试样溶液的配制**

称取约含莠去津 0.1 g 的试样(精确至 0.000 2 g),置于 15 mL 具塞玻璃瓶中,然后将玻璃瓶置于烘箱中烘干,恢复室温再用 4.3.5.1 中使用的同一支移液管移入 10 mL 内标溶液,摇匀。离心,取上清液进样,必要时过滤。

4.3.5.3 **测定**

在上述操作条件下,待仪器基线稳定后,连续注入数针标样溶液,计算各针莠去津与内标物峰面积之比的重复性,待相邻两针莠去津与内标物峰面积的比的相对变化小于 1.5%时,按照标样溶液、试样溶液、试样溶液、标样溶液的顺序进行测定。

4.3.5.4 **计算**

将测得的两针试样溶液以及试样前后两针标样溶液中莠去津与内标物的峰面积比分别进行平均。试样中莠去津的质量分数 $w_1$(%)按式(1)计算,质量浓度 $\rho_1$[g/L(20 ℃)]按式(2)计算:

$$w_1 = \frac{r_2 \cdot m_1 \cdot w}{r_1 \cdot m_2} \qquad \cdots\cdots(1)$$

$$\rho_1 = \frac{r_2 \cdot m_1 \cdot w \cdot \rho}{r_1 \cdot m_2} \times 10 \qquad \cdots\cdots (2)$$

式中：

$r_1$——标样溶液中，莠去津与内标物峰面积比的平均值；

$r_2$——试样溶液中，莠去津与内标物峰面积比的平均值；

$m_1$——标样的质量，单位为克(g)；

$m_2$——试样的质量，单位为克(g)；

$w$——莠去津标样的质量分数，以%表示；

$\rho$——20 ℃时试样的密度，单位为克每毫升(g/mL)(按 GB/T 4472 进行测定)。

4.3.6 允许差

两次平行测定结果之差应不大于 1.0%，取其算术平均值作为测定结果。

4.4 悬浮率的测定

称取 1 g 试样(精确至 0.000 2 g)。按 GB/T 14825 进行。将剩余 25 mL 悬浮液和沉淀物在水浴中蒸干，恢复至室温，按 4.3 测定莠去津质量分数，计算其悬浮率。

4.5 pH 值的测定

按 GB/ T 1601 进行。

4.6 湿筛试验

按 GB/T 16150 中的"湿筛法"进行。

4.7 持久泡沫量的测定

4.7.1 方法提要

将规定量的试样与标准硬水混合，静置后记录泡沫体积。

4.7.2 试剂和溶液

标准硬水：$\rho(Ca^{2+}+Mg^{2+})$ = 342 mg/L，pH=6.0～7.0。按 GB/T 14825 配制。

4.7.3 仪器和器具

具塞量筒：250 mL(分度值 2 mL，0～250 mL 刻度线 20 cm～21.5 cm，250 mL 刻度线到塞子底部 4 cm～6 cm)；

工业天平：感量 0.1 g。

4.7.4 测定步骤

将量筒加标准硬水至 180 mL 刻度线处，置量筒于天平上，称入试样 1.0 g(精确至 0.1 g)，加标准硬水至距离量筒塞子底部 9 cm 的刻度线处，盖上塞，以量筒底部为中心，上下颠倒 30 次(每次 2 s)。放在试验台上静置 1 min，记录泡沫体积。

4.8 倾倒性试验

4.8.1 方法提要

将置于容器中的悬浮剂试样放置一定时间后，按照规定程序进行倾倒，测定滞留在容器内试样的量；将容器用水洗涤后，再测定容器内的量。

4.8.2 仪器

具磨口塞量筒：500 mL±2 mL；量筒高度 39 cm，上、下刻度间距离 25 mL(或相当的适用于测定倾倒性的其他容器)。

4.8.3 试验步骤

混合好足量试样，及时将其中的一部分置于已经称量的量筒中(包括塞子)，装到量筒的 8/10 处，塞紧磨口塞，放置确定的时间(24 h)。打开塞子，将量筒由直立位置旋转 135 度角倾倒 60 s，再倒置60 s，重新称量量筒和塞子。

将相当于 80%量筒体积的水(20 ℃)倒入量筒中，塞紧磨口塞，将量桶颠倒 10 次后，按上述操作倾倒内容物，第三次称量量筒和塞子。

4.8.4 计算

混合后足量试样倾倒后的残余物 $w_2$(%)和洗涤后的残余物 $w_3$(%)分别按式(3)和式(4)计算：

$$w_2 = \frac{m_2 - m_0}{m_1 - m_0} \times 100 \quad \cdots\cdots(3)$$

$$w_3 = \frac{m_3 - m_0}{m_1 - m_0} \times 100 \quad \cdots\cdots(4)$$

式中：

$m_1$——量筒、磨口塞和试样的质量，单位为克(g)；

$m_2$——倾倒后，量筒、磨口塞和残余物的质量，单位为克(g)；

$m_3$——洗涤后，量筒、磨口塞和残余物的质量，单位为克(g)；

$m_0$——量筒、磨口塞恒重后的质量，单位为克(g)。

**4.9 低温稳定性试验**

GB/T 19137 进行。经轻微搅动，应无可见的粒子和油状物。

**4.10 热贮稳定性试验**

按 GB/T 19136 进行。莠去津质量分数应不低于贮前的95%、悬浮率仍应符合标准要求。

**4.11 产品的检验与验收**

应符合 GB/T 1604 有关规定。极限数值处理采用修约值比较法。

## 5 标志、标签、包装、贮运

5.1 莠去津悬浮剂的标志、标签和包装应符合 GB 3796 中的有关规定。

5.2 莠去津悬浮剂可采用带有瓶塞及瓶盖的聚酯瓶包装，每瓶 100 g、500 g、1 000 g 紧密排列于钙塑箱、纸箱或木箱中。根据用户要求或定货协议，可以采用其他形式的包装，但应符合 GB 3796 中的有关规定。

5.3 根据用户要求或定货协议可以采用其他形式的包装，但应符合 GB 3796 中的有关规定。

5.4 包装件应存放在通风，干燥的库房中。

5.5 贮运时，严防潮湿和日晒，不得与食物、种子、饲料混放，避免与皮肤、眼睛接触，防止由口鼻吸入。

**5.6 安全：莠去津悬浮剂属低毒类除草剂，对眼睛、皮肤有一定刺激作用，吞噬或吸入均有毒。使用本品应带有防护手套穿干净的防护服。施药后，应立即用肥皂和水洗净，若因误服或其他原因发生中毒现象，应请医生诊治。**

5.7 保证期：在规定的贮运条件下，莠去津悬浮剂的保证期，从生产之日起为 2 年。

# 附　录　A
## （资料性附录）
## 莠去津质量分数填充柱气相色谱测定方法

### A.1　方法提要

试样用三氯甲烷溶解，以三唑酮为内标物，使用聚乙二醇 20 M/Gas Chrom Q 填充的色谱柱和氢火焰离子化检测器，对试样中的莠去津进行气相色谱分离和测定。

### A.2　试剂和溶液

三氯甲烷；

三唑酮：$w \geqslant 95\%$，不含有干扰分析的杂质；

莠去津标样：已知莠去津质量分数 $w \geqslant 99.0\%$；

内标溶液：称取 10.0 g 的三唑酮，置于 1 000 mL 容量瓶中，用三氯甲烷溶解并稀释至刻度，摇匀。

### A.3　仪器

气相色谱仪：具有氢火焰离子化检测器；

色谱柱：3%聚乙二醇 20 M/Gas Chrom Q(80 目～100 目)不锈钢柱(或玻璃柱)。

### A.4　气相色谱操作条件

温度(℃)：柱温 200±5，气化室 230，检测器室 230；

气体流量(mL/min)：载气($N_2$) 80.0、氢气 40、空气 400；

进样量($\mu$L)：1.0；

保留时间(min)：莠去津 约 4.6，内标物 约 7.4。

上述气相色谱操作条件，系典型操作参数。可根据不同仪器特点，对给定的操作参数作适当调整，以期获得最佳效果。典型的莠去津悬浮剂与内标物填充柱气相色谱图见图 A.1。

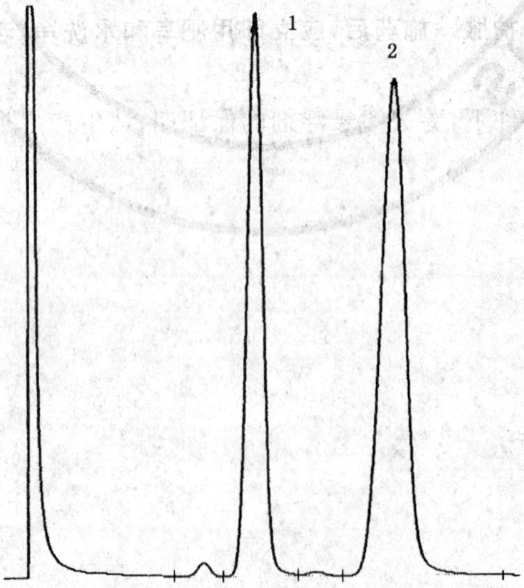


1——莠去津；

2——内标物(三唑酮)。

**图 A.1　莠去津悬浮剂与内标物填充柱气相色谱图**

## A.5 测定步骤

### A.5.1 标样溶液的配制

称取莠去津标样 0.1 g(精确至 0.000 2 g),置于 15 mL 具塞玻璃瓶中，用移液管移入 10 mL 内标溶液,摇匀。

### A.5.2 试样溶液的配制

称取约含莠去津 0.1 g 的试样(精确至 0.000 2 g),置于 15 mL 具塞玻璃瓶中,用 A.5.1 中使用的同一支移液管移入 10 mL 内标溶液,摇匀。

### A.5.3 测定

在上述操作条件下,待仪器基线稳定后,连续注入数针标样溶液,计算各针莠去津与内标物峰面积之比的重复性,待相邻两针莠去津与内标物峰面积的比的相对变化小于 1.5%时,按照标样溶液、试样溶液、试样溶液、标样溶液的顺序进行测定。

## A.6 计算

将测得的两针试样溶液以及试样前后两针标样溶液中莠去津和内标物的峰面积比分别进行平均。试样中莠去津的质量分数 $w_1$(%)按式(A.1)计算,质量浓度 $\rho_1$[g/L(20 ℃)]按式(A.2)计算:

$$w_1 = \frac{r_2 \cdot m_1 \cdot w}{r_1 \cdot m_2} \quad \cdots\cdots\cdots\cdots (A.1)$$

$$\rho_1 = \frac{r_2 \times m_1 \times w \times \rho}{r_1 \times m_2} \times 10 \quad \cdots\cdots\cdots\cdots (A.2)$$

式中:

$r_1$——标样溶液中,莠去津与内标物峰面积比的平均值;

$r_2$——试样溶液中,莠去津与内标物峰面积比的平均值;

$m_1$——标样的质量,单位为克(g);

$m_2$——试样的质量,单位为克(g);

$w$——莠去津标样的质量分数,以%表示;

$\rho$——20 ℃时试样的密度,单位为克每毫升(g/mL)(按 GB/T 4472 进行测定)。

## A.7 允许差

两次平行测定结果之差应不大于 1.0%,取其算术平均值作为测定结果。

ICS 65.100.10
G 25

# 中华人民共和国国家标准

GB 22609—2008

## 丁硫克百威原药

## Carbosulfan Technical

2008-12-17 发布

2009-06-01 实施

中华人民共和国国家质量监督检验检疫总局
中国国家标准化管理委员会 发布

# 前言

**本标准的第3章、第5章是强制性的，其余是推荐性的。**

本标准修改采用FAO规格417/TC/S/F(1991)《丁硫克百威原药》(英文)。

本标准修改采用国外先进标准的方法为重新起草法。

本标准与FAO规格《丁硫克百威原药》的主要技术性差异：

1） 本标准丁硫克百威质量分数是≥90%，FAO规格是≥890 g/kg(≥89%)。

2） 本标准控制杂质克百威质量分数是≤0.2%，FAO规格是≤2 g/kg(≤0.2%)。

3） 本标准控制杂质丙酮不溶物含量，FAO规格无该项指标。

4） 综合我国产品的实际质量情况，碱度指标为≤0.05%，而FAO规格为≤0.2 g/kg(≤0.02%)。

本标准由中国石油和化学工业协会提出。

本标准由全国农药标准化技术委员会(SAC/TC 133)归口。

本标准负责起草单位：沈阳化工研究院。

本标准参加起草单位：湖南海利化工股份有限公司、江苏常隆化工有限公司、浙江禾田化工有限公司。

本标准主要起草人：高晓晖、咎艳坤、郑静宇、张中泽、韩萍、陈平、余淑英。

# 丁硫克百威原药

该产品有效成分丁硫克百威的其他名称、结构式和基本物化参数如下：

ISO 通用名称：Carbosulfan

CIPAC 数字代码：417

化学名称：2,3-二氢-2,2-二甲基苯并呋喃-7-基(二丁基氨基硫)甲基氨基甲酸酯。

结构式：

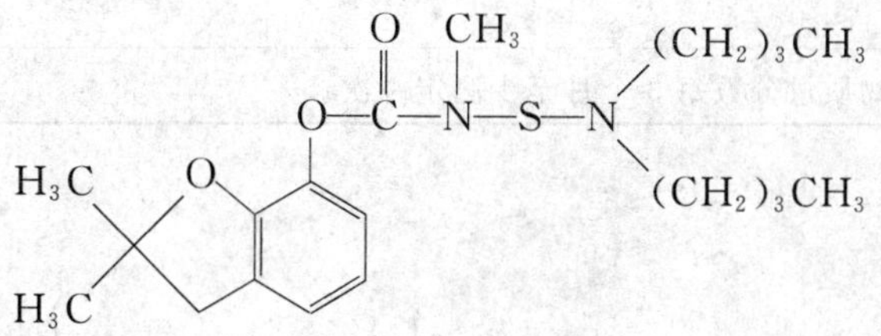

实验式：$C_{20}H_{32}N_2O_3S$

相对分子质量：380.5（按 2007 国际相对原子质量计）

生物活性：杀虫

沸点：124 ℃～128 ℃

蒸气压(25 ℃)：0.041 mPa

溶解度(25 ℃)：水中 0.3 mg/L，与大多有机溶剂混溶，如：二甲苯、正己烷、三氯甲烷、二氯甲烷、乙醇、甲醇、丙酮等

稳定性：在水溶液中水解，$DT_{50}$(25 ℃)在纯水中小于 1 h(pH4)，22 h(pH6)，7.6 d(pH7)，14.2 d(pH8)，14.2 d(pH8)，大于 58.3 d(pH9)

## 1 范围

本标准规定了丁硫克百威原药的要求、试验方法以及标志、标签、包装、贮运。

本标准适用于由丁硫克百威及其生产中产生的杂质组成的丁硫克百威原药。

## 2 规范性引用文件

下列文件中的条款通过本标准的引用而成为本标准的条款。凡是注日期的引用文件，其随后所有的修改单(不包括勘误的内容)或修订版均不适用于本标准，然而，鼓励根据本标准达成协议的各方研究是否可使用这些文件的最新版本。凡是不注日期的引用文件，其最新版本适用于本标准。

GB/T 601　化学试剂　标准滴定溶液的制备

GB/T 1600—2001　农药水分测定方法

GB/T 1604　商品农药验收规则

GB/T 1605—2001　商品农药采样方法

GB 3796　农药包装通则

GB/T 19138　农药丙酮不溶物测定方法

## 3 要求

### 3.1 外观

本品应为褐色粘稠液体。

## 3.2 技术指标

丁硫克百威原药应符合表1要求。

表1 丁硫克百威原药控制项目指标

| 项目 | | 指标 |
|---|---|---|
| 丁硫克百威质量分数/% | ≥ | 90.0 |
| 克百威质量分数/% | ≤ | 2.0 |
| 丙酮不溶物质量分数[a]/% | ≤ | 0.2 |
| 水分质量分数/% | ≤ | 0.2 |
| 碱度(以 NaOH 计)/% | ≤ | 0.05 |
| [a] 正常生产时,丙酮不溶物质量分数每3个月至少测定一次。 | | |

# 4 试验方法

## 4.1 抽样

按 GB/T 1605—2001 中"原药采样"方法进行。用随机数表法确定抽样的包装件;最终抽样量应不少于100 g。

## 4.2 鉴别试验

高效液相色谱法——本鉴别试验可与丁硫克百威含量的测定同时进行。在相同的色谱操作条件下,试样溶液某一色谱峰的保留时间与标样溶液中丁硫克百威色谱峰的保留时间,其相对差值应在1.5%以内。

红外光谱法——试样与标样在4 000 $cm^{-1}$～400 $cm^{-1}$范围内的红外吸收光谱图应无明显差异。丁硫克百威标样红外光谱图见图1。

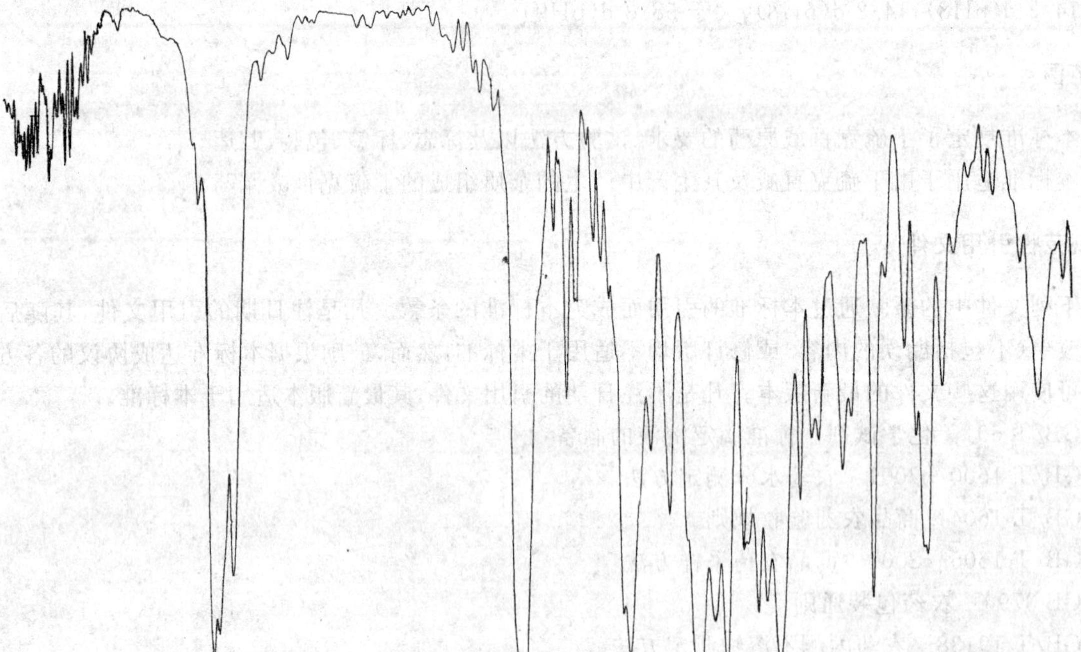


图1 丁硫克百威标样红外光谱图

**4.3 丁硫克百威(克百威)质量分数的测定**

**4.3.1 方法提要**

试样用甲醇溶解,以甲醇+水为流动相,使用以 Agilent TC-C18 为填料的不锈钢柱和紫外检测器(280 nm),对试样中的丁硫克百威(克百威)进行反相高效液相色谱分离,外标法定量。

**4.3.2 试剂和溶液**

甲醇:色谱级;

水:新蒸二次蒸馏水;

丁硫克百威标样:已知质量分数 $w \geq 98.0\%$。

克百威标样:已知质量分数 $w \geq 99.0\%$。

克百威标样溶液的制备:称取克百威标样 0.05 g(精确至 0.000 2 g)置于 50 mL 容量瓶中,用甲醇溶解并稀释至刻度,摇匀。

**4.3.3 仪器**

高效液相色谱仪:具有可变波长紫外检测器;

色谱数据处理机或工作站;

色谱柱:250 mm×4.6 mm(i.d.)不锈钢柱,内装 Agilent TC-C18、5 μm 填充物(或具等同效果的色谱柱);

过滤器:滤膜孔径约 0.45 μm;

微量进样器:50 μL;

定量进样管:5 μL;

超声波清洗器。

**4.3.4 高效液相色谱操作条件**

流动相:$\psi$(甲醇:水)=88:12,经滤膜过滤,并进行脱气;

流量:1.0 mL/min;

柱温:室温(温差变化应不大于 2 ℃);

检测波长:280 nm;

进样体积:5 μL;

保留时间:克百威 3.6 min,丁硫克百威 13.8 min。

上述操作参数是典型的,可根据不同仪器特点,对给定的操作参数作适当调整,以期获得最佳效果。典型的丁硫克百威原药高效液相色谱图见图 2。

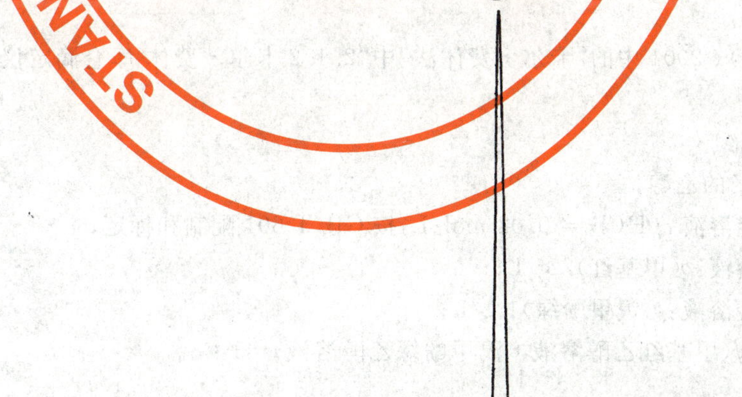


1——克百威;

2——丁硫克百威。

**图 2 丁硫克百威原药的高效液相色谱图**

4.3.5 测定步骤

4.3.5.1 标样溶液的制备

称取丁硫克百威标样 0.1 g(精确至 0.000 2 g),置于 50 mL 容量瓶中,用甲醇溶解并稀释至刻度,摇匀。用移液管准确移取 10 mL 上述溶液置于另一 50 mL 容量瓶中,再用另一只 2 mL 移液管移取克百威标样溶液于同一容量瓶中,用甲醇稀释至刻度,摇匀。

4.3.5.2 试样溶液的制备

称取含丁硫克百威 0.1 g(精确至 0.000 2 g)的试样,置于 50 mL 容量瓶中,用甲醇溶解并稀释至刻度,摇匀。用移液管准确移取 10 mL 上述溶液置于另一 50 mL 容量瓶中,用甲醇稀释至刻度,摇匀。

4.3.5.3 测定

在上述操作条件下,待仪器稳定后,连续注入数针标样溶液,直至相邻两针丁硫克百威峰面积相对变化小于 1.0%后,按照标样溶液、试样溶液、试样溶液、标样溶液的顺序进行测定。

4.3.6 计算

将测得的两针试样溶液以及试样前后两针标样溶液中丁硫克百威的峰面积(克百威的峰面积)分别进行平均。试样中丁硫克百威(克百威)的质量分数 $w_1$(%),按式(1)计算:

$$w_1 = \frac{A_2 \cdot m_1 \cdot w}{A_1 \cdot m_2} \times f \qquad \cdots\cdots(1)$$

式中:

$A_1$——标样溶液中,丁硫克百威峰面积(克百威峰面积)的平均值;

$A_2$——试样溶液中,丁硫克百威峰面积(克百威峰面积)的平均值;

$m_1$——标样的质量,单位为克(g);

$m_2$——试样的质量,单位为克(g);

$w$——标样中丁硫克百威(克百威)的质量分数,以%表示;

$f$——稀释倍数,对丁硫克百威 $f=1$,克百威 $f=0.2$。

4.3.7 允许差

丁硫克百威质量分数两次平行测定结果之差应不大于 1.5%,克百威质量分数两次平行测定结果之差应不大于 0.2%,取其算术平均值作为测定结果。

4.4 丙酮不溶物的测定

按 GB/T 19138 测定。

4.5 水分的测定

按 GB/T 1600—2001 中的"卡尔·费休法"中"2.1.2 卡尔·费休-库仑滴定仪器测定法"进行。

4.6 碱度的测定

4.6.1 试剂和溶液

体积分数 95%的乙醇;

盐酸标准滴定溶液 $c(HCl) = 0.02$ mol/L,按 GB/T 601 配制和标定;

甲基红乙醇溶液:$\rho$(甲基红)2 g/L;

溴甲酚绿乙醇溶液:$\rho$(溴甲酚绿)1 g/L;

混合指示剂:$\varphi$(甲基红乙醇溶液:溴甲酚绿乙醇溶液)=1:3。

4.6.2 测定步骤

称取试样 2 g(精确至 0.000 2 g),置于一个 250 mL 锥形瓶中,加入 95%乙醇 100 mL,摇动使试样溶解。加入 5 滴混合指示剂,用盐酸标准滴定溶液滴定,溶液由绿色变为黄色即为终点。同时做空白测定。

4.6.3 计算

试样的碱度 $w_2$(%),按式(2)计算:

$$w_2 = \frac{c(V_1 - V_0)M}{m \times 1\ 000} \times 100 \qquad \cdots\cdots(2)$$

式中：

$c$——盐酸标准滴定溶液的实际浓度，单位为摩尔每升(mol/L)；

$V_1$——滴定试样溶液，消耗盐酸标准滴定溶液的体积，单位为毫升(mL)；

$V_0$——滴定空白溶液，消耗盐酸标准滴定溶液的体积，单位为毫升(mL)；

$m$——试样的质量，单位为克(g)；

$M$——氢氧化钠(NaOH)的摩尔质量的数值，单位为克每摩尔(g/mol)($M$=40)。

### 4.7 产品的检验与验收

应符合 GB/T 1604 的规定。极限数值处理，采用修约值比较法。

## 5 标志、标签、包装、贮运

5.1 丁硫克百威原药的标志、标签、包装，应符合 GB 3796 的规定。

5.2 丁硫克百威原药应用聚乙烯塑料桶或衬塑铁桶包装，每桶净含量应不大于 200 kg。

5.3 根据用户要求或订货协议，可以采用其他形式的包装，但应符合 GB 3796 的规定。

5.4 丁硫克百威原药包装件应贮存在通风、干燥的库房中。

5.5 贮运时，严防潮湿和日晒，不得与食物、种子、饲料混放，避免与皮肤、眼睛接触，防止由口鼻吸入。

**5.6 安全：丁硫克百威属中等毒杀虫剂。使用本品应戴好防护手套、口罩，穿干净防护服。使用后应立即用清水和肥皂洗净。如发生中毒现象，应及时去医院治疗。**

5.7 验收期：丁硫克百威原药验收期为 1 个月。从交货之日起，在一个月内，完成产品质量验收，其各项指标均应符合标准要求。

ICS 65.100.10
G 25

# 中华人民共和国国家标准

GB 22610—2008

# 丁硫克百威颗粒剂

## Carbosulfan Granules

2008-12-17 发布　　　　2009-06-01 实施

中华人民共和国国家质量监督检验检疫总局
中国国家标准化管理委员会　发布

# 前 言

**本标准的第3章、第5章是强制性的，其余是推荐性的。**

本标准修改采用FAO规格417/GR/S/F(1991)《丁硫克百威颗粒剂》(英文)。

本标准修改采用国外先进标准的方法为重新起草法。

本标准与FAO规格《丁硫克百威颗粒剂》的主要技术性差异：

1) 本标准丁硫克百威颗粒剂有两个规格，5%的质量分数是 $5.0^{+0.5}_{-0.5}$，10%质量分数是 $10.0^{+1.0}_{-1.0}$，FAO规格没有规定颗粒剂的具体浓度，仅对标明含量≤100 g/kg的颗粒剂规定了允许波动范围即标明含量的±10%。

2) 综合我国产品的实际质量情况，pH值范围为7.0～9.0，而FAO规格酸度指标为≤0.5 g/kg(≤0.05%)。

3) 另外本标准规定了脱落率控制指标，而FAO规格规定了堆积密度范围及125 μm试验筛筛余物控制指标。

本标准由中国石油和化学工业协会提出。

本标准由全国农药标准化技术委员会(SAC/TC 133)归口。

本标准负责起草单位：沈阳化工研究院。

本标准参加起草单位：湖南海利化工股份有限公司、浙江禾田化工有限公司、江苏常隆化工有限公司。

本标准主要起草人：高晓晖、昝艳坤、郑静宇、韩萍、张中泽、陈平、余淑英。

# 丁硫克百威颗粒剂

该产品有效成分丁硫克百威的其他名称、结构式和基本物化参数如下：

ISO 通用名称：Carbosulfan

CIPAC 数字代码：417

化学名称：2,3-二氢-2,2-二甲基苯并呋喃-7-基(二丁基氨基硫)甲基氨基甲酸酯。

结构式：

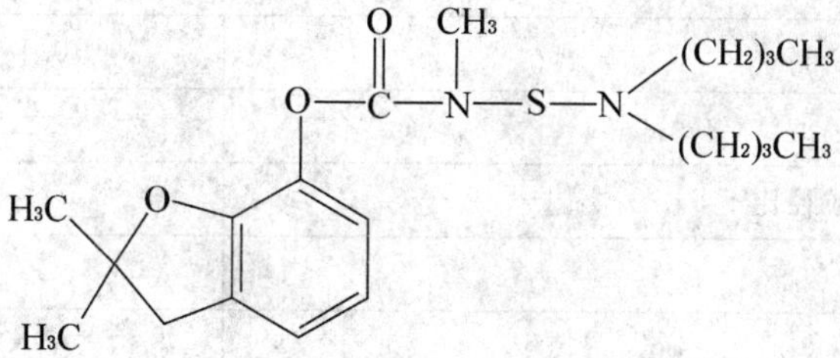

实验式：$C_{20}H_{32}N_2O_3S$

相对分子质量：380.5（按 2007 国际相对原子质量计）

生物活性：杀虫

沸点：124 ℃～128 ℃

蒸气压(25 ℃)：0.041 mPa

溶解度(25 ℃)：水中 0.3 mg/L，与大多有机溶剂混溶，如：二甲苯、正己烷、三氯甲烷、二氯甲烷、乙醇、甲醇、丙酮等

稳定性：在水溶液中水解，$DT_{50}$(25 ℃)在纯水中小于 1 h(pH4)，22 h(pH6)，7.6 d(pH7)，14.2 d(pH8)，14.2 d(pH8)，大于 58.3 d(pH9)

## 1 范围

本标准规定了丁硫克百威颗粒剂的要求、试验方法以及标志、标签、包装、贮运。

本标准适用于由丁硫克百威原药与适宜的助剂、包衣剂、着色剂和载体加工而成的丁硫克百威颗粒剂。

## 2 规范性引用文件

下列文件中的条款通过本标准的引用而成为本标准的条款。凡是注日期的引用文件，其随后所有的修改单(不包括勘误的内容)或修订版均不适用于本标准，然而，鼓励根据本标准达成协议的各方研究是否可使用这些文件的最新版本。凡是不注日期的引用文件，其最新版本适用于本标准。

GB/T 1601 农药 pH 值的测定方法

GB/T 1604 商品农药验收规则

GB/T 1605—2001 商品农药采样方法

GB 3796 农药包装通则

GB/T 19136 农药热贮稳定性测定方法

## 3 要求

3.1 组成和外观:本品应由符合标准的丁硫克百威原药与适宜的助剂、包衣剂、着色剂和载体制成,应为干燥、自由流动的颗粒,无可见的外来杂质。

3.2 丁硫克百威颗粒剂应符合表1要求。

表1 丁硫克百威颗粒剂控制项目指标

| 项目 | | 指标 | |
|---|---|---|---|
| | | 5% | 10% |
| 丁硫克百威质量分数/% | | $5.0^{+0.5}_{-0.5}$ | $10.0^{+1.0}_{-1.0}$ |
| 克百威质量分数[a]/% | ≤ | 0.1 | 0.2 |
| pH值范围 | | 7.0~9.0 | |
| 粒度范围(1 680 μm~420 μm粒径比≤1:4)/% | ≥ | 90 | |
| 脱落率/% | ≤ | 3.0 | |
| 热贮稳定性[a] | | 合格 | |

[a] 克百威质量分数、热贮稳定性试验在正常生产情况下,至少每3个月检验一次。

## 4 试验方法

### 4.1 抽样

按照GB/T 1605—2001中"固体制剂采样"方法进行。用随机数表法确定抽样的包装件;最终抽样量应不少于600 g。

### 4.2 鉴别试验

4.2.1 液相色谱法——本鉴别试验可与丁硫克百威质量分数的测定同时进行。在相同的色谱操作条件下,试样溶液某一色谱峰的保留时间与标样溶液中丁硫克百威色谱峰的保留时间,其相对差值应在1.5%以内。

### 4.3 丁硫克百威(克百威)质量分数的测定

#### 4.3.1 方法提要

试样用甲醇溶解,以甲醇+水为流动相,使用以Agilent TC-C18为填料的不锈钢柱和紫外检测器(280 nm),对试样中的丁硫克百威进行反相高效液相色谱分离,外标法定量。

#### 4.3.2 试剂和溶液

甲醇:色谱级;

水:新蒸二次蒸馏水;

丁硫克百威标样:已知质量分数 $\omega \geqslant 98.0\%$;

克百威标样:已知质量分数 $\omega \geqslant 99.0\%$;

克百威标样溶液的制备:称取克百威标样0.05 g(精确至0.000 2 g)置于50 mL容量瓶中,用甲醇溶解并稀释至刻度,摇匀。

#### 4.3.3 仪器

高效液相色谱仪:具有可变波长紫外检测器;

色谱数据处理机或工作站;

色谱柱:250 mm×4.6 mm(i.d.)不锈钢柱,内装Agilent TC-C18、5 μm填充物(或具等同效果的色谱柱);

过滤器:滤膜孔径约0.45 μm;

微量进样器：50 μL；

定量进样管：5 μL；

超声波清洗器。

**4.3.4　高效液相色谱操作条件**

流动相：ψ(甲醇：水)＝88：12，经滤膜过滤，并进行脱气；

流量：1.0 mL/min；

柱温：室温(温差变化应不大于 2 ℃)；

检测波长：280 nm；

进样体积：5 μL；

保留时间：克百威 3.6 min，丁硫克百威 13.8 min。

上述操作参数是典型的，可根据不同仪器特点，对给定的操作参数作适当调整，以期获得最佳效果。典型的丁硫克百威乳油高效液相色谱图见图 1。

1——克百威；

2——丁硫克百威。

**图 1　丁硫克百威颗粒剂的高效液相色谱图**



**4.3.5　测定步骤**

**4.3.5.1　标样溶液的制备**

称取丁硫克百威标样 0.1 g(精确至 0.000 2 g)，置于 50 mL 容量瓶中，用甲醇溶解并稀释至刻度，摇匀。用移液管准确移取 10 mL 上述溶液置于另一 50 mL 容量瓶中，再用另一只 2 mL 移液管移取克百威标样溶液于同一容量瓶中，用甲醇稀释至刻度，摇匀。

**4.3.5.2　试样溶液的制备**

称取含丁硫克百威 0.1 g(精确至 0.000 2 g)的试样，置于 50 mL 容量瓶中，用甲醇稀释至刻度，在超声波下振荡 15 min 使试样溶解，摇匀。用移液管准确移取 10 mL 上述溶液置于另一 50 mL 容量瓶中，用甲醇稀释至刻度，摇匀，用孔径为 0.45 μm 的滤膜过滤。

**4.3.5.3　测定**

在上述操作条件下，待仪器稳定后，连续注入数针标样溶液，直至相邻两针丁硫克百威峰面积相对变化小于 1.0%后，按照标样溶液、试样溶液、试样溶液、标样溶液的顺序进行测定。

**4.3.6　计算**

将测得的两针试样溶液以及试样前后两针标样溶液中丁硫克百威的峰面积(克百威的峰面积)分别进行平均。试样中丁硫克百威(克百威)的质量分数 $\omega_1$(%)按式(1) 计算：

$$w_1 = \frac{A_2 \cdot m_1 \cdot w}{A_1 \cdot m_2} \times f \qquad \cdots\cdots (1)$$

式中：

$A_1$——标样溶液中，丁硫克百威峰面积(克百威峰面积)的平均值；

$A_2$——试样溶液中，丁硫克百威峰面积(克百威峰面积)的平均值；

$m_1$——标样的质量，单位为克(g)；

$m_2$——试样的质量，单位为克(g)；

$w$——标样中丁硫克百威(克百威)的质量分数，以%表示；

$f$——稀释倍数，对丁硫克百威 $f=1$，克百威 $f=0.2$。

**4.3.7 允许差**

丁硫克百威质量分数两次平行测定结果之差应不大于 0.3%，克百威质量分数两次平行测定结果相对偏差应不大于 40%，均取其算术平均值作为测定结果。

**4.4 pH 值的测定**

按 GB/T 1601 进行。

**4.5 粒度的测定**

**4.5.1 仪器**

标准筛组：孔径与标明的粒径范围一致，并配有底盘和筛盖；

电动振荡机：振幅 36 mm，240 次/min。

**4.5.2 测定步骤**

将标准筛上下叠装，大粒径筛置于小粒径筛上面，筛下装承接盘，准确称取 100 g 试样(精确至 0.1 g)，置于上面筛上，加盖密封，将组合好的筛组安装在振荡机上，启动振筛机振荡 10 min。然后取出规定粒径范围内筛上物进行称量。

**4.5.3 计算**

试样的粒度 $w_2$(%)按式(2)计算：

$$w_2 = \frac{m_1}{m} \times 100 \qquad \cdots\cdots (2)$$

式中：

$m$——试样的质量，单位为克(g)；

$m_1$——规定粒径范围内筛上物质量，单位为克(g)。

**4.6 脱落率的测定**

**4.6.1 仪器**

标准筛：孔径与 4.5.1"标准筛组"中小粒径筛相同；

钢球或瓷球：15 个($\phi$7.9 mm)；

电动振荡机：振幅 36 mm，240 次/min。

**4.6.2 测定步骤**

准确称取已测过粒度的试样 50 g，放入盛有 15 个钢球或瓷球的标准筛中，将筛置于底盘上加盖，移至振荡机中固定后振荡 15 min，准确称取接盘内试样质量(精确至 0.1 g)。

**4.6.3 计算**

试样的脱落率 $w_3$(%)按式(3)计算：

$$w_3 = \frac{m_1}{m} \times 100 \qquad \cdots\cdots (3)$$

式中：

$m$——试样的质量，单位为克(g)；

$m_1$——接盘中试样的质量，单位为克(g)。

**4.7 热贮稳定性试验**

按 GB/T 19136 中“其他制剂”进行，热贮后，丁硫克百威质量分数应不低于贮前测得质量分数的 95%，粒度、脱落率仍应符合标准要求。

**4.8 产品的检验与验收**

应符合 GB/T 1604 的规定。极限数值的处理采用修约值比较法。

## 5 标志、标签、包装、贮运

5.1 丁硫克百威颗粒剂的标志、标签和包装，应符合 GB 3796 的规定。

5.2 丁硫克百威颗粒剂应用铝塑复合袋密封包装。每袋最大包装净含量不超过 20 kg。

5.3 根据用户要求或订货协议，可以采用其他形式的包装，但要符合 GB 3796 的规定。

5.4 包装件应贮存在通风、干燥的库房中。

5.5 贮运时，严防潮湿和日晒，不得与食物、种子、饲料混放，避免与皮肤、眼睛接触，防止由口鼻吸入。

**5.6 安全：丁硫克百威颗粒剂属中等毒杀虫剂。使用本品应带防护手套。皮肤或身体裸露部位接触本品后，应及时用肥皂和水洗净。万一发生中毒现象应及时请医生诊治。**

5.7 保证期：在规定的贮运条件下，丁硫克百威颗粒剂的保证期，从生产日期算起为 2 年。在保证期内，丁硫克百威颗粒剂中各项指标均应符合标准要求。

ICS 65.100.10
G 25

# 中华人民共和国国家标准

GB 22611—2008



# 丁硫克百威乳油

## Carbosulfan emulsifiable concentrates

2008-12-17 发布　　　　2009-06-01 实施

中华人民共和国国家质量监督检验检疫总局
中国国家标准化管理委员会　发布

# 前　言

**本标准的第3章、第5章是强制性的，其余是推荐性的。**

本标准修改采用FAO规格417/EC/S/F(1991)《丁硫克百威乳油》(英文)。

本标准修改采用国外先进标准的方法为重新起草法。

本标准与FAO规格《丁硫克百威乳油》的主要技术性差异：

1) 本标准丁硫克百威乳油有两个规格，20%的质量分数是$20.0^{+1.2}_{-1.2}$，200 g/L质量分数是$21.0^{+1.2}_{-1.2}$，质量浓度是$200^{+12}_{-12}$，FAO规格没有规定乳油的具体浓度，仅对标明含量≤500 g/kg的乳油规定了允许波动范围即标明含量的±5%。

2) 本标准控制杂质克百威质量分数是≤0.5%，FAO规格是不大于测得的丁硫克百威含量的2%。

3) 本标准水分指标为≤0.5%，而FAO规格为≤2 g/kg(≤0.2%)。

4) 综合我国产品的实际质量情况，pH值范围为7.0～9.0，而FAO规格碱度指标为≤1 g/kg(≤0.1%)。

本标准由中国石油和化学工业协会提出。

本标准由全国农药标准化技术委员会(SAC/TC 133)归口。

本标准负责起草单位：沈阳化工研究院。

本标准参加起草单位：湖南海利化工股份有限公司、浙江禾田化工有限公司、江苏常隆化工有限公司。

本标准主要起草人：高晓晖、昝艳坤、郑静宇、韩萍、张中泽、陈平、余淑英。

# 丁硫克百威乳油

该产品有效成分丁硫克百威的其他名称、结构式和基本物化参数如下：

ISO 通用名称：Carbosulfan

CIPAC 数字代码：417

化学名称：2,3-二氢-2,2-二甲基苯并呋喃-7-基(二丁基氨基硫)甲基氨基甲酸酯。

结构式：

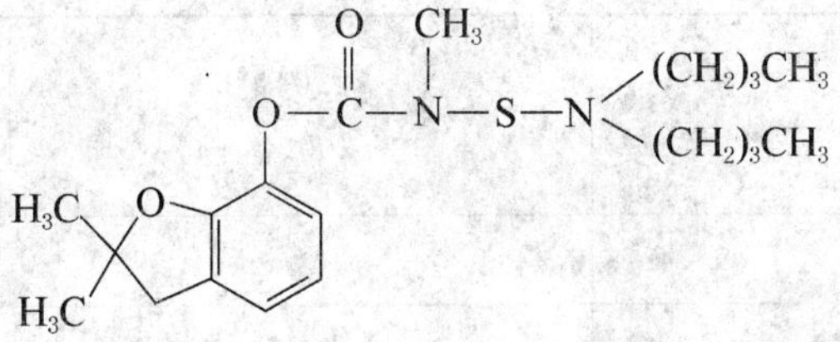

实验式：$C_{20}H_{32}N_2O_3S$

相对分子质量：380.5（按 2007 国际相对原子质量计）

生物活性：杀虫

沸点：124 ℃～128 ℃

蒸气压(25 ℃)：0.041 mPa

溶解度(25 ℃)：水中 0.3 mg/L，与大多有机溶剂混溶，如：二甲苯、正己烷、三氯甲烷、二氯甲烷、乙醇、甲醇、丙酮等

稳定性：在水溶液中水解，$DT_{50}$(25 ℃)在纯水中小于 1 h(pH 4)，22 h(pH 6)，7.6 d(pH 7)，14.2 d(pH 8)，14.2 d(pH 8)，大于 58.3 d(pH 9)

## 1 范围

本标准规定了丁硫克百威乳油的要求、试验方法以及标志、标签、包装、贮运。

本标准适用于由丁硫克百威原药与乳化剂溶解在适宜的溶剂中配制成的丁硫克百威乳油。

## 2 规范性引用文件

下列文件中的条款通过本标准的引用而成为本标准的条款。凡是注日期的引用文件，其随后所有的修改单(不包括勘误的内容)或修订版均不适用于本标准，然而，鼓励根据本标准达成协议的各方研究是否可使用这些文件的最新版本。凡是不注日期的引用文件，其最新版本适用于本标准。

GB/T 1600—2001 农药水分测定方法

GB/T 1601 农药 pH 值的测定方法

GB/T 1603 农药乳液稳定性测定方法

GB/T 1604 商品农药验收规则

GB/T 1605—2001 商品农药采样方法

GB/T 4472 化工产品密度、相对密度测定通则

GB 4838 农药乳油包装

GB/T 19136 农药热贮稳定性测定方法

GB/T 19137 农药低温稳定性测定方法

## 3 要求

### 3.1 组成和外观

本品应由符合标准的丁硫克百威原药制成，外观为均相液体，无明显的悬浮物和沉淀。

### 3.2 技术指标

丁硫克百威乳油应符合表1要求。

表1 丁硫克百威乳油控制项目指标

| 项　目 | 指　标 | |
|---|---|---|
| | 200 g/L | 20% |
| 丁硫克百威质量分数[a]/%<br>或质量浓度(20 ℃)/(g/L) | $21.0^{+1.2}_{-1.2}$<br>$200^{+12}_{-12}$ | $20.0^{+1.2}_{-1.2}$<br>— |
| 克百威质量分数/%　≤ | 0.5 | |
| 水分质量分数/%　≤ | 0.5 | |
| pH 值范围 | 7.0～9.0 | |
| 稀释稳定性(200倍) | 合格 | |
| 低温稳定性[b] | 合格 | |
| 热贮稳定性[b] | 合格 | |

[a] 当发生争议时，以丁硫克百威质量分数为仲裁。

[b] 正常生产时，低温稳定性和热贮稳定性试验，每3个月至少测定一次。

## 4 试验方法

### 4.1 抽样

按 GB/T 1605—2001 中"液体制剂采样"方法进行。用随机数表法确定抽样的包装件；最终抽样量应不少于 250 mL。

### 4.2 鉴别试验

高效液相色谱法——本鉴别试验可与丁硫克百威含量的测定同时进行。在相同的色谱操作条件下，试样溶液中某一色谱峰的保留时间与标样溶液中丁硫克百威色谱峰的保留时间，其相对差值应在1.5%以内。

### 4.3 丁硫克百威(克百威)质量分数的测定

#### 4.3.1 方法提要

试样用甲醇溶解，以甲醇＋水为流动相，使用以 Agilent TC-C18 为填料的不锈钢柱和紫外检测器(280 nm)，对试样中的丁硫克百威进行反相高效液相色谱分离，外标法定量。

#### 4.3.2 试剂和溶液

甲醇：色谱级；

水：新蒸二次蒸馏水；

丁硫克百威标样：已知质量分数 $w$≥98.0%。

克百威标样：已知质量分数 $w$≥99.0%。

克百威标样溶液的制备：称取克百威标样 0.05 g(精确至 0.000 2g)置于 50 mL 容量瓶中，用甲醇溶解并稀释至刻度，摇匀。

4.3.3 **仪器**

高效液相色谱仪：具有可变波长紫外检测器；

色谱数据处理机或工作站；

色谱柱：250 mm×4.6 mm(i.d.)不锈钢柱，内装 Agilent TC-C18、5 μm 填充物(或具等同效果的色谱柱)；

过滤器：滤膜孔径约 0.45 μm；

微量进样器：50 μL；

定量进样管：5 μL；

超声波清洗器。

4.3.4 **高效液相色谱操作条件**

流动相：ψ(甲醇：水)=88：12，经滤膜过滤，并进行脱气；

流量：1.0 mL/min；

柱温：室温(温差变化应不大于 2 ℃)；

检测波长：280 nm；

进样体积：5 μL；

保留时间：克百威 3.6 min，丁硫克百威 13.8 min。

上述操作参数是典型的，可根据不同仪器特点，对给定的操作参数作适当调整，以期获得最佳效果。典型的丁硫克百威乳油高效液相色谱图见图 1。

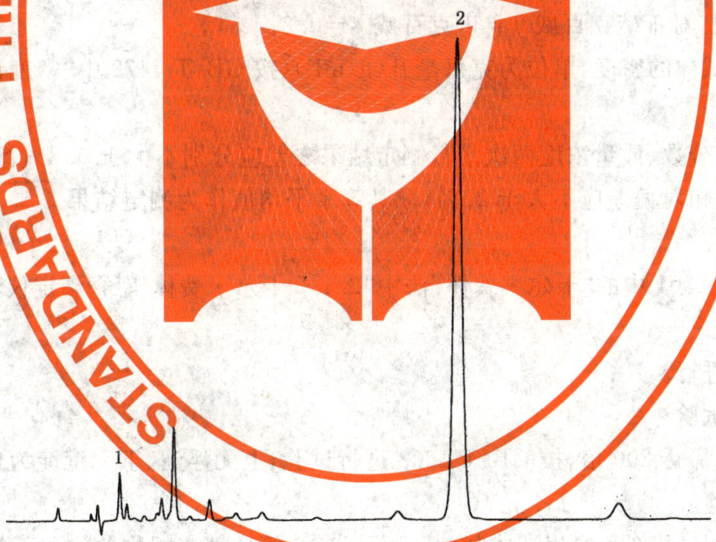


1——克百威；
2——丁硫克百威。

**图 1 丁硫克百威乳油的高效液相色谱图**

4.3.5 **测定步骤**

4.3.5.1 **标样溶液的制备**

称取丁硫克百威标样 0.1 g(精确至 0.000 2 g)，置于 50 mL 容量瓶中，用甲醇溶解并稀释至刻度，摇匀。用移液管准确移取 10 mL 上述溶液置于另一 50 mL 容量瓶中，再用另一只 2 mL 移液管移取克百威标样溶液于同一容量瓶中，用甲醇稀释至刻度，摇匀。

4.3.5.2 试样溶液的制备

称取含丁硫克百威 0.1 g(精确至 0.000 2 g)的试样，置于 50 mL 容量瓶中，用甲醇稀释至刻度，摇匀。用移液管准确移取 10 mL 上述溶液置于另一 50 mL 容量瓶中，用甲醇稀释至刻度，摇匀。

4.3.5.3 测定

在上述操作条件下，待仪器稳定后，连续注入数针标样溶液，直至相邻两针丁硫克百威峰面积相对变化小于 1.0%后，按照标样溶液、试样溶液、试样溶液、标样溶液的顺序进行测定。

4.3.6 计算

将测得的两针试样溶液以及试样前后两针标样溶液中丁硫克百威的峰面积(克百威的峰面积)分别进行平均。试样中丁硫克百威(克百威)的质量分数 $w_1$(%)，按式(1) 计算；质量浓度 $\rho_1$(g/L)按式(2)计算：

$$w_1 = \frac{A_2 \cdot m_1 \cdot w}{A_1 \cdot m_2} \times f \quad \cdots\cdots(1)$$

$$\rho_1 = \frac{A_2 \times m_1 \times w}{A_1 \times m_2} \times f \times \rho \times 10 \quad \cdots\cdots(2)$$

式中：

$A_1$——标样溶液中，丁硫克百威峰面积(克百威峰面积)的平均值；

$A_2$——试样溶液中，丁硫克百威峰面积(克百威峰面积)的平均值；

$m_1$——标样的质量，单位为克(g)；

$m_2$——试样的质量，单位为克(g)；

$w$——标样中丁硫克百威(克百威)的质量分数，以%表示；

$f$——稀释倍数，对丁硫克百威 $f=1$，克百威 $f=0.2$；

$\rho$——20 ℃时试样的密度，单位为克每毫升(g/mL)(按 GB/T 4472 中“密度计法”进行测定)。

4.3.7 允许差

丁硫克百威质量分数、质量浓度两次平行测定结果之差应分别不大于 0.8%、8 g/L，克百威质量分数两次平行测定结果相对偏差应不大于 20%，取其算术平均值作为测定结果。

4.4 水分的测定

按 GB/T 1600—2001 中的“卡尔·费休”法中“2.1.2 卡尔·费休-库仑滴定仪器测定法”进行。

4.5 pH 值的测定

按 GB/T 1601 进行。

4.6 乳液稳定性的试验

试样用标准硬水稀释 200 倍，按 GB/T 1603 进行试验，上无浮油、下无沉淀为合格。

4.7 低温稳定性试验

按 GB/T 19137 中“乳剂和均相液体制剂”进行。离心管底部离析物的体积不超过 0.3 mL 为合格。

4.8 热贮稳定性试验

按 GB/T 19136 中“液体制剂”进行。热贮后，丁硫克百威质量分数应不低于热贮前测得质量分数的 95%；乳液稳定性仍应符合标准要求。

4.9 产品的检验与验收

应符合 GB/T 1604 的规定。极限数值处理，采用修约值比较法。

## 5 标志、标签、包装、贮运

5.1 丁硫克百威乳油的标志、标签、包装，应符合 GB 4838 的规定。

5.2 丁硫克百威乳油采用聚酯瓶或聚乙烯瓶包装，每瓶净含量为 250 mL、500 mL，外包装为纸箱、瓦楞纸板箱或钙塑箱，每箱净含量不超过 10 kg。

5.3 根据用户要求或订货协议，采用其他形式的包装，但应符合 GB 4838 的规定。

5.4 丁硫克百威乳油包装件应贮存在通风、干燥的库房中。

5.5 贮运时，严防潮湿和日晒，不得与食物、种子、饲料混放，避免与皮肤、眼睛接触，防止由口鼻吸入。

**5.6 安全：丁硫克百威属中等毒杀虫剂。使用本品时应戴防护手套、穿干净的防护服。施药后应立即用肥皂水洗净。如皮肤和眼睛接触药液时，要用大量清水冲洗。如发生中毒现象，应及时去医院治疗。**

5.7 保证期：在规定的贮运条件下，丁硫克百威乳油的保证期，从生产日期算起为 2 年。

ICS 65.100.10
G 25

# 中华人民共和国国家标准

GB 22612—2008

# 杀螟丹原药

## Cartap hydrochloride technical

2008-12-17 发布　　　　2009-06-01 实施

中华人民共和国国家质量监督检验检疫总局
中国国家标准化管理委员会　发布

# 前言

**本标准的第3章、第5章是强制性的，其余是推荐性的。**

本标准由中国石油和化学工业协会提出。

本标准由全国农药标准化技术委员会(SAC/TC 133)归口。

本标准负责起草单位：沈阳化工研究院。

本标准参加起草单位：江苏天容集团股份有限公司、青岛海利尔药业有限公司。

本标准主要起草人：梅宝贵、邢红、王强、温劭。

# 杀 螟 丹 原 药

该产品有效成分杀螟丹的其他名称、结构式和基本物化参数如下：

通用名称：杀螟丹

ISO 通用名称：Cartap hydrochloride

化学名称：1,3-二(氨基甲酰硫)-2-二甲胺基丙烷盐酸盐

结构式：

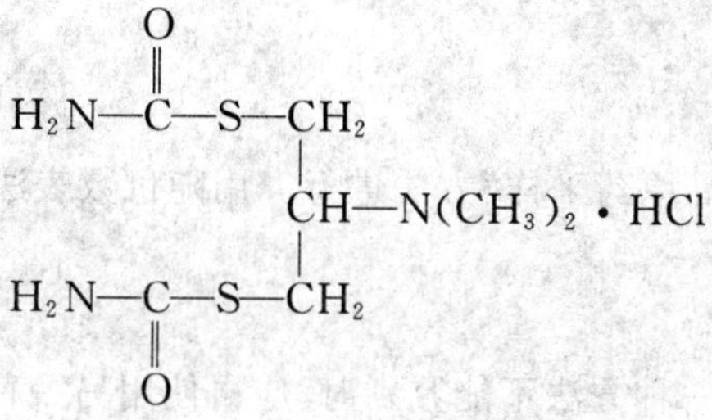

实验式：$C_7H_{16}ClN_3O_2S_2$

相对分子质量：273.8（按 2007 国际相对原子质量计）

生物活性：杀虫

熔点：179 ℃～181 ℃(分解)

蒸气压(25 ℃)：很小

溶解度(25 ℃)：水中约 200 g/L，微溶于甲醇、乙醇，不溶于丙酮、乙醚、乙酸乙酯、三氯甲烷、苯、正己烷等有机溶剂

稳定性：在酸性条件下稳定，在中性和碱性介质中水解。具有吸湿性，无腐蚀性

## 1 范围

本标准规定了杀螟丹原药的要求、试验方法以及标志、标签、包装、贮运。

本标准适用于由杀螟丹及其生产中产生的杂质组成的杀螟丹原药。

## 2 规范性引用文件

下列文件中的条款通过本标准的引用而成为本标准的条款。凡是注日期的引用文件，其随后所有的修改单(不包括勘误的内容)或修订版均不适用于本标准，然而，鼓励根据本标准达成协议的各方研究是否可使用这些文件的最新版本。凡是不注日期的引用文件，其最新版本适用于本标准。

GB/T 1600　农药水分测定方法

GB/T 1601　农药 pH 值的测定方法

GB/T 1604　商品农药验收规则

GB/T 1605—2001　商品农药采样方法

GB 3796　农药包装通则

## 3 要求

### 3.1 外观

白色粉末或白色晶体。

### 3.2 技术指标

杀螟丹原药应符合表 1 要求。

表 1　杀螟丹原药控制项目指标

| 项　　目 | | 指　　标 |
|---|---|---|
| 杀螟丹质量分数/% | ≥ | 97.0 |
| 水分质量分数/% | ≤ | 1.0 |
| 水不溶物质量分数[a]/% | ≤ | 0.2 |
| pH 值范围 | | 3.0～6.0 |
| [a] 正常生产时,水不溶物质量分数每 3 个月至少测定一次。 | | |

## 4　试验方法

### 4.1　抽样

按 GB/T 1605—2001 中"商品原药采样"方法进行。用随机数表法确定抽样的包装件,最终抽样量应不少于 100 g。

### 4.2　鉴别试验

下列方法可任选其一。当用一种方法不能鉴别时,应再使用另一种方法加以确定。

红外光谱法——试样与杀螟丹标样在 4 000 $cm^{-1}$～400 $cm^{-1}$ 的红外吸收光谱图应没有明显区别。杀螟丹标样红外光谱图见图 1。

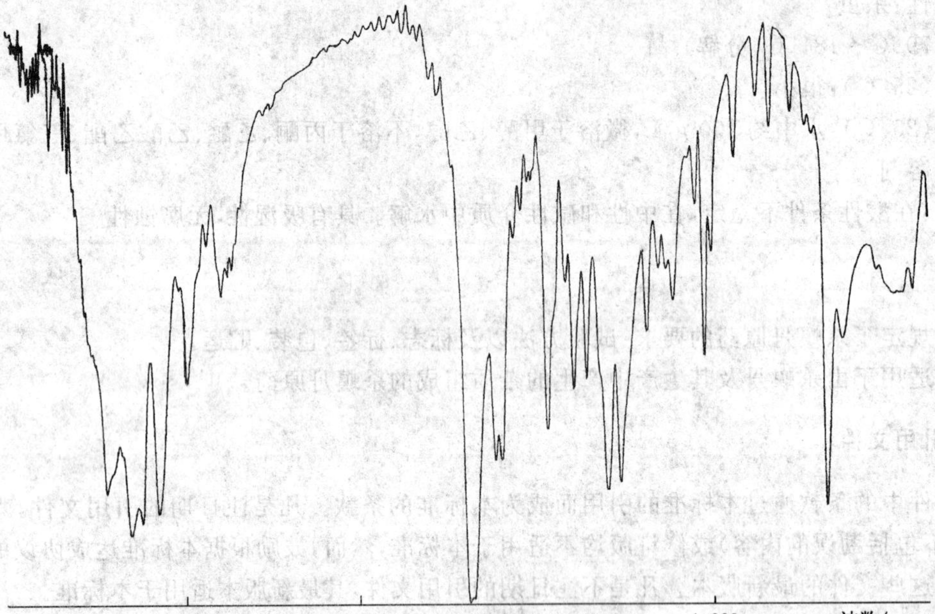


图 1　杀螟丹标样的红外光谱图

高效液相色谱法——本鉴别试验可与杀螟丹质量分数的测定同时进行。在相同的色谱操作条件下,试样溶液中某一色谱峰的保留时间与杀螟丹标样溶液中杀螟丹色谱峰的保留时间,其相对差值应在 1.5%以内。

### 4.3　杀螟丹质量分数的测定

#### 4.3.1　方法提要

试样用磷酸水溶液溶解,以庚磺酸钠溶液＋乙腈为流动相,使用以 Capcell-Pak $C_{18}$ 为填料的不锈钢柱和紫外检测器(225 nm),对试样中的杀螟丹进行反相高效液相色谱分离,外标法定量。

#### 4.3.2　试剂和溶液

乙腈:色谱级;

水:新蒸二次蒸馏水;

磷酸;

磷酸水溶液:水用磷酸调 pH 值至 2.5;

庚磺酸钠;

三乙胺;

庚磺酸钠溶液:称取 3.64 g 庚磺酸钠于 1 L 的广口瓶中,加入 900 mL 二次蒸馏水振摇使之溶解,加入 16 mL 磷酸;再用三乙胺调 pH 至 2.0;

杀螟丹标样:已知质量分数 $w \geqslant 99.0\%$。

**4.3.3 仪器**

高效液相色谱仪:具有可变波长紫外检测器;

色谱数据处理机或色谱工作站;

色谱柱:200 mm×4.6 mm(i.d.)不锈钢柱,内装 Capcell-Pak $C_{18}$、5 μm 填充物(或具等同效果的色谱柱);

过滤器:滤膜孔径约 0.45 μm;

微量进样器:50 μL;

定量进样管:10 μL;

超声波清洗器。

**4.3.4 高效液相色谱操作条件**

流动相:$\varphi$(庚磺酸钠溶液:乙腈)=90:10,用 0.45 μm 滤膜过滤,超声 10 min 后备用;

流速:1.0 mL/min;

柱温:室温(温差变化应不大于 2 ℃);

检测波长:225 nm;

进样体积:10 μL;

保留时间:7.4 min。

上述操作参数是典型的,可根据不同仪器特点,对给定的操作参数作适当调整,以期获得最佳效果。典型的杀螟丹原药高效液相色谱图见图 2。

1——杀螟丹。

**图 2 杀螟丹原药的高效液相色谱图**

**4.3.5 测定步骤**

**4.3.5.1 标样溶液的制备**

称取 0.05 g(精确至 0.000 2 g)杀螟丹标样,置于 50 mL 容量瓶中,用磷酸水溶液溶解并稀释至刻度，摇匀。

4.3.5.2　**试样溶液的制备**

称取含杀螟丹 0.05 g(精确至 0.000 2 g)的试样，置于 50 mL 容量瓶中，用磷酸水溶液溶解并稀释至刻度，摇匀。

4.3.5.3　**测定**

在上述操作条件下，待仪器稳定后，连续注入数针标样溶液，直至相邻两针杀螟丹峰面积相对变化小于 1.5%后，按照标样溶液、试样溶液、试样溶液、标样溶液的顺序进行测定。

4.3.5.4　**计算**

将测得的两针试样溶液以及试样前后两针标样溶液中杀螟丹峰面积分别进行平均。试样中杀螟丹的质量分数 $w_1$(%)按式(1)计算：

$$w_1 = \frac{A_2 \cdot m_1 \cdot w}{A_1 \cdot m_2} \qquad \cdots\cdots(1)$$

式中：

$A_1$——标样溶液中，杀螟丹峰面积的平均值；

$A_2$——试样溶液中，杀螟丹峰面积的平均值；

$m_1$——杀螟丹标样的质量，单位为克(g)；

$m_2$——试样的质量，单位为克(g)；

$w$——杀螟丹标样的质量分数，以%表示。

4.3.6　**允许差**

杀螟丹质量分数两次平行测定结果之差应不大于 1.2%，取其算术平均值作为测定结果。

4.4　**水分的测定**

按 GB/T 1600 中"共沸法"进行。

4.5　**水不溶物的测定**

4.5.1　**试剂和仪器**

锥形瓶：250 mL；

玻璃砂芯坩埚：G3；

烘箱：105 ℃±2 ℃；

吸滤瓶：500 mL。

4.5.2　**测定方法**

称取 10 g 试样(精确至 0.01g)，放入锥形瓶中，加入 100 mL 水溶液，振摇使试样溶解立刻通过已恒重(精确至 0.000 2 g)的坩埚过滤，再用 60 mL 水，分三次洗涤锥形瓶，抽滤。将坩埚置于烘箱中干燥 2 h，取出置于干燥器中冷却，称量(精确至 0.000 2 g)。

4.5.3　**计算**

试样中水不溶物 $w_2$(%)按式(2)计算：

$$w_2 = \frac{m_1 - m_0}{m} \times 100 \qquad \cdots\cdots(2)$$

式中：

$m_1$——试样和称量瓶烘干前的质量，单位为克(g)；

$m_0$——试样和称量瓶烘干后的质量，单位为克(g)；

$m$——试样的质量，单位为克(g)。

4.5.4　**允许差**

两次平行测定结果之相对偏差应不大于 30%，取其算术平均值作为测定结果。

4.6　**pH 值的测定**

按 GB/T 1601 进行。

**4.7 产品的检验与验收**

应符合 GB/T 1604 的规定，极限数值处理采用修约值比较法。

## 5 标志、标签、包装、贮运

5.1 杀螟丹原药的标志、标签、包装应符合 GB 3796 的规定。

5.2 杀螟丹原药应用清洁、干燥的聚丙烯桶包装，每桶净含量为 25 kg。

5.3 根据用户要求或订货协议可采用其他形式的包装，但应符合 GB 3796 的规定。

5.4 杀螟丹原药包装件应贮存在通风、干燥的库房中。

5.5 贮运时，严防潮湿和日晒，不得与食物、种子、饲料混放，避免与皮肤、眼睛接触，防止由口鼻吸入。

**5.6 安全：杀螟丹为中等毒性杀虫剂。吞噬或吸入均会中毒。使用本品应戴防护手套、防毒面具，穿干净的防护服。施药后，应立即用肥皂和水洗净。如发生中毒现象，请立即送医院治疗。**

5.7 验收期：杀螟丹原药验收期为 1 个月。从交货之日起，在一个月内完成产品质量验收，其各项指标均应符合标准要求。

ICS 65.100.10
G 25

# 中华人民共和国国家标准

GB 22613—2008

# 杀螟丹可溶粉剂

## Cartap hydrochloride water soluble powders



2008-12-17 发布　　2009-06-01 实施

中华人民共和国国家质量监督检验检疫总局
中国国家标准化管理委员会　发布

# 前　言

**本标准的第3章、第5章是强制性的，其余是推荐性的。**

本标准由中国石油和化学工业协会提出。

本标准由全国农药标准化技术委员会(SAC/TC 133)归口。

本标准负责起草单位：沈阳化工研究院。

本标准参加起草单位：江苏天容集团股份有限公司、青岛海利尔药业有限公司。

本标准主要起草人：梅宝贵、邢红、王强、李学臣。

# 杀螟丹可溶粉剂

该产品有效成分杀螟丹的其他名称、结构式和基本物化参数如下：

通用名称：杀螟丹

ISO 通用名称：Cartap hydrochloride

化学名称：1,3-二(氨基甲酰硫)-2-二甲胺基丙烷盐酸盐

结构式：

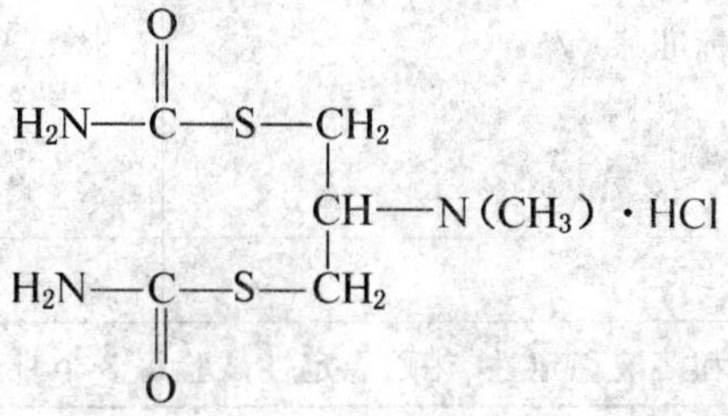

实验式：$C_7H_{16}ClN_3O_2S_2$

相对分子质量：273.8(按 2007 国际相对原子质量计)

生物活性：杀虫

熔点：179 ℃～181 ℃(分解)

蒸气压(25 ℃)：很小

溶解度(25 ℃)：水中约 200 g/L，微溶于甲醇、乙醇，不溶于丙酮、乙醚、乙酸乙酯、三氯甲烷、苯、正己烷等有机溶剂

稳定性：在酸性条件下稳定，在中性和碱性介质中水解。具有吸湿性，对湿气较为敏感，无腐蚀性

## 1 范围

本标准规定了杀螟丹可溶粉剂的要求、试验方法以及标志、标签、包装、贮运。

本标准适用于由杀螟丹原药、适宜的助剂和填料加工制成的杀螟丹可溶粉剂。

## 2 规范性引用文件

下列文件中的条款通过本标准的引用而成为本标准的条款。凡是注日期的引用文件，其随后所有的修改单(不包括勘误的内容)或修订版均不适用于本标准，然而，鼓励根据本标准达成协议的各方研究是否可使用这些文件的最新版本。凡是不注日期的引用文件，其最新版本适用于本标准。

GB/T 1600　农药水分测定方法

GB/T 1601　农药 pH 值的测定方法

GB/T 1603　农药乳液稳定性测定方法

GB/T 1604　商品农药验收规则

GB/T 1605—2001　商品农药采样方法

GB 3796　农药包装通则

GB/T 19136　农药热贮稳定性测定方法

## 3 要求

### 3.1 组成和外观

本品应由符合标准的杀螟丹原药制成，外观为均匀的疏松粉末，无团块。

3.2 杀螟丹可溶粉剂应符合表1要求。

表1 杀螟丹可溶粉剂控制项目指标

| 项目 | | 指标 | |
|---|---|---|---|
| | | 50% | 95% |
| 杀螟丹质量分数/% | | $50.0^{+2.5}_{-2.5}$ | $95.0^{+2.5}_{-2.5}$ |
| 水分质量分数/% | ≤ | 3.0 | 1.5 |
| 水不溶物质量分数[a]/% | ≤ | 0.6 | |
| pH值范围 | | 3.0~6.0 | |
| 溶解程度和溶液稳定性(通过75 μm标准筛)[a]/%<br>(5 min后残余物)<br>(18 h后残余物) | <br>≤<br>≤ | <br>1.0<br>0.05 | |
| 热贮稳定性试验[a] | | 合格 | |

[a] 正常生产时水不溶物、溶解程度和溶液稳定性、热贮稳定性试验每3个月至少进行一次。

## 4 试验方法

### 4.1 抽样

按GB/T 1605—2001中"固体制剂采样"方法进行。用随机数表法确定抽样的包装件,最终抽样量应不少于300 g。

### 4.2 鉴别试验

高效液相色谱法——本鉴别试验可与杀螟丹质量分数的测定同时进行。在相同的色谱操作条件下,试样溶液中某一色谱峰的保留时间与杀螟丹标样溶液中杀螟丹色谱峰的保留时间相对差值应在1.5%以内。

### 4.3 杀螟丹质量分数的测定

#### 4.3.1 方法提要

试样用磷酸水溶液溶解,以庚磺酸钠溶液+乙腈为流动相,使用以Capcell-Pak $C_{18}$为填料的不锈钢柱和紫外检测器(225 nm),对试样中的杀螟丹进行反相高效液相色谱分离,外标法定量。

#### 4.3.2 试剂和溶液

乙腈:色谱级;

水:新蒸二次蒸馏水;

磷酸;

磷酸水溶液:水用磷酸调pH值至2.5;

庚磺酸钠;

三乙胺;

庚磺酸钠溶液:称取3.64 g庚磺酸钠于1 L的广口瓶中,加入900 mL二次蒸馏水振摇使之溶解,加入16 mL磷酸;再用三乙胺调pH至2.0;

杀螟丹标样:已知质量分数$w$≥99.0%。

#### 4.3.3 仪器

高效液相色谱仪:具有可变波长紫外检测器;

色谱数据处理机或色谱工作站;

色谱柱:200 mm×4.6 mm(i.d.)不锈钢柱,内装Capcell-Pak $C_{18}$、5 μm填充物(或具等同效果的色谱柱);

过滤器：滤膜孔径约 0.45 μm；

微量进样器：50 μL；

定量进样管：10 μL；

超声波清洗器。

**4.3.4 高效液相色谱操作条件**

流动相：ψ(庚磺酸钠溶液：乙腈)＝90：10，用 0.45 μm 滤膜过滤，超声 10 min 后备用；

流速：1.0 mL/min；

柱温：室温(温差变化应不大于 2 ℃)；

检测波长：225 nm；

进样体积：10 μL；

保留时间：7.4 min。

上述操作参数是典型的，可根据不同仪器特点，对给定的操作参数作适当调整，以期获得最佳效果。典型的杀螟丹可溶粉剂高效液相色谱图见图 1。

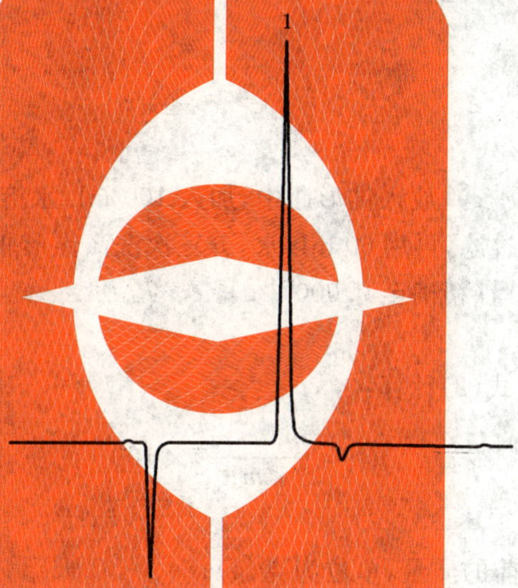


1——杀螟丹。

**图 1 杀螟丹可溶粉剂的高效液相色谱图**



**4.3.5 测定步骤**

**4.3.5.1 标样溶液的制备**

称取 0.05 g(精确至 0.000 2 g)杀螟丹标样，置于 50 mL 容量瓶中，用磷酸水溶液溶解并稀释至刻度，摇匀。

**4.3.5.2 试样溶液的制备**

称取含杀螟丹 0.05 g(精确至 0.000 2 g)的试样，置于 50 mL 容量瓶中，用磷酸水溶液溶解并稀释至刻度，摇匀。

**4.3.5.3 测定**

在上述操作条件下，待仪器稳定后，连续注入数针标样溶液，直至相邻两针杀螟丹峰面积相对变化小于 1.5%后，按照标样溶液、试样溶液、试样溶液、标样溶液的顺序进行测定。

**4.3.5.4 计算**

将测得的两针试样溶液以及试样前后两针标样溶液中杀螟丹峰面积分别进行平均。试样中杀螟丹的质量分数 $w_1$(%)按式(1)计算：

$$w_1 = \frac{A_2 \cdot m_1 \cdot w}{A_1 \cdot m_2} \qquad \cdots\cdots(1)$$

式中：

$A_1$——标样溶液中，杀螟丹峰面积的平均值；

$A_2$——试样溶液中，杀螟丹峰面积的平均值；

$m_1$——杀螟丹标样的质量，单位为克(g)；

$m_2$——试样的质量，单位为克(g)；

$w$——杀螟丹标样的质量分数，以%表示。

4.3.6 **允许差**

杀螟丹质量分数两次平行测定结果之相对偏差应不大于1.5%，取其算术平均值作为测定结果。

4.4 **水分的测定**

按GB/T 1600中“共沸法”进行。

4.5 **水不溶物的测定**

4.5.1 **试剂和仪器**

锥形瓶：250 mL；

玻璃砂芯坩埚：G3；

烘箱：105 ℃±2 ℃；

吸滤瓶：500 mL。

4.5.2 **测定方法**

称取10 g试样(精确至0.01 g)，放入锥形瓶中，加入100 mL水溶液，振摇使试样溶解立刻通过已恒重(精确至0.000 2 g)的坩埚过滤，再用60 mL水，分三次洗涤锥形瓶，抽滤。将坩埚置于烘箱中干燥2 h，取出置于干燥器中冷却，称量(精确至0.000 2 g)。

4.5.3 **计算**

试样中水不溶物$w_2$(%)按式(2)计算：

$$w_2=\frac{m_1-m_0}{m}\times 100 \qquad (2)$$

式中：

$m_1$——试样和称量瓶烘干前的质量，单位为克(g)；

$m_0$——试样和称量瓶烘干后的质量，单位为克(g)；

$m$——试样的质量，单位为克(g)。

4.5.4 **允许差**

两次平行测定结果之相对偏差应不大于30%，取其算术平均值作为测定结果。

4.6 **pH值的测定**

按GB/T 1601进行。

4.7 **溶解程度和溶液稳定性**

4.7.1 **方法提要**

溶解程度是将试样溶于25 ℃的标准硬水中，颠倒15次，静置5 min，用75 μm试验筛过滤，定量测定筛上残余物。溶液稳定性是将该溶液静置18 h后，再次用试验筛过滤，定量测定筛上残余物。

4.7.2 **仪器**

标准筛：孔径75 μm，直径76 mm；

具塞量筒：250 mL(0 mL～250 mL刻度之间距离20 cm～21.5 cm，250 mL刻度线与塞子底部距离为4 cm～6 cm)。

标准硬水：342 mg/L，按GB/T 1603中相应方法配制。

4.7.3 **试样溶液的制备**

在250 mL量筒中加入2/3的标准硬水，将其温度调至25 ℃，加入5 g样品，加标准硬水至刻度。

盖上塞子。静置 30 s，用手颠倒量筒 15 次，复位。颠倒、复位一次所用时间应不超过 2 s。

**4.7.4 5 min 后试验**

将量筒中的试样溶液静置 5 min±30 s 后，倒入已恒重的 75 μm 筛子上，将滤液收集到 500 mL 烧杯中，留作下一步试验。用 20 mL 蒸馏水洗涤量筒 5 次，将所有不溶物定量转移到筛上，弃去洗涤液，检查筛上的残余物。如果筛上有残余物，将筛于 60 ℃下干燥至恒重，称量。

**4.7.5 18 h 后试验**

将滤液静置 18 h 后，仔细观察烧杯中滤液是否有沉淀。如果有不溶物，再将该试样用恒重的 75 μm 试验筛过滤，用 20 mL 蒸馏水洗涤试验筛 5 次，如果筛上有固体或结晶存在，将筛于 60 ℃下干燥至恒重，称量。

**4.7.6 计算**

5 min 后残余物 $w_3$(%)按式(3)计算：

$$w_3 = \frac{m_2 - m_1}{m} \qquad \cdots\cdots(3)$$

式中：

$m_1$——5 min 后试验中筛子恒重后的质量，单位为克(g)；

$m_2$——5 min 后试验中筛子和残余物的质量，单位为克(g)；

$m$——试样的质量，单位为克(g)。

18 h 后残余物 $w_4$(%)按式(4)计算：

$$w_4 = \frac{m_2 - m_1}{m} \qquad \cdots\cdots(4)$$

式中：

$m_1$——18 h 后试验中筛子恒重后的质量，单位为克(g)；

$m_2$——18 h 后试验中筛子和残余物的质量，单位为克(g)；

$m$——试样的质量，单位为克(g)。

**4.8 热贮稳定性试验**

按 GB/T 19136 中“其他制剂”进行。热贮后杀螟丹质量分数应不低于贮前杀螟丹质量分数的 97%。

**4.9 产品的检验与验收**

应符合 GB/T 1604 的规定，极限数值处理采用修约值比较法。

## 5 标志、标签、包装、贮运

5.1 杀螟丹可溶粉剂的标志、标签、包装应符合 GB 3796 的规定。

5.2 杀螟丹可溶粉剂应用清洁、干燥、内衬塑料袋的编织袋或铝箔袋包装。大包装每袋净含量为 25 kg。小包装每袋净含量 60 g、50 g。也可以根据用户要求或订货协议采用其他形式的包装，但需符合 GB 3796 的规定。

5.3 杀螟丹可溶粉剂包装件应贮存在通风、干燥的库房中。

5.4 贮运时，严防潮湿和日晒，不得与食物、种子、饲料混放，避免与皮肤、眼睛接触，防止由口鼻吸入。

**5.5 安全：杀螟丹为中等毒性杀虫剂。吞噬或吸入均会中毒。使用本品应戴防护手套、防毒面具，穿干净的防护服。施药后，应立即用肥皂和水洗净。如发生中毒现象，请立即送医院治疗。**

5.6 保证期：在规定的贮运条件下，杀螟丹可溶粉剂的保证期，从生产日期算起为 2 年。

ICS 65.100.20
G 25

GB

# 中华人民共和国国家标准

GB 22614—2008

# 烯草酮原药

# Clethodim technical



2008-12-17 发布　　2009-06-01 实施

中华人民共和国国家质量监督检验检疫总局
中国国家标准化管理委员会　发布

# 前言

**本标准的第 3 章、第 5 章是强制性的，其余是推荐性的。**

本标准的附录 A 是资料性附录。

本标准由中国石油和化学工业协会提出。

本标准由全国农药标准化技术委员会(SAC/TC 133)归口。

本标准负责起草单位：沈阳化工研究院。

本标准参加起草单位：江苏长青农化股份有限公司。

本标准主要起草人：梅宝贵、邢君、于海平、于亮、吕良忠。

# 烯 草 酮 原 药

该产品有效成分烯草酮的其他名称、结构式和基本物化参数如下：

ISO 通用名称：Clethodim

CIPAC 数字代码：508

化学名称：(±)-2-[(E)-3-氯烯丙氧基亚氨基]丙基-5-[2-(乙硫基)丙基]-3-羟基环己-2-烯酮

结构式：

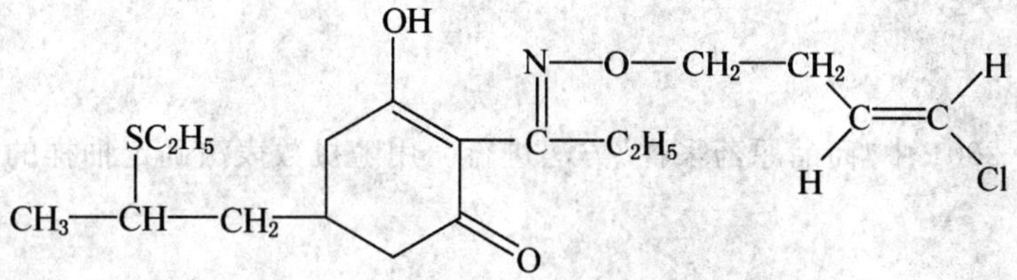

实验式：$C_{17}H_{26}ClNO_3S$

相对分子质量：359.9(按 2007 国际相对原子质量计)

生物活性：除草剂

沸点：低于沸点时分解

蒸气压(20℃)：小于 $1\times10^{-2}$ mPa

溶解性：不溶于水，溶于大多数有机溶剂

稳定性：在紫外线下、强酸、强碱条件下不稳定；热稳定性差

## 1 范围

本标准规定了烯草酮原药的要求、试验方法以及标志、标签、包装、贮运。

本标准适用于由烯草酮及其生产中产生的杂质组成的烯草酮原药。

## 2 规范性引用文件

下列文件中的条款通过本标准的引用而成为本标准的条款。凡是注日期的引用文件，其随后所有的修改单(不包括勘误的内容)或修订版均不适用于本标准，然而，鼓励根据本标准达成协议的各方研究是否可使用这些文件的最新版本。凡是不注日期的引用文件，其最新版本适用于本标准。

GB/T 1600 农药水分测定方法

GB/T 1601 农药 pH 值的测定方法

GB/T 1604 商品农药验收规则

GB/T 1605—2001 商品农药采样方法

GB 3796 农药包装通则

GB/T 19138 农药丙酮不溶物测定方法

## 3 要求

### 3.1 外观

琥珀色液体。

### 3.2 技术指标

烯草酮原药还应符合表 1 要求。

表 1 烯草酮原药控制项目指标

| 项 目 | | 指 标 |
|---|---|---|
| 烯草酮质量分数/% | ≥ | 85.0 |
| 水分质量分数/% | ≤ | 0.3 |
| pH 值范围 | | 5.0～7.0 |
| 丙酮不溶物质量分数[a]/% | ≤ | 0.2 |
| [a] 正常生产时,丙酮不溶物质量分数每 3 个月至少测定一次。 | | |

## 4 试验方法

### 4.1 抽样

按 GB/T 1605—2001 中"商品原药采样"方法进行。用随机数表法确定抽样的包装件,最终抽样量应不少于 100 g。

### 4.2 鉴别试验

高效液相色谱法——本鉴别试验可与烯草酮含量的测定同时进行。在相同的色谱操作条件下,试样溶液中某色谱峰的保留时间与标样溶液中烯草酮的保留时间,其相对差值均应在 1.5%以内。

红外光谱法——试样与烯草酮标样在 4 000 $cm^{-1}$～400 $cm^{-1}$范围内的红外吸收光谱图应无明显差异。烯草酮标样红外光谱图见图 1。

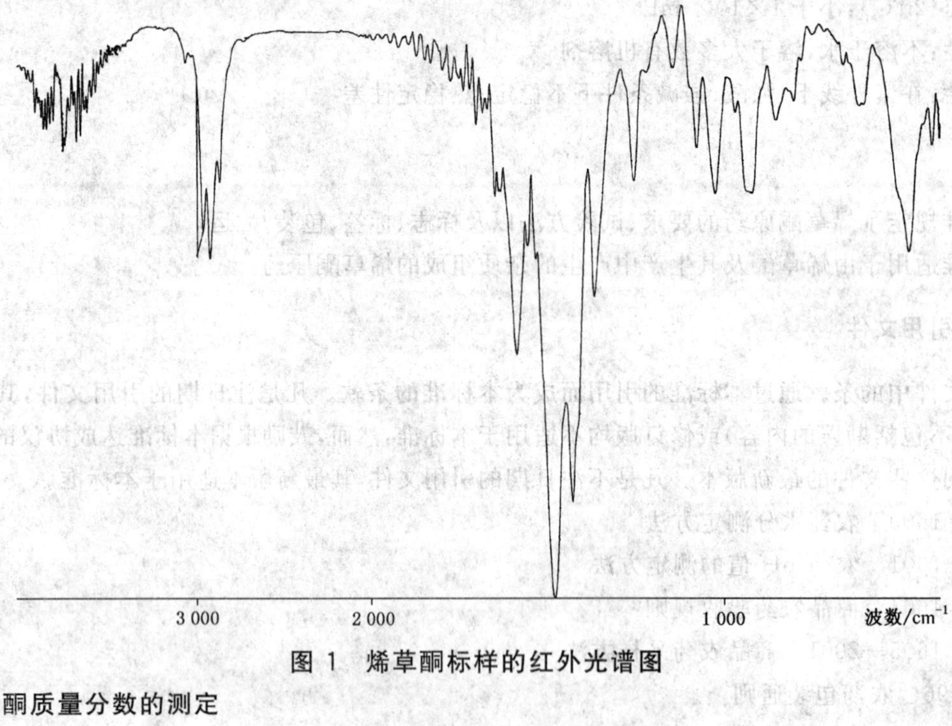


图 1 烯草酮标样的红外光谱图

### 4.3 烯草酮质量分数的测定

#### 4.3.1 方法提要

试样用流动相溶解,以二氯甲烷+正己烷+冰乙酸为流动相,使用以 Hypersil silica 为填料的不锈钢柱和紫外检测器(254 nm),对试样中的烯草酮进行正相高效液相色谱分离,外标法定量。也可使用反相高效液相色谱法测定,色谱操作条件见附录 A。

#### 4.3.2 试剂和溶液

二氯甲烷;

正己烷;

冰乙酸；

烯草酮锂盐标样：已知烯草酮锂盐质量分数 $w \geqslant 98.0\%$。

**4.3.3 仪器**

高效液相色谱仪：具有紫外可变波长检测器；

色谱数据处理机；

色谱柱：150 mm×3.9 mm(i.d.)不锈钢柱，内装 Hypersil silica、5 μm 填充物；

过滤器：滤膜孔径约 0.45 μm；

微量进样器：50 μL；

定量进样管：5 μL；

超声波清洗器。

**4.3.4 高效液相色谱操作条件**

流动相：ψ(二氯甲烷：正己烷：冰乙酸)＝75：25：0.5，经滤膜过滤，并进行脱气；

流速：1.0 mL/min；

柱温：30 ℃；

检测波长：254 nm；

进样体积：5 μL；

保留时间：烯草酮约 10.4 min。

上述操作参数是典型的，可根据不同仪器特点，对给定的操作参数作适当调整，以期获得最佳效果。典型的烯草酮原药正相高效液相色谱图见图 2。

1——烯草酮。

**图 2 烯草酮原药的正相高效液相色谱图**

在上述操作条件下，待仪器稳定后，连续注入数针标样溶液，直至相邻两针烯草酮峰面积相对变化小于 1.2%后，按照标样溶液、试样溶液、试样溶液、标样溶液的顺序进行测定。

**4.3.5 测定步骤**

**4.3.5.1 标样溶液的制备**

称取烯草酮锂盐标样 0.1 g(精确至 0.000 2 g)，置于 50 mL 容量瓶中，加 3 滴冰乙酸和流动相振摇使之溶解，用流动相稀释至刻度，摇匀。用移液管吸取 5 mL 上述试液于另一 50 mL 容量瓶中用流动相稀释至刻度，摇匀。

**4.3.5.2 试样溶液的制备**

称取含烯草酮 0.1 g 的试样(精确至 0.000 2 g)，置于 50 mL 容量瓶中，加流动相振摇使之溶解，用流动相稀释至刻度，摇匀。用移液管吸取 5 mL 上述试液于另一 50 mL 容量瓶中用流动相稀释至刻度，摇匀。

4.3.5.3 测定

在上述操作条件下，待仪器稳定后，连续注入数针标样溶液，直至相邻两针烯草酮峰面积相对变化小于1.2%后，按照标样溶液、试样溶液、试样溶液、标样溶液的顺序进行测定。

4.3.6 计算

将测得的两针试样溶液以及试样前后两针标样溶液中烯草酮峰面积分别进行平均。试样中烯草酮的质量分数 $w_1$(%)按式(1)计算：

$$w_1 = \frac{A_2 \cdot m_1 \cdot w}{A_1 \cdot m_2} \times \frac{359.90}{365.84} \quad \cdots\cdots (1)$$

式中：

$A_1$——标样溶液中，烯草酮峰面积的平均值；

$A_2$——试样溶液中，烯草酮峰面积的平均值；

$m_1$——标样的质量，单位为克(g)；

$m_2$——试样的质量，单位为克(g)；

$w$——标样中烯草酮锂盐的质量分数，以%表示；

359.90——烯草酮的相对分子质量；

365.84——烯草酮锂盐的相对分子质量。

4.3.7 允许差

烯草酮质量分数两次平行测定结果之差应不大于1.2%，取其算术平均值作为测定结果。

4.4 水分的测定

按GB/T 1600中的“卡尔·费休法”进行。

4.5 pH值的测定

按GB/T 1601进行。

4.6 丙酮不溶物的测定

按GB/T 19138进行。

4.7 产品的检验与验收

应符合GB/T 1604的规定。极限数值的处理采用修约值比较法。

## 5 标志、标签、包装、贮运

5.1 烯草酮原药的标志、标签、包装应符合GB 3796的规定。

5.2 烯草酮原药大包装应用清洁、干燥的聚氨酯桶包装，每桶净含量应不大于200 kg。

5.3 根据用户要求或订货协议可采用其他形式的包装，但应符合GB 3796的规定。

5.4 烯草酮原药包装件应贮存在通风、干燥、低温的库房中。

5.5 贮运时，严防潮湿和日晒，不得与食物、种子、饲料混放，避免与皮肤、眼睛接触，防止由口鼻吸入。

**5.6 安全：烯草酮为低毒除草剂，使用本品时应穿戴防护用品，施药后应用肥皂洗净，万一误服，不宜催吐，应立即送医院，按有机溶剂(二甲苯)中毒治疗法治疗。**

5.7 验收期：烯草酮原药验收期为1个月。从交货之日起一个月内完成产品质量验收，其各项指标均应符合标准要求。

# 附 录 A
## （资料性附录）
## 烯草酮质量分数反相高效液相色谱测定方法

### A.1 方法提要

试样用丙酮石油醚溶解，以乙腈＋水＋磷酸为流动相，使用以Nova-Pak $C_{18}$为填料的不锈钢柱和紫外检测器(254 nm)，对试样中的烯草酮进行反相高效液相色谱分离，外标法定量。

### A.2 试剂和溶液

乙腈：色谱级；

水：新蒸二次蒸馏水；

丙酮；

石油醚；

磷酸；

丙酮石油醚溶液：$\phi$(丙酮：石油醚)＝1：1；

烯草酮锂盐标样：已知烯草酮锂盐质量分数，$w \geqslant 98.0\%$。

### A.3 仪器

高效液相色谱仪：具有可变波长紫外检测器；

色谱数据处理机；

色谱柱：150 mm×4.6 mm(i.d.)不锈钢柱，内装Nova-Pak $C_{18}$、5 μm填充物(或具等同效果的色谱柱)；

过滤器：滤膜孔径约0.45 μm；

微量进样器：50 μL；

定量进样管：5 μL；

超声波清洗器。

### A.4 反相高效液相色谱操作条件

流动相：$\phi$(乙腈：水)＝65：35，其中水用磷酸调节pH至3.0，经滤膜过滤，并进行脱气；

流速：1.0 mL/min；

柱温：室温(温差变化应不大于2 ℃)；

检测波长：254 nm；

进样体积：5 μL；

保留时间：烯草酮约5.8 min。

上述操作参数是典型的，可根据不同仪器特点，对给定的操作参数作适当调整，以期获得最佳效果。典型的烯草酮原药反相高效液相色谱图见图A.1。

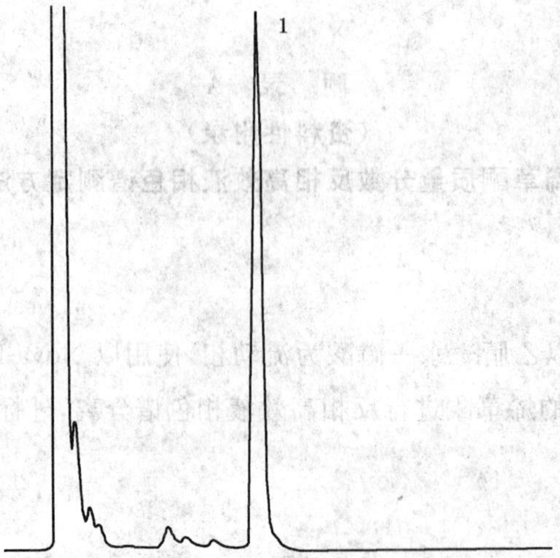

1——烯草酮。

**图 A.1 烯草酮原药的反相高效液相色谱图**

## A.5 测定步骤

### A.5.1 标样溶液的配制

称取 0.1 g 烯草酮锂盐标样(精确至 0.000 2 g),置于 50 mL 容量瓶中,加 3 滴冰乙酸和少量丙酮石油醚溶液振摇使之溶解,用丙酮石油醚溶液稀释至刻度,摇匀。用移液管移取上述溶液 5 mL 于 50 mL 容量瓶中,用石油醚丙酮溶液稀释至刻度,摇匀。

### A.5.2 试样溶液的配制

称取含烯草酮 0.1 g 的试样(精确至 0.000 2 g),置于 50 mL 容量瓶中,用丙酮石油醚溶液稀释至刻度,摇匀。用移液管移取上述溶液 5 mL 于 50 mL 容量瓶中,用石油醚丙酮溶液稀释至刻度,摇匀。

### A.5.3 测定

## A.6 计算

将测得的两针试样溶液以及试样前后两针标样溶液中烯草酮峰面积分别进行平均。试样中烯草酮的质量分数 $w_1$(%)按式(A.1)计算:

$$w_1 = \frac{A_2 \cdot m_1 \cdot w}{A_1 \cdot m_2} \times \frac{359.90}{365.84} \qquad \text{(A.1)}$$

式中:

$A_1$——标样溶液中,烯草酮峰面积的平均值;

$A_2$——试样溶液中,烯草酮峰面积的平均值;

$m_1$——标样的质量,单位为克(g);

$m_2$——试样的质量,单位为克(g);

$w$——标样中烯草酮锂盐的质量分数,以%表示;

359.90——烯草酮的相对分子质量;

365.84——烯草酮锂盐的相对分子质量。

## A.7 允许差

两次平行测定结果之差应不大于 1.2%,取其算术平均值作为测定结果。

ICS 65.100.20
G 25

# 中华人民共和国国家标准

GB 22615—2008

# 烯草酮乳油

## Clethodim emulsifiable concentrates

2008-12-17 发布　　2009-06-01 实施

中华人民共和国国家质量监督检验检疫总局
中国国家标准化管理委员会　发布

# 前言

**本标准的第3章、第5章是强制性的，其余是推荐性的。**

本标准的附录A是资料性附录。

本标准由中国石油和化学工业协会提出。

本标准由全国农药标准化技术委员会(SAC/TC 133)归口。

本标准负责起草单位：沈阳化工研究院。

本标准参加起草单位：江苏长青农化股份有限公司。

本标准主要起草人：梅宝贵、邢君、于海平、于亮、吕良忠。

# 烯 草 酮 乳 油

该产品有效成分烯草酮的其他名称、结构式和基本物化参数如下：

ISO通用名称：Clethodim

化学名称：(±)-2-[(E)-3-氯烯丙氧基亚氨基]丙基-5-[2-(乙硫基)丙基]-3-羟基环己-2-烯酮

结构式：

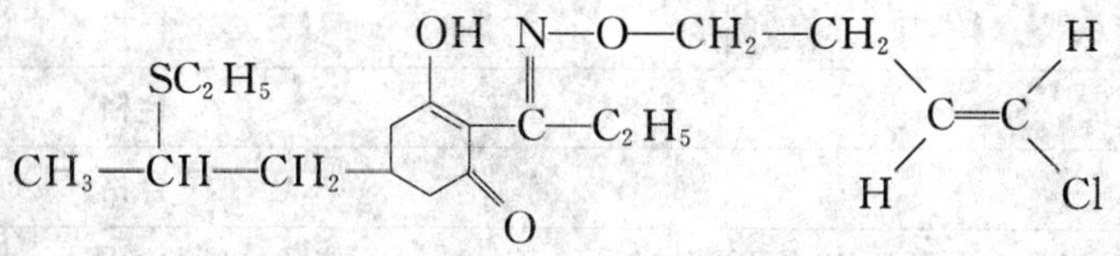

实验式：$C_{17}H_{26}ClNO_3S$

相对分子质量：359.9(按2007国际相对原子质量计)

生物活性：除草剂

沸点：低于沸点时分解

蒸汽压(20 ℃)：小于 $1\times10^{-2}$ mPa

溶解性：不溶于水，溶于大多数有机溶剂

稳定性：在紫外线下、强酸、强碱条件下不稳定。热稳定性差

## 1 范围

本标准规定了烯草酮乳油的要求、试验方法以及标志、标签、包装、贮运。

本标准适用于由烯草酮原药与乳化剂溶解在适宜溶剂中配制成的烯草酮乳油。

## 2 规范性引用文件

下列文件中的条款通过本标准的引用而成为本标准的条款。凡是注日期的引用文件，其随后所有的修改单(不包括勘误的内容)或修订版均不适用于本标准，然而，鼓励根据本标准达成协议的各方研究是否可使用这些文件的最新版本。凡是不注日期的引用文件，其最新版本适用于本标准。

GB/T 1600 农药水分测定方法

GB/T 1601 农药pH值的测定方法

GB/T 1603 农药乳液稳定性测定方法

GB/T 1604 商品农药验收规则

GB/T 1605—2001 商品农药采样方法

GB/T 4472 化工产品密度、相对密度测定通则

GB 4838 农药乳油包装

GB/T 19136 农药热贮稳定性测定方法

GB/T 19137 农药低温稳定性测定方法

## 3 要求

### 3.1 组成和外观

本品应由符合标准的烯草酮原药制成，为稳定的均相液体，无可见的悬浮物或沉淀。

### 3.2 技术指标

烯草酮乳油还应符合表1要求。

表 1 烯草酮乳油控制项目指标

| 项目 | 指标 | | |
|---|---|---|---|
| | 120 g/L | 240 g/L | 24% |
| 烯草酮质量分数[a]/%<br>或烯草酮质量浓度(20 ℃)/(g/L) | $13.0^{+1.4}_{-0.7}$<br>$120^{+14}_{-7}$ | $26.0^{+2.6}_{-1.3}$<br>$240^{+24}_{-12}$ | $24.0^{+2.4}_{-1.2}$<br>— |
| 水分质量分数/% ≤ | 0.4 | | |
| pH 值 | 4.0～7.0 | | |
| 乳液稳定性(稀释 200 倍) | 合格 | | |
| 低温稳定性[b] | 合格 | | |
| 热贮稳定性[b] | 合格 | | |

a 当质量发生争议时以质量分数测定结果为仲裁。

b 正常生产时，低温稳定性试验、热贮稳定性试验每 3 个月至少检测一次。

## 4 试验方法

### 4.1 抽样

按 GB/T 1605—2001 中"液体制剂采样"方法进行。用随机数表法确定抽样的包装件，最终抽样量应不少于 200 mL。

### 4.2 鉴别试验

高效液相色谱法——本鉴别试验可与烯草酮含量的测定同时进行。在相同的色谱操作条件下，试样溶液中某色谱峰的保留时间与标样溶液中烯草酮色谱峰的保留时间，其相对差值应在 1.5%以内。

### 4.3 烯草酮质量分数的测定

#### 4.3.1 方法提要

试样用流动相溶解，以二氯甲烷＋正己烷＋冰乙酸为流动相，使用以 Hypersil silica 为填料的不锈钢柱和紫外检测器(254 nm)，对试样中的烯草酮进行正相高效液相色谱分离，外标法定量。也可使用反相高效液相色谱法测定，色谱操作条件参见附录 A。

#### 4.3.2 试剂和溶液

二氯甲烷；

正己烷；

冰乙酸；

烯草酮锂盐标样：已知烯草酮锂盐质量分数 $w \geqslant 98.0\%$。

#### 4.3.3 仪器

高效液相色谱仪：具有紫外可变波长检测器；

色谱数据处理机；

色谱柱：150 mm ×3.9 mm(i. d.)不锈钢柱，内装 Hypersil silica 、5 μm 填充物；

过滤器：滤膜孔径约 0.45 μm；

微量进样器：50 μL；

定量进样管：5 μL；

超声波清洗器。

#### 4.3.4 高效液相色谱操作条件

流动相：$\psi$(二氯甲烷：正己烷：冰乙酸)＝75：25：0.5，经滤膜过滤，并进行脱气；

流速：1.0 mL/min；

柱温：30 ℃；

检测波长：254 nm；

进样体积：5 μL；

保留时间：烯草酮约 10.4 min。

上述操作参数是典型的，可根据不同仪器特点，对给定的操作参数作适当调整，以期获得最佳效果。典型的烯草酮乳油正相高效液相色谱图见图 1。

1——烯草酮。

图 1 烯草酮乳油的正相高效液相色谱图

在上述操作条件下，待仪器稳定后，连续注入数针标样溶液，直至相邻两针烯草酮峰面积相对变化小于 1.2%后，按照标样溶液、试样溶液、试样溶液、标样溶液的顺序进行测定。

**4.3.5 测定步骤**

**4.3.5.1 标样溶液的制备**

称取烯草酮锂盐标样 0.1 g（精确至 0.000 2 g），置于 50 mL 容量瓶中，加 3 滴冰乙酸和流动相振摇使之溶解，用流动相稀释至刻度，摇匀。用移液管吸取 5 mL 上述试液于另一 50 mL 容量瓶中用流动相稀释至刻度，摇匀。

**4.3.5.2 试样溶液的制备**

称取含烯草酮 0.1 g 的试样（精确至 0.000 2 g），置于 50 mL 容量瓶中，加流动相振摇使之溶解，用流动相稀释至刻度，摇匀。用移液管吸取 5 mL 上述试液于另一 50 mL 容量瓶中用流动相稀释至刻度，摇匀。

**4.3.5.3 测定**

在上述操作条件下，待仪器稳定后，连续注入数针标样溶液，直至相邻两针烯草酮峰面积相对变化小于 1.2%后，按照标样溶液、试样溶液、试样溶液、标样溶液的顺序进行测定。

**4.3.6 计算**

将测得的两针试样溶液以及试样前后两针标样溶液中烯草酮峰面积分别进行平均。试样中烯草酮的质量分数 $w_1$（%）按式(1)计算，烯草酮的质量浓度 $\rho_1$（g/L）按式(2)计算：

$$w_1 = \frac{A_2 \cdot m_1 \cdot w}{A_1 \cdot m_2} \times \frac{359.90}{365.84} \qquad \cdots\cdots(1)$$

$$\rho_1 = \frac{r_2 \cdot m_1 \cdot \rho \cdot w \times 10}{r_1 \cdot m_2} \qquad \cdots\cdots(2)$$

式中：

$A_1$——标样溶液中，烯草酮峰面积的平均值；

$A_2$——试样溶液中，烯草酮峰面积的平均值；

$m_1$——标样的质量，单位为克(g)；

$m_2$——试样的质量，单位为克(g)；

$w$——标样中烯草酮锂盐的质量分数，以%表示；

359.90——烯草酮的相对分子质量；

365.84——烯草酮锂盐的相对分子质量。

**4.3.7 允许差**

烯草酮质量分数(质量浓度)两次平行测定结果之相对差应不大于4%，取其算术平均值作为测定结果。

**4.4 水分的测定**

按GB/T 1600中的“卡尔·费休法”进行。

**4.5 pH值的测定**

按GB/T 1601进行。

**4.6 乳液稳定性试验**

试样用标准硬水稀释200倍，按GB/T 1603进行试验，上无浮油、下无沉淀为合格。

**4.7 低温稳定性试验**

按GB/T 19137中“乳剂和均相液体制剂”进行，离心管底部离析物的体积不超过0.3 mL为合格。

**4.8 热贮稳定性试验**

按GB/T 19136中“液体制剂”进行。热贮存条件为(35±2)℃贮存12周。热贮后，烯草酮质量分数应不低于贮前测得烯草酮质量分数的90%，乳液稳定性仍应符合标准要求。

**4.9 产品的检验与验收**

应符合GB/T 1604的规定。极限数值处理采用修约值比较法。

## 5 标志、标签、包装、贮运

5.1 烯草酮乳油的标志、标签、包装应符合GB 4838的规定。

5.2 烯草酮乳油大包装用聚氨酯桶包装每桶净含量不大于200 kg。烯草酮乳油小包装采用聚氨酯瓶包装，每瓶净含量为100 g(mL)、200 g(mL)、250 g(mL) 、500 g(mL)；外包装用钙塑箱或瓦楞纸箱，每箱净含量应不超过15 kg。

5.3 根据用户要求或订货协议可采用其他形式的包装，但需符合GB 4838的规定。

5.4 烯草酮乳油包装件应贮存在通风、干燥、低温的库房中。

5.5 贮运时，严防潮湿和日晒，不得与食物、种子、饲料混放，避免与皮肤、眼睛接触，防止由口鼻吸入。

**5.6 安全：烯草酮为低毒除草剂，使用本品时应穿戴防护用品，施药后应用肥皂洗净，万一误服，不宜催吐，应立即送医院，按有机溶剂(二甲苯)中毒治疗法治疗。**

5.7 保证期：在规定的贮运条件下，烯草酮乳油的保证期，从生产日期算起为2年。

# 附 录 A
（资料性附录）
# 烯草酮质量分数反相高效液相色谱测定方法

## A.1 方法提要

试样用丙酮石油醚溶解，以乙腈＋水＋磷酸为流动相，使用以 Nova-Pak $C_{18}$ 为填料的不锈钢柱和紫外检测器(254 nm)，对试样中的烯草酮进行反相高效液相色谱分离，外标法定量。

## A.2 试剂和溶液

乙腈：色谱级；
水：新蒸二次蒸馏水；
丙酮；
石油醚；
磷酸；
丙酮石油醚溶液：$\psi$(丙酮：石油醚)＝1：1；
烯草酮锂盐标样：已知烯草酮锂盐质量分数 $w \geqslant 98.0\%$。

## A.3 仪器

高效液相色谱仪：具有可变波长紫外检测器；
色谱数据处理机；
色谱柱：150 mm ×4.6 mm(i.d.)不锈钢柱，内装 Nova-Pak $C_{18}$、5 μm 填充物(或具等同效果的色谱柱)；
过滤器：滤膜孔径约 0.45 μm；
微量进样器：50 μL；
定量进样管：5 μL；
超声波清洗器。

## A.4 反相高效液相色谱操作条件

流动相：$\psi$(乙腈：水)＝65：35，其中水用磷酸调节 pH 至 3.0，经滤膜过滤，并进行脱气；
流速：1.0 mL/ min；
柱温：室温(温差变化应不大于 2 ℃)；
检测波长：254 nm；
进样体积：5 μL；
保留时间：烯草酮约 5.8 min。

上述操作参数是典型的，可根据不同仪器特点，对给定的操作参数作适当调整，以期获得最佳效果。典型的烯草酮乳油反相高效液相色谱图见图 A.1。

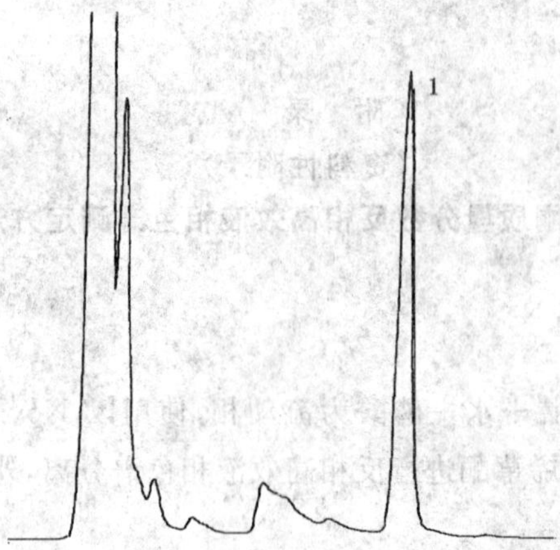


1——烯草酮。

**图 A.1 烯草酮乳油的反相高效液相色谱图**

## A.5 测定步骤

### A.5.1 标样溶液的配制

称取 0.1 g 烯草酮锂盐标样(精确至 0.000 2 g),置于 50 mL 容量瓶中,加 3 滴冰乙酸和少量丙酮石油醚溶液振摇使之溶解,用丙酮石油醚溶液稀释至刻度,摇匀。用移液管移取上述溶液 5 mL 于 50 mL 容量瓶中,用石油醚丙酮溶液稀释至刻度,摇匀。

### A.5.2 试样溶液的配制

称取含烯草酮 0.1 g 的试样(精确至 0.000 2 g),置于 50 mL 容量瓶中,用丙酮石油醚溶液稀释至刻度,摇匀。用移液管移取上述溶液 5 mL 于 50 mL 容量瓶中,用石油醚丙酮溶液稀释至刻度,摇匀。

### A.5.3 测定

## A.6 计算

将测得的两针试样溶液以及试样前后两针标样溶液中烯草酮峰面积分别进行平均。试样中烯草酮的质量分数 $w_1$(%)按式(A.1)计算,烯草酮的质量浓度 $\rho_1$(g/L)按式(A.2)计算:

$$w_1 = \frac{A_2 \cdot m_1 \cdot w}{A_1 \cdot m_2} \times \frac{359.90}{365.84} \quad \cdots\cdots(A.1)$$

$$\rho_1 = \frac{r_2 \cdot m_1 \cdot \rho \cdot w \times 10}{r_1 \cdot m_2} \quad \cdots\cdots(A.2)$$

式中:

$A_1$——标样溶液中,烯草酮峰面积的平均值;

$A_2$——试样溶液中,烯草酮峰面积的平均值;

$m_1$——标样的质量,单位为克(g);

$m_2$——试样的质量,单位为克(g);

$\rho$——20 ℃时试样的密度,单位为克每毫升(g/mL)(按 GB/T 4472 进行测定);

$w$——标样中烯草酮锂盐的质量分数,以%表示;

359.90——烯草酮的相对分子质量;

365.84——烯草酮锂盐的相对分子质量。

## A.7 允许差

两次平行测定结果之相对差应不大于 4%,取其算术平均值作为测定结果。

ICS 65.100.20
G 25

# 中华人民共和国国家标准

GB 22616—2008

# 精噁唑禾草灵原药

## Fenoxaprop-P-ethyl technical

2008-12-17 发布　　2009-06-01 实施

中华人民共和国国家质量监督检验检疫总局
中国国家标准化管理委员会　发布

# 前　言

**本标准的第3章、第5章为强制性的，其余为推荐性的。**

本标准的附录A为资料性附录。

本标准由中国石油和化学工业协会提出。

本标准由全国农药标准化技术委员会(SAC/TC 133)归口。

本标准负责起草单位：农业部农药检定所。

本标准参加起草单位：江苏天容集团股份有限公司、安徽丰乐农化有限公司、浙江海正化工股份有限公司、杭州宇龙化工有限公司。

本标准主要起草人：姜宜飞、王国联、于荣、单炜力、陈铁春、王强、缪莉、陈利伟、徐黎婷。

# 精噁唑禾草灵原药

本产品有效成分精噁唑禾草灵的其他名称、结构式和基本物化参数如下：

ISO 通用名称：fenoxaprop-P-ethyl

CIPAC 数字代号：484

CA 登记号：71283-80-2

化学名称：(R)-2-[4-(6-氯-1,3-苯并噁唑-2-基氧)苯氧基]丙酸乙酯

结构式：

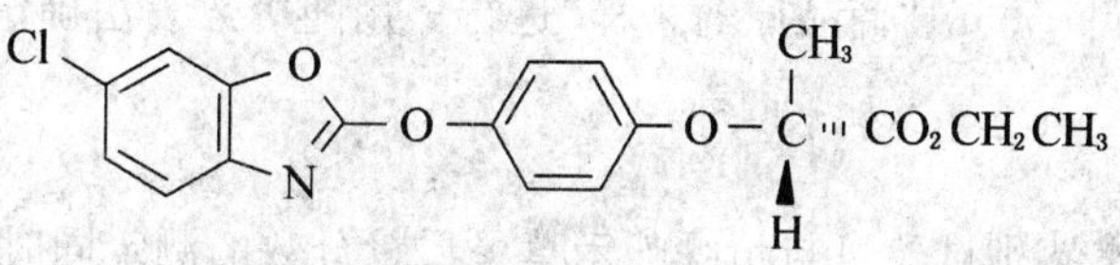


实验式：$C_{18}H_{16}ClNO_5$

相对分子质量：361.8(按 2007 年国际相对原子质量计)

生物活性：除草

熔点：89 ℃～91 ℃

蒸气压(20 ℃)：530 nPa

溶解度(g/L,20 ℃)：水 $7\times10^{-4}$(pH 值为 5.8)，丙酮 200，甲苯 200，乙酸乙酯>200，乙醇约 24

稳定性：50 ℃稳定 90 d，对光不敏感，遇酸、碱分解

## 1 范围

本标准规定了精噁唑禾草灵原药的要求、试验方法以及标志、标签、包装、贮运。

本标准适用于由精噁唑禾草灵及其生产中产生的杂质组成的精噁唑禾草灵原药。

## 2 规范性引用文件

下列文件中的条款通过本标准的引用而成为本标准的条款。凡是注日期的引用文件，其随后所有的修改单(不包括勘误的内容)或修订版均不适用于本标准，然而，鼓励根据本标准达成协议的各方研究是否可使用这些文件的最新版本。凡是不注日期的引用文件，其最新版本适用于本标准。

GB/T 1600　农药水分测定方法

GB/T 1601　农药 pH 值的测定方法

GB/T 1604　商品农药验收规则

GB/T 1605—2001　商品农药采样方法

GB 3796　农药包装通则

GB/T 19138　农药丙酮不溶物测定方法

## 3 要求

3.1　组成和外观：本品应由精噁唑禾草灵及其生产中产生的杂质组成，应为类白色至淡黄色疏松粉末，无可见外来杂质。

3.2　精噁唑禾草灵原药应符合表 1 要求。

表 1 精噁唑禾草灵原药控制项目指标

| 项目 | | 指标 |
|---|---|---|
| 精噁唑禾草灵质量分数/% | ≥ | 92.0 |
| 水分质量分数/% | ≤ | 0.3 |
| pH 值范围 | | 4.5～7.5 |
| 丙酮不溶物质量分数[a]/% | ≤ | 0.3 |

[a] 正常生产时,丙酮不溶物质量分数每 3 个月至少测定 1 次。

## 4 试验方法

### 4.1 抽样

按 GB/T 1605—2001 中 5.3.1“商品原药采样”进行。用随机数表法确定抽样的包装件,最终抽样量不少于 100 g。

### 4.2 鉴别试验

高效液相色谱法——本鉴别试验可与精噁唑禾草灵质量分数的测定同时进行。在相同的色谱操作条件下,试样溶液某两色谱峰的保留时间与噁唑禾草标样溶液中两个对映体的色谱峰的保留时间,其相对差值应在 1.5%以内。

红外光谱法——试样与标样在 4 000 $cm^{-1}$～400 $cm^{-1}$范围内的红外吸收光谱图,应没有明显的差异。精噁唑禾草灵标样的红外光谱图见图 1。

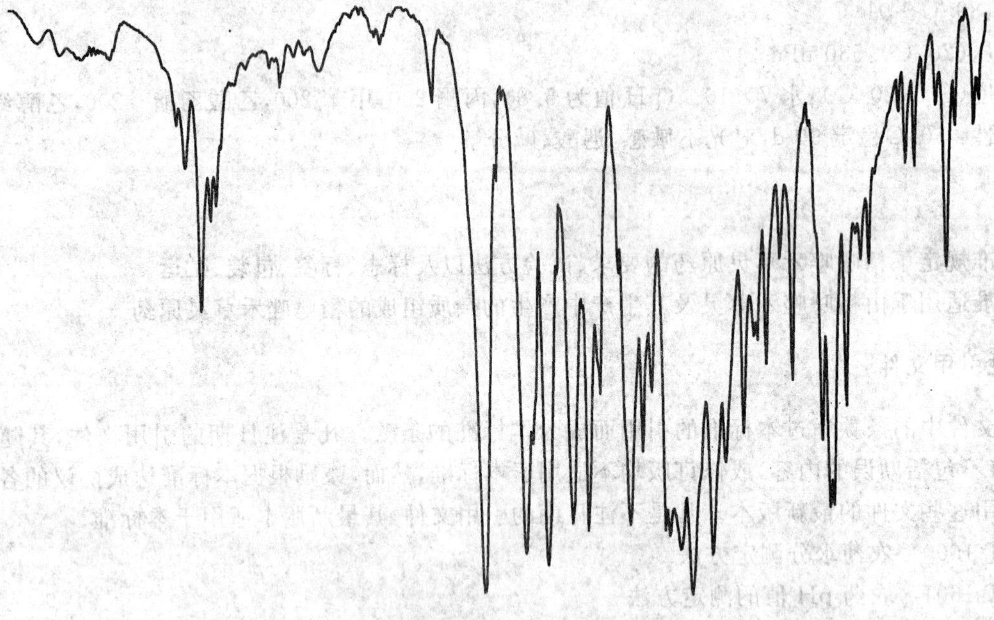

图 1 精噁唑禾草灵标样的红外光谱图

### 4.3 精噁唑禾草灵质量分数的测定

#### 4.3.1 噁唑禾草灵质量分数的测定

##### 4.3.1.1 方法提要

试样用流动相溶解,以正己烷和异丙醇为流动相,使用 ZORBAX SIL 为填料的不锈钢柱和可变波长紫外检测器,对试样中的噁唑禾草灵进行正相高效液相色谱分离和测定,外标法定量。也可使用毛细管气相色谱法,色谱操作条件见附录 A。

##### 4.3.1.2 试剂和溶液

正己烷:色谱纯;

异丙醇:色谱纯;

噁唑禾草灵标样:已知质量分数 $w \geq 99.0\%$。

4.3.1.3 **仪器**

高效液相色谱仪:具有可变波长紫外检测器;

色谱数据处理机或色谱工作站;

色谱柱:250 mm×4.6 mm(i.d.)不锈钢柱,内装 ZORBAX SIL、粒径为 5 μm 的填料;

过滤器:滤膜孔径约 0.45 μm;

微量进样器:100 μL;

定量进样管:10 μL;

超声波清洗器。

4.3.1.4 **高效液相色谱操作条件**

流动相:正己烷+异丙醇=90+10(*V*/*V*);

流量:0.8 mL/min;

柱温:室温;

检测波长:230 nm;

进样体积:10 μL;

保留时间:噁唑禾草灵 4.8 min。

上述操作条件,系典型操作参数,可根据不同仪器及色谱柱特点,对给定的操作参数作适当调整,以期获得最佳效果。典型的噁唑禾草灵原药高效液相色谱图见图 2。

1——噁唑禾草灵。

图 2 噁唑禾草灵原药的高效液相色谱图

4.3.1.5 **测定步骤**

4.3.1.5.1 **标样溶液的制备**

称取噁唑禾草灵标样 0.05 g(精确至 0.000 2 g),置于 100 mL 容量瓶中,用流动相溶解并稀释至刻度,摇匀。

4.3.1.5.2 **试样溶液的制备**

称取含噁唑禾草灵 0.05 g 的试样(精确至 0.000 2 g),置于 100 mL 容量瓶中,用流动相溶解并稀释至刻度，摇匀。

4.3.1.5.3　**测定**

在上述操作条件下，待仪器稳定后，连续注入数针标样溶液，直至相邻两针噁唑禾草灵峰面积相对变化小于1.2%后，按照标样溶液、试样溶液、试样溶液、标样溶液的顺序进行测定。

4.3.1.6　**计算**

将测得的两针试样溶液以及试样前后两针标样溶液中噁唑禾草灵峰面积分别进行平均。试样中噁唑禾草灵的质量分数 $w_1$(%)，按式(1)计算：

$$w_1 = \frac{A_2 \times m_1 \times w}{A_1 \times m_2} \qquad \cdots\cdots(1)$$

式中：

$A_1$——标样溶液中，噁唑禾草灵峰面积的平均值；

$A_2$——试样溶液中，噁唑禾草灵峰面积的平均值；

$m_1$——标样的质量，单位为克(g)；

$m_2$——试样的质量，单位为克(g)；

$w$——标样中噁唑禾草灵的质量分数，%。

4.3.1.7　**允许差**

两次平行测定结果之差，应不大于1.2%，取其算术平均值作为测定结果。

4.3.2　***R*-对映体比例的测定**

4.3.2.1　**方法提要**

试样用流动相溶解，以正己烷和乙醇为流动相，使用Chiralcel OK为填料的不锈钢手性柱和可变波长紫外检测器，对试样中的噁唑禾草灵 *R*-对映体进行正相高效液相色谱分离和测定，也可使用分离效果相当的其他手性柱或流动相。

4.3.2.2　**试剂和溶液**

正己烷：色谱纯；

乙醇：色谱纯；

噁唑禾草灵标样：已知质量分数 $w \geqslant 99.0\%$。

4.3.2.3　**仪器**

高效液相色谱仪：具有可变波长紫外检测器；

色谱数据处理机或色谱工作站；

色谱柱：250 mm×4.6 mm(i.d.)不锈钢手性柱，内装Chiralcel OK、粒径为10 μm的填料；

过滤器：滤膜孔径约0.45 μm；

微量进样器：100 μL；

定量进样管：20 μL；

超声波清洗器。

4.3.2.4　**高效液相色谱操作条件**

流动相：正己烷＋乙醇＝50＋50(*V*/*V*)；

流量：1.3 mL/min；

柱温：室温；

检测波长：280 nm；

进样体积：20 μL；

保留时间：*R*-对映体(精噁唑禾草灵)8.4 min，*S*-对映体14.5 min。

上述操作条件，系典型操作参数，可根据不同仪器及色谱柱特点，对给定的操作参数作适当调整，以期获得最佳效果。典型的精噁唑禾草灵原药高效液相色谱图见图3。

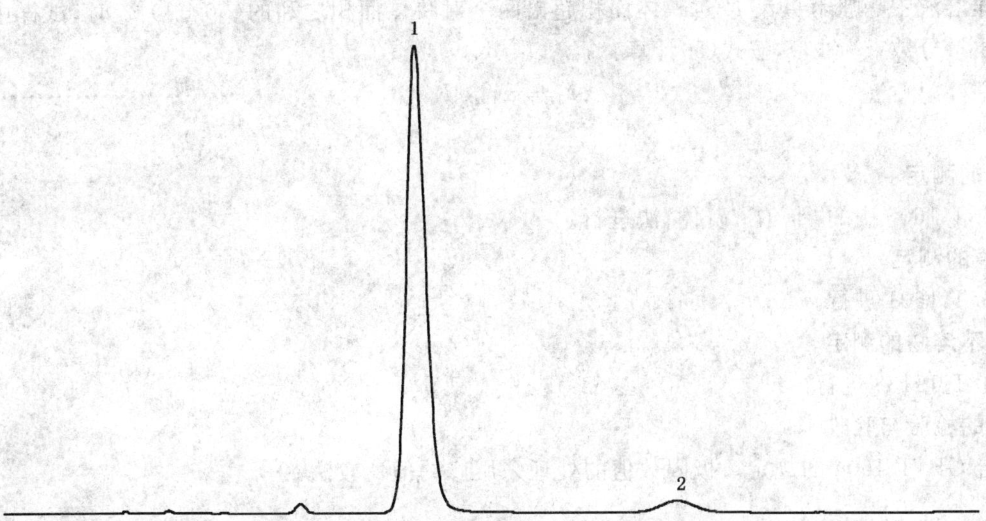


1——*R*-对映体(精噁唑禾草灵);

2——*S*-对映体。

**图 3 精噁唑禾草灵原药的高效液相色谱图**

**4.3.2.5 测定步骤**

**4.3.2.5.1 标样溶液的制备**

称取噁唑禾草灵标样约 0.05 g,置于 100 mL 容量瓶中,用流动相溶解并稀释至刻度,摇匀。

**4.3.2.5.2 试样溶液的制备**

称取约含精噁唑禾草灵 0.05 g 的试样,置于 100 mL 容量瓶中,用流动相溶解并稀释至刻度,摇匀,过滤。

**4.3.2.5.3 测定**

在上述操作条件下,待仪器稳定后,连续注入数针标样溶液,直至相邻两针噁唑禾草灵 *R*-对映体、*S*-对映体峰面积的相对变化小于 1.0%(两个对映体的面积比应为 50∶50,偏差不超过 1%。若超过 1%,计算噁唑禾草灵 *R*-对映体比例时应加以校正),然后注入两针试样溶液。

**4.3.2.6 计算**

试样中噁唑禾草灵 *R*-对映体的比例 $K$,按式(2)计算:

$$K = \frac{A_R}{A_R + A_S} \qquad \cdots\cdots(2)$$

式中:

$A_R$——两针试样溶液中,噁唑禾草灵 *R*-对映体峰面积的平均值;

$A_S$——两针试样溶液中,噁唑禾草灵 *S*-对映体峰面积的平均值。

当标样溶液中噁唑禾草灵 *R*-对映体面积超出两个对映体面积之和的(50±1)% 时,试样中噁唑禾草灵 *R*-对映体的比例 $K'$,按式(3)计算:

$$K' = \frac{A_R}{A_R + A_S(A'_R/A'_S)} \qquad \cdots\cdots(3)$$

式中:

$A'_R$——两针标样溶液中,噁唑禾草灵 *R*-对映体峰面积的平均值;

$A'_S$——两针标样溶液中,噁唑禾草灵 *S*-对映体峰面积的平均值。

**4.3.3 精噁唑禾草灵质量分数的计算**

试样中精噁唑禾草灵的质量分数 $w_2$(%),按式(4)计算:

$$w_2 = w_1 \times K \qquad \cdots\cdots(4)$$

当标样溶液中噁唑禾草灵 $R$-对映体面积超出两个对映体面积之和的(50±1)% 时，试样中精噁唑禾草灵的质量分数 $w'_2$(%)，按式(5)计算：

$$w'_2 = w_1 \times K' \quad \cdots\cdots(5)$$

### 4.4 水分的测定

按 GB/T 1600 中的"卡尔·费休"法进行。

### 4.5 pH 值的测定

按 GB/T 1601 进行。

### 4.6 丙酮不溶物的测定

按 GB/T 19138 进行。

### 4.7 产品的检验与验收

应符合 GB/T 1604 的规定。极限数值的处理采用修约值比较法。

## 5 标志、标签、包装、贮运

5.1 精噁唑禾草灵原药的标志、标签、包装，应符合 GB 3796 的规定。

5.2 精噁唑禾草灵原药应用清洁、干燥的内衬塑料袋的铁桶、纸板桶、塑料桶或塑料袋包装，每件净含量一般为 25 kg。也可根据用户要求或订货协议，采用其他形式的包装，但要符合 GB 3796 的规定。

5.3 精噁唑禾草灵原药包装件应贮存在通风、干燥的库房中。

5.4 贮运时，严防潮湿和日晒，不得与食物、种子、饲料混放，避免与皮肤、眼睛接触，防止由口鼻吸入。

**5.5 安全：本品属低毒除草剂农药。中毒症状为恶心、呕吐，继后出现嗜睡，肢端感觉麻木，重者肌肉颤动、抽搐、昏迷、呼吸衰竭。使用本品应戴防护手套、口罩和护目镜，穿干净的防护服，施药后立即用肥皂水洗净，避免皮肤和眼睛接触药液。如果误服，应立即催吐、洗胃，也可用活性炭与轻泻剂，对症治疗。**

5.6 验收期：精噁唑禾草灵原药验收期为 1 个月。从交货之日起，在 1 个月内，完成产品质量验收，其各项指标应符合标准要求。

# 附 录 A
## （资料性附录）
## 嘧唑禾草灵质量分数毛细管气相色谱测定方法

### A.1 方法提要

试样用丙酮溶解，以邻苯二甲酸二环己酯为内标，用HP-5（5%苯甲基硅酮）涂壁的石英毛细管柱和氢火焰离子化检测器，对试样中的嘧唑禾草灵进行气相色谱分离和测定，内标法定量。

### A.2 试剂和溶液

丙酮；

嘧唑禾草灵标样：已知质量分数 $w \geq 99.0\%$；

内标物：邻苯二甲酸二环己酯，应不含有干扰分析的杂质；

内标溶液：称取邻苯二甲酸二环己酯5 g，置于1 000 mL容量瓶中，用丙酮溶解并稀释至刻度，摇匀。

### A.3 仪器

气相色谱仪：具有氢火焰离子化检测器；

色谱数据处理机或色谱工作站；

色谱柱：30 m×0.32 mm(i.d.)石英毛细管柱，内壁涂HP-5（5%苯甲基硅酮），膜厚0.25 μm。

### A.4 气相色谱操作条件

温度（℃）：柱室250，气化室260，检测室270；

气体流量（mL/min）：载气（$N_2$）1.5，氢气30，空气300；

进样量：1.0 μL；

保留时间：嘧唑禾草灵约7.8 min，邻苯二甲酸二环己酯约5.9 min。

上述操作条件，系典型操作参数，可根据不同仪器及色谱柱特点，对给定的操作参数作适当调整，以期获得最佳效果。典型的精嘧唑禾草灵原药气相色谱图见图A.1。

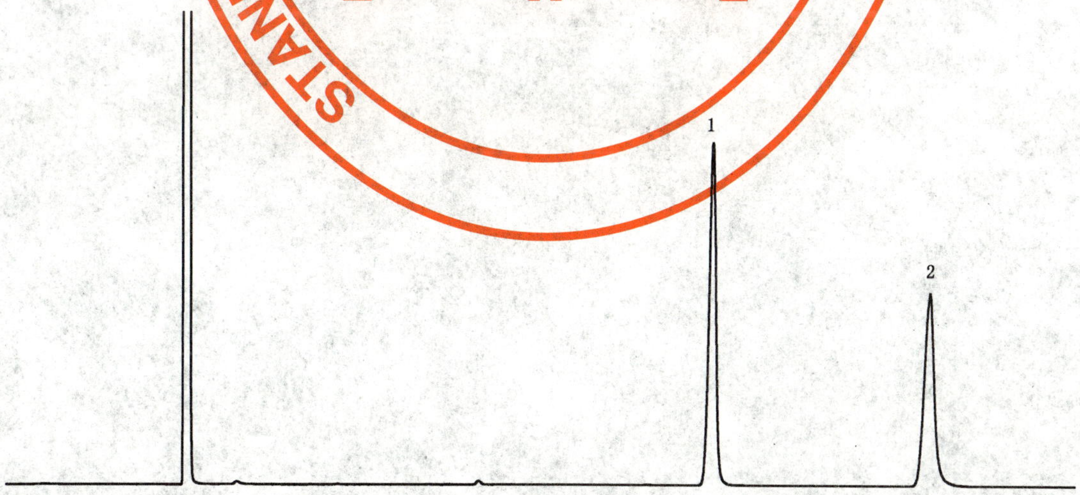


1——内标物（邻苯二甲酸二环己酯）；

2——嘧唑禾草灵。

**图A.1 精嘧唑禾草灵原药气相色谱图**

## A.5 测定步骤

### A.5.1 标样溶液的制备

称取噁唑禾草灵标样 0.07 g(精确至 0.000 2 g),置于 15 mL 具塞玻璃瓶中,用移液管准确加入 10 mL 内标溶液,摇匀。

### A.5.2 试样溶液的制备

称取含噁唑禾草灵 0.07 g 的试样(精确至 0.000 2 g),置于 15 mL 具塞玻璃瓶中,用与 A.5.1 同一支移液管准确加入 10 mL 内标溶液,摇匀。

### A.5.3 测定

在上述操作条件下,待仪器稳定后,连续注入数针标样溶液,直至相邻两针噁唑禾草灵与内标物峰面积比的相对变化小于 1.2%后,按照标样溶液、试样溶液、试样溶液、标样溶液的顺序进行测定。

## A.6 计算

将测得的两针试样溶液以及试样前后两针标样溶液中噁唑禾草灵与内标物峰面积比分别进行平均。试样中噁唑禾草灵的质量分数 $w_1$(%),按式(A.1)计算:

$$w_1 = \frac{r_2 \times m_1 \times w}{r_1 \times m_2} \qquad \cdots\cdots (A.1)$$

式中:

$r_1$——标样溶液中,噁唑禾草灵与内标物峰面积比平均值;

$r_2$——试样溶液中,噁唑禾草灵与内标物峰面积比的平均值;

$m_1$——标样的质量,单位为克(g);

$m_2$——试样的质量,单位为克(g);

$w$——标样中噁唑禾草灵的质量分数,%。

## A.7 允许差

两次平行测定结果相对误差,应不大于 1.2%,取其算术平均值作为测定结果。

ICS 65.100.20
G 25

# 中华人民共和国国家标准

GB 22617—2008

# 精噁唑禾草灵水乳剂

Fenoxaprop-P-ethyl emulsifiable, oil in water

2008-12-17 发布　　2009-06-01 实施

中华人民共和国国家质量监督检验检疫总局
中国国家标准化管理委员会　发布

# 前言

**本标准的第3章、第5章为强制性的，其余为推荐性的。**

本标准的附录A为资料性附录。

本标准由中国石油和化学工业协会提出。

本标准由全国农药标准化技术委员会(SAC/TC 133)归口。

本标准负责起草单位：农业部农药检定所。

本标准参加起草单位：安徽丰乐农化有限公司、江苏天容集团股份有限公司、浙江海正化工股份有限公司、杭州宇龙化工有限公司。

本标准主要起草人：姜宜飞、王国联、于荣、单炜力、陈铁春、王桂英、王强、王天胜、徐黎婷。

# 精噁唑禾草灵水乳剂

本产品有效成分精噁唑禾草灵的其他名称、结构式和基本物化参数如下：

ISO 通用名称：fenoxaprop-P-ethyl

CIPAC 数字代号：484

CA 登记号：71283-80-2

化学名称：(*R*)-2-[4-(6-氯-1,3-苯并噁唑-2-基氧)苯氧基]丙酸乙酯

结构式：

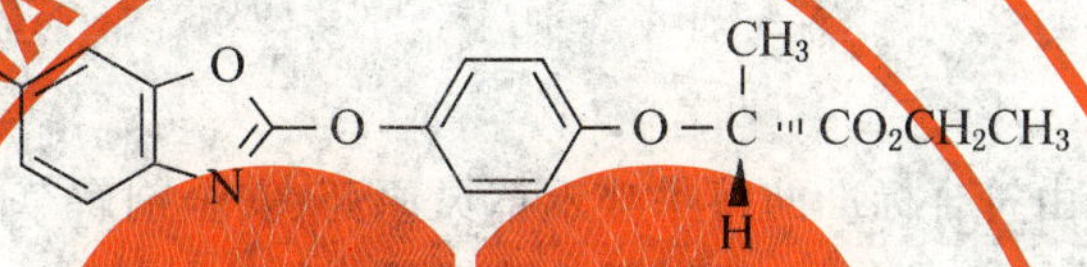

实验式：$C_{18}H_{16}ClNO_5$

相对分子质量：361.8(按 2007 年国际相对原子质量计)

生物活性：除草

熔点：89 ℃～91 ℃

蒸气压(20 ℃)：530 nPa

溶解度(g/L,20 ℃)：水 $7\times10^{-4}$(pH5.8)，丙酮 200，甲苯 200，乙酸乙酯＞200，乙醇约 24

稳定性：50 ℃稳定 90 d，对光不敏感，遇酸、碱分解

本产品中安全剂解草唑的其他名称、结构式和基本物化参数如下：

ISO 通用名称：fenchlorazole-ethyl

CA 登记号：103112-35-2

化学名称：1-(2,4-二氯苯基)-5-三氯甲基-1H-1,2,4-三唑-3-羧酸乙酯

结构式：

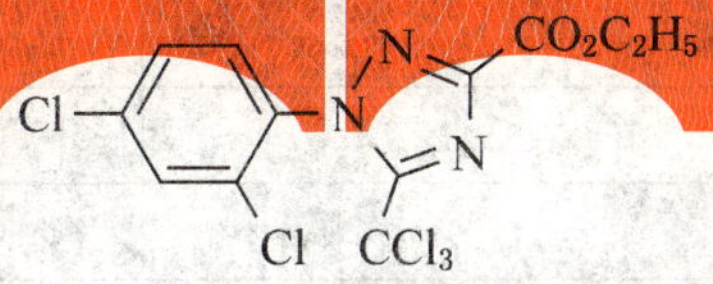

实验式：$C_{12}H_8Cl_5N_3O_2$

相对分子质量：403.5(按 2007 年国际相对原子质量计)

生物活性：除草剂安全剂

熔点：108 ℃～112 ℃

蒸气压(20 ℃)：890 nPa

溶解度(g/L,20 ℃)：水 $9\times10^{-4}$(pH4.5)，正己烷 2.5，甲醇 27，甲苯 270，丙酮 360，二氯甲烷＞500

## 1 范围

本标准规定了精噁唑禾草灵水乳剂的要求、试验方法以及标志、标签、包装、贮运。

本标准适用于由精噁唑禾草灵原药、安全剂解草唑与助剂制成的精噁唑禾草灵水乳剂。

## 2 规范性引用文件

下列文件中的条款通过本标准的引用而成为本标准的条款。凡是注日期的引用文件，其随后所有的修改单(不包括勘误的内容)或修订版均不适用于本标准，然而，鼓励根据本标准达成协议的各方研究

是否可使用这些文件的最新版本。凡是不注日期的引用文件,其最新版本适用于本标准。

GB/T 1601 农药 pH 值的测定方法

GB/T 1603 农药乳液稳定性测定方法

GB/T 1604 商品农药验收规则

GB/T 1605—2001 商品农药采样方法

GB/T 4472 化工产品密度、相对密度测定通则

GB 4838 农药乳油包装

GB/T 14825 农药悬浮率测定方法

GB/T 19136 农药热贮稳定性测定方法

GB/T 19137 农药低温稳定性测定方法

## 3 要求

3.1 组成和外观:本品应由符合标准的精噁唑禾草灵原药、安全剂解草唑与适宜的助剂在水相中形成的稳定乳状液,久置后允许有少量分层,轻微摇动或搅动应是均匀的。

3.2 精噁唑禾草灵水乳剂应符合表1要求。

表1 精噁唑禾草灵水乳剂控制项目指标

| 项目 | | | 指标 | | |
|---|---|---|---|---|---|
| | | | 6.9% | 7.5% | 69 g/L |
| 精噁唑禾草灵质量分数[a]/% | | | $6.9^{+0.7}_{-0.7}$ | $7.5^{+0.7}_{-0.7}$ | $6.8^{+0.7}_{-0.7}$ |
| 或质量浓度(20 ℃)/(g/L) | | | — | — | $69^{+7}_{-7}$ |
| 解草唑质量分数[b]/% | | ≥ | 标示值(精确至小数点后1位) | | |
| pH 值范围 | | | 5.0~9.0 | | |
| 乳液稳定性(稀释200倍) | | | 合格 | | |
| 倾倒性 | 倾倒后残余物质量分数/% | ≤ | 5.0 | | |
| | 洗涤后残余物质量分数/% | ≤ | 0.5 | | |
| 持久起泡性(1 min 后)/mL | | ≤ | 25 | | |
| 低温稳定性[c] | | | 合格 | | |
| 热贮稳定性[c] | | | 合格 | | |

a 当质量发生争议时,以精噁唑禾草灵质量分数为仲裁。

b 是否添加安全剂由作物对象决定;允许使用其他安全剂,检测方法及其相应的指标要求可在全国农药标准化技术委员会获得。

c 正常生产时,低温稳定性和热贮稳定性试验,每3个月至少进行1次。

## 4 试验方法

### 4.1 抽样

按 GB/T 1605—2001 中 5.3.2"液体制剂采样"进行。用随机数表法确定抽样的包装件,最终抽样量不少于 1 000 mL。

### 4.2 鉴别试验

高效液相色谱法——本鉴别试验可与精噁唑禾草灵质量分数的测定同时进行。在相同的色谱操作条件下,试样溶液某两色谱峰的保留时间与噁唑禾草标样溶液中两个对映体的色谱峰的保留时间,其相

对差值应在1.5%以内。

4.3 精噁唑禾草灵、解草唑质量分数的测定

4.3.1 噁唑禾草灵、解草唑质量分数的测定

4.3.1.1 方法提要

试样用流动相溶解，以正己烷和异丙醇为流动相，使用ZORBAX SIL为填料的不锈钢柱和可变波长紫外检测器，对试样中的噁唑禾草灵、解草唑进行正相高效液相色谱分离和测定，外标法定量。也可使用毛细管气相色谱法测定噁唑禾草灵的质量分数，色谱操作条件参见附录A。

4.3.1.2 试剂和溶液

正己烷：色谱纯；

异丙醇：色谱纯；

噁唑禾草灵标样：已知质量分数 $w \geqslant 99.0\%$；

解草唑标样：已知质量分数 $w \geqslant 99.0\%$。

4.3.1.3 仪器

高效液相色谱仪：具有可变波长紫外检测器；

色谱数据处理机或色谱工作站；

色谱柱：250 mm×4.6 mm(i.d.)不锈钢柱，内装ZORBAX SIL、粒径为5 μm的填料；

过滤器：滤膜孔径约0.45 μm；

微量进样器：100 μL；

定量进样管：10 μL；

超声波清洗器。

4.3.1.4 高效液相色谱操作条件

流动相：ψ(正己烷：异丙醇)＝90：10；

流量：0.8 mL/min；

柱温：室温；

检测波长：230 nm；

进样体积：10 μL；

保留时间：噁唑禾草灵4.8 min，解草唑5.5 min。

上述操作条件，系典型操作参数，可根据不同仪器及色谱柱特点，对给定的操作参数作适当调整，以期获得最佳效果。典型的噁唑禾草灵水乳剂高效液相色谱图见图1。

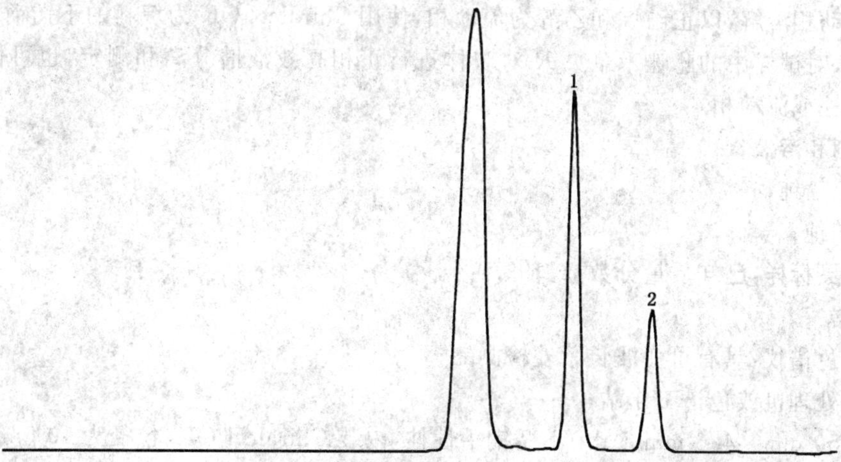


1——噁唑禾草灵；

2——解草唑。

**图1 精噁唑禾草灵水乳剂的高效液相色谱图**

4.3.1.5 测定步骤

4.3.1.5.1 标样溶液的制备

称取噁唑禾草灵标样 0.05 g、解草唑标样 0.03 g（精确至 0.000 2 g），置于 100 mL 容量瓶中，加入 80 mL 流动相，在超声波浴槽中振荡 5 min 使试样溶解，取出冷却至室温后，用流动相稀释至刻度，摇匀。

4.3.1.5.2 试样溶液的制备

称取含噁唑禾草灵 0.05 g 的试样（精确至 0.000 2 g），置于 100 mL 容量瓶中，加入 80 mL 流动相，在超声波浴槽中振荡 5 min 使试样溶解，取出冷却至室温后，用流动相稀释至刻度，摇匀，过滤。

4.3.1.5.3 测定

在上述操作条件下，待仪器稳定后，连续注入数针标样溶液，直至相邻两针噁唑禾草灵峰面积的相对变化小于 1.2%后，按照标样溶液、试样溶液、试样溶液、标样溶液的顺序进行测定。

4.3.1.6 计算

将测得的两针试样溶液以及试样前后两针标样溶液中噁唑禾草灵（解草唑）峰面积分别进行平均。试样中噁唑禾草灵（解草唑）的质量分数 $w_1$（%）按式(1)计算，质量浓度 $\rho_1$（g/L）按式(2)计算：

$$w_1 = \frac{A_2 \times m_1 \times w}{A_1 \times m_2} \qquad \cdots\cdots (1)$$

$$\rho_1 = \frac{A_2 \times m_1 \times w}{A_1 \times m_2} \times d \times 10 \qquad \cdots\cdots (2)$$

式中：

$A_1$——标样溶液中，噁唑禾草灵（解草唑）峰面积的平均值；

$A_2$——试样溶液中，噁唑禾草灵（解草唑）峰面积的平均值；

$m_1$——标样的质量，单位为克(g)；

$m_2$——试样的质量，单位为克(g)；

$w$——标样中噁唑禾草灵（解草唑）的质量分数，%；

$d$——20 ℃时试样的密度，单位为克每毫升(g/mL)（按 GB/T 4472 中“密度计法”进行测定）。

4.3.1.7 允许差

两次平行测定结果相对误差，应不大于 5%，取其算术平均值作为测定结果。

4.3.2 ***R*-对映体比例的测定**

4.3.2.1 方法提要

试样用流动相溶解，以正己烷和乙醇为流动相，使用 Chiralcel OK 为填料的不锈钢手性柱和可变波长紫外检测器，对试样中的噁唑禾草灵 *R*-对映体进行正相高效液谱分离和测定，也可使用分离效果相当的其他手性柱或流动相。

4.3.2.2 试剂和溶液

正己烷：色谱纯；

乙醇：色谱纯；

噁唑禾草灵标样：已知质量分数 $w \geq 99.0\%$。

4.3.2.3 仪器

高效液相色谱仪：具有可变波长紫外检测器；

色谱数据处理机或色谱工作站；

色谱柱：250 mm×4.6 mm(i.d.)不锈钢手性柱，内装 Chiralcel OK、粒径为 10 μm 的填料；

过滤器：滤膜孔径约 0.45 μm；

微量进样器：100 μL；

定量进样管：20 μL；

超声波清洗器。

4.3.2.4 **高效液相色谱操作条件**

流动相：$\psi$(正己烷：乙醇)＝50：50；

流量：1.3 mL/min；

柱温：室温；

检测波长：280 nm；

进样体积：20 μL；

保留时间：*R*-对映体(精噁唑禾草灵)8.4 min，*S*-对映体 14.5 min。

上述操作条件，系典型操作参数，可根据不同仪器及色谱柱特点，对给定的操作参数作适当调整，以期获得最佳效果。典型的精噁唑禾草灵水乳剂高效液相色谱图见图2。

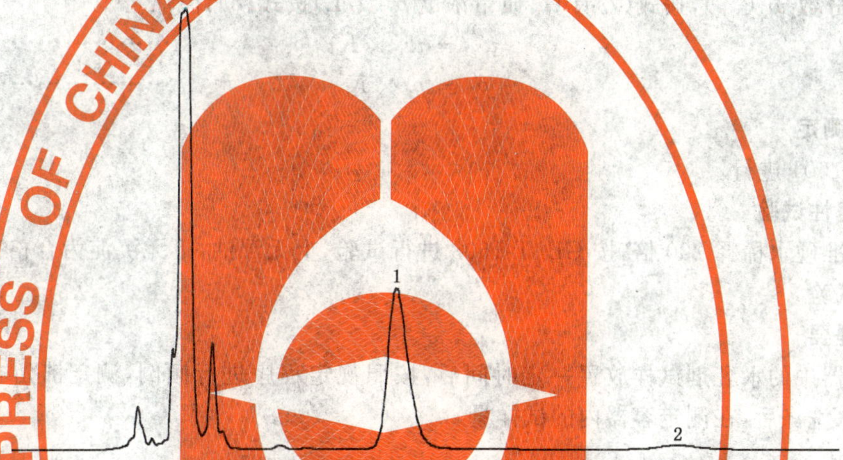


1——*R*-对映体(精噁唑禾草灵)；

2——*S*-对映体。

**图2 精噁唑禾草灵水乳剂的高效液相色谱图**

4.3.2.5 **测定步骤**

4.3.2.5.1 **标样溶液的制备**

称取噁唑禾草灵标样约 0.05 g，置于 100 mL 容量瓶中，用流动相溶解并稀释至刻度，摇匀。

4.3.2.5.2 **试样溶液的制备**

称取约含精噁唑禾草灵 0.05 g 的试样，置于 100 mL 容量瓶中，用流动相溶解并稀释至刻度，摇匀，过滤。

4.3.2.5.3 **测定**

在上述操作条件下，待仪器稳定后，连续注入数针标样溶液，直至相邻两针噁唑禾草灵 *R*-对映体、*S*-对映体峰面积的相对变化小于 1.0%(两个对映体的面积比应为 50：50，偏差不超过 1%。若超过 1%，计算噁唑禾草灵 *R*-对映体比例时应加以校正)，然后注入两针试样溶液。

4.3.2.6 **计算**

试样中噁唑禾草灵 *R*-对映体的比例 *K*，按式(3)计算：

$$K=\frac{A_R}{A_R+A_S} \qquad \cdots\cdots(3)$$

式中：

$A_R$——两针试样溶液中，噁唑禾草灵 *R*-对映体峰面积的平均值；

$A_S$——两针试样溶液中，噁唑禾草灵 *S*-对映体峰面积的平均值。

当标样溶液中噁唑禾草灵 *R*-对映体面积超出两个对映体面积之和的(50±1)% 时，试样中噁唑禾草灵 *R*-对映体的比例 $K'$，按式(4)计算：

$$K' = \frac{A_R}{A_R + A_S(A'_R/A'_S)} \qquad \cdots\cdots (4)$$

式中：

$A'_R$——两针标溶液中，噁唑禾草灵 *R*-对映体峰面积的平均值；

$A'_S$——两针标样溶液中，噁唑禾草灵 *S*-对映体峰面积的平均值。

#### 4.3.3 精噁唑禾草灵质量分数的计算

试样中精噁唑禾草灵的质量分数 $w_2$(%)按式(5)计算，质量浓度 $\rho_2$(g/L)按式(6)计算：

$$w_2 = w_1 \times K \qquad \cdots\cdots (5)$$

$$\rho_2 = \rho_1 \times K \qquad \cdots\cdots (6)$$

当标样溶液中噁唑禾草灵 *R*-对映体面积超出两个对映体面积之和的(50±1)% 时，试样中精噁唑禾草灵的质量分数 $w'_2$(%)，按式(7)计算，质量浓度 $\rho'_2$(g/L)按式(8)计算：

$$w'_2 = w_1 \times K' \qquad \cdots\cdots (7)$$

$$\rho'_2 = \rho_1 \times K' \qquad \cdots\cdots (8)$$

### 4.4 pH 值的测定

按 GB/T 1601 进行。

### 4.5 乳液稳定性试验

试样用标准硬水稀释 200 倍，按 GB/T 1603 进行试验，上无浮油，下无沉淀为合格。

### 4.6 倾倒性试验

#### 4.6.1 方法提要

将置于容器中的水乳剂试样放置一定时间后，按照规定程序进行倾倒，测定滞留在容器内试样的量；将容器用水洗涤后，在测定容器内的试样量。

#### 4.6.2 仪器

具磨口塞量筒：500 mL±2 mL；量筒高度 39 cm，上、下刻度间距 25 cm(或相当的适用于测定倾倒性的其他容器)。

#### 4.6.3 试验步骤

混合好足量样品，及时将其中的一部分置于已称量的量筒(包括塞子)中，装到量筒体积的 8/10 处，塞紧磨口塞，称量，放置 24 h。打开塞子，将量筒由直立位置旋转 135°，倾倒 60 s，再倒置 60 s，重新称量筒和塞子。

将相当于 80% 量筒体积的水(20 ℃)倒入量筒中，塞紧磨口塞，将量筒倾倒 10 次后，按上述操作倾倒内容物，第三次称量量筒和塞子。

#### 4.6.4 计算

倾倒后的残余物质量分数 $w_3$(%)和洗涤后的残余物质量分数 $w_4$(%)分别按式(9)和式(10)计算：

$$w_3 = \frac{m_2 - m_0}{m_1 - m_0} \times 100 \qquad \cdots\cdots (9)$$

$$w_4 = \frac{m_3 - m_0}{m_1 - m_0} \times 100 \qquad \cdots\cdots (10)$$

式中：

$m_1$——量筒、磨口塞和试样的质量，单位为克(g)；

$m_2$——倾倒后，量筒、磨口塞和残余物的质量，单位为克(g)；

$m_3$——洗涤后，量筒、磨口塞和残余物的质量，单位为克(g)；

$m_0$——量筒、磨口塞恒量后的质量，单位为克(g)。

### 4.7 持久起泡性试验

#### 4.7.1 方法提要

将规定量的试样与标准硬水混合，静止后记录泡沫体积。

4.7.2 试剂

标准硬水：$\rho(Ca^{2+}+Mg^{2+})$＝342 mg/L，pH＝6.0～7.0。按 GB/T 14825 配制。

4.7.3 仪器

具磨口塞量筒：250 mL(分度值 2 mL，0～250 mL 刻度线 20 cm～21.5 cm，250 mL 刻度线到塞子底部 4 cm～6 cm)。

工业天平：感量 0.1 g，载量 500 g。

4.7.4 测定步骤

将量筒加标准硬水至 180 mL 刻度线处，置量筒于天平上，称入试样 1.0 g(精确至 0.1 g)，加硬水至距量筒底部 9 cm 的刻度线处，盖上塞，以量筒底部为中心，上下颠倒 30 次(每次 2 s)。放在试验台上静置 1 min，记录泡沫体积。

4.8 低温稳定性试验

按 GB/T 19137 中“乳剂和均相液体制剂”进行。经轻微搅动，应无可见的粒子和油状物。

4.9 热贮稳定性试验

按 GB/T 19136 中“液体制剂”进行。热贮后的精噁唑禾草灵和解草唑质量分数允许降至热贮前质量分数的 95%，乳液稳定性仍应符合标准要求。

4.10 产品的检验与验收

应符合 GB/T 1604 的规定。极限数值的处理采用修约值比较法。

## 5 标志、标签、包装、贮运

5.1 精噁唑禾草灵水乳剂的标志、标签、包装，应符合 GB 4838 的规定。

5.2 精噁唑禾草灵水乳剂包装件应贮存在通风、干燥的库房中。

5.3 贮运时，严防潮湿和日晒，不得与食物、种子、饲料混放，避免与皮肤、眼睛接触，防止由口鼻吸入。

**5.4 安全：本品属低毒除草剂农药。中毒症状为恶心、呕吐，继后出现嗜睡，肢端感觉麻木，重者肌肉颤动、抽搐、昏迷、呼吸衰竭。使用本品应戴防护手套、口罩和护目镜，穿干净的防护服，施药后立即用肥皂水洗净，避免皮肤和眼睛接触药液。如果误服，应立即催吐、洗胃，也可用活性炭与轻泻剂，对症治疗。**

5.5 保证期：在规定的贮运条件下，精噁唑禾草灵水乳剂的保证期，从生产日期算起为 2 年。

# 附 录 A
## （资料性附录）
## 嗯唑禾草灵质量分数毛细管气相色谱测定方法

### A.1 方法提要

试样用丙酮溶解，以邻苯二甲酸二环己酯为内标，用HP-5（5%苯甲基硅酮）涂壁的石英毛细管柱和氢火焰离子化检测器，对试样中的噁唑禾草灵进行气相色谱分离和测定，内标法定量。

### A.2 试剂和溶液

丙酮；

噁唑禾草灵标样：已知质量分数 $w \geqslant 99.0\%$；

内标物：邻苯二甲酸二环己酯，应不含有干扰分析的杂质；

内标溶液：称取邻苯二甲酸二环己酯 5 g，置于 1 000 mL 容量瓶中，用丙酮溶解并稀释至刻度，摇匀。

### A.3 仪器

气相色谱仪：具有氢火焰离子化检测器；

色谱数据处理机或色谱工作站；

色谱柱：30 m×0.32 mm(i.d.)石英毛细管柱，内壁涂 HP-5(5%苯甲基硅酮)，膜厚 0.25 μm。

### A.4 气相色谱操作条件

温度(℃)：柱室 250，气化室 260，检测室 270；

气体流量(mL/min)：载气($N_2$)1.5，氢气 30，空气 300；

进样量：1.0 μL；

保留时间：噁唑禾草灵约 7.8 min，邻苯二甲酸二环己酯约 5.9 min。

上述操作条件，系典型操作参数，可根据不同仪器及色谱柱特点，对给定的操作参数作适当调整，以期获得最佳效果。典型的精噁唑禾草灵水乳剂气相色谱图见图 A.1。

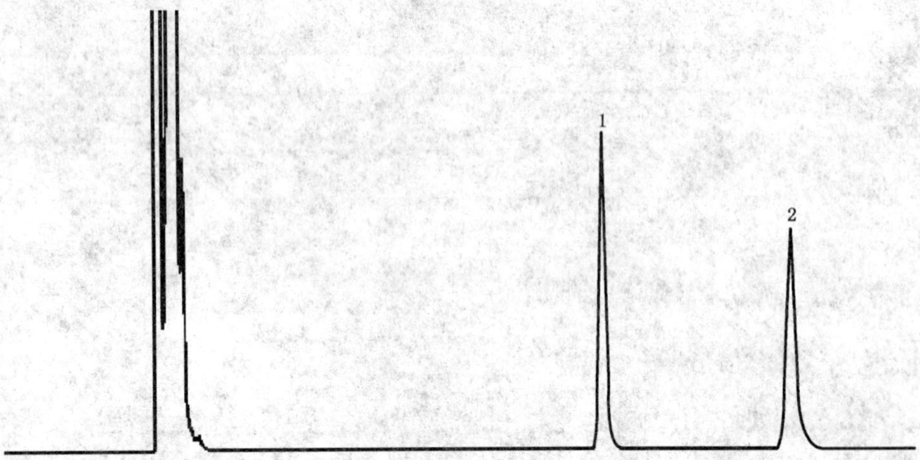


1——内标物（邻苯二甲酸二环己酯）；

2——噁唑禾草灵。

图 A.1 精噁唑禾草灵水乳剂气相色谱图

## A.5 测定步骤

### A.5.1 标样溶液的制备

称取噁唑禾草灵标样 0.07 g(精确至 0.000 2 g),置于 15 mL 具塞玻璃瓶中,用移液管准确加入 10 mL 内标溶液,摇匀。

### A.5.2 试样溶液的制备

称取含噁唑禾草灵 0.07 g 的试样(精确至 0.000 2 g),置于 15 mL 具塞玻璃瓶中,用与 A.5.1 同一支移液管准确加入 10 mL 内标溶液,摇匀。

### A.5.3 测定

在上述操作条件下,待仪器稳定后,连续注入数针标样溶液,直至相邻两针噁唑禾草灵与内标物峰面积比的相对变化小于 1.2%后,按照标样溶液、试样溶液、试样溶液、标样溶液的顺序进行测定。

## A.6 计算

将测得的两针试样溶液以及试样前后两针标样溶液中噁唑禾草灵与内标物峰面积比分别进行平均。试样中噁唑禾草灵的质量分数 $w_1$(%),按式(A.1)计算:

$$w_1 = \frac{r_2 \times m_1 \times w}{r_1 \times m_2} \qquad \text{(A.1)}$$

式中:

$r_1$——标样溶液中,噁唑禾草灵与内标物峰面积比平均值;

$r_2$——试样溶液中,噁唑禾草灵与内标物峰面积比的平均值;

$m_1$——标样的质量,单位为克(g);

$m_2$——试样的质量,单位为克(g);

$w$——标样中噁唑禾草灵的质量分数,%。

## A.7 允许差

两次平行测定结果相对误差,应不大于 5%,取其算术平均值作为测定结果。

ICS 65.100.20
G 25

# 中华人民共和国国家标准

GB 22618—2008

# 精噁唑禾草灵乳油

Fenoxaprop-P-ethyl emulsifiable concentrates

2008-12-17 发布 2009-06-01 实施

中华人民共和国国家质量监督检验检疫总局
中国国家标准化管理委员会 发布

# 前言

**本标准的第3章、第5章为强制性的，其余为推荐性的。**

本标准的附录A为资料性附录。

本标准由中国石油和化学工业协会提出。

本标准由全国农药标准化技术委员会(SAC/TC 133)归口。

本标准负责起草单位:农业部农药检定所。

本标准参加起草单位:江苏瑞禾化学有限公司、安徽丰乐农化有限公司、浙江海正化工股份有限公司、杭州宇龙化工有限公司。

本标准主要起草人:姜宜飞、王国联、于荣、单炜力、陈铁春、王强、金劲松、王丽敏、徐黎婷。

# 精噁唑禾草灵乳油

本产品有效成分精噁唑禾草灵的其他名称、结构式和基本物化参数如下：

ISO 通用名称：fenoxaprop-P-ethyl

CIPAC 数字代号：484

CA 登记号：71283-80-2

化学名称：(*R*)-2-[4-(6-氯-1,3-苯并噁唑-2-基氧)苯氧基]丙酸乙酯

结构式：

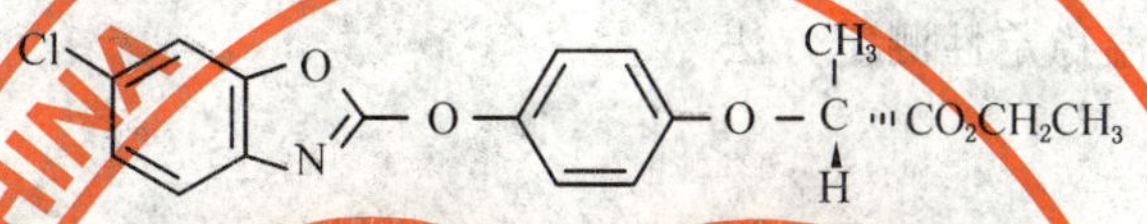

实验式：$C_{18}H_{16}ClNO_5$

相对分子质量：361.8(按 2007 年国际相对原子质量计)

生物活性：除草

熔点：89 ℃～91 ℃

蒸气压(20 ℃)：530 nPa

溶解度(g/L,20 ℃)：水 $7\times10^{-4}$(pH5.8),丙酮 200,甲苯 200,乙酸乙酯＞200,乙醇约 24

稳定性：50 ℃稳定 90 d,对光不敏感,遇酸、碱分解

本产品中安全剂解草唑的其他名称、结构式和基本物化参数如下：

ISO 通用名称：fenchlorazole-ethyl

CA 登记号：103112-35-2

化学名称：1-(2,4-二氯苯基)-5-三氯甲基-1H-1,2,4-三唑-3-羧酸乙酯

结构式：

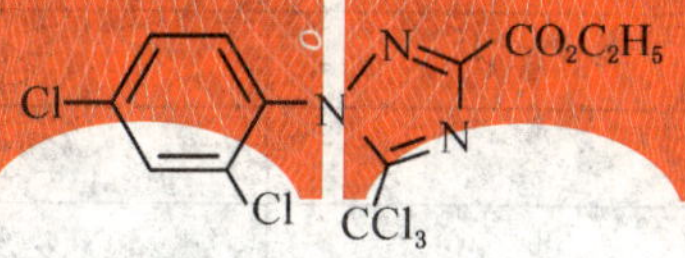

实验式：$C_{12}H_8Cl_5N_3O_2$

相对分子质量：403.5(按 2007 年国际相对原子质量计)

生物活性：除草剂安全剂

熔点：108 ℃～112 ℃

蒸气压(20 ℃)：890 nPa

溶解度(g/L,20 ℃)：水 $9\times10^{-4}$(pH4.5),正己烷 2.5,甲醇 27,甲苯 270,丙酮 360,二氯甲烷＞500

## 1 范围

本标准规定了精噁唑禾草灵乳油的要求、试验方法以及标志、标签、包装、贮运。

本标准适用于由精噁唑禾草灵原药、安全剂解草唑与乳化剂溶解在适宜的溶剂中配制而成的精噁唑禾草灵乳油。

## 2 规范性引用文件

下列文件中的条款通过本标准的引用而成为本标准的条款。凡是注日期的引用文件，其随后所有

的修改单(不包括勘误的内容)或修订版均不适用于本标准,然而,鼓励根据本标准达成协议的各方研究是否可使用这些文件的最新版本。凡是不注日期的引用文件,其最新版本适用于本标准。

GB/T 1600 农药水分测定方法

GB/T 1601 农药 pH 值的测定方法

GB/T 1603 农药乳液稳定性测定方法

GB/T 1604 商品农药验收规则

GB/T 1605—2001 商品农药采样方法

GB/T 4472 化工产品密度、相对密度测定通则

GB 4838 农药乳油包装

GB/T 19136 农药热贮稳定性测定方法

GB/T 19137 农药低温稳定性测定方法

## 3 要求

3.1 组成和外观:本品应由符合标准的精噁唑禾草灵原药、安全剂解草唑与乳化剂溶解在适宜的溶剂中配制而成,应为稳定的均相液体,无可见悬浮物和沉淀。

3.2 精噁唑禾草灵乳油应符合表1要求。

表 1 精噁唑禾草灵乳油控制项目指标

| 项目 | | 指标 | | |
|---|---|---|---|---|
| | | 6.9% | 80.5 g/L | 100 g/L |
| 精噁唑禾草灵质量分数[a]/% | | $6.9^{+0.7}_{-0.7}$ | $8.4^{+0.8}_{-0.8}$ | $10.4^{+1.0}_{-1.0}$ |
| 或质量浓度(20 ℃)/(g/L) | | — | $80.5^{+8.0}_{-8.0}$ | $100^{+10}_{-10}$ |
| 解草唑质量分数[b]/% | ≥ | 标示值(精确至小数点后1位) | | |
| 水分质量分数/% | ≤ | 1.0 | | |
| pH 值范围 | | 5.0~9.0 | | |
| 乳液稳定性(稀释200倍) | | 合格 | | |
| 低温稳定性[c] | | 合格 | | |
| 热贮稳定性[c] | | 合格 | | |

a 当质量发生争议时,以精噁唑禾草灵质量分数为仲裁。

b 是否添加安全剂由作物对象决定;允许使用其他安全剂,检测方法及其相应的指标要求可在全国农药标准化技术委员会获得。

c 正常生产时,低温稳定性和热贮稳定性试验,每3个月至少进行1次。

## 4 试验方法

### 4.1 抽样

按 GB/T 1605—2001 中 5.3.2“液体制剂采样”进行。用随机数表法确定抽样的包装件,最终抽样量不少于 200 mL。

### 4.2 鉴别试验

高效液相色谱法——本鉴别试验可与精噁唑禾草灵质量分数的测定同时进行。在相同的色谱操作条件下,试样溶液某两色谱峰的保留时间与噁唑禾草标样溶液中两个对映体的色谱峰的保留时间,其相对差值应在1.5%以内。

4.3 精噁唑禾草灵、解草唑质量分数的测定

4.3.1 噁唑禾草灵、解草唑质量分数的测定

4.3.1.1 方法提要

试样用流动相溶解，以正己烷和异丙醇为流动相，使用 ZORBAX SIL 为填料的不锈钢柱和可变波长紫外检测器，对试样中的噁唑禾草灵、解草唑进行正相高效液相色谱分离和测定，外标法定量。也可使用毛细管气相色谱法测定噁唑禾草灵的质量分数，色谱操作条件见附录 A。

4.3.1.2 试剂和溶液

正己烷：色谱纯；

异丙醇：色谱纯；

噁唑禾草灵标样：已知质量分数 $w \geqslant 99.0\%$；

解草唑标样：已知质量分数 $w \geqslant 99.0\%$。

4.3.1.3 仪器

高效液相色谱仪：具有可变波长紫外检测器；

色谱数据处理机或色谱工作站；

色谱柱：250 mm×4.6 mm(i.d.)不锈钢柱，内装 ZORBAX SIL、粒径为 5 μm 的填料；

过滤器：滤膜孔径约 0.45 μm；

微量进样器：100 μL；

定量进样管：10 μL；

超声波清洗器。

4.3.1.4 高效液相色谱操作条件

流动相：ψ(正己烷：异丙醇)＝90：10；

流量：0.8 mL/min；

柱温：室温；

检测波长：230 nm；

进样体积：10 μL；

保留时间：噁唑禾草灵 4.8 min，解草唑 5.5 min。

上述操作条件，系典型操作参数，可根据不同仪器及色谱柱特点，对给定的操作参数作适当调整，以期获得最佳效果。典型的噁唑禾草灵乳油高效液相色谱图见图 1。

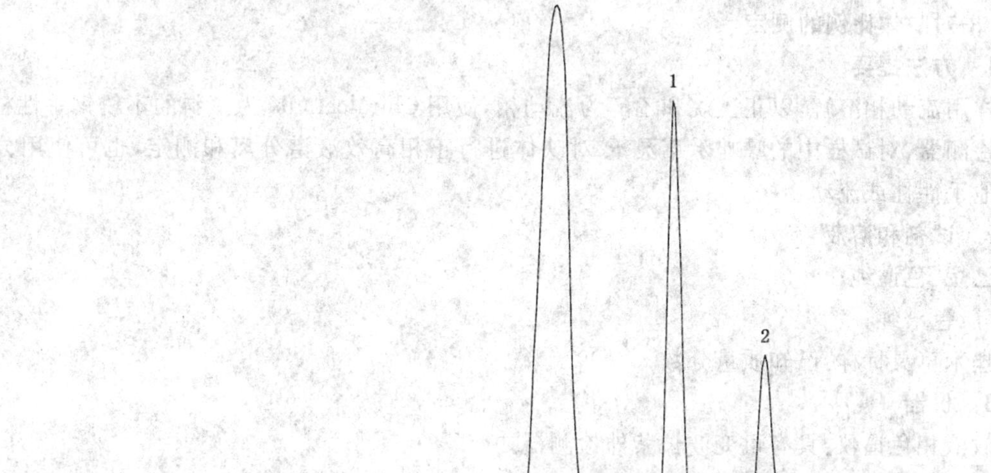


1——噁唑禾草灵；

2——解草唑。

图 1 精噁唑禾草灵乳油的高效液相色谱图

4.3.1.5 测定步骤

4.3.1.5.1 标样溶液的制备

称取噁唑禾草灵标样 0.05 g、解草唑标样 0.03 g（精确至 0.000 2 g），置于 100 mL 容量瓶中，加入 80 mL 流动相，在超声波浴槽中振荡 5 min 使试样溶解，取出冷却至室温后，用流动相稀释至刻度，摇匀。

4.3.1.5.2 试样溶液的制备

称取含噁唑禾草灵 0.05 g 的试样（精确至 0.000 2 g），置于 100 mL 容量瓶中，加入 80 mL 流动相，在超声波浴槽中振荡 5 min 使试样溶解，取出冷却至室温后，用流动相稀释至刻度，摇匀，过滤。

4.3.1.5.3 测定

在上述操作条件下，待仪器稳定后，连续注入数针标样溶液，直至相邻两针噁唑禾草灵峰面积的相对变化小于 1.2%后，按照标样溶液、试样溶液、试样溶液、标样溶液的顺序进行测定。

4.3.1.6 计算

将测得的两针试样溶液以及试样前后两针标样溶液中噁唑禾草灵（解草唑）峰面积分别进行平均。试样中噁唑禾草灵（解草唑）的质量分数 $w_1$（%）按式（1）计算，质量浓度 $\rho_1$（g/L）按式（2）计算：

$$w_1 = \frac{A_2 \times m_1 \times w}{A_1 \times m_2} \quad \cdots\cdots\cdots (1)$$

$$\rho_1 = \frac{A_2 \times m_1 \times w}{A_1 \times m_2} \times d \times 10 \quad \cdots\cdots\cdots (2)$$

式中：

$A_1$——标样溶液中，噁唑禾草灵（解草唑）峰面积的平均值；

$A_2$——试样溶液中，噁唑禾草灵（解草唑）峰面积的平均值；

$m_1$——标样的质量，单位为克（g）；

$m_2$——试样的质量，单位为克（g）；

$w$——标样中噁唑禾草灵（解草唑）的质量分数，%；

$d$——20 ℃时试样的密度，单位为克每毫升（g/mL）（按 GB/T 4472 中“密度计法”进行测定）。

4.3.1.7 允许差

两次平行测定结果相对误差，应不大于 5%，取其算术平均值作为测定结果。

4.3.2 ***R*-对映体比例的测定**

4.3.2.1 方法提要

试样用流动相溶解，以正己烷和乙醇为流动相，使用 Chiralcel OK 为填料的不锈钢手性柱和可变波长紫外检测器，对试样中的噁唑禾草灵 *R*-对映体进行正相高效液谱分离和测定，也可使用分离效果相当的其他手性柱或流动相。

4.3.2.2 试剂和溶液

正己烷：色谱纯；

乙醇：色谱纯；

噁唑禾草灵标样：已知质量分数 $w \geq 99.0\%$。

4.3.2.3 仪器

高效液相色谱仪：具有可变波长紫外检测器；

色谱数据处理机或色谱工作站；

色谱柱：250 mm×4.6 mm(i.d.)不锈钢手性柱，内装 Chiralcel OK、粒径为 10 μm 的填料；

过滤器：滤膜孔径约 0.45 μm；

微量进样器：100 μL；

定量进样管：20 μL；

超声波清洗器。

4.3.2.4 **高效液相色谱操作条件**

流动相：ψ(正己烷：乙醇)＝50：50；

流量：1.3 mL/min；

柱温：室温；

检测波长：280 nm；

进样体积：20 μL；

保留时间：*R*-对映体(精噁唑禾草灵)8.4 min，*S*-对映体 14.5 min。

上述操作条件，系典型操作参数，可根据不同仪器及色谱柱特点，对给定的操作参数作适当调整，以期获得最佳效果。典型的精噁唑禾草灵乳油高效液相色谱图见图 2。

1——*R*-对映体(精噁唑禾草灵)；
2——*S*-对映体。

**图 2 精噁唑禾草灵乳油的高效液相色谱图**



4.3.2.5 **测定步骤**

4.3.2.5.1 **标样溶液的制备**

称取噁唑禾草灵标样约 0.05 g，置于 100 mL 容量瓶中，用流动相溶解并稀释至刻度，摇匀。

4.3.2.5.2 **试样溶液的制备**

称取约含精噁唑禾草灵 0.05 g 的试样，置于 100 mL 容量瓶中，用流动相溶解并稀释至刻度，摇匀，过滤。

4.3.2.5.3 **测定**

在上述操作条件下，待仪器稳定后，连续注入数针标样溶液，直至相邻两针噁唑禾草灵 *R*-对映体、*S*-对映体峰面积的相对变化小于 1.0%(两个对映体的面积比应为 50：50，偏差不超过 1%。若超过 1%，计算噁唑禾草灵 *R*-对映体比例时应加以校正)，然后注入两针试样溶液。

4.3.2.6 **计算**

试样中噁唑禾草灵 *R*-对映体的比例 *K*，按式(3)计算：

$$K=\frac{A_R}{A_R+A_S} \qquad \cdots\cdots(3)$$

式中：

$A_R$——两针试样溶液中，噁唑禾草灵 *R*-对映体峰面积的平均值；

$A_S$——两针试样溶液中,嗯唑禾草灵 $S$-对映体峰面积的平均值。

当标样溶液中嗯唑禾草灵 $R$-对映体面积超出两个对映体面积之和的(50±1)% 时,试样中嗯唑禾草灵 $R$-对映体的比例 $K'$,按式(4)计算:

$$K' = \frac{A_R}{A_R + A_S(A'_R/A'_S)} \qquad \cdots\cdots(4)$$

式中:

$A'_R$——两针标溶液中,嗯唑禾草灵 $R$-对映体峰面积的平均值;

$A'_S$——两针标样溶液中,嗯唑禾草灵 $S$-对映体峰面积的平均值。

4.3.3 精嗯唑禾草灵质量分数的计算

试样中精嗯唑禾草灵的质量分数 $w_2$(%)按式(5)计算,质量浓度 $\rho_2$(g/L)按式(6)计算:

$$w_2 = w_1 \times K \qquad \cdots\cdots(5)$$

$$\rho_2 = \rho_1 \times K \qquad \cdots\cdots(6)$$

当标样溶液中嗯唑禾草灵 $R$-对映体面积超出两个对映体面积之和的(50±1)% 时,试样中精嗯唑禾草灵的质量分数 $w'_2$(%),按式(7)计算,质量浓度 $\rho'_2$(g/L)按式(8)计算:

$$w'_2 = w_1 \times K' \qquad \cdots\cdots(7)$$

$$\rho'_2 = \rho_1 \times K' \qquad \cdots\cdots(8)$$

4.4 水分的测定

按 GB/T 1600 中的"卡尔·费休"法进行。

4.5 pH 值的测定

按 GB/T 1601 进行。

4.6 乳液稳定性试验

试样用标准硬水稀释 200 倍,按 GB/T 1603 进行试验,上无浮油,下无沉淀为合格。

4.7 低温稳定性试验

按 GB/T 19137 中"乳剂和均相液体制剂"进行。离心管底部离析物的体积不超过 0.3 mL 为合格。

4.8 热贮稳定性试验

按 GB/T 19136 中"液体制剂"进行。热贮后的精嗯唑禾草灵和解草唑质量分数允许降至热贮前质量分数的 95%,乳液稳定性仍应符合标准要求。

4.9 产品的检验与验收

应符合 GB/T 1604 的规定。极限数值的处理采用修约值比较法。

## 5 标志、标签、包装、贮运

5.1 精嗯唑禾草灵乳油的标志、标签、包装,应符合 GB 4838 的规定。

5.2 精嗯唑禾草灵乳油包装件应贮存在通风、干燥的库房中。

5.3 贮运时,严防潮湿和日晒,不得与食物、种子、饲料混放,避免与皮肤、眼睛接触,防止由口鼻吸入。

**5.4 安全:本品属低毒除草剂农药。中毒症状为恶心、呕吐,继后出现嗜睡,肢端感觉麻木,重者肌肉颤动、抽搐、昏迷、呼吸衰竭。使用本品应戴防护手套、口罩和护目镜,穿干净的防护服,施药后立即用肥皂水洗净,避免皮肤和眼睛接触药液。如果误服,应立即催吐、洗胃,也可用活性炭与轻泻剂,对症治疗。**

5.5 保证期:在规定的贮运条件下,精嗯唑禾草灵乳油的保证期,从生产日期算起为 2 年。

# 附　录　A
（资料性附录）
# 噁唑禾草灵质量分数毛细管气相色谱测定方法

## A.1　方法提要

试样用丙酮溶解，以邻苯二甲酸二环己酯为内标，用 HP-5(5%苯甲基硅酮)涂壁的石英毛细管柱和氢火焰离子化检测器，对试样中的噁唑禾草灵进行气相色谱分离和测定，内标法定量。

## A.2　试剂和溶液

丙酮；
噁唑禾草灵标样：已知质量分数，$w \geqslant 99.0\%$；
内标物：邻苯二甲酸二环己酯，应不含有干扰分析的杂质；
内标溶液：称取邻苯二甲酸二环己酯 5 g，置于 1 000 mL 容量瓶中，用丙酮溶解并稀释至刻度，摇匀。

## A.3　仪器

气相色谱仪：具有氢火焰离子化检测器；
色谱数据处理机或色谱工作站；
色谱柱：30 m×0.32 mm(i.d.)石英毛细管柱，内壁涂 HP-5(5%苯甲基硅酮)，膜厚 0.25 μm。

## A.4　气相色谱操作条件

温度(℃)：柱室 250，气化室 260，检测室 270；
气体流量(mL/min)：载气($N_2$)1.5，氢气 30，空气 300；
进样量：1.0 μL；
保留时间：噁唑禾草灵约 7.8 min，邻苯二甲酸二环己酯约 5.9 min。

上述操作条件，系典型操作参数，可根据不同仪器及色谱柱特点，对给定的操作参数作适当调整，以期获得最佳效果。典型的精噁唑禾草灵乳油气相色谱图见图 A.1。

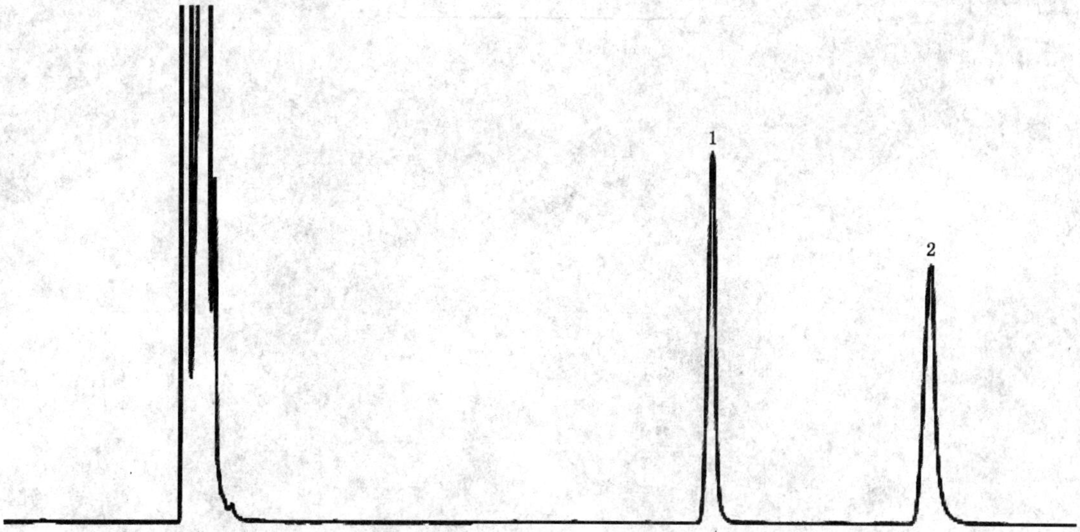


1——内标物(邻苯二甲酸二环己酯)；
2——噁唑禾草灵。

图 A.1　精噁唑禾草灵乳油气相色谱图

## A.5 测定步骤

### A.5.1 标样溶液的制备

称取嗯唑禾草灵标样 0.07 g(精确至 0.000 2 g),置于 15 mL 具塞玻璃瓶中,用移液管准确加入 10 mL内标溶液,摇匀。

### A.5.2 试样溶液的制备

称取含嗯唑禾草灵 0.07 g 的试样(精确至 0.000 2 g),置于 15 mL 具塞玻璃瓶中,用与 A.5.1 同一支移液管准确加入 10 mL 内标溶液,摇匀。

### A.5.3 测定

在上述操作条件下,待仪器稳定后,连续注入数针标样溶液,直至相邻两针嗯唑禾草灵与内标物峰面积比的相对变化小于 1.2%后,按照标样溶液、试样溶液、试样溶液、标样溶液的顺序进行测定。

## A.6 计算

将测得的两针试样溶液以及试样前后两针标样溶液中嗯唑禾草灵与内标物峰面积比分别进行平均。试样中嗯唑禾草灵的质量分数 $w_1$(%),按式(A.1)计算:

$$w_1 = \frac{r_2 \times m_1 \times w}{r_1 \times m_2} \qquad \cdots\cdots (A.1)$$

式中:

$r_1$——标样溶液中,嗯唑禾草灵与内标物峰面积比平均值;

$r_2$——试样溶液中,嗯唑禾草灵与内标物峰面积比的平均值;

$m_1$——标样的质量,单位为克(g);

$m_2$——试样的质量,单位为克(g);

$w$——标样中嗯唑禾草灵的质量分数,%。

## A.7 允许差

两次平行测定结果相对误差,应不大于 5%,取其算术平均值作为测定结果。

ICS 65.100.10
G 25

# 中华人民共和国国家标准

GB 22619—2008

# 联苯菊酯原药

Bifenthrin technical

2008-12-17 发布　　　　2009-06-01 实施

中华人民共和国国家质量监督检验检疫总局
中国国家标准化管理委员会　发布

# 前　言

**本标准的第3章、第5章是强制性的，其余是推荐性的。**

本标准由中国石油和化学工业协会提出。

本标准由全国农药标准化技术委员会(SAC/TC 133)归口。

本标准负责起草单位：沈阳化工研究院。

本标准参加起草单位：江苏皇马农化有限公司、江苏天容集团股份有限公司、青岛奥迪斯生物科技有限公司。

本标准主要起草人：梅宝贵、邢红、吴建新、王强、宦建军、周道煌。

# 联苯菊酯原药

该产品有效成分联苯菊酯的其他名称、结构式和基本物化参数如下：

ISO 通用名称：Bifenthrin

化学名称：2-甲基联苯基-3-基甲基(Z)-(1RS)-顺-3-(2-氯-3,3,3-三氟丙-1-烯基)-2,2-二甲基环丙烷羧酸酯

结构式：联苯菊酯由一对对映异构体组成，为外消旋的混合物。

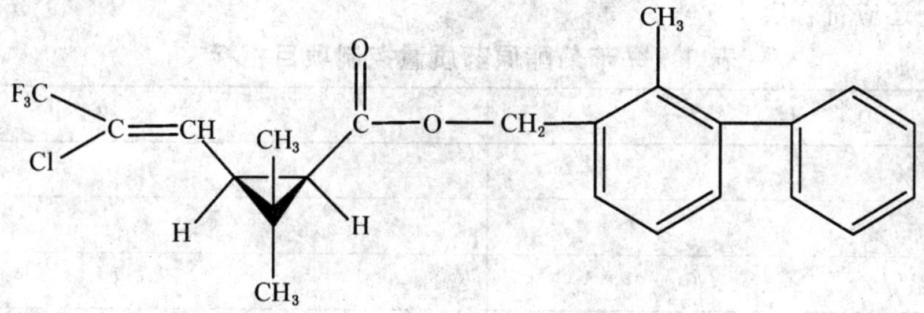

(Z)-(1R)-顺式-联苯菊酯

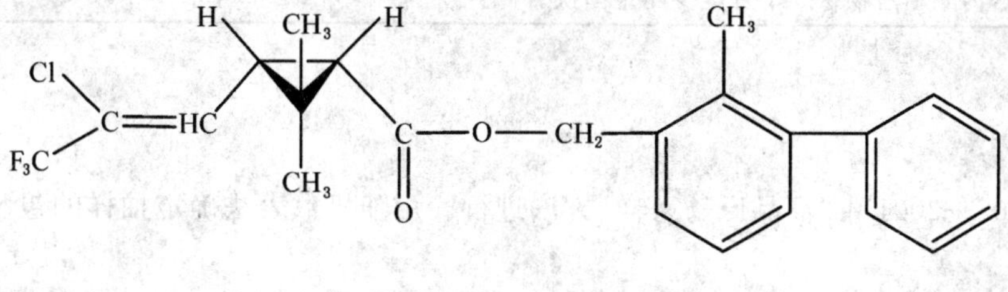

(Z)-(1S)-顺式-联苯菊酯

实验式：$C_{23}H_{22}ClF_3O_2$

相对分子质量：422.9(按 2007 国际相对原子质量计)

生物活性：杀虫

熔点：68 ℃～70.6 ℃

蒸气压(25 ℃)：24 μPa

溶解度(20 ℃,g/L)：水 $1\times10^{-4}$、丙酮 1 250、庚烷 89，溶于三氯甲烷、二氯甲烷、乙醚、甲苯，微溶于甲醇

稳定性：在 25 ℃可稳定 1 年以上；在 pH5～9、21 ℃条件下，可稳定 21 d；在自然光照射下，$DT_{50}$＝255 d；土壤中 $DT_{50}$＝65 d～125 d

## 1 范围

本标准规定了联苯菊酯原药的要求、试验方法以及标志、标签、包装、贮运。

本标准适用于由联苯菊酯和生产中产生的杂质组成的联苯菊酯原药。

## 2 规范性引用文件

下列文件中的条款通过本标准的引用而成为本标准的条款。凡是注日期的引用文件，其随后所有的修改单(不包括勘误的内容)或修订版均不适用于本标准，然而，鼓励根据本标准达成协议的各方研究是否可使用这些文件的最新版本。凡是不注日期的引用文件，其最新版本适用于本标准。

GB/T 601　化学试剂　标准滴定溶液的制备

GB/T 1600　农药水分测定方法

GB/T 1604　商品农药验收规则
GB/T 1605—2001　商品农药采样方法
GB 3796　农药包装通则
GB/T 19138　农药丙酮不溶物测定方法

## 3　要求

3.1　外观：
白色至淡黄色固体。

3.2　技术指标
联苯菊酯原药还应符合表1要求。

表1　联苯菊酯原药质量控制项目指标

| 项　目 | | 指　标 |
|---|---|---|
| 联苯菊酯质量分数/% | ≥ | 96.0 |
| 水分质量分数/% | ≤ | 1.0 |
| 丙酮不溶物质量分数[a]/% | ≤ | 0.3 |
| 酸度(以 $H_2SO_4$ 计)/% | ≤ | 0.3 |

[a] 正常情况下，丙酮不溶物每3个月至少测定一次。

## 4　试验方法

4.1　抽样
按GB/T 1605—2001中"商品原药采样"方法进行。用随机数表法确定抽样的包装件；最终抽样量应不少于100 g。

4.2　鉴别试验
下列方法可任选其一。当用一种方法不能确定时，应再使用另一种方法加以确定。
红外光谱法——试样与联苯菊酯标样在4 000 $cm^{-1}$～400 $cm^{-1}$范围内的红外吸收光谱图应没有明显区别。联苯菊酯标样红外光谱图见图1。

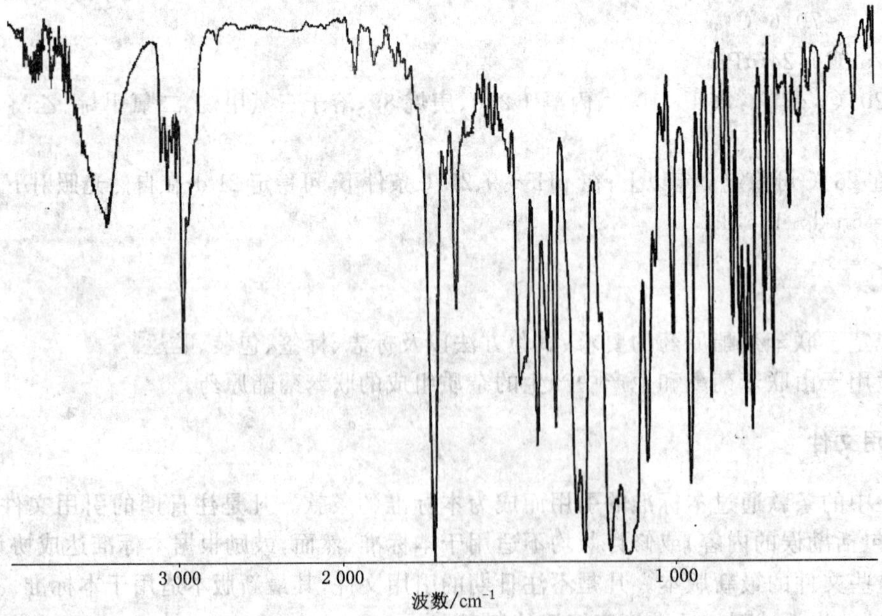


图1　联苯菊酯标样的红外光谱图

气相色谱法——本鉴别试验可与联苯菊酯质量分数的测定同时进行。在相同的色谱操作条件下，试样溶液中某个色谱峰的保留时间与标样溶液中联苯菊酯的色谱峰的保留时间，其相对差值应在1.5%以内。

### 4.3 联苯菊酯质量分数的测定

#### 4.3.1 方法提要

试样用三氯甲烷溶解，以邻苯二甲酸二正戊酯为内标物，使用 HP-1701 键合的石英毛细管柱，分流进样装置和氢火焰离子化检测器，对试样中的联苯菊酯进行毛细管气相色谱分离和测定。

#### 4.3.2 试剂和溶液

三氯甲烷；

联苯菊酯标样：已知质量分数 $w \geqslant 99.0\%$；

邻苯二甲酸二正戊酯：应不含有干扰分析的杂质；

内标溶液：称取 8.0 g 的邻苯二甲酸二正戊酯，置于 1 000 mL 的容量瓶中，用三氯甲烷溶解、定容、摇匀。

#### 4.3.3 仪器

气相色谱仪：具氢火焰离子化检测器；

色谱柱：30 m×0.32 mm(i.d.)石英毛细柱，内壁键合HP-1701，膜厚 0.25 μm；

色谱数据处理机或色谱工作站；

进样系统：具有分流和石英内衬装置。

#### 4.3.4 气相色谱操作条件

温度(℃)：柱室 200、气化室 260、检测室 280；

气体流量(mL/min)：载气($N_2$)4.0、补偿气：25、氢气 40、空气 300；

分流比：15：1；

进样体积：1.0 μL；

保留时间：联苯菊酯：约 22.5 min，内标物：约 8.4 min。

上述气相色谱操作条件系典型操作参数。可根据不同仪器特点，对给定的操作参数作适当调整，以期获得最佳效果。典型的联苯菊酯原药与内标物的气相色谱图见图 2。

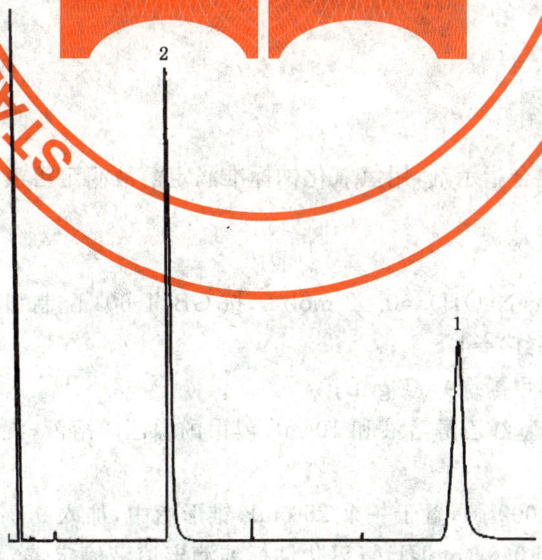


1——联苯菊酯；

2——内标物。

**图 2 联苯菊酯原药与内标物的气相色谱图**

4.3.5 测定步骤

4.3.5.1 标样溶液的配制

称取联苯菊酯标样 0.1 g(精确至 0.000 2 g),置于 15 mL 具塞小瓶中,用移液管加入 10 mL 内标溶液,摇匀。

4.3.5.2 试样溶液的配制

称取含联苯菊酯 0.1 g(精确至 0.000 2 g)的试样,置于 15 mL 具塞小瓶中,用与 4.3.5.1 中相同的移液管加入 10 mL 内标溶液,摇匀。

4.3.5.3 测定

在上述色谱操作条件下,待仪器稳定后,连续注入数针标样溶液,直至相邻两针联苯菊酯与内标物的峰面积比的相对变化小于 1.2%后,按照标样溶液、试样溶液、试样溶液、标样溶液的顺序进行分析测定。

4.3.6 计算

将测得的两针试样溶液以及试样前后两针标样溶液中联苯菊酯与内标物的峰面积比分别进行平均。试样中联苯菊酯质量分数 $w_1$(%)按式(1)计算:

$$w_1 = \frac{r_2 \times m_1 \times w}{r_1 \times m_2} \quad \cdots\cdots(1)$$

式中:

$r_1$——标样溶液中联苯菊酯与内标物峰面积比的平均值;

$r_2$——试样溶液中联苯菊酯与内标物峰面积比的平均值;

$m_1$——标样的质量,单位为克(g);

$m_2$——试样的质量,单位为克(g);

$w$——标样中联苯菊酯的质量分数,以%表示。

4.3.7 允许差

两次平行测定结果之差应不大于 1.2%,取其算术平均值作为测定结果。

4.4 水分的测定

按 GB/T 1600 中的"共沸法"进行。

4.5 丙酮不溶物的测定

按 GB/T 19138 进行。

4.6 酸度的测定

4.6.1 方法提要

试样溶于乙醇中,使用混合指示剂,用氢氧化钠标准滴定溶液滴定溶液至亮绿色。

4.6.2 试剂和溶液

95%乙醇;

氢氧化钠标准滴定溶液 $c(NaOH)=0.02$ mol/L,按 GB/T 601 配制和标定;

甲基红乙醇溶液:$\rho$(甲基红)=1 g/L;

溴甲酚绿乙醇溶液:$\rho$(溴甲酚绿)=1 g/L;

混合指示剂:取 2 mL 甲基红乙醇溶液和 10 mL 溴甲酚绿乙醇溶液,混合均匀。

4.6.3 测定步骤

称取试样 2 g(精确至 0.002 g),置于一个 250 mL 锥形瓶中,加入 95%乙醇 50 mL,摇动使试样溶解。加入 6 滴混合指示剂,用 0.02 mol/L 氢氧化钠标准滴定溶液滴定,溶液由红色变为亮绿色即为终点。同时做空白测定。

4.6.4 计算

试样的酸度 $w_2$(%)按式(2)计算:

$$w_2 = \frac{c \times M \times (V_1 - V_0)}{1\,000 \times m} \times 100 \quad \cdots\cdots(2)$$

式中：

$c$——氢氧化钠标准滴定溶液的实际浓度，单位为摩尔每升(mol/L)；

$V_1$——滴定试样溶液，消耗氢氧化钠标准滴定溶液的体积，单位为毫升(mL)；

$V_0$——滴定空白溶液，消耗氢氧化钠标准滴定溶液的体积，单位为毫升(mL)；

$m$——试样的质量，单位为克(g)；

$M$——硫酸的摩尔质量的数值，单位为克每摩尔(g/mol)[$M(1/2H_2SO_4)=49$]。

### 4.7 产品的检验与验收

产品的检验与验收应符合 GB/T 1604 的规定。极限数值的处理采用修约值比较法。

## 5 标志、标签、包装、贮运

5.1 联苯菊酯原药的标志、标签、包装应符合 GB 3796 的规定。

5.2 联苯菊酯原药应用内衬塑料袋的纸板桶包装或塑料编织袋包装，每桶(袋)净重 25 kg 或 50 kg。

5.3 也可根据用户要求或订货协议，采用其他形式的包装，但需符合 GB 3796 的规定。

5.4 联苯菊酯原药包装件应贮存在通风、干燥的库房中。

5.5 贮运时，严防潮湿和日晒，不得与食物、种子、饲料混放，避免与皮肤、眼睛接触，防止由口鼻吸入。

**5.6 安全：本品属毒性较高的拟除虫菊酯农药，吞噬和吸入均有毒，可经皮肤渗入。使用本品时要戴护镜和胶皮手套以及其他必要的防护衣物。如皮肤、眼睛不慎沾上本品，应立即用肥皂和大量清水冲洗。万一误服，应立即送医院急救。**

5.7 验收期：联苯菊酯原药的验收期为 1 个月。从交货之日起于 1 个月内完成产品的质量验收，其各项指标均应符合标准要求。

---

ICS 65.100.10
G 25

# 中华人民共和国国家标准

GB 22620—2008

# 联苯菊酯乳油

## Bifenthrin emulsifiable concentrates

2008-12-17 发布　　2009-06-01 实施

中华人民共和国国家质量监督检验检疫总局
中国国家标准化管理委员会　发布

# 前　言

**本标准的第3章、第5章是强制的，其余是推荐的。**

本标准由中国石油和化学工业协会提出。

本标准由全国农药标准化技术委员会(SAC/TC 133)归口。

本标准负责起草单位：沈阳化工研究院。

本标准参加起草单位：江苏皇马农化有限公司、江苏天容集团股份有限公司、青岛奥迪斯生物科技有限公司。

本标准主要起草人：梅宝贵、邢红、吴建新、王强、宦建军、李学臣。

# 联苯菊酯乳油

该产品有效成分联苯菊酯的其他名称、结构式和基本物化参数如下：

ISO通用名称：Bifenthrin

化学名称：2-甲基联苯基-3-基甲基(Z)-(1RS)-顺-3-(2-氯-3,3,3-三氟丙-1-烯基)-2,2-二甲基环丙烷羧酸酯

结构式：联苯菊酯由一对对映异构体组成，为外消旋的混合物。

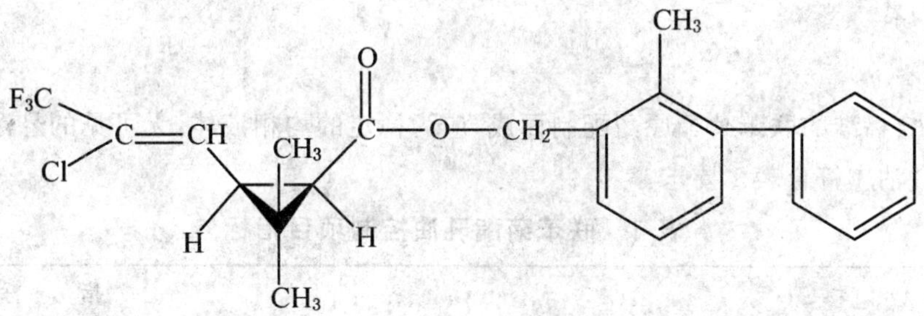

(Z)-(1R)-顺式-联苯菊酯

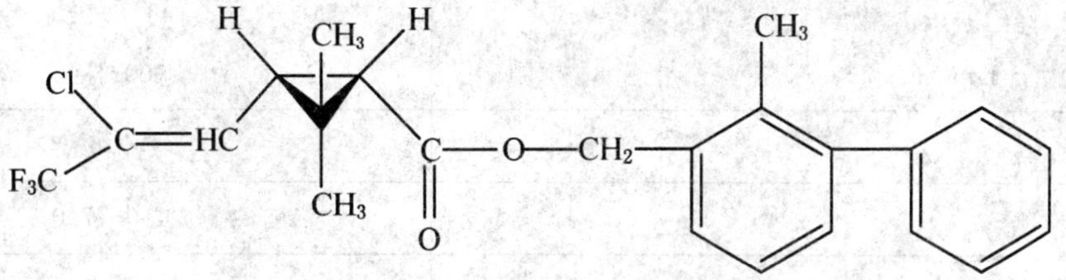

(Z)-(1S)-顺式-联苯菊酯

实验式：$C_{23}H_{22}ClF_3O_2$

相对分子质量：422.9（按2007国际相对原子质量计）

生物活性：杀虫

熔点：68 ℃～70.6 ℃

蒸气压(25 ℃)：24 μPa

溶解度(g/L,20 ℃)：水 $1\times10^{-4}$、丙酮1 250、庚烷89，溶于三氯甲烷、二氯甲烷、乙醚、甲苯，微溶于甲醇

稳定性：在25 ℃可稳定1年以上；在pH5～9、21 ℃条件下，可稳定21 d；在自然光照射下，$DT_{50}$=255 d；土壤中$DT_{50}$=65 d～125 d

## 1 范围

本标准规定了联苯菊酯乳油的要求、试验方法以及标志、标签、包装、贮运。

本标准适用于由联苯菊酯原药与乳化剂溶解在适宜的溶剂中配制而成的联苯菊酯乳油。

## 2 规范性引用文件

下列文件中的条款通过本标准的引用而成为本标准的条款。凡是注日期的引用文件，其随后所有的修改单（不包括勘误的内容）或修订版均不适用于本标准，然而，鼓励根据本标准达成协议的各方研究是否可使用这些文件的最新版本。凡是不注日期的引用文件，其最新版本适用于本标准。

GB/T 1600　农药水分测定方法

GB/T 1601 农药pH值测定方法
GB/T 1603 农药乳液稳定性测定方法
GB/T 1604 商品农药验收规则
GB/T 1605—2001 商品农药采样方法
GB/T 4472 化工产品密度、相对密度测定通则
GB 4838 农药乳油包装
GB/T 19136 农药热贮稳定性测定方法
GB/T 19137 农药低温稳定性测定方法

## 3 要求

3.1 组成和外观：

本品应由符合标准的联苯菊酯原药配制而成，应为稳定的均相液体，无可见的悬浮物或沉淀。

3.2 联苯菊酯乳油应符合表1要求。

表 1 联苯菊酯乳油控制项目指标

| 项目 | 指标 | | |
|---|---|---|---|
| | 25 g/L | 100 g/L | 10% |
| 联苯菊酯质量分数[a]/% | $2.8^{+0.4}_{-0.4}$ | $11.0^{+1.0}_{-1.0}$ | $10.0^{+1.0}_{-1.0}$ |
| 或质量浓度(20 ℃)/(g/L) | $25^{+4}_{-4}$ | $100^{+10}_{-10}$ | — |
| 水分质量分数/% ≤ | 0.6 | | |
| pH值范围 | 4.0～7.0 | | |
| 乳液稳定性(稀释200倍) | 合格 | | |
| 低温稳定性[b] | 合格 | | |
| 热贮稳定性[b] | 合格 | | |

a 当发生争议时，以联苯菊酯质量分数为仲裁。

b 正常生产时，低温稳定性和热贮稳定性试验每3个月至少进行一次测定。

## 4 试验方法

### 4.1 抽样

按GB/T 1605—2001中"液体制剂采样"方法进行。用随机数表法确定抽样的包装件；最终抽样量应不少于250 mL。

### 4.2 鉴别试验

气相色谱法——本鉴别试验可与联苯菊酯质量分数的测定同时进行。在相同的色谱操作条件下，试样溶液中某色谱峰的保留时间与标样溶液中联苯菊酯色谱峰的保留时间，其相对差值应在1.5%以内。

### 4.3 联苯菊酯质量分数的测定

#### 4.3.1 方法提要

试样用三氯甲烷溶解，以邻苯二甲酸二正戊酯为内标物，使用HP-1701键合的石英毛细管柱，分流进样装置和氢火焰离子化检测器，对试样中的联苯菊酯进行毛细管气相色谱分离和测定。

**4.3.2 试剂和溶液**

三氯甲烷；

联苯菊酯标样：已知质量分数 $w \geqslant 99.0\%$；

邻苯二甲酸二正戊酯：应不含有干扰分析的杂质；

内标溶液：称取 8.0 g 的邻苯二甲酸二正戊酯，置于 1 000 mL 的容量瓶中，用三氯甲烷溶解、定容、摇匀。

**4.3.3 仪器**

气相色谱仪：具氢火焰离子化检测器；

色谱柱：30 m×0.32 mm (i.d.) 石英毛细柱，内壁键合 HP-1701，膜厚 0.25 μm；

色谱数据处理机或色谱工作站；

进样系统：具有分流和石英内衬装置。

**4.3.4 气相色谱操作条件**

温度(℃)：柱室 200、气化室 260、检测室 280；

气体流量(mL/min)：载气 ($N_2$) 4.0、补偿气 25、氢气 40、空气 300；

分流比：15∶1；

进样体积：1.0 μL；

保留时间：联苯菊酯：22.5 min，内标物：8.4 min

上述气相色谱操作条件系典型操作参数。可根据不同仪器特点，对给定的操作参数作适当调整以期获得最佳效果。典型的联苯菊酯乳油与内标物的气相色谱图见图 1。

1——联苯菊酯；

2——内标物。

**图 1 联苯菊酯乳油与内标物的气相色谱图**

**4.3.5 测定步骤**

**4.3.5.1 标样溶液的配制**

称取联苯菊酯标样 0.1 g(精确至 0.000 2 g)，置于 15 mL 具塞小瓶中，用移液管加入 10 mL 内标溶液，摇匀。

**4.3.5.2 试样溶液的配制**

称取含联苯菊酯 0.1 g 的试样(精确至 0.000 2 g)，置于 15 mL 具塞小瓶中，用与 4.3.5.1 中相同的移液管加入 10 mL 内标溶液，摇匀。

4.3.5.3 测定

在上述色谱操作条件下，待仪器稳定后，连续注入数针标样溶液，直至相邻两针联苯菊酯与内标物的峰面积比的相对变化小于1.2%后，按照标样溶液、试样溶液、试样溶液、标样溶液的顺序进行分析测定。

4.3.6 计算

将测得的两针试样溶液以及试样前后两针标样溶液中联苯菊酯与内标物的峰面积比分别进行平均。试样中联苯菊酯质量分数 $w_1$(%)按式(1)计算，联苯菊酯质量浓度 $\rho$(g/L)按式(2)计算：

$$w_1=\frac{r_2\times m_1\times w}{r_1\times m_2} \qquad \cdots\cdots(1)$$

$$\rho=\frac{r_2\times m_1\times w}{r_1\times m_2}\times\rho_1\times 10 \qquad \cdots\cdots(2)$$

式中：

$r_1$——标样溶液中联苯菊酯与内标物峰面积比的平均值；

$r_2$——试样溶液中联苯菊酯与内标物峰面积比的平均值；

$m_1$——标样的质量，单位为克(g)；

$m_2$——试样的质量，单位为克(g)；

$w$——标样中联苯菊酯的质量分数，以 % 表示；

$\rho_1$——20 ℃时试样的密度，单位为克每毫升(g/mL)(按 GB/T 4472 中“密度计法”进行测定)。

4.3.7 允许差

两次平行测定结果之相对差应不大于6%，取其算术平均值作为测定结果。

4.4 水分的测定

按 GB/T 1600 中的“卡尔·费休法”进行。

4.5 pH 值的测定

按 GB/T 1601 进行。

4.6 乳液稳定性试验

试样用标准硬水稀释200倍，按 GB/T 1603 进行试验和判定。

4.7 低温稳定性试验

按 GB/T 19137 中“乳剂和均相液体制剂”进行，离心管底部离析物的体积不超过0.3 mL为合格。

4.8 热贮稳定性试验

按 GB/T 19136 中“液体制剂”进行。热贮后，联苯菊酯质量分数应不低于贮前联苯菊酯质量分数的97%，乳液稳定性仍应符合标准要求。

4.9 产品的检验和验收

产品的检验与验收应符合 GB/T 1604 的规定。极限数值的处理采用修约值比较法。

## 5 标志、标签、包装、贮运

5.1 联苯菊酯乳油的标志、标签和包装应符合 GB 4838 的规定。

5.2 联苯菊酯乳油小包装采用聚酯瓶或玻璃瓶包装，每瓶净含量为100 g(mL)、250 g(mL)；外包装为钙塑箱或瓦楞纸箱，每箱净含量应不超过10 kg。

5.3 根据用户要求或订货协议，可采用其他形式的包装，但需符合 GB 4838 的规定。

5.4 联苯菊酯乳油包装件应贮存在通风、干燥的库房中。

5.5 贮运时，严防潮湿和日晒，不得与食物、种子、饲料混放，避免与皮肤、眼睛接触，防止由口鼻吸入。

5.6 **安全：本品属低毒拟除虫菊酯农药制剂，吞噬和吸入均有毒，可经皮肤渗入。使用本品时要戴护镜和胶皮手套以及其他必要的防护衣物。如皮肤、眼睛不慎沾上本品，应立即用肥皂和大量清水冲洗。万一误服，请立即送医院急救。**

5.7 保证期：在规定的贮存、运输条件下，联苯菊酯乳油的保证期，从生产日期算起为2年。

ICS 65.100.30
G 25

# 中华人民共和国国家标准

GB 22621—2008

# 霜霉威原药

## Propamocarb technical

2008-12-17 发布　　　　2009-06-01 实施

中华人民共和国国家质量监督检验检疫总局
中国国家标准化管理委员会　发布

# 前　言

**本标准的第3章、第5章为强制性的，其余为推荐性的。**

本标准附录A为资料性附录。

本标准由中国石油和化学工业协会提出。

本标准由全国农药标准化技术委员会(SAC/TC 133)归口。

本标准负责起草单位：农业部农药检定所。

本标准主要起草人：李友顺、吴进龙、王小丽、陈铁春、单炜力。

# 霜 霉 威 原 药

该产品有效成分霜霉威的其他名称、结构式和基本物化参数如下：

ISO 通用名称：propamocarb

CAS 登录号：24579-73-5

化学名称：*N*-[3-(二甲基氨基)丙基]氨基甲酸丙酯

结构式：

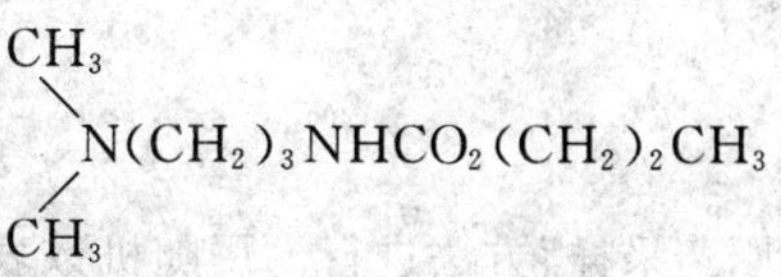

实验式：$C_9H_{20}N_2O_2$

相对分子质量：188.3(按 2007 年国际相对原子质量计)

生物活性：杀菌

蒸气压：730 mPa(25 ℃)

溶解度：水＞900 g/L(pH7.0，20 ℃)，己烷＞883、甲醇＞933、二氯甲烷＞937、甲苯＞852、丙酮＞921、乙酸乙酯＞856(均为 g/L，20 ℃)

## 1 范围

本标准规定了霜霉威原药的要求、试验方法以及标志、标签、包装和贮运。

本标准适用于由霜霉威和生产中产生的杂质组成的霜霉威原药。

## 2 规范性引用文件

下列文件中的条款通过本标准的引用而成为本标准的条款。凡是注日期的引用文件，其随后所有的修改单(不包括勘误的内容)或修订版均不适用于本标准，然而，鼓励根据本标准达成协议的各方研究是否可使用这些文件的最新版本。凡是不注日期的引用文件，其最新版本适用于本标准。

GB/T 1600 农药水分测定方法

GB/T 1601 农药 pH 值的测定方法

GB/T 1604 商品农药验收规则

GB/T 1605—2001 商品农药采样方法

GB 3796 农药包装通则

GB/T 19138 农药丙酮不溶物测定方法

GB 20813 农药产品标签通则

## 3 要求

3.1 外观：应是浅黄色至黄色油状均相液体。

3.2 霜霉威原药应符合表 1 要求。

表 1　霜霉威原药控制项目指标

| 项　　目 | | 指　　标 |
|---|---|---|
| 霜霉威质量分数/% | ≥ | 95.0 |
| 水分质量分数/% | ≤ | 0.5 |
| pH 值范围 | | 10.0～12.0 |
| 丙酮不溶物质量分数[a]/% | ≤ | 0.3 |
| [a] 在正常生产情况下,丙酮不溶物的质量分数每 3 个月至少检验 1 次。 | | |

## 4　试验方法

### 4.1　抽样

按照 GB/T 1605—2001“商品原药采样”方法进行。用随机数表法确定抽样的包装件,最终抽样量应不少于 100 g。

### 4.2　鉴别试验

高效液相色谱法——本鉴别试验可与霜霉威质量分数的测定同时进行。在相同的色谱操作条件下,试样溶液中某一个色谱峰的保留时间与标样溶液中霜霉威色谱峰的保留时间,其相对差值应在 1.5%以内。

红外光谱法——试样的红外光谱与霜霉威的标准红外光谱图(见图 1),应没有明显区别。

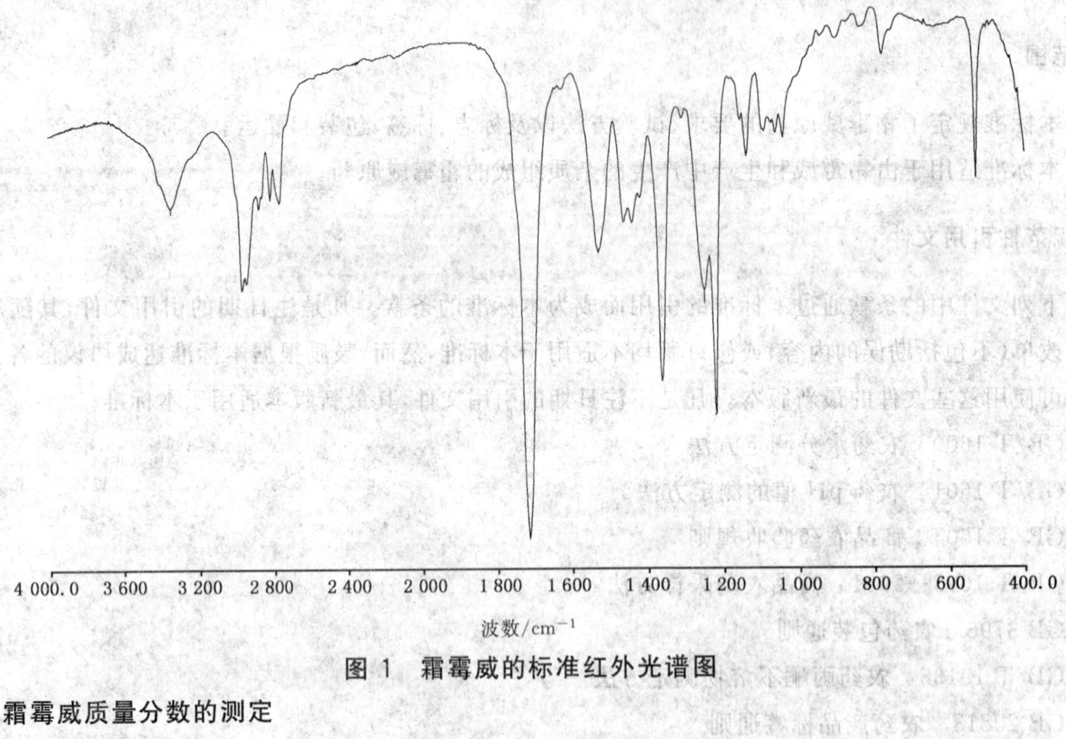


图 1　霜霉威的标准红外光谱图

### 4.3　霜霉威质量分数的测定

#### 4.3.1　方法提要

试样用蒸馏水溶解,以乙腈+1.5%氨水为流动相,使用以杂化硅胶为填料且耐碱性条件的 $C_{18}$ 不锈钢柱和紫外检测器,以外标法对试样中的霜霉威进行反相高效液相色谱分离和测定。也可采用以 Si 100为填充物的不锈钢柱和紫外检测器进行检测,色谱操作条件见附录 A。

#### 4.3.2　试剂和溶液

乙腈:色谱级;

水：新蒸二次蒸馏水；

霜霉威标样：已知质量分数 $w \geq 99.0\%$。

**4.3.3 仪器**

高效液相色谱仪：具有紫外可变波长检测器和定量进样阀；

色谱数据处理机或色谱工作站；

色谱柱：150 mm×3.9 mm(i.d.)不锈钢柱，内装 XTerra RP18、5 μm 填充物(或其他同等效果色谱柱)；

过滤器：滤膜孔径约 0.45 μm；

微量进样器：50 μL；

超声波清洗器。

**4.3.4 高效液相色谱操作条件**

流动相：ψ(乙腈：1.5%氨水)＝20：80；

流动相流量：1.0 mL/min；

柱温：室温(温差变化应不大于 2 ℃)；

检测波长：210 nm；

进样体积：20 μL；

保留时间：霜霉威约 5.9 min。

上述液相色谱操作条件，系典型操作参数。可根据不同仪器特点，对给定的操作参数作适当调整，以期获得最佳效果。典型的霜霉威原药高效液相色谱图见图 2。

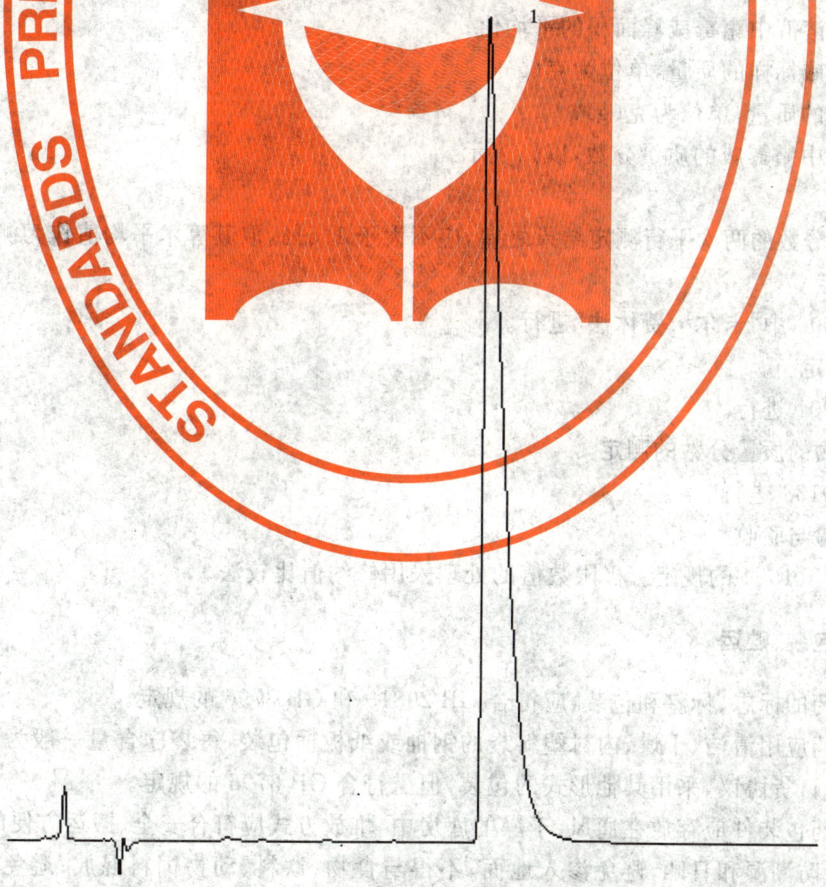


1——霜霉威。

**图 2 霜霉威原药的高效液相色谱图**

4.3.5 测定步骤

4.3.5.1 标样溶液的配制

称取霜霉威标样约 0.05 g(精确至 0.000 2 g),置于 100 mL 容量瓶中,用蒸馏水溶解并稀释至刻度,摇匀。

4.3.5.2 试样溶液配制

称取含霜霉威约 0.05 g 的试样(精确至 0.000 2 g),置于 100 mL 容量瓶中,用蒸馏水溶解并稀释至刻度,摇匀。经 0.45 μm 滤膜过滤,待用。

4.3.5.3 1.5%氨水的配制

1 000 mL 蒸馏水中,准确加入 15 mL 质量分数约为 25%的氨水,摇匀。经 0.45 μm 滤膜过滤,待用。

4.3.5.4 测定

在上述色谱操作条件下,待仪器稳定后,连续注入数针标样溶液,直至相邻两针霜霉威峰面积相对变化小于 1.5%后,按照标样溶液、试样溶液、试样溶液、标样溶液的顺序进行测定。

4.3.6 计算

将测得的两针试样溶液以及试样溶液前后两针标样溶液中霜霉威峰面积分别进行平均。试样中霜霉威的质量分数 $w_1$(%)按(1)计算:

$$w_1 = \frac{A_2 \times m_1 \times w}{A_1 \times m_2} \quad \cdots\cdots(1)$$

式中:

$A_1$——标样溶液中霜霉威峰面积的平均值;

$A_2$——试样溶液中霜霉威峰面积的平均值;

$m_1$——霜霉威标样的质量,单位为克(g);

$m_2$——试样的质量,单位为克(g);

$w$——标样中霜霉威的质量分数,以%表示。

4.3.7 允许差

霜霉威质量分数的两次平行测定结果之差,应不大于 1.5%,取其算术平均值作为测定结果。

4.4 水分的测定

按 GB/T 1600 中"卡尔·费休法"进行。

4.5 pH 值的测定

按 GB/T 1601 进行。

4.6 丙酮不溶物的质量分数的测定

按 GB/T 19138 进行。

4.7 产品的检验与验收

应符合 GB/T 1604 的规定。极限数值的处理采用修约值比较法。

## 5 标志、标签、包装、贮运

5.1 霜霉威原药的标志、标签和包装,应符合 GB 20813 和 GB 3796 的规定。

5.2 霜霉威原药应用清洁、干燥、内衬塑料袋的钢桶或纸板桶包装,每袋净含量一般为 25 kg。也可以根据用户要求或订货协议,采用其他形式的包装,但需符合 GB 3796 的规定。

5.3 霜霉威原药包装件应存放在通风、干燥的库房中,堆放方式应符合安全、搬运方便的原则。

5.4 贮运时,严防潮湿和日晒,避免渗入地面;不得与食物、饮料、动物饲料混放;避免与皮肤、眼睛接触,防止由口鼻吸入。

**5.5 安全:霜霉威原药是一种有毒的杀菌剂,对人体有害。使用时,应戴好防护手套、口罩、穿干净防护**

**服，使用后应立即用肥皂和水洗净。如药剂接触皮肤，应立即用肥皂和清水冲洗；如溅入眼中，应立即用大量清水冲洗；必要时请医生诊治。如有误服，切勿催吐，请医生诊治，漱口并且饮用大量水，服下活性炭。**

5.6 验收期：霜霉威原药验收期为1个月。从交货之日起，在1个月内完成产品质量验收，其各项指标均应符合标准要求。

## 附 录 A

（资料性附录）

## 液相色谱法测定霜霉威质量分数的方法(CIPAC 方法)

### A.1 方法提要

试样用甲醇＋水溶解，以甲醇＋水＋氨水为流动相，使用以 Si 100 为填充物的不锈钢柱和紫外检测器，对试样中的霜霉威进行高效液相色谱分离和测定。

### A.2 试剂和溶液

甲醇：色谱纯；

水：新蒸二次蒸馏水；

氨水溶液：25%（质量分数）；

混合溶液：$\psi$（甲醇：水）＝80：20；

霜霉威标样：已知质量分数 $w \geqslant 99.0\%$。

### A.3 仪器

液相色谱仪：具有紫外可变波长检测器和定量进样阀；

色谱数据处理机或色谱工作站；

色谱柱：Lichrosorb Si 100，250 mm×4 mm(i.d.)，5 μm 不锈钢柱（或其他同等效果色谱柱）；

过滤器：滤膜孔径约 0.45 μm；

微量进样器：50 μL。

### A.4 液相色谱操作条件

流动相：$\psi$（甲醇：水：氨水）＝800：192：8；

流动相流量：1.0 mL/min；

柱温：室温（温差变化应不大于 2 ℃）；

检测波长：210 nm；

进样体积：10 μL；

保留时间：霜霉威约 7.4 min。

上述液相色谱操作条件，系典型操作参数。可根据不同仪器特点，对给定的操作参数作适当调整，以期获得最佳效果。典型的霜霉威原药的液相色谱图见图 A.1。

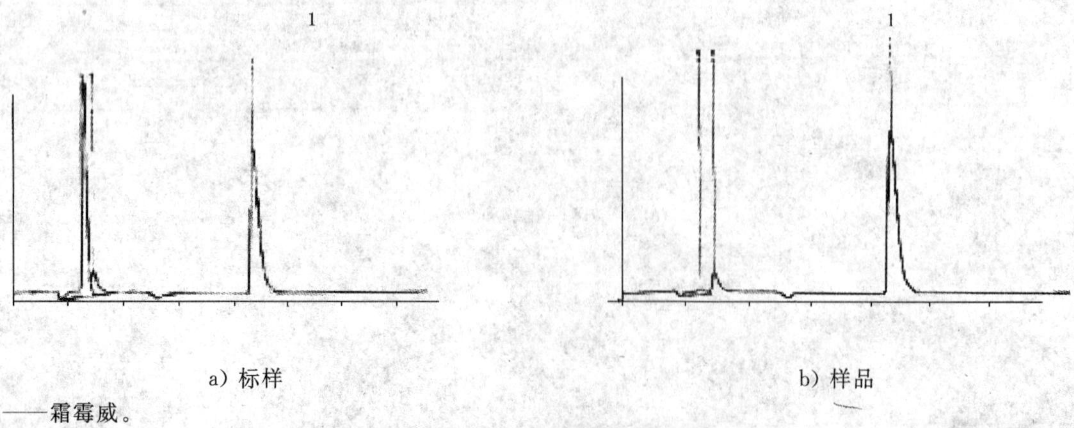


a) 标样　　　　b) 样品

1——霜霉威。

**图 A.1 霜霉威原药的液相色谱图**

## A.5 测定步骤

### A.5.1 标样溶液的配制

准确称取约 0.175 g(精确至 0.000 2 g)的霜霉威于 100 mL 的容量瓶中,用混合溶液溶解,并定容至刻度,摇匀备用。

### A.5.2 试样溶液的配制

准确称取约含霜霉威 0.2 g(精确至 0.000 2 g)的试样,置于 100 mL 容量瓶中,用混合溶液溶解,并定容至刻度,摇匀备用。经 0.45 μm 滤膜过滤,待用。

### A.5.3 测定

在上述色谱操作条件下,待仪器稳定后,连续注入数针标样溶液,直至相邻两针霜霉威峰面积相对变化小于 1.5%后,按照标样溶液、试样溶液、试样溶液、标样溶液的顺序进行测定。

## A.6 计算

将测得的两针试样溶液以及试样溶液前后两针标样溶液中霜霉威峰面积分别进行平均。试样中霜霉威的质量分数 $w_1$(%)按式(A.1)进行计算:

$$w_1 = \frac{A_2 \times m_1 \times w}{A_1 \times m_2} \quad \cdots\cdots(A.1)$$

式中:

$A_1$——标样溶液中霜霉威峰面积的平均值;

$A_2$——试样溶液中霜霉威峰面积的平均值;

$m_1$——霜霉威标样的质量,单位为克(g);

$m_2$——试样的质量,单位为克(g);

$w$——标样中霜霉威的质量分数,以%表示。

## A.7 允许差

霜霉威质量分数的两次平行测定结果之差,应不大于 1.5%,取其算术平均值作为测定结果。

ICS 65.100.30
G 25

# 中华人民共和国国家标准

GB 22622—2008

# 霜霉威盐酸盐水剂

**Propamocarb hydrochloride aqueous solution**

2008-12-17 发布　　2009-06-01 实施

中华人民共和国国家质量监督检验检疫总局
中国国家标准化管理委员会　发布

# 前言

**本标准的第3章、第5章为强制性的，其余为推荐性的。**

本标准附录A为资料性附录。

本标准由中国石油和化学工业协会提出。

本标准由全国农药标准化技术委员会(SAC/TC 133)归口。

本标准负责起草单位：农业部农药检定所。

本标准主要起草人：李友顺、吴进龙、王小丽、陈铁春、单炜力。

# 霜霉威盐酸盐水剂

该产品有效成分霜霉威盐酸盐的其他名称、结构式和基本物化参数如下：

ISO 通用名称：propamocarb hydrochloride

CAS 登录号：25606-41-1

CIPAC 数字代号：399

化学名称：*N*-[3-(二甲基氨基)丙基]氨基甲酸丙酯盐酸盐

结构式：

$CH_3$

$N(CH_2)_3NHCO_2(CH_2)_2CH_3 \cdot HCl$

$CH_3$

实验式：$C_9H_{21}ClN_2O_2$

相对分子质量：224.7(按 2007 年国际相对原子质量计)

生物活性：杀菌

熔点：64.2 ℃

蒸气压：$3.82\times10^{-2}$ MPa(25 ℃)

溶解度：水>500 g/L(pH 7.0，20 ℃)，甲醇 656、二氯甲烷>626、丙酮 560、乙酸乙酯 4.34、甲苯 0.14、己烷<0.01(均为 g/L，20 ℃)

稳定性：不易水解和光解，400 ℃以下稳定

## 1 范围

本标准规定了霜霉威盐酸盐水剂的要求、试验方法以及标志、标签、包装和贮运。

本标准适用于由霜霉威(盐酸盐)原药(或霜霉威盐酸盐母药)和必要的助剂加工成的霜霉威盐酸盐水剂。

## 2 规范性引用文件

下列文件中的条款通过本标准的引用而成为本标准的条款。凡是注日期的引用文件，其随后所有的修改单(不包括勘误的内容)或修订版均不适用于本标准，然而，鼓励根据本标准达成协议的各方研究是否可使用这些文件的最新版本。凡是不注日期的引用文件，其最新版本适用于本标准。

GB/T 1601　农药 pH 值的测定方法

GB/T 1604　商品农药验收规则

GB/T 1605—2001　商品农药采样方法

GB 3796　农药包装通则

GB/T 4472　化工产品密度、相对密度测定通则

GB/T 19137—2003　农药低温稳定性测定方法

GB/T 19136—2003　农药热贮稳定性测定方法

## 3 要求

3.1 组成和外观：本品应由符合标准的霜霉威(盐酸盐)原药或霜霉威盐酸盐母药制成，外观为均相液体，无明显的悬浮物和沉淀。

3.2　霜霉威盐酸盐水剂应符合表1要求。

表1　霜霉威盐酸盐水剂控制项目指标

| 项　　目 | 指　　标 | |
|---|---|---|
| | 722 g/L | 35.0% |
| 霜霉威盐酸盐质量分数[a]/% | 66.5±2.5 | 35.0±1.8 |
| 霜霉威盐酸盐质量浓度(20 ℃)/(g/L) | 722±25 | — |
| 水不溶物质量分数/%　　≤ | 0.3 | |
| pH值范围 | 3.0～7.0 | |
| 稀释稳定性(稀释20倍) | 合格 | |
| 低温稳定性[b] | 合格[a] | |
| 热贮稳定性[b] | 合格[a] | |

a　当质量发生争议时以霜霉威质量分数为仲裁。

b　低温稳定性、热贮稳定性试验在正常生产情况下，每3个月至少检验一次。

## 4　试验方法

### 4.1　抽样

按照GB/T 1605—2001“液体制剂采样”方法进行。用随机数表法确定抽样的包装件，最终抽样量应不少于250 mL。

### 4.2　鉴别试验

高效液相色谱法——本鉴别试验可与霜霉威盐酸盐质量分数的测定同时进行。在相同的色谱操作条件下，试样溶液中某一个色谱峰的保留时间与标样溶液中主色谱峰的保留时间，其相对差值应在1.5%以内。

### 4.3　霜霉威盐酸盐质量分数的测定

#### 4.3.1　方法提要

试样用蒸馏水溶解，以乙腈+1.5%氨水为流动相，使用以杂化硅胶为填料且耐碱性条件的$C_{18}$不锈钢柱和紫外检测器，以外标法对试样中的霜霉威进行反相高效液相色谱分离和测定。也可采用以Si 100为填充物的不锈钢柱和紫外检测器进行检测，色谱操作条件参见附录A。

#### 4.3.2　试剂和溶液

乙腈：色谱级；

水：新蒸二次蒸馏水；

霜霉威(或霜霉威盐酸盐)标样：已知质量分数$w$≥99.0%。

#### 4.3.3　仪器

高效液相色谱仪：具有紫外可变波长检测器和定量进样阀；

色谱数据处理机或色谱工作站；

色谱柱：150 mm×3.9 mm(i.d.)不锈钢柱，内装XTerra RP18、5 μm填充物(或其他同等效果色谱柱)；

过滤器：滤膜孔径约0.45 μm；

微量进样器：50 μL；

超声波清洗器。

#### 4.3.4　高效液相色谱操作条件

流动相：$\psi$(乙腈：1.5%氨水)=20：80；

流动相流量：1.0 mL/min；

柱温：室温(温差变化应不大于 2 ℃)；

检测波长：210 nm；

进样体积：20 μL；

保留时间：霜霉威约 5.8 min。

上述液相色谱操作条件，系典型操作参数。可根据不同仪器特点，对给定的操作参数作适当调整，以期获得最佳效果。典型的霜霉威盐酸盐水剂的高效液相色谱图见图 1。

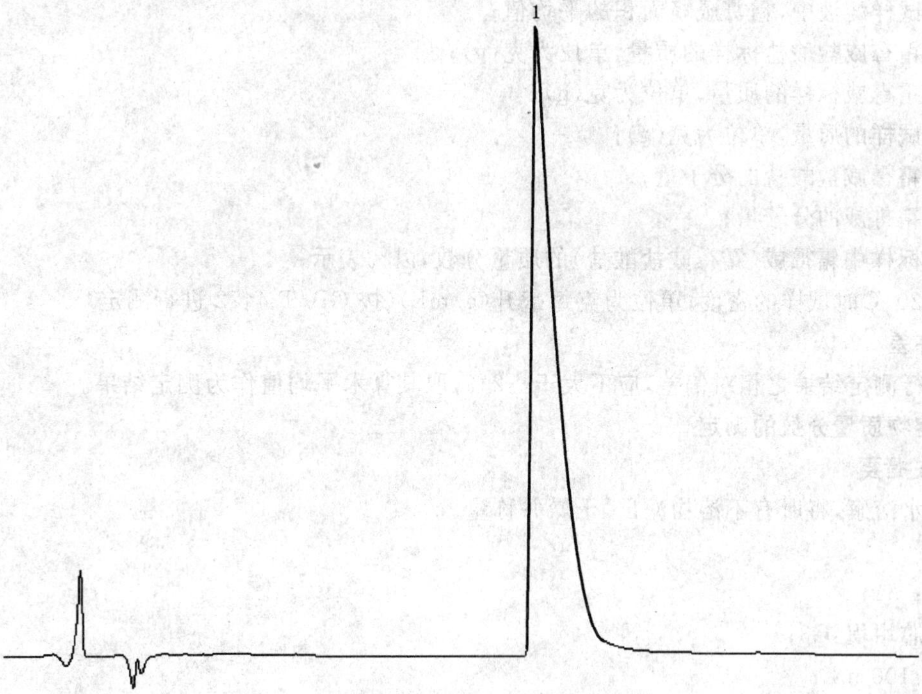


1——霜霉威。

**图 1　霜霉威盐酸盐水剂的高效液相色谱图**

### 4.3.5　测定步骤

#### 4.3.5.1　标样溶液配制

称取霜霉威(霜霉威盐酸盐)标样约 0.05 g(精确至 0.000 2 g)，置于 100 mL 容量瓶中，用蒸馏水溶解并稀释至刻度，摇匀。

#### 4.3.5.2　试样溶液配制

称取含霜霉威约 0.05 g 的试样(精确至 0.000 2 g)，置于 100 mL 容量瓶中，用蒸馏水溶解并稀释至刻度，摇匀。经 0.45 μm 滤膜过滤，待用。

#### 4.3.5.3　1.5%氨水的配制

1 000 mL 蒸馏水中，准确加入 15 mL 质量分数约为 25%的氨水，摇匀。经 0.45 μm 滤膜过滤，待用。

#### 4.3.5.4　测定

在上述色谱操作条件下，待仪器稳定后，连续注入数针标样溶液，直至相邻两针霜霉威峰面积相对变化小于 1.5%后，按照标样溶液、试样溶液、试样溶液、标样溶液的顺序进行测定。

### 4.3.6　计算

将测得的两针试样溶液以及试样溶液前后两针标样溶液中霜霉威峰面积分别进行平均。试样中霜霉威盐酸盐的质量分数 $w_1$(%)按式(1)(标样为霜霉威盐酸盐时)或式(2)(标样为霜霉威时)进行计算，霜霉威盐酸盐的质量浓度 $\rho$(g/L)按式(3)进行计算：

$$w_1 = \frac{A_2 \times m_1 \times w}{A_1 \times m_3} \qquad (1)$$

$$w_1 = \frac{A_2 \times m_2 \times w \times 224.7}{A_1 \times m_3 \times 188.3} \qquad (2)$$

$$\rho = w_1 \times d \times 10 \qquad (3)$$

式中：

$A_1$——标样溶液中，霜霉威峰面积的平均值；

$A_2$——试样溶液中，霜霉威峰面积的平均值；

$m_1$——霜霉威盐酸盐标样的质量，单位为克(g)；

$m_2$——霜霉威标样的质量，单位为克(g)；

$m_3$——试样的质量，单位为克(g)；

224.7——霜霉威盐酸盐的分子量；

188.3——霜霉威的分子量；

$w$——标样中霜霉威(霜霉威盐酸盐)的质量分数，以%表示；

$d$——20 ℃时试样的密度，单位为克每毫升(g/mL)(按 GB/T 4472 进行测定)。

**4.3.7 允许差**

两次平行测定结果之相对偏差，应不大于±2%，取其算术平均值作为测定结果。

**4.4 水不溶物质量分数的测定**

**4.4.1 方法提要**

试样用水溶解，将所有不溶物滤出，干燥并称量。

**4.4.2 仪器**

称量瓶；

玻璃砂芯坩埚：G3；

吸滤瓶：100 mL；

烘箱：105 ℃±2 ℃。

**4.4.3 测定步骤**

于 105 ℃下，将玻璃砂芯坩埚干燥至恒重(精确至 0.000 2 g)。称取试样约 20 g(精确至 0.01 g)，用 200 mL 水淋洗转移至量筒中，盖上塞子，猛烈振摇，使可溶物全部溶解。将此溶液经玻璃砂芯坩埚过滤，用蒸馏水洗涤坩埚中的残留物，每次用 25 mL，共洗 3 次。置玻璃砂芯坩埚及残留物于 105 ℃烘箱中干燥至恒重(精确至 0.000 2 g)。

**4.4.4 计算**

水不溶物质量分数 $w_2$(%)，按式(4)计算：

$$w_2 = \frac{m_5 - m_6}{m_4} \times 100 \qquad (4)$$

式中：

$m_5$——玻璃砂芯坩埚与不溶物恒重后的质量，单位为克(g)；

$m_6$——玻璃砂芯坩埚恒量后的质量，单位为克(g)；

$m_4$——试样的质量，单位为克(g)。

**4.5 pH 值的测定**

按 GB/T 1601 进行。

**4.6 稀释稳定性试验**

**4.6.1 试剂和仪器**

标准硬水：$\rho(Ca^{2+} + Mg^{2+})$=342 mg/L；

量筒：100 mL；

恒温水浴：30 ℃±2 ℃；

移液管：5 mL。

**4.6.2 试验步骤**

用移液管吸取 5 mL 试样，置于 100 mL 量筒中，用标准硬水稀释至刻度，混匀。将此量筒放入 30 ℃±2 ℃的恒温水浴中，静置 1 h。如稀释液均一、无析出物为合格。

**4.7 低温稳定性试验**

按 GB/T 19137—2003 中"乳剂和均相液体制剂"进行，析出固体或油状物的体积不超过 0.3 mL 为合格。

**4.8 热贮稳定性试验**

按 GB/T 19136—2003 中"液体制剂"进行。热贮后，霜霉威盐酸盐的质量分数应不低于热贮前的 95%；其余各项指标仍应符合 3.2 要求。

**4.9 产品的检验与验收**

应符合 GB/T 1604 的规定。极限数值处理，采用修约值比较法。

## 5 标志、标签、包装、贮运

5.1 霜霉威盐酸盐水剂的标签中应标明霜霉威盐酸盐的质量分数。

5.2 霜霉威盐酸盐水剂的标志、标签和包装，应符合 GB 3796 的规定。

5.3 霜霉威盐酸盐水剂可用带有内塞及外盖的聚酯瓶包装，每瓶净含量为 200 mL、1 000 mL 等；外包装用瓦楞纸箱或铝塑箱，每箱净容量不超过 20 000 mL。也可根据用户要求或订货协议，采用其他形式的包装，但要符合 GB 3796 的规定。

5.4 霜霉威盐酸盐水剂包装件应存放在通风、干燥的库房中，堆放方式应符合安全、搬运方便的原则。

5.5 贮运时，严防潮湿和日晒，避免渗入地面；不得与食物、饮料、动物饲料混放；避免与皮肤、眼睛接触，防止由口鼻吸入。

**5.6 安全：霜霉威盐酸盐水剂是一种有毒的杀菌剂，对人体有害。使用时，应戴好防护手套、口罩、穿干净防护服，使用后应立即用肥皂和水洗净。如药剂接触皮肤，应立即用肥皂和清水冲洗；如溅入眼中，应立即用大量清水冲洗；必要时请医生诊治。如有误服，切勿催吐，请医生诊治，漱口并且饮用大量水，服下活性炭。**

5.7 保证期：在规定的贮存、运输条件下，霜霉威盐酸盐水剂的保证期从生产日期算起为两年。

# 附 录 A
## （资料性附录）
## 液相色谱法测定霜霉威盐酸盐质量分数的方法（CIPAC 方法）

### A.1 方法提要

试样用甲醇＋水溶解，以甲醇＋水＋氨水为流动相，使用以 Si 100 为填充物的不锈钢柱和紫外检测器，对试样中的霜霉威盐酸盐进行高效液相色谱分离和测定。

### A.2 试剂和溶液

甲醇：色谱纯；

水：新蒸二次蒸馏水；

氨水溶液：25％（质量分数）；

混合溶液：$\varphi$（甲醇：水）＝80：20；

霜霉威盐酸盐（霜霉威）标样：已知质量分数 $w \geqslant 99.0\%$。

### A.3 仪器

液相色谱仪：具有紫外可变波长检测器和定量进样阀；

色谱数据处理机或色谱工作站；

色谱柱：Lichrosorb Si 100，250 mm×4 mm(i.d.)，5 μm 不锈钢柱（或其他同等效果色谱柱）；

过滤器：滤膜孔径约 0.45 μm；

微量进样器：50 μL。

### A.4 液相色谱操作条件

流动相：$\varphi$（甲醇：水：氨水）＝800：192：8；

流动相流量：1.0 mL/min；

柱温：室温（温差变化应不大于 2 ℃）；

检测波长：210 nm；

进样体积：10 μL；

保留时间：霜霉威约 7.4 min。

上述液相色谱操作条件，系典型操作参数。可根据不同仪器特点，对给定的操作参数作适当调整，以期获得最佳效果。典型的霜霉威盐酸盐水剂的液相色谱图见图 A.1。

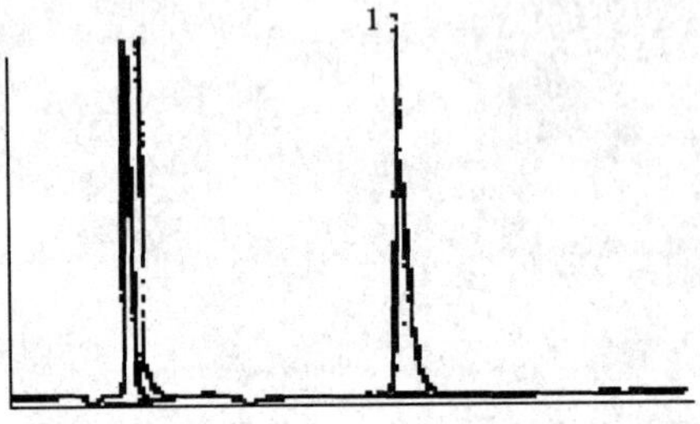


a）标样

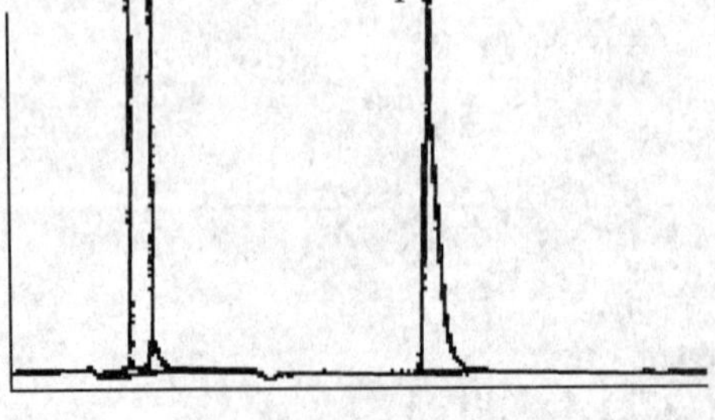


b）样品

1——霜霉威。

图 A.1 霜霉威盐酸盐水剂的液相色谱图

## A.5 测定步骤

### A.5.1 标样溶液的配制

准确称取约0.175 g(精确至0.000 2 g)的霜霉威盐酸盐标样于100 mL的容量瓶中,用混合溶液溶解,并定容至刻度,摇匀备用。

### A.5.2 试样溶液的配制

准确称取约含霜霉威盐酸盐0.2 g(精确至0.000 2 g)的试样,置于100 mL容量瓶中,用混合溶液溶解,并定容至刻度,摇匀备用。经0.45 μm滤膜过滤,待用。

### A.5.3 测定

在上述色谱操作条件下,待仪器稳定后,连续注入数针标样溶液,直至相邻两针霜霉威峰面积相对变化小于1.5%后,按照标样溶液、试样溶液、试样溶液、标样溶液的顺序进行测定。

## A.6 计算

将测得的两针试样溶液以及试样溶液前后两针标样溶液中霜霉威峰面积分别进行平均。试样中霜霉威盐酸盐的质量分数 $w_1$(%)按式(A.1)(标样为霜霉威盐酸盐时)或式(A.2)(标样为霜霉威时)进行计算,霜霉威盐酸盐的质量浓度 $\rho$(g/L)按式(A.3)进行计算:

$$w_1 = \frac{A_2 \times m_1 \times w}{A_1 \times m_3} \qquad \text{( A.1 )}$$

$$w_1 = \frac{A_2 \times m_2 \times w \times 224.7}{A_1 \times m_3 \times 188.3} \qquad \text{( A.2 )}$$

$$\rho = w_1 \times d \times 10 \qquad \text{( A.3 )}$$

式中:

$A_1$——标样溶液中,霜霉威峰面积的平均值;

$A_2$——试样溶液中,霜霉威峰面积的平均值;

$m_1$——霜霉威盐酸盐标样的质量,单位为克(g);

$m_2$——霜霉威标样的质量,单位为克(g);

$m_3$——试样的质量,单位为克(g);

224.7——霜霉威盐酸盐的分子量;

188.3——霜霉威的分子量;

$w$——标样中霜霉威(霜霉威盐酸盐)的质量分数,以%表示;

$d$——20 ℃时试样的密度,单位为克每毫升(g/mL)(按GB/T 4472进行测定)。

## A.7 允许差

两次平行测定结果之相对偏差,应不大于±2%,取其算术平均值作为测定结果。

ICS 65.100.30
G 25

# 中华人民共和国国家标准

GB 22623—2008

# 咪鲜胺原药

## Prochloraz technical



2008-12-17 发布　　　　2009-06-01 实施

中华人民共和国国家质量监督检验检疫总局
中国国家标准化管理委员会　发布

# 前言

**本标准的第3章、第5章是强制性的，其余是推荐性的。**

本标准附录A为资料性附录。

本标准由中国石油和化学工业协会提出。

本标准由全国农药标准化技术委员会(SAC/TC 133)归口。

本标准负责起草单位：沈阳化工研究院。

本标准参加起草单位：乐斯化学有限公司、南京红太阳股份有限公司、南通江山农药化工股份有限公司。

本标准主要起草人：侯春青、武铁军、陈呈新、刘奎涛、王志敏、段文胜。

# 咪 鲜 胺 原 药

该产品有效成分咪鲜胺的其他名称、结构式和基本物化参数如下：

ISO 通用名称：prochloraz

化学名称：*N*-丙基-*N*-[2-(2,4,6-三氯苯氧基)乙基]咪唑-1-甲酰胺

结构式：

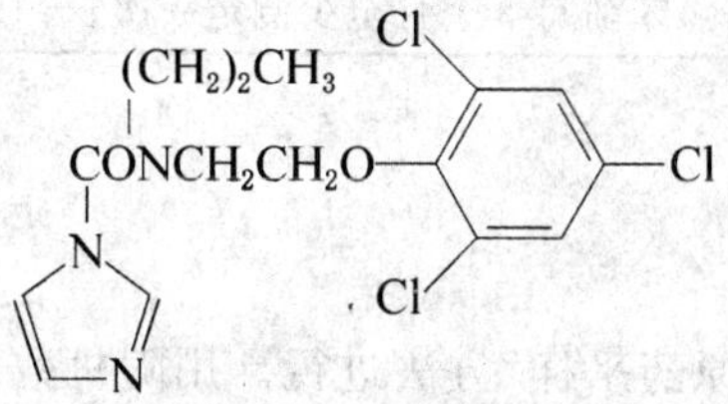

实验式：$C_{15}H_{16}Cl_3N_3O_2$

相对分子质量：376.7(按 2007 年国际相对原子质量计)

生物活性：杀菌

熔点：46.5 ℃～49.3 ℃(纯度大于 99%)

溶解性(25 ℃)：水 34.4 mg/L，易溶于大多数有机溶剂，如氯仿、乙酸乙酯、甲苯，二甲苯 2.5 kg/L，丙酮 3.5 kg/L，正己烷 $7.5\times10^{-3}$ kg/L

稳定性：在水中(pH＝7，20 ℃)稳定，光照、持续高温加热(200 ℃)或遇强酸、强碱时分解

## 1 范围

本标准规定了咪鲜胺原药的要求、试验方法以及标志、标签、包装、贮运。

本标准适用于由咪鲜胺及其生产中产生的杂质组成的咪鲜胺原药。

## 2 规范性引用文件

下列文件中的条款通过本标准的引用而成为本标准的条款。凡是注日期的引用文件，其随后所有的修改单(不包括勘误的内容)或修订版均不适用于本标准，然而，鼓励根据本标准达成协议的各方研究是否可使用这些文件的最新版本。凡是不注日期的引用文件，其最新版本适用于本标准。

GB/T 1600　农药水分测定方法

GB/T 1601　农药 pH 值的测定方法

GB/T 1604　商品农药验收规则

GB/T 1605—2001　商品农药采样方法

GB 3796　农药包装通则

GB/T 19138　农药丙酮不溶物测定方法

## 3 要求

### 3.1 外观

淡黄色至棕色黏稠液体，冷却后固化。

### 3.2 技术指标

咪鲜胺原药还应符合表 1 要求。

表 1 咪鲜胺原药控制项目指标

| 项 目 | | 指 标 |
|---|---|---|
| 咪鲜胺质量分数/% | ≥ | 95.0 |
| 2,4,6-三氯苯酚质量分数[a]/% | ≤ | 0.5 |
| 丙酮不溶物[a]质量分数/% | ≤ | 0.2 |
| 水分质量分数/% | ≤ | 0.5 |
| pH 值范围 | | 5.5～8.5 |
| [a] 正常生产时丙酮不溶物、2,4,6-三氯苯酚每 3 个月至少测定一次。 | | |

## 4 试验方法

### 4.1 抽样

按 GB/T 1605—2001 中"商品原药采样"方法进行。用随机数表法确定抽样的包装件；最终抽样量应不少于 100 g。

### 4.2 鉴别试验

液相色谱法——本鉴别试验可与咪鲜胺质量分数的测定同时进行。在相同的色谱操作条件下，试样溶液中某个色谱峰的保留时间与标样溶液中咪鲜胺的色谱峰的保留时间，其相对差值应在 1.5% 以内。

红外光谱法——试样与咪鲜胺标样在 4 000 $cm^{-1}$～400 $cm^{-1}$ 范围的红外吸收光谱图应没有明显区别。咪鲜胺标样红外光谱图见图 1。

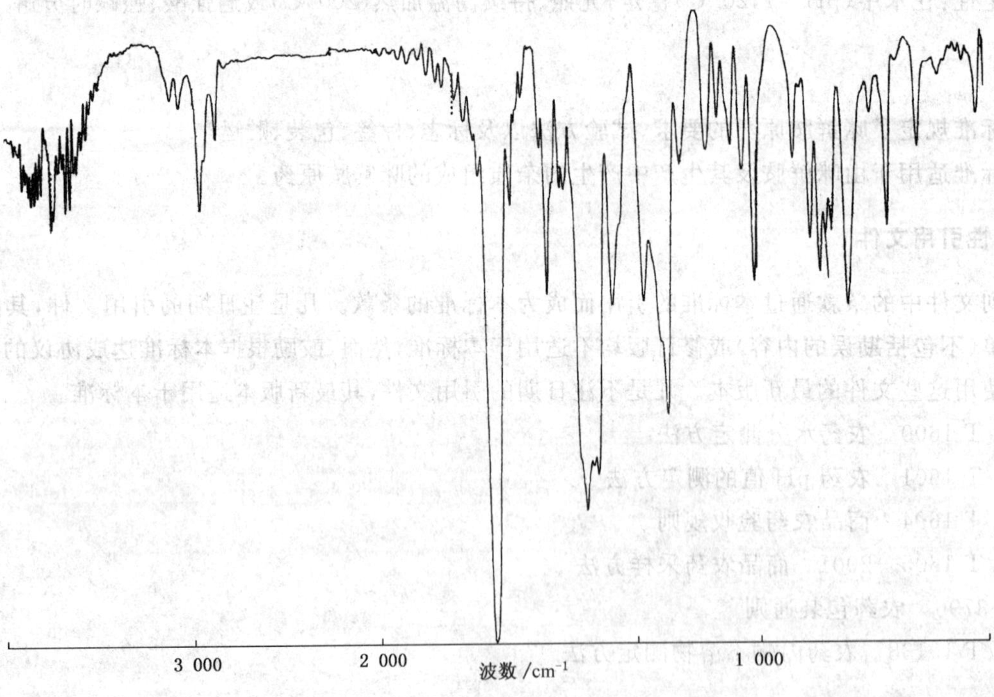


图 1 咪鲜胺标样的红外光谱图

### 4.3 咪鲜胺质量分数的测定

#### 4.3.1 方法提要

试样用甲醇溶解，以甲醇＋乙腈＋水为流动相，使用以 Agilent TC-C18 为填料的不锈钢柱和紫外检测器(225 nm)，对试样中的咪鲜胺进行反相高效液相色谱分离，外标法定量。也可使用毛细管气相色谱法，色谱操作条件参见附录A。

4.3.2 试剂和溶液

甲醇：色谱级；

乙腈：色谱级；

水：新蒸二次蒸馏水；

咪鲜胺标样：已知质量分数 $w \geqslant 98.0\%$。

4.3.3 仪器

高效液相色谱仪：具有可变波长紫外检测器；

色谱数据处理机或色谱工作站；

色谱柱：250 mm×4.6 mm(i.d.)不锈钢柱，内装 Agilent TC-C18、5 μm 填充物（或具等同效果的色谱柱）；

过滤器：滤膜孔径约 0.45 μm；

微量进样器：50 μL；

定量进样管：5 μL；

超声波清洗器。

4.3.4 高效液相色谱操作条件

流动相：ψ(甲醇：乙腈：水)＝30：40：30，经滤膜过滤，并进行脱气；

流速：1.0 mL/min；

柱温：室温（温差变化应不大于 2 ℃）；

检测波长：225 nm；

进样体积：5 μL；

保留时间：约 12.0 min。

上述操作参数是典型的，可根据不同仪器特点，对给定的操作参数作适当调整，以期获得最佳效果。典型的咪鲜胺原药高效液相色谱图见图2。

1——咪鲜胺。

**图2 咪鲜胺原药的高效液相色谱图**

4.3.5 测定步骤

4.3.5.1 标样溶液的制备

称取 0.1 g（精确至 0.000 2 g）咪鲜胺标样于 50 mL 容量瓶中，用甲醇溶解并稀释至刻度，摇匀。用移液管移取上述溶液 10 mL 于 50 mL 容量瓶中，用甲醇稀释至刻度，摇匀。

4.3.5.2 试样溶液的制备

称取含咪鲜胺 0.1 g（精确至 0.000 2 g）的试样于 50 mL 容量瓶中，用甲醇溶解并稀释至刻度，摇匀。用移液管移取上述溶液 10 mL 于 50 mL 容量瓶中,用甲醇稀释至刻度,摇匀。

4.3.5.3 测定

在上述操作条件下,待仪器稳定后,连续注入数针标样溶液,直至相邻两针咪鲜胺峰面积相对变化小于 1.5%后,按照标样溶液、试样溶液、试样溶液、标样溶液的顺序进行测定。

4.3.6 计算

将测得的两针试样溶液以及试样前后两针标样溶液中咪鲜胺峰面积分别进行平均。试样中咪鲜胺的质量分数 $w_1$(%),按式(1)计算:

$$w_1 = \frac{A_2 \cdot m_1 \cdot w}{A_1 \cdot m_2} \qquad \cdots\cdots (1)$$

式中:

$A_1$——标样溶液中,咪鲜胺峰面积的平均值;

$A_2$——试样溶液中,咪鲜胺峰面积的平均值;

$m_1$——咪鲜胺标样的质量,单位为克(g);

$m_2$——试样的质量,单位为克(g);

$w$——咪鲜胺标样的质量分数,以%表示。

4.3.7 允许差

咪鲜胺质量分数两次平行测定结果之差应不大于 1.5%,取其算术平均值作为测定结果。

4.4 2,4,6-三氯苯酚质量分数的测定

4.4.1 方法提要

试样用甲醇溶解,以乙腈+水为流动相,使用以 Agilent TC-C18 为填料的不锈钢柱和紫外检测器(215 nm),对试样中的 2,4,6-三氯苯酚进行反相高效液相色谱分离,外标法定量。

4.4.2 试剂和溶液

乙腈:色谱级;

水:新蒸二次蒸馏水;

2,4,6-三氯苯酚标样:已知质量分数 $w \geqslant 99.0\%$。

4.4.3 仪器

高效液相色谱仪:具有可变波长紫外检测器;

色谱数据处理机或色谱工作站;

色谱柱:250 mm×4.6 mm(i. d.)不锈钢柱,内装 Agilent TC-C18 、5 μm 填充物(或具等同效果的色谱柱);

过滤器:滤膜孔径约 0.45 μm;

微量进样器:50 μL;

定量进样管:5 μL;

超声波清洗器。

4.4.4 高效液相色谱操作条件

流动相:ψ(乙腈:水)=55:45,经滤膜过滤,并进行脱气;

流速:1.0 mL/ min;

柱温:室温(温差变化应不大于 2 ℃);

检测波长:215 nm;

进样体积:5 μL;

保留时间:约 4.0 min。

上述操作参数是典型的,可根据不同仪器特点,对给定的操作参数作适当调整,以期获得最佳效果。典型的咪鲜胺原药中 2,4,6-三氯苯酚测定的高效液相色谱图见图 3。

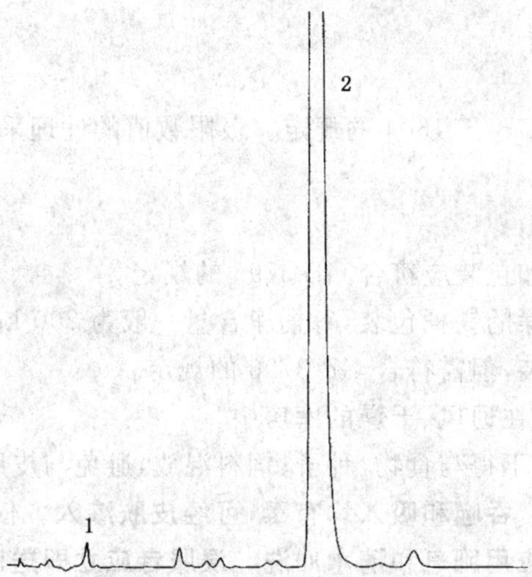


1——2,4,6-三氯苯酚；

2——咪鲜胺。

图 3 咪鲜胺原药中 2,4,6-三氯苯酚测定的高效液相色谱图

4.4.5 测定步骤

4.4.5.1 标样溶液的制备

称取 0.01 g(精确至 0.000 2 g)2,4,6-三氯苯酚标样于 50 mL 容量瓶中,用甲醇溶解并稀释至刻度,摇匀。

4.4.5.2 试样溶液的制备

称取含 2,4,6-三氯苯酚 0.01 g(精确至 0.000 2 g)的试样于 50 mL 容量瓶中,用甲醇溶解并稀释至刻度,摇匀。

4.4.5.3 测定

在上述操作条件下,待仪器稳定后,连续注入数针标样溶液,直至相邻两针 2,4,6-三氯苯酚峰面积相对变化小于 1.5%后,按照标样溶液、试样溶液、试样溶液、标样溶液的顺序进行测定。

4.4.6 计算

将测得的两针试样溶液以及试样前后两针标样溶液中 2,4,6-三氯苯酚峰面积分别进行平均。试样中 2,4,6-三氯苯酚的质量分数 $w_2$(%),按式(2)计算：

$$w_2 = \frac{A_2 \cdot m_1 \cdot w}{A_1 \cdot m_2} \quad \cdots\cdots(2)$$

式中：

$A_1$——标样溶液中，2,4,6-三氯苯酚峰面积的平均值；

$A_2$——试样溶液中，2,4,6-三氯苯酚峰面积的平均值；

$m_1$——2,4,6-三氯苯酚标样的质量,单位为克(g)；

$m_2$——试样的质量,单位为克(g)；

$w$——2,4,6-三氯苯酚标样的质量分数,以%表示。

4.4.7 允许差

两次测定结果之相对偏差应不大于 20%,取其算术平均值作为测定结果。

4.5 丙酮不溶物的测定

按 GB/T 19138 进行。

4.6 水分的测定

按 GB/T 1600 中的“卡尔·费休法”进行。

4.7 **pH 值的测定**

按 GB/T 1601 进行。

4.8 **产品的检验与验收**

产品的检验与验收应符合 GB/T 1604 的规定。极限数值的处理采用修约值比较法。

## 5 标志、标签、包装、贮运

5.1 咪鲜胺原药的标志、标签和包装应符合 GB 3796 的规定。

5.2 咪鲜胺原药应用清洁、干燥的铁桶包装，每桶净含量一般为 200 kg 或 250 kg。也可根据用户要求或订货协议采用其他形式的包装，但需符合 GB 3796 的规定。

5.3 咪鲜胺原药包装件应贮存在通风、干燥的库房中。

5.4 贮运时，严防潮湿和日晒，不得与食物、种子、饲料混放，避免与皮肤、眼睛接触，防止由口鼻吸入。

**5.5 安全：本品属低毒杀菌剂。吞噬和吸入均有毒，可经皮肤渗入。使用本品时要戴防护镜和胶皮手套穿必要的防护衣物。施药后应用肥皂和清水冲洗。误服者应立即送医院对症治疗。**

5.6 验收期：咪鲜胺原药的验收期为 1 个月。从交货之日起，在 1 个月内完成产品的质量验收，其各项指标均应符合标准要求。

# 附　录　A
（资料性附录）
## 毛细管气相色谱法测定咪鲜胺质量分数的方法

### A.1　方法提要

试样用三氯甲烷溶解，以邻苯二甲酸二异辛酯为内标物，使用 HP-5（5%苯甲基硅酮）键合的石英毛细管柱和氢火焰离子化检测器，对试样中的咪鲜胺进行毛细管气相色谱分离和测定。

### A.2　试剂和溶液

三氯甲烷；

咪鲜胺标样：已知质量分数 $w \geq 98.0\%$；

邻苯二甲酸二异辛酯：应不含有干扰分析的杂质；

内标溶液：称取 2.5 g 的邻苯二甲酸二异辛酯于 500 mL 的容量瓶中，用丙酮溶解、定容、摇匀。

### A.3　仪器

气相色谱仪：具氢火焰离子化检测器；

色谱柱：30 m×0.32 mm（i.d.）石英毛细管柱，内壁键合 HP-5（5%苯甲基硅酮），膜厚 0.25 μm；

色谱数据处理机或色谱工作站。

### A.4　气相色谱操作条件

温度（℃）：柱室 235、气化室 260、检测室 280；

气体流量（mL/min）：载气（$N_2$）2.0、补偿气（$N_2$）25、氢气 40、空气 400；

分流比：40∶1；

进样体积：1.0 μL；

保留时间：咪鲜胺：约 11.8 min、内标物：约 7.3 min。

上述气相色谱操作条件，系典型操作参数。可根据不同仪器特点，对给定的操作参数作适当调整，以期获得最佳效果。典型的咪鲜胺原药与内标物的气相色谱图见 A.1。

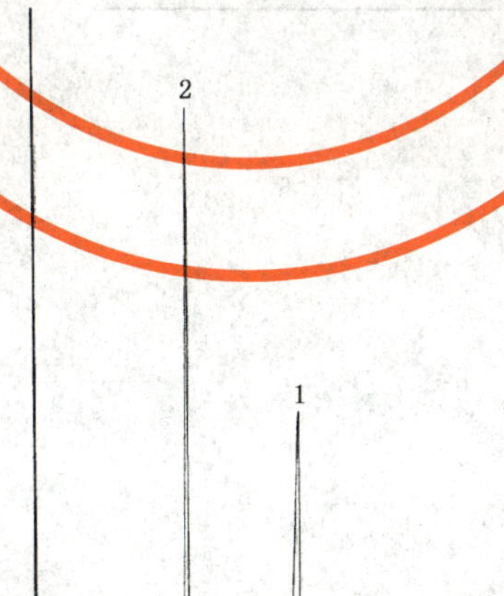


1——咪鲜胺；

2——内标物。

图 A.1　咪鲜胺原药与内标物的气相色谱图

## A.5 测定步骤

### A.5.1 标样溶液的配制

称取咪鲜胺标样 0.1 g(精确至 0.000 2 g),置于一具塞玻璃瓶中,用移液管加入 10 mL 内标溶液,摇匀。

### A.5.2 试样溶液的配制

称取含咪鲜胺 0.1 g(精确至 0.000 2 g)的试样,置于一具塞的玻璃瓶中,用与 A.5.1 中使用的同一支移液管加入 10 mL 内标溶液,摇匀。

### A.5.3 测定

在上述色谱操作条件下,待仪器稳定后,连续注入数针标样溶液,直至相邻两针咪鲜胺与内标物的峰面积比的相对变化小于 1.5%后,按照标样溶液、试样溶液、试样溶液、标样溶液的顺序进行分析测定。

## A.6 计算

将测得的两针试样溶液以及试样前后两针标样溶液中咪鲜胺与内标物的峰面积比分别进行平均。试样中咪鲜胺质量分数 $w_1$(%)按式(A.1)计算:

$$w_1 = \frac{\gamma_2 \times m_1 \times w}{\gamma_1 \times m_2} \quad \cdots\cdots\cdots\cdots(A.1)$$

式中:

$\gamma_1$——标样溶液中咪鲜胺与内标物峰面积比的平均值;

$\gamma_2$——试样溶液中咪鲜胺与内标物峰面积比的平均值;

$m_1$——标样的质量,单位为克(g);

$m_2$——试样的质量,单位为克(g);

$w$——标样中咪鲜胺的质量分数,以%表示。

## A.7 允许差

两次平行测定结果之差应不大于 1.5%,取其算术平均值作为测定结果。

ICS 65.100.30
G 25

# 中华人民共和国国家标准

GB 22624—2008

# 咪鲜胺乳油

## Prochloraz emulsifiable concentrates

2008-12-17 发布

2009-06-01 实施

中华人民共和国国家质量监督检验检疫总局
中国国家标准化管理委员会 发布

# 前言

**本标准的第3章、第5章是强制性的，其余是推荐性的。**

本标准附录A为资料性附录。

本标准由中国石油和化学工业协会提出。

本标准由全国农药标准化技术委员会(SAC/TC 133)归口。

本标准负责起草单位：沈阳化工研究院。

本标准参加起草单位：南京红太阳集团、南通江山农药化工股份有限公司、乐斯化学有限公司、青岛奥迪斯生物科技有限公司。

本标准主要起草人：侯春青、武铁军、刘奎涛、王志敏、陈呈新、刘桂娟、段文胜。

# 咪鲜胺乳油

该产品有效成分咪鲜胺的其他名称、结构式和基本物化参数如下：

ISO通用名称：Prochloraz

化学名称：*N*-丙基-*N*-[2-(2,4,6-三氯苯氧基)乙基]咪唑-1-甲酰胺

结构式：

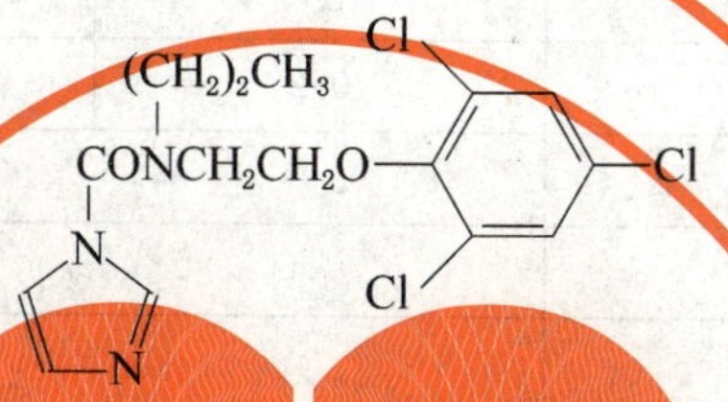

实验式：$C_{15}H_{16}Cl_3N_3O_2$

相对分子质量：376.7(按2007年国际相对原子质量计)

生物活性：杀菌

熔点：46.5 ℃～49.3 ℃(纯度大于99%)

溶解性(25 ℃)：水34.4 mg/L，易溶于大多数有机溶剂，如氯仿、乙酸乙酯、甲苯，二甲苯2.5 kg/L，丙酮3.5 kg/L，正已烷$7.5\times10^{-3}$ kg/L

稳定性：在水中(pH＝7,20 ℃)稳定，光照、持续高温加热(200 ℃)或遇强酸、强碱时分解

## 1 范围

本标准规定了咪鲜胺乳油的要求、试验方法以及标志、标签、包装、贮运。

本标准适用于由咪鲜胺原药与乳化剂溶解在适宜溶剂中配制成的咪鲜胺乳油。

## 2 规范性引用文件

下列文件中的条款通过本标准的引用而成为本标准的条款。凡是注日期的引用文件，其随后所有的修改单(不包括勘误的内容)或修订版均不适用于本标准，然而，鼓励根据本标准达成协议的各方研究是否可使用这些文件的最新版本。凡是不注日期的引用文件，其最新版本适用于本标准。

GB/T 1600 农药水分测定方法

GB/T 1601 农药pH值的测定方法

GB/T 1603 农药乳液稳定性测定方法

GB/T 1604 商品农药验收规则

GB/T 1605—2001 商品农药采样方法

GB/T 4472 化工产品密度、相对密度测定通则

GB 4838 农药乳油包装

GB/T 19136 农药热贮稳定性测定方法

GB/T 19137 农药低温稳定性测定方法

## 3 要求

### 3.1 组成和外观

本品应由符合标准的咪鲜胺原药制成，为稳定的均相液体，无可见悬浮物和沉淀。

### 3.2 技术指标

咪鲜胺乳油还应符合表1要求。

表1 咪鲜胺乳油控制项目指标

| 项目 | | 指标 | |
|---|---|---|---|
| | 25% | 45% | 450 g/L |
| 咪鲜胺质量分数[a]/% | $25.0^{+1.5}_{-1.5}$ | $45.0^{+2.2}_{-2.2}$ | $42.0^{+2.1}_{-2.1}$ |
| 或质量浓度/(g/L) | — | — | $450^{+22}_{-22}$ |
| 2,4,6-三氯苯酚质量分数[b]/% ≤ | 0.2 | 0.3 | |
| 水分质量分数/% ≤ | 0.5 | | |
| pH值范围 | 5.5~8.5 | | |
| 乳液稳定性(稀释200倍) | 合格 | | |
| 低温稳定性[b] | 合格 | | |
| 热贮稳定性[b] | 合格 | | |

a 当质量发生争议时，以质量分数为仲裁。

b 正常生产时2,4,6-三氯苯酚、热贮稳定性试验、低温稳定性试验每3个月至少测定一次。

## 4 试验方法

### 4.1 抽样

按GB/T 1605—2001中“液体制剂采样”方法进行。用随机数表法确定抽样的包装件，最终抽样量应不少于200 mL。

### 4.2 鉴别试验

高效液相色谱法——本鉴别试验可与咪鲜胺质量分数的测定同时进行。在相同的色谱操作条件下，试样溶液中某色谱峰的保留时间与标样溶液中咪鲜胺色谱峰的保留时间，其相对差值应在1.5%以内。

### 4.3 咪鲜胺质量分数的测定

#### 4.3.1 方法提要

试样用甲醇溶解，以甲醇＋乙腈＋水为流动相，使用以Agilent TC-C18为填料的不锈钢柱和紫外检测器(225 nm)，对试样中的咪鲜胺进行反相高效液相色谱分离，外标法定量。也可使用毛细管气相色谱法，色谱操作条件见附录A。

#### 4.3.2 试剂和溶液

甲醇：色谱级；

乙腈：色谱级；

水：新蒸二次蒸馏水；

咪鲜胺标样：已知质量分数，$w$≥98.0%。

#### 4.3.3 仪器

高效液相色谱仪：具有可变波长紫外检测器；

色谱数据处理机或色谱工作站；

色谱柱：250 mm×4.6 mm(i.d.)不锈钢柱，内装Agilent TC-C18、5 μm填充物(或具等同效果的色谱柱)；

过滤器：滤膜孔径约 0.45 μm；

微量进样器：50 μL；

定量进样管：5 μL；

超声波清洗器。

4.3.4 **高效液相色谱操作条件**

流动相：ψ(甲醇：乙腈：水)＝30：40：30，经滤膜过滤，并进行脱气；

流速：1.0 mL/min；

柱温：室温(温差变化应不大于 2 ℃)；

检测波长：225 nm；

进样体积：5 μL；

保留时间：约 12.0 min。

上述操作参数是典型的，可根据不同仪器特点，对给定的操作参数作适当调整，以期获得最佳效果。典型的咪鲜胺乳油高效液相色谱图见图 1。

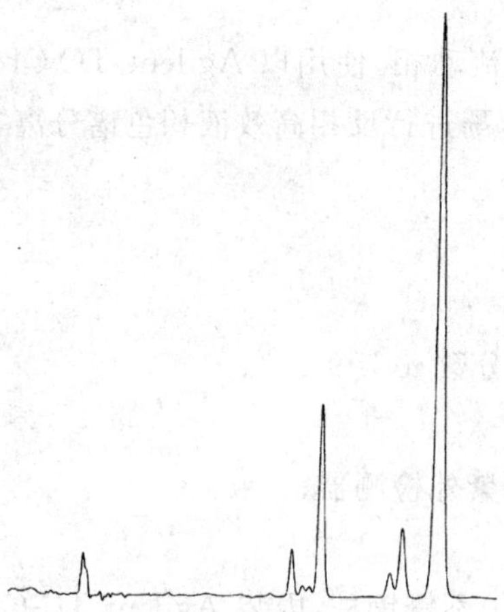


1——咪鲜胺。

**图 1 咪鲜胺乳油的高效液相色谱图**

4.3.5 **测定步骤**

4.3.5.1 **标样溶液的制备**

称取 0.1 g(精确至 0.000 2 g)咪鲜胺标样于 50 mL 容量瓶中，用甲醇溶解并稀释至刻度，摇匀。用移液管移取上述溶液 10 mL 于 50 mL 容量瓶中，用甲醇稀释至刻度，摇匀。

4.3.5.2 **试样溶液的制备**

称取含咪鲜胺 0.1 g(精确至 0.000 2 g)的试样于 50 mL 容量瓶中，用甲醇溶解并稀释至刻度，摇匀。用移液管移取上述溶液 10 mL 于 50 mL 容量瓶中，用甲醇稀释至刻度，摇匀。

4.3.5.3 **测定**

在上述操作条件下，待仪器稳定后，连续注入数针标样溶液，直至相邻两针咪鲜胺峰面积相对变化小于 1.5%后，按照标样溶液、试样溶液、试样溶液、标样溶液的顺序进行测定。

4.3.6 **计算**

将测得的两针试样溶液以及试样前后两针标样溶液中咪鲜胺峰面积分别进行平均。试样中咪鲜胺

的质量分数 $w_1$(%),按式(1)计算;质量浓度 $\rho_1$(g/L),按式(2)计算:

$$w_1 = \frac{A_2 \cdot m_1 \cdot w}{A_1 \cdot m_2} \qquad \cdots\cdots(1)$$

$$\rho_1 = \frac{A_2 \cdot m_1 \cdot w \cdot \rho}{A_1 \cdot m_2} \qquad \cdots\cdots(2)$$

式中:

$A_1$——标样溶液中咪鲜胺峰面积的平均值;

$A_2$——试样溶液中咪鲜胺峰面积的平均值;

$m_1$——标样的质量,单位为克(g);

$m_2$——试样的质量,单位为克(g);

$\rho$——20 ℃时试样的密度,单位为克每毫升(g/mL)(按 GB/T 4472 进行测定);

$w$——咪鲜胺标样的质量分数,以%表示。

### 4.3.7 允许差

咪鲜胺质量分数两次平行测定结果相对误差应不大于 2.5%,取其算术平均值作为测定结果。

## 4.4 2,4,6-三氯苯酚质量分数的测定

### 4.4.1 方法提要

试样用甲醇溶解,以乙腈+水为流动相,使用以 Agilent TC-C18 为填料的不锈钢柱和紫外检测器(215 nm),对试样中的 2,4,6-三氯苯酚进行反相高效液相色谱分离,外标法定量。

### 4.4.2 试剂和溶液

乙腈:色谱级;

水:新蒸二次蒸馏水;

2,4,6-三氯苯酚标样:已知质量分数 $w \geqslant 99.0\%$。

### 4.4.3 仪器

高效液相色谱仪:具有可变波长紫外检测器;

色谱数据处理机或色谱工作站;

色谱柱:250 mm×4.6 mm(i.d.)不锈钢柱,内装 Agilent TC-C18 、5 μm 填充物(或具等同效果的色谱柱);

过滤器:滤膜孔径约 0.45 μm;

微量进样器:50 μL;

定量进样管:5 μL;

超声波清洗器。

### 4.4.4 高效液相色谱操作条件

流动相:$\psi$(乙腈:水)=55:45,经滤膜过滤,并进行脱气;

流速:1.0 mL/min;

柱温:室温(温差变化应不大于 2 ℃);

检测波长:215 nm;

进样体积:5 μL;

保留时间:约 4.0 min。

上述操作参数是典型的,可根据不同仪器特点,对给定的操作参数作适当调整,以期获得最佳效果。典型的咪鲜胺乳油中 2,4,6-三氯苯酚测定的高效液相色谱图见图 2。

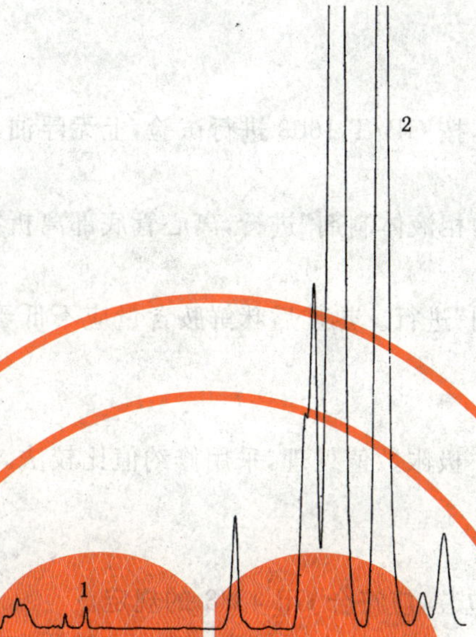


1——2,4,6-三氯苯酚；
2——咪鲜胺。

**图2 咪鲜胺乳油中2,4,6-三氯苯酚的高效液相色谱图**

**4.4.5 测定步骤**

**4.4.5.1 标样溶液的制备**

称取0.01 g(精确至0.000 2 g)2,4,6-三氯苯酚标样于50 mL容量瓶中，用甲醇溶解并稀释至刻度，摇匀。

**4.4.5.2 试样溶液的制备**

称取含2,4,6-三氯苯酚0.01 g(精确至0.000 2 g)的试样于50 mL容量瓶中，用甲醇溶解并稀释至刻度，摇匀。

**4.4.5.3 测定**

在上述操作条件下，待仪器稳定后，连续注入数针标样溶液，直至相邻两针2,4,6-三氯苯酚峰面积相对变化小于1.5%后，按照标样溶液、试样溶液、试样溶液、标样溶液的顺序进行测定。

**4.4.6 计算**

将测得的两针试样溶液以及试样前后两针标样溶液中2,4,6-三氯苯酚峰面积分别进行平均。试样中2,4,6-三氯苯酚的质量分数$w_2$(%)，按式(3)计算：

$$w_2 = \frac{A_2 \cdot m_1 \cdot w}{A_1 \cdot m_2} \quad \cdots\cdots (3)$$

式中：

$A_1$——标样溶液中2,4,6-三氯苯酚峰面积的平均值；

$A_2$——试样溶液中2,4,6-三氯苯酚峰面积的平均值；

$m_1$——2,4,6-三氯苯酚标样的质量，单位为克(g)；

$m_2$——试样的质量，单位为克(g)；

$w$——2,4,6-三氯苯酚标样的质量分数，以%表示。

**4.4.7 允许差**

两次测定结果之相对偏差应不大于20%，取其算术平均值作为测定结果。

**4.5 水分的测定**

按GB/T 1600中的“卡尔·费休法”进行。

4.6　**pH 值的测定**

按 GB/T 1601 进行。

4.7　**乳液稳定性试验**

试样用标准硬水稀释 200 倍，按 GB/T 1603 进行试验，上无浮油、下无沉淀为合格。

4.8　**低温稳定性试验**

按 GB/T 19137 中“乳剂和均相液体制剂”进行，离心管底部离析物的体积不超过 0.3 mL 为合格。

4.9　**热贮稳定性试验**

按 GB/T 19136 中“液体制剂”进行。热贮后咪鲜胺含量应不低于热贮前的 95%，其他各项指标应符合本标准要求为合格。

4.10　**产品的检验与验收**

应符合 GB/T 1604 的规定。极限数值处理，采用修约值比较法。

## 5　标志、标签、包装、贮运

5.1　咪鲜胺乳油的标志、标签、包装，应符合 GB 4838 的规定。

咪鲜胺乳油应用带有内塞及外盖的棕色玻璃瓶、铝瓶或氟化瓶包装，每瓶净含量为 150 g(mL)、300 g(mL)、500 g(mL)；外包装用钙塑箱或瓦楞纸箱，每箱净含量应不超过 15 kg。也可根据用户要求或订货协议，可采用其他形式的包装，但需符合 GB 4838 的规定。

5.2　咪鲜胺乳油包装件应贮存在通风、干燥的库房中。

5.3　贮运时，严防潮湿和日晒，不得与食物、种子、饲料混放，避免与皮肤、眼睛接触，防止由口鼻吸入。

5.4　**安全：本品属低毒杀菌剂。吞噬和吸入均有毒，可经皮肤渗入。使用本品时要戴防护镜和胶皮手套穿必要的防护衣物。施药后应用肥皂和清水冲洗。误服者应立即送医院对症治疗。**

5.5　保证期：在规定的贮运条件下，咪鲜胺乳油的保证期，从生产日期算起为 2 年。

# 附　录　A
（资料性附录）
# 毛细管气相色谱法测定咪鲜胺质量分数的方法

## A.1　方法提要

试样用三氯甲烷溶解，以邻苯二甲酸二异辛酯为内标物，使用 HP-5(5%苯甲基硅酮)键合的石英毛细管柱和氢火焰离子化检测器，对试样中的咪鲜胺进行毛细管气相色谱分离和测定。

## A.2　试剂和溶液

三氯甲烷；

咪鲜胺标样：已知质量分数，$w \geqslant 98.0\%$；

邻苯二甲酸二异辛酯：不含有干扰分析的杂质；

内标溶液：称取 2.5 g 的邻苯二甲酸二异辛酯于 500 mL 的容量瓶中，用丙酮溶解、定容、摇匀。

## A.3　仪器

气相色谱仪：具氢火焰离子化检测器；

色谱柱：30 m×0.32 mm (i. d.) 石英毛细管柱，内壁键合 HP-5(5%苯甲基硅酮)，膜厚 0.25 μm；

色谱数据处理机或色谱工作站。

## A.4　气相色谱操作条件

温度(℃)：柱室 235、气化室 260、检测室 280；

气体流量(mL/min)：载气（$N_2$）2.0、补偿气（$N_2$）25、氢气 40、空气 400；

分流比：40∶1；

进样体积：1.0 μL；

保留时间：咪鲜胺：约 11.8 min，内标物：约 7.3min。

上述气相色谱操作条件，系典型操作参数。可根据不同仪器特点，对给定的操作参数作适当调整，以期获得最佳效果。典型的咪鲜胺乳油与内标物的气相色谱图见 A.1。

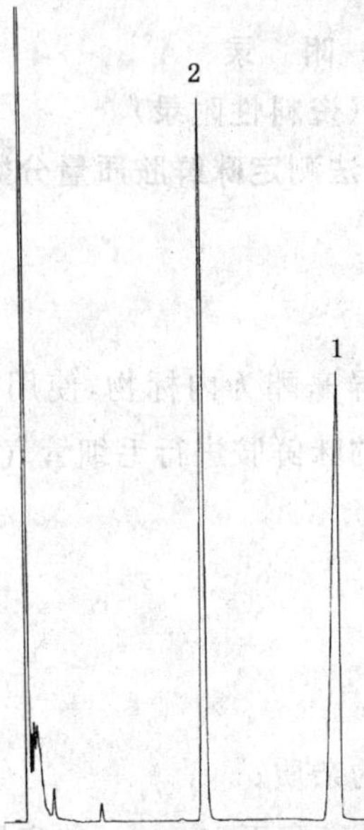


1——咪鲜胺；

2——内标物。

**图 A.1　咪鲜胺乳油与内标物的气相色谱图**

## A.5　测定步骤

### A.5.1　标样溶液的配制

称取咪鲜胺标样 0.1 g(精确至 0.000 2 g)，置于一具塞玻璃瓶中，用移液管加入 10 mL 内标溶液，摇匀。

### A.5.2　试样溶液的配制

称取含咪鲜胺 0.1 g(精确至 0.000 2 g)的试样，置于一具塞的玻璃瓶中，用与 A.5.1 中使用的同一支移液管加入 10 mL 内标溶液，摇匀。

### A.5.3　测定

在上述色谱操作条件下，待仪器稳定后，连续注入数针标样溶液，直至相邻两针咪鲜胺与内标物的峰面积比的相对变化小于 1.5%后，按照标样溶液、试样溶液、试样溶液、标样溶液的顺序进行分析测定。

## A.6　计算

将测得的两针试样溶液以及试样前后两针标样溶液中咪鲜胺与内标物的峰面积比分别进行平均。试样中咪鲜胺质量分数 $w_1'$(%)，按式(A.1)计算，质量浓度 $\rho_1'$(g/L)，按式(A.2)计算：

$$w_1' = \frac{\gamma_2 \cdot m_1 \cdot w}{\gamma_1 \cdot m_2} \qquad \text{( A.1 )}$$

$$\rho_1' = \frac{\gamma_2 \cdot m_1 \cdot w \cdot \rho}{\gamma_1 \cdot m_2} \qquad \text{( A.2 )}$$

式中：

$\gamma_1$——标样溶液中咪鲜胺与内标物峰面积比的平均值；

$\gamma_2$——试样溶液中咪鲜胺与内标物峰面积比的平均值；

$m_1$——标样的质量，单位为克(g)；

$m_2$——试样的质量,单位为克(g);

$\rho$——20 ℃时试样的密度,单位为克每毫升(g/mL)(按 GB/T 4472 进行测定);

$w$——标样中咪鲜胺的质量分数,以%表示 。

**A.7 允许差**

咪鲜胺质量分数两次平行测定结果相对误差应不大于 2.5%,取其算术平均值作为测定结果。

ICS 65.100.30
G 25

# 中华人民共和国国家标准

GB 22625—2008

# 咪鲜胺水乳剂

## Prochloraz emulsion, oil in water

2008-12-17 发布　　2009-06-01 实施

中华人民共和国国家质量监督检验检疫总局
中国国家标准化管理委员会　发布

# 前言

**本标准的第3章、第5章是强制性的，其余是推荐性的。**

本标准附录A为资料性附录。

本标准由中国石油和化学工业协会提出。

本标准由全国农药标准化技术委员会(SAC/TC 133)归口。

本标准负责起草单位：沈阳化工研究院。

本标准参加起草单位：南京红太阳集团、南通江山农药化工股份有限公司、东莞市瑞德丰生物科技有限公司、青岛凯源祥化工有限公司。

本标准主要起草人：侯春青、武铁军、刘奎涛、王志敏、李欧燕、温劭。

# 咪鲜胺水乳剂

该产品有效成分咪鲜胺的其他名称、结构式和基本物化参数如下：

ISO 通用名称：prochloraz

化学名称：*N*-丙基-*N*-[2-(2,4,6-三氯苯氧基)乙基]咪唑-1-甲酰胺

结构式：

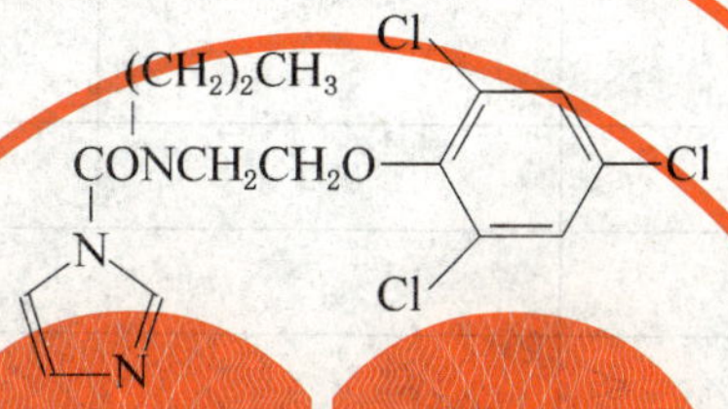

实验式：$C_{15}H_{16}Cl_3N_3O_2$

相对分子质量：376.7(按 2007 年国际相对原子质量计)

生物活性：杀菌

熔点：46.5 ℃～49.3 ℃(纯度大于 99%)

溶解性(25 ℃)：水 34.4 mg/L，易溶于大多数有机溶剂，如氯仿、乙酸乙酯、甲苯，二甲苯 2.5 kg/L，丙酮 3.5 kg/L，正己烷 $7.5\times10^{-3}$ kg/L

稳定性：在水中(pH=7,20 ℃)稳定，光照、持续高温加热(200 ℃)或遇强酸、强碱时分解

## 1 范围

本标准规定了咪鲜胺水乳剂的要求、试验方法以及标志、标签、包装、贮运。

本标准适用于由符合标准的咪鲜胺原药与适宜的助剂配制而成的咪鲜胺水乳剂。

## 2 规范性引用文件

下列文件中的条款通过本标准的引用而成为本标准的条款。凡是注日期的引用文件，其随后所有的修改单(不包括勘误的内容)或修订版均不适用于本标准，然而，鼓励根据本标准达成协议的各方研究是否可使用这些文件的最新版本。凡是不注日期的引用文件，其最新版本适用于本标准。

GB/T 1601　农药 pH 值的测定方法

GB/T 1603　农药乳液稳定性测定方法

GB/T 1604　商品农药验收规则

GB/T 1605—2001　商品农药采样方法

GB 3796　农药包装通则

GB/T 4472　化工产品密度、相对密度测定通则

GB/T 14825　农药悬浮率测定方法

GB/T 19136　农药热贮稳定性测定方法

GB/T 19137　农药低温稳定性测定方法

## 3 要求

### 3.1 组成和外观

本品应由符合标准的咪鲜胺原药与适宜的助剂配制而成，应为稳定的液体，久置后允许有少量分

层，轻微摇动或搅动应是均匀的。

### 3.2 技术指标

咪鲜胺水乳剂应符合表1要求。

**表1 咪鲜胺水乳剂质量控制项目指标**

| 项目 | | 指标 | | |
|---|---|---|---|---|
| | | 25% | 45% | 450 g/L |
| 咪鲜胺质量分数[a]/% | | $25.0^{+1.5}_{-1.5}$ | $45.0^{+2.2}_{-2.2}$ | $40.0^{+2.0}_{-2.0}$ |
| 或质量浓度/(g/L) | | — | — | $450^{+22}_{-22}$ |
| 2,4,6-三氯苯酚质量分数[b]/% ≤ | | 0.2 | 0.3 | |
| pH值范围 | | 5.5～8.5 | | |
| 倾倒性 | 倾倒后残余物质量分数/% ≤ | 5.0 | | |
| | 洗涤后残余物质量分数/% ≤ | 0.5 | | |
| 乳液稳定性(稀释200倍) | | 合格 | | |
| 持久泡沫量(放置1 min)/mL ≤ | | 25 | | |
| 热贮稳定性试验[b] | | 合格 | | |
| 低温稳定性试验[b] | | 合格 | | |

a 当质量发生争议时，以质量分数为仲裁。

b 正常生产时2,4,6-三氯苯酚质量分数、热贮稳定性试验、低温稳定性试验每3个月至少测定一次。

## 4 试验方法

### 4.1 抽样

按GB/T 1605—2001中“液体制剂采样”方法进行。用随机数表法确定抽样的包装件；最终抽样量应不少于1 000 mL。

### 4.2 鉴别试验

液相色谱法——本鉴别试验可与咪鲜胺质量分数的测定同时进行。在相同的色谱操作条件下，试样溶液中某个色谱峰的保留时间与标样溶液中咪鲜胺的色谱峰的保留时间，其相对差值应在1.5%以内。

### 4.3 咪鲜胺质量分数的测定

#### 4.3.1 方法提要

试样用甲醇溶解，以甲醇+乙腈+水为流动相，使用以Agilent TC-C18为填料的不锈钢柱和紫外检测器(225 nm)，对试样中的咪鲜胺进行反相高效液相色谱分离，外标法定量。也可使用毛细管气相色谱法，色谱操作条件见附录A。

#### 4.3.2 试剂和溶液

甲醇：色谱级；

乙腈：色谱级；

水：新蒸二次蒸馏水；

咪鲜胺标样：已知质量分数 $w \geqslant 98.0\%$。

4.3.3 仪器

高效液相色谱仪：具有可变波长紫外检测器；

色谱数据处理机或工作站；

色谱柱：250 mm×4.6 mm(i.d.)不锈钢柱，内装 Agilent TC-C18、5 μm 填充物(或具等同效果的色谱柱)；

过滤器：滤膜孔径约 0.45 μm；

微量进样器：50 μL；

定量进样管：5 μL；

超声波清洗器。

4.3.4 高效液相色谱操作条件

流动相：ψ(甲醇：乙腈：水)＝30：40：30，经滤膜过滤，并进行脱气；

流速：1.0 mL/min；

柱温：室温(温差变化应不大于 2 ℃)；

检测波长：225 nm；

进样体积：5 μL；

保留时间：约 12.0 min。

上述操作参数是典型的，可根据不同仪器特点，对给定的操作参数作适当调整，以期获得最佳效果。典型的咪鲜胺水乳剂高效液相色谱图见图 1。

1——咪鲜胺。

图 1 咪鲜胺水乳剂的高效液相色谱图

4.3.5 测定步骤

4.3.5.1 标样溶液的制备

称取 0.1 g(精确至 0.000 2 g)咪鲜胺标样于 50 mL 容量瓶中，用甲醇溶解并稀释至刻度，摇匀。用移液管移取上述溶液 10 mL 于 50 mL 容量瓶中，用甲醇稀释至刻度，摇匀。

4.3.5.2 试样溶液的制备

称取含咪鲜胺 0.1 g(精确至 0.000 2 g)的试样于 50 mL 容量瓶中，用甲醇溶解并稀释至刻度，摇匀。用移液管移取上述溶液 10 mL 于 50 mL 容量瓶中，用甲醇稀释至刻度，摇匀。

4.3.5.3 测定

在上述操作条件下，待仪器稳定后，连续注入数针标样溶液，直至相邻两针咪鲜胺峰面积相对变化小于 1.5%后，按照标样溶液、试样溶液、试样溶液、标样溶液的顺序进行测定。

4.3.6 计算

试样中咪鲜胺的质量分数 $w_1$(%),按式(1)计算;质量浓度 $\rho_1$(g/L),按式(2)计算:

$$w_1 = \frac{A_2 \cdot m_1 \cdot w}{A_1 \cdot m_2} \quad \cdots\cdots(1)$$

$$\rho_1 = \frac{A_2 \cdot m_1 \cdot w \cdot \rho}{A_1 \cdot m_2} \times 10 \quad \cdots\cdots(2)$$

式中:

$A_1$——标样溶液中,咪鲜胺峰面积的平均值;

$A_2$——试样溶液中,咪鲜胺峰面积的平均值;

$m_1$——标样的质量,单位为克(g);

$m_2$——试样的质量,单位为克(g);

$\rho$——20 ℃时试样的密度,单位为克每毫升(g/mL)(按 GB/T 4472 进行测定);

$w$——咪鲜胺标样的质量分数,以%表示。

4.3.7 允许差

咪鲜胺质量分数两次平行测定结果相对误差应不大于 2.5%,取其算术平均值作为测定结果。

4.4 2,4,6-三氯苯酚质量分数的测定

4.4.1 方法提要

试样用甲醇溶解,以乙腈+水为流动相,使用以 Agilent TC-C18 为填料的不锈钢柱和紫外检测器(215 nm),对试样中的 2,4,6-三氯苯酚进行反相高效液相色谱分离,外标法定量。

4.4.2 试剂和溶液

乙腈:色谱级;

水:新蒸二次蒸馏水;

2,4,6-三氯苯酚标样:已知质量分数 $w \geq 99.0\%$。

4.4.3 仪器

高效液相色谱仪:具有可变波长紫外检测器;

色谱数据处理机或色谱工作站;

色谱柱:250 mm×4.6 mm(i. d.)不锈钢柱,内装 Agilent TC-C18、5 μm 填充物(或具等同效果的色谱柱);

过滤器:滤膜孔径约 0.45 μm;

微量进样器:50 μL;

定量进样管:5 μL;

超声波清洗器。

4.4.4 高效液相色谱操作条件

流动相:$\psi$(乙腈:水)=55:45,经滤膜过滤,并进行脱气;

流速:1.0 mL/min;

柱温:室温(温差变化应不大于 2 ℃);

检测波长:215 nm;

进样体积:5 μL;

保留时间:约 4.0 min。

上述操作参数是典型的,可根据不同仪器特点,对给定的操作参数作适当调整,以期获得最佳效果。典型的咪鲜胺水乳剂中 2,4,6-三氯苯酚测定的高效液相色谱图见图 2。

1——2,4,6-三氯苯酚；
2——咪鲜胺。

图 2 咪鲜胺水乳剂中 2,4,6-三氯苯酚测定的高效液相色谱图

**4.4.5 测定步骤**

**4.4.5.1 标样溶液的制备**

称取 0.01 g(精确至 0.000 2 g)2,4,6-三氯苯酚标样于 50 mL 容量瓶中，用甲醇溶解并稀释至刻度，摇匀。

**4.4.5.2 试样溶液的制备**

称取含 2,4,6-三氯苯酚 0.01 g(精确至 0.000 2 g)的试样于 50 mL 容量瓶中，用甲醇溶解并稀释至刻度，摇匀。

**4.4.5.3 测定**

在上述操作条件下，待仪器稳定后，连续注入数针标样溶液，直至相邻两针 2,4,6-三氯苯酚峰面积相对变化小于 1.5%后，按照标样溶液、试样溶液、试样溶液、标样溶液的顺序进行测定。

**4.4.6 计算**

将测得的两针试样溶液以及试样前后两针标样溶液中 2,4,6-三氯苯酚峰面积分别进行平均。试样中 2,4,6-三氯苯酚的质量分数 $w_2$(%)，按式(3)计算：

$$w_2 = \frac{A_2 \cdot m_1 \cdot w}{A_1 \cdot m_2} \qquad \cdots\cdots(3)$$

式中：

$A_1$——标样溶液中，2,4,6-三氯苯酚峰面积的平均值；

$A_2$——试样溶液中，2,4,6-三氯苯酚峰面积的平均值；

$m_1$——2,4,6-三氯苯酚标样的质量，单位为克(g)；

$m_2$——试样的质量，单位为克(g)；

$w$——2,4,6-三氯苯酚标样的质量分数，以%表示。

**4.4.7 允许差**

两次测定结果之相对偏差应不大于 20%，取其算术平均值作为测定结果。

**4.5 pH 值的测定**

按 GB/T 1601 进行。

4.6 乳液稳定性试验

试样用标准硬水稀释200倍，按GB/T 1603进行试验，上无浮油，下无沉淀为合格。

4.7 倾倒性的测定

4.7.1 方法提要

将置于容器中的水乳剂试样放置一定时间后，按照规定程序进行倾倒，测定滞留在容器内试样的量；将容器用水洗涤后，再测定容器内的量。

4.7.2 仪器

具磨口塞量筒：500 mL±2 mL；量筒高度39 cm，上、下刻度间距离25 mL（或相当的适用于测定倾倒性的其他容器）。

4.7.3 试验步骤

混合好足量试样，及时将其中的一部分置于已经称量的量筒中（包括塞子），装到量筒的8/10处，塞紧磨口塞，放置确定的时间（24 h）。打开塞子，将量筒由直立位置旋转135°角倾倒60 s，再倒置60 s，重新称量量筒和塞子。

将相当于80%量筒体积的水（20 ℃）倒入量筒中，塞紧磨口塞，将量筒颠倒10次后，按上述操作倾倒内容物，第三次称量量筒和塞子。

4.7.4 计算

混合好足量试样倾倒后的残余物质量分数 $w_3$（%）和洗涤后的残余物质量分数 $w_4$（%）分别按式（4）和式（5）计算：

$$w_3 = \frac{m_2 - m_0}{m_1 - m_0} \times 100 \qquad \cdots\cdots（4）$$

$$w_4 = \frac{m_3 - m_0}{m_1 - m_0} \times 100 \qquad \cdots\cdots（5）$$

式中：

$m_1$——量筒、磨口塞和试样的质量，单位为克（g）；

$m_2$——倾倒后，量筒、磨口塞和残余物的质量，单位为克（g）；

$m_3$——洗涤后，量筒、磨口塞和残余物的质量，单位为克（g）；

$m_0$——量筒、磨口塞恒重后的质量，单位为克（g）。

4.8 持久泡沫量的测定

4.8.1 方法提要

将规定量的试样与标准硬水混合，静置后记录泡沫体积。

4.8.2 试剂和溶液

标准硬水：$\rho(Ca^{2+}+Mg^{2+})=342$ mg/L，pH=6.0～7.0。按GB/T 14825配制。

4.8.3 仪器和器具

具塞量筒：250 mL（分度值2 mL，0～250 mL刻度线20 cm～21.5 cm，250 mL刻度线到塞子底部4 cm～6 cm）；

工业天平：感量0.1 g。

4.8.4 测定步骤

将量筒加标准硬水至180 mL刻度线处，置量筒于天平上，称入试样1.0 g（精确至0.1 g），加标准硬水至距离量筒底部9 cm的刻度线处，盖上塞，以量筒底部为中心，上下颠倒30次（每次2 s）。放在试验台上静置1 min，记录泡沫体积。

4.9 热贮稳定性试验

按GB/T 19136中“液体制剂”进行。热贮后咪鲜胺含量应不低于热贮前的95%，其他各项指标应符合本标准要求为合格。

4.10 低温稳定性试验

按 GB/T 19137 中“乳剂和均相液体制剂”进行，离心管底部离析物的体积不超过 0.3 mL 为合格。

4.11 产品的检验与验收

产品的检验与验收应符合 GB/T 1604 的规定。极限数值的处理，采用修约值比较法。

## 5 标志、标签、包装、贮运

5.1 咪鲜胺水乳剂的标志、标签和包装，应符合 GB 3796 的规定。

5.2 咪鲜胺水乳剂应用聚酯瓶包装，外包装可用纸箱、瓦楞纸板箱，每瓶净含量为 100 g、250 g、500 g、1 000 g，每箱净含量一般不大于 10 kg。也可根据用户要求或订货协议，采用其他形式的包装，但需符合 GB 3796 的规定。

5.3 咪鲜胺水乳剂包装件应贮存在通风、干燥的库房中。

5.4 贮运时，严防潮湿和日晒，不得与食物、种子、饲料混放，避免与皮肤、眼睛接触，防止由口鼻吸入。

**5.5 安全：本品属低毒杀菌剂。吞噬和吸入均有毒，可经皮肤渗入。使用本品时要戴防护镜和胶皮手套，穿必要的防护衣物。施药后应用肥皂和清水冲洗。误服者应立即送医院对症治疗。**

5.6 保证期：在规定的贮运条件下，咪鲜胺水乳剂的保证期，从生产日期起为 2 年。

## 附 录 A
## （资料性附录）
## 毛细管气相色谱法测定咪鲜胺质量分数的方法

### A.1 方法提要

试样用三氯甲烷溶解，以邻苯二甲酸二异辛酯为内标物，使用 HP-5(5%苯甲基硅酮)键合的石英毛细管柱和氢火焰离子化检测器，对试样中的咪鲜胺进行毛细管气相色谱分离和测定。

### A.2 试剂和溶液

三氯甲烷；
咪鲜胺标样：已知质量分数≥98.0%；
邻苯二甲酸二异辛酯：不含有干扰分析的杂质；
内标溶液：称取 2.5 g 的邻苯二甲酸二异辛酯于 500 mL 的容量瓶中，用丙酮溶解、定容、摇匀。

### A.3 仪器

气相色谱仪：具氢火焰离子化检测器；
色谱柱：30 m×0.32 mm (i.d.) 石英毛细柱，内壁键合 HP-5(5%苯甲基硅酮)，膜厚 0.25 μm；
色谱数据处理机或色谱工作站。

### A.4 气相色谱操作条件

温度(℃)：柱室 235、气化室 260、检测室 280；
气体流量(mL/min)：载气 ($N_2$) 2.0、补偿气 ($N_2$) 25、氢气 40、空气 400；
分流比：40：1；
进样体积：1.0 μL；
保留时间：咪鲜胺：约 11.8 min、内标物：约 7.3 min。

上述气相色谱操作条件，系典型操作参数。可根据不同仪器特点，对给定的操作参数作适当调整，以期获得最佳效果。典型的咪鲜胺水乳剂与内标物的气相色谱图见 A.1。

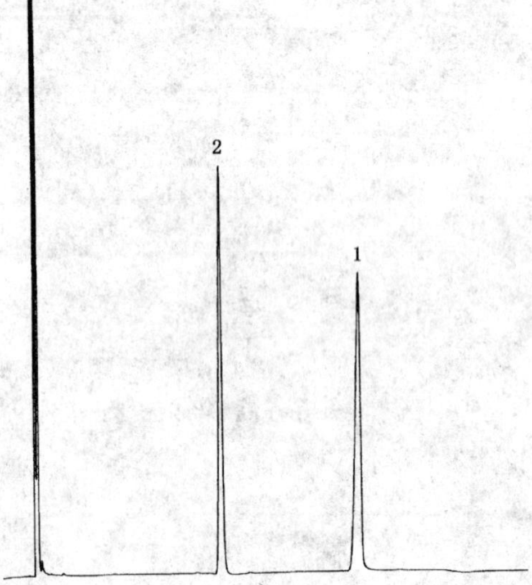


1——咪鲜胺；
2——内标物。

**图 A.1 咪鲜胺水乳剂与内标物的气相色谱图**

**A.5 测定步骤**

**A.5.1 标样溶液的配制**

称取咪鲜胺标样 0.1 g(精确至 0.000 2 g),置于一具塞玻璃瓶中,用移液管加入 10 mL 内标溶液,摇匀。

**A.5.2 试样溶液的配制**

称取含咪鲜胺 0.1 g(精确至 0.000 2 g)的试样,置于一具塞的玻璃瓶中,用与 A.5.1 中使用的同一支移液管加入 10 mL 内标溶液,摇匀。

**A.5.3 测定**

在上述色谱操作条件下,待仪器稳定后,连续注入数针标样溶液,直至相邻两针咪鲜胺与内标物的峰面积比的相对变化小于 1.5%后,按照标样溶液、试样溶液、试样溶液、标样溶液的顺序进行分析测定。

**A.6 计算**

将测得的两针试样溶液以及试样前后两针标样溶液中咪鲜胺与内标物的峰面积比分别进行平均。试样中咪鲜胺质量分数 $w'_1$(%),按式(A.1)计算,质量浓度 $\rho'_1$(g/L),按式(A.2)计算:

$$w'_1 = \frac{\gamma_2 \times m_1 \times w}{\gamma_1 \times m_2} \qquad \cdots\cdots (A.1)$$

$$\rho'_1 = \frac{\gamma_2 \cdot m_1 \cdot w \cdot \rho}{\gamma_1 \cdot m_2} \qquad \cdots\cdots (A.2)$$

式中:

$\gamma_1$——标样溶液中咪鲜胺与内标物峰面积比的平均值;

$\gamma_2$——试样溶液中咪鲜胺与内标物峰面积比的平均值;

$m_1$——标样的质量,单位为克(g);

$m_2$——试样的质量,单位为克(g);

$\rho$——20 ℃时试样的密度,单位为克每毫升(g/mL)(按 GB/T 4472 进行测定);

$w$——标样中咪鲜胺的质量分数,以%表示。

**A.7 允许差**

咪鲜胺质量分数两次平行测定结果相对误差应不大于 2.5%,取其算术平均值作为测定结果。

ICS 71.040.40
G 76

# 中华人民共和国国家标准

GB/T 22626—2008

# 水处理剂阻垢性能的测定 磷酸钙沉积法

**Determination of scale inhibition performance of water treatment agents—Calcium phosphate precipitation method**

2008-12-23 发布　　　　2009-09-01 实施

中华人民共和国国家质量监督检验检疫总局
中国国家标准化管理委员会 发布

# 前　言

本标准由中国石油和化学工业协会提出。

本标准由全国化学标准化技术委员会水处理剂分会(SAC/TC 63/SC 5)归口。

本标准负责起草单位:中海油天津化工研究设计院、天津正达科技有限责任公司。

本标准主要起草人:靳晓霞、孙继、王会、白莹、李琳。

# 水处理剂阻垢性能的测定 磷酸钙沉积法

## 1 范围

本标准规定了同类水处理剂抑制磷酸钙析出的阻垢性能的测定方法磷酸钙沉积法。

本标准适用于同类水处理剂抑制磷酸钙析出的阻垢性能的测定。

## 2 规范性引用文件

下列文件中的条款通过本标准的引用而成为本标准的条款。凡是注日期的引用文件，其随后所有的修改单(不包括勘误的内容)或修订版均不适用于本标准，然而，鼓励根据本标准达成协议的各方研究是否可使用这些文件的最新版本。凡是不注日期的引用文件，其最新版本适用于本标准。

GB/T 601 化学试剂 标准滴定溶液的制备

GB/T 603 化学试剂 试验方法中所用制剂及制品的制备(GB/T 603—2002,ISO 6353-1:1982,NEQ)

GB/T 6682 分析实验室用水规格和试验方法(GB/T 6682—2008,ISO 3696:1987,MOD)

GB/T 6904 工业循环冷却水及锅炉用水中 pH 值的测定

GB/T 6913 锅炉用水和冷却水分析方法 磷酸盐的测定(GB/T 6913—2008,ISO 6878:2004,NEQ)

## 3 方法提要

以含有一定量磷酸根和钙离子的配置水和水处理剂制备成试液，在加热条件下，促使磷酸根和钙离子形成磷酸钙。分析测定达到平衡后澄清液中的 $PO_4^{3-}$ 浓度，以评定阻垢剂的阻垢性能，磷酸根离子浓度愈大，则该水处理剂的磷酸钙阻垢性能愈好。

## 4 试剂和材料

试验方法中所用试剂和水，在没有注明其他要求时，均指分析纯试剂和 GB/T 6682 规定的三级水。

试验中所需标准溶液、制剂及制品，在没有注明其他规定时，均按 GB/T 601、GB/T 603 的规定制备。

4.1 十水四硼酸钠。

4.2 磷酸根标准储备液：1 mL 约含 5 mg $PO_4^{3-}$。

4.3 乙二胺四乙酸二钠(EDTA)标准滴定溶液：$c$ (EDTA)约 0.01 mol。

4.4 氯化钙标准储备液：1 mL 约含有 20 mg $Ca^{2+}$。

### 4.4.1 制备

称取 57.81 g 无水氯化钙，精确至 0.01 g，用水溶解，全部转移至 1 000 mL 容量瓶中，用水稀释至刻度，摇匀，过滤后待标。

### 4.4.2 标定

取 4.8.1 氯化钙标准储备液 10.00 mL 于 1 000 mL 容量瓶中，用水稀释至刻度，摇匀。

移取 25.00 mL 稀释溶液置于 250 mL 锥形瓶中，加约 50 mL 水、5 mL 氢氧化钾溶液和约 0.1 g 钙-羧酸指示剂，用乙二胺四乙酸二钠标准滴定溶液滴定至溶液由紫红色变为亮蓝色即为终点。

4.4.3 结果计算

钙离子($Ca^{2+}$)以质量浓度$\rho(Ca^{2+})$计,数值以 mg/mL 表示,按式(1)计算:

$$\rho(Ca^{2+}) = \frac{V_2/1\,000 \times cM \times 10^3}{V} \qquad \cdots\cdots(1)$$

式中:

$V_2$——滴定中消耗乙二胺四乙酸二钠标准滴定溶液的体积,单位为毫升(mL);

$c$——乙二胺四乙酸二钠标准滴定溶液的实际浓度,单位为摩尔每升(mol/L);

$V$——所取氯化钙稀释溶液的体积,单位为毫升(mL);

$M$——钙离子($Ca^{2+}$)的摩尔质量的数值,单位为克每摩尔(g/mol)($M$=40.08)。

4.5 钙-羧酸指示剂:

称取 0.2 g 钙-羧酸指示剂[2-羧基-1(2-羧基-4-磺基-1-萘偶氮)-3-萘甲酸]与 100 g 氯化钾混合研磨均匀,贮存于磨口瓶中。

4.6 水处理剂试样溶液:1.00 mL 含有 1.00 mg 水处理剂(以干基计)。

## 5 仪器、设备

5.1 恒温水浴:温度可控制在(80±1)℃。

5.2 锥形瓶:500 mL,配有装了$\phi$为 5 mm～10 mm,长约 300 mm 玻璃管的胶塞。

5.3 分光光度计。

## 6 试验用水

### 6.1 配制水

6.1.1 称取 1 g 研细的四硼酸钠粉剂于 100 mL 烧杯中,加入约 50 mL 去离子水,加热溶解后,移入 1 000 mL容量瓶中,再加入约 900 mL 去离子水。

6.1.2 准确加入 1 mL 磷酸盐贮备液于上述容量瓶中,用去离子水补至刻度,充分摇荡均匀。该液含 $PO_4^{3-}$ 5 mg/L,pH 值 9.0 左右。

6.1.3 取 500 mL 容量瓶,用 6.1.2 试液润洗后,加入试验所需阻垢剂及 6.1.2 试液 400 mL,再用移液管缓慢加入一定体积的氯化钙标准溶液(边加边摇动),使钙离子的浓度为 100 mg/L,补加 6.1.2 试液至容量瓶刻度线,充分摇荡均匀。

6.1.4 另取一 500 mL 容量瓶,除不加水处理剂试样溶液外,其余操作步骤同 6.1.3,该溶液作为空白试液。

### 6.2 现场水

当为现场筛选配方时,可用现场水作为试验用水。现场水可直接取生产补充水,也可配制成生产补充水,还可以根据需要往生产补充水或配制的生产补充水中补加钙离子等至浓缩倍数要求的指标。若采用碳酸钙沉积试验法中蒸发浓缩的试验步骤,则必须先加磷酸钙阻垢剂,后加 $PO_4^{3-}$。为防止试验中由于碳酸钙的沉积而加速磷酸钙沉积的相互干扰作用,在加磷酸钙阻垢剂的同时还需要加碳酸钙阻垢剂等复合药剂。

## 7 试验步骤

将试液(6.1.3)和空白试液(6.1.4)分别置于两个洁净的锥形瓶(5.2)中,两锥形瓶浸入恒温水浴中(试液的液面不得高于水浴的液面),当水浴温度升至(80±1)℃时,开始计时,恒温静置 10 h。

试验满 10 h 后,趁热用中速定性滤纸过滤。滤液快速冷却至室温后,分别按 GB/T 6913 和 GB/T 6904测定 $PO_4^{3-}$浓度和 pH 值。

## 8 结果计算

磷酸钙阻垢性能以 $\eta$ 计，数值以%表示，按式(2)计算：

$$\eta = \frac{\rho_4 - \rho_3}{\rho_0 - \rho_3} \times 100 \qquad \cdots\cdots(2)$$

式中：

$\rho_4$——加入水处理剂的试液(6.1.3)试验后的 $PO_4^{3-}$ 浓度的实际的数值，单位为毫克每升(mg/L)；

$\rho_3$——不加水处理剂的试液(6.1.4)试验后的 $PO_4^{3-}$ 浓度的实际的数值，单位为毫克每升(mg/L)；

$\rho_0$——试验前的试液(6.1.2)实测 $PO_4^{3-}$ 浓度的实际的数值，单位为毫克每升(mg/L)。

## 9 允许差

取平行测定结果的算术平均值为测定结果，平行测定结果的绝对差值不大于5%。

ICS 71.100.80
G 77

GB

# 中华人民共和国国家标准

GB/T 22627—2008



## 水处理剂 聚氯化铝

## Water treatment chemical—Poly aluminium chloride

2008-12-23 发布 2009-09-01 实施

中华人民共和国国家质量监督检验检疫总局
中国国家标准化管理委员会 发布

# 前　言

本标准对应于日本工业标准 JIS K 1475:2006《给水用　聚氯化铝》(日文版)和美国给水工程协会标准 ANSI/AWWA　B 408:2003《液体　聚氯化铝》(英文版),与 JIS K 1475:2006、ANSI/AWWA　B 408:2003的一致性程度为非等效。

本标准与 JIS K 1475:2006 和 ANSI/AWWA B 408:2003 的主要差异为:

——本标准包括液体聚氯化铝和固体聚氯化铝;

——根据聚氯化铝技术进展和我国聚铝行业的生产工艺及原料来源调整了盐基度的技术指标;

——有关重金属的指标和检验方法有变动;

——删去了"氨态氮(N)的测定"。

本标准中附录 A 为资料性附录。

本标准由中国石油和化学工业协会提出。

本标准由全国化学标准化技术委员会水处理剂分会(SAC/TC 63/SC 5)归口。

本标准负责起草单位:深圳中润水工业技术发展有限公司、焦作市爱尔福克有限公司、鞍钢附企给排水净水剂厂、同济大学、山东鲁净化工有限公司、巩义市宇清净水材料有限公司、河南新世纪净化材料有限公司、巩义市芝田净化剂厂、宁波市华光净水剂实业公司、重庆大学、东莞市东江水务有限公司樟村水质净化厂。

本标准参加起草单位:中海油天津化工研究设计院、山东祥生化学新材料有限公司、巩义市永兴生化材料有限公司。

本标准主要起草人:李润生、许志远、赵俊岩、李风亭、贾久顺、康奇峰、铁贵波、周秋涛、张德明、郑怀礼、廖克明。

# 水处理剂 聚氯化铝

## 1 范围

本标准规定了水处理剂聚氯化铝的要求、试验方法、检验规则、包装、标志、运输和贮存。

本标准适用于水处理剂聚氯化铝。该产品主要用于工业给水、废水和污水及污泥处理。

示性式：$Al_n(OH)_mCl_{(3n-m)}$　$0<m<3n$。

## 2 规范性引用文件

下列文件中的条款通过本标准的引用而成为本标准的条款。凡是注日期的引用文件，其随后所有的修改单（不包括勘误的内容）或修订版均不适用于本标准，然而，鼓励根据本标准达成协议的各方研究是否可使用这些文件的最新版本。凡是不注日期的引用文件，其最新版本适用于本标准。

GB/T 191　包装贮运图示标志

GB/T 601—2002　化学试剂　标准滴定溶液的制备

GB/T 602　化学试剂　杂质测定用标准溶液的制备(GB/T 602—2002,ISO 6353-1:1982,NEQ)

GB/T 603　化学试剂　试验方法中所用制剂及制品的制备(GB/T 603—2002,ISO 6353-1:1982,NEQ)

GB/T 610　化学试剂　砷测定通用方法(GB/T 610—2008,ISO 6353-1:1982,NEQ)

GB/T 6678　化工产品采样总则

GB/T 6682　分析实验室用水规格和试验方法(GB/T 6682—2008,ISO 3696:1987, MOD)

GB/T 8946　塑料编织袋

GB/T 22596　水处理剂　铁含量测定方法通则

## 3 技术要求

### 3.1 外观

液体：黄色至黄褐色液体。

固体：黄色至黄褐色颗粒或粉末。

### 3.2 水处理剂聚氯化铝指标应符合表1要求。

表 1

| 指标名称 | | 指标 | |
|---|---|---|---|
| | | 液体 | 固体 |
| 氧化铝(以 $Al_2O_3$ 计)的质量分数/% | ≥ | 6.0 | 28.0 |
| 盐基度/% | | 30～95 | |
| 密度(20 ℃)/(g/cm³) | ≥ | 1.10 | — |
| 不溶物的质量分数/% | ≤ | 0.5 | 1.5 |
| pH值(10 g/L水溶液) | | 3.5～5.0 | |
| 铁(Fe)的质量分数/% | ≤ | 2.0 | 5.0 |
| 砷(As)的质量分数/% | ≤ | 0.000 5 | 0.001 5 |
| 铅(Pb)的质量分数/% | ≤ | 0.002 | 0.006 |

注：表中液体产品所列不溶物、铁、砷和铅的质量分数均指 $Al_2O_3$ 10%的产品含量，当 $Al_2O_3$ 含量不等于10%时，应按实际含量折算成 $Al_2O_3$ 10%产品比例计算出相应的质量分数。

## 4 试验方法

本标准所用试剂，除非另有规定，应使用分析纯试剂和符合 GB/T 6682 中三级水的规定。

试验中所需标准滴定溶液、杂质标准溶液、制剂及制品，在没有注明其他要求时，均按 GB/T 601、GB/T 602、GB/T 603 之规定制备。

**安全提示：本标准使用的强酸、强碱具有腐蚀性，使用时应注意。溅到身上时，用大量水冲洗。**

### 4.1 氧化铝（以 $Al_2O_3$ 计）含量的测定

#### 4.1.1 氯化锌标准溶液滴定法（仲裁法）

##### 4.1.1.1 方法提要

用硝酸将试样解聚，在 pH=3 时加过量的乙二胺四乙酸二钠溶液使 EDTA 与铝离子络合，然后用氯化锌标准滴定溶液回滴过量 EDTA 溶液。

##### 4.1.1.2 试剂和材料

4.1.1.2.1 硝酸溶液：1+12。

4.1.1.2.2 氨水溶液：1+1。

4.1.1.2.3 乙二胺四乙酸二钠（EDTA）溶液：$c$(EDTA)约为 0.05 mol/L。

4.1.1.2.4 乙酸-乙酸钠缓冲溶液（pH=5.5）：称取乙酸钠（三水）272 g 溶于水中，加冰乙酸 19 mL，稀释至 1 000 mL。

4.1.1.2.5 氧化铝标准溶液：1 mL 含 0.001 g $Al_2O_3$。

称取 0.529 3 g 高纯铝（≥99.99%），精确至 0.2 mg，置于 200 mL 聚乙烯杯中，加水 20 mL，加氢氧化钠约 3 g，使其全部溶解透明（必要时在水浴上加热），用盐酸溶液（1+1）调节至酸性后再加 10 mL，使其透明，冷却，移入 1 000 mL 容量瓶，稀释至刻度，摇匀。

4.1.1.2.6 百里酚蓝溶液：1 g/L 乙醇溶液。

4.1.1.2.7 二甲酚橙指示液：5 g/L。

4.1.1.2.8 氯化锌标准滴定溶液：$c(ZnCl_2)$约 0.025 mol/L。

4.1.1.2.8.1 配制

称取 3.5 g 氯化锌（$ZnCl_2$），溶于盐酸溶液[0.05%（体积分数）]中，稀释至 1 L，摇匀。

4.1.1.2.8.2 标定

移取 20.00 mL EDTA 溶液，置于 250 mL 锥形瓶中，以下按 5.1.1.3 步骤进行操作，读出氯化锌标准滴定溶液的消耗量 $V_0$（mL）。

移取 20.00 mL EDTA 溶液和 40 mL 氧化铝标准溶液，置于 250 mL 锥形瓶中，以下按 5.1.1.3 步骤进行操作，读出氯化锌标准滴定溶液的消耗量 $V_1$（mL）。

4.1.1.2.8.3 结果计算

氯化锌标准滴定溶液浓度 $c(ZnCl_2)$，数值以摩尔每升（mol/L）表示，按式（1）计算：

$$c(ZnCl_2)=\frac{V_1 c_1\times 10^3}{\frac{M}{2}(V_0-V)} \quad \cdots\cdots(1)$$

式中：

$V_1$——氧化铝标准溶液的体积的数值，单位为毫升（mL）；

$c_1$——氧化铝标准溶液的浓度的数值，单位为克每毫升（g/mL）；

$V_0$——空白消耗氯化锌标准滴定溶液的体积的数值，单位为毫升（mL）；

$V$——返滴定时消耗氯化锌标准滴定溶液的体积的数值，单位为毫升（mL）；

$M$——氧化铝的摩尔质量的数值，单位为克每摩尔（g/mol）（$M$=101.96）。

##### 4.1.1.3 分析步骤

称取约 13 g～14 g 液体试样或 2.5 g～3 g 固体试样，精确至 0.2 mg。用不含二氧化碳的水溶解，移入 250 mL 容量瓶中，稀释至刻度，摇匀。若稀释液浑浊，用中速滤纸干过滤，，此为试液 A。

用移液管移取 10 mL 试液 A，置于 250 mL 锥形瓶中，加 10 mL 硝酸溶液，煮沸 1 min，冷却至室温后加 20.00 mL 乙二胺四乙酸二钠溶液，加百里酚蓝溶液 3～4 滴，用氨水溶液中和至试液从红色到黄色，煮沸 2 min。冷却后加入 10 mL 乙酸-乙酸钠缓冲溶液和 2 滴二甲酚橙指示液，加水 50 mL，用氯化锌标准滴定溶液滴定至溶液由淡黄色变为微红色即为终点，同时做空白试验。

**4.1.1.4 结果计算**

氧化铝($Al_2O_3$)含量以质量分数 $w_1$ 计，数值以%表示，按式(2)计算：

$$w_1 = \frac{(V_0/1\,000 - V/1\,000)cM/2}{m \times 10/250} \times 100 \qquad \cdots\cdots(2)$$

式中：

$V_0$——空白试验消耗氯化锌标准滴定溶液的体积的数值，单位为毫升(mL)；

$V$——试样消耗氯化锌标准滴定溶液的体积的数值，单位为毫升(mL)；

$c$——氯化锌标准滴定溶液的实际浓度的准确数值，单位为摩尔每升(mol/L)；

$m$——试料的质量的数值，单位为克(g)；

$M$——氧化铝的摩尔质量的数值，单位为克每摩尔(g/mol)($M$=101.96)。

**4.1.1.5 允许差**

取平行测定结果的算术平均值为测定结果，平行测定结果的绝对差值：液体产品不大于 0.1%；固体产品不大于 0.2%。

**4.1.2 硫酸铜标准溶液滴定法**

**4.1.2.1 方法提要**

在 pH4.3 时使 EDTA 与铝离子络合，以 PAN 为指示剂，用硫酸铜标准滴定溶液回滴过量 EDTA 溶液。

**4.1.2.2 试剂和材料**

4.1.2.2.1 盐酸溶液：1+1。

4.1.2.2.2 氨水溶液：1+1。

4.1.2.2.3 缓冲溶液(pH 值约 4.3)：将 42.3 g 无水乙酸钠溶于水中，加 80 mL 冰乙酸，用水稀释至 1 L，摇匀。

4.1.2.2.4 乙二胺四乙酸二钠(EDTA)溶液：$c$(EDTA)约 0.05 mol/L。

4.1.2.2.5 氧化铝标准溶液：1 mL 含 0.001 g $Al_2O_3$。

同 4.1.1.2.5。

4.1.2.2.6 1-(2-吡啶偶氮)-2-萘酚(PAN)指示溶液：将 0.3 g PAN 溶于 100 mL 95%乙醇中。

4.1.2.2.7 硫酸铜标准滴定溶液：$c(CuSO_4)$约 0.025 mol/L。

4.1.2.2.7.1 配制

称取 6.3 g 硫酸铜($CuSO_4 \cdot 5H_2O$)溶于水，加 2 滴硫酸溶液(1+1)，用水稀释至 1 L，摇匀。

4.1.2.2.7.2 标定

移取 20.00 mL EDTA 溶液，置于 250 mL 锥形瓶中，以下按 4.1.2.3 步骤进行操作，读出硫酸铜标准滴定溶液的消耗量 $V_0$(mL)。

移取 20.00 mL EDTA 溶液和 20 mL 氧化铝标准溶液，置于 250 mL 锥形瓶中，以下按 4.1.2.3 步骤进行操作，读出硫酸铜标准滴定溶液的消耗量 $V$(mL)。

4.1.2.2.7.3 结果计算

硫酸铜标准滴定溶液浓度 $c(CuSO_4)$，数值以摩尔每升(mol/L)表示，按式(3)计算：

$$c(CuSO_4) = \frac{V_1 c_1 \times 10^3}{\frac{M}{2}(V_0 - V)} \qquad \cdots\cdots(3)$$

式中：

$V_1$——氧化铝标准溶液的体积的数值，单位为毫升(mL)；

$c_1$——氧化铝标准溶液的浓度的数值，单位为克每毫升(g/mL)；

$V_0$——空白消耗硫酸铜标准滴定溶液的体积的数值，单位为毫升(mL)；

$V$——返滴定时消耗硫酸铜标准滴定溶液的体积的数值，单位为毫升(mL)；

$M$——氧化铝的摩尔质量的数值，单位为克每摩尔(g/mol)($M$=101.96)。

4.1.2.3 **分析步骤**

移取 10 mL 试液 A，置于 250 mL 锥形瓶中，加盐酸溶液(1+1)2 mL，煮沸 1 min，加 20.00 mL EDTA溶液，加水至约 100 mL，加热至约 70 ℃～80 ℃，用氨水溶液(1+1)调节 pH 值至 3.5～4.0(用 0.5～5精密 pH 试纸检查)，加 15.00 mL pH4.3 缓冲溶液，煮沸 2 min，加 4～5 滴 PAN 指示剂，稍冷(约 95 ℃)以硫酸铜标准滴定溶液滴定至蓝紫色。同时做空白试验。

4.1.2.4 **结果计算**

氧化铝($Al_2O_3$)含量以质量分数 $w_2$ 计，数值以%表示，按式(4)计算：

$$w_2=\frac{(V_0/1\,000-V/1\,000)cM}{m\times(10/250)}\times100 \qquad \cdots\cdots(4)$$

式中：

$V_0$——空白消耗硫酸铜标准滴定溶液的体积的数值，单位为毫升(mL)；

$V$——试样消耗硫酸铜标准滴定溶液的体积的数值，单位为毫升(mL)；

$c$——硫酸铜标准滴定溶液浓度的准确数值，单位为摩尔每升(mol/L)；

$m$——试料的质量的数值，单位为克(g)；

$M$——氧化铝的摩尔质量的数值，单位为克每摩尔(g/mol)($M$=101.96)。

4.1.2.5 **允许差**

取平行测定结果的算术平均值为测定结果，平行测定结果的绝对差值：液体产品不大于 0.1%；固体产品不大于 0.2%。

## 4.2 盐基度的测定

### 4.2.1 方法提要

在试样中加入定量盐酸溶液，以氟化钾掩蔽铝离子，以氢氧化钠标准滴定溶液滴定。

### 4.2.2 试剂和材料

4.2.2.1 盐酸标准溶液：$c$(HCl)约 0.5 mol/L。

4.2.2.2 氢氧化钠标准滴定溶液：$c$(NaOH)约 0.5 mol/L。

4.2.2.3 酚酞指示液：10 g/L 乙醇溶液。

4.2.2.4 氟化钾溶液：500 g/L。

称取 500 g 氟化钾，以 200 mL 不含二氧化碳的蒸馏水溶解后，稀释至 1 000 mL。加入 2 滴酚酞指示液并用氢氧化钠溶液或盐酸溶液调节溶液呈微红色，滤去不溶物后贮于塑料瓶中。

### 4.2.3 分析步骤

移取 25.00 mL 试液 A，置于 250 mL 磨口瓶中，加 20.00 mL 盐酸标准溶液，接上磨口玻璃冷凝管，煮沸回流 2 min，冷却至室温。转移至聚乙烯杯中，加入 20 mL 氟化钾溶液，摇匀。加入 5 滴酚酞指示液，立即用氢氧化钠标准滴定溶液滴定至溶液呈现微红色即为终点。同时用不含二氧化碳的蒸馏水作空白试验。

### 4.2.4 结果计算

盐基度以 $B$ 计，数值以%表示，按式(5)计算：

$$B=\frac{\dfrac{(V_0/1\,000-V/1\,000)cM}{M}}{\dfrac{mw_1}{100}\times\dfrac{25}{250}\times\dfrac{0.529\,3}{8.994}}\times100 \qquad \cdots\cdots(5)$$

式中：

$V_0$——空白试验消耗氢氧化钠标准滴定溶液的体积的数值，单位为毫升(mL)；

$V$——测定试样消耗氢氧化钠标准滴定溶液的体积的数值，单位为毫升(mL)；

$c$——氢氧化钠标准滴定溶液的实际浓度的准确数值，单位为摩尔每升(mol/L)；

$m$——试料的质量的数值，单位为克(g)；

$w_1$——4.1.1测得的氧化铝的质量分数，%；

$M$——氢氧根[$OH^-$]的摩尔质量的数值，单位为克每摩尔(g/mol)($M$=16.99)；

0.529 3——$Al_2O_3$ 折算成 Al 的系数；

8.994——[$\frac{1}{3}$Al]的摩尔质量。

#### 4.2.5 允许差

取平行测定结果的算术平均值为测定结果，平行测定结果的绝对差值不大于2.0%。

### 4.3 密度的测定

#### 4.3.1 方法提要

由密度计在被测液体中达到平衡状态时所浸没的深度。

#### 4.3.2 仪器、设备

4.3.2.1 密度计：分度值为0.001。

4.3.2.2 恒温水浴：可控温度(20±1)℃。

4.3.2.3 温度计：分度值为1℃。

4.3.2.4 量筒：250 mL或500 mL。

#### 4.3.3 分析步骤

将液体聚氯化铝(铁)试样注入清洁、干燥的量筒内，不得有气泡。将量筒置于(20±1)℃的恒温水浴中。待温度恒定后，将密度计缓缓地放入试样中。待密度计在试样中稳定后，读出密度计弯月面下缘的刻度(标有弯月面上缘刻度的密度计除外)，即为20℃时试样的密度。

### 4.4 不溶物含量的测定

#### 4.4.1 试剂和材料

稀释用水(pH值为2～2.5)的配制：取1 L水，边搅拌边加入约22 mL 0.5 mol/L盐酸溶液，调节pH值至2～2.5(用酸度计测量)。

#### 4.4.2 仪器、设备

4.4.2.1 电热恒温干燥箱：10℃～200℃。

4.4.2.2 布氏漏斗：$d$=100 mm。

#### 4.4.3 分析步骤

称取约10 g液体试样或约3 g固体试样，精确至0.001 g。置于250 mL烧杯中，加入约150 mL稀释用水，充分搅拌，使试样溶解。然后，在布氏漏斗中，用恒量的中速定量滤纸抽滤。

用水洗至无$Cl^-$时(用硝酸银溶液检验)，将滤纸连同滤渣于100℃～105℃干燥至恒量。

#### 4.4.4 结果计算

不溶物含量以质量分数$w_3$计，数值以%表示，按式(6)计算：

$$w_3 = \frac{m_2 - m_3}{m_4} \times 100 \qquad \cdots\cdots(6)$$

式中：

$m_2$——滤纸和滤渣的质量的数值，单位为克(g)；

$m_3$——滤纸的质量的数值，单位为克(g)；

$m_4$——试料的质量的数值，单位为克(g)。

4.4.5 允许差

取平行测定结果的算术平均值为测定结果，平行测定结果的绝对差值，液体样品不大于0.03%，固体样品不大于0.1%。

4.5 pH值的测定

4.5.1 仪器、设备

酸度计：精度0.02 pH单位，配有饱和甘汞参比电极、玻璃测量电极或复合电极。

4.5.2 分析步骤

4.5.2.1 试液的制备

称取1.0 g试样，精确至0.01 g，用水溶解后，移入100 mL容量瓶中，稀释至刻度，摇匀。

4.5.2.2 测定

将试样溶液倒入烧杯中，置于磁力搅拌器上，将电极浸入被测溶液中，开动搅拌，在已定位的酸度计上读出pH值。

4.6 铁含量的测定

按GB/T 22596规定执行。

4.7 砷含量的测定

4.7.1 DDTC银法(仲裁法)

4.7.1.1 方法提要

在酸性介质中，将砷还原成砷化氢气体，用二乙基二硫代氨基甲酸银-三乙基胺三氯甲烷吸收液吸收砷化氢气体，形成紫红色物质，在510 nm处测其吸光度。

4.7.1.2 试剂和材料

4.7.1.2.1 无砷锌粒。

4.7.1.2.2 三氯甲烷。

4.7.1.2.3 硫酸铜($CuSO_4 \cdot 5H_2O$)溶液：20 g/L。

4.7.1.2.4 碘化钾溶液：150 g/L。

4.7.1.2.5 氯化亚锡盐酸溶液。

将40 g氯化亚锡溶于100 mL盐酸中，保存时可加入几粒金属锡，贮于棕色瓶中。

4.7.1.2.6 二乙基二硫代氨基甲酸银-三乙基胺三氯甲烷吸收液。

称取1.0 g二乙基二硫代氨基甲酸银，研碎后，边研磨边加入100 mL三氯甲烷。然后加入18 mL三乙基胺，再用三氯甲烷稀释至1 000 mL，摇匀。静置过夜。用脱脂棉过滤，保存于棕色瓶中，置冰箱中保存。

4.7.1.2.7 砷标准贮备液：1.00 mL含0.1 mg As。

4.7.1.2.8 砷标准溶液：1.00 mL含0.001 mg As。

移取10.00 mL砷标准贮备液于100 mL容量瓶中，加1 mL盐酸溶液，用水稀释至刻度，混匀。临用时移取此溶液10.00 mL置于100 mL容量瓶中，用水稀释至刻度，混匀。

4.7.1.2.9 乙酸铅脱脂棉。

4.7.1.3 仪器、设备

4.7.1.3.1 分光光度计。

4.7.1.3.2 定砷器：符合GB/T 610—2002中4.2.2.3的规定。

4.7.1.4 分析步骤

4.7.1.4.1 校准曲线的绘制

a) 在6个干燥的定砷瓶中，依次加入0.00 mL、0.50 mL、1.00 mL、2.00 mL、3.00 mL、4.00 mL

砷标准溶液，再依次加入 30 mL、29 mL、28 mL、27 mL、26 mL、25 mL 水使溶液总体积为 30 mL。

b) 在各定砷瓶中加入 20 mL 氯化亚锡盐酸溶液、5 mL 碘化钾溶液和 1 mL 硫酸铜溶液，摇匀。此时溶液中的酸度 $c$(以 $H^+$ 计)应在 1.8 mol/L～2.6 mol/L 之间。于暗处放置 30 min～40 min，加 5 g 无砷锌粒于定砷器中，立即将塞有乙酸铅脱脂棉、盛有 5.0 mL 二乙基二硫代氨基甲酸银-三乙基胺三氯甲烷溶液(吸收液)的吸收管装在定砷瓶上，反应 25 min～35 min(避免阳光直射。如果吸收液挥发太快，应注意补充三氯甲烷)。取下吸收管(勿使吸收液倒吸)，用三氯甲烷将吸收液补充至 5.0 mL，混匀。

c) 在波长 510 nm 处，用 1 cm 吸收池，以试剂空白为参比，测定吸光度。

d) 以砷含量(mg)为横坐标，对应的吸光度为纵坐标，绘制校准曲线。

4.7.1.4.2 **测定**

称取约 10 g 液体试样或 3.3 g 固体试样，精确至 0.01 g，置于 100 mL 蒸发皿中。加入 10 mL 硫酸溶液，在沸水浴上蒸至近干。冷却，以热水溶解(如有不溶物应过滤除去)，再移入 100 mL 容量瓶中，用水稀释至刻度，摇匀。此溶液为试液 B。

移取 10 mL 试液 B 于定砷瓶中，加入 20 mL 水。然后按校准曲线的绘制中的 b)、c)步骤操作，测定吸光度。

4.7.1.5 **结果计算**

砷的含量以质量分数 $w_4$ 计，数值以%表示，按式(7)计算：

$$w_4=\frac{m\times 10^{-3}}{m_0\times\frac{10}{100}}\times 100 \qquad \cdots\cdots(7)$$

式中：

$m$——从校准曲线上查得的砷含量的数值，单位为毫克(mg)；

$m_0$——试料的质量的数值，单位为克(g)。

4.7.1.6 **允许差**

取平行测定结果的算术平均值为测定结果，平行测定结果的绝对差值不大于 0.000 05%。

4.7.2 **砷斑法**

4.7.2.1 **方法提要**

在酸性溶液中，用碘化钾和氯化亚锡将 As(Ⅴ)还原为 As(Ⅲ)，加锌粒与酸作用，产生新生态氢，使 As(Ⅲ)进一步还原为砷化氢，砷化氢气体与溴化汞试纸作用时，产生棕黄色的汞砷化合物，可用于砷的目视比色法测定。

4.7.2.2 **试剂和材料**

4.7.2.2.1 盐酸。

4.7.2.2.2 碘化钾。

4.7.2.2.3 硫酸溶液：1+1。

4.7.2.2.4 氯化亚锡溶液：400 g/L。

4.7.2.2.5 氢氧化钠溶液：100 g/L。

4.7.2.2.6 无砷锌粒。

4.7.2.2.7 乙酸铅棉花。

4.7.2.2.8 溴化汞试纸。

4.7.2.2.9 砷标准贮备液：1 mL 含 0.1 mg As。

4.7.2.2.10 砷标准溶液：1 mL 含 0.001 mg As。

4.7.2.3 **仪器、设备**

定砷器：同 GB/T 610 中 4.1.2.2 规定。

4.7.2.4 分析步骤

移取10.00 mL试液B，置于定砷器的广口瓶中，在另一定砷器的广口瓶中，准确加入2.00 mL砷标准溶液。分别稀释至70 mL。加6 mL盐酸，摇匀，加1 g碘化钾和0.2 mL氯化亚锡溶液，摇匀后放置10 min。加2.5 g无砷锌粒，立即按GB/T 610中图装好装置，于暗处在25 ℃～30 ℃放置1 h～1.5 h。比较溴化汞试纸的颜色，即可判定。

4.8 铅含量的测定

4.8.1 方法提要

用电加热原子吸收光谱法，在波长283.3 nm处测定吸光度。

4.8.2 试剂和材料

4.8.2.1 硝酸溶液：1+1。

4.8.2.2 铅标准贮备液：1 mL含0.1 mg Pb。

称取0.100 g铅(99.9%以上)，精确至0.2 mg，加20 mL硝酸溶液溶解，加热驱除氮氧化物，冷却后移入1 000 mL容量瓶中，加水至刻度，摇匀。

4.8.2.3 铅标准溶液：1 mL含0.001 mg Pb。

移取10.00 mL铅标准贮备液放入1 000 mL容量瓶中，加20 mL硝酸溶液，并用水稀释至刻度，摇匀。

4.8.3 仪器、设备

4.8.3.1 微量进液装置：装有按钮式5 μL～500 μL微量液体流量计或自动进样器。

4.8.3.2 电加热原子吸收分析装置：带电加热方式，可进行反向接地补偿。

4.8.3.3 发热炉：石墨或耐高温金属制。

4.8.3.4 铅空心阴极灯。

4.8.4 分析步骤

4.8.4.1 称取约10 g液体试样或3.3 g固体试样，精确至0.2 mg，置于250 mL烧杯中，加水30 mL、硝酸溶液10 mL，盖上表面皿煮沸约1 min，冷至室温后转移至1 000 mL容量瓶中，稀释至刻度，摇匀。此为试液C。

4.8.4.2 分别移取5.00 mL试液C，置于四个50 mL容量瓶中，并依次加入0.00 mL、0.50 mL、1.00 mL、1.50 mL铅标准溶液，用水稀释至刻度，摇匀。用微量进液装置将配好的试样注入发热炉，经干燥、灰化、原子化后，在283.3 nm处测其吸光度。以加入标准溶液的铅浓度为横坐标，相应的吸光度为纵坐标，绘制曲线，将曲线反向延长与横坐标相交，交点即为所测试样中铅的含量。

4.8.5 结果计算

铅的含量以质量分数$w_5$计，数值以%表示，按式(8)计算：

$$w_5 = \frac{m \times 10^{-3}}{m_0 \times \frac{5}{1\,000}} \times 100 \qquad (8)$$

式中：

$m$——试样中铅的质量的数值，单位为毫克(mg)；

$m_0$——试料的质量的数值，单位为克(g)。

4.8.6 允许差

取平行测定结果的算术平均值为测定结果，平行测定结果的绝对差值不大于0.000 2 %。

## 5 检验规则

5.1 本标准规定的全部指标项目为型式检验项目，在正常生产情况下，每3个月至少进行一次型式检验。其中密度、氧化铝、盐基度、不溶物、pH等指标项目应逐批检验。若需判定每批聚氯化铝的混凝性能,参见附录A。

5.2 水处理剂聚氯化铝应由生产厂的质量监督检验部门按本标准的规定进行检验,生产厂应保证所有出厂的产品都应符合本标准要求。每批出厂的产品都应附有质量证明书,内容包括:生产厂名、产品名称、净质量、批号和生产日期、产品质量符合本标准的证明和本标准编号。

5.3 使用单位有权按照本标准的规定对所收到的产品进行验收。

5.4 每批产品液体应不超过200 t,固体应不超过60 t。

5.5 按GB/T 6678规定确定采样单元数。

对于桶装液体产品,采样时应将采样器深入桶内,从上、中、下部位采样量不少于100 mL。将所采样品混匀,从中取出约800 mL,分装于两个清洁、干燥的玻璃瓶中,密封。

对于袋装固体产品,采样时应将采样器垂直插入到袋深的四分之三处采样,每袋所采样品不少于100 g。将所采样品混匀,用四分法缩分至约500 g,分装于两个清洁、干燥的塑料瓶中,密封。

对于用贮罐装运的液体产品,应用采样器从罐的上、中、下部位采样。每个部位采样量不少于250 mL。将所采样品混匀,取出约800 mL,分装于两个清洁、干燥的塑料瓶中,密封。

在密封的样品瓶粘一标签,注明:生产厂名、产品名称、批号、采样日期和采样者姓名。一瓶供检验用,另一瓶保存3个月备查。

5.6 检验结果中如果有一项指标不符合本标准要求时,应重新自两倍量的包装单元中采样核验。核验结果有一项不符合本标准要求时,整批产品为不合格。

5.7 当供需双方对产品质量发生异议时,按照《中华人民共和国产品质量法》的规定办理。

## 6 标志、包装、运输和贮存

6.1 水处理剂聚氯化铝(固体)的外包装上应有涂刷牢固清晰的标志,内容包括:生产厂名、产品名称、商标、净质量、批号和生产日期、标准编号以及GB/T 191规定的"标志7 怕湿"。

6.2 水处理剂聚氯化铝(固体)采用双层包装,内包装采用聚乙烯薄膜袋,厚度不小于0.05 mm,包装容积应大于外包装,外包装的性能和检验方法应符合GB/T 8946的规定。每袋净质量25 kg、50 kg(或依顾客要求而定)。

6.3 水处理剂聚氯化铝(液体)采用聚乙烯塑料桶包装。用户需要时,水处理剂聚氯化铝(液体)也可用贮罐装运。

6.4 水处理剂聚氯化铝在运输过程中应有遮盖物,避免雨淋、受潮;并保持包装完整、标志清晰。

6.5 水处理剂聚氯化铝应贮存在通风干燥的库房内。液体产品保质期6个月,固体产品保质期12个月。

# 附 录 A
（资料性附录）
# 混凝性能的判定

## A.1 方法提要

用自然原水（江河、湖泊、水库等地面水源水），用混凝沉淀试验搅拌机进行混凝沉淀试验，根据试验结果判断混凝性能。

## A.2 仪器、设备

A.2.1 混凝沉淀试验搅拌机。

A.2.2 散射光浊度仪。

## A.3 混凝沉淀试验

A.3.1 聚氯化铝（铁）稀释液的配置

称取聚氯化铝（铁）试样，放入100mL容量瓶中，加水稀释至刻度，摇匀，使稀释液 $Al_2O_3$ 含量为1.0 mg/mL～10 mg/mL。该液应在使用当天配制。

A.3.2 设置试验程序

| | | |
|---|---|---|
| 混合 | 500 r/min～1 000 r/min | 30 s～60 s |
| 絮凝 | 20 r/min～200 r/min | 10 min～30 min |
| 沉淀 | | 10 min～30 min |

A.3.3 将原水注入6个完全相同的烧杯中，加至1 000 mL刻度处。将聚氯化铝（铁）稀释液用刻度吸管依大小顺序，依次放入加药试管中。

A.3.4 启动混凝沉淀试验搅拌器，试验参照程序A.3.2进行。沉淀时间到，取澄清水样，测定剩余浊度等水质指标。

A.3.5 试验期间，同时观测絮凝体形成时间、形状、大小和沉降状况，并作记录。

## A.4 混凝沉淀效果的评价

根据混凝剂投加量、澄清水剩余浊度和其他水质指标以及观测状况，绘制曲线或作表，评价混凝沉淀效果。

ICS 83.160.10
G 41

# 中华人民共和国国家标准

GB/T 22628—2008

# 摩托车轮胎滚动周长试验方法

**Test method of measuring rolling circumference for motorcycle tyres**

(ISO 13328:2000,Motorcycle tyres—Measurement of tyre rolling circumference—Loaded new tyres, MOD)

2008-12-23 发布　　2009-09-01 实施

中华人民共和国国家质量监督检验检疫总局
中国国家标准化管理委员会　发布

# 前　言

本标准修改采用 ISO 13328:2000《摩托车轮胎——滚动周长测量方法——负荷下新轮胎》(英文版)。

本标准根据 ISO 13328:2000 重新起草。附录 A 列出了本标准章条编号与 ISO 标准章条编号的对照一览表。本标准与 ISO 13328:2000 的有关技术性差异用垂直单线标识在它们所涉及的条款的页边空白处,并在附录 B 中给出了这些技术性差异及其原因。

为了便于使用,本标准还作了以下编辑性修改:

a) "本国际标准"改为"本标准";

b) 用小数点"."代替作为小数点的逗号",";

c) 删除了国际标准前言。

本标准的附录 A、附录 B 均为资料性附录。

本标准由中国石油和化学工业协会提出。

本标准由全国轮胎轮辋标准化技术委员会归口。

本标准起草单位:广州广橡企业集团有限公司钻石车胎厂、厦门正新橡胶工业有限公司、南昌摩托车质量监督检验所、五羊—本田摩托(广州)有限公司。

本标准主要起草人:李伊华、陈秋发、黄国穗、陈健明、胡国友、刘志潜。

# 摩托车轮胎滚动周长试验方法

## 1 范围

本标准规定了摩托车轮胎在负荷条件下，测量滚动周长和单位距离(千米)转数的试验方法。

本标准适用于所有新的摩托车轮胎。

注：因为大多数摩托车上的速度里程表是靠前轮驱动的，所以试验轮胎主要集中在适用于前轮的轮胎规格上，但本试验方法也适用于后轮轮胎的测量。

## 2 规范性引用文件

下列文件中的条款通过本标准的引用而成为本标准的条款。凡是注日期的引用文件，其随后所有的修改单(不包括勘误的内容)或修订版均不适用于本标准，然而，鼓励根据本标准达成协议的各方研究是否可使用这些文件的最新版本。凡是不注日期的引用文件，其最新版本适用于本标准。

GB/T 6326　轮胎术语及其定义(GB/T 6326—2005，ISO 4223-1：2002，Definitions of some terms used in tyre industry—Part 1：Pneumatic tyres，NEQ)

## 3 术语和定义

由 GB/T 6326 确立的以及下列的术语和定义适用于本标准。

3.1

**轮胎滚动周长　rolling circumference of tyre**

$C_r$

在本标准规定的条件下，轮胎滚动一整圈所覆盖的距离。

3.2

**单位距离转数　revolutions per unit distance**

在本标准规定的条件下，轮胎的(轴)中心准确移动 1 km 距离时，轮胎的转数(含非整数转数)。

## 4 试验原理

将试验轮胎与轮辋的组合体装于从动轴上，压在一规定直径的转鼓面，并施加负荷。在规定的速度范围内，以恒定的速度完成试验。记录轮胎和转鼓的转动圈数，将这些数据代入公式，计算出轮胎的滚动周长。

## 5 试验条件

### 5.1 试验设备

试验设备应有一直径为(1 700±17)mm 的试验转鼓，同时应具有一个能安装轮胎并使轮胎能靠在该转鼓上加载的从动轮轴。

测量时应注意轮胎运转平稳。

### 5.2 试验温度

试验在试验室温度(38±3)℃下完成。

### 5.3 试验速度

为了对各轮胎的滚动周长确立可比性，应采用以下速度：

速度符号标记为“L”以上的，速度为(80±0.5)km/h；

速度符号标记为“L”及其以下的，速度为(50±0.5)km/h。

5.4 试验设备的精度

试验达到的转数及其读数应精确至小数后第2位。转数计的总误差，包括启动和停止，不应超过0.1%。

## 6 轮胎试验参数

### 6.1 试验负荷

轻载型和标准型按轮胎最大负荷能力(模刻在胎侧上负荷指数对应值的)65%计算。

加强型按最大负荷能力(模刻在胎侧上负荷指数对应值的)80%计算。

试验负荷公差应保持在±20 N范围内。

### 6.2 试验充气压力

在试验温度下，轮胎的试验充气压力如下：

轻载型和标准型应为(200±3)kPa；

加强型应为(250±3)kPa。

### 6.3 试验轮辋

试验轮辋的规格型号应是由轮胎生产厂认可的作为试验轮胎在道路上使用的轮辋。若没有合适的轮辋，试验应使用标准测量轮辋或最接近的轮辋。

## 7 试验步骤

7.1 在试验正式开始前，应使试验轮胎在5.3规定的速度条件下，并按照6.1和6.2规定的试验负荷和试验充气压力试运行1 h，以使试验轮胎达到所需状态。

7.2 为了以后比较，应记录试运行后新轮胎的外直径。

7.3 当轮胎完成7.1的运行后，应使轮胎在试验区环境温度下充气停放至少3 h，在这段时间里，可将轮胎与轮辋的组合体安装到试验设备上。

7.4 将轮胎充气压力调整到6.2规定的值，负荷调整到6.1规定的值。

7.5 驱动转鼓，以试验速度运行30 min使轮胎升温。升温后，不应调整气压，以模拟正常使用条件，使试验在轮胎气压逐渐升高(“闭气试验”)情况下进行。

7.6 记录连续2 min试验时间内试验轮胎的转数(含非整数转数)$N_t$、转鼓的转数$N_d$。

7.7 5 min后重复试验7.6规定的测量。

7.8 第一次记录的转数与第二次记录的转数相差不能大于0.2%，否则需重复试验，直至达到第一次记录的转数与第二次记录的转数之差小于0.2%。

## 8 结果表述

### 8.1 轮胎滚动周长

轮胎的滚动周长$C$按式(1)通过平均两次成功记录(run1和run2)的转数计算得出：

$$C = \pi[(N_d/N_t)_{run1} + (N_d/N_t)_{run2}] \times R \quad \cdots\cdots(1)$$

式中：

$C$——轮胎滚动周长，单位为毫米(mm)；

$N_d$——转鼓的转数；

$N_t$——轮胎的转数；

$R$——转鼓的半径，单位为毫米(mm)。

### 8.2 单位距离的转数

单位距离(千米)的转数$N_{km}$，按式(2)计算：

$$N_{km} = (1/C) \times 10^6 \quad \cdots\cdots (2)$$

## 9 试验报告

试验报告应包括以下内容：

a) 试验温度和速度；

b) 轮胎试验负荷、试验充气压力和试验轮辋；

c) 轮胎厂名、商标、规格和外直径；

d) 试验转鼓的实际直径、转鼓转数、轮胎转数、轮胎滚动周长和单位距离的转数；

e) 试验日期。

# 附　录　A
（资料性附录）
## 本标准章条编号与 ISO 13328:2000 章条编号对照

表 A.1 给出了本标准章条编号与 ISO 13328:2000 章条编号对照一览表。

**表 A.1　本标准章条编号与 ISO 13328:2000 章条编号对照**

| 本标准章条编号 | ISO 13328:2000 |
|---|---|
| 9 | — |
| 附录 A | — |
| 附录 B | — |
| 注：表中章条以外的本标准章条编号与 ISO 13328:2000 其他章条编号均相同且内容相对应。 | |

# 附 录 B
## (资料性附录)
## 本标准与 ISO 13328:2000 的技术性差异及其原因

表 B.1 给出了本标准与 ISO 13328:2000 技术性差异及其原因一览表。

**表 B.1 本标准与 ISO 13328:2000 的技术性差异及其原因**

| 本标准章条编号 | 技术性差异 | 原因 |
|---|---|---|
| 2 | 本标准直接引用了 GB/T 6326《轮胎术语及其定义》,删除了 ISO 13328:2000 中引用的 ISO 4223-1《轮胎工业中用的某些术语定义——第一部分:充气轮胎》 | 根据标准编写的有关规定,引用了与国际标准相应的国家标准 |
| 5.2 | 本标准试验温度用“(38±3)℃”代替了 ISO 13328:2000 的“(25 ℃±5 ℃)” | 参照 GB/T 13203—2007《摩托车轮胎性能试验方法》,统一按高速、耐久性能的试验温度,更适应实际使用条件 |
| 5.4 | 用“试验达到的转数及其读数应精确至小数后第 2 位”代替了 ISO 13328:2000 的“轮胎和转鼓每旋转一周的最小脉冲数应为 10 个”的试验设备精度要求 | 使标准的要求更简明,可操作性更强 |
| 6.1 | 删除了 ISO 13328:2000 对直径不同于 1 700 mm的其他转鼓应采用相应的负荷修正系数的说明;<br>并删除了 ISO 标准中“6.1”第一段(关于前轮胎承受负荷比后轮胎负荷小的说明) | 我国摩托车轮胎试验用的转鼓已统一为 1 700 mm 直径;<br>ISO 标准规定的试验负荷没明确是否应区分前、后轮胎的取值,容易与前述“也适于后轮胎测量”(见“1 范围”的注)产生模糊概念,故宜删除 |
| 9 | 增加了试验报告的内容 | 便于试验结果规范并具可比性 |

ICS 43.040.10
T 35

GB

# 中华人民共和国国家标准

GB/T 22630—2008

# 车载音视频设备电磁兼容性要求和测量方法

## Audio video-Apparatus on board electromagnetic compatibility requirement and methods of measurement

2008-12-23 发布　　2009-06-01 实施

中华人民共和国国家质量监督检验检疫总局
中国国家标准化管理委员会　发布

# 前　言

本标准中测试项目的设置主要参考欧盟指令 2004/104/EC《欧盟理事会有关车辆的无线电干扰(电磁兼容)指令》。

本标准的附录 A 为资料性附录,附录 B～附录 E 为规范性附录。

本标准由国家发展和改革委员会提出。

本标准由全国汽车标准化技术委员会归口。

本标准负责起草单位:中国电子科技集团公司第三研究所、中国汽车技术研究中心。

本标准参加起草单位:中国质量认证中心。

本标准主要起草人:吴晓、林京平、徐立、郑涓、徐嵬、遇文涛、林艳萍、覃韶辉、薛守博。

本标准为首次制定。

# 车载音视频设备电磁兼容性要求和测量方法

## 1 范围

本标准规定了车载音视频设备的电磁兼容性要求和测量方法。

本标准适用于各种机动车辆用车载音视频设备。

注：本标准适用于车载多媒体设备的音视频功能。对于不以音视频功能为主要功能的设备(例如带 DVD 播放功能的 GPS 导航系统)，只适用于其音视频功能。

## 2 规范性引用文件

下列文件中的条款通过本标准的引用而成为本标准的条款。凡是注日期的引用文件，其随后所有的修改单(不包括勘误的内容)或修订版均不适用于本标准，然而，鼓励根据本标准达成协议的各方研究是否可使用这些文件的最新版本。凡是不注日期的引用文件，其最新版本适用于本标准。

GB 3174　PAL-D 制电视广播技术规范

GB/T 4365　电工术语　电磁兼容(GB/T 4365—2003，IEC 60050(161)：1990，IDT)

GB/T 6113.1　无线电骚扰和抗扰度测量设备规范

GB/T 9383　声音和电视广播接收机及有关设备抗扰度限值和测量方法

GB 13837　声音和电视广播接收机及有关设备无线电骚扰特性限值和测量方法(GB 13837—2003，IEC/CISPR 13：2001，MOD)

GB/T 19951　道路车辆　静电放电产生的电骚扰试验方法(GB/T 19951—2005，ISO 10605：2001，IDT)

GB/T 21437.2　道路车辆　由传导和耦合引起的电骚扰　第 2 部分：沿电源线的电瞬态传导(GB/T 21437.2—2008，ISO 7637-2：2004，IDT)

ISO 11452-2　道路车辆　窄带辐射电磁能量产生的电骚扰　部件试验方法　第 2 部分：电波暗室法

ISO 11452-4　道路车辆　窄带辐射电磁能量产生的电骚扰　部件试验方法　第 4 部分：大电流注入法

## 3 定义

本标准采用 GB/T 4365 和 GB 13837 中的术语和定义。

## 4 概述

### 4.1 测量的一般要求

多功能设备的每种音视频功能都应进行测试。

注：在对每种功能进行测试时，建议关注某些敏感的辅助设备可能对测试结果造成影响。

#### 4.1.1 试验环境条件

温度：18 ℃～28 ℃；

大气压力：100 kPa～106 kPa；

相对湿度：25%～75%(对于静电放电试验为 30%～60%)。

4.1.2 试验电压

应采用 12 V±0.2 V 或 24 V±0.4 V 的稳压电源或蓄电池给受试设备供电。

注：按整车条件试验时，试验电压采用 13.5 V±0.5 V 或 27 V±1.0 V。

4.1.3 有用信号

对于有些受试设备，本标准未规定有用信号，试验时应采用产品标准或设备生产厂规定的标称信号。试验报告中应记录用于试验的有用信号。

4.1.3.1 骚扰测量

骚扰测量要求如下：

a) 电视接收机：满足 GB 13837 关于有用信号的要求，射频信号电平为 70 dBμV。

b) 声音接收机：

1) FM：RF 单声道信号，1 kHz，FM，频偏 37.5 kHz，信号电平：60 dBμV；

2) LW/MW/SW：RF 信号，1 kHz，AM，调制度 50%，信号电平：46 dBμV。

c) 音频放大器：1 kHz 正弦信号，电平 500 mV(电动势)。

d) 其他音频设备(例如，放音机、CD 放音机)：预录 1 kHz 音频信号的磁带或唱片，信号电平按受试设备制造厂的规定。

e) 其他视频设备(例如，激光视盘播放机和其他视盘机等)：预录带有 1 kHz 音频信号符合 GB 3174 规定的标准垂直彩条信号的磁带或视盘，信号电平按受试设备制造厂的规定。

4.1.3.2 抗扰度测量

抗扰度测量要求如下：

a) FM 声音接收机：天线端有用输入信号相对 75 Ω 输入阻抗为 60 dBμV，1 kHz 调频，频偏 40 kHz。在立体声模式下测量时，有用信号应附加 19 kHz 导频信号，其频偏为 7.5 kHz。

b) AM 声音接收机：天线端有用输入信号相对 75 Ω 输入阻抗为 46 dBμV，频率分别为长波(LW)最靠近 250 kHz、中波(MW)最靠近 1 MHz 和短波(SW)最靠近 16 MHz 的调幅信号，调制频率 1 kHz，调制度 30%。

c) 数字声音接收机：信道带宽及调制方式应符合相应国家/行业标准的要求，信号电平为 50 dBμV。

d) 模拟电视接收机：相对 75 Ω 天线输入阻抗，图像载波电平为 70 dBμV，图像调制符合 GB 3174 规定的垂直彩条信号，声音调制频率为 1 kHz，频偏是 30 kHz 的调频信号。

e) 数字电视接收机：它包括符合 GB 3174 规定的垂直彩条图形，还包含运动像素的图像信号和 1 kHz 音频的声音信号，视频比特率 6 M bit/s。有用信号信道带宽及调制方式应符合相应国家/行业标准的要求。射频信号电平：对于地面系统，相对 75Ω 天线输入阻抗，VHF 50 dBμV，UHF 54 dBμV；对于卫星系统，60 dBμV。

f) 音频放大器：1 kHz 音频信号，电平 500 mV(电动势)。

g) 其他音频设备(例如，放音机、CD 放音机)：预录 1 kHz 音频信号的磁带或唱片，信号电平 0 dB 或按受试设备制造厂的规定。

h) 其他视频设备(例如，激光视盘播放机和其他视盘机等)：预录带有 1 kHz 音频信号符合 GB 3174 规定的标准垂直彩条信号的磁带或视盘，信号电平按受试设备制造厂的规定。

4.1.4 受试设备的工作状态

4.1.4.1 骚扰测量

受试设备应处于正常工作状态，并按照 4.1.3.1 的要求提供有用信号。音频输出功率应调整至额定功率，对于含有多路输出的设备，每路输出都应满足上述要求。带显示单元或需要外加显示单元实现功能的设备，显示单元的亮度、对比度旋钮应调节至最大。

4.1.4.2 抗扰度测量

受试设备应处于正常工作状态，并按照 4.1.3.2 的要求提供有用信号。调整受试设备或辅助装置的音量控制器，达到测试所需的 500 mW 音频输出电平。带显示单元的受试设备应显示标准图像，标准图像为满足 GB 3174 要求的由 100/0/75/0 垂直彩条组成的图形。对于不带显示单元，但具有视频输出功能的受试设备，为了对图像质量降低进行评价，测量时需外加显示单元作为辅助设备，测量时应避免骚扰信号直接干扰辅助设备影响测量结果。调整受试设备的亮度、对比度和彩色饱和度控制钮获得下述亮度值：

| | |
|---|---|
| 黑　条 | 2 $cd/m^2$ |
| 品红条 | 30 $cd/m^2$ |
| 白　条 | 80 $cd/m^2$ |

注 1：品红条的亮度如果达不到 30 $cd/m^2$，将其调到尽可能接近 30 $cd/m^2$，并将实际亮度值记录在测试结果中。

注 2：对于那些无法设定到上述要求的产品，设定为产品制造商规定的标准状态。

4.2 功能状态分类(抗扰度判据)

4.2.1 A 类

受试设备在施加骚扰期间和之后，能按照预期执行所设计的全部功能，且性能不降低。

对音频和视频功能都应进行评价。如果满足 4.2.1.1 和/或 4.2.1.2 质量评价的规定，则认定设备能够按照预期要求持续工作。

4.2.1.1 声音质量评价

采用客观测量的方法来评价声音质量，有用声音信号电平为 500 mW，有用声音信号电平与无用声音信号电平之比≥26 dB。

4.2.1.2 图像质量评价

采用主观方法来评价图像质量，有用测试信号产生一个标准图像(录像机等设备在辅助电视机屏幕上显示图像)，无用信号使图像质量降低。质量降低可能有多种形式，例如，图像重叠、马赛克、图像冻结、几何失真、对比度和色度损失等。

符合要求的图像判据为，图像产生刚好可察觉的质量降低。观测应在正常观看条件下进行(照度为 15 lx～20 lx)，观测距离为屏幕高度的六倍。

4.2.2 B 类

受试设备在施加骚扰期间，能执行所设计的所有功能。允许性能降低，但不允许存储的数据丢失，不允许出现影响驾驶员正常驾驶的干扰，例如产生声音的啸叫等。在停止施加骚扰之后，设备能自动恢复正常工作。

4.2.3 C 类

受试设备在施加骚扰期间，允许不能执行所设计的一项或多项功能，但不允许出现影响驾驶员正常驾驶的干扰，例如产生声音的啸叫等。在停止施加骚扰之后，设备能自动恢复正常工作。

4.2.4 D 类

受试设备在施加骚扰期间，不能执行所设计的一项或多项功能。在停止施加骚扰之后，通过简单的“操作或使用”复位动作，才能恢复正常工作。

4.2.5 E 类

受试设备在施加骚扰期间和之后，不能执行所设计的一项或多项功能。如果不修理或不替换受试设备，则不能恢复正常工作。

4.3 试验报告

试验报告的具体要求参见附录 A。

## 5 骚扰限值和测量

### 5.1 瞬态电压发射

#### 5.1.1 限值

测量受试设备沿电源线传导发射的瞬态电压,限值见表1。

表1 瞬态电压发射限值

| 脉冲幅值特性 | 允许的最大脉冲幅值/V | |
|---|---|---|
| | 12 V系统 | 24 V系统 |
| 正 | +75 | +150 |
| 负 | −100 | −450 |

#### 5.1.2 测量布置

测量布置如图1a)和图1b)所示,图中所示仪器、设备的具体要求见附录B。

##### 5.1.2.1 受试设备的布置

受试设备应放在接地平板上方厚度 $50^{+10}_{0}$ mm 的绝缘材料上(若受试设备在实际使用时接地,则应直接放在接地平板上)。受试设备经人工电源网络、并联电阻 $R_S$ 与电源相连接,受试设备与人工电源网络之间的连线长度为200 mm±50 mm。除电源线外受试设备的连接线束(控制线、信号线等)应端接相应负载。

##### 5.1.2.2 开关S的布置

人工电源网络与电源之间的开关S在测量慢脉冲时动作,开关S与人工电源网络之间的连线长度为60 mm±15 mm;受试设备与人工电源网络之间的开关S在测量快脉冲时动作,开关S与人工电源网络之间的连线长度为100 mm±25 mm。

##### 5.1.2.3 人工电源网络的布置

人工电源网络与电源之间的连线长度为200 mm±50 mm。人工电源网络与接地平板之间的连接线长度应小于100 mm。

##### 5.1.2.4 测量线束的布置

人工电源网络、开关S、有用信号发生器和受试设备之间的所有连接线均应放置于金属接地平板上面的非导电材料(材料厚度 $50^{+10}_{0}$ mm)上。应按照受试设备实际使用时的情况选择电缆长度。

电压探头在连接到电路中时,应尽可能靠近受试设备的接线端。

#### 5.1.3 测量步骤

电源线断开引起的瞬态电压,应在受试设备稳定工作的状态下,断开开关S的时刻开始测量。

重复性的瞬态电压,应在开关S闭合的状态下进行。将受试设备的电源开关断开、闭合以及操作各种工作模式(例如,收音切换到放音状态、CD进出仓等)来测量。

应对示波器的取样率以及触发电平进行选择,以便获取显示完整的瞬态电压波形,并具有足够高的分辨率以显示瞬态电压的最大正、负值部分。其他的瞬态电压参数,例如上升时间,下降时间以及瞬态宽度也应记录下来。应采集不少于10个瞬态电压波形。

记录含有最大正幅度和最大负幅度的瞬态电压波形及与其相关的参数。

### 5.2 天线端骚扰电压

#### 5.2.1 限值

对应75 Ω标称天线阻抗的天线端骚扰电压限值见表2。对于标称天线阻抗不是75 Ω的接收机,限值应按下式换算:

$$L_Z = L + 10\lg(Z/75) \qquad \cdots\cdots(1)$$

式中：

$L_Z$——标称输入阻抗为 $Z$ 的接收机限值，单位为分贝微伏(dBμV)；

$L$——表 2 中给出的限值($Z$=75 Ω)，单位为分贝微伏(dBμV)；

$Z$——被测接收机的标称输入阻抗，单位为欧(Ω)。

**表 2 天线端骚扰电压限值**

| 设备类型 | 骚扰源 | 频率<br>MHz | 限值(准峰值)<br>dBμV(75 Ω) |
|---|---|---|---|
| FM 收音机 | 本振 | ≤1 000 | 基波 66 |
| | | 30～300 | 谐波 59 |
| | | 300～1 000 | 谐波 52 |
| | 其他 | 30～1 000 | 46 |

5.2.2 **测量布置**

测量布置如图 2 所示，图中所示仪器、设备的具体要求见 GB 13837。

用同轴电缆和阻性混合网络将受试设备的天线端、有用信号发生器与测试接收机相接。阻性混合网络各端口应与所连接设备的端口阻抗匹配，必要时应插入阻抗匹配器或射频衰减器。

5.2.3 **测量步骤**

将有用信号馈给受试设备射频输入端，调谐受试设备使其处于正常工作状态。调整有用信号发生器输出电平，使受试设备射频输入端电平满足 4.1.3.1 中的规定。

调谐测试接收机到相应骚扰频率，测量的骚扰电平应为：

天线端骚扰电压(dBμV)＝测试接收机读数(dBμV)＋路径衰减值(dB)

其中，路径衰减为受试设备天线端到测试接收机输入端的电压衰减，测量结果中应注明受试设备的标称输入阻抗值。

5.3 **辐射骚扰场强**

5.3.1 **限值**

辐射骚扰场强限值(测试距离 1 m)见表 3。

**表 3 辐射骚扰场强限值**

| 频率范围<br>MHz | 宽带限值(准峰值)<br>dBμV/m | 窄带限值(平均值)<br>dBμV/m |
|---|---|---|
| 30～75 | 62～52[a] | 52～42[a] |
| 75～400 | 52～63[b] | 42～53[b] |
| 400～1 000 | 63 | 53 |

a 随频率的对数增加而线性减少。

b 随频率的对数增加而线性增加。

5.3.2 **测量布置**

测量布置如图 3 及图 4 所示，图中所示仪器、设备的具体要求见附录 C。

5.3.2.1 **受试设备的布置**

接地平板应放在高度为 900 mm±50 mm 的试验台上，并与半电波暗室的金属壳体搭接(连接线的直流电阻不超过 2.5 mΩ,并尽可能短)。受试设备放在接地平板上面的绝缘材料上,绝缘材料厚度为 50 mm±5 mm。除非受试设备是模拟实际车辆上的布置,否则它不应与接地平板连接。受试设备如果由多个部件组成,这些部件应模拟车内实际情况布线,人工电源网络测量端口应端接 50 Ω 负载。

对于需要输入信号的受试设备,应由信号发生器提供合适的测试信号。

#### 5.3.2.2 测量线束的布置

测量线束放在接地平板上面的绝缘材料上,绝缘材料厚度为 50 mm±5 mm。测量线束应平行于接地平板的前边放置,线束的长度为 1 500 mm±75 mm(若线束长度与标准试验线束长度存在偏差,要在试验前得到认可并在试验报告中记录下来),与接地平板前边缘的距离为 100 mm±10 mm。

当模拟负载直接放置在接地平板上时,受试设备与模拟负载间测量线束的总长不超过 2 000 mm。

线束的类型根据实际系统应用和要求规定。

#### 5.3.2.3 模拟负载的布置

模拟负载为模拟受试设备在车内环境下正常工作时所需端接的各种负载。模拟负载最好直接放置在接地平板上。如果有金属外壳,外壳应连接到接地平板上。模拟负载也可以邻近接地平板放置(模拟负载的外壳也应连接到接地平板),或者放置在测试暗室外面,此时放置在接地平板上方与受试设备相连的测量线束总长不超过 2 000 mm 。如果模拟负载放置在接地平板上,并需要外接电源时,模拟负载的直流供电线应连接到人工电源网络,人工电源网络连接到直流电源上。

#### 5.3.2.4 天线的布置

天线的相位中心高度与接地平板的高度差应在 100 mm±10 mm 范围内。天线距地面的高度不应低于 250 mm,距吸波材料的距离不应小于 1 000 mm,距屏蔽室的墙和天花板的距离不应小于 2 000 mm。测量线束到天线参考点的距离应为 1 000 mm±10 mm。

天线参考点被定义为:

——双锥天线的相位中心(中点);

——对数周期天线的顶端。

### 5.3.3 测量步骤

在天线分别处于水平极化和垂直极化时进行测试,记录测试接收机的最大读数。在 30 MHz～1 000 MHz 频率范围内进行扫描,在天线的两种极化方向下分别用准峰值检波器和平均值检波器对受试设备进行测试,测量值应同时满足准峰值限值和平均值限值。

受试设备在测量时的摆放情况要记录在测试报告中。

## 6 抗扰性能及测量

### 6.1 输入抗扰度(对调频声音接收机)

### 6.1.1 抗扰电平及功能状态

按表 4、表 5 和表 6 的要求,受试设备调谐在有用信号频率 $f_n$ 上,施加频率为 $f_f$,电平为 $n_f$ 的无用信号,受试设备应满足 4.2.1 所规定的 A 类状态。具有单声道/立体声装置的接收机,应在立体声模式下测试。需注意,规定的有用信号和无用信号限值电平对应的是 75 Ω 标称天线阻抗,对于标称天线阻抗不是 75 Ω 的接收机,无用信号电平应按 5.2.1 中公式(1)换算,式中 $L$ 为表 4、表 5 和表 6 中给出的无用信号电平。

被测调频声音接收机频率覆盖为 87 MHz～108 MHz 时,抗扰电平见表 4;频率覆盖为 87.5 MHz～108 MHz 时,抗扰电平见表 5。

表 4 无用信号在 FM 频段(87 MHz～108 MHz)之外的输入抗扰电平

| 有用信号 $f_n$ MHz | 无用信号 $f_f$ MHz | 电平 $n_f$/dBμV | |
|---|---|---|---|
| | | 单声道 | 立体声 |
| 87.10 | 65.70 | 80 | 80.00 |
| | 76.40 | 80 | 80.00 |
| | 86.60 | 80 | 80.00 |
| | 86.70 | 80 | 80.00 |
| | 86.75 | 80 | 80.00 |
| | 86.80 | 72.40 | 69.20 |
| | 86.85 | 64.80 | 58.40 |
| | 86.90 | 57.20 | 47.60 |
| | 86.95 | 49.60 | 36.80 |
| | 87.00 | 42.00 | 26.00 |
| 107.90 | 129.30 | 80.00 | 80.00 |
| | 118.60 | 80.00 | 80.00 |
| | 108.40 | 80.00 | 80.00 |
| | 108.30 | 80.00 | 80.00 |
| | 108.25 | 80.00 | 80.00 |
| | 108.20 | 72.40 | 69.20 |
| | 108.15 | 64.80 | 58.40 |
| | 108.10 | 57.20 | 47.60 |
| | 108.05 | 49.60 | 36.80 |
| | 108.00 | 42.00 | 26.00 |

注：65.70 MHz 仅适用于本振频率低于调谐频率的接收机；129.3 MHz 仅适用于本振频率高于调谐频率的接收机。

表 5 无用信号在 FM 频段(87.5 MHz～108 MHz)之外的输入抗扰电平

| 有用信号 $f_n$ MHz | 无用信号 $f_f$ MHz | 电平 $n_f$/dBμV | |
|---|---|---|---|
| | | 单声道 | 立体声 |
| 87.60 | 66.20 | 80 | 80 |
| | 76.90 | 80 | 80 |
| | 87.10 | 80 | 80 |
| | 87.20 | 80 | 80 |
| | 87.25 | 80 | 80 |
| | 87.30 | 72.40 | 69.20 |
| | 87.35 | 64.80 | 58.40 |
| | 87.40 | 57.20 | 47.60 |
| | 87.45 | 49.60 | 36.80 |
| | 87.50 | 42.00 | 26.00 |

表 5（续）

| 有用信号 $f_n$ MHz | 无用信号 $f_f$ MHz | 电平 $n_f$/dBμV | |
|---|---|---|---|
| | | 单声道 | 立体声 |
| 107.90 | 129.30 | 80.00 | 80.00 |
| | 118.60 | 80.00 | 80.00 |
| | 108.40 | 80.00 | 80.00 |
| | 108.30 | 80.00 | 80.00 |
| | 108.25 | 80.00 | 80.00 |
| | 108.20 | 72.40 | 69.20 |
| | 108.15 | 64.80 | 58.40 |
| | 108.10 | 57.20 | 47.60 |
| | 108.05 | 49.60 | 36.80 |
| | 108.00 | 42.00 | 26.00 |
| 注：66.20 MHz 仅适用于本振频率低于调谐频率的接收机；129.3 MHz 仅适用于本振频率高于调谐频率的接收机。 | | | |

表 6 无用信号在 FM 频段之内的输入抗扰电平

| 有用信号 $f_n$ MHz | 无用信号 $f_f$ MHz | 电平 $n_f$/dBμV | |
|---|---|---|---|
| | | 单声道 | 立体声 |
| 98.000 | 97.5 和 98.5 | 85 | 85 |
| | 97.6 和 98.4 | 85 | 85 |
| | 97.65 和 98.35 | 80 | 80 |
| | 97.7 和 98.3 | 72 | 72 |
| | 97.75 和 98.25 | 63 | 63 |
| | 97.8 和 98.2 | 59 | 58 |
| | 97.85 和 98.15 | 57 | 47 |
| | 97.9 和 98.1 | 53 | 32 |
| | 97.925 和 98.075 | 49 | 20 |
| | 97.95 和 98.05 | 41 | 14 |
| | 97.975 和 98.025 | 34 | 14 |
| | 98.0 | 29 | 20 |

### 6.1.2 测量布置

测量布置如图 5 所示，图中所示仪器、设备的具体要求见 GB/T 9383。在下述测量中，调整有用信号和无用信号的频率精确度为±1 kHz。

无用信号发生器(G1)和有用信号发生器(G2)通过耦合网络(CN)互连，为了避免两个信号发生器之间互相干扰，用衰减器增加耦合衰减。耦合网络的输出源阻抗应为 75 Ω，通过网络(MN)与被测设备的天线端相匹配。

### 6.1.3 测量步骤

#### 6.1.3.1 声音质量评价方法

首先受试设备输入有用测试信号，并产生被测的有用声音信号。调整受试设备的音量控制器或测试配置，达到测试所需的音频输出电平。然后将有用信号去调制或关闭声音有用信号。

按表 4/表 5 和表 6 中给定的频率点和相应电平限值输入无用信号。通过测试无用的输出信号电平并与有用输出信号电平相比较进行评价。

音频输出功率的测试，见 GB/T 9383 相关规定。

**6.1.3.2 无用信号在 FM 频段外的测量**

按照声音质量评价的方法进行测量，有用信号和无用信号频率在表 4、表 5 中给出。测量所需有用信号见 4.1.3.2，无用信号为调制频率 1 kHz、调制度 80%的调幅信号。

**6.1.3.3 无用信号在 FM 频段内的测量**

按照声音质量评价的方法进行测量，有用信号和无用信号频率见表 6 中。测量所需有用信号见 4.1.3.2，无用信号为调制频率 1 kHz、频偏 40 kHz 的调频信号。

## 6.2 对天线端射频电压(共模)的抗扰度(对调频和调幅声音接收机)

### 6.2.1 抗扰电平及功能状态

受试设备在接收状态下进行测试，施加于天线端的无用信号频率和电平见表 7。受试设备应满足 4.2.1 所规定的 A 类状态。需注意，规定的无用信号限值电平对应的是 75 Ω 标称天线阻抗，对于标称天线阻抗不是 75 Ω 的接收机，限值应按 5.2.1 中公式(1)换算，式中 $L$ 为表 7 中给出的无用信号电平。

**表 7 天线端射频电压(共模)抗扰度限值**

| 频率/MHz | 电平/dBμV(电动势) |
|---|---|
| 26～29.5 | 126 |
| 注：无用信号发生器输出为电动势。 | |

### 6.2.2 测量布置

测量布置如图 6 所示，图中所示仪器、设备的具体要求见 GB/T 9383。

受试设备放在尺寸为 2 m×1 m 的金属地平面上方 0.1 m 处的绝缘材料上，耦合单元分别接到各连接电缆。耦合单元和被测设备之间的电缆应尽可能的短，接到受试设备天线输入端的电缆长度不应超过 0.3 m。这些电缆应为同轴电缆，且其转移阻抗在 30 MHz 处最大为 50 mΩ/m。

电源线如果不被剪断，就应被捆扎成小于 0.3 m 的长度一束。这些线和接地平板之间的距离应为 30 mm～50 mm 之间。电源线走线应被精确布置固定并记录在测试报告中。

对每种类型的端口(输入/输出/电源端口)至少应使用一个端口的耦合单元(与端口的数量无关)。

### 6.2.3 测量步骤

有用信号由信号发生器 G1 提供，信号通过频道滤波器 $F_c$、衰减器 T3 和耦合单元至受试设备。无用电流信号由信号发生器 G2 提供，并通过开关 S1、衰减器 T1、宽带功率放大器 Am、低通滤波器 F、衰减器 T2 和耦合单元至受试设备天线端。

对接收机频带外的抗扰度测试，需要一个低通滤波器(F)以便衰减骚扰源的谐波电流，防止谐波直接干扰被测接收机的中频和射频通道。同样，必要时功率放大器(Am)应置于屏蔽盒内，防止直接辐射。

将无用信号电流通过天线耦合单元 AC 直接注入到设备天线连接电缆的屏蔽层来模拟实际环境中感应进入设备连接电缆的干扰信号的影响。该电流通过受试设备对地电容和其他端口的耦合单元的终端负载阻抗返回到信号发生器。

6 dB～10 dB 衰减器 T2 为功率放大器输出提供 50 Ω 匹配负载并规定了源阻抗。

如果受试设备需要辅助设备才可完全实现使用功能，该辅助设备应被作为受试设备的一部分来考虑，并要采取措施保证这一辅助设备不受无用信号的影响。这些保护措施可能包括屏蔽电缆附加接地、屏蔽附加设备、连接电缆接射频滤波器或连接电缆套铁氧体磁环。

受试设备有接地端子时，应通过 150 Ω 电阻接地。在测试频率范围内进行扫频测试，其电平应满足表 6 的要求。无用信号为调制频率 1 kHz，调制度 80%的调幅信号。有用信号要求见 4.1.3.2。声音质量评价方法见 6.1.3.1。

### 6.3 典型脉冲波形的传导抗扰度

#### 6.3.1 试验等级及功能状态

仅对受试设备的电源线施加试验脉冲，典型脉冲波形的传导抗扰度功能状态及试验等级见表8。

表8 典型脉冲波形的传导抗扰度功能状态及试验等级

| 试验脉冲[a] | 试验等级 $U_S$/V | | 最少脉冲数或试验时间 $f$ | 短脉冲循环时间或脉冲重复时间 | 功能状态 |
|---|---|---|---|---|---|
| | 12 V系统 | 24 V系统 | | | |
| 1 | −75 | −450 | 5 000 脉冲 | 0.5 s | C |
| 2a | +37 | +37 | 5 000 脉冲 | 0.2 s | B |
| 2b | +10 | +20 | 10 脉冲 | 0.5 s | C |
| 3a/3b | −112/+75 | −150/+150 | 1 h | 90 ms | A |
| 4 | −6 | −12 | 1 脉冲 | [b] | C |

[a] 对试验脉冲的说明见附录C。

[b] 由于试验脉冲的最小数为1，因此未给出脉冲循环时间。当施加多个脉冲时，脉冲与脉冲之间应允许有1 min的最小延迟时间。

#### 6.3.2 测量布置

测量布置如图7所示，图中所示仪器、设备的具体要求见附录D。

##### 6.3.2.1 受试设备的布置

受试设备放置在接地平板上方厚度为 $50^{+10}_{0}$ mm的绝缘材料上(若受试设备在实际使用时接地，则应直接放置在接地平板上)。受试设备电源线与试验脉冲发生器相连，其他连线(如控制线、信号线等)应端接相应负载或辅助设备。有用信号要求见4.1.3.2。

##### 6.3.2.2 测量线束的布置

对于试验脉冲3a和3b，试验脉冲发生器端口与受试设备之间的导线应平行布置在接地平板上方的绝缘材料(材料厚度 $50^{+10}_{0}$ mm)上，长度应为0.5 m±0.1 m，且试验脉冲发生器与接地平板之间的接地线的长度不应大于100 mm。

#### 6.3.3 测量步骤

在受试设备连接到测量电路前，调整试验脉冲发生器，以产生特定的脉冲极性、幅度、宽度和阻抗。然后使受试设备的电源线与脉冲发生器连接，同时断开示波器。先使受试设备处于正常工作状态，再对其施加试验脉冲。对于试验脉冲3a和3b，按照A类分别进行图像质量评价和声音质量评价。按照4.1.4.2调整受试设备的状态。然后注入脉冲信号，测量期间脉冲信号电平都应维持在相应的试验等级，如果满足4.2.1.2的条件，则认为受试设备符合要求。声音质量评价方法见6.1.3.1。

### 6.4 辐射抗扰度

#### 6.4.1 试验严酷度等级及功能状态

辐射抗扰度试验严酷度等级及功能状态见表9。

#### 6.4.2 测量一般要求

测量布置如图8～图11所示，图中所示仪器、设备的具体要求见附录E。

##### 6.4.2.1 频率范围、驻留时间及频率步长

表9 辐射抗扰度试验严酷度等级及功能状态

| 试验方法 | 频率范围 | 试验严酷度等级 | 功能状态 |
|---|---|---|---|
| 大电流注入(BCI) | 20 MHz～80 MHz | 60 mA | B |
| 电波暗室 | 80 MHz～2 000 MHz | 30 V/m | B |

注1：以上规定的限值是在整个频段的90%内的要求。在全频段内，半电波暗室测试方法的最小值是25 V/m，大电流注入测试方法的最小值是50 mA。

注2：必要时，BCI测试频率覆盖可扩展至400 MHz。

试验在 20 MHz～2 000 MHz 整个频段内进行。在各个频率点，干扰场强的最小驻留时间不应小于 1 s。

试验应以不大于表 10 中的线性频率步长进行。如果受试设备在某一频率范围内出现性能下降的现象，则应在相应的频率范围内减小频率步长，以寻找抗扰度最差点。

表 10 最大频率步长

| 频率范围/MHz | 线性步长/MHz | 对数步长/% |
|---|---|---|
| 20～200 | 5 | 5 |
| 200～400 | 10 | 5 |
| 400～1 000 | 20 | 5 |
| 1 000～2 000 | 40 | 2 |

6.4.2.2 试验信号(无用信号)

试验信号包括：

a) 在 20 MHz～800 MHz 频率范围内，调制频率 1 kHz，调制度 80% 的 AM 信号；

b) 在 800 MHz～2 000 MHz 频率范围内，脉冲调制信号，重复周期 4.6 ms，脉冲宽度 577 μs。

6.4.2.3 试验过程中受试设备的状态

按照 4.1.4.2 调整受试设备的工作状态。如果受试设备由多个部件组成，其互接线束最好与车上使用的连接线束一致，如果不能满足要求，电子控制单元和人工电源网络间连线长度应与 ISO 11452 标准中规定的一致。线束中的所有电缆应尽可能按实际情况连接，并且最好连接与车上使用时相同的设备。人工网络测量端口应端接 50 Ω 负载。

辅助设备在测试过程中需处于工作状态。而在电波暗室法校准时，辅助设备不必就位，辅助设备距场强探头的距离不得小于 1 m。

为确保测试的可重现性，射频信号源、功放及其线路配置应和每次相应校准时所用的技术条件相同。

6.4.3 测量方法

所有试验应在具有屏蔽设施的场地进行。在 20 MHz～2 000 MHz 频率范围内，受试设备用以下测量方法进行试验。

——大电流注入：见 6.4.3.1；

——电波暗室法：见 6.4.3.2。

6.4.3.1 大电流注入

是通过电流注入探头将无用信号电流直接感应到连接线束进行抗扰度试验的一种方法。测量线束从电流注入探头中穿过，然后通过改变高频信号发生器频率进行抗扰度试验。

6.4.3.1.1 测量布置

测量布置如图 8 所示，图中所示仪器、设备的具体要求见附录 E。接地平板放置在高度为 900 mm±100 mm 的试验台上，并与屏蔽室的金属外壳连接(连接线的直流电阻不超过 2.5 mΩ，并尽可能短)。受试设备、测量线束及模拟负载等的布置见 5.3.2。电流注入探头应套在测量线束上，并距离受试设备 150 mm 处放置。

如果测试时使用电流测量探头监测试验情况，应放在距受试设备 50 mm±5 mm 处。

6.4.3.1.2 测量步骤

将电流注入探头安装在 50 Ω 的校准夹具(校准夹具的要求见附录 E)上。在每个试验频率点，用校准夹具校准达到试验等级所需要的正向功率值，并记录。校准采用未调制的正弦波。在校准文件中记录正向功率和反向功率。

安装受试设备、线束和辅助设备在试验台上。按照预先校准过的试验等级施加测试信号，在

20 MHz~80 MHz 频段内进行测量。电流监测探头可以被安放在电流注入探头和受试设备之间，但应避免电流监测探头对测量结果的影响。

6.4.3.2 电波暗室法

该试验方法是将受试设备暴露于由天线产生的辐射电磁场中进行试验。试验在天线垂直极化进行。

6.4.3.2.1 测量布置

测量布置如图9、图10和图11所示，图中所示仪器、设备的具体要求见附录E。接地平板放置在高度为900 mm±100 mm 的试验台上，并与电波暗室的金属外壳连接(连接线的直流电阻不超过2.5 mΩ，并尽可能短)。受试设备、测量线束及模拟负载等的布置见5.3.2。天线的布置如下：

天线的相位中心高度与接地平板的高度差应在100 mm±10 mm。天线距地面的高度不应低于250 mm，距吸波材料的距离不应小于500 mm，距屏蔽墙体和天花板的距离不应小于1 500 mm。线束到天线参考点的距离应为1 000 mm±10 mm。

天线参考点是：

——双锥天线的相位中心(中点)；

——对数周期天线的顶端；

——喇叭天线的顶端。

在80 MHz~1 000 MHz 的测试中，天线的相位中心对准线束(1 500 mm 长)的中心。在1 000 MHz 以上的测试中，天线的相位中心对准受试设备。

6.4.3.2.2 测量步骤

在每个试验频率点，用场强探头校准达到试验等级所需要的正向功率值，并记录。校准采用未调制的正弦波。将场强探头放于距接地平板上方150 mm±10 mm，并距接地平板前端100 mm±10 mm 的位置。在80MHz~1 000 MHz 的校准中，场强探头依照线束(1 500 mm 长)的中心位置摆放。在1 000 MHz 以上的校准中，场强探头依照受试设备的位置摆放。将天线放在距场强探头1 000 mm±10 mm 的位置，在水平和垂直极化进行校准。

在校准文件中记录正向功率和反向功率，在试验报告中记录辅助设备与场强探头位置关系的准确描述。

安装受试设备、线束和辅助设备在试验台上。按照预先确定的，并经过校准的等级施加测试信号，在80 MHz~2 000 MHz 频段内分别在水平和垂直极化进行测量。在测试过程中，场强探头可以被放置在线束的上方。

6.5 静电放电

6.5.1 试验严酷度等级及功能状态

静电放电抗扰度试验严酷度等级及功能状态见表11。

表11 静电放电抗扰度试验严酷度等级及功能状态

| 放电类型 | 试验严酷等级 | 功能状态 |
|---|---|---|
| 接触放电 | ±7 kV | C |
| 空气放电 | ±14 kV | C |

6.5.2 测量布置

测量布置及仪器、设备见GB/T 19951，受试设备应按照GB/T 19951中不装车的通电状态布置。

6.5.3 测量步骤

试验在室内进行，分别对受试设备进行直接接触放电和空气放电试验，对车内成员容易触及的表面、按键、开关进行试验，不对受试设备的连接器针脚及针座进行测试。

各放电试验点在每种电压等级下承受至少3次正电压放电和3次负电压放电，放电间隔时间至少为 5 s。在每种电压等级下，设备的放电试验点先承受一种极性的放电试验，再承受反极性的放电试验。在每连续 3 次放电试验期间和之后，检验受试设备是否符合 C 类功能状态分类。

单位为毫米

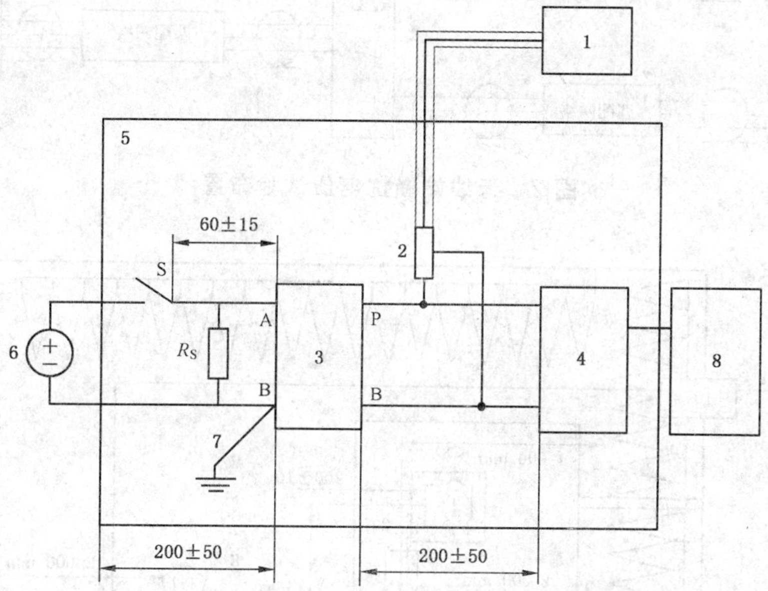


a) 慢脉冲(毫秒范围或更低)

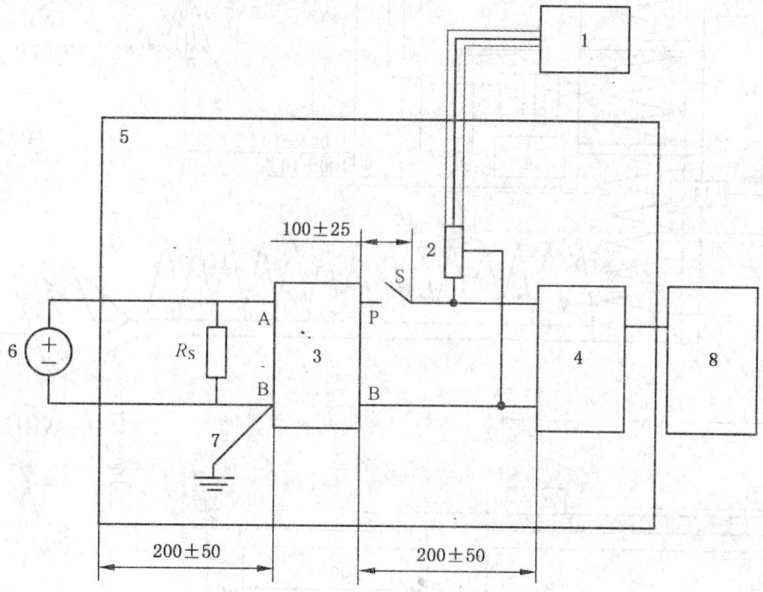


b) 快脉冲(纳秒至微秒范围)

1——示波器或等效设备；

2——电压探头；

3——人工电源网络；

4——受试设备；

5——接地平板；

6——电源；

7——接地线；

8——有用信号发生器。

**图 1 瞬态电压发射测量布置**

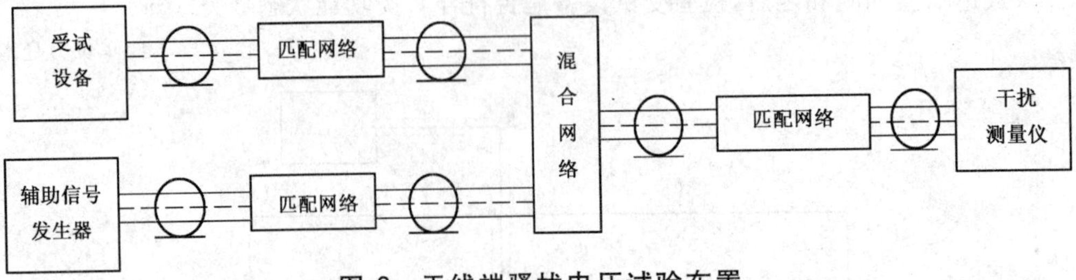


图 2　天线端骚扰电压试验布置

单位为毫米

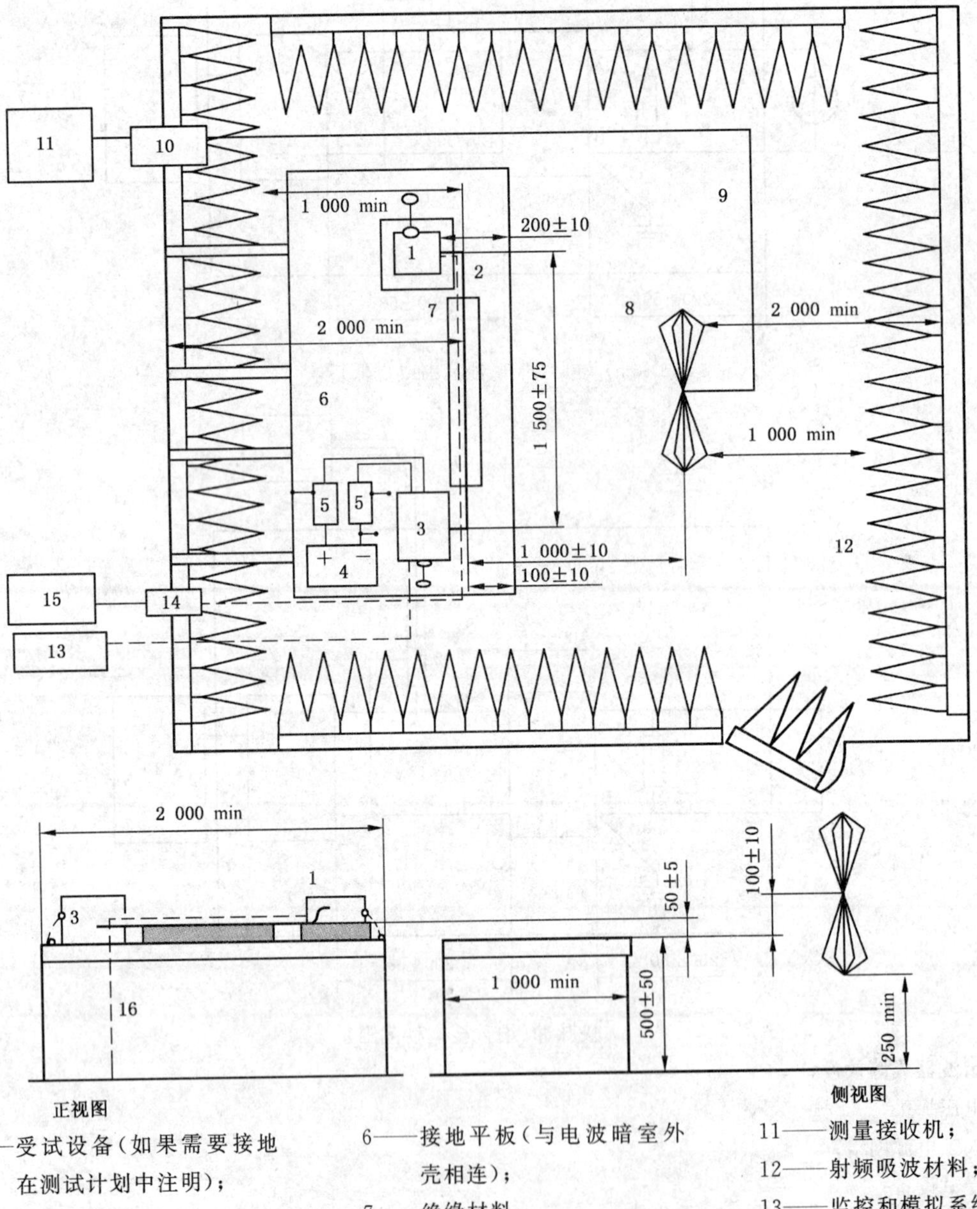


1——受试设备(如果需要接地在测试计划中注明)；
2——测量线束；
3——模拟负载；
4——电源；
5——人工电源网络；
6——接地平板(与电波暗室外壳相连)；
7——绝缘材料；
8——双锥天线；
9——高质量双层屏蔽电缆；
10——穿墙连接器；
11——测量接收机；
12——射频吸波材料；
13——监控和模拟系统；
14——穿墙连接器；
15——有用信号发生器；
16——信号电缆。

图 3　辐射骚扰场强测量布置实例(双锥天线)

单位为毫米

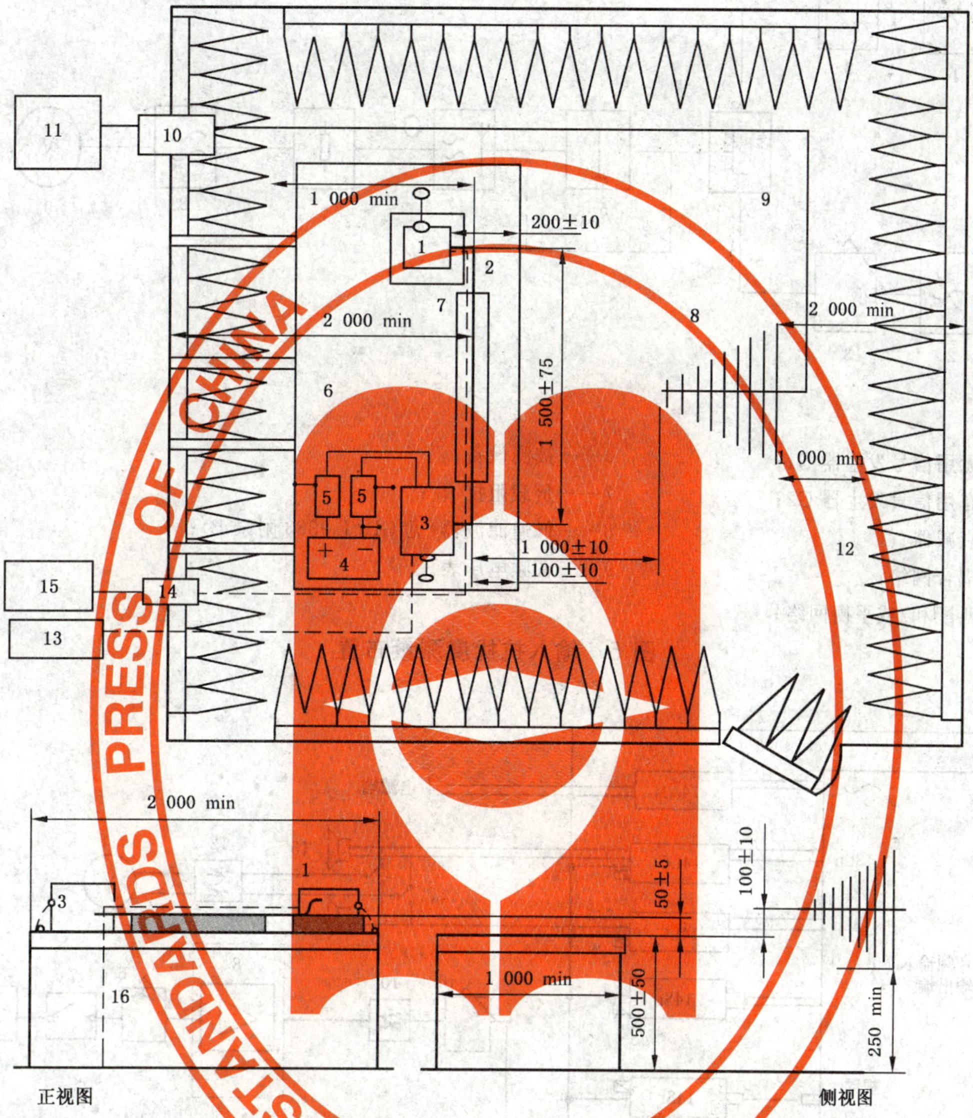


1——受试设备(如果需要接地在测试计划中注明)；
2——测量线束；
3——模拟负载；
4——电源；
5——人工电源网络；
6——接地平板(与电波暗室外壳相连)；
7——绝缘材料；
8——对数周期天线；
9——高质量双层屏蔽电缆；
10——穿墙连接器；
11——测量接收机；
12——射频吸波材料；
13——监控和模拟系统；
14——穿墙连接器；
15——有用信号发生器；
16——信号电缆。

**图 4 辐射骚扰场强测量布置实例(对数周期天线)**

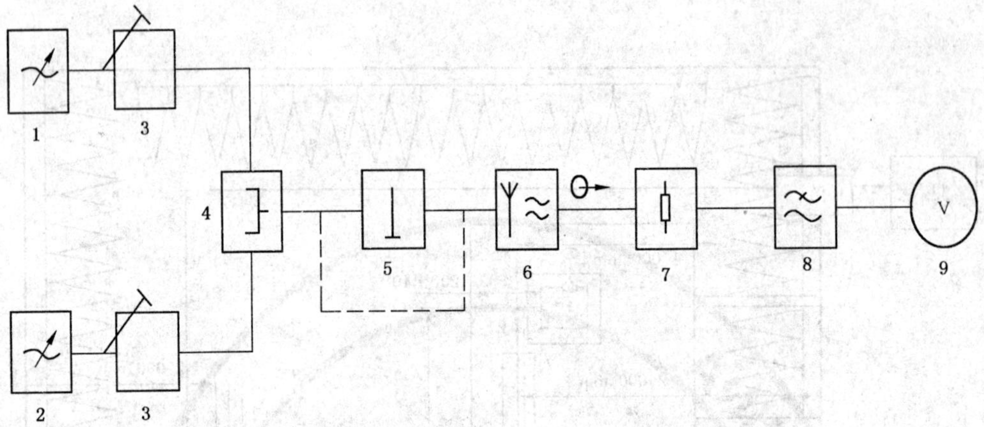


1——无用信号发生器 G1；
2——有用信号发生器 G2；
3——衰减器；
4——耦合网络；
5——匹配和/或平衡网络；
6——被测设备；
7——负载阻抗 $R_L$；
8——低通滤波器(见 GB/T 9383 附录 B)；
9——音频电压表。

**图 5　输入抗扰度测量布置**

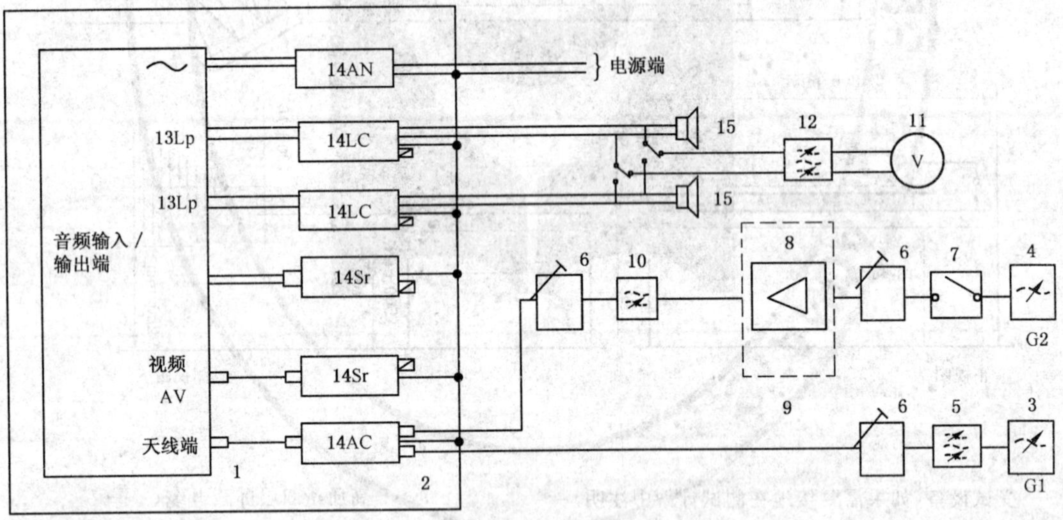


1——受试设备(EUT)；
2——金属板 P=1 m×2 m；
3——有用信号发生器 G1；
4——无用信号发生器 G2；
5——频道滤波器 Fc；
6——衰减器 T1、T2、T3；
7——开关 S1；
8——宽带功率放大器；
9——屏蔽盒 sh；
10——低通滤波器 F；
11——音频毫伏表 V；
12——0.5 kHz～3 kHz 带通滤波器(见 GB/T 9383 附录 B)；
13——扬声器连接器 Lp；
14——AN、LC、Sr、AC 耦合网络(见 GB/T 9383 附录 C)；
15——扬声器模拟阻抗(假负载)。

**图 6　对天线端射频电压(共模)的抗扰度测量布置**

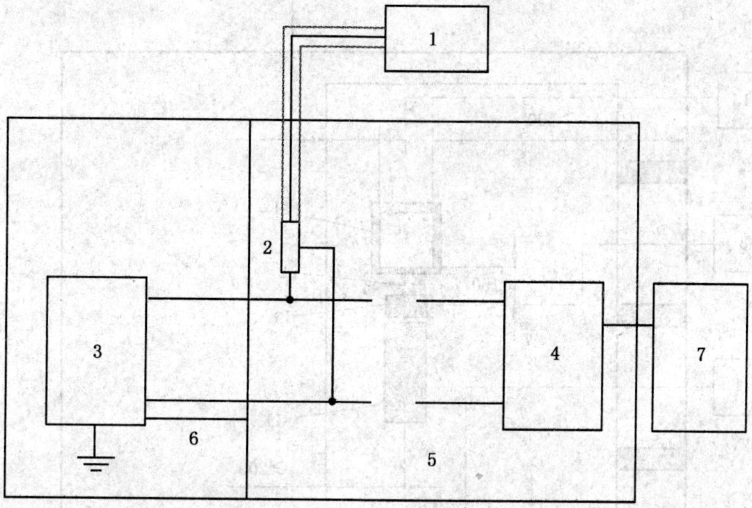


a）脉冲调整

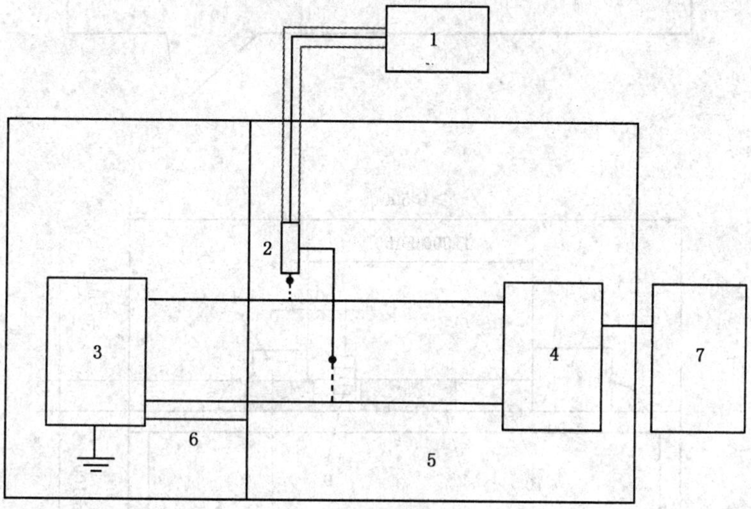


b）脉冲注入

1——示波器或等效设备；
2——电压探头；
3——电源内阻为 $R_i$ 的试验脉冲发生器；
4——受试设备；
5——接地平板；
6——接地线(试验脉冲 3 的最大长度为 100 mm)；
7——有用信号发生器。

**图 7　典型脉冲波形抗扰度测量布置**

单位为毫米

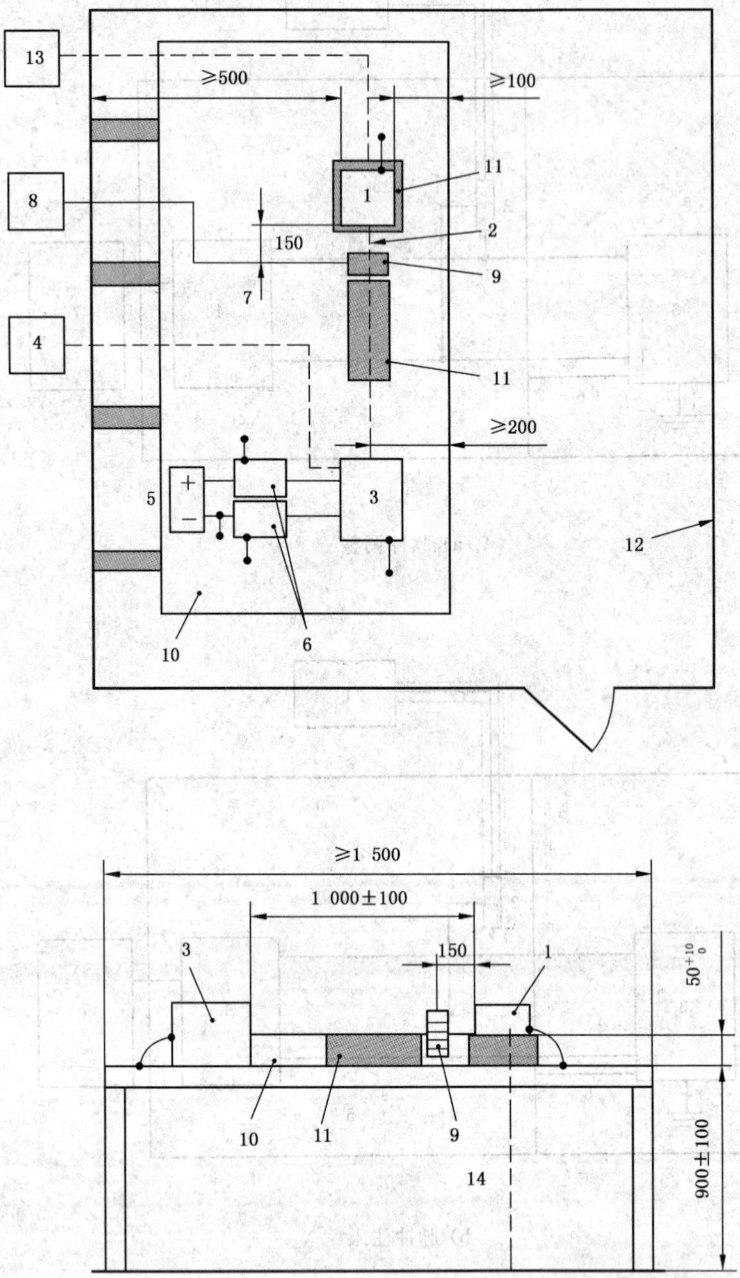


1——受试设备(如果需要接地在测试报告中注明);
2——测量线束;
3——模拟负载;
4——激励和监视系统;
5——电源;
6——电源网络;
7——光纤;
8——射频信号源及功放;
9——电流注入探头;
10——接地平板(与屏蔽室外壳相连);
11——绝缘材料;
12——屏蔽壳体;
13——有用信号发生器;
14——信号电缆。

**图 8 BCI 测量布置实例**

单位为毫米

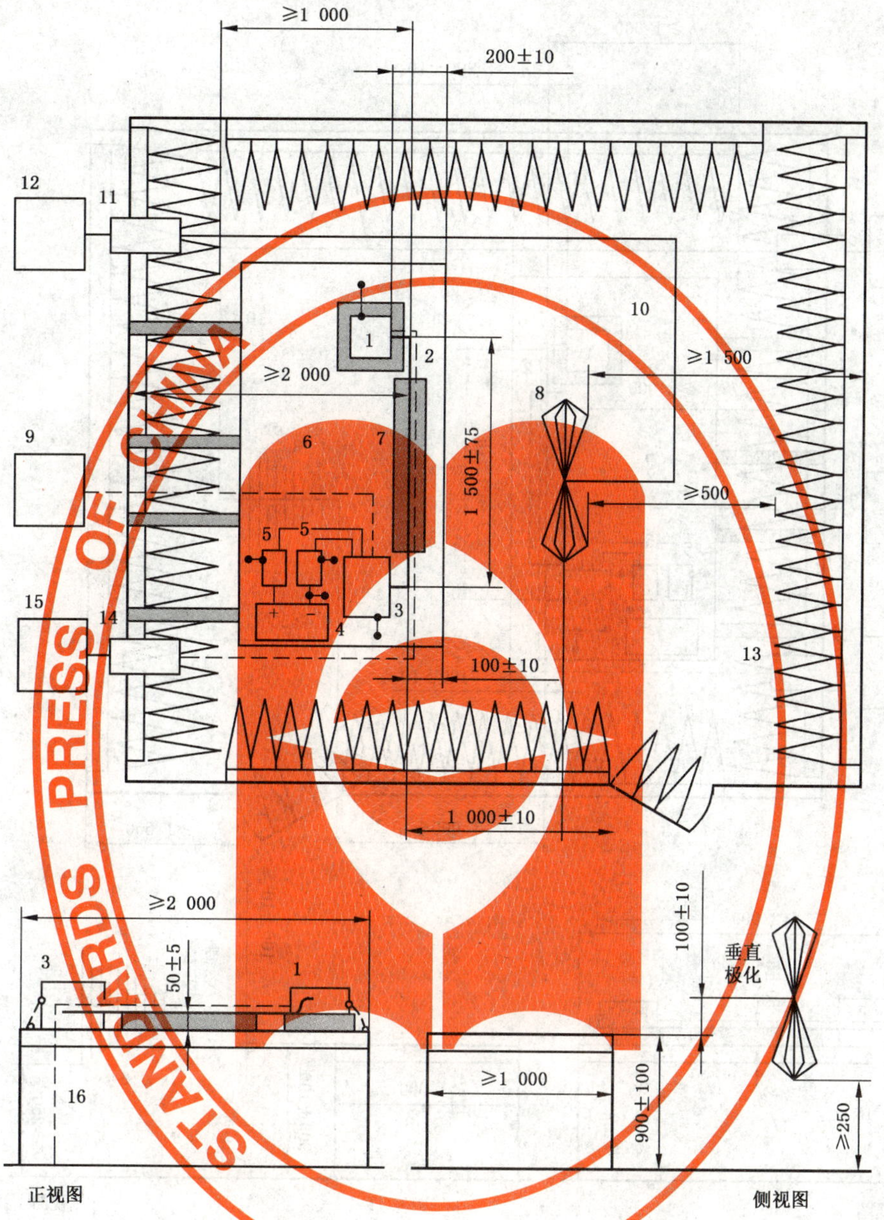


1——受试设备(如果需要接地在测试报告中注明);
2——测量线束;
3——模拟负载;
4——电源;
5——电源网络;
6——接地平板(与屏蔽室外壳相连);
7——绝缘材料;
8——双锥天线;
9——监控和模拟系统;
10——高质量双层屏蔽电缆;
11——穿墙连接器;
12——射频信号源及功放;
13——射频吸波材料;
14——穿墙连接器;
15——有用信号发生器;
16——信号电缆。

**图 9 辐射抗扰度测量布置实例——双锥天线**

单位为毫米

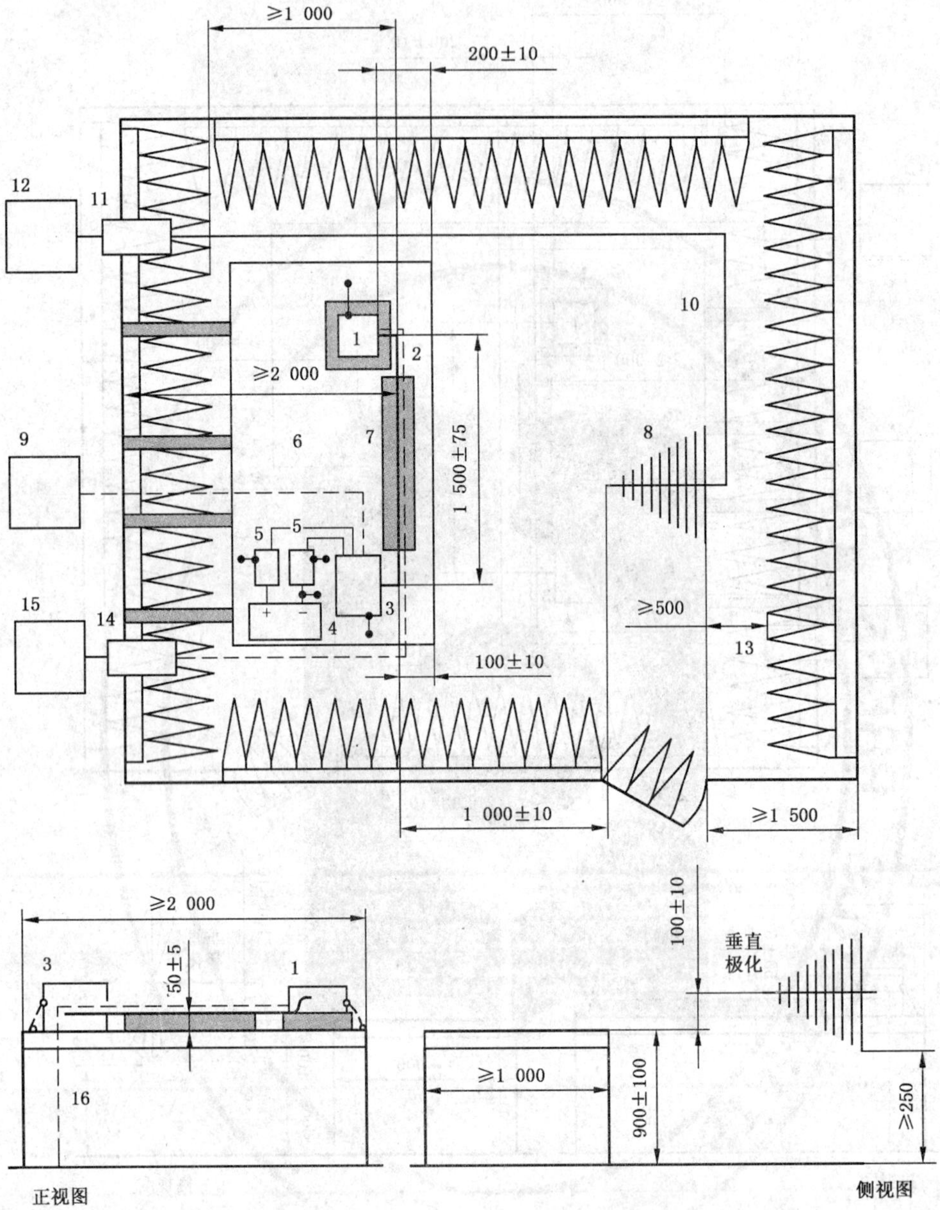


1——受试设备(如果需要接地在测试报告中注明);
2——测量线束;
3——模拟负载;
4——电源;
5——电源网络;
6——接地平板(与屏蔽室外壳相连);
7——绝缘材料;
8——对数周期天线;
9——监控和模拟系统;
10——高质量双层屏蔽电缆;
11——穿墙连接器;
12——射频信号源及功放;
13——射频吸波材料;
14——穿墙连接器;
15——有用信号发生器;
16——信号电缆。

**图 10 辐射抗扰度测量布置实例——对数周期天线**

单位为毫米

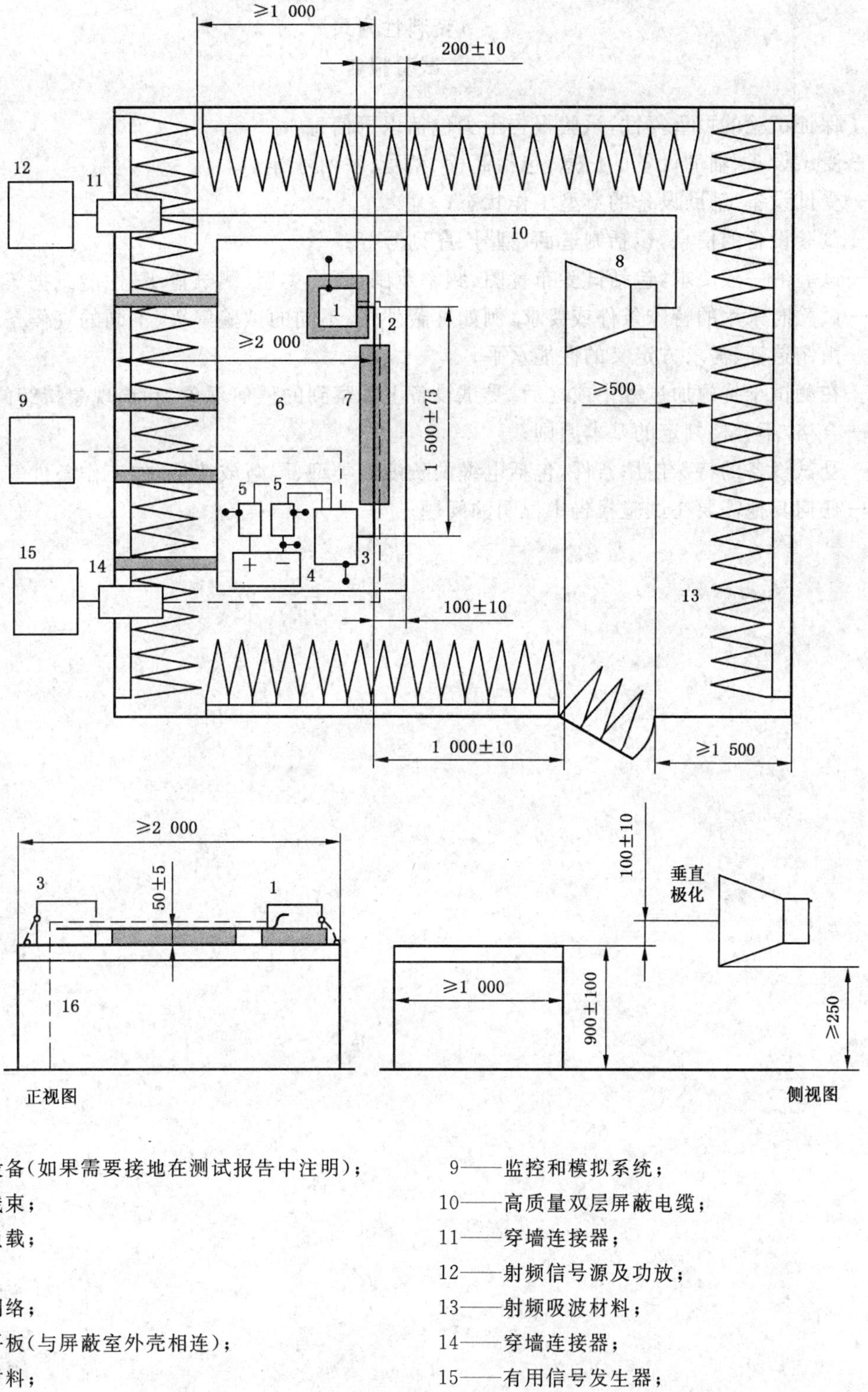


1——受试设备(如果需要接地在测试报告中注明);
2——测量线束;
3——模拟负载;
4——电源;
5——电源网络;
6——接地平板(与屏蔽室外壳相连);
7——绝缘材料;
8——喇叭天线;
9——监控和模拟系统;
10——高质量双层屏蔽电缆;
11——穿墙连接器;
12——射频信号源及功放;
13——射频吸波材料;
14——穿墙连接器;
15——有用信号发生器;
16——信号电缆。

**图 11 辐射抗扰度测量布置实例——喇叭天线**

# 附　录　A
（资料性附录）
## 试验报告

为了保证试验的可重复性，试验报告至少包括以下信息：

——受试设备、辅助设备的信息，包括商标、型号、序列号等；

——受试设备、辅助设备的典型工作状态；

——试验设备的信息，包括制造商、型号、序列号等；

——试验的一般要求，包括试验布置图、频率范围、骚扰类型、测试等级、性能判据等；

——试验时采用的特殊条件或要求，例如屏蔽外壳、不同的试验等级、不同的气候条件等等；

——由制造商、需求方定义的性能水平；

——在测试干扰施加过程中或之后，受试设备上观察到的任何现象，和该现象持续的时间；

——合格/不合格判定的基本原则；

——受试设备的特殊使用条件，包括电缆的长度或类型、屏蔽或接地，或工作条件等；

——任何其他需要在试验报告中说明的问题。

# 附 录 B
（规范性附录）
# 瞬态电压发射测试仪器和设备

瞬态电压发射的测量是基于 GB/T 21437.2 规定的方法，试验中使用下述测量设备，如无特殊说明，本标准中所出现的其他与本附录相同的仪器设备，应满足本附录规定，更详细的要求见GB/T 21437.2。

## B.1 示波器

最好使用数字示波器（最小单行程扫描采样频率为 2 GHz/s，带宽为 400 MHz，输入灵敏度至少为 5 mV/刻度）。如果没有数字示波器，可以使用具有存储功能的模拟示波器，当使用模拟示波器时，应具有符合 GB/T 21437.2 中规定的技术要求。

可以使用示波器照相记录仪或任何其他合适的记录装置进行记录。也可以使用能够采集快速上升时间的瞬态波形的波形采集设备，以代替示波器。

## B.2 电压探头

使用电压探头来拾取受试设备发出的骚扰信号，具体特性参数见 GB/T 21437.2。

## B.3 人工电源网络

使用 5 μH/50 Ω 人工电源网络。通过人工电源网络给受试设备及模拟负载供电，在实验室中用作参考标准，以测定受试设备的性能。如果人工电源网络有金属壳体，它应放置在接地平板上，电源接地端应与接地平板连接。人工电源网络应能承受与 EUT 要求相一致的负载。

## B.4 并联电阻 $R_S$

用于模拟与受试设备并联的车辆的其他电气装置的直流电阻。选择的 $R_S$ 相当于点火开关断开时，在断开的点火开关端和地之间的线束上测得的电阻，其值应由车辆制造商确定。在没有规定任何值时，应使用 $R_S$＝40 Ω。为了模拟最恶劣条件，可将 $R_S$ 断开。

## B.5 开关 S

开关 S 在很大程度上影响瞬态骚扰特性，为了对骚扰进行精确评价，必须使用具有再现特性的开关。本标准中推荐使用电子开关。

## B.6 电源

当使用稳压电源（具有足够的载流量）来模拟电池时，还应模拟电池的低内阻。当使用电池时，需要充电电源达到规定的标准电平（分别为 13.5 V 和 27 V）。

# 附　录　C
（规范性附录）
# 辐射骚扰场强测试仪器和设备

## C.1　天线

如果天线有合适的灵敏度，使用了正确的天线系数，那么理论上可采用任何天线。本标准中，推荐使用下述天线：

a）30 MHz～200 MHz 可以在水平和垂直极化方向上使用的双锥天线；

b）200 MHz～1 000 MHz 可以在水平和垂直极化方向上使用的对数周期天线。

天线匹配单元：选择适当的匹配单元，使整个测量频率范围内的阻抗满足 50 Ω。最大驻波比为 2∶1。对天线系统的任何衰减都要做出最理想的修正。

## C.2　试验台

试验台应是木质或等效的非导电桌。

## C.3　接地平板

接地平板应采用最少 0.5 mm 厚的铜板或镀锌钢板，其最小尺寸为 1 000 mm×2 000 mm，且能满足按照标准进行测试布置的要求。

## C.4　测量场地

测量场地应符合 GB/T 6113.1 规定的半电波暗室。或者在满足 GB/T 6113.1 规定的开阔场进行测试。在开阔场试验时，为了确保环境噪声或信号不影响测量结果，应在测试之前或之后进行环境测量。在测量中，外界噪声或信号应至少低于辐射骚扰场强限值 6 dB。

# 附 录 D
（规范性附录）
## 典型脉冲波形的传导抗扰度测试仪器和设备

试验脉冲发生器：

试验脉冲发生器应能在$|U_S|$为最大值时产生 GB/T 21437.2 中描述的开路试验脉冲。峰值电压$U_S$应调节至标准规定的试验电平，误差为标准电压的$(^{+10}_{0})$%。除非另有规定，否则计时($t$)误差和内阻($R_i$)的误差应为±20%。试验脉冲发生器的误差和性能验证程序见 GB/T 21437.2。

试验脉冲序号及模拟情况如下，具体参数见 GB/T 21437.2：

脉冲波型 1：

脉冲 1 是模拟电源与感性负载断开连接时所产生的瞬态现象。它适用于受试设备在车辆上使用时，与感性负载保持直接并联的情况。

脉冲波型 2a：

脉冲 2a 模拟由于线束电感的原因，使与受试设备并联的装置内电流突然中断引起的瞬态现象。

脉冲波型 2b：

脉冲 2b 模拟直流电机充当发电机，点火开关断开时的瞬态现象。

脉冲波型 3a/3b：

脉冲 3a/3b 模拟由开关过程引起的瞬态现象。这些瞬态现象的特性受线束的分布电容和分布电感的影响。

脉冲波型 4：

脉冲 4 模拟内燃机的起动电机电路通电时产生的电源电压的降低，不包括起动时的尖峰电压。

# 附　录　E
（规范性附录）
辐射抗扰度测试仪器和设备

## E.1　天线

能在受试设备处，产生标准规定的场强的天线。天线的构造和定向应使产生的场满足标准中规定的极化方向，其具体要求见 ISO 11452-2。

## E.2　场强探头

场强探头应该是无方向性的。传输线应是具有高阻抗特性的电缆或光纤。

## E.3　电流注入探头

可工作在整个频率范围的一个或一组探头。探头应能承受整个频率范围内的连续输出功率。

## E.4　校准夹具

用于电流注入探头的校准，其具体要求见 ISO 11452-4。

## E.5　电流测量探头

可工作在整个频率范围的一个或一组探头。

## E.6　高频信号发生器

有内部（外部）的调制能力，能产生限值规定的干扰信号。

## E.7　功率放大器

能够在测试全频段内产生限值要求的场强。

## E.8　场强计

用于测量正向功率和反向功率。

ICS 91.060.10
P 32

# 中华人民共和国国家标准

GB/T 22631—2008/ISO 7892:1988

# 建筑物垂直部件　抗冲击试验 冲击物及通用试验程序

**Vertical building elements—Impact resistance test—Impact bodies and general test procedures**

(ISO 7892:1988,IDT)



2008-12-24 发布　　　　2009-10-01 实施

中华人民共和国国家质量监督检验检疫总局
中国国家标准化管理委员会　发布

# 前　　言

本标准等同采用 ISO 7892:1988《建筑物垂直部件　抗冲击试验　冲击物及通用试验程序》(英文版)。

本标准对 ISO 7892:1988 做了下列编辑性修改:

——"本国际标准"改为"本标准";

——删除 ISO 7892:1988 的前言,增加了国家标准的前言。

本标准由中华人民共和国住房和城乡建设部提出。

本标准由住房和城乡建设部建筑制品与构配件产品标准化技术委员会归口。

本标准起草单位:中国建筑标准设计研究院。

本标准主要起草人:庄国伟、胡苗、吴晓阳、傅恒莱。

本标准为首次发布。

# 引　言

0.1　本标准是房屋部件性能系列标准之一。

本系列标准包括：

——用以确定外墙、隔墙、屋顶、隔板、立体部件等各部件类属特征的性能标准，需要时，可带有用在建筑物中时的等级值。同时，还需要有确定性能的适当方法。

——本标准有能适用于各个部件类属的方法说明（量测、计算、试验方法或检验方法），用以评价或检验部件是否达到某项性能和/或用以预测其使用寿命。

与这个系列标准有关的，还要建立另一个系列标准，用以确定不同部件类属的尺度协调和模数协调的规则，其中，可能有一些和性能相关联的部分需要相互呼应。

0.2　建筑物的立面墙，应能承受下列不同冲击类型的作用：

——小而硬的物体的冲击，例如，相当于外面投石子的撞击，或者内部家俱角部冲击。

——内部的意外冲击，例如，相当于由人、动物或可变形物体对墙产生的冲击、作用在小面积上。

——外部的意外冲击，例如，相当于人体或动物对外墙产生的，其整个重量作用在一个大面积上的冲击。

# 建筑物垂直部件　抗冲击试验 冲击物及通用试验程序

## 1　范围

本标准规定了常规冲击物的冲击类型、冲击物类型及模拟实际冲击对竖直建筑部件的影响。本标准也规定了通用试验程序，每类部件专用的试验程序将在其专门标准中给定。

本标准适用于所有垂直(或接近垂直)的建筑部件，但不包括整樘门，GB/T 14155 中规定了对整樘门软重物体冲击的方法。

当冲击用于鉴定材料性质时，常常是针对材料特性的，在有关这些材料的标准中规定了其材料特性。

本标准中没有涉及冲击对特定类型的墙产生的震动问题。

各种类型建筑部件的专门说明(冲击能量、冲击的位置和次数等)及评定冲击结果的标准，均由有关这些建筑部件的试验和性能标准中给出。

## 2　冲击类型

采用以下三种常规冲击类型。

注：本标准没有考虑由高速运动物体产生的冲击(如武器的射击、冰雹等)。

### 2.1　硬体冲击

这些主要代表由对“不可变形”物体的投掷或其移动所产生的冲击(例如：家俱的移动或投掷石块)影响。

### 2.2　小软体冲击

这些主要代表一个人体在小冲击面积上冲击(例如，由拳头或膝盖的撞击)以及小而可变形物体的移动或投掷(例如一个足球)所产生的冲击影响。

### 2.3　大软体冲击

这些主要代表一个人体在大冲击面积上的冲击(例如：人肩部的碰撞或人跌倒)产生的影响。

## 3　冲击物类型

### 3.1　硬体

3.1.1　硬体即普通轴承钢珠(可利用轴承制造商提供的钢珠)。

3.1.2　“500 g 钢珠”，其直径为 50 mm，可能带有一个连接螺栓，其质量为(500±5)g。

3.1.3　“1 kg 钢珠”，其直径为 62.5 mm，可能带有一个连接螺栓，其质量为(1 000±10)g。

### 3.2　小软体

3.2.1　小软体是一个 3 kg 重的球体(见图 1)。

单位为毫米

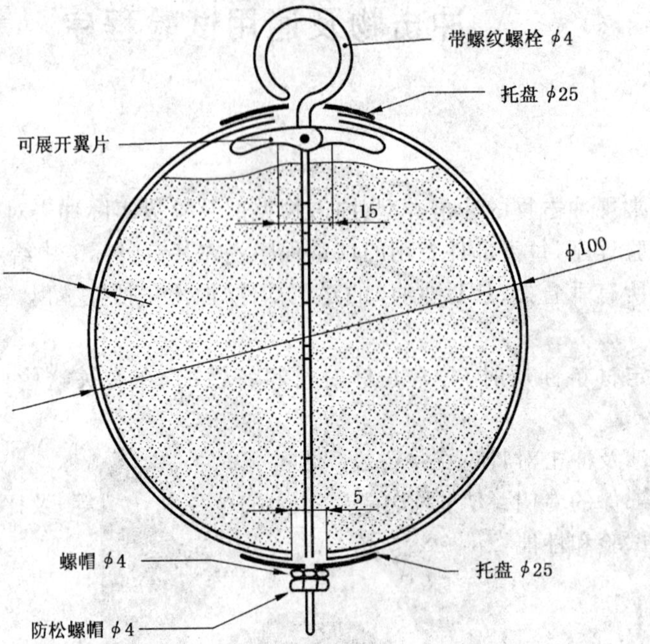


图 1　3 kg 球体

3.2.2　一个直径为 100 mm 的球形物，外壳由一层 1.5 mm 厚的帆布加强的柔性橡皮膜做成。

3.2.3　此球体的面层上有两个孔洞：一个在上部顶点处，直径为 15 mm，另一个在下部顶点处，直径为 5 mm。

3.2.4　一个可展开的环形螺栓，直径为 4 mm，套入直径为 15 mm 孔中，借助于可展开的翼片及一个弹簧的作用将其打开。

带螺纹 4 mm 直径的螺栓的直线部分长度约为 120 mm，因而放入球体中后从 5 mm 直径的圆孔中穿出长度为 20 mm。

在穿出的一端，放置一个直径为 25 mm 的宽帽状托盘，用夹紧螺帽固定在球外壳上，这个托盘主要是在球填满后帮助它受力，防止在简单吊起后外壳将产生的拉长的情况。

15 mm 直径孔洞处的密封方法和前面一样，主要使用一个 25 mm 的直径托盘，放在外壳和螺栓的圈之间进行密封。

3.2.5　将两个螺帽(升降和展开翼片)松开到能通过 15 mm 直径圆孔处，将颗粒不大于 2 mm 的细砂与铅砂的混合物灌入。

3.2.6　这个袋一直填充直到包含球本身和螺栓在内总质量为 3 kg。砂/铅砂的填充量比例是根据使球体接近填满时，球体的质量偏差为±0.03 kg 确定的。

3.2.7　将球体袋填满后，螺帽均应很好的拧紧，同时要用一防松螺帽固定住升起螺帽。

### 3.3　大软体

3.3.1　大软体是一质量为 50 kg 锥形球袋(见图 2)。

3.3.2　这个锥形球袋是用八片缝在一起的防水帆布做成的。

3.3.3　填满后的袋所形成的体积和其尺寸为一个 400 mm 直径的球体，内接在一圆锥体内，其顶点在离球体中心 400 mm 处。

单位为毫米

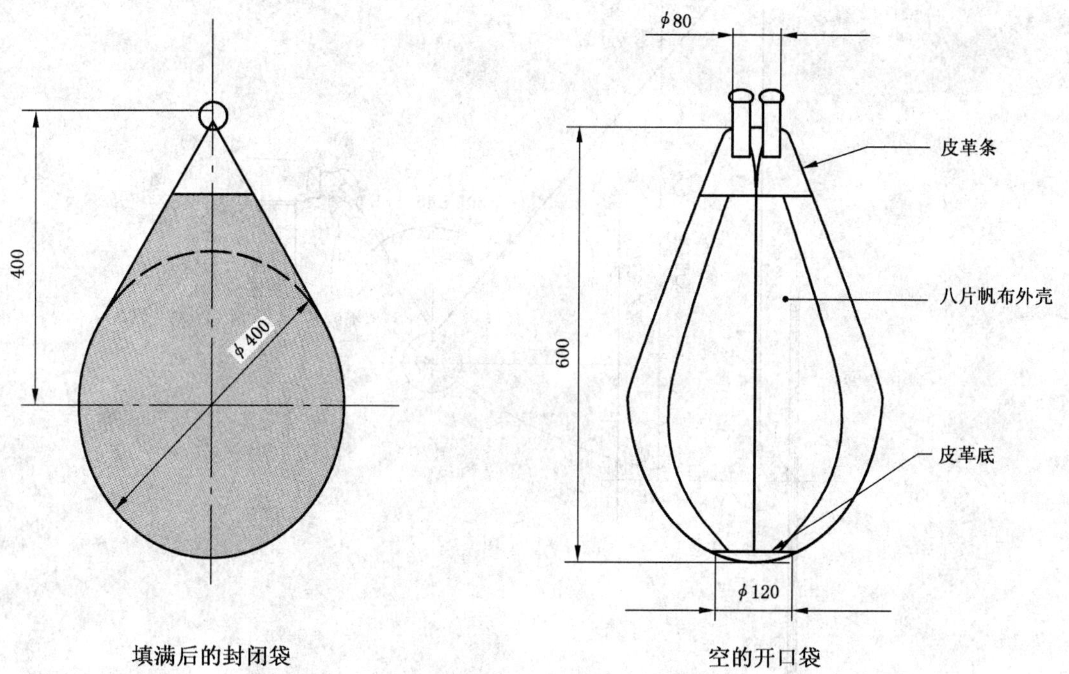


**图 2　50 kg 锥形球袋**

3.3.4　袋的底部用一块 120 mm 直径的圆形皮革缝在上面以便加固。

3.3.5　袋的顶部截短少许，以便形成一个 80 mm 直径的圆孔。将皮革条缝在袋上以加固开孔处，此处固定四个等距离的环，再用起吊球将四个环挂在一起。

3.3.6　袋内填以 3 mm 直径的硬化玻璃球（通常用作碾磨料），其质量为(50±0.5)kg。

3.3.7　为了防止接缝胀破时球落出，建议再衬上一层牢固的聚乙烯袋。

## 4　通用试验程序

### 4.1　试验原理

冲击试验由一个冲击物作摆动运动下落于放在框架规定位置处的试件上。如果发生弹回时，则应将冲击物抓住，防止第二次冲击。

### 4.2　试验设备

试验设备是指用以固定建筑部件的结构物，固定条件应能代表支座的真实情况，并应设计成当冲击时，建筑部件吸收的能量没有改变。由此，当部件经受冲击时，部件及其锚固端在固定点处的位移应小于 0.1 mm。

除非各个建筑部件的专门试验标准中有所规定，一般试验均应按下述方法进行，即冲击点的切面与撞击物作摆动下落时所形成的垂直面成直角。

### 4.3　硬体的冲击

4.3.1　冲击是由 3.1 中所述的两个钢珠中的一个，作摆动下落而造成的，控制钢珠下落的装置如图 3 所示。

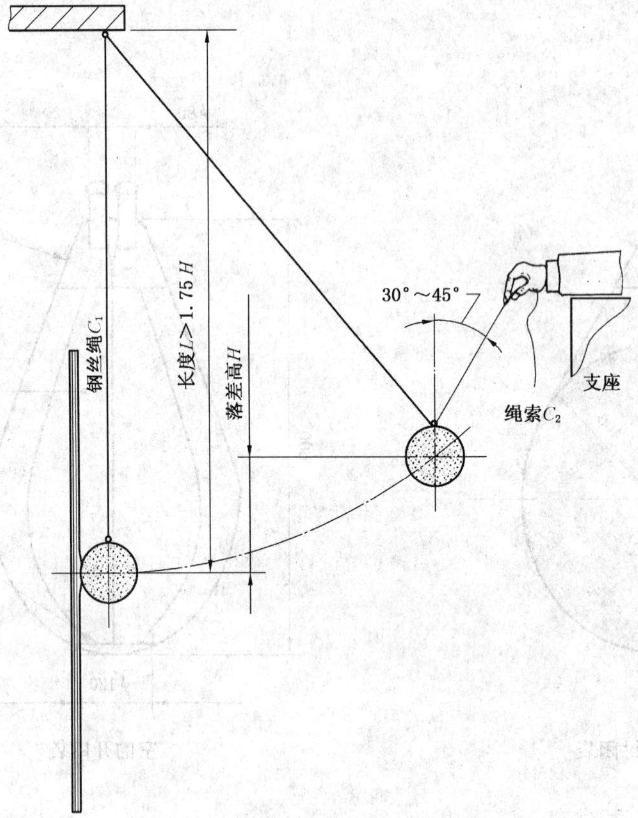


图 3 小软体冲击试验装置

4.3.2 钢珠通过一小环，用钢丝绳 $C_1$ 吊在试验设备的固定点上，并按下述方法布置：

——静止时的位置是使钢珠与建筑部件在预定的冲击点处相切；

——钢丝绳，在钢珠上的小环和固定点之间的钢丝绳 $C_1$ 长度应至少等于预定落差高度 $H$ 的 1.75 倍。

4.3.3 可以手工操作，将钢丝绳 $C_2$ 连接的钢珠，提到预定落差高度的起始点位置，作摆动运动。但应注意下列事项：

——由钢丝绳 $C_1$ 和 $C_2$ 定位的垂直平面保持与建筑部件的平面，在冲击时为直角；

——钢丝绳 $C_2$ 与垂直线间保持角度 30°～45°之间。

4.3.4 钢珠在提高后仍保持垂直悬吊状态，确定落差高 $H$ 时，可用一根竖直量杆立于水平地面上，量测钢珠中部水平标志线的水平差。

核对高度 $H$ 使之符合于各建筑部件的专门标准中所规定的高度。

4.3.5 当落差 $H$ 已达到，而且钢珠为静止时，释放钢球使其做摆动下落。

### 4.4 小软体的冲击

这种冲击是由 3.2 中所述球体作摆动下落而造成的，控制物体下落的装置如图 3 所示。

试验程序与 4.3 中用 500 g 或 1 kg 钢珠作冲击物时的试验程序一样。

各个建筑部件的专门标准中规定有落差高度 $H$。

### 4.5 大软体的冲击

4.5.1 这种冲击是由 3.3 中所述的锥形球袋作摆动下落而造成，在起始点时，锥形袋应为垂直状态。用以控制袋下落的装置如图 4 所示。其中滑轮与绞轮均布置在袋下落时所形成的平面中。

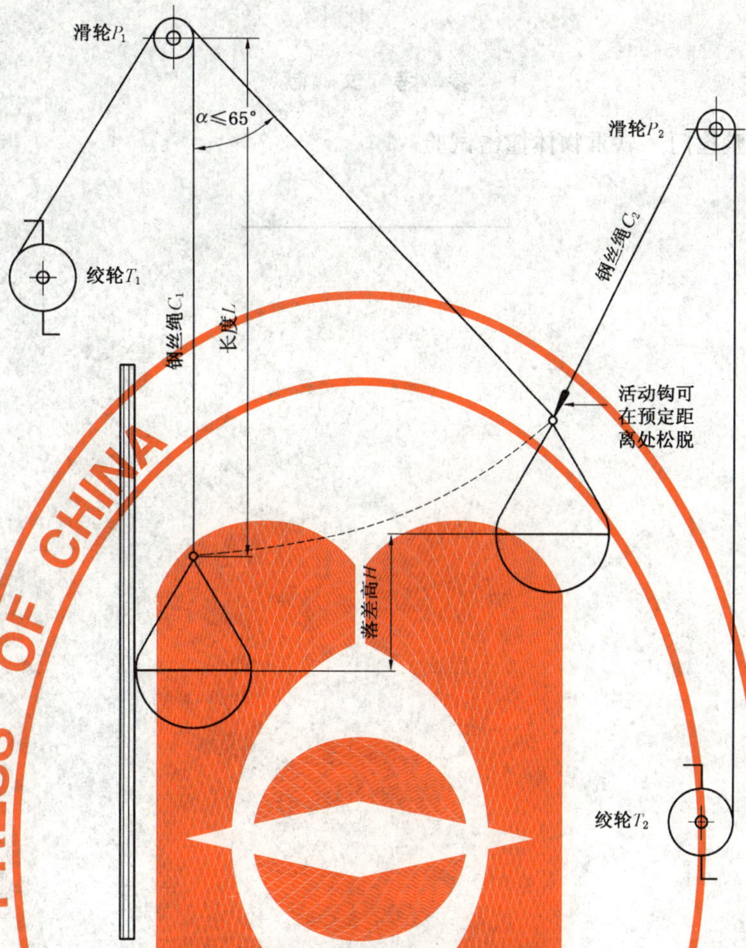


**图 4 大软体冲击试验装置图**



4.5.2 用吊环并由钢丝绳 $C_1$ 通过固定在框架上的滑轮 $P_1$ 将冲击袋吊挂在规定的位置上，其布置应使：

——静止时，冲击袋与试件相切；

——当冲击袋在起始点时，钢丝绳 $C_1$ 与垂直线之间的夹角 $\alpha$ 小于 65°。

4.5.3 冲击袋在水平面上的位置，与撞击点要保持直角时，应：

——移动悬吊系统(绞轮 $T_1$ 和 $T_2$，滑轮 $P_1$ 和 $P_2$)平面，从侧向对准试件的位置；

——或设置试件使之对准悬吊系统平面。

4.5.4 为了使冲击袋在垂直位置时与选定的冲击点保持直角，将钢丝绳 $C_1$ 绕过绞轮 $T_1$。

4.5.5 将冲击袋提高到做摆动运动起始点位置，用钢丝绳 $C_2$，穿过滑轮 $P_2$ 并绕在绞轮 $T_2$ 上，并使用一个活动钩 $M$ 与袋圈相联，可在一定距离处释放。

4.5.6 冲击袋在提高后仍保持垂直悬吊状态，确定落差高度 $H$ 时，可以用一根竖直量杆立于水平地面上，量测它与围绕袋中部的水平标志线处水平差。

对每一种部件，其专门的标准中均规定了落差高度 $H$ 及钢丝绳 $C_1$ 与垂直线之间的夹角 $\alpha$。

4.5.7 当松脱活动钩 $M$ 后，冲击袋即作摆动下落。

注：当活动钩 $M$ 在一定距离处无法放开时，可以在离开钢丝绳 $C_2$ 缠绕部位的一定距离处，选一合适位置用火烧断。在起始点角度 $\alpha$ 大于 65°的特殊试验情况下，冲击袋下落时可能形成在下落平面内的震荡，因而改变了冲击的能量，为了避免这种震荡，冲击袋在释放时不应为垂直状态而为倾斜状态，冲击袋轴线应保持在钢丝线 $C_1$ 的延长线上。

## 参 考 文 献

GB/T 14155　整樘门　软重物体撞击试验

ICS 91.060.50
Q 70

# 中华人民共和国国家标准

GB/T 22632—2008/ISO 8271:2005

# 门扇　抗硬物撞击性能检测方法

**Door leaves—Determination of the resistance to hard body impact**

(ISO 8271:2005,IDT)

2008-12-24 发布　　2009-10-01 实施

中华人民共和国国家质量监督检验检疫总局
中国国家标准化管理委员会　发布

# 前　言

本标准等同采用ISO 8271:2005《门扇　抗硬物撞击性能检测方法》。

为便于使用，本标准做了下列编辑性修改：

a）“本国际标准”一词改为“本标准”；

b）用小数点“.”代替作为小数点的逗号“，”；

c）删除国际标准的前言；

d）增加了第5章检测结果中注的资料性内容。

本标准由中华人民共和国住房和城乡建设部提出。

本标准由住房和城乡建设部建筑制品与构配件产品标准化技术委员会归口。

本标准负责起草单位：广东省建筑科学研究院，中国建筑标准设计研究院。

本标准参加起草单位：中国建筑科学研究院、上海市建筑科学研究院有限公司、河南省建筑科学研究院、广东省东莞市坚朗五金制品有限公司、福建省南平铝业有限公司、优铝胜门窗科技（上海）有限公司。

本标准主要起草人：谭上飞、石民祥、张作萍、庄国伟、王洪涛、刘会涛、徐勤、刘新生、杜万明、谢光宇、江裕生。

本标准首次发布。

# 门扇　抗硬物撞击性能检测方法

## 1　范围

本标准规定了硬物撞击对门扇造成损坏的检测方法。

本标准适用于所有的门扇。

注：硬物撞击经常是小型物体或大型物体的局部(如设备的转角和底座)的碰撞，这种撞击会造成影响强度和外观的局部表面损伤。由撞击引起的损伤会随着门的材料不同而变化。

## 2　设备

### 2.1　支撑装置

当门扇处于水平状态时，用于固定其长边的刚性支撑。

### 2.2　撞击装置

一个直径为(50±1)mm 的钢球和一个适当的释放支架。

### 2.3　测试装置

精度为 0.01 mm 的表盘式或数字式测量器，并安装在长 50 mm、宽 12 mm 的基准杆的中心。

精度为 0.5 mm 的钢尺。

## 3　试件

试件应在温度为 15 ℃～30 ℃、相对湿度为 25%～75%，并且不会发生破坏的环境中存放和检测。

## 4　检测步骤

水平安装门扇，在坚固的基面上用刚性支撑装置支承门扇的长边。

按照图 1 所示的四种撞击方式，选择其中一种在门扇的表面标上 15 个撞击点。试件中的玻璃部分应忽略不计，这样会减少撞击点的数目。

当门扇高度不足 2 000 mm 时，撞击方式中处于最上面一排或几排的撞击点也应忽略不计。当门扇高度大于 2 000 mm 时，测试区的面积不需扩大。

注 1：为方便所选撞击方式的装置的安装，应按照图 1 制作标准尺寸的门扇样板；并在已编号的矩形中心处钻直径约 8 mm 的孔，以便于标示撞击点。

将释放支架依次垂直放置于每个撞击点上，使钢球从一定的高度落下，该高度为钢球底部到门扇表面的距离，由所需的冲击能量决定。

撞击后 30 min，在撞击留下的永久性凹印处，测量凹印最大的深度，精确到 0.1 mm，测量凹印的最大直径，精确到 1.0 mm，测量破裂区域的最大直径，精确到 1.0 mm。

注 2：如果撞击的表面不平滑，如模压棱的地方，允许使用更合适的评价方法。

如果门扇两面的构造不同，在门扇的另一面重复上述步骤。

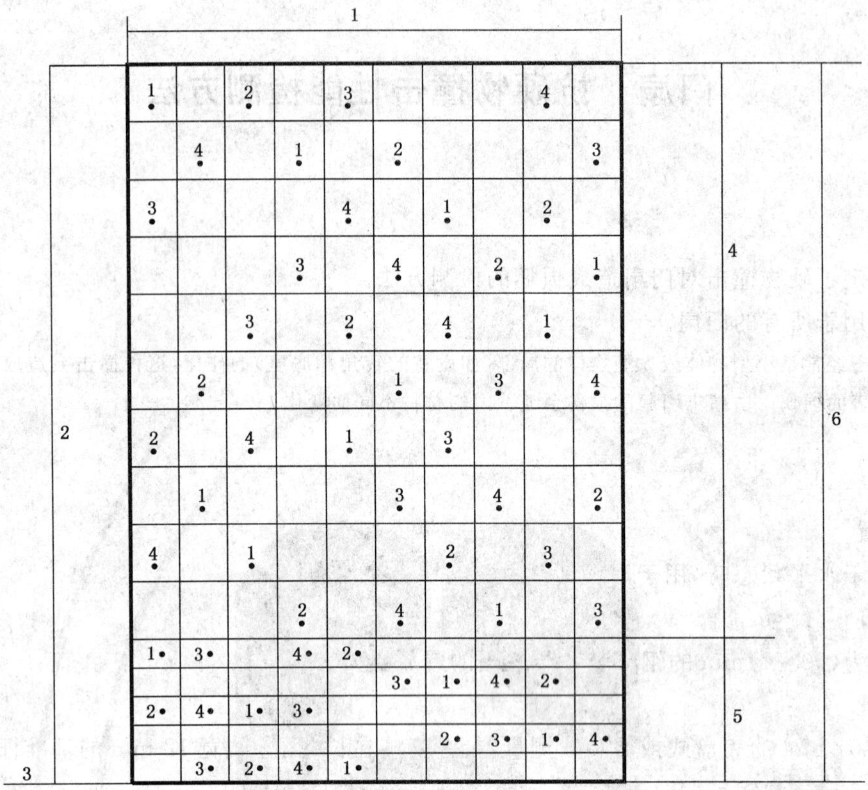


1——门的宽度:10 列;

2——共 15 行;

3——门的底端;

4——主要区域的长度分为 10 份;

5——底部区域的长度为 150 mm,分为 5 份;

6——2 000 mm。

**图 1 硬物撞击的四种不同方式,分别为:1,2,3,4**

## 5 检测结果

记录如下信息:

——记录凹印深度和直径的测量值及每一撞击点处破裂区域直径的测量值。

——计算凹印深度的平均值和变异系数。

注:变异系数是指一组数据的变异指标与其平均指标之比,包括有全距系数、平均差系数和标准差系数等。常用的是标准差系数,用 $CV$ 表示:$CV=\sigma/\mu$,其中:$\sigma$ 为标准差,$\mu$ 为均值。

——计算破裂区域直径的平均值和变异系数。

## 6 检测报告

检测报告应包括以下内容:

a) 依据标准;

b) 门扇所有必要的细节;

c) 与门扇类型、规定尺寸、材料、形状和构造有关的所有细节;

d) 检测中所忽略的玻璃部分的位置和尺寸;

e) 试验室存放和检测的条件;

f) 所有撞击点的数量和位置;

g) 检测中所应用的冲击能量(单位为焦耳);

h) 第5章中所述的结果;

i) 损坏的特征;

j) 试验室的名称;

k) 检测日期。

# 住宅部品术语

## 1 范围

本标准规定了住宅部品的基础术语、分类术语、功能术语及相关术语。

本标准适用于住宅建设中所涉及住宅部品的标准化、使用和认证以及有关信息管理和交流。

## 2 基础术语

2.1

**住宅部品 housing parts**

按照一定的边界条件和配套技术，由两个或两个以上的住宅单一产品或复合产品在现场组装而成，构成住宅某一部位中的一个功能单元，能满足该部位一项或者几项功能要求的产品。包括屋顶、墙体、楼板、门窗、隔墙、卫生间、厨房、阳台、楼梯、储柜等部品类别。

## 3 分类术语

3.1

**屋顶部品 roof parts**

由屋面饰面层、保护层、防水层、保温层、隔热层、屋架等中的两种或者两种以上产品按一定的构造方法组合而成，满足一种或几种屋顶功能要求的产品。

3.2

**墙体部品 wall parts**

由墙体材料、结构支撑体、隔声材料、保温材料、隔热材料、饰面材料等中的两种或者两种以上产品按一定的构造方法组合而成，满足一种或几种墙体功能要求的产品。

3.3

**楼板部品 floor parts**

由面层、结构层、附加层（保温层、隔声层等）、吊顶层等中的两种或者两种以上产品按一定的构造方法组合而成，满足一种或几种楼板功能要求的产品。

3.4

**门窗部品 window and door parts**

由门、门框、窗扇、窗框、门窗五金、密封层、保温层、窗台板、门窗套板、遮阳等中的两种或者两种以上产品按一定的构造方法组合而成，满足一种或几种门窗功能要求的产品。

3.5

**隔墙部品 partition parts**

由墙体材料、骨架材料、门窗等中的两种或者两种以上产品按一定构造方法组合而成的非承重隔墙和隔断，满足一种或几种隔墙和隔断功能要求的产品。

3.6

**卫浴部品 bathroom parts**

由洁具、管道、给排水和通风设施等产品，按照配套技术组装，满足便溺、洗浴、盥洗、通风等一个或多个卫生功能要求的产品。

3.7

**餐厨部品 kitchen parts**

由烹调、通风排烟、食品加工、清洗、贮藏等产品，按照配套技术组装，满足一个或多个厨房功能要求的产品。

3.8

**阳台部品　balcony parts**

由阳台地板、栏板、栏杆、扶手、连接件、排水设施等产品，按一定构造方法组合而成，满足一个或多个阳台功能要求的产品。

3.9

**楼梯部品　stair parts**

由梯段、楼梯平台、栏杆、扶手等中的两种或者两种以上产品，按一定构造方法组合而成，满足一种或几种楼梯功能要求的产品。

3.10

**储柜部品　casework and closet parts**

由门扇、导轨、家具五金、隔板等产品，按一定构造方法组合而成，满足固定储藏功能要求的产品。

## 4　功能术语

4.1

**强度和稳定性　mechanical resistance and stability**

具备承载、防止产生过大变形的功能，必要时，还需具有抵抗外加荷载，风荷载、雪荷载和地震作用的功能。

4.2

**防火安全　safety in case of fire**

具有确保在火灾发生时人员有足够的疏散时间，限制产生和散发有害烟气的功能。

4.3

**卫生和环保　hygiene, health and environment**

住宅部品应具备符合居住健康及相应环境性要求的功能。

4.4

**使用安全　safety in use**

在使用过程中避免或减少可能产生的如滑倒、跌倒、碰撞、烧灼、触电和爆炸等。

4.5

**防噪声　protection against noise**

具备将声响控制在使用时感觉到的允许范围，不会影响到用户及其邻居的健康，保证用户有良好的睡眠、休息的功能。

4.6

**节能　energy economy**

在住宅建设和住宅使用运行中，具有能源消耗降低的功能。

## 5　相关术语

5.1

**工厂化生产　industrialization**

采用专用成套技术、工艺设备，在工厂生产出符合一项或者几项功能要求的住宅部品的过程。

5.2

**配套技术　matching technology**

在设计、生产、组装等方面，有相互联系并能协调一致的技术手段。

5.3

**现场组装　assembly in site**

将工厂化生产的材料、制品或部品，按照一定的方法，在施工现场进行组合安装。

5.4

**功能要求　performance requirement**

具有满足强度和稳定性、防火安全、卫生和环保、使用安全、防噪声、节能等方面功能上的要求。

5.5

**边界条件　boundary condition**

住宅部品和材料、制品、部品之间以及与部品建筑物之间的连接，协调、配套的组合要求。

# 中文索引

# 英 文 索 引

## 参 考 文 献

［1］ GB 50096—1999(2003 年版)住宅设计规范
［2］ ISO/FDIS 6707-1 Building and civil engineering—Vocabulary—Part 1:General terms

ICS 75.060
E 24

# 中华人民共和国国家标准

GB/T 22634—2008

# 天然气水含量与水露点之间的换算

## Conversion between water content and water dew point of natural gas

(ISO 18453:2004 Natural gas—Correlation between water content and water dew point, MOD)

2008-12-29 发布

2009-05-01 实施

中华人民共和国国家质量监督检验检疫总局
中国国家标准化管理委员会 发布

# 前　言

本标准修改采用 ISO 18453《天然气——水含量与水露点之间的关联》(2004 年英文版),同时参考 ASTM D 1142《通过测量露点获得水蒸气含量的标准测试方法》(1995 年英文版)和 IGT 研究报告 8《天然气平衡水含量》(1995 年英文版)而成文。

本标准根据 ISO 18453:2004 重新起草。

考虑到我国法规要求和工业的特殊需要,本标准在采用国际标准时进行了修改。为便于使用,本标准在编辑性、技术性、文本结构上还做了修改。有关技术性差异已编入正文中并在它们所涉及的条款的页边空白处用垂直单线标识。在附录 F 中给出了这些技术性差异及其原因的一览表以供参考。

本标准与 ISO 18453:2004 的主要差异如下:

——编写规则按 GB/T 1.1—2000《标准化工作导则　第 1 部分:标准的结构和编写规则》编写;

——第 1 章　范围,在 ISO 18453 第 1 章的基础上,增加标准参比条件的规定;

——第 2 章　符号与定义,符号是把 ISO 18453:2004 附录 D 的下标、符号和单位内容移至本章,并按 GB/T 1.1—2000 进行必要的修改,定义采用 ISO 18453:2004 第 2 章的内容,删除"常态参比条件"和"溯源性"的定义;

——附录 D,将 ISO 18453 附录 D 中符号与定义的内容移至 2 章,其余部分删除了缩写的内容,并对单位换算相关内容进行完善和细化;

——附录 E,参考 ASTM D 1142:1995 中的 6.3 和 IGT 研究报告 8 的内容编写;

——将一些适用于国际标准的表述改为适用于我国标准的表述;

——删除 ISO 18453:2004 的前言,修改了 ISO 18453:2004 的引言。

本标准的附录 C 为规范性附录,附录 A、附录 B、附录 D、附录 E、附录 F 均为资料性附录。

本标准由全国天然气标准化技术委员会提出。

本标准由全国天然气标准化技术委员会(SAC/TC 244)归口。

本标准主要起草单位:中国石油西南油气田分公司天然气研究院、中国石油集团工程设计有限责任公司西南分公司。

本标准参加起草单位:美国阿美特公司过程和分析仪器部。

本标准主要起草人:张福元、罗勤、杨芳、许文晓、黄和、迟永杰、唐蒙。

本标准参加起草人:李建颖、张娅娜、何斌。

# 引　言

ISO 18453:2004 标准提供了天然气中水含量与水露点之间的一个可靠的数学关系式。该计算方法是由 GERG[1] 开发的，适用于水含量或水露点的计算。与热力学原理有关的资料在附录 C 中给出；与其溯源性、应用和不确定度有关的资料在附录 B 中给出。

天然气工业中的某些操作问题可以追溯到天然气中的水含量。即使天然气中的水蒸气含量很低，改变操作压力和温度条件也可能引起水凝析，从而导致腐蚀问题、形成水合物或结冰。为了避免这些问题，天然气公司不得不安装昂贵的脱水装置。这些装置的设计和成本取决于在露点下水含量的准确认识和(合同)所规定的水含量。

过去几十年间，由于水分测量仪器的改进而导致仪器的开发注重于水含量的测定，而不注重于水露点。因此，如果测量了水含量，就需要有表达水露点的关联式。

GERG 认识到，在确认现有的水含量与水露点之间关联式之前，需要为关注范围内大量有代表性的天然气的水含量和对应的水露点值建立全面和准确的数据库。

后来证明，这个现有的关联式的不确定度范围可以改善。

因此，一个更准确的取决于组成的关联式在这一新数据库的基础上成功地开发出来。

ISO 18453:2004 标准的目的是将由 GERG 开发的与有代表性的贸易交接天然气中水含量与水露点之间关系(反之亦然)有关的计算过程标准化。

为了使本标准更实用，切合我国天然气工业的实际，参考 ASTM D 1142:1995 中的 6.3 和 IGT 研究报告 8(1995)的内容，增加了附录 E“Bukacek 平衡状态下天然气水含量关联式”。

1　GERG 是“欧洲气体研究组织 Groupe Européen de Recherche Gazière”的缩写。

# 天然气水含量与水露点之间的换算

## 1 范围

本标准确立了当天然气中水含量或水露点其中之一为已知时两者之间一个可靠的数学关系式;并给出了关联式的不确定度,但对测量不确定度不作量化规定。

本标准的计算方法,既适用于水含量的计算,也适用于水露点的计算。

除特别说明外,本标准采用的体积标准参比条件为:压力为 101.325 kPa,温度为 20 ℃。

## 2 符号、单位、术语和定义

### 2.1 符号与单位

本标准使用的符号与单位见表 1。

**表 1 符号与单位**

| 符　号 | 含　义 | 量　纲 | 单位符号 |
|---|---|---|---|
| $b$ | 体积补偿参数 | $L^3\ m^{-1}$ | $m^3$/kmol |
| $X(y)$ | 摩尔分数 | 1 | |
| $p$ | (绝对)压力 | $ML^{-1}T^{-2}$ | MPa |
| $R$ | 气体常数(0.008 314 510) | $ML^2T^{-2}\ m^{-1}\theta^{-1}$ | MJ/kmolK |
| $t$ | 摄氏温度 | $\theta$ | ℃ |
| $T$ | 热力学(绝对)温度 | $\theta$ | K |
| $V$ | 体积 | $L^3$ | $m^3$ |
| $V_m$ | 摩尔体积 | $L^3\ m^{-1}$ | $m^3$/kmol |
| $\beta_w$ | 质量浓度表示的水含量 | $ML^{-3}$ | mg/$m^3$ |
| $k_{ij}$ | 二元交互作用参数 | 1 | |
| $\omega$ | 与物质有关的偏心因子 | 1 | |
| $k$ | 与物质有关的常数 | 1 | |
| 下标 c | 表示临界点 | | |
| 下标 R | 表示对比条件 | | |
| 下标 v | 表示气相 | | |
| 下标 w | 表示水 | | |
| 注:在"量纲"栏中,长度、质量、时间、摩尔和热力学温度的量纲,分别用 L、M、T、m 和 θ 表示。 | | | |

### 2.2 术语和定义

下列术语和定义适用于本标准。

#### 2.2.1

**关联　correlation**

在两个或多个随机变量的分布中两个或几个随机变量之间的关系。

2.2.2

**工作范围 working range**

关联式确认的参数范围。

2.2.3

**扩展工作范围 extended working range**

开发时关联式的参数范围,但已超出关联式确认的参数范围。

2.2.4

**关联式的不确定度 uncertainty of the correlation**

来自实验数据库计算值的绝对偏差。

注:不包括任何现场测量不确定度。

2.2.5

**偏心因子 acentric factor**

表示分子偏心度或非球形度的参数。

## 3 关联式的开发

### 3.1 概述

GERG 开展了具有商品气特性的天然气水含量与水露点之间进行准确换算的研究项目,并收集了关注范围的露点温度(−15 ℃~+5 ℃)和压力(绝压,0.5 MPa~10 MPa)的几组天然气的水含量和对应的水露点的可靠数据。除了对七个有代表性的天然气进行测量外,还对"甲烷-水"的关键二元系统进行了测量。收集测量数据的程序采用饱和法。

用卡尔-费休仪的重复性和再现性的测定值作为所有被测水含量一致性程度的评价准则,只有几个数据不一致,主要位于低含量范围(高压、低温范围)。不一致的数据或者舍弃,或者在少数示例中降低权重。大多数情况下,通过在相同压力和温度条件下完成的重复测量值来替代这些数据。

### 3.2 开发

开发的关联式在露点温度范围为−15 ℃~+5 ℃,绝对压力范围为 0.5 MPa~10 MPa 内被确认。

用于确认该关联式的有代表性的天然气样品在取样时,技术上不含乙二醇、甲醇和液态烃,并且硫化氢的最高浓度为 5 mg/m$^3$(在标准参比条件下)。没有对这些内含污染物引起的不确定度影响做研究。

开发关联式的热力学背景使其应用范围可能超出工作范围,扩展到温度为−50 ℃~+40 ℃和绝对压力为 0.1 MPa~30 MPa 的未知不确定度范围。

有意地将关联式整理为水含量与水露点之间可以相互换算的关系式,但应该注意这一关联式是用若干个在现场取得的天然气组成样品在实验室条件下推导出来的。在实际的现场操作条件下,会产生明显的附加不确定度。

除了测量换算不确定度外,还应该考虑测量值的不确定度。

除非明确规定,体积规定为标准参比条件下的体积。

## 4 应用范围和关联式的不确定度

### 4.1 工作范围与不确定度

#### 4.1.1 工作范围

本标准的工作范围如下:

a) 压力范围:0.5 MPa$\leqslant p \leqslant$10 MPa;

b) 露点温度范围:−15 ℃$\leqslant t \leqslant$5 ℃;

c) 组成范围:关联式把水含量或水露点和表 2 给出的组成作为输入参数。

该计算方法适用于满足表 2 所列范围的天然气。附录 A 给出了组成影响的示例。

表 2 天然气组成范围

| 化合物 | $y$/% | 化合物 | $y$/% |
|---|---|---|---|
| 甲烷($CH_4$) | ≥40.0 | 正丁烷($C_4H_{10}$) | ≤1.5 |
| 氮气($N_2$) | ≤55.0 | 2,2-二甲基丙烷($C_5H_{12}$) | ≤1.5 |
| 二氧化碳($CO_2$) | ≤30.0 | 2-甲基丁烷($C_5H_{12}$) | ≤1.5 |
| 乙烷($C_2H_6$) | ≤20.0 | 正戊烷($C_5H_{12}$) | ≤1.5 |
| 丙烷($C_3H_8$) | ≤4.5 | $C_6^+$(己烷和更高烃类的总和)($C_6H_{14}$) | ≤1.5 |
| 2-甲基丙烷($C_4H_{10}$) | ≤1.5 | | |

注：把 $C_6^+$ 作为正己烷来处理。

4.1.2 不确定度

在本标准的工作范围内不确定度如下：

a) 由水含量计算水露点：±2 ℃；

b) 由水露点计算水含量：

1) $\beta_w$<580 mg/m³：0.14+0.021×$\beta_w$±20(mg/m³)；

2) $\beta_w$≥580 mg/m³：−18.84+0.053 7×$\beta_w$±20(mg/m³)。

这些公式的应用参见附录 B 和附录 A 中的示例。

4.2 扩展工作范围与不确定度

应用范围的扩展可以在下列范围内外推，但其相关不确定度未知：

a) 压力范围：压力的扩展范围是 0.1 MPa≤$p$<0.5 MPa 和 10 MPa<$p$≤30 MPa；

b) 温度范围：露点温度的扩展范围是−50 ℃≤$t$<−15 ℃和+5 ℃<$t$≤+40 ℃；

c) 组成范围：组成范围与表 2 相同。

## 5 关联关系

### 5.1 概要

关联方法是基于 P-R 状态方程，见附录 C。

5.1.1 为确保准确计算在冰态和液态之上的水蒸气压，将新 $\alpha$ 函数分解成两部分，见式(1)和式(2)：

a) 温度范围 223.15 K～273.16 K，使用在冰态之上的蒸汽压数据；

b) 温度范围 273.16 K～313.15 K，使用液态水之上的蒸汽压数据。

$$\alpha(T_R) = [1 + A_1(1 - T_R^{1/2}) + A_2(1 - T_R^{1/2})^2 + A_3(1 - T_R^{1/2})^4]^2 \qquad \cdots\cdots(1)$$

式中：

$T_R$——对比温度。

$$T_R = \frac{T}{T_c} \qquad \cdots\cdots(2)$$

5.1.2 新 $\alpha$ 函数的系数如下：

a) 当 223.15 K≤$T$<273.16 K 时：

1) $A_1$=0.106 025；

2) $A_2$=2.683 845；

3) $A_3$=−4.756 38。

b) 当 273.16 K≤$T$<313.15 K 时：

1) $A_1$=0.905 436；

2) $A_2$=−0.213 781；

3） $A_3=0.260\ 05$。

对该参数的可靠估算是从一套适当的气-液平衡数据获得的。

5.1.3 通过满足特定统计准则获取二元参数 $k_{ij}$ 的最佳参数（通过最小二乘法拟合使目标函数最简化）。对于二氧化碳/水、甲烷/水和乙烷/水的二元系统，有必要引入以温度为函数的交互作用参数，以获得对气-液平衡的满意描述。温度函数式由式(3)给出：

$$k_{ij}(T)=k_{ij,0}+k_{ij,1}\left(\frac{T}{273.15}-1\right) \quad \cdots\cdots(3)$$

$k_{ij}(T)$这一定义的优势在于当温度为 0 ℃时，$k_{ij}(T)$等于 $k_{ij,0}$。对于该关系式的扩展工作范围（−50 ℃～40 ℃），二元气水系统的参数最优化。因此不允许对数据外推至扩展工作范围之外。

表 3 列出了纯组分数据，表 4 为完整的二元交互作用参数汇总。

## 5.2 换算

换算可利用根据本标准规定的方法开发的软件进行。

### 5.2.1 输入

水含量/水露点关联式的输入参数是：

a） 干气组成 $y$(%)；

b） 绝对压力(MPa)；

c） 水含量($mg/m^3$)或水露点(℃)。

### 5.2.2 输出

关联式既可以计算水露点(℃)，也可以计算水含量($mg/m^3$)。

**表 3 纯组分数据(用于计算的化合物性质)**

| 组　分 | $\omega$ | $p_c$(临界压力)/MPa | $T_c$(临界温度)/K |
|---|---|---|---|
| 水($H_2O$) | 0.344 37 | 22.064 | 647.14 |
| 氮气($N_2$) | 0.035 93 | 3.399 | 126.26 |
| 二氧化碳($CO_2$) | 0.223 94 | 7.386 | 304.21 |
| 甲烷($CH_4$) | 0.011 4 | 4.599 | 190.55 |
| 乙烷($C_2H_6$) | 0.099 09 | 4.872 | 305.33 |
| 丙烷($C_3H_8$) | 0.156 11 | 4.246 | 369.85 |
| 2-甲基丙烷($i$-$C_4H_{10}$) | 0.184 65 | 3.64 | 407.85 |
| 正丁烷($n$-$C_4H_{10}$) | 0.197 77 | 3.784 | 425.14 |
| 2,2-二甲基丙烷(neo-$C_5H_{12}$) | 0.195 28 | 3.196 | 433.75 |
| 2-甲基丁烷($i$-$C_5H_{12}$) | 0.226 06 | 3.37 | 460.39 |
| 正戊烷($n$-$C_5H_{12}$) | 0.249 83 | 3.364 | 469.69 |
| 正己烷($C_6H_{14}$) | 0.296 | 3.02 | 507.85 |

**表 4 二元交互作用参数**

| 组分 $i$ | 组分 $j$ | $k_{ij,0}$ | $k_{ij,1}$ |
|---|---|---|---|
| 水 | 氮气 | 0.480 0 | 0 |
| 水 | 二氧化碳 | 0.184 | 0.236 |
| 水 | 甲烷 | 0.651 | −1.385 |
| 水 | 乙烷 | 0.635 | −0.93 |

表 4（续）

| 组分 $i$ | 组分 $j$ | $k_{ij,0}$ | $k_{ij,1}$ |
|---|---|---|---|
| 水 | 丙烷 | 0.53 | 0 |
| 水 | 正丁烷 | 0.69 | 0 |
| 水 | 正戊烷 | 0.5 | 0 |
| 水 | 正己烷 | 0.5 | 0 |
| 水 | 2-甲基丙烷 | 0.69 | 0 |
| 水 | 2,2-二甲基丙烷 | 0.5 | 0 |
| 水 | 2-甲基丁烷 | 0.5 | 0 |
| 氮气 | 二氧化碳 | −0.017 0 | 0 |
| 氮气 | 甲烷 | 0.031 1 | 0 |
| 氮气 | 乙烷 | 0.051 5 | 0 |
| 氮气 | 丙烷 | 0.085 2 | 0 |
| 氮气 | 正丁烷 | 0.080 0 | 0 |
| 氮气 | 正戊烷 | 0.100 0 | 0 |
| 氮气 | 正己烷 | 0.149 6 | 0 |
| 氮气 | 2-甲基丙烷 | 0.103 3 | 0 |
| 氮气 | 2,2-二甲基丙烷 | 0.093 0 | 0 |
| 氮气 | 2-甲基丁烷 | 0.092 2 | 0 |
| 二氧化碳 | 甲烷 | 0.091 9 | 0 |
| 二氧化碳 | 乙烷 | 0.132 2 | 0 |
| 二氧化碳 | 丙烷 | 0.124 1 | 0 |
| 二氧化碳 | 正丁烷 | 0.133 3 | 0 |
| 二氧化碳 | 正戊烷 | 0.122 2 | 0 |
| 二氧化碳 | 正己烷 | 0.110 0 | 0 |
| 二氧化碳 | 2-甲基丙烷 | 0.120 0 | 0 |
| 二氧化碳 | 2,2-二甲基丙烷 | 0.126 0 | 0 |
| 二氧化碳 | 2-甲基丁烷 | 0.121 9 | 0 |
| 甲烷 | 乙烷 | −0.002 6 | 0 |
| 甲烷 | 丙烷 | 0.014 0 | 0 |
| 甲烷 | 正丁烷 | 0.013 3 | 0 |
| 甲烷 | 正戊烷 | 0.023 0 | 0 |
| 甲烷 | 正己烷 | 0.042 2 | 0 |
| 甲烷 | 2-甲基丙烷 | 0.025 6 | 0 |
| 甲烷 | 2,2-二甲基丙烷 | 0.018 0 | 0 |
| 甲烷 | 2-甲基丁烷 | −0.005 6 | 0 |
| 乙烷 | 丙烷 | 0.001 1 | 0 |

表 4（续）

| 组分 $i$ | 组分 $j$ | $k_{ij,0}$ | $k_{ij,1}$ |
|---|---|---|---|
| 乙烷 | 正丁烷 | 0.009 6 | 0 |
| 乙烷 | 正戊烷 | 0.007 8 | 0 |
| 乙烷 | 正己烷 | −0.010 0 | 0 |
| 乙烷 | 2-甲基丙烷 | −0.006 7 | 0 |
| 乙烷 | 2,2-二甲基丙烷 | 0.023 0 | 0 |
| 乙烷 | 2-甲基丁烷 | 0.016 0 | 0 |
| 丙烷 | 正丁烷 | 0.003 3 | 0 |
| 丙烷 | 正戊烷 | 0.026 7 | 0 |
| 丙烷 | 正己烷 | 0.000 7 | 0 |
| 丙烷 | 2-甲基丙烷 | −0.007 8 | 0 |
| 丙烷 | 2,2-二甲基丙烷 | 0 | 0 |
| 丙烷 | 2-甲基丁烷 | 0.011 1 | 0 |
| 2-甲基丙烷 | 正丁烷 | −0.000 4 | 0 |
| 2-甲基丙烷 | 正戊烷 | 0 | 0 |
| 2-甲基丙烷 | 正己烷 | 0 | 0 |
| 2-甲基丙烷 | 2,2-二甲基丙烷 | 0 | 0 |
| 2-甲基丙烷 | 2-甲基丁烷 | 0 | 0 |
| 正丁烷 | 正戊烷 | 0.017 4 | 0 |
| 正丁烷 | 正己烷 | −0.005 6 | 0 |
| 正丁烷 | 2,2-二甲基丙烷 | 0 | 0 |
| 正丁烷 | 2-甲基丁烷 | 0 | 0 |
| 2,2-二甲基丙烷 | 2-甲基丁烷 | 0 | 0 |
| 2,2-二甲基丙烷 | 正戊烷 | 0 | 0 |
| 2,2-二甲基丙烷 | 正己烷 | 0 | 0 |
| 2-甲基丁烷 | 正戊烷 | 0.060 | 0 |
| 2-甲基丁烷 | 正己烷 | 0 | 0 |
| 正戊烷 | 正己烷 | 0 | 0 |

# 附 录 A
（资料性附录）
计算示例

## A.1 不同气体组成的水露点计算示例

### A.1.1 输入

$\beta_w = 60\ mg/m^3$ （即测量值）

注：本附录中的标准参比条件为 101.325 kPa，0 ℃。

气体组成和压力列于表 A.1。

### A.1.2 输出

水露点温度 $T$ 列于表 A.1（不确定度±2 ℃）。

**表 A.1 不同气体组成的水露点计算示例**

| 干气组成 $y$ | $p$（绝对）=2 MPa<br>$T$/℃ | $p$（绝对）=5 MPa<br>$T$/℃ | $p$（绝对）=8 MPa<br>$T$/℃ |
|---|---|---|---|
| 90%甲烷，8%乙烷，2%丙烷 | −16.3 | −6.7 | −2.0 |
| 80%甲烷，13%乙烷，4%丙烷，3%二氧化碳 | −16.3 | −6.8 | −2.2 |
| 75%甲烷，16%乙烷，4.5%丙烷，4.5%二氧化碳 | −16.4 | −6.9 | −2.2 |
| 70%甲烷，20%乙烷，4.5%丙烷，5.5%二氧化碳 | −16.4 | −6.9 | −2.1 |

## A.2 不同气体组成的水含量计算示例

### A.2.1 输入

水露点温度 $T=-5$ ℃（即合同规定值）

气体组成和压力列于表 A.2。

### A.2.2 输出

$\beta_w$ 列于表 A.2（不确定度的计算见 4.1，示例在 A.3 中给出）。

**表 A.2 不同气体组成的水含量计算示例**

| 干气组成 $y$ | $p$（绝对）=2 MPa<br>$\beta_w/(mg/m^3)$ | $p$（绝对）=5 MPa<br>$\beta_w/(mg/m^3)$ | $p$（绝对）=8 MPa<br>$\beta_w/(mg/m^3)$ |
|---|---|---|---|
| 90%甲烷，8%乙烷，2%丙烷 | 167.3 | 70 | 45.3 |
| 80%甲烷，13%乙烷，4%丙烷，3%二氧化碳 | 168.5 | 70.9 | 46.1 |
| 75%甲烷，16%乙烷，4.5%丙烷，4.5%二氧化碳 | 169 | 71.3 | 46.3 |
| 70%甲烷，20%乙烷，4.5%丙烷，5.5%二氧化碳 | 169 | 71.1 | 45.7 |

## A.3 水含量不确定度的计算示例

### A.3.1 例 1：$\beta_w = 100\ mg/m^3$ 时不确定度的计算

不确定度：(0.14＋0.021×100±20)mg/m$^3$

0.14＋2.1±20　最高不确定度：＋22.24 mg/m$^3$

最低不确定度：－17.76 mg/m$^3$

最高 $\beta_w$：100＋22.24＝122.24 mg/m$^3$

最低 $\beta_w$：100－22.24＝82.24 mg/m$^3$

因此：82.24 mg/m$^3$≤$\beta_w$≤122.24 mg/m$^3$

**A.3.2**　例 2：$\beta_w$＝600 mg/m$^3$ 时不确定度的计算

不确定度：(－18.84＋0.053 7×600±20)mg/m$^3$

－18.84＋32.22±20　最高不确定度：＋33.38 mg/m$^3$

最低不确定度：－6.62 mg/m$^3$

最高 $\beta_w$：(600＋33.38)mg/m$^3$＝633.38 mg/m$^3$

最低 $\beta_w$：(600－33.38)mg/m$^3$＝593.38 mg/m$^3$

因此：593.38 mg/m$^3$≤$\beta_w$≤633.38 mg/m$^3$

# 附 录 B
## （资料性附录）
## 溯 源 性

### B.1 概要

本标准描述的关联方法基于使用适当的ISO试验方法对已知水含量的初始测定数据，由此关联方法获得所求的水露点时，应该注意B.2～B.4所述的实际操作条件的限制。

### B.2 溯源性

此一特定关联方法仅被认为是给出了一个可溯源的表述。该表述由一个能通过一完整的比较链与国家标准或国际标准直接比较的输入参数开始。

因为天然气中存在污染物，且在压力升高时具有非理想特性，在没有引入显著未量化不确定度时，水露点的直接测定不能与国际标准比较。

因此，用现场测定的水露点值作为输入参数不给出水含量可溯源的表述。此外，为反映诸如温度和压力的变化和用于每一个取样点的测试方法等与直接现场测定过程相关的不确定度，还需要确定不确定度的表达式。

气流中的杂质和其他东西一样影响冷凝（露点）可能开始的温度。因此，一个含有常见污染物气体中测定的露点作为输入参数所带来的不确定度是不可能进行评估的。

### B.3 本关联方法的不确定度

本标准描述的不确定度与水含量与水露点的测定有关。应当指出，这些测定是在实验室条件下进行的，代表如前所述天然气的最佳结果。因为实际天然气中存在诸如甲醇、乙二醇或液态烃的污染物会影响管线中的水气平衡，使得冷凝点在一定的范围内变化，而不是一个绝对值，所以试图测定一个准确的现场天然气水露点的值会受到这些污染物的阻碍。因此与直接测定水露点相关的不确定度比直接测定水含量的不确定度大，考虑这些实际情况在此关联方法的应用上有重大的意义。

### B.4 应用

本标准所描述的关联方法主要应用于气体输送和贸易交接中输送的天然气“技术上”清洁的场合。在这种情况下，用可溯源的水含量测定值作为输入值，关联方法给出一个溯源水露点的表述。将可溯源的水含量测定值以水露点值表示，能够帮助公司避免在合同中对历史上习惯使用的水露点术语进行单位换算。

对开采天然气的公司，干燥剂、液态烃和其他污染物通常存在气体管线和设施中。无论何处存在甲醇、液态烃或乙二醇，在乙二醇/水/烃混合物之间都可能建立起平衡，且沿管线变化。这种情况下，“水露点”没有合理的物理意义。在这种场合，本关联方法被认为不适合上游区域，除非是从已知的水含量开始，预测可能出现的水露点范围。

涉及到气体输送的第三种情况是把天然气通过两相流管线输送到处理设施，特别是海上天然气的开采。与第二种情况相似，甲醇或乙二醇等污染物通常作为携带物存在并改变气相平衡，因此用露点术语作为气体水蒸气含量的测量同样是无意义的。液态烃包含溶解或游离的水，可能干扰气体中水/乙二醇混合物和水蒸气间平衡的建立。在这种情况下，用水蒸气浓度进行计算更为恰当。

无论如何，此关联方法从已知水含量进行过程模拟预测水露点是有价值的，而且对于许多可能产生腐蚀或形成水合物的使用压力容器的过程中，此关联式能产生更为可靠的模拟数据。

# 附 录 C
## （规范性附录）
## 热力学原理

### C.1 相平衡热力学

#### C.1.1 概要

热力学第二定律定义一个封闭系统的热力学平衡状态为熵最大状态。一个孤立系统的熵 $S$ 只能增加，因此，孤立系统的初始平衡状态是稳定的。

当系统在平衡区域扰动时，只要扰动停止，系统立即恢复平衡。在某些情况下，恢复平衡需要无限长的时间，这就称为渐进稳定。因此，平衡条件由式(C.1)给出：

$$\Delta S < 0 \qquad \cdots\cdots(C.1)$$

这一扰动可以展开成多阶式，见式(C.2)：

$$\Delta S = \delta S + \frac{1}{2!}\delta^2 S + \frac{1}{4!}\delta^4 S + \cdots \qquad \cdots\cdots(C.2)$$

$\delta$ 定义为微分形式。

当阶数大于 1 的项为负值时，见式(C.3)：

$$\delta S = 0,\text{且 } \delta^2 S < 0、\delta^3 S < 0、\delta^4 S < 0 \qquad \cdots\cdots(C.3)$$

则平衡稳定。

当二阶项为正值时，见式(C.4)：

$$\delta S = 0,\text{且 } \delta^2 S > 0 \qquad \cdots\cdots(C.4)$$

则平衡不稳定。

当一些更高阶项为正值时，见式(C.5)：

$$\Delta S = 0,\text{且 } \delta^2 S < 0,\text{但 } \delta^3 S > 0、\delta^4 S > 0 \qquad \cdots\cdots(C.5)$$

则平衡亚稳定。

亚稳定的极限由式(C.6)定义：

$$\delta^2 S = 0 \qquad \cdots\cdots(C.6)$$

对一个系统的热力学平衡状态的研究是在热力学势能的基础上进行的。当 $T$ 和 $p$ 一定时，定义平衡状态吉布斯自由能 $G$ 最小，见式(C.7)：

$$\mathrm{d}G = 0,\text{且 } \mathrm{d}^2 G > 0 \qquad \cdots\cdots(C.7)$$

同样，当 $T$ 和 $V$ 一定时，定义平衡状态的赫姆霍茨自由能 $A$ 最小。一个包含“$nc$”组分的系统分布在“$n\Phi$”相，最小化的自由能见式(C.8)：

$$G = \sum_{j=1}^{n\Phi}\sum_{i=1}^{nc} n_{ij}\mu_{ij} \qquad \cdots\cdots(C.8)$$

式(C.8)受式(C.9)约束：

$$\sum_{j=1}^{n\Phi} n_{ij} = n_i \qquad \cdots\cdots(C.9)$$

式中：

$n_i$——组分 $i$ 的总摩尔数；

$n_{ij}$——相 $j$ 中组分 $i$ 的摩尔数；

$\mu_{ij}$——相 $j$ 中组分 $i$ 的化学势。

直接研究平衡状态是在 $nc$ 约束下将 $n\Phi$ 、$nc$ 变量的函数最小化。如此简单的表述掩盖了研究的实际困难。

把热力学第一定律应用于一个特别纯的或组成恒定的流体的均相封闭系统,可得到式(C.10):

$$dU = dW + dQ \qquad \text{(C.10)}$$

在一个可逆的过程中,由热力学第二定律可得式(C.11)和式(C.12):

$$dW = -p dV \qquad \text{(C.11)}$$

$$dQ = T dS \qquad \text{(C.12)}$$

结合式(C.10)、式(C.11)和式(C.12)得式(C.13):

$$dU = T dS - p dV \qquad \text{(C.13)}$$

一个不均匀的封闭系统包含两相或多相。在这样的系统中,每一相都可看成一个均匀的开放系统,因为系统中的任何组分都可能穿越相界从一相进入另一相。

一个均匀开放系统的内能 $U$,取决于附加变量,即该系统中每种组分的量。组分的量可以用组分的摩尔数表示。

对含有 $N$ 个组分的开放系统:

$$U = U(S, V, n_1, n_2, \cdots, n_N) \qquad \text{(C.14)}$$

运用链式法则于式(C.14),得全微分:

$$dU = \left(\frac{\delta U}{\delta S}\right)_{V,n} dS + \left(\frac{\delta U}{\delta V}\right)_{S,n} dV + \sum_{i}^{N}\left(\frac{\delta U}{\delta n_i}\right)_{S,V,n_j} dn_i \qquad \text{(C.15)}$$

式中 $j$ 表示除 $i$ 外的所有组分。

因为:

$$\left(\frac{\delta U}{\delta S}\right)_{V,n} = \left(\frac{\delta U}{\delta S}\right)_{V} = T \text{ 和 } \left(\frac{\delta U}{\delta V}\right)_{S,n} = \left(\frac{\delta U}{\delta V}\right)_{S} = -p \qquad \text{(C.16)}$$

结合式(C.15)和式(C.16)可得:

$$dU = T dS - p dV + \sum_{i}^{N}\left(\frac{\delta U}{\delta n_i}\right)_{S,V,n_j} dn_i \qquad \text{(C.17)}$$

偏导数 $\left(\frac{\delta U}{\delta n_i}\right)_{S,V,n_j}$ 称为"化学势",通常用 $\mu_i$ 表示,见式(C.18):

$$\mu_j = \left(\frac{\delta U}{\delta n_i}\right)_{S,V,n_j} \qquad \text{(C.18)}$$

1923 年路易斯(G. N. Lewis)引入了逸度 $f$,它相当于化学势,并以压力的单位表示,见式(C.19):

$$d\mu_i = RT d(\ln f_i) \qquad \text{(C.19)}$$

对真实气体,逸度被认为是一个校正的分压,用逸度系数 $\varphi_i$ 表示,见式(C.20):

$$\varphi_i = \left(\frac{f_i}{x_{i,v} \times p}\right) \qquad \text{(C.20)}$$

$x_{i,v}$是气相中组分 $i$ 的摩尔分数。

逸度系数表明了对理想气体定律的偏差。因此,理想气体的逸度系数为 1。

**C.1.2　平衡条件**

在两相中每个组分的化学势相等是平衡的必要条件:

$\mu_{il} = \mu_{iv}$, $i$ 从 1 至 $nc$。

同样,对于下述逸度:

$f_{il} = f_{iv}$, $i$ 从 1 至 $nc$。

对于温度和压力:

$T_{il} = T_{iv}$, $i$ 从 1 至 $nc$。

大多数平衡计算的运算法则都依赖于这些条件。

当满足该条件时，平衡系数定义为逸度系数之比：

$K_i=\frac{\varphi_{i,l}}{\varphi_{i,v}}$，$i$ 从 1 至 $nc$。

在气-液两相平衡系统中(缩写 V 为气相，L 为液相)，公式简化为式(C.21)：

$T^{\mathrm{L}}=T^{\mathrm{V}}$

$$p^{\mathrm{L}}=p^{\mathrm{V}} \quad \cdots\cdots(\text{C.21})$$

$f_i^{\mathrm{L}}=f_i^{\mathrm{V}}(i=1,2)$

对每个组分 $i$ 的平衡条件(C.7)可用逸度系数定义(C.20)从物质平衡(C.21)导出，式中 $x_i$ 为液相中组分 $i$ 的摩尔分数，$y_i$ 为气相中的摩尔分数。

$$\varphi_i^{\mathrm{L}}x_i=\varphi_i^{\mathrm{V}}y_i \quad (i=1,\cdots,N) \quad \cdots\cdots(\text{C.22})$$

任一相中组分 $i$ 的逸度系数和该相的状态变量间的关系通常由热状态方程连接。对压力是显函数的状态方程，逸度系数可表示为式(C.23)：

$$\ln\varphi_i=\frac{1}{RT}\int_V^{\infty}\left[\left(\frac{\partial p}{\partial n_i}\right)_{T,V,n_{j\neq 1}}-\frac{RT}{V}\right]\mathrm{d}V-\ln Z \quad \cdots\cdots(\text{C.23})$$

式中 $Z$ 为压缩因子，见式(C.24)：

$$Z=\frac{pV}{nRT} \quad \cdots\cdots(\text{C.24})$$

压缩因子是对理想气体定律偏差的衡量，理想气体的压缩因子 $Z$ 为 1。

## C.2 状态方程

### C.2.1 纯物质

热状态方程定义了纯物质压力 $p$ 、体积 $V$ 和温度 $T$ 之间的关系见式(C.25)：

$$f(p,V,T)=0 \quad \cdots\cdots(\text{C.25})$$

最简单的状态方程是理想气体定律，见式(C.26)：

$$pV=nRT \quad \cdots\cdots(\text{C.26})$$

理想气体模型是基于分子之间无相互作用，分子大小忽略不计的假设。因此，理想气体定律仅对低密度物质有效，因为这些假设(几乎)对此适用。因为理想气体分子之间的吸引力被忽略，所以理想气体模型不适用于凝析相。为了克服这些限制，开发了包括以理想气体定律作为边界条件的许多状态方程。这些状态方程可以划分为下列几组：

a) 半经验(三次多项)方程式，P-R 方程，S-R-K 方程等；

b) 改进的维里方程，维里方程是唯一的理论方程；

c) 基于对应状态原理的 PVT-计算式；

d) 基于统计热力学的方程。

本附录只讨论其中一部分，重点在半经验(三次多项)方程式，因为它是一种新计算方法(BWT)的基础。对于其他方程的详细描述，可参考 Dohrn，Walas 和 anderko 的论文。

第一个三次多项状态方程式由 J. D. Van der Waals 于 1873 年导出，见式(C.27)：

$$\left[p+\frac{a}{V_{\mathrm{m}}^2}\right](V_{\mathrm{m}}-b)=RT \text{ 或 } p=\frac{RT}{V_{\mathrm{m}}-b}-\frac{a}{V_{\mathrm{m}}^2}=p_{\text{斥力}}+p_{\text{引力}} \quad \cdots\cdots(\text{C.27})$$

考虑到分子间吸引力，所以引入压力校正项 $-a/V_{\mathrm{m}}^2$。$b$ 叫作体积补偿参数。它是对分子固有体积和斥力特性的一种衡量。范德华方程(VDW)是第一次仅用一个方程就同时成功地定量再现了气相和液相中流体的行为。但许多应用证明该方程准确度不够。因此，上世纪以来又导出了大量三次多项方程式，这些方程式保留了引力和斥力的区分。虽然所有这些改进的方程式在细节上有差异，但都可以简化成通用的五元参数的结构式，见式(C.28)：

$$p=\frac{RT}{V_m-b}-\frac{\theta(V_m-\eta)}{(V_m-b)(V_m^2+\delta V_m+\varepsilon)} \qquad \cdots\cdots(C.28)$$

一些重要的三次多项状态方程的变量 $\theta,\delta,\varepsilon,\eta$ 在表 C.1 中给出。

**表 C.1　方程式(C.28)变量**

| 状态方程 | 缩写 | $\theta$ | $\delta$ | $\varepsilon$ | $\eta$ |
|---|---|---|---|---|---|
| Van der Waals(1873) | VDW | $a$ | 0 | 0 | $b$ |
| Soave-Redlich-Kwong(1972)[1] | SRK | $a(T)$ | $b$ | 0 | $b$ |
| Peng-Robinson(1976)[1] | PR | $a(T)$ | $2b$ | $-b^2$ | $b$ |
| Patel-Teja(1982) | PT | $a(T)$ | $b+c$ | $-cb$ | $b$ |

对于二元参数方程,参数($a$ 和 $b$)由临界点条件决定。在临界点处,纯流体的临界等温线在 $p,V$ 图上表现为一马鞍点。

$$\left[\frac{\partial p}{\partial V_m}\right]_{T=T_{crit}}=0;\quad \left[\frac{\partial^2 p}{\partial V_m^2}\right]_{T=T_{crit}}=0 \qquad \cdots\cdots(C.29)$$

对于超过二元的参数方程,必须确定附加的边界条件。

在所有范德华方程的改进式中,PR 方程尤为突出。PR 方程式最初是针对气体冷凝系统而导出的,在许多应用中被作为标准工具。与 VDW 相比,PR 方程仅增加了引力项。PR 方程见式(C.30):

$$p(T,V_m)=\frac{RT}{V_m-b}-\frac{a(T)}{V_m^2+2bV_m-b^2} \qquad \cdots\cdots(C.30)$$

根据临界点条件[见式(C.31)]:

$$a(T_{crit})=0.457\ 24\times\frac{R^2T_{crit}^2}{p_{crit}} \qquad \cdots\cdots(C.31)$$

$$b(T_{crit})=0.077\ 80\times\frac{RT_{crit}}{p_{crit}} \qquad \cdots\cdots(C.32)$$

对于与 $T_{crit}$ 不同的温度,为使蒸汽压曲线获得更好的重现性,引入一个与温度有关的函数 $\alpha(T_R)$,见式(C.33)。

$$a(T)=a(T_{crit})\times\alpha(T_R) \qquad \cdots\cdots(C.33)$$

$$T_R=\frac{T}{T_{crit}} \qquad \cdots\cdots(C.34)$$

$\alpha(T_R)$是对比温度 $T_R$ 的一个无因次的函数。临界温度时,其值为1。PR 方程的 $b$ 参数是与温度无关的量。

Peng 和 Robinson 用文献中的蒸汽压值建立了 $\alpha$ 函数形式。他们在 $\alpha^{1/2}$ 和 $T_R^{1/2}$ 之间建立了一线性关系,见式(C.35):

$$\alpha(T_R)^{1/2}=1+\kappa(1-T_R^{1/2}) \qquad \cdots\cdots(C.35)$$

系数 $\kappa$ 为物质特定常数,通常用偏心因子 $\omega$ 表征如式(C.36):

$$\kappa=0.374\ 64+1.542\ 26\omega-0.269\ 92\omega^2 \qquad \cdots\cdots(C.36)$$

### C.2.2　混合物

为了将状态方程应用于混合物性质的计算,必须用混合物参数($am,bm,\cdots$)取代纯化合物的方程参数($a,b,\cdots$)。混合物参数与纯化合物参数之间的关系通过混合规则建立。该方法是建立在"单相流体"理论上。假设存在一(假定的)纯流体,(在给定 $p$, $T$ 条件下)其行为与混合物类似。适用的最简单的混合规则是由范德华导出的均衡规则。对于二元参数的状态方程,有式(C.37)~式(C.41):

$$a_M(T)=\sum_{i=1}^{n}\sum_{j=1}^{n}x_ix_ja_{ij}(T) \qquad \cdots\cdots(C.37)$$

$$b_M=\sum_{i=1}^{n}x_ib_i \qquad \cdots\cdots(C.38)$$

$$a_{ij}(T) = \sqrt{a_{ii}a_{jj}}(1 - k_{il}) \qquad \cdots\cdots (C.39)$$

$$k_{ij} = k_{ji} \qquad \cdots\cdots (C.40)$$

$$k_{ii} = k_{jj} = 0 \qquad \cdots\cdots (C.41)$$

混合物中几个组分的摩尔分数 $x_i$ 作为参数的权重因子。此外，$a$ 项中的交叉系数 $a_{ij}$ 由二元交互作用参数 $k_{ij}$ 校正。这些 $k_{ij}$ 值通常通过二元混合物的气液平衡数据测定。虽然大多数情况下获得的相互作用参数值都很小，但它们对相平衡的再现性，尤其是对高压下相平衡的再现性，有很强的影响。

## C.3 相律

由于如下平衡条件，不同相中某些强度状态变量和组成不能从一个处于平衡的系统中独立决定。对于一个不均匀系统，符合条件的自由变量数目由吉布斯相律决定：

$$F = 2 - P + N \qquad \cdots\cdots (C.42)$$

式中：

$F$——自由度数；

$N$——组分数；

$P$——相数。

由相律(C.42)可以推出，在气相中水含量最重要的量是压力、温度和气体组成。这些量影响分子间力和相平衡。气体组成的影响完全取决于气体中存在的物质，特别是具有截然不同分子性质的气体混合物。从这点考虑，基本量是分子电荷分布。该电荷分布影响相平衡，尤其是高密度下的相平衡，例如高压下或液体中。天然气中的烃类是非极性或弱极性物质，然而，由于水具有高偶极矩，属于强极性物质。在浓密的液相中，水分子间的氢键使气体水合物得以形成(格状包合物)。

# 附 录 D
（资料性附录）
单位换算

## D.1 压力(见表 D.1)

表 D.1 压力单位换算

| 从＼到 | MPa | bar | atm | psi |
|---|---|---|---|---|
| MPa | | $p\times10$ | $p/0.101\,325$ | $p/0.006\,894\,757$ |
| bar | $p\times0.1$ | | $p/1.013\,25$ | $p/0.068\,947\,57$ |
| atm | $p\times0.101\,325$ | $p\times1.013\,25$ | | $p/0.000\,698\,611\,25$ |
| psi | $p\times0.006\,894\,757$ | $p\times0.068\,947\,57$ | $p\times0.000\,698\,611\,25$ | |

## D.2 温度(见表 D.2)

表 D.2 温度单位换算

| 从＼到 | K | ℃ | °R | ℉ |
|---|---|---|---|---|
| K | | $T-273.15$ | $T\times1.8$ | $T\times1.8-458.67$ |
| ℃ | $T+273.15$ | | $(t-32)/1.8+459.67$ | $(t-32)/1.8$ |
| °R | $T/1.8$ | $1.8\times(T-459.67)+32$ | | $T-459.67$ |
| ℉ | $p\times0.006\,894\,757$ | $1.8\times t+32$ | $T+459.76$ | |

## D.3 不同标准参比条件体积之间换算(见表 D.3)

表 D.3 不同标准参比条件体积之间换算

| 从＼到 | 101.325 kPa,0 ℃ | 101.325 kPa,15 ℃ | 14.73 psia,60 ℉ | 101.325 kPa,20 ℃ |
|---|---|---|---|---|
| 101.325 kPa,0 ℃ | | $V_n\times1.055\,3$ | $V_n\times1.054\,9$ | $V_n\times1.073\,8$ |
| 101.325 kPa,15 ℃ | $V_n\times0.947\,6$ | | $V_n\times0.999\,6$ | $V_n\times1.017\,5$ |
| 14.73 psia,60 ℉ | $V_n\times0.947\,9$ | $V_n\times1.000\,4$ | | $V_n\times1.017\,8$ |
| 101.32 5 kPa,20 ℃ | $V_n\times0.931\,3$ | $V_n\times0.982\,8$ | $V_n\times0.982\,5$ | |
| 注：以纯甲烷代替天然气进行计算。 | | | | |

## D.4 水含量单位(见表 D.4)

表 D.4 水含量单位换算

| $10^{-6}(V/V)$ | 101.325 kPa,0 ℃ | 101.325 kPa,15 ℃ | 14.73 psia,60 ℉ | 101.325 kPa,20 ℃ |
|---|---|---|---|---|
| $mg/m^3$ | $10^{-6}(V/V)\times0.805\,68$ | $10^{-6}(V/V)\times0.763\,44$ | $10^{-6}(V/V)\times0.763\,73$ | $10^{-6}(V/V)\times0.750\,34$ |
| 注：以纯甲烷代替天然气进行计算。 | | | | |

# 附 录 E
（资料性附录）
# Bukacek 平衡状态下天然气水含量关联式

1955 年 Bukacek1) 在 IGT 研究报告 8 给出了一个天然气水含量平衡数据的关联式，ASTM D 1142-952) 在 6.3 中采用该关联式进行水露点与水含量换算。除在接近气体临界温度测定的露点外，相信该方法的准确度能够满足气体燃料工作的需求。该关联式是从 Raoult 定律修改完善的，计算公式如式(E.1)：

$$\beta_w = \frac{A}{P} + B \qquad \cdots\cdots(E.1)$$

式中：

$A$——与温度有关的常数，使用表 E.1 中的数据插值计算，mg·MPa/m³；

$B$——与温度有关的常数，使用表 E.1 中的数据插值计算，mg/m³。

**表 E.1 不同温度的 *A* 和 *B* 数据**

| $t$/℃ | $A$/(mg·MPa/m³) | $B$/(mg/m³) | $t$/℃ | $A$/(mg·MPa/m³) | $B$/(mg/m³) | $t$/℃ | $A$/(mg·MPa/m³) | $B$/(mg/m³) |
|---|---|---|---|---|---|---|---|---|
| −40.00 | 14.214 37 | 3.462 263 | −38.89 | 15.950 48 | 3.777 014 | −37.78 | 17.903 60 | 4.091 766 |
| −36.67 | 19.965 22 | 4.406 517 | −35.56 | 22.569 38 | 4.721 268 | −34.44 | 24.956 53 | 5.193 395 |
| −33.33 | 27.777 70 | 5.665 521 | −32.22 | 30.924 40 | 6.137 648 | −31.11 | 34.396 61 | 6.609 775 |
| −30.00 | 38.194 34 | 7.081 902 | −28.89 | 42.317 59 | 7.554 029 | −27.78 | 47.091 89 | 8.183 531 |
| −26.67 | 51.974 69 | 8.813 033 | −25.56 | 57.508 52 | 9.442 536 | −24.44 | 63.584 90 | 10.072 04 |
| −23.33 | 70.312 31 | 10.858 92 | −22.22 | 77.473 75 | 11.645 79 | −21.11 | 85.286 23 | 12.432 67 |
| −20.00 | 93.966 76 | 13.376 93 | −18.89 | 103.081 3 | 14.321 18 | −17.78 | 113.932 0 | 15.265 43 |
| −16.67 | 124.782 6 | 16.367 06 | −15.56 | 136.718 4 | 17.468 69 | −14.44 | 149.739 2 | 18.727 70 |
| −13.33 | 163.845 0 | 19.986 70 | −12.22 | 179.036 0 | 21.245 71 | −11.11 | 196.397 0 | 22.662 09 |
| −10.00 | 213.758 1 | 24.235 84 | −8.89 | 233.289 3 | 25.809 60 | −7.78 | 254.990 6 | 27.383 35 |
| −6.67 | 277.777 0 | 29.114 49 | −5.56 | 301.648 5 | 31.002 99 | −4.44 | 328.775 1 | 32.891 50 |
| −3.33 | 356.986 9 | 34.937 38 | −2.22 | 387.368 7 | 37.140 64 | −1.11 | 421.005 8 | 39.343 90 |
| 0.00 | 456.813 0 | 41.704 53 | 1.11 | 494.790 3 | 44.222 54 | 2.22 | 536.022 9 | 46.897 93 |
| 3.33 | 580.510 6 | 49.730 69 | 4.44 | 627.168 4 | 52.563 45 | 5.56 | 677.081 5 | 55.710 96 |
| 6.67 | 731.334 8 | 58.858 47 | 7.78 | 789.928 4 | 62.320 74 | 8.89 | 851.777 2 | 65.783 00 |
| 10.00 | 917.966 3 | 69.560 01 | 11.11 | 988.495 6 | 73.337 03 | 12.22 | 1 063.365 | 77.428 79 |
| 13.33 | 1 139.320 | 81.677 93 | 14.44 | 1 226.125 | 86.241 83 | 15.56 | 1 323.781 | 90.805 72 |
| 16.67 | 1 421.437 | 95.684 36 | 17.78 | 1 519.093 | 100.877 8 | 18.89 | 1 627.600 | 106.071 2 |
| 20.00 | 1 746.957 | 111.736 7 | 21.11 | 1 866.314 | 112.838 3 | 22.22 | 2 007.373 | 123.539 8 |

1) IGT Research bulletin 8 Equilibrium Moisture Content of Natural gas, 1955

2) ASTM D 1142-95 Stanfard Test Method for water Vapor Content of Gas Fuels by Measurement of Dew-point Temperature

**表 E.1（续）**

| $t$/℃ | $A$/(mg·MPa/m$^3$) | $B$/(mg/m$^3$) | $t$/℃ | $A$/(mg·MPa/m$^3$) | $B$/(mg/m$^3$) | $t$/℃ | $A$/(mg·MPa/m$^3$) | $B$/(mg/m$^3$) |
|---|---|---|---|---|---|---|---|---|
| 23.33 | 2 137.581 | 129.834 9 | 24.44 | 2 289.490 | 136.444 6 | 25.56 | 2 441.400 | 143.369 2 |
| 26.67 | 2 615.010 | 150.608 4 | 27.78 | 2 788.621 | 157.375 6 | 28.89 | 2 973.082 | 165.244 4 |
| 30.00 | 3 168.394 | 174.686 9 | 31.11 | 3 374.557 | 182.555 7 | 32.22 | 3 602.421 | 191.998 2 |
| 33.33 | 3 830.285 | 199.867 0 | 34.44 | 4 068.999 | 209.309 5 | 35.56 | 4 329.415 | 220.325 8 |
| 36.67 | 4 600.682 | 229.768 4 | 37.78 | 4 893.650 | 240.784 7 | 38.89 | 5 197.469 | 251.801 0 |
| 40.00 | 5 512.138 | 262.817 2 | 41.11 | 5 848.508 | 275.407 3 | 42.22 | 6 195.730 | 287.997 3 |
| 43.33 | 6 564.652 | 300.587 4 | 44.44 | 6 955.276 | 314.751 2 | 45.56 | 7 367.602 | 328.915 0 |
| 46.67 | 7 790.777 | 343.078 8 | 47.78 | 8 246.505 | 357.242 6 | 48.89 | 8 723.935 | 372.980 2 |
| 50.00 | 9 212.215 | 388.717 7 | 51.11 | 9 733.046 | 406.029 0 | 52.22 | 10 275.58 | 423.340 4 |
| 53.33 | 10 850.66 | 440.651 7 | 54.44 | 11 501.70 | 457.963 0 | 55.56 | 12 044.24 | 476.848 1 |
| 56.67 | 12 695.28 | 497.306 9 | 57.78 | 13 454.82 | 517.765 7 | 58.89 | 14 105.86 | 538.224 5 |
| 60.00 | 14 865.41 | 560.257 1 | 61.11 | 15 624.96 | 582.289 7 | 62.22 | 16 493.01 | 605.896 0 |
| 63.33 | 17 361.06 | 629.502 4 | 64.44 | 18 229.12 | 654.682 5 | 65.56 | 19 205.68 | 679.862 6 |
| 66.67 | 20 182.24 | 706.616 4 | 67.78 | 21 158.80 | 733.370 3 | 68.89 | 22 243.86 | 761.697 9 |
| 70.00 | 23 328.93 | 790.025 5 | 71.11 | 24 414.00 | 819.926 9 | 72.22 | 25 607.57 | 851.402 0 |
| 73.33 | 26 909.65 | 882.877 1 | 74.44 | 28 103.22 | 915.926 0 | 75.56 | 29 513.81 | 948.974 8 |
| 76.67 | 30 924.40 | 983.597 5 | 77.78 | 32 334.98 | 1 019.794 | 78.89 | 33 854.07 | 1 055.990 |
| 80.00 | 35 373.17 | 1 093.760 | 81.11 | 37 000.77 | 1 133.104 | 82.22 | 38 736.87 | 1 177.169 |
| 83.33 | 40 364.47 | 1 214.940 | 84.44 | 42 317.59 | 1 257.431 | 85.56 | 44 162.21 | 1 301.496 |
| 86.67 | 46 115.33 | 1 350.283 | 87.78 | 48 068.45 | 1 391.200 | 88.89 | 50 238.58 | 1 438.413 |
| 90.00 | 52 408.71 | 1 491.921 | 91.11 | 54 687.35 | 1 537.560 | 92.22 | 56 965.99 | 1 589.494 |
| 93.33 | 59 353.14 | 1 636.706 | 94.44 | 61 848.79 | 1 699.656 | 95.56 | 64 452.95 | 1 746.869 |
| 96.67 | 67 165.62 | 1 809.819 | 97.78 | 69 878.28 | 1 872.770 | 98.89 | 72 807.96 | 1 919.982 |
| 100.00 | 75 737.64 | 1 982.933 | 101.11 | 78 667.32 | 2 045.883 | 102.22 | 81 814.01 | 2 108.833 |
| 103.33 | 85 177.72 | 2 187.521 | 104.44 | 88 541.43 | 2 250.471 | 105.56 | 92 013.64 | 2 329.159 |
| 106.67 | 95 594.36 | 2 392.109 | 107.78 | 99 283.58 | 2 470.797 | 108.89 | 103 081.3 | 2 549.485 |
| 110.00 | 107 096.1 | 2 612.435 | 111.11 | 110 676.8 | 2 691.123 | 112.22 | 115 017.0 | 2 785.548 |
| 113.33 | 119 357.3 | 2 864.236 | 114.44 | 123 697.6 | 2 942.924 | 115.56 | 129 122.9 | 3 021.611 |
| 116.67 | 133 463.2 | 3 116.037 | 117.78 | 137 803.4 | 3 210.462 | 118.89 | 143 228.8 | 3 304.888 |
| 120.00 | 148 654.1 | 3 399.313 | 121.11 | 154 079.4 | 3 493.738 | 122.22 | 159 504.8 | 3 603.901 |
| 123.33 | 164 930.1 | 3 698.327 | 124.44 | 170 355.4 | 3 808.489 | 125.56 | 176 865.8 | 3 902.915 |
| 126.67 | 182 291.2 | 4 013.078 | 137.78 | 253 905.6 | 5 240.607 | 148.89 | 345 051.1 | 6 767.151 |
| 160.00 | 462 238.3 | 8 624.183 | 171.11 | 608 722.3 | 10 890.39 | 182.22 | 788 843.3 | 13 675.94 |
| 193.33 | 1 009 112 | 17 153.94 | 204.44 | 1 269 528 | 21 403.08 | 215.56 | 1 595 048 | 26 753.85 |
| 226.67 | 1 963 970 | 33 521.00 | 237.78 | 2 408 848 | 40 130.78 | | | |

# 附 录 F
## （资料性附录）
## 本标准与ISO 18453:2004的技术性差异及其原因表

表F.1给出了本标准与ISO 18453:2004的技术性差异与原因。

**表F.1 本标准与ISO 18453:2004技术性差异及其原因**

| 本标准的章条编号 | 技术性差异 | 原 因 |
| --- | --- | --- |
| 1 | 增加了“除特别说明外，本标准采用的体积标准参比条件为：101.325 kPa，20 ℃” | 与我国国家标准采用的标准参比条件一致 |
| 2 | 删除ISO 18453中的术语和定义2.6“常态参比条件”和2.7“溯源性” | “溯源性”在“天然气词汇”国家标准报批稿中已有定义，本标准中不再重复 |
| 附录D | 删除ISO 18453附录D中D.3“缩略语清单”。<br>对ISO 18453附录D中单位换算内容进行了完善细化 | 本标准中不使用这些缩略语。<br>提供更多的单位换算 |
| 附录E | 本附录为增加内容 | 本附录采用ASTM D 1142标准中6.3的内容，并把英制单位换算成我国法制单位，适合我国在线水含量测定仪的实际应用 |

ICS 91.060.50
Q 70

# 中华人民共和国国家标准

GB/T 22635—2008

# 门扇　湿度影响稳定性检测方法

**Door leaves—Determination of the behaviour under humidity variations in successive uniform climates**

(ISO 6444:2005,MOD)

2008-12-29 发布　　2009-10-01 实施

中华人民共和国国家质量监督检验检疫总局
中国国家标准化管理委员会　发布

# 前 言

本标准修改采用 ISO 6444:2005《门扇　湿度变化下的性能试验方法(气候条件持续不变)》。

本标准在采用国际标准 ISO 6444:2005 时进行了部分修改,主要修改内容如下:

——第 2 章将“prEN12519:1996”改为“GB/T 5823《建筑门窗术语》”,“EN951”和“EN952”改为 GB/T 22636《门扇尺寸、直角度和平面度检测方法》。

——第 3 章增加了对“湿度影响稳定性”的定义。

为方便使用,本标准还做了如下编辑性修改:

——删除国际标准的前言;

——“本国际标准”一词改为“本标准”;

——用小数点“.”代替作为小数点的逗号“,”。

本标准由中华人民共和国住房和城乡建设部提出。

本标准由住房和城乡建设部建筑制品与构配件产品标准化技术委员会归口。

本标准负责起草单位:中国建筑科学研究院,中国建筑标准设计研究院。

本标准参加起草单位:广东省建筑科学研究院、上海市建筑科学研究院有限公司、河南省建筑科学研究院、广东省东莞市坚朗五金制品有限公司、福建省南平铝业有限公司、优铝胜门窗科技(上海)有限公司。

本标准主要起草人:王洪涛、刘会涛、庄国伟、谭上飞、张作萍、徐勤、刘新生、杜万明、谢光宇、江裕生。

本标准为首次发布。

# 门扇　湿度影响稳定性检测方法

## 1　范围

本标准规定了环境条件持续不变时，受湿度影响的门扇稳定性检测方法。

本标准适用于所有含有吸湿材料的门扇（如：实心门、空心门、镶板门和镶玻璃门，一般为平面、刚性门扇），这些材料可能对门的稳定性产生影响。

## 2　规范性引用文件

下列文件中的条款通过本标准的引用而成为本标准的条款。凡是注日期的引用文件，其随后所有的修改单（不包括勘误的内容）或修订版均不适用于本标准，然而，鼓励根据本标准达成协议的各方研究是否可使用这些文件的最新版本。凡是不注日期的引用文件，其最新版本适用于本标准。

GB/T 5823　建筑门窗术语

GB/T 22636　门扇　尺寸、直角度和平面度检测方法（GB/T 22636—2008，ISO 6442:2005，Door leaves—General and local flatness—Measurement method；ISO 6443:2005，Door leaves—Method for measurement of height，width，thickenss and squareness，MOD）

## 3　术语和定义

GB/T 5823 确立的以及下列术语和定义适用于本标准。

3.1

**湿度影响稳定性　the behaviour under humidity variations in successive uniform climates**

在持续不变的环境条件作用下，门扇的吸湿材料受环境条件作用而发生湿度改变，门扇抗湿度变化的能力。

## 4　检测前的环境状态

检测前将门扇置于下面一种环境条件中进行至少 7 d 的环境调节：

——温度（20±2）℃；相对湿度（65±5）%；

——温度（23±2）℃；相对湿度（50±5）%。

## 5　仪器与设备要求

5.1　能保持可控制的温度和湿度的气候环境箱体。

5.2　不施加任何影响门扇变形的约束，并可使门扇保持垂直放置的支撑装置。

5.3　符合 GB/T 22636 的规定测量门扇高度、宽度、整体平面度和局部平面度的仪器。

5.4　符合 6.1、6.2、6.3、6.4 及 6.5 的规定测量试件重量的仪器。

## 6　检测步骤

### 6.1　初始测量

门扇按照第 4 章的要求完成环境调节后，按照 GB/T 22636 测量其高度和宽度、整体平面度及重量，必要时可测量门的局部平面度。

### 6.2　高湿环境试验

将门扇放置于如下的气候环境中：

——温度：(23±2)℃；

——相对湿度：(85±5)％。

温度和相对湿度的平均值应尽可能保持且接近试验标准值，公差只允许在校准过程中使用。

在这样的气候环境条件下对表面未做处理的门应持续试验 7 d，对其他的门持续试验 21 d。

每隔 2 d 对试样整体平面度进行测量一次，如果连续两次测量结果变化不超过 1％，或者试样已经达到湿度平衡(每隔 2 d 对试样的重量测量一次，连续两次测量的重量差少于最初重量的 0.1％)，则可在达到规定的试验时间前停止试验。

假如试验室在达到规定的试验持续时间前停止了试验，则应说明原因。

### 6.3 高湿环境试验后的测量

再次测量门扇的高度、宽度、整体平面度及门扇的重量。必要时可再次测量局部平面度。

### 6.4 低湿环境试验

将门扇放置于如下的气候环境中：

——温度：(23±2)℃；

——相对湿度：(30±5)％。

温度和相对湿度的平均值应尽可能保持且接近试验标准值，公差只允许在校准过程中使用。

在这样的气候环境条件下对表面未做处理的门应持续试验 7 d，对其他的门持续试验 21 d。

每隔 2 d 对试样整体平面度进行测量一次，如果连续两次测量结果变化不超过 1％，或者试样已经达到湿度平衡(每隔 2 d 对试样的重量测量一次，连续两次测量的重量差少于最初重量的 0.1％)，则可在达到规定的试验时间前停止试验。

假如试验室在达到规定的试验持续时间前停止了试验，则应说明原因。

### 6.5 低湿环境试验后的测量

再次测量门扇的高度、宽度、整体平面度及门扇的重量。必要时再次测量局部平面度。

## 7 结果表示

结果表示应包括高度、宽度、整体平面度、局部平面度及门扇重量的初始测量值和变化值。测量结果的精确度应符合 GB/T 22636 的规定。

## 8 检测报告

检测报告应包括以下内容：

a) 所有鉴别门的必要的证明文件；

b) 关于门扇的类型、尺寸、形式和细部构造、初始重量、所有安装五金件的机械加工部位、表面处理的相关描述；

c) 测试过程中门的支撑装置的描述；

d) 如果气候环境没有按照第 4 章的要求，报告中应说明其环境特点和持续时间；

e) 如果两种气候环境下试验持续时间少于规定的时间，说明原因；

f) 高度和宽度的逐次测量值；

g) 整体平面度和测量的局部平面度的逐次测量值；

h) 门扇重量的逐次测量值；

i) 检测中发生的任何破坏；

j) 检测试验室的名称；

k) 检测试验的起止日期；

l) 检测依据的标准名称。

ICS 91.060.50
Q 70

# 中华人民共和国国家标准

GB/T 22636—2008

# 门扇　尺寸、直角度和平面度检测方法

**Door leaves—Dimensions, rectangularity and flatness—Test method**

(ISO 6442:2005, Door leaves—General and local flatness—Measurement method;
ISO 6443:2005, Door leaves—Method for measurement of height, width,
thickness and squareness, MOD)

2008-12-29 发布　　2009-10-01 实施

中华人民共和国国家质量监督检验检疫总局
中国国家标准化管理委员会　发布

# 前言

本标准修改采用 ISO 6442:2005《门扇　整体和局部平面度检测方法》和 ISO 6443:2005《门扇　高度、宽度、厚度和方正度检测方法》。本标准根据 ISO 6442:2005 和 ISO 6443:2005 重新起草。

本标准在修改采用国际标准 ISO 6442:2005 和 ISO 6443:2005 时进行了结构性修改,本标准与国际标准的内容及结构对应表见附录 A。本标准与 ISO 6442:2005 和 ISO 6443:2005 不存在技术性差异。

为方便使用,本标准还做了如下编辑性修改:

a)　删除国际标准的前言;

b)　"本国际标准"一词改为"本标准";

c)　用小数点"."代替作为小数点的逗号","。

本标准的附录 A 为资料性附录。

本标准由中华人民共和国住房和城乡建设部提出。

本标准由住宅和城乡建设部建筑制品与构配件产品标准化技术委员会归口。

本标准负责起草单位:中国建筑科学研究院、中国建筑标准设计研究院。

本标准参加起草单位:广东省建筑科学研究院、上海市建筑科学研究院有限公司、河南省建筑科学研究院、广东省东莞市坚朗五金制品有限公司、福建省南平铝业有限公司、优铝胜门窗科技(上海)有限公司。

本标准主要起草人:王洪涛、刘会涛、庄国伟、张士翔、张作萍、徐勤、刘新生、杜万明、谢光宇、江裕生。

本标准为首次发布。

# 门扇　尺寸、直角度和平面度检测方法

## 1　范围

本标准规定了门扇的高度、宽度、厚度、直角度以及门扇整体和局部平面度的检测方法。

本标准适用于所有矩形门扇，其他形状门扇可参照使用。

本标准所述的局部平面度偏差，仅指影响到门扇外观的门扇缺陷。

## 2　仪器与设备

### 2.1　高度和宽度测量仪器

钢卷尺或其他类似测量仪器，精度为 0.5 mm。

### 2.2　厚度测量仪器

千分尺或其他类似测量仪器，精度为 0.01 mm。

### 2.3　直角度测量仪器

双臂金属直角仪，其双臂内侧基准尺寸为 500 mm±1 mm。双臂之间的直角在 500 mm 范围内可精确到 0.1 mm。在直角仪一只臂的 500 mm 处基准点位置安装一个刻度或数显量表，量表精确到 0.1 mm（见图 1）。

注：可采用附加的量块和塞尺代替刻度式或数显量表。

单位为毫米

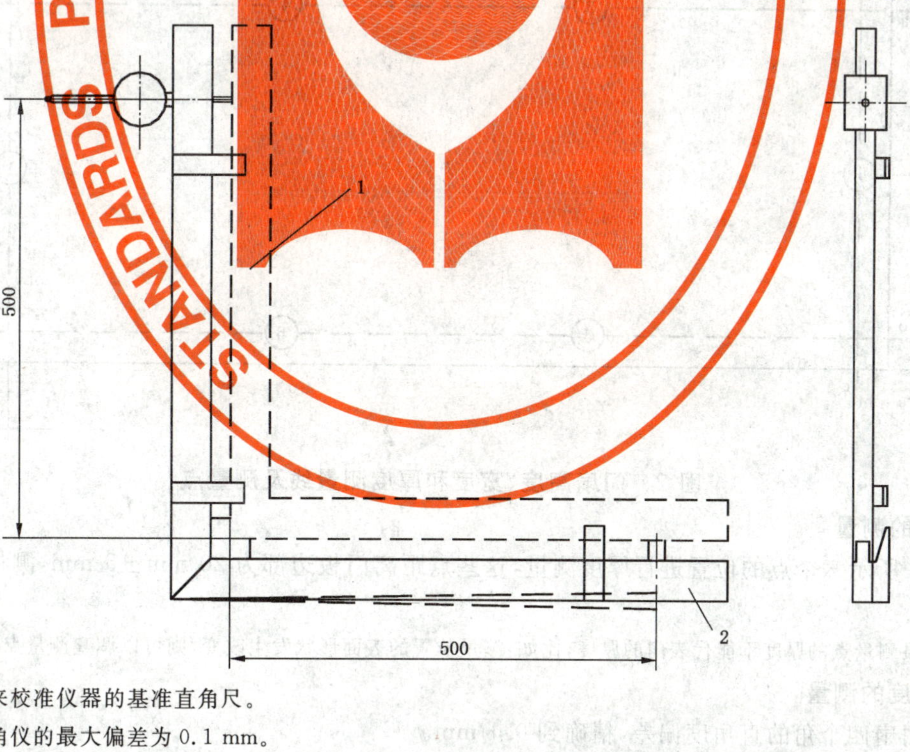


注 1：用来校准仪器的基准直角尺。

注 2：直角仪的最大偏差为 0.1 mm。

**图 1　直角度测量仪器（含有用于校准仪器的直角尺）**

### 2.4　整体平面度测量设备

一个垂直固定的刚性框架，上面有四个基准点，这四个点形成一个矩形的基准平面，该基准平面大小和被测试门扇的大小相当。

一个基准靠尺，其长度不小于门扇的高度。

一个带刻度或数显的量尺，可精确到 0.01 mm，或采用塞尺测量。

## 2.5 局部平面度测量设备

长度为 200 mm 的基准靠尺，其中间安装一个刻度式或数显量尺，可精确到 0.01 mm。

注：测量在试验室以外进行时(如现场测量)，可以采用 200 mm 的靠尺和塞尺测量。

# 3 检测样品

测试样品应贮存在稳定的环境中，温度为 15 ℃～30 ℃，相对湿度为 25%～75%，并在该环境中进行试验。

设计安装有玻璃的门，应根据生产厂商要求安装好全部玻璃后再进行试验。

# 4 检测步骤

## 4.1 高度和宽度的测量

a-a、b-b、c-c 和 d-d 线(见图 2)是距离对应门扇边 20 mm±5 mm 且与对应边平行的直线，沿此直线测量每个门扇的高度和宽度，精确到 1 mm。

注：在门扇为企口扇的情况下，高度或宽度的尺寸测量应该在槽口的内侧边进行。

单位为毫米

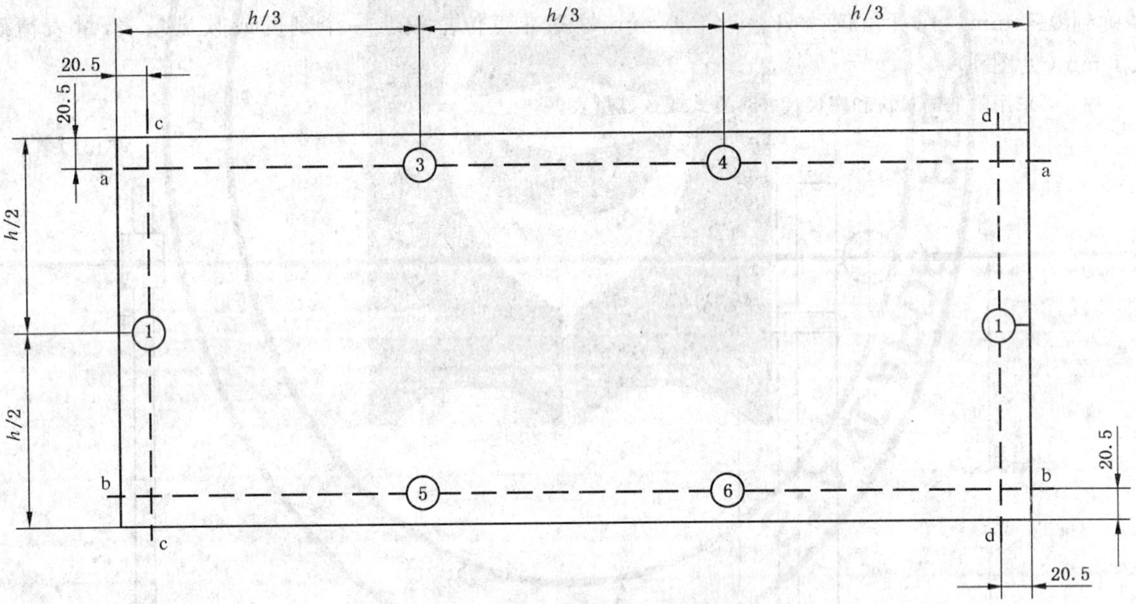


图 2 门扇高度、宽度和厚度测量线及测量点

## 4.2 厚度的测量

对图 2 所示六个点的位置进行厚度测量，这些点距离门板边部为 20 mm±5 mm，测量结果精确到 0.1 mm。

注：如果测量点的厚度不能代表门的厚度，比如：测量位置的表面形状发生改变，则可以调整测量点的位置。

## 4.3 直角度的测量

测量门扇四个角的直角度偏差，精确到 0.1 mm。

## 4.4 平面度的测量

### 4.4.1 整体扭曲平面度测量

把门扇的长边水平放置，在门扇每个角内距离角的两边各(20±5)mm 的位置处设置基准点。

将门扇竖直放置在一长边上，并靠在基准平面上，这样门扇处于无约束状态下有三个基准点靠紧基准平面，测量门扇的第四个角距离基准平面的第四个基准点的偏差，精确到 0.1 mm。

### 4.4.2 整体弯曲平面度测量

将门扇垂直放置，将基准靠尺贴在门扇表面上，与门扇一个边平行且距离此边不超过 20 mm。测量门扇表面距离基准杆的最大偏差，精确到 0.1 mm。

对门扇的其他边重复此过程。

### 4.4.3 局部平面度测量

将门扇在无约束状态下支撑，采用 200 mm 长的靠尺和量尺，在门扇一个表面内有明显不平整部位测量局部平面度，偏差值精确到 0.05 mm。

在门扇的另一面上重复此过程。

注：进行此项测量时，门扇可以处在水平或是竖直状态。

## 5 结果表示

对以下数据进行记录：

a） 门扇高度和宽度的测量值及最大偏差值；

b） 门扇厚度的测量值及最大偏差值；

c） 门扇直角度测量的四个偏差值；

d） 门扇的整体扭曲平面度偏差值；

e） 门扇每边的弯曲变形测量的最大值；

f） 门扇每一面明显的局部平面度偏差值及测量部位的位置。

## 6 检测报告

检测报告应包含以下信息：

a） 测量所参考的标准；

b） 所有鉴别门的必要的证明文件；

c） 门扇所有相关的信息，包括形式、详细尺寸、材料、形状和构成；

d） 试验室贮存和检测条件；

e） 在第 5 章中的结果表达；

f） 试验室名称；

g） 测量日期。

# 附 录 A
## （资料性附录）
## 本标准与国际标准的内容及结构对应表

| 本国家标准章节及名称 | 对应国际标准编号 | 对应国际标准章节 |
| --- | --- | --- |
| 1 | ISO 6443:2005<br>ISO 6442:2005 | 1<br>1 |
| 2 | ISO 6443:2005<br>ISO 6442:2005 | 2<br>2 |
| 2.1 | ISO 6443:2005 | 2.1 |
| 2.2 | ISO 6443:2005 | 2.2 |
| 2.3 | ISO 6443:2005 | 2.3 |
| 2.4 | ISO 6442:2005 | 2.1 |
| 2.5 | ISO 6442:2005 | 2.2 |
| 3 | ISO 6443:2005<br>ISO 6442:2005 | 3<br>3 |
| 4 | ISO 6443:2005<br>ISO 6442:2005 | 4<br>4 |
| 4.1 | ISO 6443:2005 | 4.1 |
| 4.2 | ISO 6443:2005 | 4.2 |
| 4.3 | ISO 6443:2005 | 4.3 |
| 4.4 | ISO 6442:2005 | 4.1～4.3 |
| 5 | ISO 6443:2005<br>ISO 6442:2005 | 5<br>5 |
| 6 | ISO 6443:2005<br>ISO 6442:2005 | 6<br>6 |

ICS 67.120.01
X 01

GB

# 中华人民共和国国家标准

GB/T 22637—2008

# 天然肠衣加工良好操作规范

## Good manufacturing practice of the natural sausage casings processing

2008-12-29 发布　　2009-03-01 实施

中华人民共和国国家质量监督检验检疫总局
中国国家标准化管理委员会　发布

# 前言

本标准由中华人民共和国商务部提出并归口。

本标准由商务部流通产业促进中心和中食恒信(北京)质量认证中心有限公司负责解释。

本标准起草单位:商务部流通产业促进中心、中食恒信(北京)质量认证中心有限公司、中国肉类协会天然肠衣分会。

本标准主要起草人:赵箭、龚海岩、秦文、于田田、孙鑫、李蓓、吴军。

# 天然肠衣加工良好操作规范

## 1 范围

本标准规定了天然肠衣加工企业的厂区环境、工厂设计、设施与设备、原材料采购与运输、加工过程的卫生、成品包装、贮存、运输和人员管理的要求。

本标准适用于天然肠衣加工企业。

## 2 规范性引用文件

下列文件中的条款通过本标准的引用而成为本标准的条款。凡是注日期的引用文件，其随后所有的修改单(不包括勘误的内容)或修订版均不适用于本标准，然而，鼓励根据本标准达成协议的各方研究是否可使用这些文件的最新版本。凡是不注日期的引用文件，其最新版本适用于本标准。

GB 5749 生活饮用水卫生标准

GB/T 7740—2006 天然肠衣

GB 9683 复合食品包装袋卫生标准

GB 9687 食品包装用聚乙烯成型品卫生标准

GB 9688 食品包装用聚丙烯成型品卫生标准

GB 9689 食品包装用聚苯乙烯成型品卫生标准

QB/T 2606 肠衣盐

《生活饮用水水质卫生规范》卫生部 2001 年 9 月 1 日

## 3 术语和定义

下列术语和定义适用于本标准。

3.1

**天然肠衣 natural casings**

采用健康牲畜的食道、胃、小肠、大肠和膀胱等器官，经过特殊加工，对保留的组织进行盐渍或干制的动物组织，是灌制香肠的衣膜。

[GB/T 7740—2006，定义 3.1]

3.2

**原肠 intestine**

未经刮制的健康牲畜的小肠。

## 4 厂区环境

4.1 厂区应建在周围环境无有碍食品卫生的区域，无兼营、生产、存放有碍食品卫生的其他产品。交通方便，水源充足。

4.2 主要道路应铺设适合于车辆通行的坚硬路面(如混凝土或沥青路面等)，路面平整、易冲洗，无积水。

4.3 布局和设计合理，生产区与生活区应严格分开。应建有与生产能力相适应的符合卫生要求的原料、辅料、成品、包装材料、化学物品等储存场所和设施以及废物、垃圾暂存场所和设施，避免交叉污染。

4.4 排水系统畅通，废水、废料的排放或者处理应符合国家有关规定。

4.5 卫生间应有冲水、洗手、防蝇、防虫、防鼠设施，墙裙用浅色、平滑、不透水、耐腐蚀的材料修建，易于清洗和保持清洁。

4.6 不应堆放废旧设备、物品,无裸存的垃圾堆或其他影响卫生的场地和设施。污物(加工后的废弃物)应及时清除或处理,存放应远离生产车间,且应位于生产车间下风向或侧风向。

4.7 禁止饲养与生产加工无关的动物,应定期灭鼠除虫。

4.8 应设有运输工具的清洗、消毒设施。

## 5 工厂设计、设施与设备

### 5.1 厂房设计

5.1.1 应有原料储存库、处理车间、加工车间和成品储存库。

5.1.2 车间面积与生产能力相适应,工艺流程布局合理,排水畅通,通风良好。

5.1.3 原肠处理车间应与其他车间严格分开,有独立的清洗消毒设施、污水排放和处理系统。

### 5.2 车间入口处

5.2.1 车间入口处和车间内适当的位置应设有与生产能力相适应的洗手、消毒、干手设施,洗手水龙头为非手动开关。消毒液浓度应能达到有效的消毒效果。洗手设施的排水应连接下水管道。

5.2.2 车间入口处应设鞋靴消毒池和缓冲间。

5.2.3 车间入口处应设有和车间相连接并与生产人员数量相适应的更衣室、卫生间,其设施和布局对车间无潜在的污染。不同清洁区应设有单独的更衣室。卫生间的门应能自动关闭,门、窗不应直接开向车间且关闭严密;卫生间设有洗手、消毒和干手设施,并有排气和防蝇虫装置,确保清洁卫生。

5.2.4 车间进出口处、与外界相连的排水口及通风处应安装防鼠、防蝇、防虫等设施。

### 5.3 窗、墙、天花板、地面、通道

5.3.1 车间内地面、墙壁、天花板等建筑材料应无毒、浅色、防水、防霉、不脱落、易于清洗,墙角、地角、顶角具有弧度。

5.3.2 车间窗户有内窗台的,窗台应设于地面 1 m 以上,内窗台应下斜约 45°;车间门窗应采用浅色、平滑、易清洗、不透水、耐腐蚀的坚固材料制作,结构严密。

5.3.3 车间地面应防滑、坚固、不渗水、不积水、无裂缝、易于清洗消毒并保持清洁;地面排水坡度为1°～2°。

5.3.4 车间内通道应宽畅,便于运输和卫生防护设施的设置。

### 5.4 给排水设施

5.4.1 给水系统应能能适应生产需要,设施合理有效,经常保持畅通,应有防止污染水源和鼠类、昆虫通过排水管道潜入车间的有效措施。

5.4.2 加工用自来水、井水或地下水应根据当地水质特点增设水质处理设施(如软化装置、加氯装置等)。

5.4.3 自备蓄水设备应有防护设施并定期进行清洁。

5.4.4 车间内应设置清洗台案、设备、管道、工器具及场所的水龙头;水龙头数量应适应车间清洗的需要。

5.4.5 与生产用水直接接触的供水管材料均应无毒、无害、防腐蚀。加工用水的管道应有防虹吸或防回流装置,且不应与非饮用水的管道相连接,并有区别标识,避免交叉污染。

5.4.6 排水系统应有防止固体废弃物进入的装置,排水沟沟底角应呈弧形,排水管应有防鼠和防止臭味溢出的水封装置。排水沟的流向应由清洁度高的区域流向清洁度低的区域。

### 5.5 供电与照明设施

5.5.1 供电应满足生产需要。动力线与照明线应分设。车间内供电线路必须用线槽板或其他方式进行安装,不应有明线。必要时车间内应备有应急照明设施。

5.5.2 车间内应有适度的照明,光线不应改变肠衣的本色。检验岗位的照明强度应保持在 540 lx 以

上;生产车间的照明强度应保持在 220 lx 以上;其他加工和储存区的照明强度应保持在 110 lx 以上。

5.5.3 照明设施应装有防护罩。

**5.6 通风和温控设施**

5.6.1 车间应设有通风设施并保持良好运行,天花板上不应有冷凝水。

5.6.2 通风口应装有防雨、防尘、防蝇虫装置。

5.6.3 在加工车间、库房等场所应有温湿度测定仪,并定期校准。

**5.7 废弃物处理设施**

5.7.1 车间不同区域应分设废弃物处理设施,废弃物产生的区域和处理设施不应相距太远。

5.7.2 废弃物容器应选用不透水的材料,且与盛装产品的容器有明显区别。

5.7.3 废弃物应及时清理,并对废弃物容器定期清洗消毒。

**5.8 设备**

5.8.1 加工设备的布局应符合工艺流程要求,应便于操作、安装、维护和清洗消毒,防止加工过程中交叉污染。

5.8.2 车间内的操作台、传送带、运输车等设备和工器具应无毒、无气味、不吸水、耐腐蚀、不生锈、易清洗消毒、坚固,且表面平整光滑。加工过程中禁止使用竹木器具。

## 6 原材料采购、运输

**6.1 原料**

6.1.1 进厂的肠衣原料应来自定点屠宰场(厂),并要求提供产地动物防疫监督机构出具的有效的动物产品兽医检验合格证明、动物及动物产品运载工具消毒证明等。进口肠衣原料应来自经国家注册的国外生产企业,并具有出口国家或地区官方兽医部门的检疫合格证书以及入境口岸检验检疫合格证书。

6.1.2 原料在运送过程中应冷藏。运输原料的车辆和容器内部表面卫生、光滑,易于清洗消毒。

**6.2 辅料**

6.2.1 加工用盐应符合 QB/T 2606 的要求,并具有检验合格证。加工用盐应专库存放,并保持清洁卫生,不受污染。

6.2.2 加工肠衣的其他辅助材料(如套管、压缩片、网袋等)应符合食品卫生要求。

6.2.3 超过保质期的原材料不应用于生产。

**6.3 包装材料**

6.3.1 应符合卫生标准要求并保持清洁卫生。

6.3.2 不含有毒有害物质,不易褪色。

## 7 加工过程的卫生要求

**7.1 生产用水的卫生**

7.1.1 加工用水应符合 GB 5749 或《生活饮用水水质卫生规范》的要求,对加工用水的公共卫生防疫检测不应少于每年两次。

7.1.2 生产加工用水和清洁用水应为流动水。

**7.2 防止交叉污染**

7.2.1 生产车间结构布局合理,人流、物流和气流不交叉。并按生产工艺和产品特点,将原料、半成品处理和加工、工器具的清洗消毒、成品内外包装、检验和贮存等不同清洁卫生要求的区域(工作间)分开设置。车间入口应有标示牌和警示牌。

7.2.2 生产设备、工具、容器、场地等应严格进行清洗消毒,盛放肠衣的容器不应直接接触地面。

7.2.3 不同用途的容器应有明显的标识,不得混用,以避免交叉污染。

### 7.3 防止外来物污染

7.3.1 肠衣、产品接触面和包装材料不应受润滑剂、燃料、杀虫剂、清洁剂、金属片或其他化学或物理污染物的污染。

7.3.2 原料、辅料、半成品、成品分别存放在不会受到污染的区域。

### 7.4 有毒有害物品的控制

7.4.1 应建立有毒有害物品的专用储存柜,标识清晰。并建有毒有害物品清单和储存使用管理程序,保持使用记录。

7.4.2 严格执行有毒有害物品的储存和使用管理规定,确保有毒有害物品得到有效控制,避免对肠衣、产品接触表面和包装材料造成污染。

### 7.5 清洗消毒

7.5.1 加工车间的工器具应在专门的清洗消毒间进行清洗消毒,清洗消毒后的工器具应放在专门的搁架上沥水备用。

7.5.2 加工前后应对加工场地、工器具、操作台进行清洗消毒,并指定专人负责检查,作好检查记录。

### 7.6 微生物控制

为控制天然肠衣的微生物污染,在加工过程中应注意以下操作:

a) 车间温度应控制在 25 ℃以下。

b) 在上盐过程中,应防止肠衣粘连,保证上盐的均匀。

c) 上盐过程中盐卤浓度(湿盐上盐)为 25°Be′(波美度)。

### 7.7 检验的要求

7.7.1 应设立与生产能力相适应的检验部门,配备相应资格的检验人员。配备检验必需的设施和设备,并按规定进行计量检定。

7.7.2 委托社会实验室承担检验工作的,应与之签订合同,该实验室应具有相应的资格和能力。

7.7.3 检验应保持检验记录。

### 7.8 不合格品控制

不合格品、跌落地面的产品和废弃物,应暂存于有明显标志的专用容器,并在质检人员监督下及时处理。

## 8 成品包装、贮存、运输

8.1 内包装材料应符合 GB 9683、GB 9687、GB 9688、GB 9689 及相关法规、标准的规定。

8.2 包装材料应专库(柜)存放,内、外包装材料分别存放,不应有污染。包装材料间应干燥通风。

8.3 成品应专库专放,同一库内不得存放可能造成相互污染或串味的产品。干制肠衣应存放在通风干燥处。腌制肠衣应冷藏保存,冷藏温度应控制在 10 ℃以下,库内温度应定时记录。

8.4 库内应定期消毒,保持卫生、清洁、整齐。库内应有防霉、防鼠、防虫设施,做到无霉、无鼠、无虫害。

8.5 库内物品应离墙离地、分垛存放,与墙壁距离不少于 30 cm,与地面距离不少于 10 cm。

8.6 原辅料、成品运输工具应消毒,保持清洁卫生,并根据产品特点配备防水、防尘、保温等设施。

## 9 人员管理

9.1 应配备足够数量的、具备相应资格的专业人员从事卫生质量管理工作。

9.2 生产、质量管理、检验人员经过培训并考核合格后方可上岗,并明确其职责。

9.3 应制定职工培训计划,并对培训计划的有效性进行定期的评审。

9.4 应制定卫生健康检查计划,生产、质量管理人员每年进行一次健康检查,必要时做临时健康检查,体检合格后方可上岗。凡患有影响产品卫生疾病的人员,必须调离生产岗位。

9.5 生产、质量管理人员应保持个人清洁，不得将与生产无关的物品带入车间。工作时不得戴首饰、手表，不得化妆。进入车间时洗手、消毒并穿戴好工作服、帽、鞋。工厂应设立专用洗衣房，工作服、帽、鞋应集中管理，统一清洗消毒，统一发放。

9.6 不同区域、不同岗位的人员应穿戴不同颜色的工作服、帽或佩戴其他明显标志。不同区域人员不准串岗。

9.7 操作人员手部受到外伤，不得接触成品或原料，经过包扎治疗戴上防护手套后，方可参加不直接接触食品的工作。

# 参 考 文 献

[1] GB/T 7740—2006 天然肠衣